U0554799

MBA、MPA、MPAcc、MEM
管理类联考综合能力

逻辑历年真题分类精解

（精讲篇）

周建武 编著

中国人民大学出版社
·北京·

前　言

管理类联考综合能力（科目代码 199）和经济类联考综合能力（科目代码 396）分别是为了招收管理类和经济类专业学位硕士研究生而设定的全国性联考科目，这两类联考的综合能力试卷中均包含逻辑推理测试。

为帮助广大考生有针对性地进行逻辑复习备考，在 20 多年专硕逻辑辅导和 20 多部管理类、经济类、工程类专硕逻辑应试图书编写经验的基础上，现全新推出考研逻辑系列图书，包括《MBA、MPA、MPAcc、MEM 管理类联考综合能力逻辑历年真题分类精解（精讲篇）》《MBA、MPA、MPAcc、MEM 管理类联考综合能力逻辑历年真题分类精解（精练篇）》《MBA、MPA、MPAcc、MEM 管理类联考综合能力逻辑精选 600 题（20 套全真试卷及详解）》，共三种。

逻辑研究的是理性思维。所谓理性思维，是人们通过大脑的抽象作用对客观对象内在规定性的认识，是认识发展的高级阶段。逻辑有广义和狭义两种含义：广义的逻辑泛指与人的思维和论辩有关的形式、规律与方法，通常就是指人们思考问题，从某些已知条件出发推出合理的结论的规律；狭义的逻辑指的是逻辑学这门学科，主要研究推理，是关于推理有效性的科学。

逻辑推理是管理类和经济类联考综合能力考试的重要组成部分。作为能力型测试，逻辑推理测试绝不是考简单的概念、知识、原理的记忆和背诵，而是主要考查逻辑思维能力的应用和实际分析解决问题的能力。逻辑推理的考查内容包括形式推理和非形式推理两大类，题量各占一半左右。为使考生对逻辑推理测试有个整体把握，以便更好地使用本系列图书复习备考，现将逻辑试题的分类、特点、考查内容、考查目标、题量比例、试题类型归纳如下（见下表）：

<table>
<tr><th>分类</th><th>特点</th><th>考查内容</th><th>考查目标</th><th>题量比例</th><th>试题类型</th></tr>
<tr><td rowspan="2">形式推理</td><td rowspan="2">必然性推理
分析性推理</td><td>词项逻辑
命题逻辑</td><td>知识应用能力</td><td>约 25%</td><td>知识型试题</td></tr>
<tr><td>演绎推理</td><td>演绎分析能力</td><td>约 25%</td><td rowspan="3">能力型试题</td></tr>
<tr><td rowspan="2">非形式推理</td><td rowspan="2">或然性推理
批判性推理</td><td>归纳逻辑
论证逻辑</td><td>归纳推理能力
论证思维能力</td><td rowspan="2">约 50%</td></tr>
<tr><td>论证推理</td><td>批判性思维能力</td></tr>
</table>

作为管理类、经济类专业学位硕士研究生入学考试的重要内容，逻辑推理测试的目的是科学、公平、准确地考查考生的逻辑思维能力。逻辑推理测试的特征是考查学生是否具有严谨的逻辑推理能力和在复杂情况下处理众多信息的分析能力，为应对这种富有挑战性的实力型测试，考生既需要具有雄厚的综合实力，又需要运用有效的应试方法和策略。

真题是复习备考的最好蓝本。逻辑命题具有很强的继承性，历年真题具有重要的参考价值。《MBA、MPA、MPAcc、MEM 管理类联考综合能力逻辑历年真题分类精解》一书出版 20 余年以来，受到了历届考生的认可和推崇。由于真题的增加，从 2024 年开始，《MBA、MPA、MPAcc、MEM 管理类联考综合能力逻辑历年真题分类精解》修订、拆分为“精讲篇”和“精练篇”两本书出版。

《MBA、MPA、MPAcc、MEM管理类联考综合能力逻辑历年真题分类精解（精讲篇）》涵盖了历年管理类联考及其前身MBA联考的真题。全书从考生的实际出发，以逻辑推理理论为立足点，以逻辑学知识体系为基础，以日常逻辑思维能力的训练为目标，以真题分类讲解为特色，把知识贯通、思维训练与解题技巧有效地结合起来。该书编写指导思想是紧扣逻辑推理考试特点，始终体现逻辑备考的基本原则，即"化繁为简，思维至上"。

《MBA、MPA、MPAcc、MEM管理类联考综合能力逻辑历年真题分类精解（精练篇）》涵盖了历年经济类联考、在职MBA联考、前期MBA联考和MPA/MPAcc联考的真题。全书从题型特点和解题方法出发，对逻辑推理考试进行了分类归总，在讲清每种套路的基本特点后，对例题的解题程序和方法进行详细分析，让考生学会运用这些基本的解题思路去实际解答考题。

书中相关真题标注表示的意思是"年代/考试类型-题号"，比如"2018MBA－31"，表示"2018年管理类联考综合能力的第31题"。其中，考试类型标注表示的意思分别为："MBA"表示管理类联考及其前身MBA联考，"GRK"表示在职MBA联考，"JRK"表示经济类联考，"MPA/MPAcc"表示MPA/MPAcc联考。

逻辑应试能力训练需要通过大量做题，才能达到熟能生巧的效果。那么，到底要做多少题才能达到熟练的程度呢？根据笔者长期的辅导经验，达标训练量是1 000道题，理想训练量是2 000～3 000道题，完成这种程度的训练量，考生将达到豁然开朗的境界。为帮助考生更好地进行复习备考，本系列图书汇集了国内历年管理类、经济类联考的逻辑考试真题，并筛选了各类逻辑习题编制成模拟题，达到了理想的训练量。

《MBA、MPA、MPAcc、MEM管理类联考综合能力逻辑精选600题（20套全真试卷及详解）》一书精选了600道经典的逻辑题，编成了20套与考试要求高度一致的全真模拟试题，并附上了详细的解析，作为考生最后冲刺训练之用。这600道题覆盖了逻辑各类题型和考点，是考生考前训练的重要素材。做完这本书的模拟题，考生完全可以很清晰地领悟到逻辑到底考什么、怎么考，达到豁然开朗的境界。

高质量的考试辅导图书要具备三个要素：一是凸显为考生备考服务的宗旨；二是具有前瞻性，对今后的考试有指导意义；三是严格遵循大纲要求，难度与考试试卷相符或略微偏高。本系列图书就是按这样的要求来编写的。首先，针对考试题量大、内容广的特点，全面精讲基础知识和基本技能，帮助考生做好全面复习，尽快适应考试；其次，根据命题思路，举题型讲方法，对以往考题进行剖析，充分展示解题技巧和规律性，便于考生掌握和应用；最后，强调精练，在统计分析以往考题的基础上，结合未来命题的趋势，精心编排设计了针对性强、与命题发展方向相吻合的模拟试题。

本系列图书通过真题分类精讲、精练和模考训练，引导考生深刻领悟并熟练掌握各类逻辑题型的解题方法与技巧。相信本系列图书能够帮助考生更好地进行逻辑科目的复习备考，全面掌握逻辑推理的基础知识、批判性思维技法、逻辑应试特点和解题技法，在较短的时间内有效地提高逻辑推理能力和实际解题能力，以真正实现逻辑科目的高分突破。

衷心希望本系列图书能帮助考生有效地提高实战能力，给应试备考带来实实在在的训练效果。祝愿各位考生在认真准备的基础上有良好的发挥，实现高分突破，顺利考取理想院校的专业硕士研究生。

由于本系列图书涉及的范围广、内容多、题量大，疏漏和不足之处在所难免，因此，热诚欢迎广大读者提出宝贵意见，以使再版时修正。若有信息反馈，请直接发至笔者邮箱：758566755@qq.com。

周建武

2024年4月于北京

目　录

上篇　形式推理

下篇　非形式推理

上篇 形式推理

形式推理即演绎推理，属于必然性推理，主要考查考生的演绎思维能力。演绎推理的前提与结论之间的联系是必然的，是一种确定性推理，即正确答案一定是从题干所给条件中必然地得出。

形式推理的命题依据就是形式逻辑中基本的演绎知识与原理。形式推理类试题虽然并不直接考查逻辑学的专业知识，但逻辑知识隐含在试题之中。这类试题属于知识能力试题，虽然凭感觉选择也会有一定的成功率，但若不按照有关的逻辑原理和方法进行推理，就难以做到既快又准地答题。因此，考生熟悉一些逻辑学的基础知识与原理，掌握一些逻辑演绎的基本方法，有助于迅速准确地解题。

第一章　词项逻辑

所谓词项，就是表示事物名称和事物性质的名词类语词，在逻辑中，凡是能充当简单命题主项和谓项的词或词组，都是词项。如果要研究命题内部结构的简单命题的推理，就必须把命题分解为词项。词项逻辑的内容包括概念、直言命题及三段论等。

第一节　逻辑概念

形式逻辑是研究思维的形式及其规律的科学。要研究逻辑，首先要从概念出发。概念是思维形式最基本的组成单位，是构成命题、推理的要素。

一、概念关系

概念有两个基本的逻辑特征：内涵和外延。

概念的内涵是指反映在概念中的思维对象的特性或本质。外延是指具有概念的内涵所反映的那些特性或本质的具体思维对象。任何概念都有内涵和外延，概念的内涵规定了概念的外延，概念的外延也影响着概念的内涵。

（一）概念间的逻辑关系

概念间的逻辑关系按其性质来说，可以分为相容关系和不相容关系两大类。

1. 概念间的相容关系

（1）同一关系，是指外延完全重合的两个概念之间的关系。

（2）从属关系，是指一个概念的外延包含着另一个概念的全部外延，这样两个概念之间的关系。

（3）交叉关系，是指外延有且只有一部分重合的两个概念之间的关系。

2. 概念间的不相容关系

（1）矛盾关系，是指这样两个概念之间的关系：两个概念的外延是互相排斥的，而且这两个概念的外延之和穷尽了它们属概念的全部外延。

（2）反对关系，是指这样两个概念之间的关系：两个概念的外延是互相排斥的，而且这两个概念的外延之和没有穷尽它们属概念的全部外延。

（二）图解法解题

涉及概念关系的题目通常用图解法来帮助解题，即根据题意用欧拉图法（即圆圈图形的示意法）表示概念之间的外延关系。根据题干提供的条件作图，大致解题步骤如下：

1. 判定概念间的关系

（1）先判定题目中每两个概念间的外延关系。

（2）再判定各个概念彼此之间的外延关系。

2. 作图方法

（1）先用实线画相对固定的概念关系。

（2）再用虚线画不固定的概念关系。

（3）在每个圆圈的适当位置上标注。

（4）在此基础上，画出能从整体上反映各个概念彼此之间外延关系的综合图形。

3. 用图形辅助解题

由于用上述方法作出的示意图并不是唯一确定的，所以，只用作解题时的辅助。要注意两个问题：

（1）实线是否有重合的可能，即概念间是否可能为同一关系。

（2）虚线可能出现的位置。

1　2008MBA－46

陈先生要举办一个亲朋好友的聚会。他出面邀请了他父亲的姐夫，他姐夫的父亲，他哥哥的岳母，他岳母的哥哥。

陈先生最少出面邀请的客人数是以下哪项？

A. 未邀请客人。

B. 1个客人。

C. 2个客人。

D. 3个客人。

E. 4个客人。

［解题分析］正确答案：C

题干中陈先生所邀请的客人有4个身份，如果求最少的人数，则4个身份尽量重合即可。

从性别看，父亲的姐夫、姐夫的父亲和岳母的哥哥都是男性，哥哥的岳母为女性，男女不能重合；另外，3个男性可以是同一个人（不考虑近亲不能结婚的限制），所以，陈先生最少邀请了2人。因此，C项为正确答案。

2　2001MBA－60

在某校新当选的校学生会的7名委员中，有1个大连人，2个北方人，1个福州人，2个特长生（即有特殊专长的学生），3个贫困生（即有特殊经济困难的学生）。

假设上述介绍涉及了该学生会中的所有委员，则以下各项关于该学生会委员的断定都与题干不矛盾，除了：

A. 2个特长生都是贫困生。

B. 贫困生不都是南方人。

C. 特长生都是南方人。

D. 大连人是特长生。

E. 福州人不是贫困生。

［解题分析］正确答案：A

大连人一定是北方人，北方人有2个，福州人有1个，特长生有2个，贫困生有3个，这样如果以上没交叉的话，就是8个人，而题干说有7个人，说明正好有1个交叉了。

A项的断定与题干矛盾。因为如果2个特长生都是贫困生，则题干中的介绍最多只能涉及6个人，和题干的假设矛盾。

其余各项与题干均不矛盾。

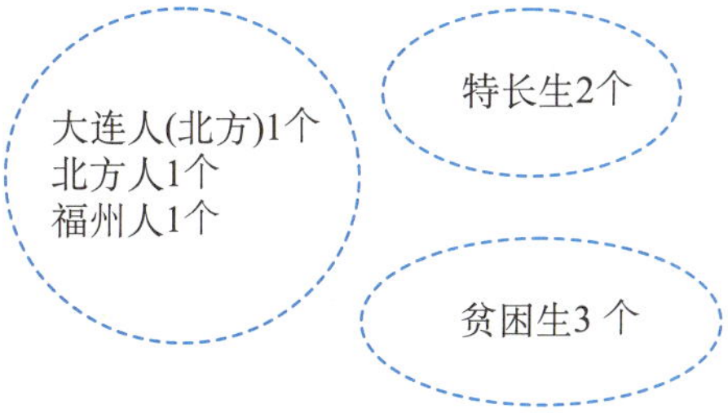

二、 偷换概念

偷换概念或混淆概念是指在推理或论证中把不同的概念当作同一概念来使用的逻辑错误，实际上改变了概念的修饰语、适用范围、所指对象等具体内涵。当偷换了一个重要概念时，句子甚至观点的意思就会大不一样。

1　2012MBA－42

小李将自家护栏边的绿地毁坏，种上了黄瓜。小区物业管理人员发现后，提醒小李：护栏边的绿地是公共绿地，属于小区的所有人。物业为此下发了整改通知书，要求小李限期恢复绿地。小李对此辩称："我难道不是小区的人吗？护栏边的绿地既然属于小区的所有人，当然也属于我。因此，我有权在自己的土地上种黄瓜。"

以下哪项论证，和小李所犯的错误最为相似？

A. 所有人都要对他的错误行为负责，小梁没有对他的这次行为负责，所以小梁的这次行为没有错误。

B. 所有参展的兰花在这次博览会上被订购一空，李阳花大价钱买了一盆花。由此可见，李阳买的必定是兰花。

C. 没有人能够一天读完大仲马的所有作品，没有人能够一天读完《三个火枪手》，因此，《三个火枪手》是大仲马的作品之一。

D. 所有莫尔碧骑士组成的军队在当时的欧洲是不可战胜的，翼雅王是莫尔碧骑士之一，所以翼雅王在当时的欧洲是不可战胜的。

E. 任何一个人都不可能掌握当今世界的所有知识，地心说不是当今世界的知识，因此，有些人可以掌握地心说。

[解题分析] 正确答案：D

小李的论证：绿地既然属于小区的所有人，我是小区的人，因此，我有权在自己的土地上种黄瓜。

其错误在于，上述推理貌似一个三段论推理，但犯了"四概念"的逻辑错误，即：大前提中的"人"是集合概念，小前提中的"人"是个体概念。

D 项也犯了同样的错误：根据"所有莫尔碧骑士组成的军队"这一集合体不可战胜，不当地推出"翼雅王"这一个体也不可战胜。

其余选项和小李所犯的错误不相似，均予排除，其中：

A 项：推出的结论错误，结论应为：小梁不是人。

B 项：两个前提没有关联性，该推理不成立。

C 项：两个否定的前提推不出结论，该推理不成立。

E 项：两个否定的前提推不出结论，该推理不成立。

2 2010MBA－49

克鲁特是德国家喻户晓的“明星”北极熊，北极熊是名副其实的北极霸主，因此，克鲁特是名副其实的北极霸主。

以下除哪项外，均与上述论证中出现的谬误相似？

A. 儿童是祖国的花朵，小雅是儿童，因此，小雅是祖国的花朵。

B. 鲁迅的作品不是一天能读完的，《祝福》是鲁迅的作品，因此《祝福》不是一天能读完的。

C. 中国人是不怕困难的，我是中国人，因此，我是不怕困难的。

D. 康怡花园坐落在清水街，清水街的建筑属于违章建筑，因此，康怡花园的建筑属于违章建筑。

E. 西班牙语是外语，外语是普通高等学校招生的必考科目，因此，西班牙语是普通高校招生的必考科目。

［解题分析］ 正确答案：D

题干的论证形式是三段论，但存在偷换概念的逻辑谬误。其中，第一个“北极熊”是非集合概念，是指克鲁特这一只北极熊；第二个“北极熊”是集合概念，是指北极熊的群体。这两个概念的内涵不同一，不能进行有效的三段论推理。

D 项：可整理为，康怡花园是清水街的建筑，清水街的建筑属于违章建筑，因此，康怡花园的建筑属于违章建筑。其中第一个“清水街的建筑”是非集合概念，第二个“清水街的建筑”也是非集合概念，指清水街的每一个建筑。这两个概念内涵一致，推理正确。

A 项：第一个“儿童”是集合概念，第二个“儿童”是非集合概念，犯了偷换概念的逻辑谬误，与题干推理相似，排除。

B 项：第一个“鲁迅的作品”是集合概念，第二个“鲁迅的作品”是非集合概念，犯了偷换概念的逻辑谬误，与题干推理相似，排除。

C 项：第一个“中国人”是集合概念，第二个“中国人”是非集合概念，犯了偷换概念的逻辑谬误，与题干推理相似，排除。

E 项：第一个“外语”是非集合概念，第二个“外语”是集合概念，犯了偷换概念的逻辑谬误，与题干推理相似，排除。

3 2004MBA－55

张教授：如果没有爱迪生，人类还将生活在黑暗中。理解这样的评价，不需要任何想象力。爱迪生的发明，改变了人类的生存方式。但是，他只在学校中受过几个月的正式教育。因此，接受正式教育对于在技术发展中作出杰出贡献并不是必要的。

李研究员：你的看法完全错了。自爱迪生时代以来，技术的发展日新月异。在当代，如果你想对技术发展作出杰出贡献，即使接受当时的正式教育，全面具备爱迪生时代的知识也是远远不够的。

以下哪项最恰当地指出了李研究员的反驳中存在的漏洞？

A. 没有确切界定何为“技术发展”。

B. 没有确切界定何为“接受正式教育”。

C. 夸大了当代技术发展的成果。

D. 忽略了一个核心概念：人类的生存方式。

E. 低估了爱迪生的发明对当代技术发展的意义。

[解题分析] 正确答案：A

张教授：爱迪生的发明改变了人类的生存方式，但他只在学校中受过几个月的正式教育（爱迪生时代的正式教育），因此，接受正式教育对于在技术发展（爱迪生时代的技术发展）中作出杰出贡献并不是必要的。

李研究员：在当代即使接受当时的正式教育（爱迪生时代的正式教育），也远不够对技术发展（当代的技术发展）作出杰出贡献。

可见，“技术发展”这个关键概念的内涵，在张教授的陈述和李研究员的反驳中是不完全一致的。张教授所指的是“爱迪生时代的技术发展”，而李研究员所指的是“当代的技术发展”，两者概念并不一致。

A 项：与上述分析一致，恰当地指出了李研究员的反驳中存在的漏洞。

B 项：张教授和李研究员所指的都是“当时的正式教育”，即爱迪生时代的正式教育，因此，不存在漏洞，排除。

C、D、E 项：均与题干论证无关，排除。

4 2001MBA－50

有一种观点认为，到 21 世纪初，和发达国家相比，发展中国家将有更多的人死于艾滋病。其根据是：据统计，艾滋病病毒感染者人数在发达国家趋于稳定或略有下降，在发展中国家却持续快速发展；到 21 世纪初，估计全球的艾滋病病毒感染者将达到 4 000 万至 1.1 亿人，其中，60%将集中在发展中国家。这一观点缺乏充分的说服力。因为，同样权威的统计数据表明，发达国家的艾滋病病毒感染者从感染到发病的平均时间要大大短于发展中国家，而从发病到死亡的平均时间只有发展中国家的二分之一。

以下哪项最为恰当地概括了上述反驳所使用的方法？

A. 对“论敌”的立论动机提出质疑。

B. 指出“论敌”把两个相近的概念当作同一概念来使用。

C. 对“论敌”的论据的真实性提出质疑。

D. 提出一个反例来否定“论敌”的一般性结论。

E. 指出“论敌”在论证中没有明确具体的时间范围。

[解题分析] 正确答案：B

观点 1：发展中国家比发达国家的艾滋病病毒感染者人数发展快，因此，发展中国家比发达国家将有更多的人死于艾滋病。

观点 2：发达国家比发展中国家的艾滋病病毒感染者从感染到发病、从发病到死亡的平均时间都要短，因此，发展中国家不一定比发达国家有更多的人死于艾滋病。

可见，题干中观点 2 对观点 1 的反驳实际上是指出：观点 1 把“死于艾滋病的人数”和“感染艾滋病病毒的人数”这两个相近的概念错误地当作同一概念使用。根据观点 2，艾滋病病毒感染者的人数在发达国家虽低于发展中国家，但由于发达国家的艾滋病病毒感染者从感染到发病，以及从发病到死亡的平均时间要大大短于发展中国家，因此，其实际死于艾滋病的人数仍可能多于发展中国家。因此，B 项恰当地概括了题干中的反驳所使用的方法，正确。

三、 概念划分

概念划分是指把一个概念的外延，按照一定的标准，分为若干小类的明确概念外延的逻辑方法。划分应满足以下基本规则：第一，各子项之间的关系应当是不相容的；第二，各子项外延之和必须等于母项的外延；第三，每次划分必须使用同一划分标准；第四，划分不能越级。

分类是划分的特殊形式，是指以对象的本质属性或显著特征为依据的划分。概念分类是指将概念按照其属性和关系进行分组，使得相似的概念组合在一起，不同的概念分开放置。一个好的分类模式应该满足穷尽性、不重复性、清晰性等逻辑要求。

1　2014MBA－45

某大学顾老师在回答有关招生问题时强调：“我们学校招收一部分免费师范生，也招收一部分一般师范生。一般师范生不同于免费师范生，免费师范生毕业时不可以留在大城市工作，而一般师范生毕业时都可以选择留在大城市工作，任何非免费师范生毕业时都需要自谋职业，免费师范生毕业时不需要自谋职业。”

根据顾老师的陈述，可以得出以下哪项？

A. 该校需要自谋职业的大学生都可以选择留在大城市工作。

B. 不是一般师范生的该校大学生都是免费师范生。

C. 该校需要自谋职业的大学生都是一般师范生。

D. 该校所有一般师范生都需要自谋职业。

E. 该校可以选择留在大城市工作的唯一一类毕业生是一般师范生。

［解题分析］正确答案：D

根据题意，对该校学生的分类如下表：

<table>
<tr><td rowspan="3">该校所有学生</td><td rowspan="2">师范生</td><td colspan="2">免费师范生（不可留在大城市，不需自谋职业）</td></tr>
<tr><td>一般师范生（可留在大城市）</td><td rowspan="2">非免费师范生
（需自谋职业）</td></tr>
<tr><td>非师范生</td><td></td></tr>
</table>

题干前提一：非免费师范生毕业时都需要自谋职业。

题干前提二：一般师范生不同于免费师范生（即，一般师范生属于非免费师范生）。

得出结论：该校所有一般师范生都需要自谋职业。因此，D项正确。

其余选项不能必然得出，因为题干没有提到该校只招免费师范生和一般师范生这两类学生，也许还有非师范生，而非师范生是否能留在大城市工作以及是否需要自谋职业，题干没有提及。

2　2010MBA－45

有位美国学者做了一个实验，给被试儿童看三幅图画：鸡、牛、青草，然后让儿童将其分为两类。结果大部分中国儿童把牛和青草归为一类，把鸡归为另一类；大部分美国儿童则把牛和鸡归为一类，把青草归为另一类。这位美国学者由此得出：中国儿童习惯于按照事物之间的关系来分类，美国儿童则习惯于把事物按照各自所属的“实体”范畴进行分类。

以下哪项是这位学者得出结论必须假设的？

A. 马和青草是按照事物之间的关系被列为一类。

B. 鸭和鸡蛋是按照各自所属的“实体”范畴被归为一类。

C. 美国儿童只要把牛和鸡归为一类，就是习惯于按照各自所属的“实体”范畴进行分类。

D. 美国儿童只要把牛和鸡归为一类，就不是习惯于按照事物之间的关系来分类。

E. 中国儿童只要把牛和青草归为一类，就不是习惯于按照各自所属的“实体”范畴进行分类。

［解题分析］正确答案：C

对题干信息补充假设后形成的完整论证结构如下。

题干前提：大部分美国儿童把牛和鸡归为一类。

补充 C 项：美国儿童只要把牛和鸡归为一类，就是习惯于按照各自所属的“实体”范畴进行分类。

得出结论：美国儿童习惯于把事物按照各自所属的“实体”范畴进行分类。

因此，C 项为该学者得出结论必须假设的，正确。

A、B 项：马、鸭和鸡蛋与题干论证无关，排除。

D、E 项：均与题干逻辑关系不一致，因为题干结论是“习惯于”，而非“不是习惯于”，排除。

3 2007MBA－39

“男女”和“阴阳”似乎指的是同一种区分标准，但实际上，“男人和女人”区分人的性别特征，“阴柔和阳刚”区分人的行为特征。按照“男女”的性别特征，正常人分为两个不重叠的部分；按照“阴阳”的行为特征，正常人分为两个重叠部分。

以下各项都符合题干的含义，除了：

A. 人的性别特征不能决定人的行为特征。

B. 女人的行为，不一定都有阴柔的特征。

C. 男人的行为，不一定都有阳刚的特征。

D. 同一个人的行为，可以既有阴柔的特征，又有阳刚的特征。

E. 一个人的同一个行为，可以既有阴柔的特征，又有阳刚的特征。

[解题分析] 正确答案：E

题干论述：

第一，“男人和女人”区分人的性别特征，正常人这两个特征不重叠。

第二，“阴柔和阳刚”区分人的行为特征，正常人这两个特征重叠。

“阴柔和阳刚”区分人的行为特征，意思就是，任何一种行为，如果阴柔就不阳刚，如果阳刚就不阴柔；因此，一个人的同一个行为“可以既有阴柔的特征，又有阳刚的特征”，这不符合题干的含义，因此，E 项是正确答案。

A 项：根据题干论述，人的“男女”性别特征不重叠，人的“阴阳”行为特征重叠，可见，人的性别特征和人的行为特征不是一回事，即人的性别特征不能决定人的行为特征，符合题干含义，排除。

B、C 项：既然性别特征和行为特征是两回事，那就完全有可能存在阳刚而不阴柔的女人和阴柔而不阳刚的男人，可见，这两项符合题干含义，排除。

D 项：既然正常人的行为分为“阴阳”两个重叠部分，那么，一个人可以有些行为是阴柔的，有些行为是阳刚的，该项符合题干含义，排除。

4 2002MBA－60

在 H 国 2000 年进行的人口普查中，婚姻状况分为四种：未婚、已婚、离婚和丧偶。其中，已婚分为正常婚姻和分居；分居分为合法分居和非法分居；非法分居指分居者与人非法同居；非法同居指无婚姻关系的异性之间的同居。普查显示，非法同居的分居者中，女性比男性多 100 万。

如果上述断定及相应的数据为真，并且上述非法同居者都为 H 国本国人，则以下哪项有关H国的断定必定为真？

Ⅰ. 与分居者非法同居的未婚、离婚或丧偶者中，男性多于女性。

Ⅱ. 与分居者非法同居的人中，男性多于女性。

Ⅲ. 与分居者非法同居的分居者中，男性多于女性。

A. 仅Ⅰ。

B. 仅Ⅱ。

C. 仅Ⅲ。

D. 仅Ⅰ和Ⅱ。

E. Ⅰ、Ⅱ和Ⅲ。

[解题分析] 正确答案：D

题干中“非法同居指无婚姻关系的异性之间的同居”是指两个同居的异性无婚姻关系。因此，非法同居包括两种类型：分居者和分居者非法同居；分居者与非已婚者（未婚、离婚或丧偶者）非法同居。

情况一：分居者与分居者非法同居。

包含一个数学等式：

男分居者 X = 女分居者 X'　　(1)

情况二：分居者与非已婚者非法同居。

包含两个数学等式：

男分居者 Y = 女非已婚者 Y'　　(2)

男非已婚者 Z = 女分居者 Z'　　(3)

题干条件关系为：$(X'+Z')-(X+Y)=100$ 万。

从中可推出：$Z'-Y=100$ 万。因此，$Z'>Y$。

<table>
<tr><td colspan="5">非已婚者（未婚、离婚或丧偶者）</td></tr>
<tr><td rowspan="5">已婚</td><td colspan="4">正常婚姻</td></tr>
<tr><td rowspan="4">分居</td><td colspan="3">合法分居</td></tr>
<tr><td rowspan="3">非法分居（分居者与人非法同居）</td><td>分居者与分居者非法同居</td><td>男分居者 X = 女分居者 X′</td></tr>
<tr><td rowspan="2">分居者与非已婚者非法同居</td><td>男分居者 Y = 女非已婚者 Y′</td></tr>
<tr><td>男非已婚者 Z = 女分居者 Z′</td></tr>
</table>

Ⅰ：$Z>Y'$，成立。

Ⅱ：$(X+Z)>(X'+Y')$，成立。

Ⅲ：$X>X'$，不成立，二者实际上应该是相等的。

因此，D项为正确答案。

四、定义判断

定义就是以简短的形式揭示语词、概念、命题的内涵和外延，使人们明确它们的意义及使用范围。通过定义，从而明确这个概念所反映的对象的特点和本质。

定义的一般结构是：被定义项X具有与定义项Y相同的意义。

解答定义判断题时，应从题目所给的定义本身入手进行分析和判断，再把选项依次和定义对照，判断选项是否符合定义的规定与要求，然后区分出哪些选项符合、哪些选项不符合题目所给定义。

广义上的定义判断题包含所有与定义相关的考题，考查的是应试者运用标准进行判断的能力。题干给出某种界定，要求考生找出符合题干或支持题干的观点、原则等的相应的选项。这类题主要考查考生是否能仔细阅读，对题干论述的范围是否能界定清楚。解题时必须紧扣题干部分陈述的内容，正确选项的陈述应与题干所给的陈述相符。

1 2024MBA－43

曼特洛编码是只能按照如下三条规则生成的符号串。

(1) 曼特洛图形只有三个：▲、▽、☆；

(2) 一对圆括号中若只含有0个、1个或2个不同的曼特洛图形，则为曼特洛编码；

(3) 一对圆括号中若只含有1个或2个曼特洛编码且不含其他符号，则也为曼特洛编码。

根据上述规定，以下哪项符号串是曼特洛编码？

A. (()(▲☆)(▽☆))。

B. ((▲☆)(☆(▽)))。

C. ((▲)(☆())(☆▽))。

D. ((▲)((☆▽)()))。

E. ((▲)(☆)(▽()☆))。

[解题分析] 正确答案：D

根据题干信息，判断如下：

D项：根据规则(1)(2)，(▲)中含有1个曼特洛图形，为曼特洛编码；(☆▽)中含有2个不同的曼特洛图形，为曼特洛编码；()中含有0个曼特洛图形，为曼特洛编码。根据规则(1)(3)，((☆▽)())中含有2个曼特洛编码且不含其他符号，则为曼特洛编码。因此，((▲)((☆▽)()))中含有2个曼特洛编码且不含其他符号，则为曼特洛编码，正确。

A项：根据前面的分析，()、(▲☆)、(▽☆)都是曼特洛编码。(()(▲☆)(▽☆))中含有3个曼特洛编码，不符合规则(3)，所以，不是曼特洛编码。

B项：(▽)为曼特洛编码，(☆(▽))中含有1个曼特洛编码但含其他符号☆，不符合规则(3)，所以，不是曼特洛编码。

C项：()为曼特洛编码，(☆())中含有1个曼特洛编码但含其他符号☆，不符合规则(3)，所以，不是曼特洛编码。

E项：()为曼特洛编码，(▽()☆)中含有1个曼特洛编码但含其他符号▽和☆，不符合规则(3)，所以，不是曼特洛编码。

2 2020MBA－41

某语言学爱好者欲基于无涵义语词、有涵义语词构造合法的语句，已知：

(1) 无涵义语词有a、b、c、d、e、f，有涵义语词有W、Z、X；

(2) 如果两个无涵义语词通过一个有涵义语词连接，则它们构成一个有涵义语词；

(3) 如果两个有涵义语词直接连接，则它们构成一个有涵义语词；

(4) 如果两个有涵义语词通过一个无涵义语词连接，则它们构成一个合法的语句。

根据上述信息，以下哪项是合法的语句？

A. aWbcdXeZ。

B. aWbcdaZe。

C. fXaZbZWb。

D. aZdacdfX。

E. XWbaZdWc。

[解题分析] 正确答案：A

根据题干给出的四条信息，来逐一分析，只有A项是合法的语句，解析如下：

根据（2），aWb为有涵义语词，dXe为有涵义语词，然后根据（3），dXeZ为有涵义语词，最后根据（4），aWbcdXeZ为合法语句。

其余选项均不能构成合法语句，其中：

B项："aWb"和"aZe"这两个有涵义语词通过"cd"两个无涵义语词连接，不符合条件（4），排除。

C、D、E项：整体均不符合条件（4），排除。

3　2017MBA－48

"自我陶醉人格"是以过分重视自己为主要特点的人格障碍。它有多种具体特征：过高估计自己的重要性，夸大自己的成就；对批评反应强烈，希望他人注意自己和羡慕自己；经常沉溺于幻想中，把自己看成是特殊的人；人际关系不稳定，嫉妒他人，损人利己。

以下各项陈述中，除了哪项均能体现上述"自我陶醉人格"的特征？

A. 我是这个团队的灵魂，一旦我离开了这个团队，他们将一事无成。

B. 他有什么资格批评我？大家看看，他的能力连我的一半都不到。

C. 我的家庭条件不好，但不愿意被别人看不起，所以我借钱买了一部智能手机。

D. 这么重要的活动竟然没有邀请我参加，组织者的人品肯定有问题，不值得跟这样的人交往。

E. 我刚接手别人很多年没有做成的事情，我跟他们完全不在一个层次，相信很快我就会将事情搞定。

[解题分析] 正确答案：C

根据题干中"自我陶醉人格"的具体特征，依次判断各选项：

A项符合"过高估计自己的重要性，夸大自己的成就"；

B项符合"对批评反应强烈"；

D项符合"过高估计自己的重要性""人际关系不稳定"；

E项符合"经常沉溺于幻想中，把自己看成是特殊的人"。

只有C项没有体现上述"自我陶醉人格"的特征。

4　2013MBA－44

足球是一项集体运动，若想不断取得胜利，每个强队都必须有一位核心队员，他总能在关键场次带领全队赢得比赛。友南是某国甲级联赛强队西海队的队员。据某记者统计，在上赛季的所有比赛中，有友南参赛的场次，西海队胜率高达75.5%，另有16.3%的场次平局，8.2%的场次输球；而在友南缺阵的情况下，西海队胜率只有58.9%，输球的比率高达23.5%。该记者由此得出结论，友南是上赛季西海队的核心队员。

以下哪项如果为真，最能质疑该记者的结论？

A. 上赛季友南上场且西海队输球的比赛，都是西海队与传统强队对阵的关键场次。

B. 本赛季开始以来，在友南上阵的情况下，西海队胜率暴跌20%。

C. 西海队教练表示："球队是一个整体，不存在有友南的西海队和没有友南的西海队。"

D. 西海队队长表示："没有友南我们将失去很多东西，但我们会找到解决办法。"

E. 上赛季友南缺席且西海队输球的比赛，都是小组赛中西海队已经确定出线后的比赛。

［解题分析］正确答案：A

题干陈述：

(1) 核心队员：在关键场次带领全队赢得比赛。

(2) 记者结论：友南是上赛季西海队的核心队员。

A项表明，上赛季友南上场，但西海队在关键场次输球。由(1)的定义可知，友南不是核心队员。这就否定了记者的结论，正确。

其余选项不妥，其中，B项陈述的是本赛季，而题干讲的是上赛季，排除。

5 2013MBA－30

根据学习在动机形成和发展中所起的作用，人的动机可分为原始动机和习得动机两种。原始动机是与生俱来的动机，它们是以人的本能需要为基础的；习得动机是指后天获得的各种动机，即经过学习产生和发展起来的各种动机。

根据以上陈述，以下哪项最可能属于原始动机？

A. 尊敬老人，孝敬父母。

B. 尊师重教，崇文尚武。

C. 不入虎穴，焉得虎子。

D. 窈窕淑女，君子好逑。

E. 宁可食无肉，不可居无竹。

［解题分析］正确答案：D

题干断定：原始动机是与生俱来的动机，它们是以人的本能需要为基础的。

D项："窈窕淑女，君子好逑"是与生俱来的，是人的本能，属于原始动机，因此正确。

A、B项：属于后天培养的美德，属于习得动机，排除。

C项：意思是不冒风险就难以成事，这不属于动机范畴，排除。

E项：意思是物质上可以清贫，但必须有高尚的情操。这不是原始动机，排除。

6 2012MBA－41

概念A和概念B之间有交叉关系，当且仅当：(1)存在对象x，x既属于A又属于B；(2)存在对象y，y属于A但是不属于B；(3)存在对象z，z属于B但是不属于A。

根据上述定义，以下哪项中加点的两个概念之间有交叉关系？

A. 国画按题材分主要有人物画、花鸟画、山水画等等；按技法分主要有工笔画和写意画等等。

B.《盗梦空间》除了是最佳影片的有力争夺者外，它在技术类奖项的争夺中也将有所斩获。

C. 洛邑小学30岁的食堂总经理为了改善伙食，在食堂放了几个意见本，征求学生们的意见。

D. 在微波炉清洁剂中加入漂白剂，就会释放出氯气。

E. 高校教师包括教授、副教授、讲师和助教等。

［解题分析］正确答案：A

选项A中，"人物画"和"工笔画"这两个概念符合题干所定义的交叉关系：(1)存在画作，既是人物画，又是工笔画；(2)存在画作，是人物画，但不是工笔画；(3)存在画作，是工笔画，但不是人物画。因此，该项正确。

其他选项均不符合两个概念之间有交叉关系的特点，其中：

B项：“《盗梦空间》”与“最佳影片”不确定是否有交集，排除。

C项：“洛邑小学30岁的食堂总经理”和“学生们”没有交集，排除。

D项：“微波炉清洁剂”和“氯气”没有交集，排除。

E项：“高校教师”包含了“教授”，排除。

7　2010MBA－42

在某次思维训练课上，张老师提出了“尚左数”这一概念的定义：在连续排列的一组数字中，如果一个数字左边的数字都比其大（或无数字），且其右边的数字都比其小（或无数字），则这个数字为尚左数。

根据张老师的定义，在8、9、7、6、4、5、3、2这列数字中，以下哪项包含了该列数字中所有的尚左数？

A. 4、5、7和9。

B. 2、3、6和7。

C. 3、6、7和8。

D. 5、6、7和8。

E. 2、3、6和8。

[解题分析] 正确答案：B

根据尚左数的定义，在8、9、7、6、4、5、3、2这列数字中，显然可看出：

8不是尚左数，因为其右边的9比其大。

9不是尚左数，因为其左边的8比其小。

7是尚左数，因为其左边的数字都比其大，且其右边的数字都比其小。

6是尚左数，因为其左边的数字都比其大，且其右边的数字都比其小。

4不是尚左数，因为其右边的5比其大。

5不是尚左数，因为其左边的4比其小。

3是尚左数，因为其左边的数字都比其大，且其右边的2比其小。

2是尚左数，因为其左边的数字都比其大，且其右边无数字。

因此，B项为正确答案。

8　2009MBA－55

一个善的行为，必须既有好的动机，又有好的效果。如果是有意伤害他人，或是无意伤害他人，并且这种伤害的可能性是可以预见的，在这两种情况下，对他人造成伤害的行为都是恶的行为。

以下哪项叙述符合题干的断定？

A. P先生写了一封试图挑拨E先生与其女友之间关系的信。P先生的行为是恶的，尽管这封信起到了与他的动机截然相反的效果。

B. 为了在新任领导面前表现自己，争夺一个晋升名额，J先生利用业余时间解决积压的医疗索赔案件。J先生的行为是善的，因为S小姐的医疗索赔请求因此得到了及时的补偿。

C. 在上班途中，M女士把自己的早餐汉堡包给了街上的一个乞丐。乞丐由于急于吞咽而被意外地噎死了。所以，M女士无意中实施了一个恶的行为。

D. 大雪过后，T先生帮邻居铲除了门前的积雪，但不小心在台阶上留下了冰。他的邻居因此摔了一跤。因此，一个善的行为导致了一个坏的结果。

E. S女士义务帮邻居照看3岁的小孩。小孩在S女士不注意时跑到马路上结果被车撞了。尽管S女士无意伤害这个小孩，但她的行为还是恶的。

［解题分析］正确答案：E

题干断定：

(1) 善的行为→好的动机∧好的效果。

(2)（有意伤害∨（无意伤害∧伤害可预见））∧已造成伤害→恶的行为。

E项：（无意伤害∧伤害可预见）∧已造成伤害，符合恶的行为的定义，因此，为正确答案。

A项：P先生的所为尽管有伤害他人的动机，但事实上对他人并没造成伤害，不能断定其行为是恶的。这不符合恶的行为的定义，排除。

B项："为了在新任领导面前表现自己，争夺一个晋升名额"不是好的动机，不符合善的行为的定义，排除。

C项：无意伤害且该伤害的可能性不可预见，不符合恶的行为的定义，排除。

D项：该行为没有好的效果，不符合善的行为的定义，排除。

9　2002MBA-56

如果一个用电单位的日均耗电量超过所在地区80%用电单位的水平，则称其为该地区的用电超标单位。近三年来，湖州地区的用电超标单位的数量逐年明显增加。

如果以上断定为真，并且湖州地区的非单位用电忽略不计，则以下哪项断定也必定为真？

Ⅰ. 近三年来，湖州地区不超标的用电单位的数量逐年明显增加。

Ⅱ. 近三年来，湖州地区日均耗电量逐年明显增加。

Ⅲ. 今年湖州地区任一用电超标单位的日均耗电量都高于全地区的日均耗电量。

A. 只有Ⅰ。

B. 只有Ⅱ。

C. 只有Ⅲ。

D. 只有Ⅱ和Ⅲ。

E. Ⅰ、Ⅱ和Ⅲ。

［解题分析］正确答案：A

题干断定：日均耗电量超过所在地区80%用电单位的水平的用电单位称为用电超标单位，用电超标单位的数量逐年明显增加。

Ⅰ：必定为真。用电单位中超标单位占20%，不超标单位占80%。用电超标单位的数量逐年明显增加，意味着不超标的用电单位的数量也逐年明显增加。

Ⅱ：不一定为真。因为由题干，一个单位是否为用电超标单位，不取决于自己的绝对用电量，而取决于和其他单位比较的相对用电量。因此，用电超标单位的数量的增加，并不一定导致实际用电量的增加。

Ⅲ：不一定为真。因为有可能前20%的用电超标单位中有一家耗电量极大，那么用电量排在后面的超标单位中有可能存在日均耗电量小于平均耗电量的单位。例如，假设该地区共有10个用电单位，其中8个不超标单位的日均耗电量都为1，2个超标单位中，一个日均耗电量为2，另一个日均耗电量为30。这个假设完全符合题干的条件，但日均耗电量为2的超标单位，其日均耗电量并不高于全地区的日均耗电量：(8+2+30)/10=4。

因此，A项为正确答案。

10 2000MBA－73

如果能有效地利用互联网，快速方便地查询世界各地的信息，那么对科学研究、商业往来乃至寻医求药都会带来很大的好处。然而，如果上网成瘾，也会有许多弊端，还可能带来严重的危害。尤其是青少年，上网成瘾可能荒废学业、影响工作。为了解决这一问题，某个网站上登载了对“互联网瘾”进行自我测试的办法。

以下各项提问，除了哪项，都与“互联网瘾”的表现形式有关？

A. 你是否有时上网到深夜并为连接某个网站时间过长而着急？

B. 你是否曾一再试图限制、减少或停止上网而不果？

C. 你试图减少或停止上网时，是否会感到烦躁、压抑或容易动怒？

D. 你是否曾因上网而危及一段重要关系或一份工作机会？

E. 你是否曾向家人、治疗师或其他人谎称你并未沉迷互联网？

［解题分析］正确答案：A

互联网瘾的表现：上网成瘾有弊端，带来了危害。

A项：该提问涉及的只是“有时”上网时的表现，与互联网瘾无关。

其余各项均涉及互联网瘾或其对工作的负面影响。

11 2000MBA－69

某电脑公司正在研制可揣摩用户情绪的电脑。这种被称为“智能个人助理”的新装置主要通过分析用户敲击键盘的模式，来判断其心情是好还是坏，还可通过不断监测用户的活动，逐渐琢磨出其好恶，能在使用者紧张或烦躁时自动减少其所浏览的电子邮件或网站的数量。

以下哪项最不可能是这种计算机提供的功能？

A. 在使用者连续使用计算机超过两个小时后，屏幕会显示“长时间看屏幕对眼睛有害，请您休息几分钟”。

B. 在深夜时间，使用者击键的速度逐渐变慢时，计算机便得知主人已经疲劳，会播出孩子招呼爸爸睡觉的喊话。

C. 在使用者经常出现习惯性拼写错误时，比如南方人难以分清“Z”和“ZH”，计算机可以自动加以更正，减轻主人的烦躁心理。

D. 在使用者利用国际网络查找资料时，计算机可以根据主人的喜好，把常用的网站放在最显眼的地方，尽可能让主人多看一些。

E. 在使用者心情烦躁时，计算机可以通过人机传递的信息觉察到，并及时放一段主人最喜欢的音乐。

［解题分析］正确答案：D

题干陈述了智能电脑的两个功能：一是能揣摩用户的心情，二是能在使用者紧张或烦躁时自动减少其浏览量。

D项：该功能与电脑使用者的紧张或烦躁情绪无关，并且能使电脑使用者增加而不是减少在网上的浏览量，因此，最不可能是智能电脑的功能。

其余选项都说明该智能电脑能揣摩并缓解用户的紧张情绪，均可能是这种智能电脑提供的功能。

第二节　直言推理

直言命题也叫性质命题，是断定对象具有或不具有某种性质的简单判断。本节所谓直言推理是指直言直接推理，就是根据一个直言命题推出一个新的直言命题的推理。

一、对当关系

直言命题从质分，有肯定和否定两种；从量分，有全称、特称和单称三种。直言命题可分为六种基本类型：

	逻辑意义	逻辑形式	简称
(1) 全称肯定判断	所有 S 都是 P	SAP	“A” 判断
(2) 全称否定判断	所有 S 都不是 P	SEP	“E” 判断
(3) 特称肯定判断	有 S 是 P	SIP	“I” 判断
(4) 特称否定判断	有 S 不是 P	SOP	“O” 判断
(5) 单称肯定判断	某个 S 是 P	SaP	“a” 判断
(6) 单称否定判断	某个 S 不是 P	SeP	“e” 判断

(一) 直言命题对当关系推理

对当关系就是具有同一素材的 A、E、I、O 四种判断之间的真假关系。逻辑学把单称命题作为一种特殊的全称命题处理。根据对当关系，我们可以从一个判断的真假，推断出同一素材的其他判断的真假。

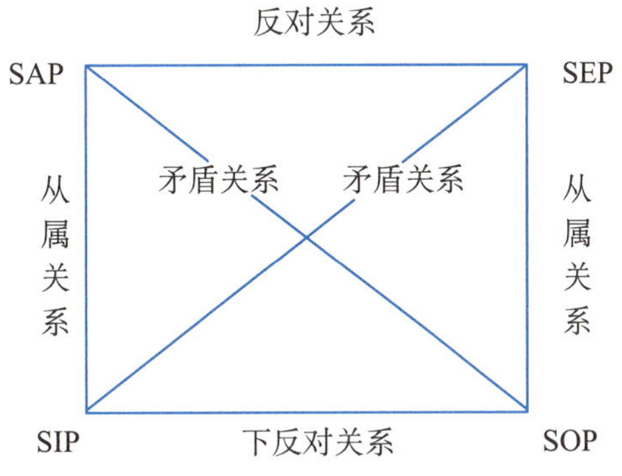

直言命题的对当关系可归纳为以下几种：

(1) 矛盾关系。这是 A 和 O、E 和 I 之间存在的不能同真、不能同假的关系。

(2) 从属关系（又称差等关系）。这是 A 和 I、E 和 O 之间的关系。

如果全称判断真，则特称判断真；如果特称判断假，则全称判断假。

如果全称判断假，则特称判断真假不定；如果特称判断真，则全称判断真假不定。

(3) 反对关系。这是 A 和 E 之间不能同真、可以同假的关系。

(4) 下反对关系。这是 I 和 O 之间可以同真，但不能同假的关系。

(二) 直言命题负命题等值推理

直言命题的负命题实质上即为对当关系中的相应矛盾命题。

（1）SAP 的负命题是 SOP。

（2）SOP 的负命题是 SAP。

（3）SEP 的负命题是 SIP。

（4）SIP 的负命题是 SEP。

（三）直言推理的解题方法

解直言推理题型，关键是要从题干给出的内容出发，从中抽象出同属于对当关系的逻辑形式，根据对当关系来分析判断。

（1）要把非标准的日常语言转为标准的逻辑语言。

（2）看清问题的条件和要求。

（3）根据题干直言命题的真假来确定其他直言命题的真假，然后与选项对照。

（4）对于题干所给判断存在真假情况的题目，可用假设代入法进行推理。

1 2014MBA - 51

孙先生的所有朋友都声称，他们知道某人每天抽烟至少两盒，而且持续了 40 年，但身体一直不错。不过可以确定的是，孙先生并不知道有这样的人，在他的朋友中，也有像孙先生这样不知情的。

根据以上信息，最可能得出以下哪项结论？

A. 抽烟的多少和身体健康与否无直接关系。

B. 朋友之间在交流时可能会夸大事实，但没有人想故意说谎。

C. 孙先生的每位朋友知道的烟民一定不是同一个人。

D. 孙先生的朋友中有人没有说真话。

E. 孙先生的大多数朋友没有说真话。

［解题分析］正确答案：D

题干断定：第一，孙先生的所有朋友都声称知道某人；第二，孙先生有的朋友事实上不知道此人。

以上两个断定形成了矛盾关系，不可能同时为真。

由此显然可得：孙先生的朋友中有人没有说真话。

2 2014MBA - 34

学者张某说："问题本身并不神秘，因与果也不仅仅是哲学家的事。每个凡夫俗子一生之中都将面临许多问题，但分析问题的方法与技巧却很少有人掌握，难怪华尔街的大师们趾高气扬、身价百倍。"

以下哪项如果为真，最能反驳张某的观点？

A. 有些凡夫俗子可能不需要掌握分析问题的方法与技巧。

B. 有些凡夫俗子一生之中将要面临的问题并不多。

C. 凡夫俗子中很少有人掌握分析问题的方法与技巧。

D. 掌握分析问题的方法与技巧对多数人来说很重要。

E. 华尔街的大师们大都掌握分析问题的方法与技巧。

［解题分析］正确答案：B

张某的观点：(1) 每个凡夫俗子一生之中都将面临许多问题；(2) 很少有人掌握分析问题的方法与技巧。

反驳张某的观点就是要寻找与上述两个直言命题相矛盾的关系。

B 项，有些凡夫俗子一生之中将要面临的问题并不多，这与（1）矛盾，因此正确。

A、E 项，与题干信息不矛盾，排除。C 项，与（2）一致，排除。D 项，与题干信息无关，排除。

3 2012MBA－52

近期流感肆虐，对一般流感患者可使用抗病毒药物治疗。虽然并不是所有流感患者均需接受达菲等抗病毒药物的治疗，但不少医生仍强烈建议老人、儿童等易出现严重症状的患者用药。

如果以上陈述为真，则以下哪项一定为假？

Ⅰ. 有些流感患者需接受达菲等抗病毒药物的治疗。

Ⅱ. 并非有的流感患者不需接受抗病毒药物的治疗。

Ⅲ. 老人、儿童等易出现严重症状的患者不需要用药。

A. 仅Ⅰ。

B. 仅Ⅱ。

C. 仅Ⅲ 。

D. 仅Ⅰ、Ⅱ。

E. 仅Ⅱ、Ⅲ。

［解题分析］ 正确答案：B

题干断定：并不是所有流感患者均需接受抗病毒药物的治疗＝有的流感患者不需接受抗病毒药物的治疗。即 O 判断为真。

Ⅰ：有些流感患者需接受达菲等抗病毒药物的治疗。这是 I 判断。当 O 判断为真时，I 判断真假不定。

Ⅱ：并非有的流感患者不需接受抗病毒药物的治疗。这是 O 判断的负命题，必然为假。

Ⅲ：老人、儿童等易出现严重症状的患者不需要用药。题干中提及的只是“医生建议”，但无法确定该建议的措施是否为真，即无法判断Ⅲ的真假。

4 2012MBA－48

近期国际金融危机对毕业生的就业影响非常大，某高校就业中心的陈老师希望广大同学能够调整自己的心态和预期。他在一次就业指导会上提到，有些同学对自己的职业定位还不够准确。

如果陈老师的陈述为真，则以下哪项不一定为真？

Ⅰ. 不是所有人对自己的职业定位都准确。

Ⅱ. 不是所有人对自己的职业定位都不够准确。

Ⅲ. 有些人对自己的职业定位准确。

Ⅳ. 所有人对自己的职业定位都不够准确。

A. 仅Ⅱ和Ⅳ 。

B. 仅Ⅲ和Ⅳ。

C. 仅Ⅱ和Ⅲ 。

D. 仅Ⅰ、Ⅱ和Ⅲ。

E. 仅Ⅱ、Ⅲ和Ⅳ。

［解题分析］ 正确答案：E

陈老师的陈述：有些同学对自己的职业定位还不够准确。

可见，陈老师的意思是，有的人对自己的职业定位不准确。

其逻辑形式：有的 S 不是 P。如果 O 判断为真，则：

Ⅰ：不是所有人对自己的职业定位都准确＝有的人对自己的职业定位不准确。

其逻辑形式：不是所有 S 都是 P＝有的 S 不是 P。即：¬A＝O。

这与题干一致，必为真。

Ⅱ：不是所有人对自己的职业定位都不够准确＝有的人对自己的职业定位准确。

其逻辑形式：不是所有 S 都不是 P＝有的 S 是 P。即：¬E＝I。

根据对当关系，若 O 判断为真，则 I 判断不确定真假。

Ⅲ：有些人对自己的职业定位准确。

其逻辑形式：有的 S 是 P。即为 I 判断。

根据对当关系，若 O 判断为真，则 I 判断不确定真假。

Ⅳ：所有人对自己的职业定位都不够准确。

其逻辑形式：所有 S 都不是 P。即为 E 判断。

根据对当关系，若 O 判断为真，则 E 判断不确定真假。

因此，E 项为正确答案。

二、 变形推理

直言命题变形推理是通过改变直言命题的形式而得到一个新的直言命题的推理。

（一）直言命题变形推理的种类

直言命题 A、E、I、O 四种命题的变形推理，可概括如下（“→”表示推出关系）：

（1）换质法。即改变直言命题的质（肯定变否定，否定变肯定）的方法。

SAP→SE¬P

SEP→SA¬P

SIP→SO¬P

SOP→SI¬P

（2）换位法。即把直言命题的主项与谓项的位置加以更换的方法。

SAP→PIS

SEP→PES

SIP→PIS

SOP→不能换位

（3）换质位法。即把换质法和换位法结合起来连续交互运用的直言命题变形方法。

SAP→SE¬P→¬PES→¬PA¬S→¬SI¬P→¬SOP

SAP→PIS→PO¬S

SEP→SA¬P→¬PIS→¬PO¬S

SEP→PES→PA¬S→¬SIP→¬SO¬P

SIP→SO¬P（先换质，就不能得到换质位命题）

SIP→PIS→PO¬S

SOP→SI¬P→¬PIS→¬PO¬S

SOP→（不能先换位）

（二）直言命题变形推理的解题方法

直言命题变形推理的解题方法主要有以下三种：

（1）公式法。即利用上述直言命题变形推理的公式来推导。

（2）作图法。用前述概念间的关系来作图，作为辅助推理的手段。

（3）语感法。用对日常语言的语感来排除选项，寻找答案。

1　2012MBA－28

经过反复核查，质检员小李向厂长汇报说："726 车间生产的产品都是合格的，所以不合格的产品都不是 726 车间生产的。"

以下哪项和小李的推理结构最为相似？

A. 所有入场的考生都经过了体温测试，所以没能入场的考生都没有经过体温测试。

B. 所有出厂设备都是合格的，所以检测合格的设备都已出厂。

C. 所有已发表文章都是认真校对过的，所以认真校对过的文章都已发表。

D. 所有真理都是不怕批评的，所以怕批评的都不是真理。

E. 所有不及格的学生都没有好好复习，所以没好好复习的学生都不及格。

[解题分析] 正确答案：D

题干推理结构是：所有 S 都是 P，所以，所有非 P 都不是 S。

所有选项中，只有 D 项与题干推理结构相同。

2　2008MBA－52

"有些好货不便宜，因此，便宜不都是好货。"

与以下哪项推理作类比，可以说明以上推理不成立？

A. 湖南人不都爱吃辣椒，因此，有些爱吃辣椒的人不是湖南人。

B. 有些人不自私，因此，人并不自私。

C. 好的动机不一定有好的效果，因此，好的效果不一定都产生于好的动机。

D. 金属都导电，因此，导电的都是金属。

E. 有些南方人不是广东人，因此，广东人不都是南方人。

[解题分析] 正确答案：E

前提：有些好货不便宜＝有些 S 不是 P。

结论：便宜不都是好货＝P 不都是 S。

这一推理实际上是把 SOP 换位为 POS，这是个错误的推理。

E 项：与题干推理结构一致，犯了同样的逻辑错误。由于广东人都是南方人，所以结论明显荒谬，该项可说明题干推理不成立，为正确答案。

A 项：与题干推理结构一致，但结论并不荒谬，不能说明题干推理不成立，排除。

B 项：有些 S 不是 P，所以 S 不都是 P。与题干推理结构不一致，排除。

C 项：S 不一定是 P，因此，P 不一定是 S。与题干推理结构不一致，排除。

D 项：S 都是 P，因此，P 都是 S。与题干推理结构不一致，排除。

第三节　三段论

直言三段论是由包含一个共同的项的两个直言命题推出一个新的直言命题的推理。由于直言命题又叫性质命题，所以直言三段论又叫性质三段论。

一、 结构比较

三段论结构比较题的解题基本思路是，着重考虑从具体的、有内容的思维过程的论述中抽象出一般形式结构，即用命题变项表示其中的单个命题，或用词项变项表示直言命题中的词项，每一个推理中相同的命题或词项用相同的变项表示，不同的命题或词项用不同的变项表示。做这类题只考虑抽象出推理结构和形式，而不考虑其叙述内容的对错。

（一）写出三段论形式结构的步骤

给出一个三段论，要能准确地分析出它的标准形式结构。步骤是：

（1）确定 S、P。先确定结论，然后确定 S、P；结论的主项为 S，谓项为 P。

（2）确定 M。剩下的两句话为大、小前提，其共有的项即为中项 M。

（3）分别确定大前提、小前提和结论的 A、E、I、O 判断类型，并写出它们的标准形式。

注意：

（1）大、小前提的顺序不影响三段论结构。

（2）如果三段论不是三个概念，其中出现相反的概念，把它们转化为三个概念，化为标准形式。

（3）在三段论中，单称判断近似作全称处理。

（二）三段论推理结构比较题的解题方法

解这类题的最终标准是写出三段论格式的标准形式结构，但这需要有个熟练过程，把题干和选项都写出这样的标准的形式结构花费的时间较多，所以不主张正式考试时用这种方法，我们建议不写标准的形式结构，优先用对应法和排除法，来解决绝大部分的题。

1. 快速解题方法一：对应法

（1）根据语感，定位疑似答案。

（2）写出三段论结构，再一一对应进行验证。

注意：大小前提和结论的先后顺序不影响结构的相似性。

2. 快速解题方法二：排除法

（1）排除不是三段论的选项。

（2）根据结论的肯定/否定排除。

（3）根据中项 M 的位置排除。

（4）根据前提的肯定/否定排除。

（5）单称近似看作全称，但不等于全称。

1　2013MBA－27

公司经理：我们招聘人才时最看重的是综合素质和能力，而不是分数。人才招聘中，高分低能者并不鲜见，我们显然不希望招到这样的“人才”。从你的成绩单可以看出，你的学业分数很高，因此我们有点怀疑你的综合素质和能力。

以下哪项和公司经理得出结论的方式最为类似？

A. 公司管理者并非都是聪明人，陈然不是公司管理者，所以陈然可能是聪明人。

B. 猫都爱吃鱼，没有猫患近视，所以吃鱼可以预防近视。

C. 人的一生中健康开心最重要，名利都是浮云，张立名利双收，所以很可能张立并不开心。

D. 有些歌手是演员，所有的演员都很富有，所以有些歌手可能不是很富有。

E. 闪光的物体并非都是金子，考古队挖到了闪闪发光的物体，所以考古队挖到的可能不是金子。

[解题分析] 正确答案：E

该题属于论证方式类似的比较题，列表如下：

	论证内容	形式结构
题干	有的高分者不是高能的， 你是高分者， 因此你可能不高能。	有的 M 不是 Q， P 是 M， 因此 P 可能¬ Q。
A 项	有的公司管理者不是聪明人， 陈然不是公司管理者， 所以陈然可能是聪明人。	有的 M 不是 Q， P 不是 M， 因此 P 可能 Q。
B 项	猫都爱吃鱼， 猫都不近视， 所以吃鱼可以预防近视。	M 都是 P， M 都¬ Q， 所以 P 可以¬ Q。
C 项	健康开心最重要，名利都是浮云， 张立名利双收， 所以很可能张立并不开心。	Q 重要，M 不重要， P 是 M， 所以 P 可能¬ Q。
D 项	有些歌手是演员， 所有的演员都很富有， 所以有些歌手可能不是很富有。	有些 P 是 M， M 都¬ Q， 所以有些 P 可能¬ Q。
E 项	有的闪光物体不是金子， 考古队挖到了闪光物体， 所以考古队挖到的可能不是金子。	有的 M 不是 Q， P 是 M， 因此 P 可能¬ Q。

可见，E 项与题干论证的方式类似，正确。

2 2011MBA-41

所有重点大学的学生都是聪明的学生，有些聪明的学生喜欢逃学，小杨不喜欢逃学，所以，小杨不是重点大学的学生。

以下除哪项外，均与上述推理的形式类似？

A. 所有经济学家都懂经济学，有些懂经济学的经济学家爱投资企业，你不爱投资企业，所以，你不是经济学家。

B. 所有的鹅都吃青菜，有些吃青菜的鹅也吃鱼，兔子不吃鱼，所以，兔子不是鹅。

C. 所有的人都是爱美的，有些爱美的人还研究科学，亚里士多德不是爱美的人，所以，亚里士多德不研究科学。

D. 所有被高校录取的学生都是超过录取分数线的，有些超过录取分数线的学生是大龄考生，小张不是大龄考生，所以小张没有被高校录取。

E. 所有想当外交官的人都需要学外语，有些学外语的人重视人际交往，小王不重视人际交往，所以小王不想当外交官。

[解题分析] 正确答案：C

题干推理形式：所有 P（重点大学的学生）都是 M（聪明的学生），有些 M（聪明的学生）是 N（喜欢逃学），S（小杨）不是 N（喜欢逃学），所以，S（小杨）不是 P（重点大学的学生）。

C项：所有P都是M，有些M是N，S不是M，所以，S不是N。这与题干推理形式不类似，因此为正确答案。

其余选项均与题干推理形式类似，排除。

3 2003MBA－43

科学不是宗教，宗教都主张信仰，所以主张信仰的都不科学。

以下哪项最能说明题干的推理不成立？

A. 所有渴望成功的人都必须努力工作，我不渴望成功，所以我不必努力工作。

B. 商品都有使用价值，空气当然有使用价值，所以空气当然是商品。

C. 不刻苦学习的人都成不了技术骨干，小张是刻苦学习的人，所以小张能成为技术骨干。

D. 台湾人不是北京人，北京人都说汉语，所以，说汉语的人都不是台湾人。

E. 犯罪行为都是违法行为，违法行为都应受到社会的谴责，所以应受到社会谴责的行为都是犯罪行为。

［解题分析］正确答案：D

题干推理形式：P不是M，M都S，所以，S都不P。

其三段论结构：PEM，MAS，所以，SEP。

D项：PEM，MAS，所以，SEP。这与题干推理结构一致，从该项的推理可以明显地看出，前提真而结论假，由此可说明题干的推理不成立，因此为正确答案。

A项：MAP，SeM，所以，SeP。与题干推理结构不一致，排除。

B项：PAM，SAM，所以，SAP。与题干推理结构不一致，排除。

C项：MEP，SAM，所以，SAP。与题干推理结构不一致，排除。

E项：PAM，MAS，所以，SAP。与题干推理结构不一致，排除。

二、推出结论

直言间接推理就是前提中有两个或两个以上的直言命题，并推出一个新的直言命题的推理。其中，直言三段论是由两个直言命题推出一个新的直言命题结论的推理。

（一）直言三段论的推理规则

（1）在一个三段论中，必须有而且只能有三个不同的概念。

（2）中项在前提中至少必须周延一次。

（3）大项或小项如果在前提中不周延，那么在结论中也不得周延。

（4）两个否定前提不能推出结论。

（5）前提之一是否定的，结论也应当是否定的；结论是否定的，前提之一必须是否定的。

（6）两个特称前提不能得出结论。

（7）前提之一是特称的，结论必然是特称的。

（二）直言三段论推理的解题方法

（1）推理法。即利用直言三段论的推理规则来推出结论。

（2）作图法。即用前述的图解法来帮助解题。这是最简洁直观的办法，根据题干提供的条件画出集合示意图，题目即可迎刃而解。

注意：用作图法来辅助解题，可以用图示来帮助思考，并可用图示来排除错误的选项，但一般不要用图示直接去验证某个选项是否一定正确，这往往是验证不了的，因为图示不能表示所有的情况，所以，作图法只能作为解答直言推理题有效的辅助手段。

1 2023MBA－51

通过第三方招聘进入甲公司从事销售工作的职员均具有会计学专业背景。孔某的高中同学均没有会计学专业背景，甲公司销售部经理孟某是孔某的高中同学，而孔某是通过第三方招聘进入甲公司的。

根据以上信息，可以得出以下哪项？

A. 孔某具有会计学专业背景。

B. 孟某不是通过第三方招聘进入甲公司的。

C. 孟某曾经自学了会计学专业知识。

D. 孔某在甲公司做销售工作。

E. 孔某和孟某在大学阶段不是同学。

［解题分析］ 正确答案：B

解法一：三段论推理。

孟某是孔某的高中同学。

孔某的高中同学均没有会计学专业背景。

推出结论：孟某没有会计学专业背景。

通过第三方招聘进入甲公司从事销售工作的职员均具有会计学专业背景。

得出结论：孟某不是通过第三方招聘进入甲公司的。

解法二：命题逻辑推理。

题干断定：

(1) 通过第三方招聘进入甲公司从事销售工作→会计学。

(2) 孔的高中同学→¬会计学。

(3) 甲公司销售孟→孔的高中同学。

(4) 孔→第三方招聘进入甲公司。

由 (3) 得：孟→孔的高中同学。

再由 (2) 推得：孟→孔的高中同学→¬会计学。

结合 (1) 的逆否命题，推得：孟→¬会计学→¬通过第三方招聘进入甲公司从事销售工作。即，孟某不是通过第三方招聘进入甲公司的。因此，B 项正确。

A 项：因不知孔某是否从事销售工作，所以由 (4) (1) 推不出孔某具有会计学专业背景，排除。

C、D 项：超出了题干断定范围，推不出，排除。

E 项：孔某和孟某是高中同学，但从题干推不出他们是不是大学同学，排除。

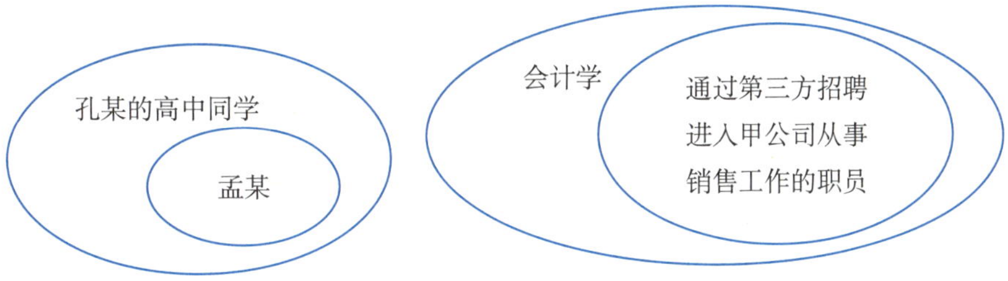

2 2023MBA－34

某单位采购了一批图书，包括科学和人文两大类。具体情况如下：

（1）哲学类图书都是英文版的；
（2）部分文学类图书不是英文版的；
（3）历史类图书都是中文版的；
（4）没有一本书是中英双语版的；
（5）科学类图书既有中文版的，也有英文版的；
（6）人文类图书既有哲学类的，也有文学类的，还有历史类的。

根据以上信息，关于该单位采购的这批图书可以得出以下哪项？

A. 有些文学类图书是中文版的。
B. 有些历史类图书不属于哲学类。
C. 英文版图书比中文版图书数量多。
D. 有些图书既属于哲学类也属于科学类。
E. 有些图书既属于文学类也属于历史类。

[解题分析] 正确答案：B

根据“（1）哲学类图书都是英文版的”“（3）历史类图书都是中文版的”“（4）没有一本书是中英双语版的”可以推出：所有历史类图书都不属于哲学类。从而得出：有些历史类图书不属于哲学类。因此，B项正确。

A项：根据（2）和（4），不能得出“有些文学类图书是中文版的”的真假，排除。

C项：根据题干信息得不出“英文版图书比中文版图书数量多”，排除。

D项：根据题干信息得不出“有些图书既属于哲学类也属于科学类”，排除。

E项：根据题干信息得不出“有些图书既属于文学类也属于历史类”，排除。

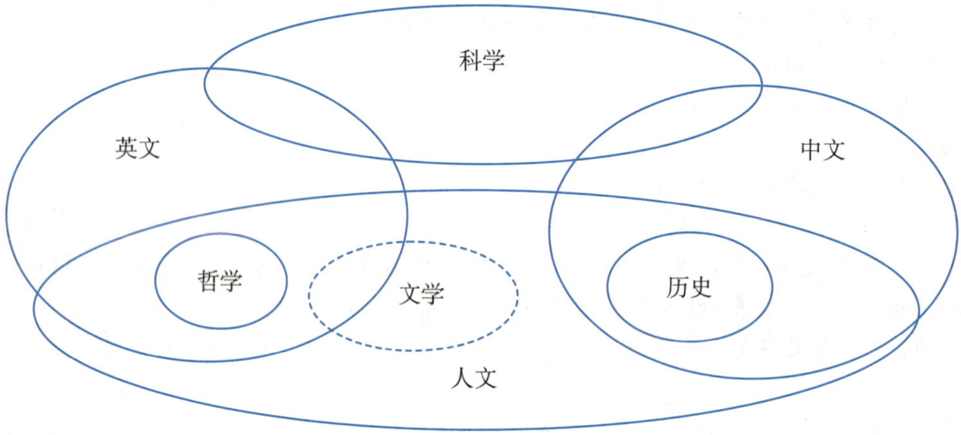

3 2018MBA-52

所有值得拥有专利的产品或设计方案都是创新，但并不是每一项创新都值得拥有专利；所有的模仿都不是创新，但并非每一个模仿者都应该受到惩罚。

根据以上陈述，以下哪项是不可能的？

A. 有些创新者可能受到惩罚。
B. 没有模仿值得拥有专利。
C. 有些值得拥有专利的创新产品并没有申请专利。
D. 有些值得拥有专利的产品是模仿。
E. 所有的模仿者都受到了惩罚。

[解题分析] 正确答案：D

解法一：三段论推理。

题干断定：

所有值得拥有专利的产品或设计方案都是创新。

所有的模仿都不是创新。

由此可知：所有值得拥有专利的产品或设计方案都不是模仿。

因此，“有些值得拥有专利的产品是模仿”是不可能的。

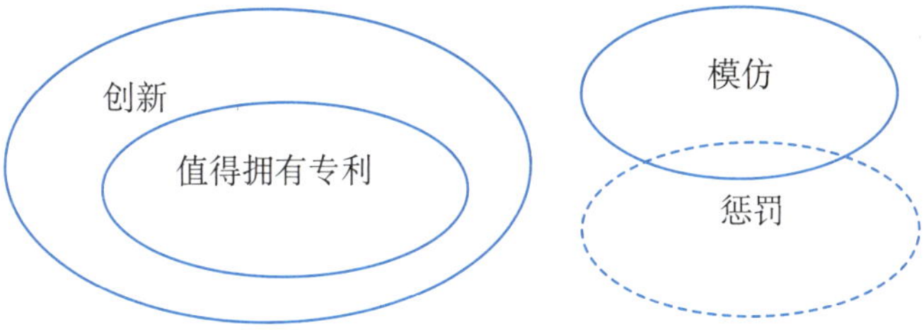

解法二：命题逻辑推理。

题干信息：(1) 值得拥有专利→创新；(2) 有的创新→¬值得拥有专利；(3) 模仿→¬创新；(4) 有的模仿者→¬应该受到惩罚。

联立 (1)(3) 得：(5) 值得拥有专利→创新→¬模仿。

D 项：有些值得拥有专利的产品是模仿，与 (5) 矛盾，不可能真，正确。

E 项：“应该受到”与“受到了”不等同，由“每一个模仿者都应该受到惩罚”，得不出“所有的模仿者都受到了惩罚”，排除。

4　2017MBA-27

任何结果都不可能凭空出现，它们的背后都是有原因的；任何背后有原因的事物都可以被人认识，而可以被人认识的事物都必然不是毫无规律的。

根据以上陈述，以下哪项为假？

A. 任何结果都可以被人认识。

B. 任何结果出现的背后都是有原因的。

C. 有些结果的出现可能毫无规律。

D. 那些可以被人认识的事物必然有规律。

E. 人有可能认识所有事物。

[解题分析] 正确答案：C

题干断定：

(1) 任何结果都不可能凭空出现。

(2) 它们的背后都是有原因的。

(3) 任何背后有原因的事物都可以被人认识。

(4) 可以被人认识的事物都必然不是毫无规律的。

由 (2)(3) 必然推出 A 项。

由 (2) 必然推出 B 项。

由 (2)(3)(4) 必然推出，任何结果的出现都不是毫无规律的，因此，C 项必假。

由 (4) 不能必然推出，可以被人认识的事物必然有规律，因此，D 项真假不确定。

从题干显然不能确定 E 项为假。

总之，只有 C 项一定为假，所以是正确答案。

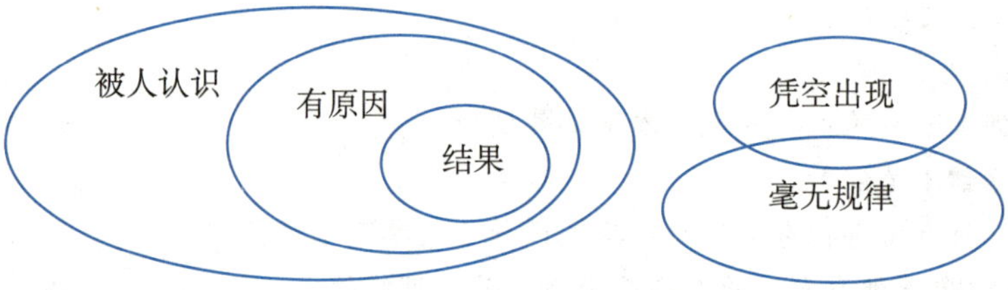

5　2017MBA－26

倪教授认为，我国工程技术领域可以考虑与国外先进技术合作，但任何涉及核心技术的项目决不能受制于人；我国许多网络安全建设项目涉及信息核心技术，如果全盘引进国外先进技术而不努力自主创新，我国的网络安全将会受到严重威胁。

根据倪教授的陈述，可以得出以下哪项？

A. 我国有些网络安全建设项目不能受制于人。

B. 我国工程技术领域的所有项目都不能受制于人。

C. 如果能做到自主创新，我国的网络安全就不会受到严重威胁。

D. 我国许多网络安全建设项目不能与国外先进技术合作。

E. 只要不是全盘引进国外先进技术，我国的网络安全就不会受到严重威胁。

［解题分析］正确答案：A

题干中倪教授的陈述：

第一，任何涉及核心技术的项目决不能受制于人；

第二，我国许多网络安全建设项目涉及信息核心技术。

由此必然可以推出：我国有些网络安全建设项目不能受制于人。A项正确。

其余选项都不能从倪教授的陈述中必然被推出。

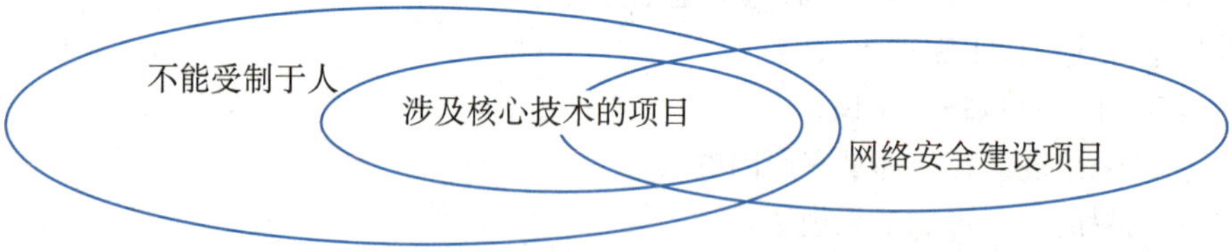

6　2013MBA－51

翠竹的大学同学都在某德资企业工作，溪兰是翠竹的大学同学。洞松是该德资企业的部门经理。该德资企业的员工有些来自淮安。该德资企业的员工都曾到德国研修，他们都会说德语。

以下哪项可以从以上陈述中得出？

A. 洞松与溪兰是大学同学。

B. 翠竹的大学同学有些是部门经理。

C. 翠竹与洞松是大学同学。

D. 溪兰会说德语。

E. 洞松来自淮安。

［解题分析］正确答案：D

解法一：三段论推理。

题干陈述：溪兰是翠竹的大学同学，翠竹的大学同学都在某德资企业工作，则可推出，溪兰在此德资企业工作；又知该德资企业的员工都会说德语，则可得出，溪兰会说德语。

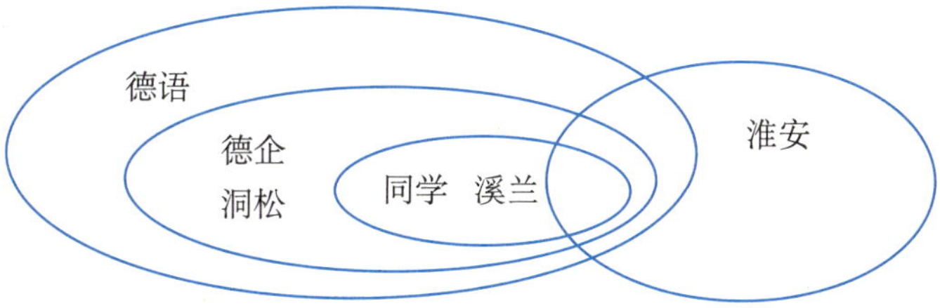

解法二：命题逻辑推理。

(1) 翠竹的大学同学→德资企业的员工。

(2) 溪兰→翠竹的大学同学。

(3) 洞松→德资企业的经理。

(4) 有些德资企业的员工→淮安。

(5) 德资企业的员工→德国研修。

(6) 德资企业的员工→德语。

联立 (2) (1) (6)，可得：溪兰→翠竹的大学同学→德资企业的员工→德语。

因此，溪兰会说德语。D 项正确。

其余的选项均推不出。

7　2013MBA - 43

所有参加此次运动会的选手都是身体强壮的运动员，所有身体强壮的运动员都是极少生病的，但是有一些身体不适的选手参加了此次运动会。

以下哪项不能从上述前提中得出？

A. 有些身体不适的选手是极少生病的。

B. 极少生病的选手都参加了此次运动会。

C. 有些极少生病的选手感到身体不适。

D. 有些身体强壮的运动员感到身体不适。

E. 参加此次运动会的选手都是极少生病的。

[解题分析] 正确答案：B

解法一：三段论推理。

根据题干信息：

(1) 所有参加此次运动会的选手都是身体强壮的运动员。

(2) 所有身体强壮的运动员都是极少生病的。

得出：(3) 所有参加此次运动会的选手都是极少生病的。

由此，按直言命题变形推理，只能得到“有的极少生病的运动员参加了运动会”，而不能必然推出“极少生病的选手都参加了此次运动会”。因此，答案选 B。

其余选项都能从题干必然推出。

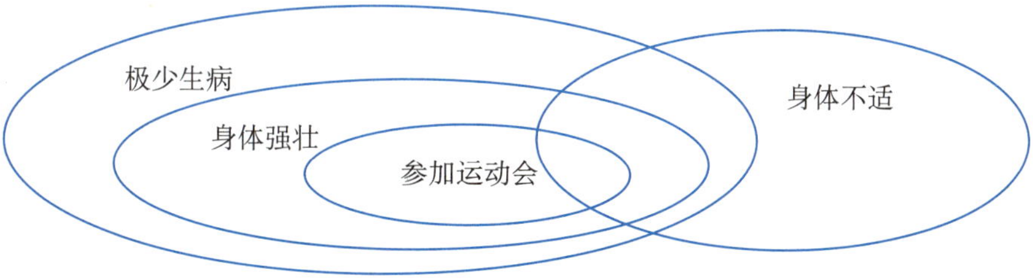

解法二：命题逻辑推理。

根据题干信息：

（1）参加→强壮。

（2）强壮→极少生病。

（3）有些不适→参加。

联立（3）（1）（2），可得：（4）有些不适→参加→强壮→极少生病。

A项：有些不适→极少生病。符合（4）的逻辑关系，可推出。

B项：极少生病→参加。从"参加→极少生病"不能推出。

C项：有些极少生病→不适。从"有些不适→极少生病"，利用"有些"的互换特性可推出。

D项：有些强壮→不适。从"有些不适→强壮"，利用"有些"的互换特性可推出。

E项：参加→极少生病。符合（4）的逻辑关系，可推出。

因此，B项正确。

8　2007MBA－51

所有校学生会委员都参加了大学生电影评论协会。张珊、李斯和王武都是校学生会委员，大学生电影评论协会不吸收大学一年级学生参加。

如果上述断定为真，则以下哪项一定为真？

Ⅰ．张珊、李斯和王武都不是大学一年级学生。

Ⅱ．所有校学生会委员都不是大学一年级学生。

Ⅲ．有些大学生电影评论协会的成员不是校学生会委员。

A. 只有Ⅰ。

B. 只有Ⅱ。

C. 只有Ⅲ。

D. 只有Ⅰ和Ⅱ。

E. Ⅰ、Ⅱ和Ⅲ。

［解题分析］正确答案：D

解法一：三段论推理。

由"所有校学生会委员都参加了大学生电影评论协会"和"大学生电影评论协会不吸收大学一年级学生参加"可以推出"所有校学生会委员都不是大学一年级学生"。因此，Ⅱ为真。

再加上"张珊、李斯和王武都是校学生会委员"，可推出"张珊、李斯和王武都不是大学一年级学生"。因此，Ⅰ为真。

至于Ⅲ"有些大学生电影评论协会的成员不是校学生会委员"，有可能为假，因为"所有大学生电影评论协会的成员都是校学生会委员"也满足题干条件，即存在"电影评论协会的成员"和"校学生会委员"是同一关系的可能。

解法二：命题逻辑推理。

题干断定：

(1) 校委→协会。

(2) 张、李、王→校委。

(3) 协会→¬大一。

由 (2)(1)(3) 传递可得：张、李、王→校委→协会→¬大一。

Ⅰ：张、李、王→¬大一。符合上述推理，一定为真。

Ⅱ：校委→¬大一。符合上述推理，一定为真。

Ⅲ：有些协会→¬校委。由 (1) 推不出，不一定为真。

因此，D项为正确答案。

9　2006MBA－50

大多数独生子女都有以自我为中心的倾向，有些非独生子女同样有以自我为中心的倾向，以自我为中心倾向的产生有各种原因，但一个共同原因是缺乏父母的正确引导。

如果上述断定为真，则以下哪项一定为真？

A. 每个缺乏父母正确引导的家庭都有独生子女。

B. 有些缺乏父母正确引导的家庭有不止一个子女。

C. 有些家庭虽然缺乏父母正确引导，但子女并不以自我为中心。

D. 大多数缺乏父母正确引导的家庭都有独生子女。

E. 缺乏父母正确引导的多子女家庭，少于缺乏父母正确引导的独生子女家庭。

[解题分析] 正确答案：B

解法一：三段论推理作图法。

根据题干，可以画出如下集合图：

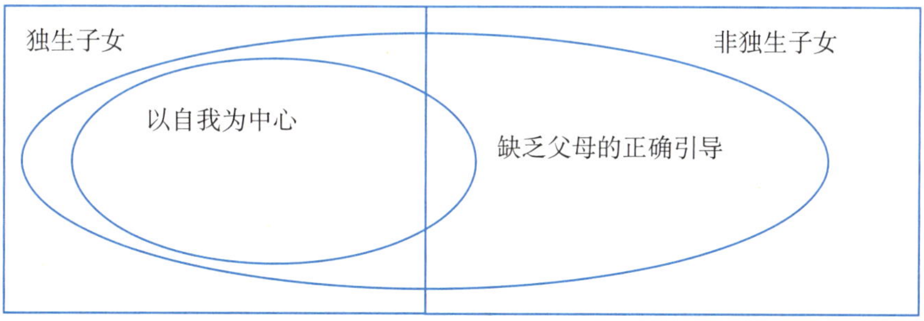

从中可以看出：有些非独生子女也缺乏父母的正确引导，即B项一定为真。

C项并不必然为真，题干只意味着“以自我为中心一定是缺乏父母的正确引导”，并不排除“缺乏父母的正确引导一定是以自我为中心”这种情况的可能性，也就是“以自我为中心”与“缺乏父母的正确引导”有可能是同一的，在这种情况下，C项就不成立了。

解法二：命题逻辑法。

题干信息：

(1) 大多数独生子女→以自我为中心。

(2) 有些非独生子女→以自我为中心。

(3) 以自我为中心→缺乏正确引导。

由 (2)(3) 传递得：(4) 有些非独生子女→以自我为中心→缺乏正确引导。

B项：根据换位法，SIP＝PIS，则 (4) 有些非独生子女→缺乏正确引导＝有些缺乏正确引导→非独生子女，因此为正确答案。

A项：缺乏正确引导→独生子女。不能从题干推出，排除。

C项：有些缺乏正确引导∧¬以自我为中心。不能从题干推出，排除。

D项：大多数缺乏正确引导→独生子女。由（1）（3）传递可得，大多数独生子女→以自我为中心→缺乏正确引导。由换位法的互换特性只能得出“有些缺乏正确引导→非独生子女”，无法得出“大多数缺乏正确引导→独生子女”，排除。

E项：从题干信息无法比较多子女家庭和独生子女家庭的数量，排除。

10　2006MBA－32

除了吃川菜，张涛不吃其他菜肴。所有林村人都爱吃川菜。川菜的特点为麻辣香，其中有大量的干鲜辣椒、花椒、大蒜、姜、葱、香菜等调料。大部分吃川菜的人都喜好一边吃川菜，一边喝四川特有的盖碗茶。

如果上述断定为真，则以下哪项一定为真？

A. 所有林村人都爱吃麻辣香的食物。

B. 所有林村人都爱喝四川出产的茶。

C. 大部分林村人喝盖碗茶。

D. 张涛喝盖碗茶。

E. 张涛是四川人。

［解题分析］正确答案：A

解法一：三段论推理。

根据“所有林村人都爱吃川菜”“川菜的特点为麻辣香”，可推出“所有林村人都爱吃麻辣香的食物”，因此，A项为正确答案。

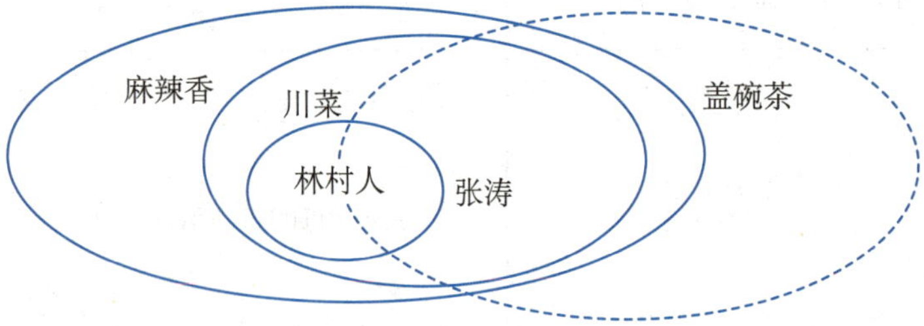

解法二：命题逻辑推理。

题干断定：（1）张涛→川菜；（2）林村→川菜；（3）川菜→麻辣香；（4）大部分吃川菜的人→吃川菜∧喝四川盖碗茶。

A项：林村→麻辣香。由（2）（3）传递可得：林村→川菜→麻辣香，正确。

B项：林村→喝四川茶。无法从题干断定中推出，排除。

C项：大部分林村→喝盖碗茶。不能从（2）（4）中推出，排除。

D项：张涛→喝盖碗茶。不能从（1）（4）中推出，排除。

E项：张涛→四川人。无法从题干断定中推出，排除。

11　2006MBA－27

我想说的都是真话，但真话我未必都说。

如果上述断定为真，则以下各项都可能为真，除了：

A. 我有时也说假话。

B. 我不是想啥说啥。

C. 有时说某些善意的假话并不违背我的意愿。

D. 我说的都是我想说的话。

E. 我说的都是真话。

[解题分析] 正确答案：C

题干断定：(1) 我想说的都是真话；(2) 真话我未必都说。

问题是"以下各项都可能为真，除了"，即选择与题干断定矛盾的选项。

C 项：有些假话不违背我的意愿＝有的假话是想说的话＝有的想说的话是假话＝有的想说的话不是真话。这与 (1) 矛盾，不可能为真，因此为正确答案。

A 项：有时也说假话。题干没有提及相关信息，无法判断真假，排除。

B 项：由 (2) 知，可能有的真话不说。结合 (1)，可推知，想说的可能不说，即可能不是想啥说啥。可能为真，排除。

D、E 项：题干没有断定，无法判断真假，排除。

备注：可用作图法辅助思考，"我想说的话"被包含于"真话"，"我说的话"和"我想说的话"的关系不确定。

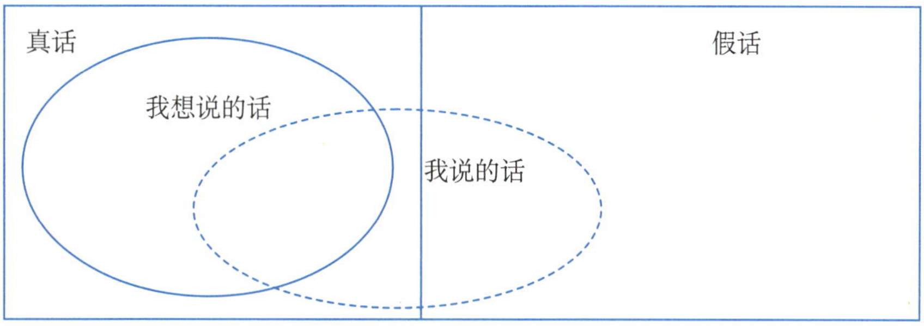

12　2005MBA－47

去年 4 月，股市出现了强劲反弹，某证券部通过对该部股民持仓品种的调查发现，大多数经验丰富的股民都买了小盘绩优股，而所有年轻的股民都选择了大盘蓝筹股，而所有买了小盘绩优股的股民都没买大盘蓝筹股。

如果上述情况为真，则以下哪项关于该证券部股民的调查结果也必定为真？

Ⅰ. 有些年轻的股民是经验丰富的股民。

Ⅱ. 有些经验丰富的股民没买大盘蓝筹股。

Ⅲ. 年轻的股民都没买小盘绩优股。

A. 只有Ⅱ。

B. 只有Ⅰ和Ⅱ。

C. 只有Ⅱ和Ⅲ。

D. 只有Ⅰ和Ⅲ。

E. Ⅰ、Ⅱ和Ⅲ。

[解题分析] 正确答案：C

解法一：三段论推理。

所有年轻的股民都不是经验丰富的股民并不违背题干的条件。因此，Ⅰ不一定为真。

由题干"大多数经验丰富的股民都买了小盘绩优股""而所有买了小盘绩优股的股民都没买大盘蓝筹股"必然可以推出"大多数经验丰富的股民没买大盘蓝筹股"，从中进一步推出Ⅱ必然为真。

由题干"所有年轻的股民都选择了大盘蓝筹股，而所有买了小盘绩优股的股民都没买大盘蓝筹股”必然可以推出“年轻的股民都没买小盘绩优股”。因此，Ⅲ必然为真。

本题可用作图法辅助推理：

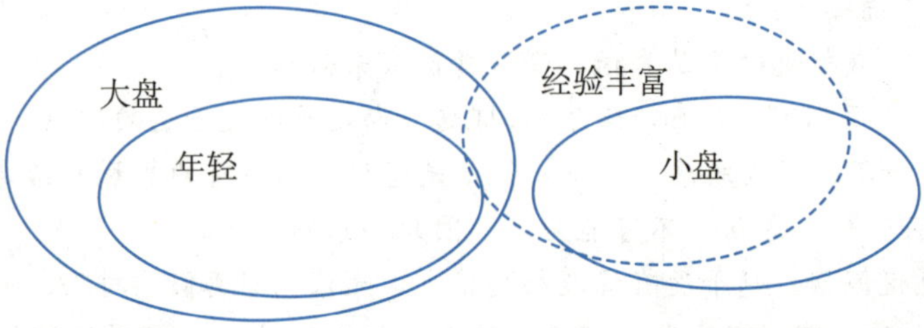

解法二：命题逻辑推理。

题干断定：(1) 大多数经验丰富→小盘；(2) 年轻→大盘；(3) 小盘→¬大盘。

由 (1)(3)(2) 传递可得：(4) 大多数经验丰富→小盘→¬大盘→¬年轻。

Ⅰ：有些年轻→经验丰富。由 (4) 大多数经验丰富→¬年轻，只能推出“有些¬年轻→经验丰富”，但无法推出“有些年轻→经验丰富”，不必定为真。

Ⅱ：有些经验丰富→¬大盘。由 (4) 大多数经验丰富→¬大盘，可以推出“有些经验丰富→¬大盘”，必定为真。

Ⅲ：年轻→¬小盘。由 (2)(3) 可推出，年轻→大盘→¬小盘，必定为真。

因此，C项正确。

13　2005MBA－33

人应对自己的正常行为负责，这种负责甚至包括因行为触犯法律而承受制裁。但是，人不应该对自己不可控制的行为负责。

以下哪项能从上述断定中推出？

Ⅰ. 人的有些正常行为会导致触犯法律。

Ⅱ. 人对自己的正常行为有控制力。

Ⅲ. 不可控制的行为不可能触犯法律。

A. 只有Ⅰ。

B. 只有Ⅱ。

C. 只有Ⅲ。

D. 只有Ⅰ和Ⅱ。

E. Ⅰ、Ⅱ和Ⅲ。

[解题分析] 正确答案：D

题干信息：

(1) 正常→负责；(人应对自己的正常行为负责)

(2) 有些正常且负责→触犯法律；(这种负责甚至包括因行为触犯法律而承受制裁)

(3) ¬可控制→¬负责。(人不应该对自己不可控制的行为负责)

由 (1)(3) 传递可得：(4) 正常→负责→可控制。

Ⅰ：可从题干推出。由 (1)(2) 可得，人的有些正常行为会导致触犯法律。

Ⅱ：可从题干推出。由 (4) 可得，人对自己的正常行为有控制力。

Ⅲ：从题干推不出。由 (3)，不可控制的行为不应该负责，但不应该负责的行为是否包括触犯法律的行为呢，从题干得不出，无法判断真假。

因此，D项为正确答案。

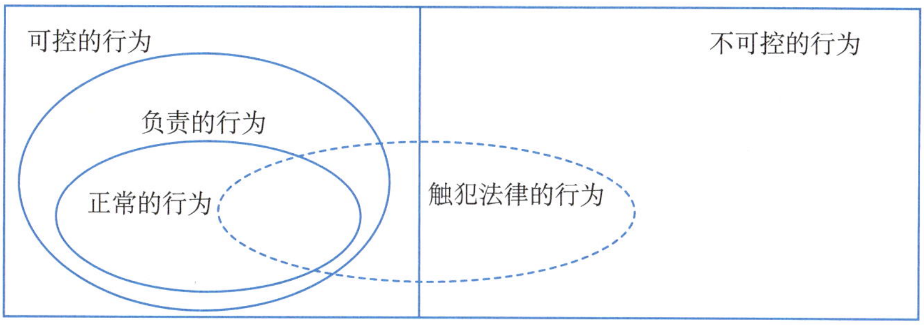

三、 补充前提

省略直言三段论是省去一个前提或结论的直言三段论。这里的补充前提型题目指的是省略前提的直言三段论。

（一）恢复省略前提三段论的方法

（1）查看省略三段论省略的是前提还是结论，若确定该省略三段论省略的是前提，那就确定结论，从而确定大项和小项。

（2）进一步确定省略的是大前提还是小前提：大项没有在省略式中的前提中出现，表明省略的是大前提；小项在省略式中的前提中没有出现，说明省略的是小前提。

如果省略的是大前提，则把结论的谓项（大项）与中项相联结，得到大前提。

如果省略的是小前提，则把结论的主项（小项）与中项相联结，得到小前提。

（3）把省略的部分补充进去，并作适当的整理，就得到了省略三段论的完整形式。

在做了这些工作之后，再看被省略的前提是否真实，推理过程是否正确。

（二）解题步骤

（1）抓住前提和结论。

阅读题干，确定题干论证的前提和结论。

（2）揭示被省略前提。

查看已知前提与结论中没有重合的两个项，将其联结起来。依据合理性原则，凭语感揭示出被省略的前提。

（3）检验推理的有效性。

把被省略的前提补充进去，并作适当的整理，将推理恢复成标准形式，根据三段论的演绎推理规则，检验上述推理是否有效。验证选项时，相对便捷的办法是借助作图法来帮助思考，以判断直言推理的有效性。

1　2012MBA－45

有些通信网络的维护涉及个人信息安全，因而，不是所有通信网络的维护都可以外包。

以下哪项可以使上述论证成立？

A. 所有涉及个人信息安全的通信网络的维护都不可以外包。

B. 有些涉及个人信息安全的通信网络的维护不可以外包。

C. 有些涉及个人信息安全的通信网络的维护可以外包。

D. 所有涉及国家信息安全的通信网络的维护都不可以外包。

E. 有些通信网络的维护涉及国家信息安全。

［解题分析］正确答案：A

题干补充信息后，其完整的论证结构如下。

题干前提：有些通信网络的维护涉及个人信息安全。

补充 A 项：所有涉及个人信息安全的通信网络的维护都不可以外包。

得出结论：有些通信网络的维护不可以外包。

因而，不是所有通信网络的维护都可以外包。

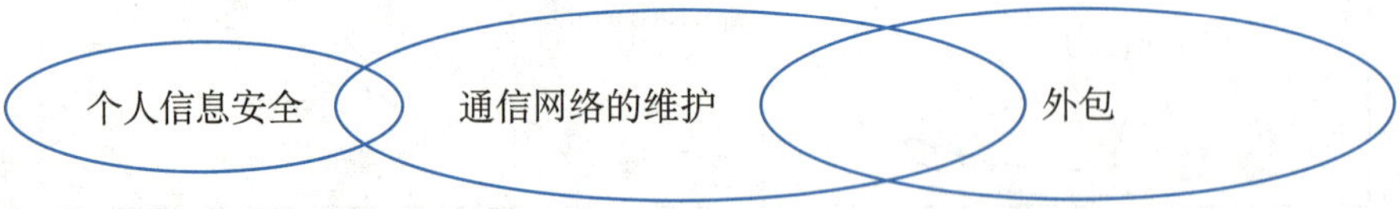

这是一个有效的推理。

其余选项均不妥，其中：

B、C 项：均无法与题干前提结合得出题干结论，排除。

D、E 项：题干中未出现“国家信息安全”，排除。

2　2004MBA－32

所有物质实体都是可见的，而任何可见的东西都没有神秘感。因此，精神世界不是物质实体。

以下哪项最可能是上述论证所假设的？

A. 精神世界是不可见的。

B. 有神秘感的东西都是不可见的。

C. 可见的东西都是物质实体。

D. 精神世界有时也是可见的。

E. 精神世界具有神秘感。

[解题分析] 正确答案：E

由题干“所有物质实体都是可见的，而任何可见的东西都没有神秘感”可以推出“所有物质实体都没有神秘感”。

这样，题干论证简化为：所有物质实体都没有神秘感，因此，精神世界不是物质实体。

上述论证补充假设后，形成如下完整的论证。

前提：所有物质实体都没有神秘感。

假设：精神世界具有神秘感。

结论：精神世界不是物质实体。

因此，E 项为题干论证的假设，正确。

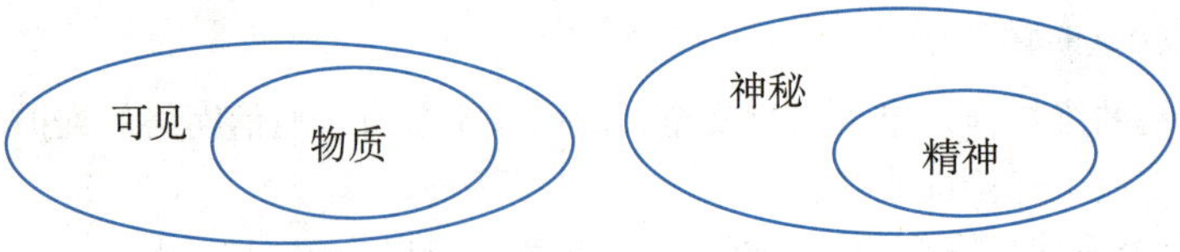

A 项：补充进题干可形成完整的三段论论证：所有物质实体都是可见的，精神世界是不可见的，因此，精神世界不是物质实体。虽然补充该项也可有效地得出结论，但该论证使得题干中的前提“任何可见的东西都没有神秘感”显得多余，所以该项不是最合适的。

B 项：“有神秘感的东西都是不可见的”与题干前提中的“任何可见的东西都没有神秘感”逻辑关系重复，无法与题干前提结合得出题干结论，排除。

C、D 项：与题干前提结合，无法得出题干结论，排除。

四、反驳结论

反驳一个观点或结论的有效方式就是寻找一个反例，或者从演绎规则出发，构造一个推理，推导出逻辑矛盾，从而否定该结论。

1　2015MBA－40

有些阔叶树是常绿植物，因此，所有阔叶树都不生长在寒带地区。

以下哪项如果为真，最能反驳上述结论？

A. 常绿植物都生长在寒带地区。

B. 寒带的某些地区不生长阔叶树。

C. 常绿植物都不生长在寒带地区。

D. 常绿植物不都是阔叶树。

E. 有些阔叶树不生长在寒带地区。

[解题分析] 正确答案：A

题干结论：所有阔叶树都不生长在寒带地区。

其负命题最能反驳题干结论，即只需要证明：有些阔叶树生长在寒带地区。

推理过程如下：

题干前提：有些阔叶树是常绿植物。

补充A项：常绿植物都生长在寒带地区。

得出结论：有些阔叶树生长在寒带地区。

2　2014MBA－48

兰教授认为，不善于思考的人不可能成为一名优秀的管理者，没有一个谦逊的智者学习占星术，占星家均学习占星术，但是有些占星家却是优秀的管理者。

以下哪项如果为真，最能反驳兰教授的上述观点？

A. 有些占星家不是优秀的管理者。

B. 有些善于思考的人不是谦逊的智者。

C. 所有谦逊的智者都是善于思考的人。

D. 谦逊的智者都不是善于思考的人。

E. 善于思考的人都是谦逊的智者。

[解题分析] 正确答案：E

解法一：三段论推理。

从题干条件推理如下：

不善于思考的人不可能成为一名优秀的管理者，即：所有优秀的管理者都是善于思考的人。

假设E项为真，即：善于思考的人都是谦逊的智者。

因此，所有优秀的管理者都是谦逊的智者。

加上题干断定：有些占星家却是优秀的管理者。

因此，有些占星家是谦逊的智者。

再加上题干断定：占星家均学习占星术。

因此，有些学习占星术的人是谦逊的智者。

即：有些谦逊的智者学习占星术。

这与题干所断定的“没有一个谦逊的智者学习占星术”相矛盾。

所以，E 项最能反驳兰教授的观点。

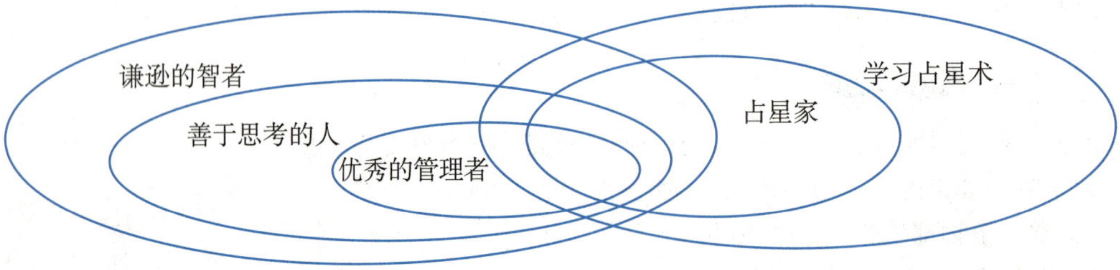

解法二：命题逻辑推理。

题干断定：

（1）¬思考→¬优秀管理者。

（2）谦逊的智者→¬占星术。

（3）占星家→占星术。

（4）有些占星家→优秀管理者。

由（4）（1）可得，有些占星家→优秀管理者→思考。

换位可得，有些思考→占星家。

再加上（3）（2）推得，有些思考→占星家→占星术→¬谦逊的智者。

即，有些善于思考的人不是谦逊的智者。这与 E 项“善于思考的人都是谦逊的智者”相矛盾。

因此，E 项最能反驳兰教授的观点，正确。

其余选项均不妥，其中，A 项与（4）是反对关系，不是矛盾关系，排除。

五、推理题组

直言三段论的推理题组就是两到三个题（一般为两个题）基于同一个题干这样的考题，实际上这种题就是对题干逻辑关系从不同角度同时考查，以更有效地考查考生是否具备熟练运用三段论推理的能力。

1　2001MBA－62～63 基于以下题干：

以下是某市体委对该市业余体育运动爱好者一项调查中的若干结论：

所有的桥牌爱好者都爱好围棋；有围棋爱好者爱好武术；所有的武术爱好者都不爱好健身操；有桥牌爱好者同时爱好健身操。

62. 如果上述结论都是真实的，则以下哪项不可能为真？

A. 所有的围棋爱好者也都爱好桥牌。

B. 有的桥牌爱好者爱好武术。

C. 健身操爱好者都爱好围棋。

D. 有桥牌爱好者不爱好健身操。

E. 围棋爱好者都爱好健身操。

［解题分析］正确答案：E

由题干条件，有围棋爱好者爱好武术，又所有的武术爱好者都不爱好健身操，因此，有围棋爱好者不爱好健身操。所以，E 项的断定不可能为真。

其余各项都可能为真。比如，当围棋爱好者和桥牌爱好者为同一关系时，A 项为真。

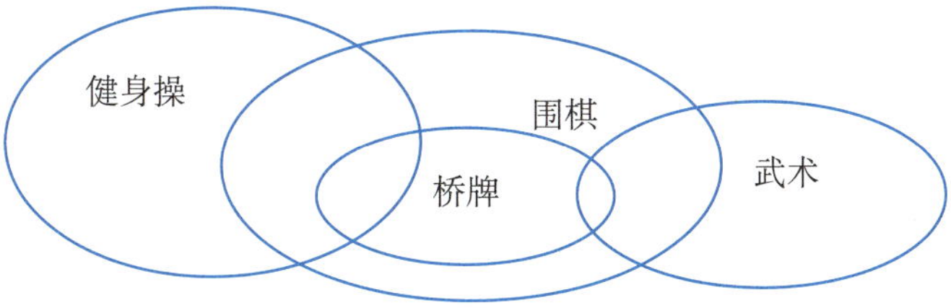

63. 如果在题干中再增加一个结论：每个围棋爱好者爱好武术或者健身操，则以下哪个人的业余体育爱好与题干断定的条件矛盾？

A. 一个桥牌爱好者，既不爱好武术，也不爱好健身操。

B. 一个健身操爱好者，既不爱好围棋，也不爱好桥牌。

C. 一个武术爱好者，爱好围棋，但不爱好桥牌。

D. 一个武术爱好者，既不爱好围棋，也不爱好桥牌。

E. 一个围棋爱好者，爱好武术，但不爱好桥牌。

[解题分析] 正确答案：A

由题干条件，所有的桥牌爱好者都爱好围棋，又每个围棋爱好者爱好武术或者健身操，所以每个桥牌爱好者爱好武术或者健身操，即不存在桥牌爱好者既不爱好武术也不爱好健身操。因此，A 项和题干断定的条件矛盾。

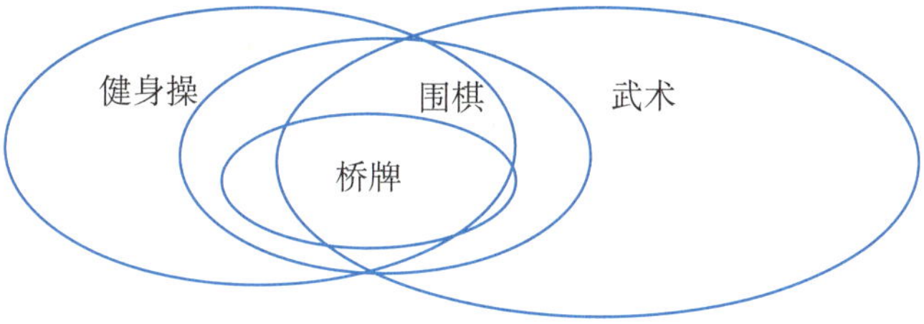

2 2000MBA－65～66 基于以下题干：

所有安徽来京打工人员，都办理了暂住证；所有办理了暂住证的人员，都获得了就业许可证；有些安徽来京打工人员当上了门卫；有些业余武术学校的学员也当上了门卫；所有的业余武术学校的学员都未获得就业许可证。

65. 如果上述断定都是真的，则除了以下哪项，其余的断定也必定是真的？

A. 所有安徽来京打工人员都获得了就业许可证。

B. 没有一个业余武术学校的学员办理了暂住证。

C. 有些安徽来京打工人员是业余武术学校的学员。

D. 有些门卫没有就业许可证。

E. 有些门卫有就业许可证。

[解题分析] 正确答案：C

解法一：三段论推理。

根据“所有安徽来京打工人员，都办理了暂住证”“所有办理了暂住证的人员，都获得了就业许可证”，可推出：所有安徽来京打工人员都获得了就业许可证。又由“所有的业余武术学校的学员都未获得就业许可证”，可知，不可能有安徽来京打工人员是业余武术学校的学员。因此，C 项必定是假的。

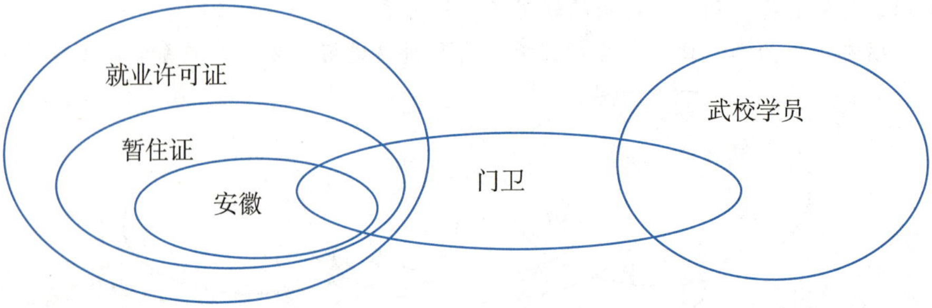

解法二：命题逻辑推理。

题干信息：(1) 安徽→暂住；(2) 暂住→就业；(3) 有些安徽→门卫；(4) 有些武校→门卫；(5) 武校→¬就业。

由 (3) (1) (2) (5) 推知：(6) 有些门卫→安徽→暂住→就业→¬武校。

由 (4) (5) (2) (1) 推知：(7) 有些门卫→武校→¬就业→¬暂住→¬安徽。

C 项：有些安徽→武校。与 (6)"安徽→¬武校"相矛盾，必定为假。

A 项：安徽→就业。与 (6) 逻辑关系一致，必定为真。

B 项：武校→¬暂住。与 (7) 逻辑关系一致，必定为真。

D 项：有些门卫→¬就业。与 (7) 逻辑关系一致，必定为真。

E 项：有些门卫→就业。与 (6) 逻辑关系一致，必定为真。

66. 以下哪个人的身份，不可能符合上述题干所给出的断定？

A. 一个获得了就业许可证的人，但并非业余武术学校的学员。

B. 一个获得了就业许可证的人，但没有办理暂住证。

C. 一个办理了暂住证的人，但并非安徽来京打工人员。

D. 一个办理了暂住证的业余武术学校的学员。

E. 一个门卫，既没有办理暂住证，又不是业余武术学校的学员。

[解题分析] 正确答案：D

解法一：三段论推理。

由题干"所有办理了暂住证的人员，都获得了就业许可证""所有的业余武术学校的学员都未获得就业许可证"，可推出：不可能有业余武术学校的学员办理了暂住证，即 D 项不可能符合题干的断定。

解法二：命题逻辑推理。

D 项：暂住∧武校。与 (6)"暂住→¬武校"是矛盾关系，不可能为真。

A 项：就业∧¬武校。与 (6)"就业→¬武校"逻辑关系不矛盾，可能为真。

B 项：就业∧¬暂住。与 (6)"暂住→就业"逻辑关系不矛盾，可能为真。

C 项：暂住∧¬安徽。与 (6)"安徽→暂住"逻辑关系不矛盾，可能为真。

E 项：门卫∧¬暂住∧¬武校。与 (7)"有些门卫→¬暂住"和 (6)"有些门卫→¬武校"逻辑关系不矛盾，可能为真。

第二章　命题逻辑

演绎逻辑是研究推理的有效性的。命题逻辑研究的推理是关于复合命题之间的演绎推理，由于推理形式是命题形式之间的关系，因此，为研究推理的有效性，就要对命题形式进行分析。

第一节　复合推理

复合命题是包含了其他命题的一种命题，一般来说，它是由若干个（至少一个）简单命题通过一定的逻辑联结词组合而成的。包含联言、选言、假言等基本复合命题的推理叫复合推理。

一、联言推理

联言命题是由“并且”这类联结词联结两个支命题形成的复合命题，是断定事物的若干种情况同时存在的命题。

其标准形式是“P 且 Q”。

逻辑上表示为：$P \wedge Q$（读作 P 合取 Q）。

其逻辑含义是在多个联言支存在的情况下，只要有一个联言支是假的，整个联言命题都将是假的。

1　2009MBA－54

张珊喜欢喝绿茶，也喜欢喝咖啡。她的朋友中没有人既喜欢喝绿茶，又喜欢喝咖啡，但她的所有朋友都喜欢喝红茶。

如果上述断定为真，则以下哪项不可能为真？

A. 张珊喜欢喝红茶。

B. 张珊的所有朋友都喜欢喝咖啡。

C. 张珊的所有朋友喜欢喝的茶在种类上完全一样。

D. 张珊有一个朋友既不喜欢喝绿茶，也不喜欢喝咖啡。

E. 张珊喜欢喝的饮料，她有一个朋友也喜欢喝。

［解题分析］正确答案：E

题干断定：

（1）张珊→绿茶∧咖啡；

（2）张珊的朋友→¬（绿茶∧咖啡）；

（3）张珊的朋友→红茶。

E 项：由（1）（2）知，张珊喜欢喝的两种饮料，张珊的任何一个朋友不会都喜欢喝。因此，该项为假，正确。

A 项：题干没有提及张珊是否喜欢喝红茶，无法判断真假，有可能为真，排除。

B 项：与（2）不矛盾，无法判断真假，有可能为真，排除。

C 项：与（3）不矛盾，无法判断真假，有可能为真，排除。

D 项：符合（2），必然为真，排除。

2 2008MBA－57

北方人不都爱吃面食，但南方人都不爱吃面食。

如果已知上述第一个断定真，第二个断定假，则以下哪项据此不能确定真假？

Ⅰ. 北方人都爱吃面食，有的南方人也爱吃面食。

Ⅱ. 有的北方人爱吃面食，有的南方人不爱吃面食。

Ⅲ. 北方人都不爱吃面食，南方人都爱吃面食。

A. 只有Ⅰ。

B. 只有Ⅱ。

C. 只有Ⅲ。

D. 只有Ⅱ和Ⅲ。

E. Ⅰ、Ⅱ和Ⅲ。

[解题分析] 正确答案：D

题干存在以下两个性质命题的断定：

（1）第一个断定“北方人不都爱吃面食”为真。

等同于“有的北方人不爱吃面食”（SOP）为真。由此推知，SAP 假，SIP 和 SEP 真假不确定。即“有的北方人不爱吃面食”为真，则“北方人都爱吃面食”为假，不能确定“有的北方人爱吃面食”与“北方人都不爱吃面食”的真假。

（2）第二个断定“南方人都不爱吃面食”为假。

“南方人都不爱吃面食”（SEP）为假，可推出，“有的南方人爱吃面食”（SIP）为真，不能确定“有的南方人不爱吃面食”（SOP）与“南方人都爱吃面食”（SAP）的真假。

Ⅰ：“北方人都爱吃面食”为假，“有的南方人也爱吃面食”为真，则该联言命题为假。

Ⅱ：“有的北方人爱吃面食”与“有的南方人不爱吃面食”两个联言支都不能确定真假，则该联言命题也不能确定真假。

Ⅲ：“北方人都不爱吃面食”与“南方人都爱吃面食”两个联言支都不能确定真假，则该联言命题也不能确定真假。

因此，D 项为正确答案。

二、选言推理

选言命题是断定事物若干种可能情况的命题。具体分为两种：

（一）相容选言命题及其推理

相容选言命题是断定事物若干种可能情况中至少有一种情况存在的命题。其标准形式是“P 或者 Q”。

逻辑上表示为：P∨Q（读作“P 析取 Q”）。

由于相容选言命题的各个支所断定的情况是可以并存的，因此，在相容选言判断中，可以不止有一个选言支是真的。但是，只有至少有一个选言支是真的，该选言命题才是真的，否则，就是假的。

相容选言推理的规则：

（1）否定一部分选言支，就要肯定另一部分选言支。

（2）肯定一部分选言支，不能否定另一部分选言支。

（二）不相容选言命题及其推理

不相容选言命题是断定事物若干种可能情况中有而且只有一种情况存在的命题。其标准形式是“要么P，要么Q，二者必居其一”。

逻辑上表示为：$P\dot{\vee}Q$（读作“P强析取Q”）。

由于不相容选言命题断定了事物若干种可能情况中，有而且只有一种情况存在，这样，一个不相容选言命题为真，当且仅当恰好有一个选言支为真。当所有的选言支都为假或不止一个选言支为真时，整个不相容选言命题便为假。

不相容选言推理的规则：

（1）否定一个选言支以外的选言支，就要肯定未被否定的那个选言支。

（2）肯定一个选言支，就要否定其余的选言支。

1 2019MBA－40

下面6张卡片，一面印的是汉字（动物或者花卉），一面印的是数字（奇数或者偶数）。

虎	6	菊	7	鹰	8

对于上述6张卡片，如果要验证“每张至少有一面印的是偶数或者花卉”，则至少需要翻看几张卡片？

A. 2。

B. 3。

C. 4。

D. 5。

E. 6。

［解题分析］ 正确答案：B

要验证“每张至少有一面印的是偶数或者花卉”，其中的“6”“菊”“8”三张就已经满足条件了，其余三张均需要验证。因此，B项正确。

2 2014MBA－42

这两个《通知》，或者属于规章，或者属于规范性文件，任何人均无权依据这两个《通知》将本来属于当事人选择公证的事项规定为强制公证的事项。

根据以上信息，可以得出以下哪项？

A. 规章或者规范性文件既不是法律，也不是行政法规。

B. 规章或者规范性文件，或者不是法律，或者不是行政法规。

C. 这两个《通知》如果一个属于规章，那么另一个属于规范性文件。

D. 这两个《通知》如果都不属于规范性文件，那么就属于规章。

E. 将本来属于当事人选择公证的事项规定为强制公证的事项属于违法行为。

［解题分析］ 正确答案：D

对这两个《通知》来说，题干断定：

或者属于规章，或者属于规范性文件＝如果都不属于规范性文件，那么就属于规章。

因此，正确答案为D项。

其余选项都不能必然被推出。

3　2012MBA－33

《文化新报》记者小白周四去某市采访陈教授与王研究员。次日，其同事小李问小白："昨天你采访到那两位学者了吗？"小白说："不，没那么顺利。"小李又问："那么，你一个都没采访到？"小白说："也不是。"

以下哪项最可能是小白周四采访所发生的情况？

A. 小白采访到了两位学者。

B. 小白采访了陈教授，但没有采访王研究员。

C. 小白根本没有去采访两位学者。

D. 两位采访对象都没有接受采访。

E. 小白采访到了一位，但没有采访到另一位。

［解题分析］正确答案：E

对两位学者的采访只有三种情况：采访到了两位，只采访到了一位，一个都没采访到。

小白既否定了采访到了两位学者，也否定了一个都没采访到，因此，一定是，小白只采访到了其中一位学者。E项为正确答案。

4　2012MBA－29

王涛和周波是理科（1）班同学，他们是无话不说的好朋友。他们发现班里每一个人或者喜欢物理，或者喜欢化学。王涛喜欢物理，周波不喜欢化学。

根据以上陈述，以下哪项必为真？

Ⅰ. 周波喜欢物理。

Ⅱ. 王涛不喜欢化学。

Ⅲ. 理科（1）班不喜欢物理的人喜欢化学。

Ⅳ. 理科（1）班一半人喜欢物理，一半人喜欢化学。

A. 仅Ⅰ。

B. 仅Ⅲ。

C. 仅Ⅰ、Ⅱ。

D. 仅Ⅰ、Ⅲ。

E. 仅Ⅱ、Ⅲ、Ⅳ。

［解题分析］正确答案：D

题干断定：每一个人或者喜欢物理，或者喜欢化学。

Ⅰ必为真。根据周波不喜欢化学，可推出周波喜欢物理。

Ⅱ推不出。根据王涛喜欢物理，推不出王涛是否喜欢化学。

Ⅲ必为真。根据不喜欢物理，可推出喜欢化学。

Ⅳ推不出。根据题干断定，推不出Ⅳ。

5　2005MBA－37

一桩投毒谋杀案，作案者要么是甲，要么是乙，二者必有其一；所用毒药或者是毒鼠强，或者是乐果，二者至少其一。

如果上述断定为真，则以下哪项推断一定成立？

Ⅰ. 该投毒案不是甲投毒鼠强所为，因此一定是乙投乐果所为。

Ⅱ. 在该案侦破中发现甲投了毒鼠强，因此案中的毒药不可能是乐果。

Ⅲ. 该投毒案的作案者不是甲，并且所投毒药不是毒鼠强，因此一定是乙投乐果所为。

A. 只有Ⅰ。

B. 只有Ⅱ。

C. 只有Ⅲ。

D. 只有Ⅰ和Ⅲ。

E. Ⅰ、Ⅱ和Ⅲ。

[解题分析] 正确答案：C

解法一：命题逻辑法。

题干信息：

(1) 作案者：甲 $\dot{\vee}$ 乙（必有其一）；

(2) 毒药：毒鼠强 ∨ 乐果（至少其一）。

Ⅰ：¬（甲 ∧ 毒鼠强）＝¬甲 ∨ ¬毒鼠强，从不是甲投毒鼠强，得不出一定是乙投乐果，排除。

Ⅱ：甲 ∧ 毒鼠强＝¬乙 ∧ 毒鼠强，从不是甲投毒鼠强，可得出不是乙投毒鼠强，但由于毒鼠强和乐果至少其一，所以无法确定有没有乐果，排除。

Ⅲ：¬甲 ∧ ¬毒鼠强＝乙 ∧ 乐果，从不是甲投毒鼠强，可得出一定是乙投乐果，正确。

解法二：列表分析法。

由题干条件可列表如下：

	仅有毒鼠强	仅有乐果	毒鼠强和乐果
甲	+	+	+
乙	+	+	+

Ⅰ不成立。不是甲投毒鼠强，也可能是甲投乐果，或者乙投毒鼠强。

Ⅱ不成立。题干断定，所用毒药或者是毒鼠强，或者是乐果，二者至少其一。因此，可以同时用这两种毒药。发现了毒鼠强，毒药中也不能排除乐果。

Ⅲ成立。不是甲投毒，那必然是乙投毒；毒药不是毒鼠强，那必然是乐果。即一定是乙投乐果。

因此，C项为正确答案。

三、假言推理

假言命题是断定事物情况之间条件关系的命题，所以又称条件命题。假言命题中，表示条件的支命题称为假言命题的前件，表示依赖该条件而成立的命题称为假言命题的后件。

（一）充分条件假言命题及其推理

充分条件假言命题是指前件是后件的充分条件的假言命题。所谓前件是后件的充分条件是指：只要存在前件所断定的事物情况，就一定会出现后件所断定的事物情况。其标准形式是“如果 P，那么 Q”。

逻辑上则表示为：P→Q（读作“P 蕴涵 Q”）。

一个充分条件假言命题，只有当它的前件真、后件假时，该假言命题才是假的。在其他情况下，充分条件假言命题都是真的。

充分条件假言推理的规则：

（1）肯定前件就要肯定后件，否定后件就要否定前件。

（2）否定前件不能否定后件，肯定后件不能肯定前件。

（二）必要条件假言命题及其推理

必要条件假言命题是指前件是后件的必要条件的假言命题。所谓前件是后件的必要条件是指：如果不存在前件所断定的事物情况，就不会有后件所断定的事物情况。其标准形式是“只有 P，才 Q”。

逻辑上则表示为：P←Q（读作“P 反蕴涵 Q”）。

一个必要条件假言命题，只有当它的前件假、后件真时，该假言命题才是假的。在其他情况下，必要条件假言命题都是真的。

必要条件假言推理的规则：

（1）否定前件就要否定后件，肯定后件就要肯定前件。

（2）肯定前件不能肯定后件，否定后件不能否定前件。

（三）充要条件假言命题及其推理

充要条件假言命题是指前件是后件的充分且必要条件的假言命题。所谓前件是后件的充分且必要条件是指：只要存在前件所断定的事物情况，就一定会出现后件所断定的事物情况；同时，如果不存在前件所断定的事物情况，就不会有后件所断定的事物情况。其标准形式是“当且仅当 P，则 Q”。

逻辑上则表示为：P↔Q（读作“P 等值于 Q”）。

一个充要条件假言命题为真，当且仅当等值符“↔”所联结的支命题（前件与后件）同真同假。

充要条件假言推理有两条规则：

（1）肯定前件就要肯定后件，肯定后件也要肯定前件。

（2）否定前件就要否定后件，否定后件也要否定前件。

另外，对充要条件的理解还要注意以下两条：

（1）唯一条件就是充要条件。

（2）所有的必要条件合起来是充要条件。

（四）假言直接推理

（1）假言易位推理。

如果 P，那么 Q。

所以，只有 Q，才 P。

（2）假言换质推理。

如果 P，那么 Q。

所以，只有非 P，才非 Q。

（3）假言易位换质推理。

如果 P，那么 Q。

所以，如果非 Q，那么非 P。

（五）假言等值推理

假言命题可与全称直言命题互相转换。

（1）P→Q=PAQ。

（2）P←Q＝QAP。

（六）假言三段论

（1）充分条件假言三段论。

肯定前件式：（P→Q）∧P→Q。

否定后件式：（P→Q）∧¬Q→¬P。

（2）必要条件假言三段论。

否定前件式：（P←Q）∧¬P→¬Q。

肯定后件式：（P←Q）∧Q→P。

（七）解题步骤

（1）先写出原命题。

首先将自然语言形式化，根据题意写出原命题的条件关系式。

（2）再写出逆否命题。

原命题与逆否命题为等价命题，如果一个命题正确，那么它的逆否命题也一定正确。

P→Q 等价于¬P←¬Q。

P←Q 等价于¬P→¬Q。

（3）然后按蕴涵方向进行推理。

顺着原命题和逆否命题这两个条件关系式箭头方向推出的结果是正确的，逆着箭头方向推，推不出任何结果。

1　2018MBA－43

若要人不知，除非己莫为；若要人不闻，除非己莫言。为之而欲人不知，言之而欲人不闻，此犹捕雀而掩目，盗钟而掩耳者。

根据以上陈述，可以得出以下哪项？

A. 若己不言，则人不闻。

B. 若己为，则人会知；若己言，则人会闻。

C. 若能做到盗钟而掩耳，则可言之而人不闻。

D. 若己不为，则人不知。

E. 若能做到捕雀而掩目，则可为之而不知。

［解题分析］正确答案：B

若要人不知，除非己莫为＝人不知→己莫为＝人知←己为＝若己为，则人会知。

若要人不闻，除非己莫言＝人不闻→己莫言＝人闻←己言＝若己言，则人会闻。

2　2018MBA－37

张教授：利益并非只是物质利益，应该把信用、声誉、情感甚至某种喜好等都归入利益的范畴。根据这种对“利益”的广义理解，如果每一个个体在不损害他人利益的前提下，尽可能满足其自身的利益需求，那么由这些个体组成的社会就是一个良善的社会。

根据张教授的观点，可以得出以下哪项？

A. 如果一个社会不是良善的，那么其中肯定存在个体损害他人利益或自身利益需求没有尽可能得到满足的情况。

B. 尽可能满足每一个个体的利益需求，就会损害社会的整体利益。

C. 只有尽可能满足每一个个体的利益需求，社会才可能是良善的。

D. 如果有些个体通过损害他人利益来满足自身的利益需求，那么社会就不是良善的。

E. 如果某些个体的利益需求没有尽可能得到满足，那么社会就不是良善的。

［解题分析］正确答案：A

题干断定：如果每一个个体在不损害他人利益的前提下，尽可能满足其自身的利益需求，那么由这些个体组成的社会就是一个良善的社会。

其等价的逆否命题为：如果一个社会不是良善的，那么其中肯定存在个体损害他人利益或自身利益需求没有尽可能得到满足的情况。即A项正确。

B项：题干没有涉及个体利益与整体利益之间的关系，排除。

C、D、E项：与题干的逻辑关系不一致，不符合推理规则，排除。

3　2018MBA－26

人民既是历史的创造者，也是历史的见证者；既是历史的“剧中人”，也是历史的“剧作者”。离开人民，文艺就会变成无根的浮萍、无病的呻吟、无魂的躯壳。关注人民的生活、命运、情感，表达人民的心愿、心情、心声，我们的作品才会在人民中流传久远。

根据以上陈述，可以得出以下哪项？

A. 历史的创造者都是历史的见证者。

B. 历史的创造者都不是历史的“剧中人”。

C. 历史的“剧中人”都是历史的“剧作者”。

D. 我们的作品只要表达人民的心愿、心情、心声，就会在人民中流传久远。

E. 只有不离开人民，文艺才不会变成无根的浮萍、无病的呻吟、无魂的躯壳。

［解题分析］正确答案：E

题干断定：离开人民→文艺就会变成无根的浮萍、无病的呻吟、无魂的躯壳。

其等价于：不离开人民←文艺不会变成无根的浮萍、无病的呻吟、无魂的躯壳。

即：只有不离开人民，文艺才不会变成无根的浮萍、无病的呻吟、无魂的躯壳。

其余选项无法从题干信息中推出，均排除。

4　2013MBA－29

国际足联一直坚称，世界杯冠军队所获得的“大力神”杯是实心的纯金奖杯。某教授经过精密测量和计算认为，世界杯冠军奖杯——实心的“大力神”杯不可能是纯金制成的，否则球员根本不可能将它举过头顶并随意挥舞。

以下哪项中的意思与这位教授的意思最为接近？

A. 若球员能够将“大力神”杯举过头顶并自由挥舞，则它很可能是空心的纯金杯。

B. 只有“大力神”杯是实心的，它才可能是纯金的。

C. 若“大力神”杯是实心的纯金杯，则球员不可能把它举过头顶并随意挥舞。

D. 只有球员能够将“大力神”杯举过头顶并自由挥舞，它才由纯金制成，并且不是实心的。

E. 若“大力神”杯是由纯金制成，则它肯定是空心的。

［解题分析］正确答案：C

题干断定：实心的“大力神”杯不可能是纯金制成的，否则球员根本不可能将它举过头顶并随意挥舞。其条件关系式为：实心纯金→¬举过头顶并随意挥舞。

C项：实心纯金→¬举过头顶并随意挥舞。与题干意思一致，因此正确。

A项：举过头顶并自由挥舞→（很可能）¬实心纯金。不符合题干逻辑关系，排除。

B项：实心←纯金。与题干信息不符，排除。

D 项：举过头顶并自由挥舞←纯金∧¬实心。不符合题干逻辑关系，排除。

E 项：纯金→¬实心。与题干信息不符，排除。

5 2008MBA－55

小林因未戴游泳帽被拒绝进入深水池，小林出示深水合格证说：根据规定我可以进入深水池。游泳池的规定是：未戴游泳帽者不得进入游泳池，只有持有深水合格证，才能进入深水池。

小林最有可能把游泳池的规定理解为了以下哪项中的内容？

A. 除非持有深水合格证，否则不能进入深水池。

B. 只有持有深水合格证的人，才不需要戴游泳帽。

C. 如果持有深水合格证，就能进入深水池。

D. 准许进入游泳池的人，不一定准许进入深水池。

E. 有了深水合格证，就不需要戴泳帽。

[解题分析] 正确答案：C

题干论述：小林认为出示深水合格证就可进入深水池，可见小林的理解是：持有深水合格证是进入深水池的充分条件。而游泳池的规定是，持有深水合格证是进入深水池的必要条件。可表示如下。

小林的理解：(1) 深水合格证→深水池。

游泳池的规定：(2) ¬游泳帽→¬游泳池；(3) 深水合格证←深水池。

C 项：深水合格证→深水池。与 (1) 一致，因此，为正确答案。

A 项：¬深水合格证→¬深水池。与 (1) 不一致，排除。

B 项：深水合格证←¬游泳帽。与 (1) 不一致，排除。

D 项：未涉及条件关系。与 (1) 不一致，排除。

E 项：深水合格证→¬游泳帽。与 (1) 不一致，排除。

6 2007MBA－28

除非不把理论当作教条，否则就会束缚思想。

以下各项都表达了与题干相同的含义，除了：

A. 如果不把理论当作教条，就不会束缚思想。

B. 如果把理论当作教条，就会束缚思想。

C. 只有束缚思想，才会把理论当作教条。

D. 只有不把理论当作教条，才不会束缚思想。

E. 除非束缚思想，否则不会把理论当作教条。

[解题分析] 正确答案：A

题干信息：¬不教条→束缚。

再简化为：教条→束缚。

A 项：不教条→不束缚＝教条←束缚。与题干逻辑关系不一致，因此为正确答案。

B 项：教条→束缚。与题干逻辑关系一致，排除。

C 项：束缚←教条＝教条→束缚。与题干逻辑关系一致，排除。

D 项：不教条←不束缚＝教条→束缚。与题干逻辑关系一致，排除。

E 项：¬束缚→¬教条＝教条→束缚。与题干逻辑关系一致，排除。

7 2007MBA－26

在青崖山区，商品通过无线广播电台进行密集的广告宣传将会迅速获得最大程度的知名度。

由上述断定最可能推出以下哪项结论？

A. 在青崖山区，无线广播电台是商品打开市场的最重要的途径。

B. 在青崖山区，高知名度的商品将拥有众多消费者。

C. 在青崖山区，无线广播电台的广告宣传可以使商品的信息传到每户人家。

D. 在青崖山区，某一商品为了迅速获得最大程度的知名度，除了通过无线广播电台进行密集的广告宣传外，不需要利用其他宣传工具做广告。

E. 在青崖山区，某一商品的知名度与其性能和质量的关系很大。

［解题分析］ 正确答案：D

题干断定：方法（通过无线广播电台进行密集的广告宣传）→效果（迅速获得最大程度的知名度）。

D项：为了达到“效果”，只要该“方法”就足够了，不需要其他办法。与题干断定的意思一致，为正确答案。

A项：“商品打开市场”是个新概念，与“获得最大程度的知名度”意思不一致，排除。

B项：知名度与消费者数量的关系超出了题干断定范围，排除。

C项：“商品的信息传到每户人家”与“获得最大程度的知名度”意思不一致，排除。

E项：“性能和质量”超出了题干断定范围，排除。

四、 省略假言

假言推理的省略形式是省略了某个推理步骤的假言推理，这里指的是省去一个前提的假言三段论推理。

补充假言三段论省略前提的步骤如下：

（1）明确前提和结论。

按原文的陈述依次对前提和结论作出准确的理解，列出条件关系式。

（2）揭示被省略的前提。

依据合理性原则，凭语感揭示被省略的前提。

（3）检验推理的有效性。

把被省略的前提补充进去，并作适当的整理，将推理恢复成标准形式，根据假言推理的演绎推理规则，检验推理是否有效。

2002MBA－11

如果你的笔记本计算机是1999年以后制造的，那么它就带有调制解调器。

上述断定可由以下哪个选项得出？

A. 只有1999年以后制造的笔记本计算机才带有调制解调器。

B. 所有1999年以后制造的笔记本计算机都带有调制解调器。

C. 有些1999年以前制造的笔记本计算机也带有调制解调器。

D. 所有1999年以前制造的笔记本计算机都不带有调制解调器。

E. 笔记本计算机的调制解调器技术是在1999年以后才发展起来的。

［解题分析］ 正确答案：B

题干断定：对于笔记本计算机来说，1999 年以后制造，是它带有调制解调器的充分条件。将题干事件关系转换为集合关系，如图所示：

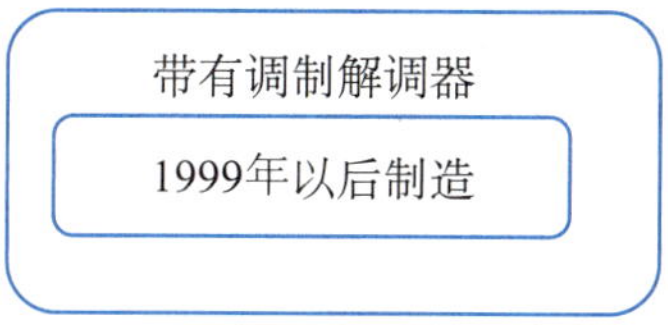

如果 B 项成立，即事实上所有 1999 年以后制造的笔记本计算机都带有调制解调器，那么，题干断定就必然成立。

由其余各项显然不能推出题干的断定成立。

第二节　多重推理

多重推理指包含多重复合命题的推理。多重复合命题是相对于基本复合命题而言的，是指支命题包含两个或两个以上命题联结词的复合命题，即支命题为复合命题的复合命题。

一、连锁推理

假言连锁推理是由两个或两个以上同种条件关系的假言命题为前提，推出一个新的假言命题为结论的推理。这种推理的合理性是建立在条件关系的传递性基础上的。

1. 充分条件假言连锁推理

充分条件假言连锁推理是以充分条件命题为前提的假言连锁推理。

（1）肯定式。

如果 P，那么 Q
如果 Q，那么 R
所以，如果 P，那么 R

（2）否定式。

如果 P，那么 Q
如果 Q，那么 R
所以，如果非 R，那么非 P

2. 必要条件假言连锁推理

必要条件假言连锁推理是以必要条件命题为前提的假言连锁推理。

（1）肯定式。

只有 P，才 Q
只有 Q，才 R
所以，只有 P，才 R

（2）否定式。

只有 P，才 Q
只有 Q，才 R
所以，如果非 P，那么非 R

1 2019MBA－48

如果一个人只为自己劳动，他也许能够成为著名学者、大哲人、卓越诗人，然而他永远不能成为完美无瑕的伟大人物。如果我们选择了最能为人类福利而劳动的职业，那么，重担就不能把我们压倒，因为这是为大家而献身；那时我们所感到的就不是可怜的、有限的、自私的乐趣，我们的幸福将属于千百万人，我们的事业将默默地、但是永恒发挥作用地存在下去，而面对我们的骨灰，高尚的人们将洒下热泪。

根据以上陈述，可以得出以下哪项？

A. 如果一个人只为自己劳动，不是为大家而献身，那么重担就能将他压倒。

B. 如果我们为大家而献身，我们的幸福将属于千百万人，面对我们的骨灰，高尚的人们将洒下热泪。

C. 如果我们没有选择最能为人类福利而劳动的职业，我们所感到的就是可怜的、有限的、自私的乐趣。

D. 如果选择了最能为人类福利而劳动的职业，我们就不但能够成为著名学者、大哲人、卓越诗人，而且还能够成为完美无瑕的伟大人物。

E. 如果我们只为自己劳动，我们的事业就不会默默地、但是永恒发挥作用地存在下去。

[解题分析] 正确答案：B

根据题干陈述，列出如下条件关系式：

(1) 只为自己劳动→¬伟大人物。

(2) 最能为人类福利而劳动的职业→为大家而献身→¬压倒→¬可怜的、有限的、自私的乐趣→幸福将属于千百万人，面对我们的骨灰，高尚的人们将洒下热泪。

B 项符合条件 (2)，因此为正确答案。

其余选项不符合推理规则，均不能由题干陈述必然推出，排除。

2 2018MBA－46

某次学术会议的主办方发出会议通知：只有论文通过审核才能收到会议主办方发出的邀请函，本次学术会议只欢迎持有主办方邀请函的科研院所的学者参加。

根据以上通知，可以得出以下哪项？

A. 本次学术会议不欢迎论文没有通过审核的学者参加。

B. 论文通过审核的学者都可以参加本次学术会议。

C. 论文通过审核并持有主办方邀请函的学者，本次学术会议都欢迎其参加。

D. 有些论文通过审核但未持有主办方邀请函的学者，本次学术会议欢迎其参加。

E. 论文通过审核的学者有些不能参加本次学术会议。

[解题分析] 正确答案：A

题干断定：

(1) 论文通过审核←邀请函 。(只有论文通过审核才能收到会议主办方发出的邀请函)

(2) 邀请函←欢迎参加。(本次学术会议只欢迎持有主办方邀请函的科研院所的学者参加)

由此可得：论文没通过审核→没邀请函→不欢迎参加。

因此，必然可以得出 A 项。

3 2015MBA－51

一个人如果没有崇高的信仰，就不可能守住道德的底线；而一个人只有不断加强理论学习，才能始终保持崇高的信仰。

根据以上信息，可以得出以下哪项？

A. 一个人只有不断加强理论学习，才能守住道德的底线。

B. 一个人如果不能守住道德的底线，就不可能保持崇高的信仰。

C. 一个人只要有崇高的信仰，就能守住道德的底线。

D. 一个人没能守住道德的底线，是因为他首先丧失了崇高的信仰。

E. 一个人只要不断加强理论学习，就能守住道德的底线。

[解题分析] 正确答案：A

题干断定：

(1) ¬崇高信仰→¬道德底线。

(2) 理论学习←崇高信仰。

由此推得：(3) 道德底线→崇高信仰→理论学习。

A 项：理论学习←道德底线。符合（3）的逻辑关系，因此正确。

B 项：¬道德底线→¬崇高信仰。不符合（1）的逻辑关系，排除。

C 项：崇高信仰→道德底线。不符合（1）的逻辑关系，排除。

D 项：这是因果关系，不是条件关系，排除。

E 项：理论学习→道德底线。不符合（3）的逻辑关系，排除。

4 2014MBA - 43

若一个管理者是某领域优秀的专家学者，则他一定会管理好公司的基本事务；一位品行端正的管理者可以得到下属的尊重；但是对所有领域都一知半解的人一定不会得到下属的尊重。浩瀚公司董事会只会解除那些没有管理好公司基本事务者的职务。

根据以上信息，可以得出以下哪项？

A. 浩瀚公司董事会不可能解除品行端正的管理者的职务。

B. 浩瀚公司董事会解除了某些管理者的职务。

C. 浩瀚公司董事会不可能解除受下属尊重的管理者的职务。

D. 作为某领域优秀专家学者的管理者，不可能被浩瀚公司董事会解除职务。

E. 对所有领域都一知半解的管理者，一定会被浩瀚公司董事会解除职务。

[解题分析] 正确答案：D

题干信息：

(1) 专家学者→管理好公司。

(2) 品行端正→得到尊重。

(3) 一知半解→¬得到尊重。

(4) 管理好公司→¬解除职务。

由此（1）（4）两个条件联立，可推出：专家学者→管理好公司→¬解除职务。

即，作为某领域优秀专家学者的管理者，不可能被浩瀚公司董事会解除职务。

因此，D 项正确。其余选项均不能得出。

A 项：品行端正→¬解除职务。从题干信息中推不出，排除。

B 项：根据题干信息得不出，排除。

C 项：得到尊重→¬解除职务。从题干信息中推不出，排除。

E 项：一知半解→解除职务。从题干信息中推不出，排除。

5 2012MBA－34

只有通过身份认证的人才允许上公司内网，如果没有良好的业绩就不可能通过身份认证，张辉有良好的业绩而王维没有良好的业绩。

如果上述断定为真，则以下哪项一定为真？

A. 允许张辉上公司内网。

B. 不允许王维上公司内网。

C. 张辉通过了身份认证。

D. 有良好的业绩就允许上公司内网。

E. 没有通过身份认证，就说明没有良好的业绩。

[解题分析] 正确答案：B

题干断定：

(1) 通过身份认证←允许上公司内网。

(2) ¬良好的业绩→¬通过身份认证。

由此可得：(3) ¬良好的业绩→¬通过身份认证→¬允许上公司内网。

即，没有良好的业绩就不允许上公司内网。

张辉有良好的业绩，根据 (3)，推不出是否允许他上公司内网。

王维没有良好的业绩，根据 (3)，推出必然不允许他上公司内网。

因此，B 项为正确答案。

6 2010MBA－46

相互尊重是相互理解的基础，相互理解是相互信任的前提；在人与人的相互交往中，自重、自信也是非常重要的，没有一个人尊重不自重的人，没有一个人信任他所不尊重的人。

由以上陈述可以推出以下哪项结论？

A. 不自重的人也不被任何人信任。

B. 相互信任才能相互尊重。

C. 不自信的人也不自重。

D. 不自信的人也不被任何人信任。

E. 不自信的人也不受任何人尊重。

[解题分析] 正确答案：A

题干断定：

(1) 相互尊重←相互理解。(相互尊重是相互理解的基础)

(2) 相互理解←相互信任。(相互理解是相互信任的前提)

(3) 不自重→不被尊重。(没有一个人尊重不自重的人＝不自重的人都不被尊重)

(4) 不被尊重→不被信任。(没有一个人信任他所不尊重的人＝不被尊重的人则不被信任)

由 (2) (1) 传递可得：(5) 相互信任→相互理解→相互尊重。

由 (3) (4) 传递可得：(6) 不自重→不被尊重→不被信任。

A 项：不自重→不被信任。这与 (6) 逻辑关系一致，正确。

B 项：相互信任←相互尊重。这与 (5) 逻辑关系不一致，排除。

C、D、E 项：“不自信”没出现在题干信息中，无法推知，排除。

7 2001MBA－45

以下是一个西方经济学家陈述的观点：一个国家如果能有效率地运作经济，就一定能创造财富而变得富有；而这样的一个国家想保持政治稳定，它所创造的财富必须得到公正的分配；而财富的公正分配将结束经济风险；但是，风险的存在正是经济有效率运作的不可或缺的先决条件。

从这个经济学家的上述观点，可以得出以下哪项结论？

A. 一个国家政治上的稳定和经济上的富有不可能并存。

B. 一个国家政治上的稳定和经济上的有效率运作不可能并存。

C. 一个富有国家的经济运作一定是有效率的。

D. 在一个经济运作无效率的国家中，财富一定得到了公正的分配。

E. 一个政治上稳定的国家，一定同时充满了经济风险。

[解题分析] 正确答案：B

题干条件关系可整理为：

(1) 效率→富有。

(2) 稳定→公正。

(3) 公正→¬风险。

(4) 风险←有效。

由 (2) (3) (4) 传递可推出：(5) 稳定→公正→¬风险→¬有效。

B 项：可以得出。根据 (5)，稳定就没效率，即稳定和有效率不能并存，正确。

A 项：无法得出。从题干信息无法得出稳定和富有的逻辑关系，排除。

C 项：无法得出。富有→有效，与 (1) 的逻辑关系不一致，排除。

D 项：无法得出。¬有效→公正，与 (5) 的逻辑关系不一致，排除。

E 项：无法得出。稳定→风险，与 (5) 的逻辑关系不一致，排除。

8　2001MBA - 23

一个心理健康的人，必须保持自尊；一个人只有受到自己所尊敬的人的尊敬，才能保持自尊；而一个用“追星”方式来表达自己尊敬情感的人，不可能受到自己所尊敬的人的尊敬。

以下哪项结论可以从题干的断定中推出？

A. 一个心理健康的人，不可能用“追星”的方式来表达自己的尊敬情感。

B. 一个心理健康的人，不可能接受用“追星”的方式所表达的尊敬。

C. 一个人如果受到了自己所尊敬的人的尊敬，他（她）一定是个心理健康的人。

D. 没有一个保持自尊的人，会尊敬一个用“追星”方式表达尊敬情感的人。

E. 一个用“追星”方式表达自己尊敬情感的人，完全可以同时保持自尊。

[解题分析] 正确答案：A

题干的断定可整理为：

(1) 心理健康→保持自尊。

(2) 受到尊敬←保持自尊。

(3) 追星→¬受到尊敬。

联立 (1) (2) (3)，传递可得：

(4) 心理健康→保持自尊→受到尊敬→¬追星。

A 项：心理健康→¬追星。与 (4) 的逻辑关系一致，正确。

其余各项都不能从题干推出。

9 2000MBA－71

血液中的高浓度脂肪蛋白含量的增多，会增加人体阻止吸收过多的胆固醇的能力，从而降低血液中的胆固醇。有些人通过有规律的体育锻炼和减肥，能明显地增加血液中高浓度脂肪蛋白的含量。

以下哪项作为结论从上述题干中推出最为恰当？

A. 有些人通过有规律的体育锻炼降低了血液中的胆固醇，则这些人一定是胖子。

B. 不经常进行体育锻炼的人，特别是胖子，随着年龄的增大，血液中出现高胆固醇的风险越来越大。

C. 体育锻炼和减肥是降低血液中高胆固醇的最有效的方法。

D. 有些人可以通过有规律的体育锻炼和减肥来降低血液中的胆固醇。

E. 标准体重的人只需要通过有规律的体育锻炼就能降低血液中的胆固醇。

[解题分析] 正确答案：D

题干断定：

第一，有些人通过有规律的体育锻炼和减肥，能增加血液中的高浓度脂肪蛋白的含量。

第二，血液中的高浓度脂肪蛋白含量的增多，会降低血液中的胆固醇。

由此可以推出，有些人可以通过有规律的体育锻炼和减肥来降低血液中的胆固醇。因此，D项作为题干的推论是恰当的。

其余各项均不恰当。比如，C项所作的断定过强，无法确定是“最有效”，排除。

二、等值推理

（一）复合命题的负命题

各种复合命题都有其负命题，可以得到这些负命题的等值推理。摩根定律概括的就是复合命题的负命题公式（公式中“↔”表示“等值于”）。

1. 联言命题的负命题

“并非：P并且Q”等值于“非P或者非Q”。

$\neg(P\wedge Q)\leftrightarrow\neg P\vee\neg Q$

2. 相容选言命题的负命题

“并非：P或者Q”等值于“非P并且非Q”。

$\neg(P\vee Q)\leftrightarrow\neg P\wedge\neg Q$

3. 不相容选言命题的负命题

“并非：要么P，要么Q”等值于“P并且Q，或者，非P并且非Q”。

$\neg(P\dot{\vee}Q)\leftrightarrow(P\wedge Q)\vee(\neg P\wedge\neg Q)$

4. 充分条件假言命题的负命题

“并非：如果P，那么Q”等值于“P并且非Q”。

$\neg(P\rightarrow Q)\leftrightarrow P\wedge\neg Q$

5. 必要条件假言命题的负命题

“并非：只有P，才Q”等值于“非P并且Q”。

$\neg(P\leftarrow Q)\leftrightarrow\neg P\wedge Q$

6. 充要条件假言命题的负命题

“并非：当且仅当P，才Q”等值于“P并且非Q，或者，非P并且Q”。

$\neg(P\leftrightarrow Q)\leftrightarrow(P\wedge\neg Q)\vee(\neg P\wedge Q)$

备注：

在质疑对方时，往往容易产生“条件误解”的逻辑错误，即把对方表述的充分条件误解为必要条件，或者把对方表述的必要条件误解为充分条件，从而导致无效质疑。

（二）复合命题的等价命题

假言命题与选言命题可以互相进行等价转换，复合命题的等价命题如下：

1. 相容选言命题的等价命题

$P\vee Q=\neg P\rightarrow Q=\neg Q\rightarrow P$

$\neg P\vee\neg Q=P\rightarrow\neg Q$

2. 不相容选言命题的等价命题

$P\dot{\vee}Q=\neg P\leftrightarrow Q=P\leftrightarrow\neg Q$

3. 充分条件假言命题的等价命题

$P\rightarrow Q=\neg P\vee Q=\neg Q\rightarrow\neg P$

4. 必要条件假言命题的等价命题

$P\leftarrow Q=P\vee\neg Q=\neg P\rightarrow\neg Q$

1 2015MBA-33

当企业处于蓬勃上升时期，往往紧张而忙碌，没有时间和精力去设计和修建“琼楼玉宇”；当企业所有的重要工作都已经完成，其时间和精力就开始集中在修建办公大楼上。所以，如果一个企业的办公大楼设计得越完美，装饰得越豪华，则该企业离解体的时间就越近；当某个企业的办公大楼设计和建造趋向完美之际，它的存在就逐渐失去意义。这就是所谓的“办公大楼”法则。

以下哪项如果为真，最能质疑上述观点？

A. 企业的办公大楼越破旧，该企业就越来越有活力和生机。

B. 一个企业如果将时间和精力都耗在修建办公大楼上，则对其他重要工作就投入不足了。

C. 建造豪华的办公大楼，往往会增加运营成本，损害其利益。

D. 建造豪华办公大楼并不需要投入太多的时间和精力。

E. 某企业办公大楼修建得美轮美奂，入住后该企业的事业蒸蒸日上。

［解题分析］正确答案：E

题干所谓的“办公大楼”法则是指办公大楼与企业发展阶段的相关性。题干的观点是：办公大楼修建得豪华完美→该企业即将解体。

质疑该观点，即寻找其矛盾关系“办公大楼修建得豪华完美∧¬该企业即将解体”。E 项表明，虽然企业建造了豪华的办公大楼，但是企业的事业还是蒸蒸日上，是个反例，这就有力地质疑了题干观点，正确。

2 2014MBA-32

已知某班共有 25 位同学，女生中身高最高者与最矮者相差 10 厘米，男生中身高最高者与最矮者相差 15 厘米。小明认为，根据已知信息，只要再知道男生、女生最高者的具体身高，或者再知道男生、女生的平均身高，就可确定全班同学中身高最高者与最低者之间的差距。

以下哪项如果为真，最能构成对小明观点的反驳？

A. 根据已知信息，如果不能确定全班同学中身高最高者与最低者之间的差距，则也不能确定男生、女生身高最高者的具体身高。

B. 根据已知信息，即使确定了全班同学中身高最高者与最低者之间的差距，也不能确定男生、女生的平均身高。

C. 根据已知信息，如果不能确定全班同学中身高最高者与最低者之间的差距，则既不能确定男生、女生身高最高者的具体身高，也不能确定男生、女生的平均身高。

D. 根据已知信息，尽管再知道男生、女生的平均身高，也不能确定全班同学中身高最高者与最低者之间的差距。

E. 根据已知信息，仅仅再知道男生、女生最高者的具体身高，就能确定全班同学中身高最高者与最低者之间的差距。

[解题分析] 正确答案：D

根据题意，用 P 表示“具体身高”，用 Q 表示“平均身高”，用 R 表示“确定身高差距”。

小明观点的条件关系可表示为：$P \vee Q \to R$。

构成反驳即寻找其负命题，其负命题是：$(P \vee Q) \wedge \neg R$。

即只需说明“满足 P 和 Q 中的一个条件，但并没有 R”就构成对小明观点的反驳。

D 项：$Q \wedge \neg R$，满足了对小明观点的否定，因此正确。

A、C、E 项：均为假言命题，无法构成小明观点的负命题，排除。

B 项：$R \wedge \neg Q$，不符合上述负命题，排除。

3　2014MBA－28

陈先生在鼓励他孩子时说道：“不要害怕暂时的困难和挫折，不经历风雨怎么见彩虹？”他孩子不服气地说：“您说得不对。我经历了那么多风雨，怎么就没见到彩虹呢？”

陈先生孩子的回答最适宜用来反驳以下哪项？

A. 如果想见到彩虹，就必须经历风雨。

B. 只要经历了风雨，就可以见到彩虹。

C. 只有经历风雨，才能见到彩虹。

D. 即使经历了风雨，也可能见不到彩虹。

E. 即使见到了彩虹，也不是因为经历了风雨。

[解题分析] 正确答案：B

陈先生孩子的回答：经历风雨 $\wedge \neg$ 见到彩虹。

最适宜用来反驳即寻找其负命题。其负命题为：经历风雨 $\to$ 见到彩虹。

即陈先生孩子的回答最适宜用来反驳：只要经历了风雨，就可以见到彩虹。

4　2012MBA－39

在家电产品“三下乡”活动中，某销售公司的产品受到了农村居民的广泛欢迎。该公司总经理在介绍经验时表示：只有用最流行畅销的明星产品面对农村居民，才能获得他们的青睐。

以下哪项如果为真，最能质疑总经理的论述？

A. 某品牌电视由于其较强的防潮能力，尽管不是明星产品，仍然获得了农村居民的青睐。

B. 流行畅销的明星产品由于价格偏高，没有赢得农村居民的青睐。

C. 流行畅销的明星产品只有质量过硬，才能获得农村居民的青睐。

D. 有少数娱乐明星为某些流行畅销的产品作虚假广告。

E. 流行畅销的明星产品最适合城市中的白领使用。

[解题分析] 正确答案：A

总经理的论述：明星产品←获得青睐。

质疑其论述，就是找到其负命题：¬明星产品∧获得青睐。

A 项：不是明星产品却获得青睐，最能质疑总经理的论述。

5　2012MBA－37

2010 年上海世博会盛况空前，200 多个国家场馆和企业主题馆让人目不暇接。大学生王刚决定在学校放暑假的第二天前往世博会参观。参观的前一天晚上，他特别上网查看了各位网友对相关热门场馆选择的建议，其中最吸引王刚的有三条：

（1）如果参观沙特馆，就不参观石油馆。

（2）石油馆和中国国家馆择一参观。

（3）中国国家馆和石油馆不都参观。

实际上，第二天王刚的世博会行程非常紧凑，他没有接受上述三条建议中的任何一条。

关于王刚所参观的热门场馆，以下哪项描述正确？

A. 参观沙特馆、石油馆，没有参观中国国家馆。

B. 沙特馆、石油馆、中国国家馆都参观了。

C. 沙特馆、石油馆、中国国家馆都没有参观。

D. 没有参观沙特馆，参观石油馆、中国国家馆。

E. 没有参观石油馆，参观沙特馆、中国国家馆。

[解题分析] 正确答案：B

题干信息：

（1）沙特→¬石油。

（2）石油∨中国。

（3）¬中国∨¬石油。

王刚没有接受上述三条建议中的任何一条，即他同时接受的是上述命题的负命题：

（4）沙特∧石油。

（5）(石油∧中国)∨(¬石油∧¬中国)。

（6）中国∧石油。

由此可推得：沙特∧石油∧中国。

可见，他实际上沙特馆、石油馆、中国国家馆都参观了。所以，B 项为正确答案。

6　2012MBA－32

小张是某公司营销部员工。公司经理对他说："如果你争取到这个项目，我就奖励你一台笔记本电脑或者给你项目提成。"

以下哪项如果为真，说明该经理没有兑现承诺？

A. 小张没争取到这个项目，该经理没给他项目提成，但送给他一台笔记本电脑。

B. 小张没争取到这个项目，该经理没奖励他笔记本电脑，也没给他项目提成。

C. 小张争取到了这个项目，该经理给他项目提成，但并未奖励他笔记本电脑。

D. 小张争取到了这个项目，该经理奖励他一台笔记本电脑并且给他三天假期。

E. 小张争取到了这个项目，该经理未给他项目提成，但奖励了他一台台式电脑。

[解题分析] 正确答案：E

经理的意思是，"争取到这个项目"是"奖励笔记本电脑或给项目提成"的充分条件。

条件关系式：争取→笔记本电脑∨提成。

其负命题是：争取∧¬（笔记本电脑∨提成）＝争取∧¬笔记本电脑∧¬提成。

所谓“没有兑现承诺”就是其负命题，即“争取到这个项目，但没奖励笔记本电脑，也没给项目提成”，E 项符合。

7　2012MBA－27

只有具有一定文学造诣且具有生物学专业背景的人，才能读懂这篇文章。

如果上述命题为真，则以下哪项不可能为真？

A. 小张没有读懂这篇文章，但他的文学造诣是大家所公认的。

B. 计算机专业的小王没有读懂这篇文章。

C. 从未接触过生物学知识的小李读懂了这篇文章。

D. 小周具有生物学专业背景，但他没有读懂这篇文章。

E. 生物学博士小赵读懂了这篇文章。

［解题分析］正确答案：C

题干断定：“文学造诣”和“生物学专业背景”都是“读懂这篇文章”的必要条件。

条件关系式为：文学∧生物学←读懂。

其负命题为：¬（文学∧生物学）∧读懂＝（¬文学∨¬生物学）∧读懂。

C 项：¬生物学∧读懂，符合上述负命题的逻辑关系，不可能为真，正确。

8　2009MBA－38

一些人类学家认为，如果不具备应付各种自然环境的能力，人类在史前年代不可能幸存下来。然而相当多的证据表明，阿法种南猿——一种与早期人类有关的史前物种，在各种自然环境中顽强生存的能力并不亚于史前人类，但最终灭绝了。因此，人类学家的上述观点是错误的。

上述推理的漏洞也类似地出现在以下哪项中？

A. 大张认识到赌博是有害的，但就是改不掉。因此，“不认识错误就不能改正错误”这一断定是不成立的。

B. 已经找到了证明造成艾克矿难是操作失误的证据。因此，关于艾克矿难起因于设备老化、年久失修的猜测是不成立的。

C. 大李图便宜买了双旅游鞋，穿了没几天就坏了。因此，怀疑“便宜无好货”是没有道理的。

D. 既然不怀疑小赵可能考上大学，那就没有理由担心小赵可能考不上大学。

E. 既然怀疑小赵一定能考上大学，那就没有理由怀疑小赵一定考不上大学。

［解题分析］正确答案：A

题干论证的推理过程如下：

人类学家的观点：¬能力→¬幸存。

然而阿法种南猿：能力∧¬幸存。

因此，人类学家的观点是错误的。

题干推理的漏洞在于，要推翻人类学家的观点，应给出其矛盾关系“¬能力∧幸存”，可是，阿法种南猿的逻辑关系“能力∧¬幸存”无法推翻其观点。

阿法种南猿的逻辑关系“能力∧¬幸存”能够推翻的观点是“能力→幸存”。即该反驳的例子把题干中人类学家的陈述“能力”是“幸存”的必要条件误解为充分条件。

同样，A 项“不认识错误就不能改正错误”表明，“认识错误”是“改正错误”的必要条件，而其反驳的例子“大张认识到赌博是有害的，但就是改不掉”，实际上反驳了“认识错误”是“改正错误”的充分条件。其推理漏洞与题干类似，正确。

9　2009MBA－34

对本届奥运会所有奖牌获得者进行了尿样化验，没有发现兴奋剂使用者。

如果以上陈述为假，则以下哪项一定为真？

Ⅰ. 或者有的奖牌获得者没有化验尿样，或者在奖牌获得者中发现了兴奋剂使用者。

Ⅱ. 虽然有的奖牌获得者没有化验尿样，但还是发现了兴奋剂使用者。

Ⅲ. 如果对所有的奖牌获得者进行了尿样化验，则一定发现了兴奋剂使用者。

A. 只有Ⅰ。

B. 只有Ⅱ。

C. 只有Ⅲ。

D. 只有Ⅰ和Ⅲ。

E. 只有Ⅱ和Ⅲ。

［解题分析］正确答案：D

演绎推理规则：$\neg(P \wedge Q)=\neg P \vee \neg Q=P \to \neg Q$。

题干信息：（1）都化验∧¬兴奋剂。

（1）为假，即：

¬（都化验∧¬兴奋剂）＝¬都化验∨兴奋剂。

＝（2）有的没化验∨兴奋剂。

＝（3）都化验→兴奋剂。

Ⅰ：有的没化验∨兴奋剂。与（2）一致，正确。

Ⅱ：有的没化验∧兴奋剂。与推知的逻辑关系不一致，排除。

Ⅲ：都化验→兴奋剂。与（3）一致，正确。

因此，D项为正确答案。

10　2008MBA－50

A	B	4	7

以上四张卡片，一面是大写英文字母，另一面是阿拉伯数字。

主持人断定，如果一面是 A，则另一面是 4。

如果试图推翻主持人的断定，但只允许翻动以上卡片中的两张，则正确的选择是：

A. 翻动 A 和 4。

B. 翻动 A 和 7。

C. 翻动 A 和 B。

D. 翻动 B 和 7。

E. 翻动 B 和 4。

［解题分析］正确答案：B

题干信息简化如下。

主持人断定：A→4。

其负命题：A∧¬4。

即要推翻主持人的断定，只需要出现一面是A而另一面不是4的情况即可。

翻动A，如果另一面不是4，则出现了上述断定的负命题，即推翻了主持人的断定。

翻动7，如果另一面是A，则出现了上述断定的负命题，即推翻了主持人的断定。

翻动B，不管另一面是什么数字，都不能出现上述断定的负命题，即不能推翻主持人的断定。

翻动4，不管另一面是什么字母，都不能出现上述断定的负命题，即不能推翻主持人的断定。

因此，B项为正确答案。

11 2008MBA-44

根据一种心理学理论，一个人要想快乐就必须和周围的人保持亲密的关系。但是，世界上伟大的画家往往是在孤独中度过了他们的大部分时光，并且没有亲密的人际关系。所以，这种心理学理论的上述结论是不成立的。

以下哪项最可能是上述论证所假设的？

A. 该心理学理论是为了揭示内心体验与艺术成就的关系。

B. 有亲密人际关系的人几乎没有孤独的时候。

C. 孤独对于伟大的绘画艺术家来说是必需的。

D. 有些著名画家有亲密的人际关系。

E. 获得伟大成就的艺术家不可能不快乐。

[解题分析] 正确答案：E

题干论证关系简化如下。

前提（1）：快乐→亲密。

前提（2）：¬亲密。

结论：（1）不成立。

要说明（1）不成立，就要找其负命题：（3）快乐∧¬亲密。

所以，要添加“伟大的画家是快乐的”，与（2）结合，就得出了（3）。

E项：获得伟大成就的艺术家不可能不快乐，从而得出，伟大的画家是快乐的，这作为一个反例，说明了题干中的心理学理论是不成立的。因此，该项为正确答案。

12 2007MBA-47

帕累托最优指这样一种社会状态：对于任何一个人来说，如果不使其他某个（或某些）人情况变坏，他的情况就不可能变好。如果一种变革能使至少有一个人的情况变好，同时没有其他人的情况因此变坏，则称这一变革为帕累托变革。

以下各项都符合题干的断定，除了：

A. 对于任何一个人来说，只要他的情况可能变好，就会有其他人的情况变坏，这样的社会，处于帕累托最优状态。

B. 如果某个帕累托变革可行，则说明社会并非处于帕累托最优状态。

C. 如果没有任何帕累托变革的余地，则社会处于帕累托最优状态。

D. 对于任何一个人来说，只有使其他某个（或某些）人情况变坏，他的情况才可能变好，这样的社会，处于帕累托最优状态。

E. 对于任何一个人来说，只要使其他人情况变坏，他的情况就可能变好，这样的社会，处于帕累托最优状态。

[解题分析] 正确答案：E

题干断定：

帕累托最优：(1) ¬其他人变坏→¬自己变好。

帕累托变革：(2) 自己变好∧¬其他人变坏。

E项：其他人变坏→自己变好。与(1)不一致，不符合题干的断定，因此为正确答案。

A项：自己变好→其他人变坏。这是与(1)等价的逆否命题，符合题干的断定，排除。

B项：帕累托变革→¬帕累托最优。由于(2)是(1)的负命题，所以帕累托变革与帕累托最优是矛盾关系，该项符合题干的断定，排除。

C项：¬帕累托变革→帕累托最优。如上所述，帕累托变革与帕累托最优是矛盾关系，该项符合题干的断定，排除。

D项：其他人变坏←自己变好。这是与(1)等价的逆否命题，符合题干的断定，排除。

13　2006MBA－26

小张承诺：如果天不下雨，我一定去听音乐会。

以下哪项如果为真，则说明小张没有兑现承诺？

Ⅰ. 天没下雨，小张没去听音乐会。

Ⅱ. 天下雨，小张去听了音乐会。

Ⅲ. 天下雨，小张没去听音乐会。

A. 仅Ⅰ。

B. 仅Ⅱ。

C. 仅Ⅲ。

D. 仅Ⅰ和Ⅱ。

E. Ⅰ、Ⅱ和Ⅲ。

[解题分析] 正确答案：A

题干信息：¬下雨→听音乐会。

没有兑现承诺，即其负命题：¬下雨∧¬听音乐会。

可见，仅Ⅰ为真，因此，A项为正确答案。

14　2005MBA－42

对所有产品都进行了检查，并没有发现假冒伪劣产品。

如果上述断定为假，则以下哪项为真？

Ⅰ. 有的产品尚未经检查，但发现了假冒伪劣产品。

Ⅱ. 或者有的产品尚未经过检查，或者发现了假冒伪劣产品。

Ⅲ. 如果对所有产品都进行了检查，则可发现假冒伪劣产品。

A. 只有Ⅰ。

B. 只有Ⅱ。

C. 只有Ⅲ。

D. 只有Ⅰ和Ⅱ。

E. 只有Ⅱ和Ⅲ。

[解题分析] 正确答案：E

设P：对所有产品都进行了检查；Q：没有发现假冒伪劣产品。

根据问题要求，列出如下关系式：

¬（P∧Q）=¬（所有产品都检查∧¬发现假冒）。
=¬P∨¬Q=（1）¬所有产品都检查∨发现假冒。
=P→¬Q=（2）所有产品都检查→发现假冒。

Ⅰ：¬P∧¬Q=¬所有产品都检查∧发现假冒。与（1）逻辑关系不一致，排除。

Ⅱ：¬P∨¬Q=有的产品尚未检查∨发现假冒=¬所有产品都检查∨发现假冒。与（1）逻辑关系一致，必然为真。

Ⅲ：P→¬Q=所有产品都检查→发现假冒。与（2）逻辑关系一致，必然为真。

因此，E项为正确答案。

15 2004MBA-45

只有具备足够的资金投入和技术人才，一个企业的产品才能拥有高科技含量。而这种高科技含量，对于一个产品长期稳定地占领市场是必不可少的。

以下哪种情况如果存在，最能削弱以上断定？

A. 苹果牌电脑拥有高科技含量，并长期稳定地占领着市场。

B. 西子洗衣机没能长期稳定地占领市场，但该产品并不缺乏高科技含量。

C. 长江电视机没能长期稳定地占领市场，因为该产品缺乏高科技含量。

D. 清河空调长期稳定地占领着市场，但该产品的厂家缺乏足够的资金投入。

E. 开开电冰箱没能长期稳定地占领市场，但该产品的厂家有足够的资金投入和技术人才。

［解题分析］正确答案：D

题干断定：

（1）资金∧技术←高科技。

（2）高科技←占领市场。

联立（2）（1）可得：（3）占领市场→高科技→资金∧技术。

其负命题：（4）占领市场∧¬（资金∧技术）=占领市场∧（¬资金∨¬技术）。

D项：占领市场∧¬资金。与（4）的逻辑关系一致，即与（3）矛盾，削弱题干断定，正确。

其余选项均不能削弱题干，排除。

16 2003MBA-53

总经理：根据本公司目前的实力，我主张环岛绿地和宏达小区这两项工程至少上马一个，但清河桥改造工程不能上马。

董事长：我不同意。

以下哪项最为准确地表达了董事长实际上同意的意思？

A. 环岛绿地、宏达小区和清河桥改造这三个工程都上马。

B. 环岛绿地、宏达小区和清河桥改造这三个工程都不上马。

C. 环岛绿地和宏达小区两个工程中至多上马一个，但清河桥改造工程要上马。

D. 环岛绿地和宏达小区两个工程中至多上马一个，如果这点做不到，那也要保证清河桥改造工程上马。

E. 环岛绿地和宏达小区两个工程都不上马，如果这点做不到，那也要保证清河桥改造工程上马。

［解题分析］正确答案：E

总经理：（环岛∨宏达）∧¬清河。

董事长：¬（（环岛∨宏达）∧¬清河）

=¬（环岛∨宏达）∨清河

=（¬环岛∧¬宏达）∨清河

=¬（¬环岛∧¬宏达）→清河。

可见，E项准确地表达了董事长的意思。

17　2002MBA-48

总经理：我主张小王和小孙两人中至少提拔一人。

董事长：我不同意。

以下哪项最为准确地表述了董事长实际上同意的意思？

A. 小王和小孙两人都得提拔。

B. 小王和小孙两人都不提拔。

C. 小王和小孙两人中至多提拔一人。

D. 如果提拔小王，则不提拔小孙。

E. 如果不提拔小王，则提拔小孙。

[解题分析] 正确答案：B

总经理：王∨孙。

董事长：¬（王∨孙）=¬王∧¬孙。

即董事长的意思是小王和小孙两人都不提拔。

因此，B项正确。

18　2002MBA-15

威尼斯面临的问题具有典型意义。一方面，为了解决市民的就业，增加城市的经济实力，必须保留和发展它的传统工业，这是旅游业所不能替代的经济发展的基础；另一方面，为了保护其独特的生态环境，必须杜绝工业污染，但是，发展工业将不可避免地导致工业污染。

以下哪项能作为结论从上述断定中推出？

A. 威尼斯将不可避免地面临经济发展的停滞或生态环境的破坏。

B. 威尼斯市政府的正确决策应是停止发展工业以保护生态环境。

C. 威尼斯市民的生活质量只依赖于经济和生态环境。

D. 旅游业是威尼斯经济收入的主要来源。

E. 如果有一天威尼斯的生态环境受到了破坏，这一定是它为发展经济所付出的代价。

[解题分析] 正确答案：A

题干断定：

（1）发展经济→发展工业。

（2）保护环境→¬工业污染。

（3）发展工业→工业污染。

由（1）（3）（2）传递可得：发展经济→发展工业→工业污染→¬保护环境。

即可得出：（4）发展经济→破坏环境。

其等价于：（5）¬发展经济∨破坏环境。

A项：与（5）一致，可以推出，正确。

其余各项均不能从题干推出。

三、二难推理

二难推理是由两个假言命题和一个有两个选言支的选言命题作前提构成的推理。因为这种推理有时反映左右为难的困境，故称二难推理，它是假言选言推理的主要形式。

（一）二难推理的四种形式

1. 简单构成式

如果P，那么R
如果Q，那么R
P或Q
所以，R

2. 简单破坏式

如果P，那么Q
如果P，那么R
非Q或非R
所以，非P

3. 复杂构成式

如果P，那么R
如果Q，那么S
P或Q
所以，R或S

4. 复杂破坏式

如果P，那么R
如果Q，那么S
非R或非S
所以，非P或非Q

（二）解题关键

解题中最常用到的是二难推理简单构成式中的简约形式：

$P \to R$
$\neg P \to R$
R

1　2024MBA－49

某省举办运动会。该省H市参加的跳水、射箭、体操、篮球和短跑等项目所获金牌情况如下：

（1）跳水、射箭至少有一项获得金牌。
（2）若射箭、短跑至少有一项获得金牌，则体操也获得金牌。
（3）若短跑、篮球至少有一项未获金牌，则跳水也未获金牌。

根据上述信息，可以得出以下哪项？

A. 跳水获得金牌。
B. 篮球未获金牌。

C. 射箭未获金牌。
D. 体操获得金牌。
E. 短跑未获金牌。
[解题分析] 正确答案：D
题干信息：
(1) 跳水∨射箭，等价于：(4) ¬跳水→射箭。
(2) 射箭∨短跑→体操。
(3) ¬短跑∨¬篮球→¬跳水，等价于：(5) 跳水→短跑∧篮球。
联立 (4)(2) 得，¬跳水→射箭→体操。
联立 (5)(2) 得，跳水→短跑→体操。
可见，不管跳水是否得金牌，体操必定得金牌。因此，D 项正确。

2　2022MBA - 52

李佳、贾元、夏辛、丁东、吴悠 5 位大学生暑期结伴去皖南旅游，对于 5 人将要游览的地点，他们却有不同想法。
李佳：若去龙川，则也去呈坎。
贾元：龙川和徽州古城两个地方至少去一个。
夏辛：若去呈坎，则也去新安江山水画廊。
丁东：若去徽州古城，则也去新安江山水画廊。
吴悠：若去新安江山水画廊，则也去江村。
事后得知，5 人的想法都得到了实现。
根据以上信息，上述 5 人游览的地点，肯定有：
A. 龙川和呈坎。
B. 江村和新安江山水画廊。
C. 龙川和徽州古城。
D. 呈坎和新安江山水画廊。
E. 呈坎和徽州古城。
[解题分析] 正确答案：B
根据题意，列条件关系式如下：
(1) 李：龙川→呈坎。
(2) 贾：龙川∨徽州。
(3) 夏：呈坎→新安江。
(4) 丁：徽州→新安江。
(5) 吴：新安江→江村。
由 (1)(3) 得：龙川→呈坎→新安江。
有 (2)(4) 得：¬龙川→徽州→新安江。
由上述两式二难推理，可得，不管是否去龙川，都要去新安江。
再由 (5) 得，既然去新安江山，必然也去江村。
因此，B 项为正确答案。

3　2017MBA - 53

某民乐小组拟购买几种乐器，购买要求如下：

（1）二胡、箫至多购买一种。

（2）笛子、二胡和古筝至少购买一种。

（3）箫、古筝、唢呐至少购买两种。

（4）如果购买箫，则不购买笛子。

根据以上要求，可以得出以下哪项？

A. 至多购买三种乐器。

B. 箫、笛子至少购买一种。

C. 至少要购买三种乐器。

D. 古筝、二胡至少购买一种。

E. 一定要购买唢呐。

[解题分析] 正确答案：D

假设购买箫，则由（1）（4）可得，不购买笛子、二胡；再由（2）可得，购买古筝，对于唢呐无法判断。

假设不购买箫，则由（3）可得，购买古筝、唢呐。

由此可见，不管买不买箫，一定要购买古筝。

既然一定要购买古筝，那么“古筝、二胡至少购买一种”必为真，即D项为正确答案。

4　2014MBA－44

某国大选在即，国际政治专家陈研究员预测：选举结果或者是甲党控制政府，或者是乙党控制政府。如果甲党赢得对政府的控制权，该国将出现经济问题；如果乙党赢得对政府的控制权，该国将陷入军事危机。

根据陈研究员的上述预测，可以得出以下哪项？

A. 该国可能不会出现经济问题，也不会陷入军事危机。

B. 如果该国出现经济问题，那么甲党赢得了对政府的控制权。

C. 该国将出现经济问题，或者将陷入军事危机。

D. 如果该国陷入了军事危机，那么乙党赢得了对政府的控制权。

E. 如果该国出现了经济问题并且陷入了军事危机，那么甲党与乙党均赢得了对政府的控制权。

[解题分析] 正确答案：C

题干信息：

（1）甲∨乙。

（2）甲→经济问题。

（3）乙→军事危机。

由以上三式联合可得：经济问题∨军事危机。

因此，C项正确。

其余选项均得不出。

A项：可能¬经济问题∧¬军事危机。与上述推理出来的结果不符，排除。

B项：经济问题→甲。不符合（2）的逻辑关系，排除。

D项：军事危机→乙。不符合（3）的逻辑关系，排除。

E项：经济问题∧军事危机→甲∧乙。从题干信息中推不出，排除。

5　2012MBA－30

李明、王兵、马云三位股民对股票A和股票B分别作了如下预测：

李明：只有股票A不上涨，股票B才不上涨。

王兵：股票A和股票B至少有一个不上涨。

马云：股票A上涨当且仅当股票B上涨。

若三人的预测都为真，则以下哪项符合他们的预测？

A. 股票A上涨，股票B不上涨。

B. 股票A不上涨，股票B上涨。

C. 股票A和股票B均上涨。

D. 股票A和股票B均不上涨。

E. 只有股票A上涨，股票B才不上涨。

［解题分析］正确答案：D

题干条件关系式如下：

李明：$\neg A \leftarrow \neg B$。即：（1）$\neg B \rightarrow \neg A$。

王兵：$\neg A \vee \neg B$。即：（2）$B \rightarrow \neg A$。

马云：（3）$A \leftrightarrow B$。

由（1）（2）进行二难推理，即无论B的真假，均可推得：$\neg A$。

再由（3）可得：$\neg A \leftrightarrow \neg B$。

所以，推出的结果是：$\neg A$，$\neg B$。

另解：用假设法。

假设股票A上涨，根据李明的预测可推出股票B上涨，而根据王兵的预测则推出股票B不上涨，存在矛盾，因此，必然是股票A不上涨。再进一步根据马云的预测，可推出股票B不上涨。所以，D项为正确答案。

第三节　混合推理

混合推理是逻辑测试的一个重点，是必考也是常考的知识点，涉及对假言、联言和选言及负命题推理的综合运用。解题步骤如下：

第一步，通过自然语言的符号化写出条件关系式。

（1）元素符号化，抽象思维。

（2）汉语阅读理解，收敛思维，写出条件关系式。

注意日常语言联结词，可标志条件关系。

没有联结词的，从意义上理解条件关系。

第二步，通过条件关系式和逻辑运算推出答案。

（1）有了条件关系式，就可以写出其等价的逆否命题。

$P \rightarrow Q1 \vee Q2$ 的逆否命题为 $\neg Q1 \wedge \neg Q2 \rightarrow \neg P$

$P \rightarrow Q1 \wedge Q2$ 的逆否命题为 $\neg Q1 \vee \neg Q2 \rightarrow \neg P$

$Q1 \vee Q2 \rightarrow P$ 的逆否命题为 $\neg P \rightarrow \neg Q1 \wedge \neg Q2$

$Q1 \wedge Q2 \rightarrow P$ 的逆否命题为 $\neg P \rightarrow \neg Q1 \vee \neg Q2$

（2）题目若只有一个条件关系，往往只要结合原命题与逆否命题的理解即可找出答案。

（3）题目若有多个条件关系，则需要进行一定的逻辑命题演算，往往要串联多个条件关系式，从而推导出答案。

注意：要寻找解题突破口，找推理起点（或在原文，或在问题，或在选项），由起点列出推理链。要善于结合题干条件和选项来推理，从而尽快找到答案。比如：P→Q，R→¬ Q，可得出 P→¬ R。

一、 单式推论

在推出结论型混合推理题中，如果根据题意，只能写出一个条件关系式，往往对原命题和逆否命题的条件理解即可选择答案。

1　2016MBA－31

在某届洲际杯足球大赛中，第一阶段某小组单循环赛共有 4 支队伍参加，每支队伍需要在这一阶段比赛三场。甲国足球队在该小组的前两轮比赛中一平一负。在第三轮比赛之前，甲国队主教练在新闻发布会上表示："只有我们在下一场比赛中取得胜利并且本组的另外一场比赛打成平局，我们才有可能从这个小组出线。"

如果甲国队主教练的陈述为真，以下哪项是不可能的？

A. 第三轮比赛该小组两场比赛都分出了胜负，甲国队从小组出线。

B. 甲国队第三场比赛取得了胜利，但他们未能从小组出线。

C. 第三轮比赛该小组另外一场比赛打成了平局，甲国队从小组出线。

D. 第三轮比赛甲国队取得了胜利，该小组另一场比赛打成平局，甲国队未能从小组出线。

E. 第三轮比赛该小组两场比赛都打成了平局，甲国队未能从小组出线。

[解题分析] 正确答案：A

根据甲国队主教练的陈述，列出如下条件关系式：

在下一场比赛中取得胜利∧本组的另外一场比赛打成平局←从这个小组出线。

其逆否命题为：

¬在下一场比赛中取得胜利∨¬本组的另外一场比赛打成平局→¬从这个小组出线。

A 项：第三轮比赛该小组两场比赛都分出了胜负，意味着本组的另外一场比赛没有打成平局，甲国队就不可能从小组出线。因此，该项为正确答案。

其余选项均有可能成立。

2　2015MBA－47

如果把一杯酒倒入一桶污水中，你得到的是一桶污水；如果把一杯污水倒入一桶酒中，你得到的依然是一桶污水。在任何组织中，都可能存在几个难缠人物。他们存在的目的似乎就是把事情搞糟。如果一个组织不加强内部管理，一个正直能干的人进入某低效的部门就会被吞没。而一个无德无才者就能将一个高效的部门变成一盘散沙。

根据上述信息，可以得出以下哪项？

A. 如果一个无德无才的人把组织变成一盘散沙，则该组织没有加强内部管理。

B. 如果一个正直能干的人在低效部门没有被吞没，则该部门加强了内部管理。

C. 如果一个正直能干的人进入组织，就会使组织变得更为高效。

D. 如果不将一杯污水倒进一桶酒中，你就不会得到一桶污水。

E. 如果组织中存在几个难缠人物，很快就会把组织变成一盘散沙。

[解题分析] 正确答案：B

题干断定：¬加强管理→正直能干的人被吞没∧无德无才者将高效部门变成散沙。

B 项：¬正直能干的人被吞没→加强管理。符合上述断定的逆否命题，因此正确。

A 项：无德无才的人把组织变成散沙→¬加强管理。不符合题干断定的逻辑关系，排除。

C 项：正直能干的人进入组织→组织变得更为高效。超出题干断定范围，排除。

D 项：题干只是论述“将污水倒入酒中→得到污水”，从中推不出“¬将污水倒进酒中→¬得到污水”，排除。

E 项：存在难缠人物→组织变成散沙。不符合题干信息，排除。

3 2010MBA－33

蟋蟀是一种非常有趣的小动物，宁静的夏夜，草丛中传来阵阵清脆悦耳的鸣叫声，那是蟋蟀在歌唱。蟋蟀优美动听的歌声并不是出自它的好嗓子，而是来自它的翅膀。左右两翅一张一合，相互摩擦，就可以发出悦耳的声响了。蟋蟀还是建筑专家，与它那柔软的挖掘工具相比，蟋蟀的住宅真可以算得上是伟大的工程了。在其住宅门口，有一个收拾得非常舒适的平台。夏夜，除非下雨或者刮风，否则蟋蟀肯定会在这个平台上歌唱。

根据以上陈述，以下哪项是蟋蟀在无雨的夏夜所做的？

A. 修建住宅。

B. 收拾平台。

C. 在平台上歌唱。

D. 如果没有刮风，它就在抢修工程。

E. 如果没有刮风，它就在平台上歌唱。

[解题分析] 正确答案：E

题干信息：夏夜，除非下雨或者刮风，否则蟋蟀肯定会在这个平台上歌唱。

可表示为：¬（雨 ∨ 风）→ 唱。

其等价于：¬雨 ∧ ¬风→ 唱。

题目补充条件是“¬雨”，结合“¬风”就可以得出“唱”。

即在无雨的夏夜，如果没有刮风，蟋蟀就在平台上歌唱。

因此，E 项为正确答案。

4 2010MBA－28

域控制器存储了域内的账户、密码和属于这个域的计算机三项信息。当计算机接入网络时，域控制器首先要鉴别这台计算机是否属于这个域，用户使用的登录账号是否存在，密码是否正确。如果三项信息均正确，则允许登录；如果以上信息有一项不正确，那么域控制器就会拒绝这个用户从这台计算机登录。小张的登录账号是正确的，但是域控制器拒绝小张的计算机登录。

基于以上陈述能得出以下哪项结论？

A. 小张输入的密码是错误的。

B. 小张的计算机不属于这个域。

C. 如果小张的计算机属于这个域，那么他输入的密码是错误的。

D. 只有小张输入的密码是正确的，他的计算机才属于这个域。

E. 如果小张输入的密码是正确的，那么他的计算机属于这个域。

[解题分析] 正确答案：C

题干断定：如果域归属正确，并且账号正确、密码正确，则允许登录。

简化为条件关系式：域 ∧ 账 ∧ 密→允。

其等价的逆否命题：¬域∨¬账∨¬密←¬允。

由域控制器拒绝小张的计算机登录，即不允许登录，可得：¬允→¬域∨¬账∨¬密。

由选言推理的规则可知：¬域∨¬账∨¬密＝账→¬域∨¬密。

又由小张的登录账号是正确的，则推得：¬域∨¬密。

再由选言推理的规则可知：¬域∨¬密＝域→¬密。

即：如果小张的计算机属于这个域，那么他输入的密码是错误的。因此，C项为正确答案。

5　2010MBA－26

针对威胁人类健康的甲型H1N1流感，研究人员研制出了相应的疫苗。尽管这些疫苗是有效的，但某大学研究人员发现，阿司匹林、羟苯基乙酰胺等抑制某些酶的药物会影响疫苗的效果，这位研究人员指出："如果你服用了阿司匹林或者对乙酰氨基酚，那么你注射疫苗后就必然不会产生良好的抗体反应。"

如果小张注射疫苗后产生了良好的抗体反应，那么根据上述研究结果可以得出以下哪项结论？

A. 小张服用了阿司匹林，但没有服用对乙酰氨基酚。

B. 小张没有服用阿司匹林，但感染了H1N1流感病毒。

C. 小张服用了阿司匹林，但没有感染H1N1流感病毒。

D. 小张没有服用阿司匹林，也没有服用对乙酰氨基酚。

E. 小张服用了对乙酰氨基酚，但没有服用羟苯基乙酰胺。

［解题分析］正确答案：D

题干断定：如果服用了阿司匹林或者对乙酰氨基酚，那么注射疫苗后就必然不会产生良好的抗体反应。

简化为条件关系式：阿∨乙→¬抗。

其等价的逆否命题：¬阿∧¬乙←抗。

可见，如果小张注射疫苗后产生了良好的抗体反应，那么，小张没有服用阿司匹林，也没有服用对乙酰氨基酚。因此，D项为正确答案。

6　2005MBA－38

一个产品要畅销，产品的质量和经销商的诚信缺一不可。

以下各项都符合题干的断定，除了：

A. 一个产品滞销，说明它或者质量不好，或者经销商缺乏诚信。

B. 一个产品，只有质量高并且由诚信者经销，才能畅销。

C. 一个产品畅销，说明它质量高并有诚信的经销商。

D. 一个产品，除非有高的质量和诚信的经销商，否则不能畅销。

E. 一个质量高并且由诚信者经销的产品不一定畅销。

［解题分析］正确答案：A

题干的条件表达式：（1）畅销→质量∧诚信。

其等价的逆否命题：（2）¬畅销←¬质量∨¬诚信。

A项：¬畅销→¬质量∨¬诚信，与（2）逻辑关系不一致，正确。

B项：质量∧诚信←畅销，与（1）逻辑关系一致，符合题干的断定，排除。

C项：畅销→质量∧诚信，与（1）逻辑关系一致，符合题干的断定，排除。

D 项：¬（质量∧诚信）→¬畅销=¬质量∨¬诚信→¬畅销，与（2）逻辑关系一致，符合题干的断定，排除。

E 项："质量∧诚信"无法推出"畅销"，符合题干的断定，排除。

7　2000MBA－63

如果飞行员严格遵守操作规程，并且飞机在起飞前经过严格的例行技术检验，那么，飞机就不会失事，除非出现例如劫机这样的特殊意外。这架波音 747 在金沙岛上空失事。

如果上述断定是真的，则以下哪项也一定是真的？

A. 如果失事时无特殊意外发生，则飞行员一定没有严格遵守操作规程，并且飞机在起飞前没有经过严格的例行技术检验。

B. 如果失事时有特殊意外发生，则飞行员一定严格遵守了操作规程，并且飞机在起飞前经过了严格的例行技术检验。

C. 如果飞行员没有严格遵守操作规程，并且飞机在起飞前没有经过严格的例行技术检验，则失事时一定没有特殊意外发生。

D. 如果失事时没有特殊意外发生，则可得出结论：只要飞机失事的原因是飞行员没有严格遵守操作规程，那么飞机在起飞前一定经过了严格的例行技术检验。

E. 如果失事时没有特殊意外发生，则可得出结论：只要飞机失事的原因不是飞机在起飞前没有经过严格的例行技术检验，那么一定是飞行员没有严格遵守操作规程。

[解题分析] 正确答案：E

题干信息：(1) 遵守规程∧严格检验∧¬特殊意外→¬失事；(2) 失事。

由 (2)(1) 联立可推知：失事→¬遵守规程∨¬严格检验∨特殊意外。

可见，飞机失事的原因是，飞行员没有严格遵守操作规程，或者飞机在起飞前没有经过严格的例行技术检验，或者出现了特殊意外。

从以上分析可知，P（没有严格遵守操作规程），或者 Q（飞机在起飞前没有经过严格的例行技术检验），或者 R（出现了特殊意外）这三个原因中，至少有一个存在，也可能都存在。

E 项：成立。因为由 R 不是原因，可以断定：只要 Q 不是原因，P 就一定是原因。

A 项：不成立。因为由 R 不是原因，不能断定 P 和 Q 同时都是原因，而只能断定其中至少有一个是原因。

B 项：不成立。因为由 R 是原因，不能断定 P 和 Q 都不是原因。

C 项：不成立。因为由 P 和 Q 都是原因，不能断定 R 一定不是原因。

D 项：不成立。因为由 R 不是原因，不能断定：只要 P 是原因，Q 就一定不是原因。

二、多式推论

在推出结论型混合推理题中，如果题干元素已经符号化了，可直接写出条件关系式。对于可列出多个条件关系式的题目，需要通过命题演算，推导出正确答案。

1　2024MBA－52

为了提高效益，经销商李军拟在花生、甜菜、棉花、百合、黄芪和生姜 6 种农产品中选择 3 种经营。他有如下考虑：

(1) 若经营百合，则也经营黄芪但不经营甜菜；

(2) 若经营花生，则也经营甜菜但不经营棉花；

(3) 若生姜或者棉花至少经营一种，则同时经营花生和百合。

根据以上信息，以下哪 2 种农产品是李军拟经营的？

A. 花生和甜菜。

B. 甜菜和棉花。

C. 百合和黄芪。

D. 花生和百合。

E. 棉花和生姜。

[解题分析] 正确答案：A

题干信息：

（1）百合→黄芪∧¬甜菜；

（2）花生→甜菜∧¬棉花；

（3）生姜∨棉花→花生∧百合。

假设经营棉花，由（3）（2）推知，棉花→花生→甜菜∧¬棉花。既有棉花又没有棉花，矛盾，假设不成立，所以，不经营棉花。

假设经营生姜，由（3）知，花生∧百合。再由（1）（2）知，黄芪∧甜菜。这样，就会经营 5 种农产品，与题干给出的选择 3 种农产品经营相矛盾，假设不成立，因此，不经营生姜。

这样，只能在花生、甜菜、百合、黄芪 4 种农产品中选择 3 种。

再根据（1）（2）推知，百合和花生不能都经营，否则，¬甜菜∧甜菜，相矛盾。所以，4 种农产品里，只能是在百合和花生中选 1 种，甜菜和黄芪都入选。

既然甜菜入选，根据（1）的逆否命题，甜菜→¬百合，即百合不能入选。

所以，入选的 3 种农产品是花生、甜菜、黄芪。因此，A 项正确。

花生	甜菜	棉花	百合	黄芪	生姜
+	+	−	−	+	−

2　2024MBA－42

某烟花专卖店销售多种烟花。已知：

（1）若不是危险性大的烟花，则它们可降解或没有漂浮物；

（2）若是新型组合烟花或危险性大的烟花，则它们不是环保类烟花。

若该店所销售的某类产品是环保类烟花，则可以推出该类烟花：

A. 可降解。

B. 若不可降解，则没有漂浮物。

C. 不可降解。

D. 若可降解，则有漂浮物。

E. 没有漂浮物。

[解题分析] 正确答案：B

题干信息：

（1）¬危→可降解∨¬漂；

（2）新型∨危→¬环保。

联立（2）（1）可得：（3）环保→¬新型∧¬危→可降解∨¬漂。

若该店所销售的某类产品是环保类烟花，则由（3）推知：

可降解∨¬漂=¬可降解→¬漂。

即该烟花若不可降解，则没有漂浮物。因此，B 项正确。

3 2024MBA－29

某部门拟在甲、乙、丙、丁、戊五个乡镇中选择三个进行调研。选择要求如下：

（1）乙、丁至多选择其一；

（2）若选择丙，则选择乙而不选择甲；

（3）若甲、戊中至少有一个不选择，则不选择丙。

根据以上信息，可以得出以下哪项？

A. 甲、戊均不选。

C. 乙、丙均不选。

B. 甲、戊恰选其一。

D. 乙、丙、丁恰选其一。

E. 乙、丙、丁恰选其二。

［解题分析］ 正确答案：D

题干信息：

（1）¬乙∨¬丁；

（2）丙→乙∧¬甲；

（3）¬甲∨¬戊→¬丙。

（3）的逆否命题：（4）丙→甲∧戊。

由（2）可知，若选丙则不选甲，这与（4）矛盾，所以，不选丙。

再由（1），乙、丁至多选一个，由于是五选三，所以，甲、戊必选。

剩下的一个必定在乙、丁里面选，因此，D 项正确。

甲	乙	丙	丁	戊
√		×		√

4 2023MBA－41

张先生欲花 5 万元购置橱柜、卫浴或供暖设备。已知：

（1）如果买橱柜，就不买卫浴，也不买供暖设备；

（2）如果不买橱柜，就买卫浴；

（3）如果卫浴、橱柜至少有一种不买，则买供暖设备。

根据以上陈述，关于张先生的购买打算，可以得出以下哪项？

A. 买橱柜和卫浴。

B. 买橱柜和供暖设备。

C. 买橱柜，但不买卫浴。

D. 买卫浴和供暖设备。

E. 买卫浴，但不买供暖设备。

［解题分析］ 正确答案：D

题干信息：

（1）橱柜→¬卫浴∧¬供暖设备；

（2）¬橱柜→卫浴；

（3）¬卫浴∨¬橱柜→供暖设备。

假设买橱柜，由（1）（3）得：橱柜→¬卫浴∧¬供暖设备→供暖设备，矛盾。

因此，一定不买橱柜，由（2）得：¬橱柜→卫浴。

又由（3）得：¬橱柜→供暖设备。

可知，买卫浴和供暖设备，因此，D项正确。

5 2021MBA－43

为进一步弘扬传统文化，有专家提议将每年的2月1日、3月1日、4月1日、9月1日、11月1日、12月1日6天中的3天确定为“传统文化宣传日”。

根据实际需要，确定日期必须考虑以下条件：

（1）若选择2月1日，则选择9月1日但不选12月1日；

（2）若3月1日、4月1日至少选择其一，则不选11月1日。

以下哪项选定的日期与上述条件一致？

A. 2月1日、3月1日、4月1日。

B. 2月1日、4月1日、11月1日。

C. 3月1日、9月1日、11月1日。

D. 4月1日、9月1日、11月1日。

E. 9月1日、11月1日、12月1日。

［解题分析］正确答案：E

根据题干条件，列出关系式（以下数字代表该月份的1日）：

（1）2→9∧¬12；

（2）3∨4→¬11。

依次分析各选项：

A项：既然选择2月1日，则由（1），也要选择9月1日，违背题干只能选择3天的条件。

B项：既然选择2月1日，则由（1），也要选择9月1日，违背题干只能选择3天的条件。

C项：既然选择3月1日，则由（2），不能选择11月1日，产生矛盾。

D项：既然选择4月1日，则由（2），不能选择11月1日，产生矛盾。

E项：既然选择12月1日，则由（1），不能选择2月1日。既然选择11月1日，则由（2），不能选择3月1日和4月1日。与题干条件一致，因此，该项正确。

6 2021MBA－34

黄瑞爱好书画收藏，他收藏的书画作品只有“真品”“精品”“名品”“稀品”“特品”“完品”，它们之间存在如下关系：

（1）若是“完品”或“真品”，则是“稀品”；

（2）若是“稀品”或“名品”，则是“特品”。

现知道黄瑞收藏的一幅画不是“特品”，则可以得出以下哪项？

A. 该画是“稀品”。

B. 该画是“精品”。

C. 该画是“完品”。

D. 该画是“名品”。

E. 该画是“真品”。

［解题分析］正确答案：B

根据题干所给条件，列出关系式：

（1）完品∨真品→稀品；

（2）稀品∨名品→特品。

根据（2）可推出：¬特品→¬稀品∧¬名品。

根据（1）可推出：¬稀品→¬完品∧¬真品。

既然黄瑞收藏的一幅画不是“特品”，那么由以上推理可知，该画也不是“稀品”“名品”“完品”“真品”中的任何一种。

而他收藏的书画作品只有“真品”“精品”“名品”“稀品”“特品”“完品”，因此，该画只能是“精品”。

7　2020MBA－42

某单位拟在椿树、枣树、楝树、雪松、银杏、桃树中选择四种栽种在庭院中。已知：

（1）椿树、枣树至少种植一种；

（2）如果种植椿树，则种植楝树但不种植雪松；

（3）如果种植枣树，则种植雪松但不种植银杏。

如果庭院中种植银杏，则以下哪项是不可能的？

A. 种植椿树。

B. 种植楝树。

C. 不种植枣树。

D. 不种植雪松。

E. 不种植桃树。

［解题分析］正确答案：E

题干信息：

（1）椿∨枣；

（2）椿→楝∧¬松；

（3）枣→松∧¬银。

如果庭院中种植银杏，由（3）可知，不种植枣树；再由（1）可知，种植椿树；又根据（2）可知，种植楝树但不种植雪松。

由于要种四种树，因此，必然要种植桃树。

所以，E项是不可能的，故为正确答案。

其余选项与已知信息一致，均为真，排除。

椿树	枣树	楝树	雪松	银杏	桃树
√	×	√	×	√	√

8　2019MBA－28

李诗、王悦、杜舒、刘默是唐诗宋词的爱好者，在唐朝诗人李白、杜甫、王维、刘禹锡中4人各喜爱其中一位，且每人喜爱的唐诗作者不与自己同姓。关于他们4人，已知：

（1）如果爱好王维的诗，那么也爱好辛弃疾的词；

（2）如果爱好刘禹锡的诗，那么也爱好岳飞的词；

（3）如果爱好杜甫的诗，那么也爱好苏轼的词。

如果李诗不爱好苏轼和辛弃疾的词，则可以得出以下哪项？

A. 杜舒爱好辛弃疾的词。

B. 王悦爱好苏轼的词。
C. 刘默爱好苏轼的词。
D. 李诗爱好岳飞的词。
E. 杜舒爱好岳飞的词。

［解题分析］ 正确答案：D

根据题干断定，列出以下条件关系式：
(1) 爱好王维的诗→爱好辛弃疾的词；
(2) 爱好刘禹锡的诗→爱好岳飞的词；
(3) 爱好杜甫的诗→爱好苏轼的词；
(4) 李诗不爱好苏轼的词∧李诗不爱好辛弃疾的词；
(5) 李白、杜甫、王维、刘禹锡中 4 人各喜爱其中一位；
(6) 每人喜爱的唐诗作者不与自己同姓。

由条件 (1)(4)，可推出：李诗不爱好王维的诗。
由条件 (3)(4)，可推出：李诗不爱好杜甫的诗。
由条件 (6) 可推出：李诗不爱好李白的诗。
再由条件 (5) 可推出：李诗爱好刘禹锡的诗。
再由条件 (2) 可推出：李诗爱好岳飞的词。

9　2018MBA－53

某国拟在甲、乙、丙、丁、戊、己 6 种农作物中进口几种，用于该国庞大的动物饲料产业。考虑到一些农作物可能含有违禁成分，以及它们之间存在的互补或可替代因素，该国对这些农作物有如下要求：

(1) 它们当中不含违禁成分的都进口。
(2) 如果甲或乙含有违禁成分，就进口戊和己。
(3) 如果丙含有违禁成分，那么丁就不进口了。
(4) 如果进口戊，就进口乙和丁。
(5) 如果不进口丁，就进口丙；如果进口丙，就不进口丁。

根据上述要求，以下哪项所列的农作物是该国可以进口的？

A. 丙、戊、己。
B. 乙、丙、丁。
C. 甲、乙、丙。
D. 甲、丁、己。
E. 甲、戊、己。

［解题分析］ 正确答案：C

解法一：排除法。
根据 (5)，排除 B 项。根据 (4)，排除 A、E 项。
D 项：进口丁，根据 (3)，丙没有违禁成分，再根据 (1)，丙也得进口，故该项排除。
因此，只有 C 项与题干条件不矛盾。

解法二：演绎法。
(1) 不含违禁→进口。
(2) 甲违禁∨乙违禁→戊∧己。
(3) 丙违禁→¬丁。

(4) 戊→乙∧丁。

(5) ¬丁↔丙。

由(3)(1)得：丁→¬丙违禁→进口丙。

结合(5)进行二难推理可得：一定会进口丙。

再由(5)(4)(2)(1)可得：丙→¬丁→¬戊→¬甲违禁∧¬乙违禁→进口甲∧进口乙。

所以，进口的农作物是甲、乙、丙。

10 2017MBA-41

颜子、曾寅、孟申、荀辰申请一个中国传统文化建设项目。根据规定，该项目的主持人只能有一名，且在上述四位申请者中产生；包括主持人在内，项目组成员不能超过两位。另外，各位申请者在申请答辩时作了如下陈述：

(1) 颜子：如果我成为主持人，将邀请曾寅或荀辰作为项目组成员。

(2) 曾寅：如果我成为主持人，将邀请颜子或孟申作为项目组成员。

(3) 荀辰：只有颜子成为项目组成员，我才能成为主持人。

(4) 孟申：只有荀辰或颜子成为项目组成员，我才能成为主持人。

假定四人的陈述都为真，关于项目组成员的组合，以下哪项是不可能的？

A. 孟申、曾寅。

B. 荀辰、孟申。

C. 曾寅、荀辰。

D. 颜子、孟申。

E. 颜子、荀辰。

［解题分析］正确答案：C

题干条件关系如下。

(1) 颜为主持→曾为成员∨荀为成员。

(2) 曾为主持→颜为成员∨孟为成员。

(3) 颜为成员←荀为主持。

(4) 荀为成员∨颜为成员←孟为主持。

曾寅、荀辰这一组合不可能为真，因为项目组成员不能超过两位，若曾寅是主持人，荀辰是项目组成员，则与条件(2)矛盾；若荀辰是主持人，曾寅是项目组成员，则与条件(3)矛盾。因此，C项为正确答案。

其余选项所列的组合均不与题干信息矛盾，都可能为真，比如，D项：由(4)可知，若孟申是主持人，那么颜子可能成为项目组成员，符合题干信息。

11 2015MBA-43

为防御电脑受病毒侵袭，研究人员开发了防御病毒、查杀病毒的程序，前者启动后能使程序运行免受病毒侵袭，后者启动后能迅速查杀电脑中可能存在的病毒。某台电脑上装有甲、乙、丙三种程序。已知：

(1) 甲程序能查杀目前已知的所有病毒；

(2) 若乙程序不能防御已知的一号病毒，则丙程序也不能查杀该病毒；

(3) 只有丙程序能防御已知的一号病毒，电脑才能查杀目前已知的所有病毒；

(4) 只有启动甲程序，才能启动丙程序。

根据上述信息可以得出以下哪项？

A. 只有启动丙程序，才能防御并查杀一号病毒。
B. 如果启动了甲程序，那么不必启动乙程序也能查杀所有病毒。
C. 如果启动了乙程序，那么不必启动丙程序也能查杀一号病毒。
D. 只有启动乙程序，才能防御并查杀一号病毒。
E. 如果启动丙程序，就能防御并查杀一号病毒。

[解题分析] 正确答案：E

题干断定：

(1) 甲→查杀已知的所有病毒；
(2) ¬乙防御一号病毒→¬丙查杀一号病毒；
(3) 丙防御一号病毒←查杀已知的所有病毒；
(4) 启动甲←启动丙。

E项：如果启动丙程序，由（4）可推出，启动丙→启动甲；又由（1）可知，能查杀已知的所有病毒，即可以查杀已知的一号病毒；再由（3）知，丙可以防御一号病毒，故得出：能防御并查杀一号病毒。因此，该项为正确答案。

其余选项都不能必然得出。其中：

A项：启动丙←防御∧查杀一号病毒。与题干断定不一致，排除。

B项：启动甲→查杀所有病毒。而（1）的结论是查杀目前已知的所有病毒，不一致，排除。

C项：启动乙→查杀一号病毒。与题干信息不一致，排除。

D项：启动乙←防御∧查杀一号病毒。与题干断定不一致，排除。

12　2011MBA－52

在恐龙灭绝6 500万年后的今天，地球正面临着又一次物种大规模灭绝的危机。截至20世纪末，全球大概有20%的物种灭绝。现在，大熊猫、西伯利亚虎、北美玳瑁、巴西红木等许多珍稀物种正面临着灭绝的危险。有三位学者对此作了预测。

学者一：如果大熊猫灭绝，则西伯利亚虎也将灭绝。

学者二：如果北美玳瑁灭绝，则巴西红木不会灭绝。

学者三：或者北美玳瑁灭绝，或者西伯利亚虎不会灭绝。

如果三位学者的预测都为真，则以下哪项一定为假？

A. 大熊猫和北美玳瑁都将灭绝。
B. 巴西红木将灭绝，西伯利亚虎不会灭绝。
C. 大熊猫和巴西红木都将灭绝。
D. 大熊猫将灭绝，巴西红木不会灭绝。
E. 巴西红木将灭绝，大熊猫不会灭绝。

[解题分析] 正确答案：C

题干断定：

(1) 大熊猫→西伯利亚虎。
(2) 北美玳瑁→¬巴西红木。
(3) 北美玳瑁∨¬西伯利亚虎。

由（1）（3）（2）传递可推出：(4) 大熊猫→西伯利亚虎→北美玳瑁→¬巴西红木。

C项：大熊猫∧巴西红木，这与（4）相矛盾，则本项一定为假，因此为正确答案。

其余选项均与题干不矛盾，均予以排除。

13　2010MBA－55

某中药配方有如下要求：

(1) 如果有甲药材，那么也要有乙药材；

(2) 如果没有丙药材，那么必须有丁药材；

(3) 人参和天麻不能都有；

(4) 如果没有甲药材而有丙药材，则需要有人参。

如果含有天麻，则关于该配方的断定以下哪项为真？

A. 含有甲药材。

B. 含有丙药材。

C. 没有丙药材。

D. 没有乙药材和丁药材。

E. 含有乙药材或丁药材。

［解题分析］ 正确答案：E

根据题干条件，列出以下关系式：

(1) 甲→乙；

(2) ¬丙→丁；

(3) 人参→¬天麻；

(4) ¬甲∧丙→人参。

如果含有天麻，由条件 (3) 知：¬人参。

再由条件 (4) 知：甲∨¬丙。

再由 (1)(2) 可推出：乙∨丁。

因此，E 项为正确答案。

14　2010MBA－50

在本年度篮球联赛中，长江队主教练发现，黄河队五名主力队员之间的上场配置有如下规律：

(1) 若甲上场，则乙也要上场；

(2) 只有甲不上场，丙才不上场；

(3) 要么丙不上场，要么乙和戊中有人不上场；

(4) 或者丁上场，或者乙上场。

若乙不上场，则以下哪项配置合乎上述规律？

A. 甲、丙、丁同时上场。

B. 丙不上场，丁、戊同时上场。

C. 甲不上场，丙、丁都上场。

D. 甲、丁都上场，戊不上场。

E. 甲、丁、戊都不上场。

［解题分析］ 正确答案：C

根据题干写出条件关系式：

(1) 甲→乙；

(2) ¬甲 ← ¬丙；

(3) ¬丙$\dot{\vee}$(¬乙∨¬戊)；

（4）丁 ∨ 乙；

（5）¬乙。

由（1）和（5），得结论1：¬甲。

由（3）和（5），得结论2：丙。

由（4）和（5），得结论3：丁。

综上可得：甲不上场，丙、丁都上场。因此，C项为正确答案。

由结论1得，A项和D项不成立，排除。

由结论2得，B项不成立，排除。

由结论3得，E项不成立，排除。

15　2010MBA－36

太阳风中的一部分带电粒子可以到达M星表面，将足够的能量传递给M星表面的粒子，使后者脱离M星表面，逃逸到M星大气中。为了判定这些逃逸的粒子，科学家们通过三个实验获得了如下信息：

实验一：或者是x粒子，或者是y粒子。

实验二：或者不是y粒子，或者不是z粒子。

实验三：如果不是z粒子，就不是y粒子。

根据上述三个实验，以下哪项一定为真？

A. 这种粒子是x粒子。

B. 这种粒子是y粒子。

C. 这种粒子是z粒子。

D. 这种粒子不是x粒子。

E. 这种粒子不是z粒子。

［解题分析］正确答案：A

根据题干信息，列出条件关系式：

（1）x ∨ y ＝¬ y→x。（如果不是y粒子，就是x粒子）

（2）¬ y ∨ ¬ z ＝z→¬ y。（如果是z粒子，就不是y粒子）

（3）¬ z→¬ y。（如果不是z粒子，就不是y粒子）

由（2）（3）形成二难推理，不管是不是z粒子，都推出不是y粒子，即可得：¬ y。

再结合（1），推出x，即得出一定是x粒子。因此，A项为正确答案。

16　2008MBA－49

某实验室一共有A、B、C三种类型的机器人，A型能识别颜色，B型能识别形状，C型既不能识别颜色也不能识别形状。实验室用红球、蓝球、红方块和蓝方块对1号和2号机器人进行实验，命令它们拿起红球，但1号拿起了红方块，2号拿起了蓝球。

根据上述实验，以下哪项断定一定为真？

A. 1号和2号都是C型。

B. 1号和2号中有且只有一个是C型。

C. 1号是A型且2号是B型。

D. 1号不是B型且2号不是A型。

E. 1号可能不是A、B、C三种类型中的任何一种。

［解题分析］正确答案：D

根据题干信息，简化为如下条件关系式：

(1) A 型→颜色。(A 型能识别颜色，说明 A 型是识别颜色的充分条件)

(2) B 型→形状。(B 型能识别形状，说明 B 型是识别形状的充分条件)

(3) C 型→¬颜色∧¬形状。(C 型既不能识别颜色也不能识别形状)

(4) 1 号→¬形状。(命令拿起红球，但 1 号拿起了红方块，说明 1 号不能识别形状)

(5) 2 号→¬颜色。(命令拿起红球，但 2 号拿起了蓝球，说明 2 号不能识别颜色)

由 (4)(2) 可得：1 号→¬形状→¬B 型。

由 (5)(1) 可得：2 号→¬颜色→¬A 型。

即 1 号不是 B 型且 2 号不是 A 型，因此，D 项为正确答案。

其余选项都不一定为真。

17　2004MBA-51

存储在专用电脑中的某财团的商业核心机密被盗窃。该财团的三名高级雇员甲、乙、丙涉嫌被拘审。经审讯，查明了以下事实：

第一，机密是在电脑密码被破译后窃取的；破译电脑密码必须受过专门训练。

第二，如果甲作案，那么丙一定参与。

第三，乙没有受过破译电脑密码的专门训练。

第四，作案者就是这三人中的一人或一伙。

从上述条件，可推出以下哪项结论？

A. 作案者中有甲。

B. 作案者中有乙。

C. 作案者中有丙。

D. 作案者中有甲和丙。

E. 甲、乙和丙都是作案者。

[解题分析] 正确答案：C

题干信息：

(1) 破译密码→专门训练。

(2) 甲→丙。

(3) 乙→¬专门训练。

(4) 甲∨乙∨丙。

由 (3)(1) 知，乙→¬专门训练→¬破译密码，即乙不可能单独作案。

再由 (4) 知，甲或丙一定作案了。

又由 (2) 知，若丙没作案，则甲也没作案，这与“甲或丙一定作案了”相矛盾。

因此，作案者中一定有丙。

18　2001MBA-59

只要天上有太阳并且气温在零度以下，街上总有很多人穿着皮夹克。只要天下着雨并且气温在零度以上，街上总有人穿着雨衣。有时，天上有太阳但却同时下着雨。

如果上述断定为真，则以下哪项一定为真？

A. 有时街上会有人在皮夹克外面套着雨衣。

B. 如果街上有很多人穿着皮夹克但天没下雨，则天上一定有太阳。

C. 如果气温在零度以下并且街上没有多少人穿着皮夹克，则天一定下着雨。

D. 如果气温在零度以上并且街上有人穿着雨衣，则天一定下着雨。

E. 如果气温在零度以上但街上没人穿雨衣，则天一定没下雨。

［解题分析］正确答案：E

题干断定：

（1）太阳∧零下→皮夹克。

（2）雨∧零上→雨衣。

（3）太阳∧雨。

E项：零上∧¬雨衣→¬雨。由“街上没人穿雨衣”和（2）的逆否命题“¬雨衣→¬雨∨¬零上”，可推出“¬雨∨¬零上”，再加上“气温在零度以上”，可以推出“天没下雨”，正确。

A项：皮夹克∧雨衣。虽然有时天上有太阳但却同时下着雨，但气温不可能既零上又零下，所以，无法推出既有皮夹克又有雨衣，排除。

B项：皮夹克∧¬雨→太阳。由“皮夹克且没下雨”推不出任何信息，排除。

C项：零下∧¬皮夹克→雨。由“¬皮夹克”，结合（1）的逆否命题可推知“¬太阳∨¬零下”，再由“零下”，可得“¬太阳”，但没太阳不一定下雨，推不出，排除。

D项：零上∧雨衣→雨。由“零上∧雨衣”推不出任何信息，排除。

三、混合推论

在推出结论型混合推理题中，如果题干给出的陈述，其中的元素并没有明显的符号化，那么，首先必须对题干自然语言进行符号化，通过对题意的理解，挖掘出隐含着的逻辑条件关系，从而写出条件关系式；然后再通过逻辑运算和条件关系去找出答案。

注意：这类题不能凭感觉来解题，因为感觉并不一定可靠，而只有符合形式逻辑的演绎规则才是真正有效的推理。

1　2024MBA－26

健康连着千家万户的幸福，关系国家和民族的未来。对于个人来说，健康是幸福之源。拥有健康，不一定拥有幸福；但失去健康，必然失去幸福。对于国家来说，人民健康是强盛之基。只有拥有健康的人民，才能拥有高质量发展能力。必须把保障人民健康放在优先发展的战略位置，大力推进健康中国建设。

根据以上陈述，可以得出以下哪项？

A. 有的人拥有幸福，但不一定拥有健康。

B. 只要人民健康，就能推动国家高质量发展。

C. 世界上只有少数国家实现了人民健康、国力强盛。

D. 若没有健康的人民，一个国家就不会拥有高质量发展能力。

E. 如果把保障人民健康放在优先发展的战略位置，就能实现国家强盛。

［解题分析］正确答案：D

题干断定：

（1）¬健康→¬幸福。（失去健康，必然失去幸福。）

（2）健康的人民←高质量发展能力。（只有拥有健康的人民，才能拥有高质量发展能力。）

（3）国家强盛→把保障人民健康放在优先发展的战略位置。（对于国家来说，人民健康是强盛之基。必须把保障人民健康放在优先发展的战略位置。）

D项：¬健康的人民→¬高质量发展能力。这是与（2）等价的逆否命题，可以得出，正确。

A 项：幸福∧¬健康。这与（1）相互矛盾，排除。

B 项：人民健康→国家高质量发展。这与（2）的逻辑关系不一致，排除。

C 项：题干没有提及实现了人民健康、国力强盛的国家的数量和比例，排除。

E 项：把保障人民健康放在优先发展的战略位置→国家强盛。这与（3）的逻辑关系不一致，排除。

2　2023MBA－26

爱因斯坦思想深刻、思维创新。他不仅是一位伟大的科学家，还是一位思想家和人道主义者，同时也是一位充满个性的有趣人物。他一生的经历表明，只有拥有诙谐幽默、充满个性的独立人格，才能做到思想深刻、思维创新。

根据以上陈述，可以得出以下哪项？

A. 有的思想家不是人道主义者。

B. 有些伟大的科学家拥有诙谐幽默、充满个性的独立人格。

C. 科学家一旦诙谐幽默、充满个性，就能做到思想深刻、思维创新。

D. 有些人道主义者诙谐幽默、充满个性，但做不到思想深刻、思维创新。

E. 有的思想家做不到诙谐幽默、充满个性，但能做到思想深刻、思维创新。

［解题分析］正确答案：B

题干断定：

（1）爱因斯坦→思想深刻、思维创新。

（2）爱因斯坦→伟大的科学家∧思想家∧人道主义者∧充满个性的有趣人物。

（3）诙谐幽默、充满个性←思想深刻、思维创新。

由（1）（3）推得，爱因斯坦→诙谐幽默、充满个性，结合（2）爱因斯坦→伟大的科学家，可推出：有些伟大的科学家拥有诙谐幽默、充满个性的独立人格。因此，B 项正确。

A 项：从“爱因斯坦是一位思想家和人道主义者”，只能推出“有的思想家是人道主义者”，而推不出“有的思想家不是人道主义者”，排除。

C 项：不能从（3）推出，排除。

D 项：不能从（2）（3）推出，排除。

E 项：由（3）可知，做不到诙谐幽默、充满个性，就不能做到思想深刻、思维创新。可见，该项错误，排除。

3　2022MBA－43

习俗因传承而深入人心，文化因赓续而繁荣兴盛。传统节日带给人们的不只是快乐和喜庆，还塑造着影响至深的文化自信。不忘历史才能开辟未来，善于继承才能善于创新。传统节日只有不断融入现代生活，其中的文化才能得以赓续而繁荣兴盛，才能为人们提供更多心灵滋养与精神力量。

根据以上信息，可以得出以下哪项？

A. 只有为人们提供更多心灵滋养与精神力量，传统文化才能得以赓续而繁荣兴盛。

B. 若传统节日更好地融入现代生活，就能为人们提供更多心灵滋养与精神力量。

C. 有些带给人们欢乐和喜庆的节日塑造着人们的文化自信。

D. 带有厚重历史文化的传统将引领人们开辟未来。

E. 深入人心的习俗将在不断创新中被传承。

［解题分析］正确答案：C

题干断定：

(1) 传统节日→带给人们快乐和喜庆∧塑造着影响至深的文化自信。

(2) 传统节日不断融入现代生活←文化得以赓续而繁荣兴盛←为人们提供更多心灵滋养与精神力量。

由 (1) 显然可以得出，有些节日即传统节日，带给人们欢乐和喜庆，又塑造着人们的文化自信，因此，C 项为真。

其余选项得不出，其中：A、B 项为 (2) 的逆命题，与原命题不等价。D、E 项为无关项，无法从题干信息推出。

4 2022MBA－40

幸福不仅是一种主观愉悦的心理体验，还是一种认知和创造生活的能力。在日常生活中，每个人如果能发现当下的不足，能确立前进的目标，并通过实际行动改进不足和实现目标，就能始终保持对生活的乐观精神。而有了对生活的乐观精神，就会拥有幸福感。生活中大多数人都拥有幸福感，遗憾的是，也有一些人能发现当下的不足，并通过实际行动去改进，但他们却没有幸福感。

根据以上陈述，可以得出下列哪项？

A. 生活中大多数人都有对生活的乐观精神。

B. 个体的心理体验也是个体的一种行为能力。

C. 如果能发现当下的不足并努力改进，就能拥有幸福感。

D. 那些没有幸福感的人即使发现了当下的不足，也不愿通过行动去改变。

E. 确立前进的目标并通过实际行动实现目标，生活中有些人没有做到这一点。

[解题分析] 正确答案：E

题干陈述：

(1) 发现当下不足∧确立前进的目标∧通过实际行动改进不足去实现目标→保持对生活的乐观精神。

(2) 保持对生活的乐观精神→拥有幸福感。

(3) 有一些人能发现当下的不足，并通过实际行动去改进，但他们却没有幸福感。

由 (3) 知，生活中有人没有幸福感，由 (2) 的逆否命题推知，不能保持对生活的乐观精神。再由 (1) 的逆否命题推知：没能发现当下不足，或者没有确立前进的目标，或者没有通过实际行动改进不足去实现目标。又由 (3)，有一些人能发现当下的不足，并通过实际行动去改进。因此，有些人没有确立前进的目标。所以，E 项必然成立。

其余选项均不能从题干陈述中得出。

5 2022MBA－36

H 市医保局发出如下公告：自即日起本市将新增医保电子凭证就医结算，社保卡将不再作为就医结算的唯一凭证，本市所有定点医疗机构均已实现医保电子凭证的实时结算；本市参保人员可凭医保电子凭证就医结算，但只有将医保电子凭证激活后才能扫码使用。

以下哪项最符合上述 H 市医保局的公告内容？

A. H 市非定点医疗机构没有实现医保电子凭证的实时结算。

B. 可使用医保电子凭证结算的医院不一定都是 H 市的定点医疗机构。

C. 凡持有社保卡的外地参保人员均可在 H 市定点医疗机构就医结算。

D. 凡已激活医保电子凭证的外地参保人员，均可在 H 市定点医疗机构使用医保电子凭证扫码就医。

E. 凡未激活医保电子凭证的本地参保人员，均不能在H市定点医疗机构使用医保电子凭证扫码结算。

[解题分析] 正确答案：E

题干断定：

(1) 本市所有定点医疗机构→已实现医保电子凭证的实时结算。

(2) 本市参保人员→可凭医保电子凭证就医结算。

(3) 医保电子凭证激活←扫码使用。

E项为(3)的等价逆否命题，必为真，完全符合H市医保局的公告内容，因此，该项正确。

其余选项均不妥，其中：

A项：为(1)的否命题，无法推出，排除。

B项：可为真，但并不最符合公告内容，排除。

C项：不符合推理规则，无法由(2)推出，排除。

D项：无法推出，排除。

6 2022MBA-30

某小区2号楼1单元的住户都打了甲公司疫苗，小李家不是该小区2号楼1单元的住户，小赵家都打了甲公司的疫苗，而小陈家都没有打甲公司的疫苗。

根据以上陈述，可以得出以下哪项?

A. 小李家都没有打甲公司的疫苗。

B. 小陈家是该小区2号楼1单元的住户。

C. 小陈家是该小区的住户，但不是2号楼1单元的。

D. 小赵家是该小区2号楼的住户，但未必是1单元的。

E. 小陈家若是该小区2号楼的住户，则不是1单元的。

[解题分析] 正确答案：E

题干断定，有如下条件关系式：

(1) 某小区：2号楼∧1单元→甲。

(2) 李→¬(2号楼∧1单元)。

(3) 赵→甲。

(4) 陈→¬甲。

由(4)陈→¬甲，再由(1)的逆否命题可得：¬(2号楼∧1单元)=2号楼→¬1单元。

即，若小陈家没有打甲公司的疫苗，则不是该小区2号楼1单元的住户，从而推出，小陈家若是该小区2号楼的住户，则不是1单元的。即E项正确。

其余选项不能必然得出。其中C项为干扰项，从题目中得不出“小陈家是该小区的住户”。

7 2021MBA-51

每篇优秀的论文都必须逻辑清晰且论据翔实；每篇经典的论文都必须主题鲜明且语言准确。实际上，如果论文论据翔实但主题不鲜明，或论文语言准确而逻辑不清晰，则它们都不是优秀的论文。

根据以上信息，可以得出以下哪项?

A. 语言准确的经典论文逻辑清晰。

B. 论据不翔实的论文主题不鲜明。

C. 主题不鲜明的论文不是优秀的论文。

D. 逻辑不清晰的论文不是经典的论文。

E. 语言准确的优秀论文是经典的论文。

［解题分析］ 正确答案：C

根据题干陈述，列出条件关系式：

(1) 优秀的论文→逻辑清晰∧论据翔实。

(2) 经典的论文→主题鲜明∧语言准确。

(3)（论据翔实∧¬主题鲜明）∨（语言准确∧¬逻辑清晰）→¬优秀的论文。

由 (1) 可推出：论据不翔实的论文，都不是优秀的论文。

由 (3) 可推出：论据翔实但主题不鲜明的论文不是优秀的论文。

综合上述两项，只要主题不鲜明，不管论据是否翔实，就不是优秀的论文。即 C 项正确。

其余选项推不出，其中：

A、D 项："经典的论文"与"逻辑清晰"无关，排除。

B 项：没提及是"经典的论文"还是"优秀的论文"，无法推理，排除。

E 项：不符合推理规则，由 (2) 无法推出"经典的论文"，排除。

8 2020MBA－52

人非生而知之者，孰能无惑？惑而不从师，其为惑也，终不解矣。生乎吾前，其闻道也固先乎吾，吾从而师之；生乎吾后，其闻道也亦先乎吾，吾从而师之。吾师道也，夫庸知其年之先后生于吾乎？是故无贵无贱，无长无少，道之所存，师之所存也。

根据以上信息，可以得出以下哪项？

A. 与吾生乎同时，其闻道也必先乎吾。

B. 师之所存，道之所存也。

C. 无贵无贱，无长无少，皆为吾师。

D. 与吾生乎同时，其闻道不必先乎吾。

E. 若解惑，必从师。

［解题分析］ 正确答案：E

题干断定：

(1) 人→有惑。

(2) ¬从师→¬解惑。

(3)（生乎吾前∨生乎吾后）∧闻道先乎吾→吾从而师之。

(4) 道之所存→师之所存。

E 项：是与 (2) 等价的逆否命题，可以得出，正确。

其余选项不妥，其中：A、D 项，与 (3) 不一致；B 项，与 (4) 不一致；C 项，题干论证并未出现此逻辑关系，均排除。

9 2020MBA－26

领导干部对于各种批评意见应采取有则改之、无则加勉的态度，营造言者无罪、闻者足戒的氛围。只有这样，人们才能知无不言、言无不尽。领导干部只有从谏如流并为说真话者撑腰，才能做到"兼听则明"或作出科学决策；只有乐于和善于听取各种不同意见，才能营造风清气正的政治生态。

根据以上信息，可以得出以下哪项?

A. 领导干部必须善待批评、从谏如流，为说真话者撑腰。

B. 大多数领导干部对于批评意见能够采取有则改之、无则加勉的态度。

C. 领导干部如果不能从谏如流，就不能作出科学决策。

D. 只有营造言者无罪、闻者足戒的氛围，才能形成风清气正的政治生态。

E. 领导干部只有乐于和善于听取不同意见，人们才能知无不言、言无不尽。

[解题分析] 正确答案：C

题干条件关系式：

(1) 营造言者无罪、闻者足戒的氛围←知无不言、言无不尽。

(2) 从谏如流∧为说真话者撑腰←"兼听则明"∨作出科学决策。

(3) 听取不同意见←营造风清气正的政治生态。

其中，与 (2) 等价的逆否命题如下：

不能从谏如流∨不能为说真话者撑腰→不能做到"兼听则明"∧不能作出科学决策。

意思是：领导干部如果不能从谏如流或者不能为说真话者撑腰，就不能做到"兼听则明"且不能作出科学决策。

从而可以得出：领导干部如果不能从谏如流，就不能作出科学决策。即C项为真。

其余选项均与题干逻辑关系不一致，排除。其中：

A项：领导干部→从谏如流∧撑腰，不能从题干得出。

B项：大多数领导干部如何，不能从题干得出。

D项：形成生态→营造氛围，不能从题干得出。

E项：知无不言、言无不尽→听取不同意见，不能从题干得出。

10　2019MBA-26

新常态下，消费需求发生了深刻变化，消费拉开了档次，个性化、多样化消费渐成主流。在相当一部分消费者那里，对产品质量的追求压倒了对价格的考虑。供给侧结构性改革，说到底是满足需求。低质量的产能必然会过剩，而顺应市场需求不断更新换代的产能不会过剩。

根据以上陈述，可以得出以下哪项?

A. 只有质优价高的产品才能满足需求。

B. 顺应市场需求不断更新换代的产能不是低质量的产能。

C. 低质量的产能不能满足个性化需求。

D. 只有不断更新换代的产品才能满足个性化、多样化消费的需求。

E. 新常态下，必须进行供给侧结构性改革。

[解题分析] 正确答案：B

根据题干断定的最后一句话，可列出以下条件关系式：

(1) 低质量产能→过剩。

(2) 顺应市场需求不断更新换代的产能→不会过剩。

与 (1) 等价的逆否命题为：不会过剩→不是低质量产能。

结合 (2) 可得：顺应市场需求不断更新换代的产能→不会过剩→不是低质量产能。

可见，顺应市场需求不断更新换代的产能不是低质量的产能。因此，B项为正确答案。

其余选项从题干不能必然得出。其中：

A项：质优价高←满足需求。与题干信息不符，排除。

C项：低质量→¬满足需求。与题干信息不符，排除。

D项：不断更新换代的产品←满足需求。与题干信息不符，排除。

E项：新常态→改革。与题干信息不符，排除。

11　2018MBA－50

最终审定的项目或者意义重大或者关注度高，凡意义重大的项目均涉及民生问题，但是有些最终审定的项目并不涉及民生问题。

根据以上陈述，可以得出以下哪项？

A. 意义重大的项目比较容易引起关注。

B. 有些项目意义重大但是关注度不高。

C. 涉及民生问题的项目有些没有引起关注。

D. 有些项目尽管关注度高但并非意义重大。

E. 有些不涉及民生问题的项目意义也非常重大。

[解题分析] 正确答案：D

题干条件：

（1）最终审定的项目→意义重大∨关注度高。

（2）意义重大→涉及民生。

（3）有些最终审定的项目→不涉及民生。

整理（1）（2）（3）可得：有些最终审定的项目→不涉及民生→不意义重大→关注度高。

即：有些最终审定的项目关注度高但意义不重大。

由此可知，D项正确。

12　2017MBA－31

张立是一位单身白领，工作5年积累了一笔存款。由于该笔存款金额尚不足以购房，考虑将其暂时分散投资到股票、黄金、基金、国债和外汇5个方面。该笔存款的投资需要满足如下条件：

（1）如果黄金投资比例高于1/2，则剩余部分投入国债和股票；

（2）如果股票投资比例低于1/3，则剩余部分不能投入外汇或国债；

（3）如果外汇投资比例低于1/4，则剩余部分投入基金或黄金；

（4）国债投资比例不能低于1/6。

根据上述信息，可以得出以下哪项？

A. 国债投资比例高于1/2。

B. 外汇投资比例不低于1/3。

C. 股票投资比例不低于1/4。

D. 黄金投资比例不低于1/5。

E. 基金投资比例低于1/6。

[解题分析] 正确答案：C

根据题干条件（2），股票投资比例低于1/3→剩余部分不能投入外汇∧不能投入国债。

根据条件（4）可知，国债有投资。

由此可知，“不能投入外汇或国债”不成立，再由（2）的逆否命题推出，股票投资比例不低于1/3。

既然股票投资比例不低于1/3，那当然也不低于1/4。因此，C项为正确答案。

13 2016MBA－35

某县县委关于下周一几位领导的工作安排如下：

(1) 如果李副书记在县城值班，那么他就要参加宣传工作例会；

(2) 如果张副书记在县城值班，那么他就要做信访接待工作；

(3) 如果王书记下乡调研，那么张副书记或李副书记就需在县城值班；

(4) 只有参加宣传工作例会或做信访接待工作，王书记才不下乡调研；

(5) 宣传工作例会只需分管宣传的副书记参加，信访接待工作也只需一名副书记参加。

根据上述工作安排，可以得出以下哪项？

A. 张副书记做信访接待工作。

B. 王书记下乡调研。

C. 李副书记参加宣传工作例会。

D. 李副书记做信访接待工作。

E. 张副书记参加宣传工作例会。

[解题分析] 正确答案：B

题干断定：

(1) 李副书记在县城值班→李副书记参加宣传工作例会；

(2) 张副书记在县城值班→张副书记做信访接待工作；

(3) 王书记下乡调研→张副书记在县城值班 ∨ 李副书记在县城值班；

(4) 王书记参加宣传工作例会 ∨ 王书记做信访接待工作←¬王书记下乡调研；

(5) 宣传工作例会→分管宣传的副书记参加，信访接待工作→一名副书记参加。

由于王书记不是副书记，由条件(5)的逆否命题可推知，王书记不参加宣传工作，也不参加信访接待工作。

再结合条件(4)的逆否命题可推出，王书记下乡调研。因此，B项为正确答案。

其余选项都从题干信息中推不出来。

14 2016MBA－27

生态文明建设事关社会发展方式和人民福祉。只有实行最严格的制度、最严密的法治，才能为生态文明建设提供可靠保障；如果要实行最严格的制度、最严密的法治，就要建立责任追究制度，对那些不顾生态环境盲目决策并造成严重后果者，追究其相应的责任。

根据上述信息，可以得出以下哪项？

A. 如果对那些不顾生态环境盲目决策并造成严重后果者追究相应责任，就能为生态文明建设提供可靠保障。

B. 实行最严格的制度和最严密的法治是生态文明建设的重要目标。

C. 如果不建立责任追究制度，就不能为生态文明建设提供可靠保障。

D. 只有筑牢生态环境的制度防护墙，才能造福于民。

E. 如果要建立责任追究制度，就要实行最严格的制度、最严密的法治。

[解题分析] 正确答案：C

根据题干论述，列出以下条件关系式：

(1) 实行法治←提供保障。

(2) 实行法治→建立制度 ∧ 追究责任。

由上述条件得出：(3) 提供保障→实行法治→建立制度 ∧ 追究责任。

如果不建立责任追究制度，由(3)的逆否命题得出，不能为生态文明建设提供可靠保障。

因此，C 项为正确答案。

其余选项均从题干条件推不出。其中：

A 项：追究责任→提供保障，不符合题干信息，排除。

B 项：没有出现逻辑联结词，无逻辑关系，排除。

D 项：防护墙←造福人民，超出题干断定范围，排除。

E 项：建立制度→实行法治，不符合条件（2），排除。

15 2016MBA－26

企业要建设科技创新中心，就要推进与高校、科研院所的合作，这样才能激发自主创新的活力。一个企业只有搭建服务科技创新发展的战略平台、科技创新与经济发展对接的平台以及聚集创新人才的平台，才能催生重大科技成果。

根据上述信息，可以得出以下哪项？

A. 如果企业搭建了科技创新与经济发展对接的平台，就能激发其自主创新的活力。

B. 如果企业搭建了服务科技创新发展的战略平台，就能催生重大科技成果。

C. 能否推进与高校、科研院所的合作决定了企业是否具有自主创新的活力。

D. 如果企业没有搭建聚集创新人才的平台，就无法催生重大科技成果。

E. 如果企业推进与高校、科研院所的合作，就能激发其自主创新的活力。

［解题分析］正确答案：D

根据题干论述，列出以下条件关系式：

（1）推进与高校、科研院所的合作←激发自主创新的活力。

（2）服务科技创新发展的战略平台∧科技创新与经济发展对接的平台∧聚集创新人才的平台←催生重大科技成果。

上述条件（2）的逆否命题为：¬服务科技创新发展的战略平台∨¬科技创新与经济发展对接的平台∨¬聚集创新人才的平台→¬催生重大科技成果。从中可以得出：如果企业没有搭建聚集创新人才的平台，就无法催生重大科技成果。因此，D 项为正确答案。

其余选项均不妥。其中，A 项，从题干条件推不出。B 项，不符合条件（2）。C 项，不符合条件（1）。E 项，不符合条件（1）。

16 2015MBA－50

有关数据显示，2011 年全球新增 870 万结核病患者，同时有 140 万患者死亡。因为结核病对抗生素有耐药性，所以对结核病的治疗一直都进展缓慢。如果不能在近几年消除结核病，那么还会有数百万人死于结核病。如果要控制这种流行病，就要有安全、廉价的疫苗。目前有 12 种新疫苗正在测试之中。

根据以上信息，可以得出以下哪项？

A. 如果解决了抗生素的耐药性问题，结核病治疗将会获得突破性进展。

B. 新疫苗一旦应用于临床，将有效控制结核病的传播。

C. 2011 年结核病患者死亡率已达 16.1%。

D. 只有在近几年消除结核病，才能避免数百万人死于这种疾病。

E. 有了安全、廉价的疫苗，我们就能控制结核病。

［解题分析］正确答案：D

题干断定：

（1）¬消除结核病→数百万人死。

（2）控制→安全、廉价的疫苗。

D 项：消除结核病←¬数百万人死。这是（1）的等价逆否命题，因此正确。

A 项：¬耐药性→¬治疗进展缓慢。而题干断定的只是“耐药性”与“治疗进展缓慢”的因果关系，并没有断定两者之间的条件关系，排除。

B 项：题干只是表明目前有 12 种新疫苗正在测试之中，将来用于临床的效果如何是未知的，排除。

C 项：题干给出的数据是新增患者的数量和死亡患者的数量，从中无法计算出患者的死亡率，排除。

E 项：安全、廉价的疫苗→控制。不符合（2）的逻辑关系，排除。

17　2015MBA－37

10 月 6 日晚上，张强要么去电影院看电影，要么去拜访朋友秦玲。如果那天晚上张强开车回家，他就没去电影院看电影。只有张强事先与秦玲约定，张强才能拜访她。事实上，张强不可能事先约定。

根据上述陈述，可以得出以下哪项？

A. 那天晚上张强没有开车回家。

B. 那天晚上张强拜访了他的朋友秦玲。

C. 那天晚上张强没有去电影院看电影。

D. 那天晚上张强与秦玲一起去电影院看电影。

E. 那天晚上张强开车去电影院看电影。

［解题分析］正确答案：A

题干断定，对张强来说，存在如下条件关系：

（1）看电影 $\dot{\vee}$ 拜访秦玲。

（2）开车回家→¬看电影。

（3）约定←拜访秦玲。

（4）¬约定。

由上述（4）（3）（1）（2）先后串联推得：¬约定→¬拜访秦玲→看电影→¬开车回家。

即：那天晚上张强没有开车回家。因此，A 项正确。

18　2015MBA－34

张云、李华、王涛都收到了明年二月赴北京开会的通知。他们可以选择乘坐飞机、高铁与大巴等交通工具进京。他们对这次进京方式有如下考虑：

（1）张云不喜欢坐飞机，如果有李华同行，他就选择乘坐大巴；

（2）李华不计较方式，如果高铁票价比飞机票价便宜，他就选择乘坐高铁；

（3）王涛不在乎价格，除非预报二月初北京有雨雪天气，否则他就选择乘坐飞机；

（4）李华和王涛家相隔较近，如果航班时间合适，他们将同行乘坐飞机。

如果上述三人的考虑都得到满足，则可以得出以下哪项？

A. 如果张云和王涛乘坐高铁，则二月初北京有雨雪天气。

B. 如果李华没有选择乘坐高铁和飞机，则他肯定选择和张云一起乘坐大巴进京。

C. 如果王涛和李华乘坐飞机进京，则二月初北京没有雨雪天气。

D. 如果三人都乘坐大巴进京，则预报二月初北京有雨雪天气。

E. 如果三人都乘坐飞机，则飞机票价要比高铁票价便宜。

[解题分析] 正确答案：D

题干断定：

(1) 张云与李华同行→张云与李华乘坐大巴；

(2) 高铁票价比飞机票价便宜→李华乘坐高铁；

(3) ¬预报二月初有雨雪→王涛乘坐飞机；

(4) 航班时间合适→李华和王涛乘坐飞机。

根据这些条件，考察各个选项：

D项：三人都乘坐大巴，则王涛没有乘坐飞机，由(3)推出，预报二月初北京有雨雪天气，正确。

A项：张云和王涛乘坐高铁，则王涛没有乘坐飞机，由(3)推出，预报二月初北京有雨雪天气，这只是"预报"并不是一定有雨雪天气，故该项不必然为真。

B项：李华没有乘坐高铁和飞机，就只能乘坐大巴，但由(1)推不出是否与张云同行。

C项：王涛和李华乘坐飞机，由(3)推不出二月初北京是否有雨雪天气。

E项：三人都乘坐飞机，则李华没有乘坐高铁，由(2)推出，飞机票价比高铁票价便宜或者票价一样，故该项不必然为真。

19　2015MBA－30

为进一步加强对不遵守交通信号等违法行为的执法管理，规范执法程序，确保执法公正，某市交警支队要求：凡属交通信号指示不一致、有证据证明救助危难等情形，一律不得录入道路交通违法信息系统；对已录入信息系统的交通违法记录，必须完善异议受理、核查、处理等工作规范，最大限度减少执法争议。

根据上述交警支队的要求，可以得出以下哪项？

A. 对已录入系统的交通违法记录，只有倾听群众异议，加强群众监督，才能最大限度减少执法争议。

B. 只要对已录入系统的交通违法记录进行异议受理、核查和处理，就能最大限度减少执法争议。

C. 因信号灯相位设置和配时不合理等造成交通信号不一致而引发的交通违法情形，可以不录入道路交通违法信息系统。

D. 有些因救助危难而违法的情形，如果仅有当事人说辞但缺乏当时现场的录音录像证明，就应录入道路交通违法信息系统。

E. 如果汽车使用了行车记录仪，就可以提供现场实时证据，大大减少被录入道路交通违法信息系统的可能性。

[解题分析] 正确答案：C

交警支队的要求：

(1) 交通信号不一致∨有证据→¬录入；

(2) 已录入→完善规范∧减少争议。

C项：交通信号不一致→¬录入。这符合条件(1)，因此为正确答案。

A项：倾听群众异议∧加强群众监督←减少争议。超出题干断定范围，排除。

B项：完善规范(进行异议受理、核查和处理)→减少争议。与题干逻辑关系不一致，排除。

D项：仅有说辞∧¬证明→录入。超出题干断定范围，排除。

E项：使用行车记录仪→减少被录入的可能性。与题干逻辑关系不一致，排除。

20 2013MBA-49

在某次综合性学术年会上，物理学会作学术报告的人都来自高校；化学学会作学术报告的人有些来自高校，但是大部分来自中学；其他作学术报告者均来自科学院。来自高校的学术报告者都具有副教授以上职称，来自中学的学术报告者都具有中教高级以上职称。李默、张嘉参加了这次综合性学术年会，李默并非来自中学，张嘉并非来自高校。

以上陈述如果为真，则可以得出以下哪项结论？

A. 张嘉如果作了学术报告，那么他不是物理学会的。

B. 李默不是化学学会的。

C. 张嘉不具有副教授以上职称。

D. 李默如果作了学术报告，那么他不是化学学会的。

E. 张嘉不是物理学会的。

[解题分析] 正确答案：A

题干断定：

(1) 物理学会作学术报告的人都来自高校。

(2) 张嘉并非来自高校。

其中，(1) 用命题逻辑表示为：物理∧报告→高校。

其逆否命题为：¬高校→¬（物理∧报告）。

结合 (2) 可得：对张嘉来说，¬（物理∧报告）。

而¬（物理∧报告）=¬物理∨¬报告=报告→¬物理。

这意味着：张嘉如果作了学术报告，那么他不是物理学会的。

因此，A 项正确。

21 2012MBA-44

如果他勇于承担责任，那么他就一定会直面媒体，而不是选择逃避；如果他没有责任，那么他就一定会聘请律师，捍卫自己的尊严。可是事实上，他不仅没有聘请律师，现在还逃得连人影都不见。

根据以上陈述，可以得出以下哪项结论？

A. 即使他没有责任，也不应该选择逃避。

B. 虽然选择了逃避，但是他可能没有责任。

C. 如果他有责任，那么他应该勇于承担责任。

D. 如果他不敢承担责任，那么说明他责任很大。

E. 他不仅有责任，而且他没有勇气承担责任。

[解题分析] 正确答案：E

题干断定：

(1) 勇于承担责任→不逃避。

(2) 没有责任→聘请律师。

(3) ¬聘请律师∧逃避。

根据 (1) (3) 推出，没有勇于承担责任。

根据 (2) (3) 推出，有责任。

所以，他有责任，而且没有勇于承担责任。这就是 E 项所表述的。

22 2004MBA－42

许多国家首脑在出任前并没有丰富的外交经验，但这并没有妨碍他们作出成功的外交决策。外交学院的教授告诉我们，丰富的外交经验对于成功的外交决策是不可缺少的。但事实上，一个人只要有高度的政治敏感、准确的信息分析能力和果断的个人勇气，就能很快地学会如何作出成功的外交决策。对于一个缺少以上三种素养的外交决策者来说，丰富的外交经验没有什么价值。

如果上述断定为真，则以下哪项一定为真？

A. 外交学院的教授比出任前的国家首脑具有更多的外交经验。

B. 具有高度的政治敏感、准确的信息分析能力和果断的个人勇气，是一个国家首脑作出成功的外交决策的必要条件。

C. 丰富的外交经验，对于国家首脑作出成功的外交决策来说，既不是充分条件，也不是必要条件。

D. 丰富的外交经验，对于国家首脑作出成功的外交决策来说，是必要条件，但不是充分条件。

E. 在其他条件相同的情况下，外交经验越丰富，越有利于作出成功的外交决策。

[解题分析] 正确答案：C

题干断定：

（1）许多国家首脑在出任前并没有丰富的外交经验，但这并没有妨碍他们作出成功的外交决策。这表明，没有丰富的外交经验，不妨碍作出成功的外交决策。即“外交经验”不是“外交决策”的必要条件。

（2）外交学院的教授告诉我们，丰富的外交经验对于成功的外交决策是不可缺少的。但事实上，一个人只要有高度的政治敏感、准确的信息分析能力和果断的个人勇气，就能很快地学会如何作出成功的外交决策。这表明，作者不认同外交学院的教授所认为的“外交经验”是“外交决策”的必要条件。即使没有“外交经验”，只要有以上三种素养，就可以作出成功的“外交决策”，再次表明，“外交经验”不是“外交决策”的必要条件。

（3）政治敏感∧信息分析能力∧个人勇气→外交决策。

（4）对于一个缺少政治敏感、准确的信息分析能力和果断的个人勇气的外交决策者来说，丰富的外交经验没有什么价值。可见，如果缺少上述三种素养，即使有“外交经验”，也不一定能作出成功的“外交决策”。因此，“外交经验”不是“外交决策”的充分条件。

C项：综合（1）（2）（4）可得，丰富的外交经验，既不是作出成功外交决策的充分条件，也不是必要条件，正确。

A项：无关比较，从题干断定无法推出，排除。

B项：政治敏感∧信息分析能力∧个人勇气←外交决策。与（3）逻辑关系不一致，题干表明这三种素养是一个国家首脑作出成功外交决策的充分条件，而不是必要条件，排除。

D项：丰富的外交经验不是作出成功的外交决策的必要条件，排除。

E项：从题干信息无法得知，排除。

23 2002MBA－28

一个社会是公正的，则以下两个条件必须满足：第一，有健全的法律；第二，贫富差异是允许的，但必须同时确保消灭绝对贫困和每个公民事实上都有公平竞争的机会。

根据题干的条件，最能够得出以下哪项结论？

A. S社会有健全的法律，同时又在消灭了绝对贫困的条件下，允许贫富差异的存在，并且绝大多数公民事实上都有公平竞争的机会，因此，S社会是公正的。

B. S社会有健全的法律，但这是以贫富差异为代价的，因此，S社会是不公正的。

C. S社会允许贫富差异，但所有人都由此获益，并且每个公民都事实上有公平竞争的权利，因此，S社会是公正的。

D. S社会虽然不存在贫富差异，但这是以法律不健全为代价的，因此，S社会是不公正的。

E. S社会法律健全，虽然存在贫富差异，但消灭了绝对贫困，因此，S社会是公正的。

［解题分析］正确答案：D

题干断定：

（1）社会公正→法律健全。

（2）社会公正∧贫富差异→消灭绝对贫困∧公平竞争。

根据（1）的逆否命题可知：（3）¬法律健全→¬社会公正。

即：法律不健全，则社会不公正。

根据（2）的逆否命题可知：¬消灭绝对贫困∨¬公平竞争→¬社会公正∨¬贫富差异。

进一步推得：（4）（¬消灭绝对贫困∨¬公平竞争）∧贫富差异→¬社会公正。

即：存在贫富差异并且没有消灭绝对贫困或者没有公平竞争，则社会不公正。

D项：符合（3），法律不健全则社会不公正，正确。

其余各项均不能由题干的条件得出。例如：

A项：断定S社会满足题干所提及的一个公正社会的所有必要条件，但并不能依此就断定S社会是公正的。

B项：根据（2），虽然存在贫富差异，但如果消灭了绝对贫困或者有公平竞争的机会，社会还可能是公正的，因此，推不出。

C、E项：均不符合（4），推不出。

四、不能推论

不能推论题就是根据题干断定，寻找推不出或者一定为假的选项。可以结合排除与题干信息相一致的选项来解题。

1　2015MBA－45

张教授指出，明清时期科举考试分为四级，即院试、乡试、会试、殿试。院试在县府举行，考中者称为“生员”；乡试每三年在各省省城举行一次，生员才有资格参加，考中者称为“举人”，举人第一名称为“解元”；会试于乡试后第二年在京城礼部举行，举人才有资格参加，考中者称为“贡士”，贡士第一名称为“会元”；殿试在会试当年举行，由皇帝主持，贡士才有资格参加，录取分为三甲，一甲三名，二甲、三甲各若干名，统称为“进士”，一甲第一名称为“状元”。

根据张教授的陈述，以下哪项是不可能的？

A. 中举人者，不曾中进士。

B. 中状元者曾为生员和举人。

C. 中会元者，不曾中举人。

D. 可有连中三元者（解元、会元、状元）。

E. 未中解元者，不曾中会元。

［解题分析］正确答案：C

根据题意：中生员者，才能中举人；中举人者，才能中贡士；中贡士者，才能中进士。

即：进士→贡士→举人→生员。

C项不可能为真，贡士第一名称为"会元"，中会元者，必然是贡士，就必然曾中举人。

其余选项都有可能为真。

	时间和地点	考中者的称呼	第一名的称呼
院试	在县府举行	生员	
乡试	每三年在各省省城举行一次	举人	解元
会试	乡试后第二年在京城礼部举行	贡士	会元
殿试	在会试当年举行（由皇帝主持）	进士	状元

2　2009MBA－50

中国要拥有一流的国家实力，必须有一流的教育。只有拥有一流的国家实力，中国才能作出应有的国际贡献。

以下各项都符合题干的意思，除了：

A. 中国难以作出应有的国际贡献，除非拥有一流的教育。

B. 只要中国拥有一流的教育，就能作出应有的国际贡献。

C. 如果中国拥有一流的国家实力，就不会没有一流的教育。

D. 不能设想中国作出了应有的国际贡献，但缺乏一流的教育。

E. 中国面临选择：或者放弃应尽的国际义务，或者创造一流的教育。

[解题分析] 正确答案：B

题干断定：

(1) 实力→教育。

(2) 实力←贡献。

由此可推出：(3) 贡献→实力→教育。

可见，"有一流的教育"是"作出应有的国际贡献"的必要条件。

B项："有一流的教育"是"作出应有的国际贡献"的充分条件，与（3）的逻辑关系不一致，正确。

A项：¬教育→¬贡献。与（3）的逻辑关系一致，符合题干意思，排除。

C项：实力→教育。与（1）的逻辑关系一致，符合题干意思，排除。

D项：¬（贡献∧¬教育）＝¬贡献∨教育＝贡献→教育。与（3）的逻辑关系一致，符合题干意思，排除。

E项：¬贡献∨教育＝贡献→教育。与（3）的逻辑关系一致，符合题干意思，排除。

3　2009MBA－47

在潮湿的气候中仙人掌很难成活；在寒冷的气候中柑橘很难生长。在某省的大部分地区，仙人掌和柑橘至少有一种不难成活生长。

如果上述断定为真，则以下哪项一定为假？

A. 该省的一半地区，既潮湿又寒冷。

B. 该省的大部分地区炎热。

C. 该省的大部分地区潮湿。

D. 该省的某些地区既不寒冷也不潮湿。
E. 柑橘在该省的所有地区都无法生长。

[解题分析] 正确答案：A

题干断定：
(1) 潮湿→¬仙人掌；
(2) 寒冷→¬柑橘；
(3) 某省大部分地区→仙人掌∨柑橘。
由 (3) (1) (2) 可得：
(4) 某省大部分地区→仙人掌∨柑橘→¬潮湿∨¬寒冷=¬(潮湿∧寒冷)。
即：在某省的大部分地区，不可能既潮湿又寒冷。
A 项：该省的一半地区，既潮湿又寒冷。这与 (4) 矛盾，一定为假，因此为正确答案。

4　2005MBA－36

一个花匠正在配制插花。可供配制的花共有苍兰、玫瑰、百合、牡丹、海棠和秋菊六个品种。一件合格的插花必须至少由两种花组成，并同时满足以下条件：如果有苍兰或海棠，则不能有秋菊；如果有牡丹，则必须有秋菊；如果有玫瑰，则必须有海棠。

以下各项所列的两种花都可以单独或与其他花搭配，组成一件合格的插花，除了：
A. 苍兰和玫瑰。
B. 苍兰和海棠。
C. 玫瑰和百合。
D. 玫瑰和牡丹。
E. 百合和秋菊。

[解题分析] 正确答案：D

题干信息：
(1) 苍兰∨海棠→¬秋菊；
(2) 牡丹→秋菊；
(3) 玫瑰→海棠。
联立 (3) (1) (2) 可得：(4) 玫瑰→海棠→¬秋菊→¬牡丹。
联立 (1) (2) 可得：(5) 苍兰→¬秋菊→¬牡丹。
D 项：由 (4)，有玫瑰就不能有牡丹，正确。
其余选项与 (4) (5) 均不矛盾，排除。

五、推论复选

复选题本质上就是多选题。要做对复选题，就需要对题干所给出的Ⅰ、Ⅱ、Ⅲ等几个结论都有准确的把握。

1　2011MBA－47

只有公司相关部门的所有员工都考评合格了，该部门的员工才能得到年终奖金。财务部有些员工考评合格了，综合部所有员工都得到了年终奖金，行政部的赵强考评合格了。

如果以上陈述为真，则以下哪项可能为真？
Ⅰ. 财务部员工都考评合格了。
Ⅱ. 赵强得到了年终奖金。

Ⅲ. 综合部有些员工没有考评合格。
Ⅳ. 财务部员工没有得到年终奖金。
A. 仅Ⅰ、Ⅱ。
B. 仅Ⅱ、Ⅲ。
C. 仅Ⅰ、Ⅱ、Ⅳ。
D. 仅Ⅰ、Ⅱ、Ⅲ。
E. 仅Ⅱ、Ⅲ、Ⅳ。

[解题分析] 正确答案：C

题干断定：
(1) 都合格←年终奖金。
(2) 财务部有些员工→合格。
(3) 综合部→年终奖金。
(4) 行政部赵强→合格。
联立(3)(1)得：(5) 综合部→年终奖金→都合格。

Ⅰ：根据(2)"财务部有些员工考评合格了"(I命题)，不能确定"财务部员工都考评合格了"(A命题)的真假。

Ⅱ：根据(4)和(1)，无法确定"赵强得到了年终奖金"的真假。

Ⅲ：根据(5)"综合部的所有员工都考评合格了"(A命题)，可以确定"综合部有些员工没有考评合格"(O命题)为假。

Ⅳ：根据(2)"财务部有些员工考评合格了"(I命题)，不能得出"财务部有些员工考评没合格"(O命题)，所以无法结合(1)来确定"财务部员工没有得到年终奖金"的真假。

因此，Ⅰ、Ⅱ、Ⅳ都可能为真，即C项为正确答案。

2 2009MBA－42

如果一个学校的大多数学生都具备足够的文学欣赏水平和道德自律意识，那么，像《红粉梦》和《演艺十八钗》这样的出版物就不可能成为在该校学生中销售最多的书。去年在H学院的学生中，《演艺十八钗》的销售量仅次于《红粉梦》。

如果上述断定为真，则以下哪项一定为真？

Ⅰ. 去年H学院的大多数学生都购买了《红粉梦》或《演艺十八钗》。
Ⅱ. H学院的大多数学生既不具备足够的文学欣赏水平，也不具备足够的道德自律意识。
Ⅲ. H学院至少有些学生不具备足够的文学欣赏水平，或者不具备足够的道德自律意识。
A. 只有Ⅰ。
B. 只有Ⅱ。
C. 只有Ⅲ。
D. 只有Ⅱ和Ⅲ。
E. Ⅰ、Ⅱ和Ⅲ。

[解题分析] 正确答案：C

题干断定：
(1) 文学欣赏水平∧道德自律意识→¬《红粉梦》和《演艺十八钗》销售最多。
(2)《演艺十八钗》和《红粉梦》销售最多。

根据(1)，可等价转换为：《红粉梦》和《演艺十八钗》销售最多→¬文学欣赏水平∨¬道德自律意识。结合(2)，得出：(3) ¬文学欣赏水平∨¬道德自律意识。

Ⅰ：根据（2），只能得出，去年在H学院的学生中，《红粉梦》销量第一，《演艺十八钗》销量第二。但到底是多少学生购买了，是否占H学院学生的大多数，从中无法得知，因此推不出。

Ⅱ：¬文学欣赏水平∧¬道德自律意识。与（3）逻辑关系不一致，推不出。

Ⅲ：¬文学欣赏水平∨¬道德自律意识。与（3）逻辑关系一致，必为真。

因此，C项为正确答案。

3 2009MBA - 28

除非年龄在50岁以下，并且能持续游泳3 000米以上，否则不能参加下个月举行的花样横渡长江活动。同时，高血压和心脏病患者不能参加。老黄能持续游泳3 000米以上，但没被批准参加这项活动。

从以上断定能推出以下哪项结论？

Ⅰ. 老黄的年龄至少50岁。

Ⅱ. 老黄患有高血压。

Ⅲ. 老黄患有心脏病。

A. 只有Ⅰ。

B. 只有Ⅱ。

C. 只有Ⅲ。

D. Ⅰ、Ⅱ和Ⅲ至少一个。

E. Ⅰ、Ⅱ、Ⅲ都不能从题干推出。

[解题分析] 正确答案：E

根据题干断定，列出以下条件关系式：

（1）¬（≤50岁∧≥3 000米）→¬参加。

（2）高血压∨心脏病→¬参加。

（3）老黄→≥3 000米∧¬参加。

综合（1）（2）可得：（4）>50岁∨<3 000米∨高血压∨心脏病→¬参加。

根据逻辑演绎推理规则，由（3）（4），从“≥3 000米”和“¬参加”，无法推出任何结论，即Ⅰ、Ⅱ、Ⅲ都不能确定，因此，E项正确。

4 2008MBA - 36

东山市威达建材广场每家商场的门边都设有垃圾桶。这些垃圾桶的颜色是绿色或红色。

如果上述断定为真，则以下哪项一定为真？

Ⅰ. 东山市有一些垃圾桶是绿色的。

Ⅱ. 如果东山市的一家商店门边没有垃圾桶，那么这家商店不在威达建材广场。

Ⅲ. 如果东山市的一家商店门边有一个红色垃圾桶，那么这家商店是在威达建材广场。

A. 只有Ⅰ。

B. 只有Ⅱ。

C. 只有Ⅰ和Ⅱ。

D. 只有Ⅰ和Ⅲ。

E. Ⅰ、Ⅱ和Ⅲ。

[解题分析] 正确答案：B

题干条件关系为：

（1）威达→垃圾桶；

（2）垃圾桶→绿∨红。

Ⅰ：由“P或者Q”真，既推不出P真，也推不出Q真，所以由（2）知，不能确定东山市有一些绿色的垃圾桶。如果东山市所有的垃圾桶都是红色的，并不违反题干条件。Ⅰ不一定为真，排除。

Ⅱ：¬垃圾桶→¬威达，是（1）的等价逆否命题，一定为真。

Ⅲ：红→威达，与（2）不一致，不符合演绎推理规则，不能确定真假，排除。

因此，B项为正确答案。

5　2004MBA-43

环宇公司规定，其所属的各营业分公司，如果年营业额超过800万元，其职员可获得优秀奖；只有年营业额超过600万元，其职员才能获得激励奖。年终统计显示，该公司所属的12个分公司中，6个年营业额超过了1 000万元，其余的则不足600万元。

如果上述断定为真，则以下哪项关于该公司今年获奖情况的断定一定为真？

Ⅰ. 获得激励奖的职员，一定获得优秀奖。

Ⅱ. 获得优秀奖的职员，一定获得激励奖。

Ⅲ. 半数职员获得了优秀奖。

A. 仅Ⅰ。

B. 仅Ⅱ。

C. 仅Ⅲ。

D. 仅Ⅰ和Ⅱ。

E. Ⅰ、Ⅱ和Ⅲ。

[解题分析] 正确答案：A

题干推理关系为：

（1）>800万元→优秀奖。

（2）>600万元←激励奖。

（3）>600万元↔>800万元（12个分公司：6个分公司的营业额>1 000万元，6个分公司的营业额<600万元，说明“分公司的营业额超过600万元的”一定超过1 000万元，也就一定超过800万元）。

Ⅰ：一定为真。由（2）（3）（1）联立推知，激励奖→>600万元→>800万元→优秀奖。所以，获得激励奖的职员一定获得优秀奖。

Ⅱ：不一定为真。由上述推理得知，激励奖→优秀奖，即获得优秀奖是获得激励奖的必要条件而不是充分条件，所以，获得优秀奖的职员未必获得激励奖。

Ⅲ：不一定为真。由（3）知，半数分公司的营业额>1 000万元，再由（1）知，半数分公司获得了优秀奖。但每个分公司的职员人数未必相等，所以，得不出半数职员获得了优秀奖。

因此，A项正确。

6　2003MBA-59

欧几里得几何系统的第五条公理判定：在同一平面上，过直线外一点可以并且只可以作一条直线与该直线平行。在数学发展史上，有许多数学家对这条公理是否具有无可争议的真理性表示怀疑和担心。

要使数学家的上述怀疑成立，则以下哪项必须成立?

Ⅰ. 在同一平面上，过直线外一点可能无法作一条直线与该直线平行。

Ⅱ. 在同一平面上，过直线外一点作多条直线与该直线平行是可能的。

Ⅲ. 在同一平面上，如果过直线外一点不可能作多条直线与该直线平行，那么，也可能无法只作一条直线与该直线平行。

A. 只有Ⅰ。

B. 只有Ⅱ。

C. 只有Ⅲ。

D. 只有Ⅰ和Ⅱ。

E. Ⅰ、Ⅱ和Ⅲ。

[解题分析] 正确答案：C

题干提及的第五条公理判定：在同一平面上，过直线外一点可以作一条∧只可以作一条直线与该直线平行。

要对第五条公理表示怀疑，就要给出其矛盾的情况，所以：

¬(可以作一条∧只可以作一条)

=¬可以作一条∨¬只可以作一条

=无法作一条∨可以作多条。

即如果出现“过直线外一点无法作一条直线与该直线平行”“可作多条直线与该直线平行”这两种情况中的一种，那么对第五条公理的怀疑就成立。

Ⅰ：无法作一条直线与该直线平行。可以使数学家的怀疑成立，但不是必须成立的，因为如果可以作出多条也可以，排除。

Ⅱ：可以作多条直线与该直线平行。可以使数学家的怀疑成立，但不是必须成立的，因为如果无法作出一条也可以，排除。

Ⅲ：¬可以作多条直线→无法作一条=可以作多条∨无法作一条，与第五条公理的矛盾情况完全一致，所以是必须成立的，正确。

因此，C项为正确答案。

7 2003MBA-41

宏达汽车公司生产的小轿车都安装了驾驶员安全气囊。在安装驾驶员安全气囊的小轿车中，有50%安装了乘客安全气囊。只有安装乘客安全气囊的小轿车才会同时安装减轻冲击力的安全杠和防碎玻璃。

如果上述判定为真，并且事实上李先生从宏达汽车公司购进的一辆小轿车中装有防碎玻璃，则以下哪项一定为真?

Ⅰ. 这辆车一定装有安全杠。

Ⅱ. 这辆车一定装有乘客安全气囊。

Ⅲ. 这辆车一定装有驾驶员安全气囊。

A. 只有Ⅰ。

B. 只有Ⅱ。

C. 只有Ⅲ。

D. 只有Ⅰ和Ⅱ。

E. Ⅰ、Ⅱ和Ⅲ。

[解题分析] 正确答案：C

题干信息：

（1）宏达小轿车→驾驶员安全气囊；

（2）驾驶员安全气囊→50%安装了乘客安全气囊；

（3）乘客安全气囊←安全杠∧防碎玻璃。

李先生从宏达汽车公司购进一辆小轿车，由（1）推知，这辆车一定装有驾驶员安全气囊，即Ⅲ为真。

小轿车中装有防碎玻璃，由（3）不能推出任何信息。Ⅰ和Ⅱ无法确定真假。

因此，C项为正确答案。

8 2002MBA－52

一本小说要畅销，必须有可读性；一本小说，只有深刻触及社会的敏感点，才能有可读性；而一个作者如果不深入生活，他的作品就不可能深刻触及社会的敏感点。

以下哪项结论可以从题干的断定中推出？

Ⅰ. 一个畅销小说作者，不可能不深入生活。

Ⅱ. 一本不触及社会敏感点的小说，不可能畅销。

Ⅲ. 一本不具有可读性的小说的作者，一定没有深入生活。

A. 只有Ⅰ。

B. 只有Ⅱ。

C. 只有Ⅲ。

D. 只有Ⅰ和Ⅱ。

E. Ⅰ、Ⅱ和Ⅲ。

［解题分析］正确答案：D

题干断定：

（1）畅销→可读；

（2）敏感点←可读；

（3）¬深入生活→¬敏感点。

由上述三式可得：（4）畅销→可读→敏感点→深入生活。

Ⅰ：畅销→深入生活。与（4）一致，正确。

Ⅱ：¬敏感点→¬畅销。其等价的逆否命题：畅销→敏感点，与（4）一致，正确。

Ⅲ：¬可读→¬深入生活。不符合题干逻辑关系，推不出，排除。

9 2002MBA－16

在微波炉清洁剂中加入漂白剂，就会释放出氯气；在浴盆清洁剂中加入漂白剂，也会释放出氯气；在排烟机清洁剂中加入漂白剂，没有释放出任何气体。现有一种未知类型的清洁剂，加入漂白剂后，没有释放出氯气。

根据上述实验，以下哪项关于这种未知类型的清洁剂的断定一定为真？

Ⅰ. 它是排烟机清洁剂。

Ⅱ. 它既不是微波炉清洁剂，也不是浴盆清洁剂。

Ⅲ. 它要么是排烟机清洁剂，要么是微波炉清洁剂或浴盆清洁剂。

A. 仅Ⅰ。

B. 仅Ⅱ。

C. 仅Ⅲ。

D. 仅Ⅰ和Ⅱ。

E. Ⅰ、Ⅱ和Ⅲ。

[解题分析] 正确答案：B

题干断定在某种清洁剂中加入漂白剂后的情况如下：

(1) 微波炉清洁剂→氯气；

(2) 浴盆清洁剂→氯气；

(3) 排烟机清洁剂→¬气体；

(4) 未知清洁剂→¬氯气。

由（4）结合（1）（2）可得，未知清洁剂→¬氯气→¬微波炉清洁剂∧¬浴盆清洁剂。可见，Ⅱ一定为真。

由于题干没有限定只是这三种清洁剂中的某种，所以，无法判断Ⅰ和Ⅲ的真假。

因此，B项为正确答案。

10 2001MBA－64

林园小区有住户家中发现了白蚁。除非小区中有住户家中发现白蚁，否则任何小区都不能免费领取高效杀蚁灵。静园小区可以免费领取高效杀蚁灵。

如果上述断定都真，则以下哪项据此不能断定真假？

Ⅰ. 林园小区有的住户家中没有发现白蚁。

Ⅱ. 林园小区能免费领取高效杀蚁灵。

Ⅲ. 静园小区的住户家中都发现了白蚁。

A. 只有Ⅰ。

B. 只有Ⅱ。

C. 只有Ⅲ。

D. 只有Ⅱ和Ⅲ。

E. Ⅰ、Ⅱ和Ⅲ。

[解题分析] 正确答案：E

题干断定：

(1) 林园→有住户发现白蚁。

(2) 有住户发现白蚁←免费领取。

(3) 静园→免费领取。

由（3）（2）传递可得：(4) 静园→免费领取→有住户发现白蚁。

Ⅰ：真假不定。对林园小区而言，（1）是个I判断，由I判断为真不能确定O判断的真假，即从“有住户家中发现了白蚁”无法确定“有的住户家中没有发现白蚁”的真假。

Ⅱ：真假不定。不能由（1）（2）推出，从“林园小区有住户家中发现了白蚁”不能推出“免费领取”。

Ⅲ：真假不定。对静园小区而言，（4）是个I判断，由I判断为真不能确定A判断的真假，即从“有住户家中发现了白蚁”无法确定“所有住户家中都发现了白蚁”的真假。

因此，E项正确。

11 2001MBA－58

大嘴鲈鱼只在有鲦鱼出现的河中长有浮藻的水域里生活。漠亚河中没有大嘴鲈鱼。

从上述断定能得出以下哪项结论？

Ⅰ. 鲦鱼只在长有浮藻的河中才能发现。
Ⅱ. 漠亚河中既没有浮藻，又发现不了鲦鱼。
Ⅲ. 如果在漠亚河中发现了鲦鱼，则其中肯定不会有浮藻。
A. 只有Ⅰ。
B. 只有Ⅱ。
C. 只有Ⅲ。
D. 只有Ⅰ和Ⅱ。
E. Ⅰ、Ⅱ和Ⅲ都不是。

［解题分析］ 正确答案：E

题干断定：

(1) 大嘴鲈鱼→鲦鱼∧浮藻；

(2) ¬大嘴鲈鱼。

根据演绎推理规则，由上述两个断定无法推出新的有效信息。

Ⅰ：鲦鱼→浮藻。有鲦鱼出现和长有浮藻的水域是大嘴鲈鱼出现的必要条件，由此推不出河中长有浮藻是鲦鱼出现的必要条件。

Ⅱ：¬浮藻∧¬鲦鱼。据题干断定的条件关系，由漠亚河中有大嘴鲈鱼，可推出漠亚河中既有浮藻又有鲦鱼；但由漠亚河中没有大嘴鲈鱼，不能推出漠亚河中既没有浮藻又发现不了鲦鱼。

Ⅲ：鲦鱼→¬浮藻。根据题干信息，得不出鲦鱼和浮藻的逻辑关系。

因此，E项正确。

六、 补充前提

在日常论证中，前提时常被省略，被省略的前提就是隐含的假设。要对论证的有效性作出评估，必须揭示被省略的前提，即隐含的假设。

揭示复合命题演绎推理的隐含假设（省略前提）的主要步骤如下：

1. 抓住前提和结论

按原文的陈述顺序依次对前提和结论作出准确的理解，分别列出条件关系式。

2. 揭示被省略前提

依据合理性原则，凭语感揭示被省略的前提。

3. 检验推理的有效性

把被省略的前提补充进去，并作适当的整理，将推理恢复成标准形式，根据复合命题的演绎推理规则检验上述推理是否有效。当省略的前提条件为真时，结论就必然会被推出。

备注：

补充前提型题属于自下而上的推理题，主要是指假设题，也包括少量的支持题、削弱题。

(1) 支持题。从题干前提得不出结论，所以需要补充前提来支持结论。解题关键是要抓住结论，再补充一个被省略的前提。这类题往往是大前提把充分或必要条件搞反了。

(2) 削弱题。解题关键是直接针对结论，正确选项就是结论的负命题。

1　2020MBA－28

有学校提出将效仿免费师范生制度，提供减免学费等优惠条件以吸引成绩优秀的调剂生，提高医学人才培养质量。有专家对此提出反对意见：医生是既崇高又辛苦的职业，要有足够的爱心和兴趣才能做好，因此，宁可招不满，也不要招收调剂生。

以下哪项最可能是上述专家论断的假设？

A. 没有奉献精神，就无法学好医学。

B. 如果缺乏爱心，就不能从事医生这一崇高的职业。

C. 调剂生往往对医学缺乏兴趣。

D. 因优惠条件而报考医学的学生往往缺乏奉献精神。

E. 有爱心并对医学有兴趣的学生不会在意是否收费。

[解题分析] 正确答案：C

专家论断：医生要有足够的爱心和兴趣才能做好，因此，不要招收调剂生。

显然，C项是专家的假设，补充进去后形成完整的论证。

前提：好医生→爱心∧兴趣。

C项：调剂生→¬兴趣。

结论：调剂生→¬好医生。

2　2013MBA－53

专业人士预测：如果粮食价格保持稳定，那么蔬菜价格也保持稳定；如果食用油价格不稳，那么蔬菜价格也将出现波动。老李由此断定：粮食价格保持稳定，但是肉类食品价格将上涨。

根据上述专业人士的预测，以下哪项如果为真，则最能对老李的观点提出质疑？

A. 如果食用油价格出现波动，那么肉类食品价格不会上涨。

B. 如果食用油价格稳定，那么肉类食品价格不会上涨。

C. 如果肉类食品价格不上涨，那么食用油价格将会上涨。

D. 如果食用油价格稳定，那么肉类食品价格将会上涨。

E. 只有食用油价格稳定，那么肉类食品价格才不会上涨。

[解题分析] 正确答案：B

题干断定：

(1) 粮食价格稳定→蔬菜价格稳定；

(2) ¬食用油价格稳定→¬蔬菜价格稳定。

由此得出：粮食价格稳定→食用油价格稳定。

补充B项：食用油价格稳定→肉类食品价格不会上涨。

从而推出：粮食价格稳定→肉类食品价格不会上涨。

这与老李的断定“粮食价格保持稳定，但是肉类食品价格将上涨”完全相反。

因此，B项有力地质疑了老李的观点。

3　2011MBA－36

在一次围棋比赛中，参赛选手陈华不时地挤捏指关节，发出的声音干扰了对手的思考。在比赛封盘间歇时，裁判警告陈华，如果再次在比赛中挤捏指关节并发出声音将判其违规。对此，陈华反驳说，他挤捏指关节是习惯性动作，并不是故意的，因此，不应被判违规。

以下哪项如果成立，则最能支持陈华对裁判的反驳？

A. 在此次比赛中，对手不时打开、合拢折扇，发出的声响干扰了陈华的思考。

B. 在围棋比赛中，只有选手的故意行为，才能成为判罚的根据。

C. 在此次比赛中，对手本人并没有对陈华的干扰提出抗议。

D. 陈华一向恃才傲物，该裁判对其早有不满。

E. 如果陈华为人诚实、从不说谎，那么他就不应该被判违规。

［解题分析］ 正确答案：B

题干中陈华对裁判的反驳：行为不是故意的，因此，不应被判违规。

B项：故意行为←判罚。既然行为不是故意的，那么，就不应被判罚。可见，该项最能支持陈华对裁判的反驳，因此为正确答案。

A项：对手的行为干扰了陈华与裁判对陈华的判罚无关，排除。

C项：对手没有对陈华的干扰提出抗议不代表陈华的行为没有违规，排除。

D、E项：陈华的主观意图和性格等因素与客观行为无关，排除。

4 2009MBA－49

张珊：不同于"刀""枪""箭""戟"，"之""乎""者""也"这些字无确定所指。

李思：我同意。因为"之""乎""者""也"这些字无意义，因此，应当在现代汉语中废止。

以下哪项最可能是李思认为张珊的断定所蕴含的意思？

A. 除非一个字无意义，否则一定有确定所指。

B. 如果一个字有确定所指，则它一定有意义。

C. 如果一个字无确定所指，则应当在现代汉语中废止。

D. 只有无确定所指的字，才应当在现代汉语中废止。

E. 大多数的字都有确定所指。

［解题分析］ 正确答案：A

张珊：(1)"之""乎""者""也"这些字无确定所指。

补充：(2) 无确定所指→无意义。

李思：(3)"之""乎""者""也"这些字无意义，因此，应当废止。

可见，李思认为张珊的断定所蕴含的意思是(2)，即如果一个字无确定所指，那么，它一定无意义。

A项：¬无意义→确定所指。这是与(2)等价的逆否命题，因此为正确答案。

B项：确定所指→意义。与(2)的逻辑关系不一致，排除。

C项：无确定所指→应当废止。与(2)的逻辑关系不一致，排除。

D项：无确定所指←应当废止。与(2)的逻辑关系不一致，排除。

E项：与题干推理关系无关，排除。

因此，A项为正确答案。

5 2005MBA－53

要杜绝令人深恶痛绝的"黑哨"，必须对其科以罚款，或者永久性地取消"黑哨"的裁判资格，或者直至追究其刑事责任。事实证明，罚款的手段在这里难以完全奏效，因为在一些大型赛事中，高额的贿金往往足以抵消罚款的损失。因此，如果不永久性地取消"黑哨"的裁判资格，就不可能杜绝令人深恶痛绝的"黑哨"现象。

以下哪项是上述论证最可能的假设？

A. 一个被追究刑事责任的"黑哨"必定被永久性地取消裁判资格。

B. 大型赛事中对裁判的贿金没有上限。

C. "黑哨"是一种职务犯罪，本身已触犯法律。

D. 对“黑哨”的罚金不可能没有上限。

E. “黑哨”现象只出现在大型赛事中。

[解题分析] 正确答案：A

题干论证结构如下：

前提：(1) 杜绝黑哨→罚款 ∨ 取消资格 ∨ 追究刑责。

前提：(2) 罚款→难以奏效。

结论：(3) ¬取消资格→¬杜绝黑哨。

由 (1)(2) 可知：(4) 杜绝黑哨→取消资格 ∨ 追究刑责。

由 (3) 可知：(5) 杜绝黑哨→取消资格。

补充假设后形成完整的论证：

题干前提：杜绝黑哨→取消资格 ∨ 追究刑责。

补充 A 项：追究刑责→取消资格。

得出结论：杜绝黑哨→取消资格。

因此，A 项为题干论证最可能的假设。

B 项：支持了前提 (2)，但不是题干论证的假设，排除。

C 项：“黑哨”是否触犯法律与题干论证无关，排除。

D、E 项：均与题干论证无关，排除。

6　2003MBA－35

一个足球教练这样教导他的队员：“足球比赛从来是以结果论英雄。在足球比赛中，你不是赢家就是输家；在球迷的眼里，你要么是勇敢者，要么是懦弱者。由于所有的赢家在球迷眼里都是勇敢者，所以每个输家在球迷眼里都是懦弱者。”

为使上述足球教练的论证成立，以下哪项是必须假设的？

A. 在球迷们看来，球场上勇敢者必胜。

B. 球迷具有区分勇敢和懦弱的准确判断力。

C. 球迷眼中的勇敢者，不一定是真正的勇敢者。

D. 即使在球场上，输赢也不是区别勇敢者和懦弱者的唯一标准。

E. 在足球比赛中，赢家一定是勇敢者。

[解题分析] 正确答案：A

上述足球教练的论证补充假设后形成如下完整的论证。

前提信息：

(1) 赢 $\dot{\vee}$ 输；得出：赢=¬输。

(2) 勇敢 $\dot{\vee}$ 懦弱；得出：勇敢=¬懦弱。

(3) 赢→勇敢。

补充 A 项：勇敢→赢=¬懦弱→¬输。(根据前提 (1) 和前提 (2))

得出结论：输→懦弱。

因此，A 项是题干论证必须假设的。

七、结构比较

复合命题推理的结构比较题指的是推理形式上的相似比较。该类题主要从形式结构上比较题干和选项之间的相同或不同。解题思路如下：

（1）抽象思维。从具体的、有内容的陈述中抽象出命题逻辑的形式结构。

（2）忽略内容。做这类题时无须关注题干推理结构是否正确以及内容是否真实，关键是找到一个类似结构的选项。

（3）相似比较。比较诸选项的形式结构，根据问题要求，找出形式结构上与题干中类似或不类似的选项。

1　2020MBA-30

考生若考试通过并且体检合格，则将被录取。因此，如果李铭考试通过，但未被录取，那么他一定体检不合格。

以下哪项与以上论证方式最为相似？

A. 若明天是节假日并且天气晴朗，则小吴将去爬山。因此，如果小吴未去爬山，那么第二天一定不是节假日或者天气不好。

B. 一个数若能被 3 整除且能被 5 整除，则这个数能被 15 整除。因此，一个数若能被 3 整除，但不能被 5 整除，则这个数一定不能被 15 整除。

C. 甲单位员工若去广州出差并且是单人前往，则均乘坐高铁。因此，甲单位员工小吴如果去广州出差，但未乘坐高铁，那么他一定不是单人前往。

D. 若现在是春天并且雨水充沛，则这里野草丰美。因此，如果这里野草丰美，但雨水不充沛，那么现在一定不是春天。

E. 一壶茶若水质良好且温度适中，则一定茶香四溢。因此，如果这壶茶水质良好且茶香四溢，那么一定温度适中。

［解题分析］正确答案：C

题干论证方式为反三段论，其结构为：P（考试通过）∧Q（体检合格）→R（被录取），因此，P（考试通过）∧¬R（未被录取），那么，¬Q（体检不合格）。

诸选项中，只有 C 项与题干论证方式一致：P（出差）∧Q（单人）→R（坐高铁），因此，P（出差）∧¬R（未坐高铁），那么，¬Q（不是单人）。

其余选项均与题干论证方式不相似，均予排除。

A 项：P∧Q→R，因此，如果¬R，那么，¬P∨¬Q。

B 项：P∧Q→R，因此，若 P∧¬Q，则¬R。

D 项：P∧Q→R，因此，如果 R∧¬Q，则¬P。

E 项：P∧Q→R，因此，如果 P∧R，那么 Q。

2　2017MBA-46

甲：只有加强知识产权保护，才能推动科技创新。

乙：我不同意。过分加强知识产权保护，肯定不能推动科技创新。

以下哪项与上述反驳方式最为类似？

A. 妻子：孩子只有刻苦学习，才能取得好成绩。

丈夫：也不尽然。学习光知道刻苦而不能思考，也不一定会取得好成绩。

B. 母亲：只有从小事做起，将来才有可能做成大事。

孩子：老妈你错了。如果我们每天只是做小事，将来肯定做不成大事。

C. 老板：只有给公司带来回报，公司才能给他带来回报。

员工：不对呀。我上个月帮公司谈成一笔大业务，可是只得到 1%的奖励。

D. 老师：只有读书，才能改变命运。

学生：我觉得不是这样。不读书，命运会有更大的改变。

E. 顾客：这件商品只有价格再便宜一些，才会有人来买。

商人：不可能。这件商品如果价格再便宜一些，我就要去喝西北风了。

［解题分析］正确答案：B

题干推理形式如下。

甲：P（加强知识产权保护）←Q（能推动科技创新）。

乙：过分 P（加强知识产权保护）→¬ Q（不能推动科技创新）。

各选项中，只有 B 项与题干反驳方式类似："只做小事"有"过分做小事"之意，因此为正确答案。

其余选项都不类似。比如，A 项，"不一定"与题干不符。E 项，去喝西北风了，不代表"没有人来买"。

3　2017MBA-43

赵默是一位优秀的企业家。因为如果一个人既拥有在国内外知名学府和研究机构工作的经历，又有担任项目负责人的管理经验，那么他就能成为一位优秀的企业家。

以下哪项与上述论证方式最为相似？

A. 李然是信息技术领域的杰出人才。因为如果一个人不具有前瞻性目光、国际化视野和创新思维，就不能成为信息技术领域的杰出人才。

B. 袁清是一位好作家。因为好作家都具有较强的观察能力、想象能力及表达能力。

C. 青年是企业发展的未来。因此，企业只有激发青年的青春力量，才能促使其早日成才。

D. 人力资源是企业的核心资源。因为如果不开展各类文化活动，就不能提升员工的岗位技能，也不能增强团队的凝聚力和战斗力。

E. 风云企业具有凝聚力。因为如果一个企业能引导和帮助员工树立目标，提升能力，就能使企业具有凝聚力。

［解题分析］正确答案：E

题干论证结构：赵默（P）→优秀的企业家（Q）。经历（R）∧经验（S）→优秀的企业家（Q）。

E 项：风云企业（P）→凝聚力（Q）。树立目标（R）∧提升能力（S）→凝聚力（Q）。与题干论证结构类似，因此为正确答案。

A、D 项：均含有否定命题，而题干都是肯定命题，不一致，排除。

B 项：袁清（P）→好作家（Q）。好作家（Q）→观察能力∧想象能力∧表达能力。与题干论证结构不一致，排除。

C 项："因此"与题干论证结构中的"因为"不一致，排除。

4　2017MBA-40

甲：己所不欲，勿施于人。

乙：我反对。己所欲，则施于人。

以下哪项与上述对话方式最为相似？

A. 甲：人非草木，孰能无情。

乙：我反对。草木无情，但人有情。

B. 甲：人无远虑，必有近忧。

乙：我反对。人有远虑，亦有近忧。

C. 甲：不入虎穴，焉得虎子。

乙：我反对。如得虎子，必入虎穴。

D. 甲：人不犯我，我不犯人。

乙：我反对。人若犯我，我就犯人。

E. 甲：不在其位，不谋其政。

乙：我反对。在其位，则行其政。

［解题分析］ 正确答案：D

题干的对话方式如下。

甲：¬P（己所不欲）→¬Q（勿施于人）；

乙：P（己所欲）→Q（施于人）。

D项的对话方式与题干相似，其结构如下。

甲：¬P（人不犯我）→¬Q（我不犯人）；

乙：P（人犯我）→Q（我犯人）。

其余选项都不相似。其中：

A、B项："但""亦"是"∧"的逻辑关系，与题干的"→"不一致，排除。

C项：甲：¬P（虎穴）→¬Q（虎子）；乙：Q（虎子）→P（虎穴）。与题干的对话方式不一致，排除。

E项："谋其政"与"行其政"概念不一致，排除。

5 2013MBA－45

只要每个司法环节都能坚守程序正义，切实履行监督制约的职能，结案率就会大幅度提高。去年某国结案率比上一年提高了70%，所以，该国去年每个司法环节都能坚守程序正义，切实履行监督制约的职能。

以下哪项与上述论证方式最为相似？

A. 在校期间品学兼优，就可以获得奖学金。李明在校期间不是品学兼优，所以就不可能获得奖学金。

B. 李明在校期间品学兼优，但是没有获得奖学金。所以，在校期间品学兼优，不一定可以获得奖学金。

C. 在校期间品学兼优，就可以获得奖学金。李明获得了奖学金，所以在校期间他一定品学兼优。

D. 在校期间品学兼优，就可以获得奖学金。李明没有获得奖学金，所以在校期间他一定不是品学兼优。

E. 只有在校期间品学兼优，才可以获得奖学金。李明获得了奖学金，所以在校期间他一定品学兼优。

［解题分析］ 正确答案：C

本题是论证方式相似比较题，列表如下：

	论证内容	形式结构
题干	坚守程序正义∧履行职能→结案率提高 结案率提高 所以，坚守程序正义∧履行职能	A∧B→C C 所以，A∧B

续表

	论证内容	形式结构
A项	品∧学→奖学金 ¬(品∧学) 所以，¬奖学金	A∧B→C ¬(A∧B) 所以，¬C
B项	品∧学∧¬奖学金 所以，品∧学→不一定获奖学金	A∧B∧¬C 所以，A∧B→不一定C
C项	品∧学→奖学金 奖学金 所以，品∧学	A∧B→C C 所以，A∧B
D项	品∧学→奖学金 ¬奖学金 所以，¬(品∧学)	A∧B→C ¬C 所以，¬(A∧B)
E项	品∧学←奖学金 奖学金 所以，品∧学	A∧B←C C 所以，A∧B

可见，只有C项与题干的论证方式最为相似，因此正确。

6　2002MBA－51

要选修数理逻辑课，必须已修普通逻辑课，并对数学感兴趣。有些学生虽然对数学感兴趣，但并没修过普通逻辑课，因此，有些对数学感兴趣的学生不能选修数理逻辑课。

以下哪项的逻辑结构与题干的最为类似？

A. 据学校规定，要获得本年度的特设奖学金，必须来自贫困地区，并且成绩优秀。有些本年度特设奖学金的获得者成绩优秀，但并非来自贫困地区，因此，学校评选本年度奖学金的规定并没有得到很好的执行。

B. 一本书要畅销，必须既有可读性，又经过精心的包装。有些畅销书可读性并不大，因此，有些畅销书主要是靠包装。

C. 任何缺乏经常保养的汽车使用了几年之后都需要维修，有些汽车用了很长时间以后还不需要维修，因此，有些汽车经常得到保养。

D. 高级写字楼要值得投资，必须设计新颖，或者能提供大量办公用地。有些高级写字楼虽然设计新颖，但不能提供大量的办公用地，因此，有些高级写字楼不值得投资。

E. 为初学的骑手训练的马必须强健而且温驯，有些马强健但并不温驯，因此，有些强健的马并不适合于初学的骑手。

[解题分析] 正确答案：E

题干的逻辑结构：P（数理）→Q（普通）∧R（兴趣），R（兴趣）∧¬Q（非普通），因此，R（兴趣）∧¬P（非数理）。

E项：P（初学）→Q（强健）∧R（温驯），Q（强健）∧¬R（非温驯），因此，Q（强健）∧¬P（非初学）。可见，该项和题干结构最为类似，正确。

A项：P（奖学金）→Q（贫困）∧R（优秀），P（奖学金）∧R（优秀）∧¬Q（非贫困），后者削弱了前者。与题干逻辑结构不一致，排除。

B 项：P（畅销）→Q（可读）∧R（包装），P（畅销）∧¬Q（不可读），因此，P（畅销）∧R（包装）。与题干逻辑结构不一致，排除。

C 项：P（缺乏保养）∧Q（使用几年）→R（需要维修），Q（使用几年）∧¬R（不需要维修），因此，¬P（不缺乏保养）。与题干逻辑结构不一致，排除。

D 项：P（值得投资）→Q（设计新颖）∨R（办公用地），Q（设计新颖）∨¬R（办公用地），因此，¬P（不值得投资）。与题干逻辑结构不一致，排除。

7　2001MBA－65

一个产品要想稳固地占领市场，产品本身的质量和产品的售后服务二者缺一不可。空谷牌冰箱质量不错，但售后服务跟不上，因此，很难长期稳固地占领市场。

以下哪项推理的结构和题干的最为类似？

A. 德才兼备是一个领导干部尽职胜任的必要条件。李主任富于才干但疏于品德，因此，他难以尽职胜任。

B. 如果天气晴朗并且风速在三级之下，跳伞训练场将对外开放。今天的天气晴朗但风速在三级以上，所以跳伞训练场不会对外开放。

C. 必须有超常业绩或者教龄在 30 年以上，才有资格获得教育部颁发的特殊津贴。张教授获得了教育部颁发的特殊津贴但教龄只有 15 年，因此，他一定有超常业绩。

D. 如果不深入研究广告制作的规律，则所制作的广告知名度和信任度不可兼得。空谷牌冰箱的广告既有知名度又有信任度，因此，这一广告的制作者肯定深入研究了广告制作的规律。

E. 一个罪犯要作案，必须既有作案动机又有作案时间。李某既有作案动机又有作案时间，因此，李某肯定是作案的罪犯。

［解题分析］ 正确答案：A

题干推理结构：R（占领市场）→P（质量）∧Q（服务），P∧¬Q，因此，¬R。

A 项：R（尽职胜任）→P（才）∧Q（德），P∧¬Q，因此，¬R。与题干推理结构相似，正确。

其余选项都与题干推理结构不同，其中：

B 项：P（晴朗）∧Q（风速在三级之下）→R（训练场开放），P∧¬Q，因此，¬R。

C 项：R（特殊津贴）→P（超常业绩）∨Q（教龄在 30 年以上），R∧¬Q，因此，P。

D 项：¬R（深入研究）→¬P（知名度）∨¬Q（信任度），P∧Q，因此，R。

E 项：R（作案）→P（动机）∧Q（时间），P∧Q，因此，R。

8　2000MBA－67

法制的健全或者执政者强有力的社会控制能力，是维持一个国家社会稳定的必不可少的条件。Y 国社会稳定但法制尚不健全，因此，Y 国的执政者具有强有力的社会控制能力。

以下哪项的论证方式和题干的最为类似？

A. 一个影视作品，要想有高的收视率或票房价值，作品本身的质量和必要的包装宣传缺一不可。电影《青楼月》上映以来票房价值不佳但实际上质量堪称上乘，因此，看来它缺少必要的广告宣传和媒介炒作。

B. 必须有超常业绩或者 30 年以上服务于本公司的工龄的雇员，才有资格获得本公司本年度的特殊津贴。黄先生获得了本年度的特殊津贴但在本公司仅供职 5 年，因此，他一定有超常业绩。

C. 如果既经营无方又铺张浪费，则一个公司将严重亏损。Z公司虽经营无方但并没有严重亏损，这说明它至少没有铺张浪费。

D. 一个罪犯要实施犯罪，必须既有作案动机，又有作案时间。在某案中，W先生有作案动机但无作案时间，因此，W先生不是该案的作案者。

E. 一个论证不能成立，当且仅当，或者它的论据虚假，或者它的推理错误。J女士在科学年会上关于她的发现之科学价值的论证尽管逻辑严密，推理无误，但还是被认定不能成立，因此，她的论证中至少有部分论据虚假。

[解题分析] 正确答案：B

题干论证结构：只有P（法制健全）或者Q（执政者控制力），才R（社会稳定）。R并且非P，因此，Q。

B项论证结构：只有P（超常业绩）或者Q（30年以上工龄），才R（特殊津贴）。R并且非Q，因此，P。与题干论证结构一致，正确。

其余选项均与题干论证结构不一致，均予排除。其中：

A项论证结构：只有P并且Q，才R。非R并且P，因此，非Q。

C项论证结构：如果P并且Q，则R。P并且非R，因此，非Q。

D项论证结构：只有P并且Q，才R。P并且非Q，因此，非R。

E项论证结构：R，当且仅当P或者Q。非Q并且R，因此，P。

八、 评价描述

评价描述题主要考查评价推理的正确性、识别推理结构的方法以及推理的缺陷等，需要用逻辑的语言来描述给出的推理过程或逻辑错误，或者分析评价选项是否符合题目所给条件。针对命题逻辑的评价描述主要考查两个方面：一是在假言推理中充分条件和必要条件是否运用正确；二是复合命题推理是否有效，即是否符合复合命题的演绎推理规则。

1　2021MBA－29

某企业董事会就建立健全企业管理制度与提高企业经济效益进行研讨。在研讨中，与会者的发言如下：

甲：要提高企业经济效益，就必须建立健全企业管理制度。

乙：既要建立健全企业管理制度，又要提高企业经济效益，二者缺一不可。

丙：经济效益是基础和保障，只有提高企业经济效益，才能建立健全企业管理制度。

丁：如果不建立健全企业管理制度，就不能提高企业经济效益。

戊：不提高企业经济效益，就不能建立健全企业管理制度。

根据上述讨论，董事会最终作出了合理的决定，以下哪项是可能的？

A. 甲、乙的意见符合决定，丙的意见不符合决定。

B. 上述5人中只有1人的意见符合决定。

C. 上述5人中只有2人的意见符合决定。

D. 上述5人中只有3人的意见符合决定。

E. 上述5人的意见均不符合决定。

[解题分析] 正确答案：C

设提高企业经济效益为P，健全企业管理制度为Q，则：

甲：$P \to Q$。

乙：$P \wedge Q$。

丙：P←Q。

丁：¬Q→¬P。

戊：¬P→¬Q。

上述甲、丁为等价命题，丙、戊也为等价命题。用真值表刻画如下：

P	Q	甲：P→Q	乙：P∧Q	丙：P←Q	丁：¬Q→¬P	戊：¬P→¬Q
1	1	1	1	1	1	1
1	0	0	0	1	0	1
0	1	1	0	0	1	0
0	0	1	0	1	1	1

由此可见：

当P、Q均为真，则5人意见均为真。

当P、Q为一真一假，则只有2人意见均为真。

当P、Q均为假，则4人意见均为真。

因此，5人的意见只有2人、4人或5人为真。

C项：上述5人中只有2人的意见符合决定，这种情况是可能的。

其余选项均不可能，比如A项，甲、乙为真时，丙也为真，因此该项不可能。

2 2009MBA－53

违法必究，但几乎看不到违反道德的行为受到惩罚，如果这成为一种常规，那么，民众就会失去道德约束。道德失控对社会稳定的威胁并不亚于法律失控。因此，为了维护社会的稳定，任何违反道德的行为都不能不受惩罚。

以下哪项对上述论证的评价最为恰当？

A. 上述论证是成立的。

B. 上述论证有漏洞，它忽略了：有些违法行为并未受到追究。

C. 上述论证有漏洞，它忽略了：由违法必究，推不出缺德必究。

D. 上述论证有漏洞，它夸大了：违反道德行为的社会危害性。

E. 上述论证有漏洞，它忽略了：由否定“违反道德的行为都不受惩罚”，推不出“违反道德的行为都要受到惩罚”。

[解题分析] 正确答案：E

前提：违反道德的行为都不受惩罚→道德失控→威胁社会稳定。

结论：为了维护社会的稳定，任何违反道德的行为都不能不受惩罚。

而这个结论是有问题的，其推理应该是：

维护社会的稳定=¬威胁社会稳定→¬违反道德的行为都不受惩罚=有些违反道德的行为应该受到惩罚。

可见，题干论证漏洞在于，它忽略了：由否定“违反道德的行为都不受惩罚”，推不出“违反道德的行为都要受到惩罚”。因此，E项为正确答案。

九、推理题组

命题逻辑的推理题组就是两到三个题（一般为两个题）基于同一个题干的考题。这类题实际上是对题干逻辑关系从不同角度同时考查，能更有效地考查考生是否具备熟练运用命题逻辑的演绎推理能力。

1　2023MBA-54～55 基于以下题干：

某机关甲、乙、丙、丁 4 人参加本年度综合考评。在德、能、勤、绩、廉 5 个方面的单项考评中，他们之中都恰有 3 人被评为“优秀”，但没有人 5 个单项均被评为“优秀”。已知：

（1）若甲和乙在德方面均被评为“优秀”，则他们在廉方面也均被评为“优秀”；

（2）若乙和丙在德方面均被评为“优秀”，则他们在绩方面也均被评为“优秀”；

（3）若甲在廉方面被评为“优秀”，则甲和丁在绩方面均被评为“优秀”。

54. 根据上述信息，可以得出以下哪项？

A. 甲在廉方面被评为“优秀”。

B. 丙在绩方面被评为“优秀”。

C. 丙在能方面被评为“优秀”。

D. 丁在勤方面被评为“优秀”。

E. 丁在德方面被评为“优秀”。

［解题分析］正确答案：E

（1）甲德∧乙德→甲廉∧乙廉；

（2）乙德∧丙德→乙绩∧丙绩；

（3）甲廉→甲绩∧丁绩。

假设甲在廉方面被评为“优秀”，由（3）知，甲和丁在绩方面均被评为“优秀”。由于绩有 3 人被评为“优秀”，因此乙和丙在绩方面只能 1 人被评为“优秀”，1 人未被评为“优秀”。再由（2）的逆否命题推知，乙和丙在德方面不能都被评为“优秀”。而德有 3 人被评为“优秀”，因此，甲和丁在德方面均被评为“优秀”。

假设甲在廉方面未被评为“优秀”，由（1）的逆否命题推知，甲和乙在德方面不能都被评为“优秀”，而德有 3 人被评为“优秀”，因此，丙和丁在德方面均被评为“优秀”。

综上，根据二难推理，不管甲在廉方面是否被评为“优秀”，都能得出，丁在德方面被评为“优秀”。

55. 若甲在绩方面未被评为“优秀”且丁在能方面未被评为“优秀”，则可以得出以下哪项？

A. 甲在勤方面未被评为“优秀”。

B. 甲在能方面未被评为“优秀”。

C. 乙在德方面未被评为“优秀”。

D. 丙在廉方面未被评为“优秀”。

E. 丁在廉方面未被评为“优秀”。

［解题分析］正确答案：C

甲在绩方面未被评为“优秀”，而绩有 3 人被评为“优秀”，因此，乙、丙、丁在绩方面均被评为“优秀”。

丁在能方面未被评为“优秀”，而能有 3 人被评为“优秀”，因此，甲、乙、丙在能方面均被评为“优秀”。

甲在绩方面未被评为“优秀”，由（3）的逆否命题推知，甲在廉方面未被评为“优秀”，则乙、丙、丁在廉方面均被评为“优秀”。

既然甲在廉方面未被评为“优秀”，由（1）的逆否命题推知，甲、乙在德方面不能都被评为“优秀”，因此，丙、丁在德方面被评为“优秀”。

这样，丙在德、能、绩、廉4个方面被评为“优秀”，由于没有人5个单项均被评为“优秀”，因此，丙在勤方面未被评为“优秀”，则甲、乙、丁在勤方面被评为“优秀”。

由于乙在能、勤、绩、廉4个方面被评为“优秀”，因此，乙在德方面未被评为“优秀”，而甲在德方面被评为“优秀”。

结果整理如下表：

	德	能	勤	绩	廉
甲	+	+	+	−	−
乙	−	+	+	+	+
丙	+	+	−	+	+
丁	+	−	+	+	+

因此，C项为正确答案。

2　2021MBA－47～48基于以下题干：

某剧团拟将历史故事“鸿门宴”搬上舞台。该剧有项王、沛公、项伯、张良、项庄、樊哙、范增7个主要角色，甲、乙、丙、丁、戊、己、庚7名演员每人只能扮演其中一个，且每个角色只能由其中一人扮演。根据各演员的特点，角色安排如下：

（1）如果甲不扮演沛公，则乙扮演项王；

（2）如果丙或己扮演张良，则丁扮演范增；

（3）如果乙不扮演项王，则丙扮演张良；

（4）如果丁不扮演樊哙，则庚或戊扮演沛公。

47. 根据上述信息，可以得出以下哪项？

A. 甲扮演沛公。

B. 乙扮演项王。

C. 丙扮演张良。

D. 丁扮演范增。

E. 戊扮演樊哙。

［解题分析］正确答案：B

假设乙不扮演项王，则由（3）推知，丙扮演张良。

再由（2）推出，丁扮演范增。

即丁不扮演樊哙，由（4）推出，庚或戊扮演沛公。

即甲不扮演沛公，由（1）推出，乙扮演项王。

这样，就导致了逻辑矛盾。

因此，“乙不扮演项王”这一假设不成立，因此必然得出，乙扮演项王。

48. 若甲扮演沛公而庚扮演项庄，则可以得出以下哪项？

A. 丙扮演项伯。

B. 丙扮演范增。

C. 丁扮演项伯。

D. 戊扮演张良。

E. 戊扮演樊哙。

［解题分析］正确答案：D

甲扮演沛公，则庚或戊不扮演沛公。

由（4）推出，丁扮演樊哙。

即丁不扮演范增，由（2）推出，丙和己不扮演张良。

再由（3）推出，乙扮演项王。

这样，甲、乙、丙、丁、己、庚均不扮演张良，只能是剩下的戊扮演张良。

	项王	沛公	项伯	张良	项庄	樊哙	范增
甲	－	＋	－	－	－	－	－
乙	＋	－	－	－	－	－	－
丙	－	－		－	－	－	
丁	－	－	－	－	－	＋	－
戊	－	－		（＋）	－	－	
己	－	－		－	－	－	
庚	－	－	－	－	＋	－	－

3 2021MBA－40～41 基于以下题干：

冬奥组委会官网开通全球招募系统，正式招募冬奥志愿者。张明、刘伟、庄敏、孙兰、李梅5人在一起讨论报名事宜，他们商量的结果如下：

（1）如果张明报名，则刘伟也报名；

（2）如果庄敏报名，则孙兰也报名；

（3）只要刘伟和孙兰2人中至少有1人报名，则李梅也报名。

后来得知，他们5人中恰有3人报名了。

40. 根据以上信息，可以得出以下哪项？

A. 张明报名了。

B. 刘伟报名了。

C. 庄敏报名了。

D. 孙兰报名了。

E. 李梅报名了。

[解题分析] 正确答案：E

题干条件：

（1）张→刘。

（2）庄→孙。

（3）刘∨孙→李。

假设刘报名，由（3）推知，李报名。

假设刘不报名，由（1）推知，张不报名。这样，剩下的3人，庄、孙、李均要报名。

总之，不管刘是否报名，李必定报名了。

41. 如果增加条件“若刘伟报名，则庄敏也报名”，那么可以得出以下哪项？

A. 张明和刘伟都报名了。

B. 刘伟和庄敏都报名了。

C. 庄敏和孙兰都报名了。

D. 张明和孙兰都报名了。

E. 刘伟和李梅都报名了。

[解题分析] 正确答案：C

增加条件：(4) 刘→庄。

若刘报名，则庄也报名。又由（2）知，孙报名了。再由（3）知，李报名了。这样有4人报名了，与题干条件矛盾。因此，刘没报名。

既然刘没报名，由（1）知，张没报名。因此，剩下的庄、孙、李均报名了。

4 2018MBA－30～31 基于以下题干：

某工厂有一员工宿舍住了甲、乙、丙、丁、戊、己、庚7人，每人每周需轮流值日一天，且每天仅安排一人值日。他们值日的安排还需满足以下条件：

(1) 乙周二或周六值日；

(2) 如果甲周一值日，那么丙周三值日且戊周五值日；

(3) 如果甲周一不值日，那么己周四值日且庚周五值日；

(4) 如果乙周二值日，那么己周六值日。

30. 根据以上条件，如果丙周日值日，则可以得出以下哪项？

A. 甲周一值日。

B. 乙周六值日。

C. 丁周二值日。

D. 戊周三值日。

E. 己周五值日。

[解题分析] 正确答案：B

题干条件关系式：

(1) 乙2∨乙6；

(2) 甲1→丙3∧戊5；

(3) ¬甲1→己4∧庚5；

(4) 乙2→己6。

由丙周日值日，结合（2），根据“否后必否前”可得：¬甲1。

再结合（3），可得：己4且庚5。

由己4，结合（4），根据“否后必否前”可得：¬乙2。

再由¬乙2，结合（1），根据选言推理规则可得：乙6。即乙周六值日。

31. 如果庚周四值日，那么以下哪项一定为假？

A. 甲周一值日。

B. 乙周六值日。

C. 丙周三值日。

D. 戊周日值日。

E. 己周二值日。

[解题分析] 正确答案：D

由庚周四值日，结合（3），根据“否后必否前”可得：甲1。

又由（2）可得：丙3∧戊5。

即：戊一定是周五值日，故戊不可能周日值日。D项一定为假。

5　2008MBA－31～32 基于以下题干：

只要不起雾，飞机就按时起飞。

31. 以下哪项正确地表达了上述断定？

Ⅰ. 如果飞机按时起飞，则一定没有起雾。

Ⅱ. 如果飞机不按时起飞，则一定起雾。

Ⅲ. 除非起雾，否则飞机按时起飞。

A. 只有Ⅰ。

B. 只有Ⅱ。

C. 只有Ⅲ。

D. 只有Ⅱ和Ⅲ。

E. Ⅰ、Ⅱ和Ⅲ。

［解题分析］ 正确答案：D

题干条件关系式：¬起雾→按时起飞。

Ⅰ：按时起飞→¬起雾，与题干逻辑关系不一致，排除。

Ⅱ：¬按时起飞→起雾，是与题干条件关系等价的逆否命题，正确。

Ⅲ：¬起雾→按时起飞，与题干逻辑关系一致，正确。

因此，D 项为正确答案。

32. 以下哪项如果为真，则说明上述断定不成立？

Ⅰ. 没起雾，但飞机没按时起飞。

Ⅱ. 起雾，但飞机仍然按时起飞。

Ⅲ. 起雾，飞机航班延期。

A. 只有Ⅰ。

B. 只有Ⅱ。

C. 只有Ⅲ。

D. 只有Ⅱ和Ⅲ。

E. Ⅰ、Ⅱ和Ⅲ。

［解题分析］ 正确答案：A

题干条件关系式：¬起雾→按时起飞。

其负命题：¬起雾∧¬按时起飞。

如果其负命题为真，则可说明题干判断不成立。

Ⅰ：¬起雾∧¬按时起飞，正确。

Ⅱ：起雾∧按时起飞，不是题干条件关系的负命题，排除。

Ⅲ：起雾∧¬按时起飞，不是题干条件关系的负命题，排除。

6　2004MBA－34～35 基于以下题干：

某花店只有从花农那里购得低于正常价格的花，才能以低于市场的价格卖花而获利；除非该花店的销售量很大，否则，不能从花农那里购得低于正常价格的花；要想有大的销售量，该花店就要满足消费者的个人兴趣或者拥有特定品种的独家销售权。

34. 如果上述断定为真，则以下哪项必定为真？

A. 如果该花店从花农那里购得低于正常价格的花，那么就会以低于市场的价格卖花而获利。

B. 如果该花店没有以低于市场的价格卖花而获利，则一定没有从花农那里购得低于正常价格的花。

C. 该花店不仅满足了消费者的个人兴趣，而且拥有特定品种的独家销售权，但仍然不能以低于市场的价格卖花而获利。

D. 如果该花店满足了消费者的个人兴趣或者拥有特定品种的独家销售权，那么就会有大的销售量。

E. 如果该花店以低于市场的价格卖花而获利，那么一定是从花农那里购得了低于正常价格的花。

[解题分析] 正确答案：E

题干断定：

(1) 购得低价花←以低价卖花而获利。

(2) ¬销量大→¬购得低价花。

(3) 销量大→兴趣∨独家。

E 项：以低价卖花而获利→购得低价花，与 (1) 的逻辑关系一致，正确。

A 项：购得低价花→以低价卖花而获利，与 (1) 的逻辑关系不一致，推不出，排除。

B 项：¬以低价卖花而获利→¬购得低价花，与 (1) 的逻辑关系不一致，推不出，排除。

C 项：兴趣∧独家∧¬以低价卖花而获利，从题干信息中推不出，排除。

D 项：兴趣∨独家→销量大，与 (3) 的逻辑关系不一致，推不出，排除。

35. 如果上述断定为真，并且事实上该花店没有满足广大消费者的个人兴趣，则以下哪项不可能为真？

A. 如果该花店不拥有特定品种的独家销售权，就不能从花农那里购得低于正常价格的花。

B. 即使该花店拥有特定品种的独家销售权，也不能从花农那里购得低于正常价格的花。

C. 该花店虽然没有拥有特定品种的独家销售权，但仍以低于市场的价格卖花而获利。

D. 该花店通过广告促销的方法获利。

E. 花店以低于市场的价格卖花获利是花市普遍现象。

[解题分析] 正确答案：C

联立 (3) (2) (1) 可得：¬兴趣∧¬独家→¬销量大→¬购得低价花→¬以低价卖花而获利。

上式简化为：(4) ¬兴趣∧¬独家→¬以低价卖花而获利。

其负命题：¬兴趣∧¬独家∧以低价卖花而获利。

可见，在该花店没有满足广大消费者的个人兴趣的前提下，没有拥有特定品种的独家销售权，但仍以低于市场的价格卖花而获利，这样的情况是不可能为真的。因此，C 项正确。

第四节 模态推理

模态推理是由模态命题构成的一种演绎推理。模态命题主要是反映事物情况存在或发展的必然性或可能性的命题。在逻辑中，“必然”“可能”“不可能”等叫作“模态词”，包含模态词的命题叫作“模态命题”。

一、模态命题

在逻辑中，用“◇”表示“可能”模态词，用“□”表示“必然”模态词。模态命题有多种形式，对模态命题可以从它所包含的模态词或质两个不同的角度进行分类。其基本形式有四种：

（1）必然肯定模态命题，$\Box P$，断定某件事情的发生是必然的。

（2）必然否定模态命题，$\Box\neg P$，断定某件事情的不发生是必然的。

（3）可能肯定模态命题，$\Diamond P$，断定某件事情的发生是可能的。

（4）可能否定模态命题，$\Diamond\neg P$，断定某件事情的不发生是可能的。

在同素材的四种模态命题之间也存在着真假上的相互制约关系。这种关系与四种直言命题间的对当关系类似，故又称模态命题的对当关系。

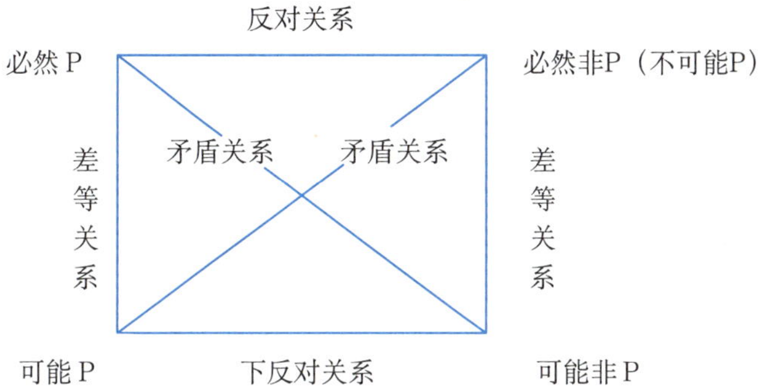

根据四种模态命题之间的逻辑关系（真假关系），便可构成一系列简单的模态命题的直接推理。在逻辑考试中一般只是考查模态命题的矛盾关系，即模态命题的负命题及其等值推理。公式如下：

1. $\neg\Box P \leftrightarrow \Diamond\neg P$

- 并非必然 P，推出可能非 P
- 可能非 P，推出并非必然 P

2. $\neg\Box\neg P \leftrightarrow \Diamond P$

- 并非必然非 P，推出可能 P
- 可能 P，推出并非必然非 P

3. $\neg\Diamond P \leftrightarrow \Box\neg P$

- 并非可能 P，推出必然非 P
- 必然非 P，推出并非可能 P

4. $\neg\Diamond\neg P \leftrightarrow \Box P$

- 并非可能非 P，推出必然 P
- 必然 P，推出并非可能非 P

1　2018MBA－32

唐代韩愈在《师说》中指出：“孔子曰：三人行，则必有我师。是故弟子不必不如师，师不必贤于弟子，闻道有先后，术业有专攻，如是而已。”

根据上述韩愈的观点，可以得出以下哪项？

A. 有的弟子必然不如师。

B. 有的弟子可能不如师。

C. 有的师不可能贤于弟子。

D. 有的弟子不可能贤于师。

E. 有的师可能不贤于弟子。

［解题分析］正确答案：E

根据模态推理规则：不必然＝可能不。由此可得：

弟子不必不如师＝弟子可能如师。即有的弟子可能如师。

师不必贤于弟子＝师可能不贤于弟子。即有的师可能不贤于弟子。

因此，唯有E项正确。

2　2012MBA－38

经理说："有了自信不一定赢。"董事长回应说："但是没有自信一定会输。"

以下哪项与董事长的意思最为接近？

A. 不输即赢，不赢即输。

B. 如果自信，则一定会赢。

C. 只有自信，才可能不输。

D. 除非自信，否则不可能输。

E. 只有赢了，才可能更自信。

［解题分析］正确答案：C

董事长回应"但是没有自信一定会输"的条件关系式：¬自信→一定输＝自信←¬一定输＝自信←可能不输。

即：只有自信，才可能不输。因此，C项为正确答案。

其余选项均与题干信息不一致。

二、模态复合

模态复合推理包括直言命题的模态推理、复合命题的模态推理以及相应的负命题推理。

（一）直言命题的模态推理

根据直言模态命题间的矛盾关系，可以进行下列推理：

（1）¬◇SAP↔□SOP

（2）¬◇SEP↔□SIP

（3）¬◇SIP↔□SEP

（4）¬◇SOP↔□SAP

（5）¬□SAP↔◇SOP

（6）¬□SEP↔◇SIP

（7）¬□SIP↔◇SEP

（8）¬□SOP↔◇SAP

（二）复合命题的模态推理

1. 联言命题的模态推理

（1）□（P∧Q）↔（□P∧□Q）

（2）◇（P∧Q）→（◇P∧◇Q）

2. 选言命题的模态推理

（1）◇（P∨Q）↔（◇P∨◇Q）

（2）（□P∨□Q）→□（P∨Q）

3. 假言命题的模态推理

（1）¬◇（P→Q）＝□¬（P→Q）＝□（P∧¬Q）

(2) $\neg\Box(P\rightarrow Q)=\Diamond\neg(P\rightarrow Q)=\Diamond(P\wedge\neg Q)$

(三) 求否定规则

模态复合命题的负命题推理中，需掌握如下否定变化口诀：

· 肯定变否定，否定变肯定。

· 可能变必然，必然变可能。

· 所有变有的，有的变所有。

· 并且变或者，或者变并且。

在实际解题中的注意事项如下：

(1) 找否定词，把否定词后面的所有相关信息按以上口诀简单变化就可以了。

(2) 根据问题来求否定。

(3) 根据语气否定变化口诀求否定后，要整理语序，再找答案。

1　2013MBA－48

某公司人力资源管理部人士指出：由于本公司招聘职位有限，在本次招聘考试中不可能所有的应聘者都被录用。

基于以下哪项可以得出该人士的上述结论？

A. 在本次招聘考试中，可能有应聘者被录用。

B. 在本次招聘考试中，必然有应聘者被录用。

C. 在本次招聘考试中，可能有应聘者不被录用。

D. 在本次招聘考试中，必然有应聘者不被录用。

E. 在本次招聘考试中，可能有应聘者被录用，也可能有应聘者不被录用。

[解题分析] 正确答案：D

不可能“所有的应聘者都被录用”＝必然非“所有的应聘者都被录用”＝必然“有的应聘者不被录用”。

因此，D项为正确答案。

2　2013MBA－40

教育专家李教授指出，每个人在自己的一生中，都要不断努力，否则就会像龟兔赛跑的故事一样，一时跑得快并不能保证一直领先。如果你本来基础好又能不断努力，那你肯定能比别人更早取得成功。

如果李教授的上述陈述为真，则以下哪项一定为假？

A. 不论是谁，只有不断努力，才可能取得成功。

B. 只要不断努力，任何人都可能取得成功。

C. 小王本来基础好并且能不断努力，但也可能比别人更晚取得成功。

D. 人的成功是有衡量标准的。

E. 一时不成功并不意味着一直不成功。

[解题分析] 正确答案：C

本题考查了充分条件假言命题“$P\rightarrow Q$”为假的情况，即“$P\wedge\neg Q$”。

李教授的陈述：基础好又能不断努力→必然更早取得成功。

其负命题：基础好又能不断努力∧¬必然更早取得成功（可能更晚取得成功）。

因此，C项正确。

3 2012MBA－51

某公司规定，在一个月内，除非每个工作日都出勤，否则任何员工都不可能既获得当月的绩效工资，又获得奖励工资。

以下哪项与上述规定的意思最为接近？

A. 在一个月内，任何员工如果所有工作日不缺勤，必然既获得当月的绩效工资，又获得奖励工资。

B. 在一个月内，任何员工如果所有工作日不缺勤，都有可能既获得当月的绩效工资，又获得奖励工资。

C. 在一个月内，任何员工如果有某个工作日缺勤，仍有可能获得当月的绩效工资，或者获得奖励工资。

D. 在一个月内，任何员工如果有某个工作日缺勤，必然或者得不到当月的绩效工资，或者得不到奖励工资。

E. 在一个月内，任何员工如果所有工作日缺勤，必然既得不到当月的绩效工资，又得不到奖励工资。

［解题分析］正确答案：D

题干断定：¬都出勤→不可能（绩效∧奖励）。

¬都出勤＝有的不出勤。

不可能（绩效∧奖励）＝必然不（绩效∧奖励）＝必然（¬绩效∨¬奖励）。

由此，题干等价于：有的不出勤→必然（¬绩效∨¬奖励）。

可见，D项与题干的意思一致，正确。

A、B项：所有工作日不缺勤＝所有工作日都出勤，从题干断定中推不出任何信息，排除。

C项：有的不出勤→可能（绩效∨奖励）。该项与题干信息不一致，排除。

E项：都不出勤→必然（¬绩效∧¬奖励）。根据题干信息，都不出勤→有的不出勤→必然（¬绩效∨¬奖励），该项与此意不一致，排除。

4 2008MBA－58

人都不可能不犯错误，不一定所有人都会犯严重错误。

如果上述断定为真，则以下哪项一定为真？

A. 人都可能会犯错误，但有的人可能不犯严重错误。

B. 人都可能会犯错误，但所有的人都可能不犯严重错误。

C. 人都一定会犯错误，但有的人可能不犯严重错误。

D. 人都一定会犯错误，但所有的人都可能不犯严重错误。

E. 人都可能会犯错误，但有的人一定不犯严重错误。

［解题分析］正确答案：C

题干断定：

(1) 人都不可能不犯错误。

不可能＝必然非，由此，不可能不＝必然非不＝必然。

所以，人都不可能不犯错误＝人都一定会犯错误。

(2) 不一定所有人都会犯严重错误。

不一定SAP＝可能非SAP＝可能SOP。

所以，不一定所有人都会犯严重错误＝可能有的人不犯严重错误。

因此，C项为正确答案。

5 2007MBA－46

有球迷喜欢所有参赛球队。

如果上述断定为真，则以下哪项不可能为真？

A. 所有参赛球队都有球迷喜欢。

B. 有球迷不喜欢所有参赛球队。

C. 所有球迷都不喜欢某个参赛球队。

D. 有球迷不喜欢某个参赛球队。

E. 每个参赛球队都有球迷不喜欢。

[解题分析] 正确答案：C

解法一：根据求否定法则，直接得出结论。

并非“有球迷喜欢所有参赛球队”＝所有球迷都不喜欢有的参赛球队。

因此，C项为正确答案。

解法二：语义理解。

题干断定：有球迷喜欢所有参赛球队＝所有参赛球队都有球迷喜欢。

并非“所有参赛球队都有球迷喜欢”＝有的参赛球队没有球迷喜欢＝所有球迷都不喜欢某个参赛球队。

列表举例如下：

	球队1	球队2	球队3
球迷A	√	√	√
球迷B	√		
球迷C			

A项：所有参赛球队都有球迷喜欢。由上表可知，该项必为真。

B项：有球迷不喜欢所有参赛球队。由上表可知，该项可能为真。

C项：所有球迷都不喜欢某个参赛球队。由上表可知，该项不可能为真。

D项：有球迷不喜欢某个参赛球队。由上表可知，该项可能为真。

E项：每个参赛球队都有球迷不喜欢。由上表可知，该项可能为真。

6 2006MBA－47

在一次歌唱竞赛中，每一名参赛选手都有评委投了优秀票。

如果上述断定为真，则以下哪项不可能为真？

Ⅰ. 有的评委投了所有参赛选手优秀票。

Ⅱ. 有的评委没有给任何参赛选手投优秀票。

Ⅲ. 有的参赛选手没有得到一张优秀票。

A. 只有Ⅰ。

B. 只有Ⅱ。

C. 只有Ⅲ。

D. 只有Ⅰ和Ⅱ。

E. 只有Ⅰ和Ⅲ。

[解题分析] 正确答案：C

本题实际上就是要求“每一名参赛选手都有评委投了优秀票”的负命题。推理过程如下：

并非“每一名参赛选手都有评委投了优秀票”＝并非“所有参赛选手都得到了有的评委的优秀票”＝有的参赛选手没有得到任何评委的优秀票＝有的参赛选手没有得到一张优秀票。

这就是Ⅲ的表述，所以，不可能为真。

Ⅰ、Ⅱ的主体是“评委”，而评委的投票情况无法从题干推知，不能确定真假。

因此，C项为正确答案。

7　2006MBA－46

一把钥匙能打开天下所有的锁。这样的万能钥匙是不可能存在的。

以下哪项最符合题干的断定？

A. 任何钥匙都必然有它打不开的锁。

B. 至少有一把钥匙必然打不开天下所有的锁。

C. 至少有一把锁天下所有的钥匙都必然打不开。

D. 任何钥匙都可能有它打不开的锁。

E. 至少有一把钥匙可能打不开天下所有的锁。

［解题分析］正确答案：A

不可能“一把钥匙能打开天下所有的锁”＝必然非“一把钥匙能打开天下所有的锁”＝任何钥匙都必然有它打不开的锁。

8　2005MBA－39

一方面确定法律面前人人平等，同时又允许有人触犯法律而不受制裁，这是不可能的。

以下哪项最符合题干的断定？

A. 或者允许有人凌驾于法律之上，或者任何人触犯法律都要受到制裁，这是必然的。

B. 任何人触犯法律都要受到制裁，这是必然的。

C. 有人凌驾于法律之上，触犯法律而不受制裁，这是可能的。

D. 如果不允许有人触犯法律而可以不受制裁，那么法律面前人人平等是可能的。

E. 一方面允许有人凌驾于法律之上，同时又声称任何人触犯法律都要受到制裁，这是可能的。

［解题分析］正确答案：A

根据模态推理规则，不可能“P且Q”＝必然非“P且Q”＝必然“非P或非Q”。

由此，本题推理过程如下：

不可能“法律面前人人平等∧允许有人触犯法律而不受制裁”＝必然非“法律面前人人平等∧允许有人触犯法律而不受制裁”＝必然“¬法律面前人人平等∨¬允许有人触犯法律而不受制裁”＝必然“允许有人凌驾于法律之上∨任何人触犯法律都要受到制裁”。

因此，A项为正确答案。

9　2004MBA－31

不可能宏达公司和亚鹏公司都没有中标。

以下哪项最为准确地表达了上述断定的意思？

A. 宏达公司和亚鹏公司可能都中标。

B. 宏达公司和亚鹏公司至少有一个可能中标。

C. 宏达公司和亚鹏公司必然都中标。

D. 宏达公司和亚鹏公司至少有一个必然中标。
E. 如果宏达公司中标，那么亚鹏公司不可能中标。
[解题分析] 正确答案：D
题干断定：不可能（¬宏达∧¬亚鹏）=必然非（¬宏达∧¬亚鹏）=必然（宏达∨亚鹏）。
即可推出：必然宏达公司和亚鹏公司至少有一个中标。因此，D项正确。

10　2003MBA-49

不必然任何经济发展都导致生态恶化，但不可能有不阻碍经济发展的生态恶化。
以下哪项最为准确地表达了题干的含义？
A. 任何经济发展都不必然导致生态恶化，但任何生态恶化都必然阻碍经济发展。
B. 有的经济发展可能导致生态恶化，而任何生态恶化都可能阻碍经济发展。
C. 有的经济发展可能不导致生态恶化，但任何生态恶化都可能阻碍经济发展。
D. 有的经济发展可能不导致生态恶化，但任何生态恶化都必然阻碍经济发展。
E. 任何经济发展都可能不导致生态恶化，但有的生态恶化必然阻碍经济发展。
[解题分析] 正确答案：D
题干信息：
(1) 不必然任何经济发展都导致生态恶化=可能有的经济发展不导致生态恶化。
(2) 不可能有不阻碍经济发展的生态恶化=必然所有的生态恶化都阻碍经济发展。
因此，D项为正确答案。

第三章　演绎推理

演绎推理题通常是题干给出若干条件，要求以这些条件为前提，逻辑地推出某种确定性的结论。解答这类题，首先要从所给的条件中理清各部分之间的关系，然后依靠演绎思维进行分析和推理，排除一些不可能的情况，逐步推出结果。

第一节　关系推理

关系推理是前提至少有一个是关系命题，按其关系的逻辑性质而进行推演的演绎推理。关系命题是断定事物与事物之间关系的命题。根据关系命题的关系的逻辑性质，可以概括出对称性关系、传递性关系两种关系。

一、排序推理

排序推理型题一般在题干给出相关元素或元素组合的传递性关系，要求从中推出具体元素之间的确定性排序。解这类题的主要思路是要把题干所给条件抽象成不等式关系，然后进行不等式推理。

1　2020MBA－33

小王：在这次年终考评中，女员工的绩效都比男员工高。

小李：这么说，新入职员工中绩效最好的还不如绩效最差的女员工。

以下哪项如果为真，最能支持小李的上述论断？

A. 男员工都是新入职的。

B. 新入职的员工有些是女性。

C. 新入职的员工都是男性。

D. 部分新入职的女员工没有参与绩效考评。

E. 女员工更乐意加班，而加班绩效翻倍计算。

［解题分析］正确答案：C

前提（小王）：女员工＞男员工。

补充C项：新入职的员工都是男性。

结论（小李）：女员工＞新入职员工。

2　2019MBA－46

我国天山是垂直地带性的典范。已知天山的植被形态分布具有如下特点：

(1) 从低到高有荒漠、森林带、冰雪带等；

(2) 只有经过山地草原，荒漠才能演变成森林带；

（3）如果不经过森林带，山地草原就不会过渡到山地草甸；
（4）山地草甸的海拔不比山地草甸草原的低，也不比高寒草甸高。
根据以上信息，关于天山植被形态，按照由低到高排列，以下哪项是不可能的？
A. 荒漠、山地草原、山地草甸草原、森林带、山地草甸、高寒草甸、冰雪带。
B. 荒漠、山地草原、山地草甸草原、高寒草甸、森林带、山地草甸、冰雪带。
C. 荒漠、山地草甸草原、山地草原、森林带、山地草甸、高寒草甸、冰雪带。
D. 荒漠、山地草原、山地草甸草原、森林带、山地草甸、冰雪带、高寒草甸。
E. 荒漠、山地草原、森林带、山地草甸草原、山地草甸、高寒草甸、冰雪带。
［解题分析］正确答案：B
根据题意，天山植被形态，由低到高排列如下：
（1）荒漠＜森林带＜冰雪带；
（2）荒漠＜山地草原＜森林带；
（3）山地草原＜森林带＜山地草甸；
（4）山地草甸草原≤山地草甸≤高寒草甸。
B项：高寒草甸比山地草甸低，这违背条件（4），不可能，因此为正确答案。
其余选项都是可能的排列。

3 2011MBA－43

某次认知能力测试，刘强得了118分，蒋明的得分比王丽高，张华和刘强的得分之和大于蒋明和王丽的得分之和，刘强得分比周梅高；此次测试120分以上为优秀，五人之中有两人没有达到优秀。

根据以上信息，以下哪项是上述五人在此次测试中得分由高到低的排列？
A. 张华、王丽、周梅、蒋明、刘强。
B. 张华、蒋明、王丽、刘强、周梅。
C. 张华、蒋明、刘强、王丽、周梅。
D. 蒋明、张华、王丽、刘强、周梅。
E. 蒋明、王丽、张华、刘强、周梅。
［解题分析］正确答案：B
根据题干断定：
（1）刘＝118。
（2）蒋＞王。
（3）张＋刘＞蒋＋王。
（4）刘＞周。
（5）两人＜120。
由（1）（4）（5）知：（6）刘、周两人低于120分，没有达到优秀。
则在由高到低的排名中，刘为第4名，周为第5名。
剩下的三人张、蒋、王均为120分以上，达到优秀，成绩均高于刘、周。
再由（3）得：张＞蒋＋（王－刘）＞蒋。
结合（2）知：张＞蒋＞王。
因此，五人在此次测试中得分由高到低的排列为：张＞蒋＞王＞刘＞周。

排名（由高到低）	1	2	3	4	5
人员	张	蒋	王	刘	周

因此，B 项为正确答案。

其余选项都排除，其中，A 项不符合（4），C 项不符合（6），D、E 项不符合（3）。

4　2008MBA－48

张珊获得的奖金比李思的高，得知王武的奖金比苗晓琴的高后，可知张珊的奖金也比苗晓琴的高。

以下各项假设均能使上述推断成立，除了：

A. 王武的奖金比李思的高。

B. 李思的奖金比苗晓琴的高。

C. 李思的奖金比王武的高。

D. 李思的奖金和王武的一样。

E. 张珊的奖金不比王武的低。

［解题分析］正确答案：A

题干推理为：

已知：（1）张＞李；（2）王＞苗。

结论：（3）张＞苗。

由已知条件无法推出结论，所以需要补充条件。

A 项：王＞李。加上这一条件，张与苗的关系仍然无法得出，正确。

B 项：李＞苗。结合（1）可得，张＞李＞苗，能使题干推断成立，排除。

C 项：李＞王。结合（1）（2）可得，张＞李＞王＞苗，能使题干推断成立，排除。

D 项：李＝王。结合（1）（2）可得，张＞李＝王＞苗，能使题干推断成立，排除。

E 项：张≥王。结合（2）可得，张≥王＞苗，能使题干推断成立，排除。

5　2007MBA－30

王园获得的奖金比梁振杰的高，得知魏国庆的奖金比苗晓琴的高后，可知王园的奖金也比苗晓琴的高。

以下各项假设均能使上述推断成立，除了：

A. 魏国庆的奖金比王园的高。

B. 梁振杰的奖金比苗晓琴的高。

C. 梁振杰的奖金比魏国庆的高。

D. 梁振杰的奖金和魏国庆的一样。

E. 王园的奖金和魏国庆的一样。

［解题分析］正确答案：A

题干推断如下：

已知：（1）王＞梁；（2）魏＞苗。

结论：（3）王＞苗。

A 项：魏＞王，与题干条件一起，也不能推出题干的结论（3），因此为正确答案。

B 项：梁＞苗，与（1）结合可得，王＞梁＞苗，能推出（3），排除。

C 项：梁＞魏，与（1）（2）结合可得，王＞梁＞魏＞苗，能推出（3），排除。

D 项：梁＝魏，与（1）（2）结合可得，王＞梁＝魏＞苗，能推出（3），排除。

E 项：王＝魏，与（2）结合可得，王＝魏＞苗，能推出（3），排除。

6 2002MBA－55

甘蓝比菠菜更有营养。但是，因为绿芥兰比莴苣更有营养，所以甘蓝比莴苣更有营养。

以下各项，作为新的前提分别加入到题干的前提中，都能使题干的推理成立，除了：

A. 甘蓝与绿芥兰同样有营养。

B. 菠菜比莴苣更有营养。

C. 菠菜比绿芥兰更有营养。

D. 菠菜与绿芥兰同样有营养。

E. 绿芥兰比甘蓝更有营养。

[解题分析] 正确答案：E

前提：(1) 甘蓝＞菠菜；(2) 绿芥兰＞莴苣。

结论：(3) 甘蓝＞莴苣。

E 项：绿芥兰＞甘蓝。由这个断定和前提依然不能推出结论。

A 项：甘蓝＝绿芥兰。结合 (2) 得，甘蓝＝绿芥兰＞莴苣，可使题干推理成立。

B 项：菠菜＞莴苣。结合 (1) 得，甘蓝＞菠菜＞莴苣，可使题干推理成立。

C 项：菠菜＞绿芥兰。结合 (1) (2) 得，甘蓝＞菠菜＞绿芥兰＞莴苣，可使题干推理成立。

D 项：菠菜＝绿芥兰。结合 (1) (2) 得，甘蓝＞菠菜＝绿芥兰＞莴苣，可使题干推理成立。

二、关系推演

推演是指推论、推理和演绎，泛指从一个思想推移或过渡到另一个思想的逻辑活动。关系推演题要求根据题干所给出的不同对象之间的关系，进行有效的推理和分析，从中推演出明确的结论。

1 2013MBA－50

根据某位国际问题专家的调查统计可知：有的国家希望与某些国家结盟；有三个以上的国家不希望与某些国家结盟；至少有两个国家希望与每个国家建交；有的国家不希望与任一国家结盟。

根据上述统计可以得出以下哪项？

A. 有些国家之间希望建交但是不希望结盟。

B. 至少有一个国家，既有国家希望与之结盟，也有国家不希望与之结盟。

C. 每个国家都有一些国家希望与之结盟。

D. 至少有一个国家，既有国家希望与之建交，也有国家不希望与之建交。

E. 每个国家都有一些国家希望与之建交。

[解题分析] 正确答案：E

题干断定：

(1) 有的国家希望与某些国家结盟；

(2) 有三个以上的国家不希望与某些国家结盟；

(3) 至少有两个国家希望与每个国家建交；

(4) 有的国家不希望与任一国家结盟。

E 项：从 (3) 可必然推出，每个国家都有一些国家希望与之建交，正确。

2　2013MBA－31～32 基于以下题干：

互联网好比一个复杂多样的虚拟世界，每台联网主机上的信息又构成了一个微观虚拟世界。若在某主机上可以访问本主机的信息，则称该主机相通于自身；若主机 x 能通过互联网访问主机 y 的信息，则称 x 相通于 y。已知代号分别为甲、乙、丙、丁的四台联网主机有如下信息：

（1）甲主机相通于任一不相通于丙主机的主机；

（2）丁主机不相通于丙主机；

（3）丙主机相通于任一相通于甲主机的主机。

31. 若丙主机不相通于自身，则以下哪项一定为真？

A. 若丁主机相通于乙主机，则乙主机相通于甲主机。

B. 甲主机相通于丁主机，也相通于丙主机。

C. 甲主机相通于乙主机，乙主机相通于丙主机。

D. 只有甲主机不相通于丙主机，丁主机才相通于乙主机。

E. 丙主机不相通于丁主机，但相通于乙主机。

［解题分析］正确答案：B

根据条件（1）（2）可知，甲主机相通于丁主机。

由丙主机不相通于丙主机，再结合条件（1）可得，甲主机相通于丙主机。

因此，B 项正确。

32. 若丙主机不相通于任何主机，则以下哪项一定为假？

A. 乙主机相通于自身。

B. 丁主机不相通于甲主机。

C. 若丁主机不相通于甲主机，则乙主机相通于甲主机。

D. 甲主机相通于乙主机。

E. 若丁主机相通于甲主机，则乙主机相通于甲主机。

［解题分析］正确答案：C

由丙主机不相通于任何主机，结合（3）可以得出结论：任何主机都不相通于甲主机。

上述结论可以分解为：(a) 甲主机不相通于甲主机；(b) 乙主机不相通于甲主机；(c) 丙主机不相通于甲主机；(d) 丁主机不相通于甲主机。

C 项：(d) →¬ (b)。与 (d)∧(b)相矛盾，因此，一定为假，正确。

A 项：由题干条件无法确定真假，排除。

B 项：与 (d) 一致，必为真，排除。

D 项：注意关系命题的非对称性，“相通于”是单向的，由 (b)“乙主机不相通于甲主机”得不出“甲主机不相通于乙主机”，无法确定真假，排除。

E 项：¬(d) →¬ (b)。与 (d)∧(b)不矛盾，不一定为假，排除。

3　2011MBA－27

张教授的所有初中同学都不是博士；通过张教授而认识其哲学研究所同事的都是博士；张教授的一个初中同学通过张教授认识了王研究员。

以下哪项能作为结论从上述断定中推出？

A. 王研究员是张教授的哲学研究所同事。

B. 王研究员不是张教授的哲学研究所同事。

C. 王研究员是博士。
D. 王研究员不是博士。
E. 王研究员不是张教授的初中同学。

[解题分析] 正确答案：B

题干断定：

(1) 张的初中同学→¬博士；

(2) 通过张认识其哲学研究所的同事→博士。

由条件 (1)(2) 推出：张的初中同学→¬博士→¬通过张认识其哲学研究所的同事。

因此，张教授的初中同学如果通过张教授而认识某人，那么这个人不是其哲学研究所同事。

结合题干信息，张教授的一个初中同学通过张教授认识了王研究员，可推得，王研究员不是张教授的哲学研究所同事。

第二节 数学推理

数学作为一种严密的逻辑演绎系统，其内容是以逻辑意义相关联的。数学推理能力是逻辑思维能力的一个重要表现。逻辑考试中出现的数学推理包括数学运算和数学推演。

一、数学运算

数学运算题虽然只涉及初等数学中的计算、数论分析和简单的数学函数关系等，但要在短时间内答题就需要一定的数学运算和数学分析的解题技巧，要快速有效地解答这类题需要用必要的数学思维来进行推理。

1　2023MBA－29

某部门抽检了肉制品、白酒、乳制品、干果、蔬菜、水产品、饮料等 7 类商品共 521 种样品，发现其中合格样品 515 种，不合格样品 6 种。已知：

(1) 蔬菜、白酒中有 2 种不合格样品；

(2) 肉制品、白酒、蔬菜、水产品中有 5 种不合格样品；

(3) 蔬菜、乳制品、干果中有 3 种不合格样品。

根据上述信息，可以得出以下哪项？

A. 乳制品中没有不合格样品。
B. 肉制品中没有不合格样品。
C. 蔬菜中没有不合格样品。
D. 白酒中没有不合格样品。
E. 水产品中没有不合格样品。

[解题分析] 正确答案：D

题干断定：

(1) 蔬菜、白酒中有 2 种不合格样品；

(2) 肉制品、白酒、蔬菜、水产品中有 5 种不合格样品；

(3) 蔬菜、乳制品、干果中有 3 种不合格样品；

(4) 肉制品、白酒、乳制品、干果、蔬菜、水产品、饮料等 7 类商品中不合格样品有

6 种。

列表如下：

条件	不合格样品种数	肉制品	白酒	乳制品	干果	蔬菜	水产品	饮料
(1)	2		√			√		
(2)	5	√	√			√	√	
(3)	3			√	√	√		
(4)	6	√	√	√	√	√	√	√

由（2）－（1）推出：（5）肉制品、水产品中含不合格样品为 5－2＝3 种。

再由（4）－（3）－（5）得出：白酒、饮料中含不合格样品为 6－3－3＝0 种。

因此，白酒和饮料中都没有不合格样品，D 项正确。

2　2020MBA－34

某市 2018 年的人口发展报告显示，该市常住人口 1 170 万，其中常住外来人口 440 万，户籍人口 730 万。从区级人口分布情况来看，该市 G 区常住人口 240 万，位居各区之首；H 区常住人口 200 万，位居第二；同时，这两个区也是吸纳外来人口较多的区域，两个区常住外来人口 200 万，占全市常住外来人口的 45%以上。

根据以上陈述，可以得出以下哪项？

A. 该市 G 区的户籍人口比 H 区的常住外来人口多。

B. 该市 H 区的户籍人口比 G 区的常住外来人口多。

C. 该市 H 区的户籍人口比 H 区的常住外来人口多。

D. 该市 G 区的户籍人口比 G 区的常住外来人口多。

E. 该市其他各区的常住外来人口都没有 G 区或 H 区的多。

[解题分析] 正确答案：A

设 G 区常住外来人口为 P，则 G 区户籍人口为 240 万－P。

由于 G 区和 H 区这两个区常住外来人口 200 万，则 H 区的常住外来人口为 200 万－P。

	常住人口	常住外来人口	户籍人口
全市	1 170 万	440 万	730 万
G 区	240 万	P	240 万－P
H 区	200 万	200 万－P	

显然，240 万－P＞200 万－P。

即：该市 G 区的户籍人口比 H 区的常住外来人口多。

3　2018MBA－44

中国是全球最大的卷烟生产国和消费国，但近年来政府通过出台禁烟令、提高卷烟消费税等一系列公共政策努力改变这一现象。一项权威调查数据显示，在 2014 年同比上升 2.4%之后，中国卷烟消费量在 2015 年同比下降了 2.4%，这是 1995 年以来首次下降。尽管如此，2015 年中国卷烟消费量仍占全球的 45%，但这一下降对全球卷烟总消费量产生了巨大影响，使其同比下降了2.1%。

根据以上信息，可以得出以下哪项？

A. 2015年世界其他国家卷烟消费量同比下降比率低于中国。

B. 2015年中国卷烟消费量恰好等于2013年中国卷烟消费量。

C. 2015年世界其他国家卷烟消费量同比下降比率高于中国。

D. 2015年中国卷烟消费量大于2013年中国卷烟消费量。

E. 2015年发达国家卷烟消费量同比下降比率高于发展中国家。

[解题分析] 正确答案：A

题干信息：中国卷烟消费量在2015年同比下降了2.4%，而全球卷烟总消费量同比下降了2.1%。

由此可知：2015年世界其他国家卷烟消费量同比下降比率低于中国。因此，A项正确。

B项：2015年中国卷烟消费量应该是2013年的1×（1+2.4%）×（1−2.4%）=0.999 4，不可能相等。

C项：由前面推理可知，该项错误。

D项：在未提及总量的前提下，探讨消费量的对比没有意义。

E项：题干没有将发达国家与发展中国家进行比较。

4　2014MBA-33

近10年来，某电脑公司的个人笔记本电脑的销量持续增长，但其增长率低于该公司所有产品总销量的增长率。

以下哪项关于该公司的陈述与上述信息相冲突？

A. 近10年来，该公司个人笔记本电脑的销量每年略有增长。

B. 个人笔记本电脑的销量占该公司产品总销量的比例近10年来由68%上升到72%。

C. 近10年来，该公司产品总销量增长率与个人笔记本电脑的销量增长率每年同时增长。

D. 近10年来，该公司个人笔记本电脑的销量占该公司产品总销量的比例逐年下降。

E. 个人笔记本电脑的销量占该公司产品总销量的比例近10年来由64%下降到49%。

[解题分析] 正确答案：B

题干陈述：个人笔记本电脑的销量增长率低于该公司所有产品总销量的增长率。

从而得出：个人笔记本电脑的销量占该公司产品总销量的比例是不可能上升的。因此，B项与题干信息相冲突。

其余选项均与题干信息不冲突，其中：A项与题干信息一致，排除。C项是可能的情况，排除。D项符合题干陈述的情况，排除。E项是可能的情况，排除。

5　2010MBA-53

参加某国际学术研讨会的60名学者中，亚裔学者31人，博士33人，非亚裔学者中无博士学位的4人。

根据上述陈述，参加此次国际研讨会的亚裔博士的人数是以下哪项？

A. 1人。

B. 2人。

C. 4人。

D. 7人。

E. 8人。

[解题分析] 正确答案：E

解法一：

由 60 名学者中亚裔学者 31 人，可得：非亚裔学者有 60－31＝29 人。

由非亚裔学者中无博士学位的 4 人，可得：非亚裔学者中有博士学位的有 29－4＝25 人。

博士共有 33 人，减去非亚裔学者中有博士学位者 25 人，可得：亚裔博士 8 人。

解法二：

设 x 为亚裔博士人数，y 为亚裔非博士人数，z 为非亚裔的博士人数。

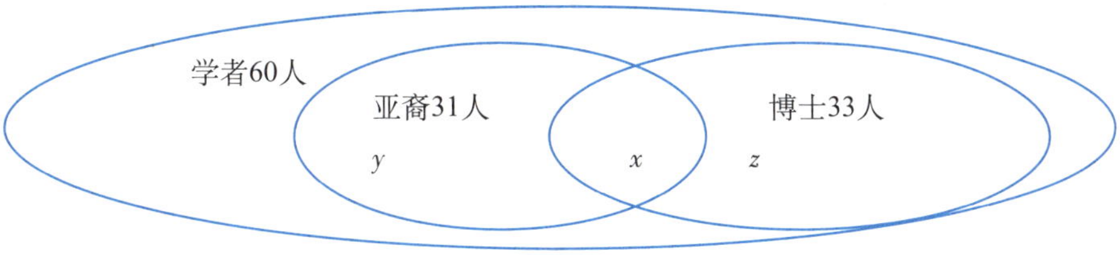

从而列出如下方程：

①$x+y+z+4=60$

②$x+y=31$

③$x+z=33$

由②＋③－①，可推出 $x=8$。

因此，E 项为正确答案。

6　2009MBA－35

某地区过去三年日常生活必需品平均价格增长了 30%。在同一时期，购买日常生活必需品的开支占家庭平均月收入的比例并未发生变化。因此，过去三年中家庭平均收入一定也增长了 30%。

以下哪项最可能是上述论证所假设的？

A. 在过去三年中，平均每个家庭购买的日常生活必需品数量和质量没有变化。

B. 在过去三年中，除生活必需品外，其他商品平均价格的增长低于 30%。

C. 在过去三年中，该地区家庭的数量增加了 30%。

D. 在过去三年中，家庭用于购买高档消费品的平均开支明显减少。

E. 在过去三年中，家庭平均生活水平下降了。

[解题分析] 正确答案：A

题干所含的数学关系为：

购买日常生活必需品的开支占家庭平均月收入的比例＝（日常生活必需品平均价格×平均每个家庭购买的日常生活必需品数量）/家庭平均月收入。

题干论证过程为：

题干前提一：日常生活必需品平均价格增长了 30%。

题干前提二：购买日常生活必需品的开支占家庭平均月收入的比例并未发生变化。

补充 A 选项：在过去三年中，平均每个家庭购买的日常生活必需品数量没有变化。

得出结论：家庭平均收入一定也增长了 30%。

可见，A 项最可能是题干论证所假设的，因此为正确答案。

7 2008MBA-53

某校以年级为单位，把学生的成绩分为优、良、中、差四等。在一学年中，各门考试成绩前10%的为优；后30%的为差，其余的为良和中。在上一学年中，高二年级成绩为优的学生多于高一年级成绩为优的学生。

如果以上陈述为真，则以下哪项一定为真？

A. 高二年级成绩为差的学生少于高一年级成绩为差的学生。

B. 高二年级成绩为差的学生多于高一年级成绩为差的学生。

C. 高二年级成绩为优的学生少于高一年级成绩为良的学生。

D. 高二年级成绩为优的学生多于高一年级成绩为良的学生。

E. 高二年级成绩为差的学生多于高一年级成绩为中的学生。

[解题分析] 正确答案：B

设高一年级的学生总人数为 X，高二年级的学生总人数为 Y。则由题干：

(1) $10\%Y>10\%X$（高二年级成绩为优的学生多于高一年级成绩为优的学生）。

可得：(2) $Y>X$（高二年级的学生多于高一年级的学生）。

B 项：可表示为 $30\%Y>30\%X$，这可以从 (2) 推出，一定为真，因此为正确答案。

A 项：与题干条件不符，排除。

C、D 项：题干未提及如何划分成绩为良的学生，所以无法推知，排除。

E 项：题干未提及如何划分成绩为中的学生，所以无法推知，排除。

8 2003MBA-39

有人养了一些兔子。别人问他有多少只雌兔、多少只雄兔，他答：在他所养的兔子中，每一只雄兔的雌性同伴比它的雄性同伴少一只；而每一只雌兔的雄性同伴比它的雌性同伴的两倍少两只。

根据上述回答，以下哪项中的雄兔、雌兔数量符合要求？

A. 8 只雄兔，6 只雌兔。

B. 10 只雄兔，8 只雌兔。

C. 12 只雄兔，10 只雌兔。

D. 14 只雄兔，8 只雌兔。

E. 14 只雄兔，12 只雌兔。

[解题分析] 正确答案：A

设雄兔的数量为 x，雌兔的数量为 y，则列出如下条件关系式：

(1) 每一只雄兔的雌性同伴比它的雄性同伴少一只，即：$(x-1)-y=1$。

(2) 每一只雌兔的雄性同伴比它的雌性同伴的两倍少两只，即：$2(y-1)-x=2$。

由 (1) 式和 (2) 式，解得：$x=8$；$y=6$。

因此，A 项为正确答案。

9 2002MBA-34

一项关于20世纪初我国就业情况的报告预测，在2002年至2007年之间，首次就业人员数量增加最多的是低收入的行业。但是，在整个就业人口中，低收入行业所占的比例并不会增加，有所增加的是高收入的行业所占的比例。

从以上预测所作的断定中，最可能得出以下哪项结论？

A. 在2002年，低收入行业的就业人员要多于高收入行业。

B. 到 2007 年，高收入行业的就业人员要多于低收入行业。

C. 到 2007 年，中等收入行业的就业人员在整个就业人员中所占的比例将有所减少。

D. 相当数量的 2002 年在低收入行业就业的人员，到 2007 年将进入高收入行业。

E. 在 2002 年至 2007 年之间，低收入行业的经营实体的增长率，将大于此期间整个就业人口的增长率。

[解题分析] 正确答案：D

题干断定：

第一，在 2002 年至 2007 年之间，首次就业人员数量增加最多的是低收入的行业。

第二，此期间在整个就业人口中，低收入行业所占的比例并不会增加，有所增加的是高收入的行业所占的比例。

根据题干断定一，如果原就业人员的就业状况基本不变，那么在整个就业人口中，低收入行业所占的比例应有明显增加，这与题干断定二相矛盾。对此一个合理的推论是：相当数量的 2002 年在低收入行业就业的人员，到 2007 年将进入高收入行业。这正是 D 项所断定的。

10　2001MBA－69

1998 年度的统计显示，对中国人的健康威胁最大的三种慢性病，按其在总人口中的发病率排列，依次是乙型肝炎、关节炎和高血压。其中，关节炎和高血压的发病率随着年龄的增长而增加，而乙型肝炎在各个年龄段的发病率没有明显的不同。中国人口的平均年龄，在 1998 年至 2010 年之间，将呈明显上升态势，中国社会逐步进入老龄社会。

依据题干提供的信息，推出以下哪项结论最为恰当？

A. 到 2010 年，发病率最高的将是关节炎。

B. 到 2010 年，发病率最高的将仍是乙型肝炎。

C. 在 1998 年至 2010 年之间，乙型肝炎患者的平均年龄将增大。

D. 到 2010 年，乙型肝炎患者的数量将少于 1998 年乙型肝炎患者的数量。

E. 到 2010 年，乙型肝炎的老年患者将多于非老年患者。

[解题分析] 正确答案：C

题干信息：

(1) 乙型肝炎在各个年龄段的发病率没有明显的不同；

(2) 中国人口的平均年龄将呈明显上升态势。

由此显然可以推知，乙型肝炎患者的平均年龄将增大，因此，C 项正确。

其余各项均不能从题干中恰当地推出。比如，A、B 项推不出，因为关节炎和高血压的发病率的增加幅度题干中没有提及，从中无法确定十二年后这三种病发病率的排名。

11　2000MBA－68

在国庆 50 周年仪仗队的训练营地，某连队一百多个战士在练习不同队形的转换。如果他们排成 5 列人数相等的横队，只剩下连长在队伍前面喊口令；如果他们排成 7 列这样的横队，只有连长仍然可以在前面领队；如果他们排成 8 列，就可以有 2 人作为领队了。在全营排练时，营长要求他们排成 3 列横队。

以下哪项是最可能出现的情况？

A. 该连队官兵正好排成 3 列横队。

B. 除了连长外，正好排成 3 列横队。

C. 排成了整齐的 3 列横队，另有 2 人作为全营的领队。

D. 排成了整齐的 3 列横队，其中有 1 人是其他连队的。

E. 排成了 3 列横队，连长在队外喊口令，但营长临时排在队中。

[解题分析] 正确答案：B

设连队的人数是 x。由题干，显然 $100<x<200$。题干给出了下列条件：

条件一：x 除以 5，余数是 1。

条件二：x 除以 7，余数是 1。

条件三：x 除以 8，余数是 2。

5 和 7 的公倍数，满足大于 100 且小于 200 的，有 105、140 和 175。因此，同时满足条件一和条件二的 x 的取值，可以是 106、141 或 176，在这 3 个数字中，可以满足条件三的只有 x 取值 106。因此，同时满足三个条件的 x 的唯一取值是 106。

B 项：能成立，因为 106 除以 3，余数是 1。

A 项：不能成立，因为 106 不能被 3 整除。

C 项：不能成立，因为 106 除以 3，余数不是 2。

D 项：不能成立，因为（106＋1），不能被 3 整除。

E 项：不能成立，因为（106－1＋1），不能被 3 整除。

12　2000MBA－55

根据韩国当地媒体 10 月 9 日的报道：用于市场主流的 PC100 规格的 64MB DRAM 的 8M×8 内存元件，10 月 8 日在美国现货市场的交易价格已跌至 15.99～17.30 美元，但前一个交易日的交易价格为 16.99～18.38 美元，一天内跌幅约 1 美元；这与台湾地震发生后该元件曾经达到的最高价格 21.46 美元相比，已经下跌约 4 美元。

以下哪项与题干内容有矛盾？

A. 台湾是生产这类元件的重要地区。

B. 美国是该元件的重要交易市场。

C. 若两人购买该元件的数量相同，10 月 8 日的购买者一定比 10 月 7 日的购买者省钱。

D. 韩国很可能是该元件的重要输出国或输入国，所以特关心该元件的国际市场价格。

E. 该元件是计算机中的重要器件，供应商对市场的行情是很敏感的。

[解题分析] 正确答案：C

题干信息：10 月 7 日的交易价格为 16.99～18.38 美元，10 月 8 日的交易价格为 15.99～17.30 美元。

C 项：断定的情况与题干有矛盾。因为由题干信息，完全可能存在购买数量相同的两个购买者，10 月 8 日的购买者以 17.30 美元的价格成交，10 月 7 日的购买者以 16.99 美元的价格成交，那么，10 月 8 日的购买者并没有比 10 月 7 日的购买者省钱。

其余各项均不与题干矛盾。

13　2000MBA－34

最近南方某保健医院进行为期 10 周的减肥实验，参加者平均减肥 9 公斤。男性参加者平均减肥 13 公斤，女性参加者平均减肥 7 公斤。医生将男女减肥差异归结为男性参加者减肥前体重比女性参加者重。

从上文可推出以下哪项？

A. 女性参加者减肥前体重都比男性参加者轻。

B. 所有参加者体重均下降。

C. 女性参加者比男性参加者多。

D. 男性参加者比女性参加者多。

E. 男性参加者减肥后体重都比女性参加者轻。

[解题分析] 正确答案：C

根据题干信息，设男性减肥人数为 X，女性减肥人数为 Y，则有：

$13X+7Y=9(X+Y)$，从中推出 $2X=Y$，即女性参加者是男性参加者的 2 倍。

C 项：女性参加者比男性参加者多。符合上述推理结果，正确。

二、数学推演

数学推演型题特指具有一定难度的数学推理题，一般需要列出多个数学方程来进行运算，或者，需要分析较为复杂的数学函数关系以推演出结果。

1　2014MBA－52

有甲、乙两所学校，根据上年度的经费实际投入统计，若仅仅比较在校本科生的学生人均投入经费，甲校等于乙校的 86%；但若比较所有学生（本科生加上研究生）的人均经费投入，甲校是乙校的 118%。各校研究生的人均经费投入均高于本科生。

根据以上信息，最可能得出以下哪项？

A. 上年度，甲校学生总数多于乙校。

B. 上年度，甲校研究生人数少于乙校。

C. 上年度，甲校研究生占该校学生的比例高于乙校。

D. 上年度，甲校研究生人均经费投入高于乙校。

E. 上年度，甲校研究生占该校学生的比例高于乙校，或者甲校研究生人均经费投入高于乙校。

[解题分析] 正确答案：E

题干断定：

第一，仅比较本科生的学生人均投入经费，甲校低于乙校；

第二，若比较所有学生（本科生加上研究生）的人均经费投入，甲校高于乙校；

第三，各校研究生的人均经费投入均高于本科生。

再根据以下数学关系：

学生经费总投入＝本科生经费总投入 ＋ 研究生经费总投入＝所有学生的人均经费投入×（本科生人数＋研究生人数）＝本科生的人均经费投入×本科生人数 ＋ 研究生的人均经费投入×研究生人数。

也即：

所有学生的人均经费投入＝本科生的人均经费投入×（1－研究生占该校学生的比例）＋研究生的人均经费投入×研究生占该校学生的比例＝本科生的人均经费投入 ＋（研究生的人均经费投入－本科生的人均经费投入）×研究生占该校学生的比例。

可必然推知：甲校研究生占该校学生的比例高于乙校，或者甲校研究生人均经费投入高于乙校。

2　2013MBA－47

据统计，去年在某校参加高考的 385 名文、理科考生中，女生 189 人，文科男生 41 人，非应届男生 28 人，应届理科考生 256 人。

由此可见，去年在该校参加高考的考生中：

A. 应届理科男生多于 129 人。

B. 非应届文科男生多于 20 人。

C. 非应届文科男生少于 20 人。

D. 应届理科女生多于 130 人。

E. 应届理科女生少于 130 人。

［解题分析］ 正确答案：E

本题涉及三种分类：应届与非应届，文科与理科，男生与女生。按题意列表如下：

	应届文科	非应届文科	应届理科	非应届理科	合计
男	P	Q	R	S	196
女	T	U	V	W	189
合计			256		385

由题干条件列出以下方程：

（1）$P+Q=41$。

（2）$Q+S=28$。

根据上述条件可得，$P+Q+Q+S=41+28=69$，即 $P+Q+S=69-Q\leqslant 69$。

所以，$V=256-R=256-[196-(P+Q+S)]=256-196+(P+Q+S)=60+(P+Q+S)\leqslant 60+69=129$。

可见，应届理科女生少于 130 人。因此，E 项正确。

C 项：根据（1），只能得出 $Q\leqslant 41$，得不出 $Q\leqslant 20$，排除。

3　2013MBA－28

某省大力发展旅游产业，目前已经形成东湖、西岛、南山三个著名景点，每处景点都有二日游、三日游、四日游三种路线。李明、王刚、张波拟赴上述三地进行九日游，每个人都设计了各自的旅游计划。后来发现，每处景点他们三人都选择了不同的路线：李明赴东湖的计划天数与王刚赴西岛的计划天数相同，李明赴南山的计划是三日游，王刚赴南山的计划是四日游。

根据以上陈述，可以得出以下哪项？

A. 张波计划东湖四日游，王刚计划西岛三日游。

B. 张波计划东湖三日游，李明计划西岛四日游。

C. 李明计划东湖二日游，王刚计划西岛三日游。

D. 王刚计划东湖三日游，张波计划西岛四日游。

E. 李明计划东湖二日游，王刚计划西岛二日游。

［解题分析］ 正确答案：E

三个人每人进行九日游。列表如下：

	东湖	西岛	南山	合计
李明	S		3	9
王刚		S	4	9
张波				9

由于每个景点有二、三、四日游三种路线，因此，九日游只有两种可能的组合：9=3+3+3，或者 9=2+3+4。

又由于每处景点他们三人都选择了不同的路线，从而进一步得到，李明、王刚在三个景点的路线组合都是 2、3、4。（因为如果李明是 3、3、3，则王刚就是 2、3、4，则西岛就都是三日游了）

这样就只能得出唯一的情况：

	东湖	西岛	南山	合计
李明	2	4	3	9
王刚	3	2	4	9

因此，E 项正确。

4　2009MBA－33

某综合性大学只有理科与文科，理科学生多于文科学生，女生多于男生。

如果上述断定为真，则以下哪项关于该大学学生的断定也一定为真？

Ⅰ. 文科的女生多于文科的男生。

Ⅱ. 理科的男生多于文科的男生。

Ⅲ. 理科的女生多于文科的男生。

A. 只有Ⅰ和Ⅱ。

B. 只有Ⅲ。

C. 只有Ⅱ和Ⅲ。

D. Ⅰ、Ⅱ和Ⅲ。

E. Ⅰ、Ⅱ和Ⅲ都不一定是真的。

[解题分析] 正确答案：B

数学思维题。设理科男生数为 X_1，理科女生数为 X_2；文科男生数为 Y_1，文科女生数为 Y_2。则根据题干条件，列式如下：

(1) $X_1+X_2>Y_1+Y_2$（理科学生多于文科学生）。

(2) $X_2+Y_2>X_1+Y_1$（女生多于男生）。

两式相加可得：$X_2>Y_1$。

意味着：理科的女生多于文科的男生，即Ⅲ必然为真。

Ⅰ和Ⅱ均推不出。例如，假设全校学生 400 名，理科学生共 300 名且都是女生，文科学生共 100 名且都是男生，则题干条件成立，但此时Ⅰ和Ⅱ都不成立。

因此，B 项为正确答案。

5　2006MBA－55

在丈夫或妻子至少有一个是中国人的夫妻中，中国女性比中国男性多 2 万。

如果上述断定为真，则以下哪项一定为真？

Ⅰ. 恰有 2 万中国女性嫁给了外国人。

Ⅱ. 在和中国人结婚的外国人中，男性多于女性。

Ⅲ. 在和中国人结婚的人中，男性多于女性。

A. 只有Ⅰ。

B. 只有Ⅱ。
C. 只有Ⅲ。
D. 只有Ⅱ和Ⅲ。
E. Ⅰ、Ⅱ和Ⅲ。

[解题分析] 正确答案：D

丈夫或妻子至少有一个是中国人的夫妻有三种情况，列表如下：

	情况一	情况二	情况三
丈夫（男性）	中国人 P	中国人 Q	外国人 R
妻子（女性）	中国人 P	外国人 Q	中国人 R

题干条件可表示为 $(P+R)-(P+Q)=2$ 万；即 $R-Q=2$ 万。

Ⅰ：嫁给了外国人的中国女性人数为 R，所以，Ⅰ可表示为 $R=2$ 万，这不能从题干推出来。

Ⅱ：和中国人结婚的外国男性人数为 R，和中国人结婚的外国女性人数为 Q，所以，Ⅱ可表示为 $R>Q$，这可从题干必然推出。

Ⅲ：和中国人结婚的男性人数为 $P+R$，和中国人结婚的女性人数为 $P+Q$，所以，Ⅲ可表示为 $P+R>P+Q$，这可从题干必然推出。

因此，D 项为正确答案。

6 2002MBA-41

在 2000 年，世界范围的造纸业所用的鲜纸浆（即直接从植物纤维制成的纸浆）是回收纸浆（从废纸制成的纸浆）的 2 倍。造纸业的分析人员指出，到 2010 年，世界造纸业所用的回收纸浆将不少于鲜纸浆，而鲜纸浆的使用量也将比 2000 年有持续上升。

如果上面提供的信息均为真，并且分析人员的预测也是正确的，那么可以得出以下哪项结论？

Ⅰ. 在 2010 年，造纸业所用的回收纸浆至少是 2000 年的 2 倍。
Ⅱ. 在 2010 年，造纸业所用的总的纸浆至少是 2000 年的 2 倍。
Ⅲ. 造纸业在 2010 年造的只含鲜纸浆的纸将会比 2000 年少。

A. 仅Ⅰ。
B. 仅Ⅱ。
C. 仅Ⅲ。
D. 仅Ⅰ和Ⅱ。
E. Ⅰ、Ⅱ和Ⅲ。

[解题分析] 正确答案：A

令 2000 年鲜纸浆、回收纸浆的使用量分别为 X_1、H_1；2010 年鲜纸浆、回收纸浆的使用量分别为 X_2、H_2。

本题隐含三个数学式：

(1) $X_1=2H_1$（2000 年：回收纸浆量×2=鲜纸浆量）。
(2) $H_2\geqslant X_2$（2010 年：回收纸浆量≥鲜纸浆量）。
(3) $X_2>X_1$（2010 年的鲜纸浆量>2000 年的鲜纸浆量）。

Ⅰ：可表示为 $H_2\geqslant 2H_1$。由于联立以上三式可得到 $H_2\geqslant X_2>X_1=2H_1$，显然可以推出：

在 2010 年，造纸业所用的回收纸浆至少是 2000 年的 2 倍，正确。

Ⅱ：可表示为 $X_2+H_2\geqslant 2(X_1+H_1)$。此式未必成立，不能推出。例如，假设 2000 年鲜纸浆的用量 X_1 是 2 个单位，回收纸浆的用量 H_1 是 1 个单位；到 2010 年，鲜纸浆的用量 X_2 是 2.1 个单位，回收纸浆的用量 H_2 是 2.2 个单位。这一假设符合题干的所有条件，但 2010 年纸浆总用量少于 2000 年的 2 倍。

Ⅲ：超出了题干范围，不能推出。“只含鲜纸浆的纸”这一信息在题干中没有提及，无法判断。

因此，A 项是正确答案。

7 2002MBA－32

一群在海滩边嬉戏的孩子的口袋中，共装有 25 块卵石。他们的老师对此说了以下两句话：

第一句话：“至多有 5 个孩子口袋里装有卵石。”

第二句话：“每个孩子的口袋中，或者没有卵石，或者至少有 5 块卵石。”

如果上述断定为真，则以下哪项关于老师两句话关系的断定一定成立？

Ⅰ. 如果第一句话为真，则第二句话为真。

Ⅱ. 如果第二句话为真，则第一句话为真。

Ⅲ. 两句话可以都是真的，但不会都是假的。

A. 仅Ⅰ。

B. 仅Ⅱ。

C. 仅Ⅲ。

D. 仅Ⅰ和Ⅱ。

E. 仅Ⅱ和Ⅲ。

[解题分析] 正确答案：B

Ⅰ：不一定成立。例如，当只有 2 个孩子口袋里装有卵石，其中一个装有 24 块，另一个装有 1 块时，第一句话为真，而第二句话为假。

Ⅱ：一定成立。因为如果每个孩子的口袋中，或者没有卵石，或者至少有 5 块卵石，那么口袋里装有卵石的孩子的数目不可能超过 5 个，否则卵石的总数就会超出 25 块。

Ⅲ：不一定成立。例如，当有 25 个孩子，每人的口袋里装有 1 块卵石时，两句话都是假的。

8 2001MBA－70

某研究所对该所上年度研究成果的统计显示：在该所所有的研究人员中，没有两个人发表的论文的数量完全相同；没有人恰好发表了 10 篇论文；没有人发表的论文的数量等于或超过全所研究人员的数量。

如果上述统计是真实的，则以下哪项断定也一定是真实的？

Ⅰ. 该所研究人员中，有人上年度没有发表 1 篇论文。

Ⅱ. 该所研究人员的数量，不少于 3 人。

Ⅲ. 该所研究人员的数量，不多于 10 人。

A. 只有Ⅰ和Ⅱ。

B. 只有Ⅰ和Ⅲ。

C. 只有Ⅰ。

D. Ⅰ、Ⅱ和Ⅲ。

E. Ⅰ、Ⅱ和Ⅲ都不一定是真实的。

［解题分析］正确答案：B

题干的统计显示：

(1) 没有两个人发表的论文的数量完全相同；

(2) 没有人恰好发表了10篇论文；

(3) 没有人发表的论文的数量等于或超过全所研究人员的数量。

Ⅰ：成立。设全所人员的数量为n，则由(1)和(3)可推出：全所人员发表论文的数量必定分别为0，1，2…$n-1$。

Ⅱ：不成立。例如，该所只有2人，其中一人发表0篇，另一人发表了1篇，题干的三个结论可同时满足。

Ⅲ：成立。假定该所研究人员的数量多于10人，则有人发表的论文多于或等于10篇，则有人恰好发表了10篇论文。例如，该所有11人，根据(1)和(3)可知，全所人员发表论文的数量必定分别为0，1，2…9，10，这和(2)矛盾。因此，该所研究人员的数量，不多于10人。

因此，B项正确。

9　2000MBA－64

所有持有当代商厦购物优惠卡的顾客，同时持有双安商厦的购物优惠卡。今年国庆，当代商厦和双安商厦同时给持有本商厦的购物优惠卡的顾客的半数，赠送了价值100元的购物奖券。结果，上述同时持有两个商厦的购物优惠卡的顾客，都收到了这样的购物奖券。

如果上述断定是真的，则以下哪项断定也一定为真？

Ⅰ. 所有持有双安商厦的购物优惠卡的顾客，也同时持有当代商厦的购物优惠卡。

Ⅱ. 今年国庆，没有一个持有上述购物优惠卡的顾客分别收到两个商厦的购物奖券。

Ⅲ. 持有双安商厦的购物优惠卡的顾客中，至多有一半收到当代商厦的购物奖券。

A. 只有Ⅰ。

B. 只有Ⅱ。

C. 只有Ⅲ。

D. 只有Ⅰ和Ⅱ。

E. Ⅰ、Ⅱ和Ⅲ。

［解题分析］正确答案：C

根据题意可知，没收到当代商厦的购物奖券的顾客一定收到了双安商厦的购物奖券，才会出现同时持有两个商厦的购物优惠卡的顾客都收到了购物奖券。

Ⅰ：不一定为真。题干只是断定，所有持有当代商厦购物优惠卡的顾客，同时持有双安商厦的购物优惠卡。从中不能必然推出：所有持有双安商厦的购物优惠卡的顾客，也同时持有当代商厦的购物优惠卡。即当代和双安的外延有等同的可能，但不一定是等同。

Ⅱ：不一定为真。“持有当代商厦的购物优惠卡的顾客”与“持有双安商厦的购物优惠卡的顾客”完全有可能同时收到两个商厦的购物奖券。

Ⅲ：一定为真。所有持有当代商厦购物优惠卡的顾客，同时持有双安商厦的购物优惠卡。这说明，持有双安商厦的购物优惠卡的顾客人数不会少于持有当代商厦的购物优惠卡的顾客人数。如果持有双安商厦的购物优惠卡的顾客中，超过一半收到当代商厦的购物奖券，这说明收到当代商厦的购物奖券的顾客人数，超过了持有当代商厦的购物优惠卡的顾客人数的半数，这和题干的条件矛盾，因此，持有双安商厦的购物优惠卡的顾客中，至多有一半收到当代商厦的购物奖券。

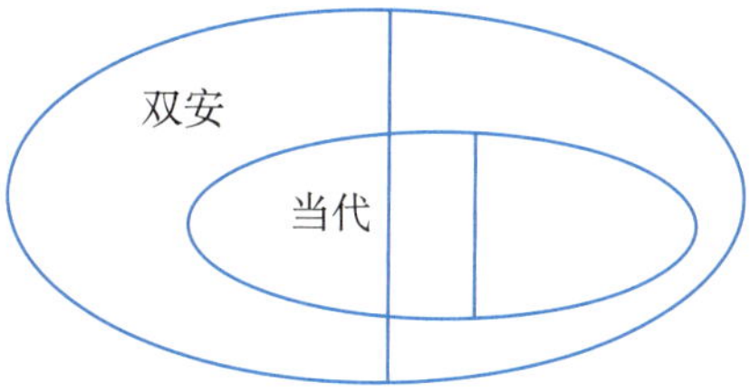

第三节　综合推理

综合推理是指从题干给出的前提出发，通过演绎推导，得出具体结论的推理。综合推理题要求考生对于不同形式和来源的信息进行分析整合，其推理过程可能要求具有一定的洞察能力，找到解决问题的路径可能需要对已给出的信息进行创造性的重组。

解题方法有直接推理法和间接推理法两种。

（一）直接推理法

首先，阅读并对题干所给出的条件作出准确的理解。

其次，对题干给出的多种因素间的条件关系进行逻辑分析，寻找其内在关系。

最后，综合各个条件逐步进行分析与推理，直至推出必然性的答案。

另外，在推理的同时，可结合排除法，根据题目条件排除其中不可能的选项。

（二）间接推理法

1. 假设代入的两种方法

（1）归谬法：假设一个命题为真，推导出逻辑矛盾，那么该命题必定是假的。

（2）反证法：假设一个命题为假，可推出逻辑矛盾，那么该命题必定是真的。

2. 假设代入的两种方式

包括对题干条件的假设代入和对选项的假设代入两种方式，一般优先使用对选项的假设代入。

（1）对题干条件的假设代入。

①假设题干某个条件为真，若推出逻辑矛盾，则该条件为假，从中可推出某个结果。

②假设题干某个条件为假，若推出逻辑矛盾，则该条件为真，从中可推出某个结果。

（2）对选项的假设代入。

①假设某个选项为真，若推出逻辑矛盾，则该选项为假，应予以排除。

②假设某个选项为假，若推出逻辑矛盾，则该选项为真，由逆否命题知，该选项为正确答案。

一、演绎推论

演绎推论指的是根据题干给出的信息直接推出确定性的结论。这类题的特点，一是类似于阅读理解，二是一种必然性推理，正确答案一定在题干所给的信息中推出。

1　2020MBA－36

下表显示了某城市过去一周的天气情况：

星期一	星期二	星期三	星期四	星期五	星期六	星期日
东南风 1～2 级 小雨	南风 4～5 级 晴	无风 小雪	北风 1～2 级 阵雨	无风 晴	西风 3～4 级 阴	东风 2～3 级 中雨

以下哪项对该城市这一周天气情况的概括最为准确？

A. 每日或者刮风，或者下雨。

B. 每日或者刮风，或者晴天。

C. 每日或者无风，或者无雨。

D. 若有风且风力超过 3 级，则该日是晴天。

E. 若有风且风力不超过 3 级，则该日不是晴天。

［解题分析］正确答案：E

根据题干提供的信息，分别判断如下：

A 项：概括不准确，因为还有星期五，无风且不下雨的天气。

B 项：概括不准确，因为还有星期三，无风且不是晴天的天气。

C 项：概括不准确，因为还有星期一、星期四、星期日，有风且有雨的天气。

D 项：概括不准确，因为还有星期六，风力超过 3 级且不是晴天的天气。

E 项：概括准确，有风且风力不超过 3 级的天气有星期一、星期四、星期日，均不是晴天。

2　2016MBA－29

古人以干支纪年。甲乙丙丁戊己庚辛壬癸为十干，也称天干。子丑寅卯辰巳午未申酉戌亥为十二支，也称地支。顺次以天干配地支，如甲子、乙丑、丙寅……癸酉、甲戌、乙亥、丙子等，六十年重复一次，俗称六十花甲子。根据干支纪年，公元 2014 年为甲午年，公元 2015 年为乙未年。

根据以上陈述，可以得出以下哪项？

A. 21 世纪会有甲丑年。

B. 现代人已不用干支纪年。

C. 干支纪年有利于农事。

D. 根据干支纪年，公元 2087 年为丁未年。

E. 根据干支纪年，公元 2024 年为甲寅年。

［解题分析］正确答案：D

根据干支纪年方法，六十年重复一次，所以，2075 年为乙未年，所以 12 年之后的 2087 年为丁未年。因此，D 项为正确答案。

A 项：根据天干和地支的奇偶性相同的特点，甲是奇数，丑是偶数，不可能相配，所以不可能出现甲丑年，排除。

B 项：题干只陈述了古人以干支纪年，没有明确现代人是否使用，所以无法推出，排除。

C 项：超出题干断定范围，因为题干没有提及“农事”方面的信息，排除。

E 项：2014 为甲午年，天干每 10 年一个周期，故 2024 年天干也为甲，地支按顺序推算应为辰，所以 2024 年为甲辰年，不是甲寅年，排除。

3　2007MBA－52

对行为的解释与对行为的辩护，是两个必须加以区别的概念。对一个行为的解释，是指准确地表达导致这一行为的原因。对一个行为的辩护，是指出行为都具有实施这一行为的正当理由。事实上，对许多行为的辩护，并不是对此种行为的解释。只有当对一个行为的辩护成为对该行为解释的实质部分时，这样的行为才是合理的。

由上述断定能够得出以下哪项结论？

A. 当一个行为得到辩护，则也得到解释。

B. 当一个行为的原因中包含该行为的正当理由，则该行为是合理的。

C. 任何行为都不可能是完全合理的。

D. 有些行为的原因是不可能被发现的。

E. 如果一个行为是合理的，则实施这一行为的正当理由必定也是导致这一行为的原因。

[解题分析] 正确答案：E

题干断定：

(1) 解释：准确表达原因。

(2) 辩护：指出正当理由。

(3) 辩护成为解释的实质部分←行为合理。

联立 (3) (2) (1) 可得：行为合理→辩护成为解释的实质部分→"正当理由"准确表达了"原因"。因此，E 项为正确答案。

A 项：与题干中"对许多行为的辩护，并不是对此种行为的解释"不一致，排除。

B 项：与题干逻辑关系不一致，因为由题干，一个行为的原因中即使包含该行为的正当理由，但这一正当理由如果不是导致该行为的原因，这样的行为也不能认为是合理的。可见，该项无法推出，排除。

C、D 项：超出题干断定范围，均为无关项，排除。

4 2003MBA－52

家用电炉有三个部件：加热器、恒温器和安全器。加热器只有两个设置：开和关。在正常工作的情况下，如果将加热器设置为开，则电炉运作加热功能；设置为关，则停止这一功能。当温度达到恒温器的温度旋钮所设定的读数时，加热器自动关闭，电炉中只有恒温器具有这一功能。只要温度一超出温度旋钮的最高读数，安全器自动关闭加热器，同样，电炉中只有安全器具有这一功能。当电炉启动时，三个部件同时工作，除非发生故障。

以上判定最能支持以下哪项结论？

A. 一个电炉，如果它的恒温器和安全器都出现了故障，则它的温度一定会超出温度旋钮的最高读数。

B. 一个电炉，如果其加热的温度超出了温度旋钮的设定读数但加热器并没有关闭，则安全器出现了故障。

C. 一个电炉，如果加热器自动关闭，则恒温器一定工作正常。

D. 一个电炉，如果其加热的温度超出了温度旋钮的最高读数，则它的恒温器和安全器一定都出现了故障。

E. 一个电炉，如果其加热的温度超出了温度旋钮的最高读数，则它的恒温器和安全器不一定都出现了故障，但至少其中某一个出现了故障。

[解题分析] 正确答案：D

题干论述家用电炉有三个部件：加热器、恒温器和安全器。

(1) 加热器：使电炉运作加热功能或者停止这一功能。

(2) 恒温器：温度达到恒温器的温度旋钮所设定的读数时关闭加热器。

（3）安全器：温度超出温度旋钮的最高读数时关闭加热器。

（4）¬发生故障→三个部件同时工作。

D 项：根据题干的条件，一个电炉，如果其加热的温度超出了温度旋钮的最高读数，根据（3），安全器应该关闭加热器，但加热器并未自动关闭，即安全器出现了故障。又因为温度旋钮的最高读数一定大于等于所设定的读数，结合（2），恒温器应该关闭加热器，但加热器并未自动关闭，即恒温器也出现了故障。该项正确。

A 项：不成立。例如在加热器不工作的情况下，恒温器和安全器即使都出现了故障，电炉的温度也不会超出温度旋钮的最高读数。

B 项：不成立。因为一个电炉，如果其加热的温度超出了温度旋钮的设定读数但加热器未关闭，只能说明恒温器出现了故障，不能说明安全器出现了故障。

C 项：不成立。因为一个电炉加热器自动关闭，可能是恒温器出现了故障，但安全器工作正常。

E 项：不成立。由上述分析知，恒温器和安全器一定都出现了故障，排除。

5　2002MBA－44

随着人才竞争的日益激烈，市场上出现了一种“挖人公司”，其业务是为客户招募所需的人才，包括从其他的公司中“挖人”。“挖人公司”自然不得同时帮助其他公司从自己的雇主处“挖人”。一个“挖人公司”的成功率越高，雇用它的公司也就越多。

上述断定最能支持以下哪项结论？

A. 一个“挖人公司”的成功率越高，能成为其“挖人”目标的公司就越少。

B. 为了有利于“挖进”人才同时又确保自己的人才不被“挖走”，雇主的最佳策略是雇用只为自己服务的“挖人公司”。

C. 为了有利于“挖进”人才同时又确保自己的人才不被“挖走”，雇主的最佳策略是提高雇员的工资。

D. 为了保护自己的人才不被“挖走”，一个公司不应雇用“挖人公司”从别的公司“挖人”。

E. “挖人公司”的运作是一种不正当的人才竞争方式。

［解题分析］正确答案：A

题干断定：

第一，“挖人公司”不得帮助其他公司从自己的雇主处“挖人”。

第二，一个“挖人公司”的成功率越高，雇用它的公司也就越多。

从以上两个断定可推出结论，一个“挖人公司”的成功率越高，它能“挖人”的公司就越少。这正是 A 项所断定的。

其余各项均不能从题干推出。

二、逻辑推演

逻辑推演题是指难度较高的逻辑分析题，俗称智力推理题。通常是给出一组前提条件，通过比较复杂的推理步骤，得到某个确定的结果。解这类题时，所用的推理步骤往往较多，常需要运用假设代入法，逐步进行深入的逻辑分析和推理。

1　2024MBA－40

某单位举办两轮羽毛球单打表演赛，共有甲、乙、丙、丁、戊、己 6 位选手参加。每轮表演赛都按以下组合进行了5场比赛：甲对乙、甲对丁、丙对戊、丙对丁、戊对己。已知：

（1）每场比赛均决出胜负；

（2）每轮比赛中，各参赛选手均至多输一场；

（3）每轮比赛决出的冠军在该轮比赛中未有败绩，甲在第一轮比赛中获冠军；

（4）只有一组选手在第二轮比赛中的胜负结果与第一轮相同，其余任一组选手的两轮比赛结果均不同。

根据上述信息，可以得出第二轮表演赛的冠军是：

A. 乙。

B. 丙。

C. 丁。

D. 戊。

E. 己。

［解题分析］正确答案：E

先分析第一轮的比赛结果。

根据（1）（3）推知，甲对乙（甲胜乙败）；甲对丁（甲胜丁败）。

既然丁已输一场，根据（2）推知，丙对丁（丁胜丙败）。

再由丙已输一场，推知，丙对戊（丙胜戊败）。

又由戊已输一场，推知，戊对己（戊胜己败）。

再分析第二轮的比赛结果。

根据（4）可知，结果相同的一组选手在（甲对乙）和（甲对丁）之间。因为这两组结果都不一样的话，甲就败了两次，违反（2）。

由此可推知剩下三场比赛的结果与第一轮不同，那么，第二轮的比赛结果如下：

丙对戊（丙败戊胜）；丙对丁（丙胜丁败）；戊对己（戊败己胜）。

既然丁败，那么，甲对丁（甲败丁胜）。

既然甲败，那么，甲对乙（甲胜乙败），只有这一组选手两轮比赛胜负结果相同。

综上，在第二轮比赛中，己一场没败，根据（3）可知，己是第二轮比赛的冠军。

	甲对乙	甲对丁	丙对戊	丙对丁	戊对己
第一轮	胜：败	胜：败	胜：败	败：胜	胜：败
第二轮	胜：败	败：胜	败：胜	胜：败	败：胜

因此，E项正确。

2　2014MBA－40

为了加强学习型机关建设，某机关党委开展了菜单式学习活动，拟开设课程有“行政学”“管理学”“科学前沿”“逻辑”“国际政治”五门，要求其下属的四个支部各选择其中两门课程进行学习。已知：第一支部没有选择“管理学”“逻辑”，第二支部没有选择“行政学”“国际政治”，只有第三支部选择了“科学前沿”。任意两个支部所选课程均不完全相同。

根据上述信息，关于第四支部的选课情况可以得出以下哪项？

A. 如果没有选择“行政学”，那么选择了“管理学”。

B. 如果没有选择“管理学”，那么选择了“国际政治”。

C. 如果没有选择“行政学”，那么选择了“逻辑”。

D. 如果没有选择“管理学”，那么选择了“逻辑”。

E. 如果没有选择“国际政治”，那么选择了“逻辑”。

[解题分析] 正确答案：D

根据题干条件，既然只有第三支部选择了“科学前沿”，那么其他三个支部就没有选择“科学前沿”，这样，第一支部只能选择“行政学”“国际政治”，第二支部只能选择“管理学”“逻辑”。列表如下：

	行政学	管理学	科学前沿	逻辑	国际政治
第一支部	√	×（条件）	×（条件）	×（条件）	√
第二支部	×（条件）	√	×（条件）	√	×（条件）
第三支部			√（条件）		
第四支部			×（条件）		

如果第四支部没有选择“管理学”，得知第四支部只能选择“行政学”“逻辑”和“国际政治”中的两门；再根据不能与第一支部所选课程完全相同，得出一定选择“逻辑”。因此，D项为正确答案。

其余选项均不妥，其中：

A、C项：如果第四支部没有选择“行政学”，再根据只有第三支部选择了“科学前沿”，得知第四支部只能选择“管理学”“逻辑”和“国际政治”中的两门；再根据不能与第二支部所选课程完全相同，得出一定选择“国际政治”，剩下的一门选择“管理学”或“逻辑”都可以。可见，A项和C项不能必然推出，均排除。

B项：如果第四支部没有选择“管理学”，那么为了避免与第一支部所选课程完全相同，则一定选择“逻辑”，另外在“行政学”和“国际政治”中二选一，可见，该项不能必然推出，排除。

E项：如果第四支部没有选择“国际政治”，得知第四支部只能选择“行政学”“管理学”和“逻辑”中的两门，再根据不能与第二支部所选课程完全相同，得出一定选择“行政学”，剩下的一门选择“管理学”或“逻辑”都可以。可见，E项不能必然推出，排除。

3 2009MBA－31

大李和小王是某报新闻部的编辑。该报总编计划从新闻部抽调人员到经济部。总编决定：未经大李和小王本人同意，将不调动两人。大李告诉总编：“我不同意调动，除非我知道小王是否调动。”小王说：“除非我知道大李是否调动，否则我不同意调动。”

如果上述三人坚持各自的决定，则可推出以下哪项结论？

A. 两人都不可能调动。

B. 两人都可能调动。

C. 两人至少有一人可能调动，但不可能两人都调动。

D. 要么两人都调动，要么两人都不调动。

E. 题干的条件推不出关于两人调动的确定结论。

[解题分析] 正确答案：A

根据题干信息，列出如下条件关系式：

(1) 总编：¬同意→¬调动。

(2) 大李：¬知道小王是否调动→¬同意。

(3) 小王：¬知道大李是否调动→¬同意。

由 (2)(3) 和 (1) 知：(4) ¬知道对方是否调动→¬同意→¬调动。

即：双方调动的前提是一方知道另一方是否调动。

由于大李和小王的调动都要对方先调动，两人都在等待对方作出是否同意调动的决定，这是一个“死锁”问题，如果没有外力打破这种状态，就永远只能停留在初始状态。

由此可见，双方都不可能调动。因为在调动大李之前，先要征得大李本人同意；要征得大李同意，先要调动小王。要调动小王，先要征得小王本人同意；要征得小王同意，先要调动大李。也就是说，在调动大李之前，先要调动大李。这是不可能的。所以，大李不可能调动。同理，小王也不可能调动。因此，A 项为正确答案。

4　2000MBA－70

甲、乙、丙三人一起参加了物理和化学两门考试。三个人中，只有一个在考试中发挥正常。

考试前，甲说：

如果我在考试中发挥不正常，我将不能通过物理考试。

如果我在考试中发挥正常，我将能通过化学考试。

乙说：

如果我在考试中发挥不正常，我将不能通过化学考试。

如果我在考试中发挥正常，我将能通过物理考试。

丙说：

如果我在考试中发挥不正常，我将不能通过物理考试。

如果我在考试中发挥正常，我将能通过物理考试。

考试结束后，证明这三个人说的都是真话，并且：

发挥正常的人是三人中唯一的一个通过这两门考试中某门考试的人；

发挥正常的人也是三人中唯一的一个没有通过另一门考试的人。

从上述断定能推出以下哪项结论？

A. 甲是发挥正常的人。

B. 乙是发挥正常的人。

C. 丙是发挥正常的人。

D. 题干中缺乏足够的条件来确定谁是发挥正常的人。

E. 题干中包含互相矛盾的信息。

[解题分析] 正确答案：B

题干断定以下三个条件：

(1) 三个人中只有一个在考试中发挥正常。

(2) 发挥正常的人是三人中唯一的一个通过这两门考试中某门考试的人。

(3) 发挥正常的人也是三人中唯一的一个没有通过另一门考试的人。

解此题的思路是用假设法。即逐个假设甲、乙、丙是发挥正常的人，如果导致矛盾，则假设不成立；如果没有导致矛盾，则假设成立。

情况一：假设甲发挥正常，则甲通过了化学考试。

由条件 (1) 知，乙、丙发挥不正常，则乙没通过化学考试，丙没通过物理考试。

由条件 (2) 知，乙、丙都没通过化学考试。

由条件 (3) 知，甲没通过物理考试，乙、丙都通过了物理考试。

这样，丙既没通过物理考试又通过了物理考试，就出现了矛盾。
所以，该假设不成立，可知，甲发挥不正常。

假设甲发挥正常	物理	化学
甲：¬正常→¬物理；正常→化学	×（3）	√
乙：¬正常→¬化学；正常→物理	√（3）	×（1）（2）
丙：¬正常→¬物理；正常→物理	×（1）√（3）	×（2）

情况二：假设乙发挥正常，则乙通过了物理考试。
由条件（1）知，甲、丙发挥不正常，都没通过物理考试。
由条件（2）知，甲、丙都没通过物理考试。
由条件（3）知，乙没通过化学考试，甲、丙都通过了化学考试。
这一假设没有出现任何矛盾。
所以，该假设可以成立。

假设乙发挥正常	物理	化学
甲：¬正常→¬物理；正常→化学	×（1）（2）	√（3）
乙：¬正常→¬化学；正常→物理	√	×（3）
丙：¬正常→¬物理；正常→物理	×（1）（2）	√（3）

情况三：假设丙发挥正常，则丙通过了物理考试。
由条件（1）知，甲发挥不正常，没通过物理考试；乙发挥不正常，没通过化学考试。
由条件（2）知，甲、乙都没通过物理考试。
由条件（3）知，丙没通过化学考试，甲、乙都通过了化学考试。
这样，乙既通过了化学考试又没通过化学考试，就出现了矛盾。
所以，该假设不成立，可知，丙发挥不正常。

假设丙发挥正常	物理	化学
甲：¬正常→¬物理；正常→化学	×（1）（2）	√（3）
乙：¬正常→¬化学；正常→物理	×（2）	×（1）√（3）
丙：¬正常→¬物理；正常→物理	√	×（3）

因此，B项正确。

第四节　真假推理

真假推理题也叫真假话题，其基本形式是题干给出若干陈述，并明确了其中真假的数量，要求考生从中推出结论。真假推理题是综合推理题的特殊形式，其解题方法包括直接推理和间接推理两种。

一、 直接推理

真假推理的直接推理包括矛盾突破法和反对突破法两种。

1. 矛盾突破法

矛盾突破型的真假话题，解题突破口是在题干所给出的陈述中，找出互相矛盾的判断，从而必知其一真一假。互相矛盾的命题主要有以下三种：

（1）直言命题的矛盾关系。根据直言命题的对当关系，找出一对矛盾关系的直言命题。

（2）复合命题的矛盾关系。根据复合命题的负命题，找出一对矛盾关系的复合命题。

（3）模态命题的矛盾关系。根据模态命题的对当关系，找出一对矛盾关系的模态命题。

常用的解题步骤：

第一步，确定矛盾。找出一对矛盾关系的命题，从而必知其一真一假。

第二步，绕开矛盾。根据已知条件从而知道剩余说法的真假。

第三步，推出答案。

2. 反对突破法

反对突破法和矛盾突破法类似，若确定了题干陈述中有反对关系或下反对关系，就知道了它们不同真或不同假，从而找到了解题突破口。

1 2016MBA-37

郝大爷过马路时不幸摔倒昏迷，所幸有小伙子及时将他送往医院救治。郝大爷病情稳定后，有4位陌生的小伙子陈安、李康、张幸、汪福来医院看望他。郝大爷问他们究竟是谁送他来医院的，他们的回答如下：

陈安：我们4人都没有送您来医院。

李康：我们4人有人送您来医院。

张幸：李康和汪福至少有1人没有送您来医院。

汪福：送您来医院的不是我。

后来证实上述4人有2人说真话，2人说假话。

根据以上信息，可以得出以下哪项？

A. 说真话的是李康和张幸。

B. 说真话的是陈安和张幸。

C. 说真话的是李康和汪福。

D. 说真话的是张幸和汪福。

E. 说真话的是陈安和汪福。

［解题分析］正确答案：A

第一步，简化信息。

陈：E判断。

李：I判断。

张：¬李∨¬汪。

汪：¬汪。

第二步，寻找矛盾。

陈、李2人的话显然矛盾，必有一真，必有一假。

第三步，推知真假。

因为2人说真话，2人说假话，所以，张、汪2人的话也必有一真，必有一假。

如果汪为真，则张也为真，不符合题干条件，所以得出，汪假、张真。

第四步，推出结论。

由汪假，得到送老人来医院的是汪。

第五步，选出答案。

既然送老人来医院的是汪，由此可知李也真。因此，A项为正确答案。

2 2011MBA-44

近日，某集团高层领导研究了发展方向问题。王总经理认为：既要发展纳米技术，也要发展生物医药技术；赵副总经理认为：只有发展智能技术，才能发展生物医药技术；李副总经理认为：如果发展纳米技术和生物医药技术，那么也要发展智能技术。最后经过董事会研究，只有其中一位的意见被采纳。

根据以上陈述，以下哪项符合董事会的研究决定？

A. 发展纳米技术和智能技术，但是不发展生物医药技术。

B. 发展生物医药技术和纳米技术，但是不发展智能技术。

C. 发展智能技术和生物医药技术，但是不发展纳米技术。

D. 发展智能技术，但是不发展纳米技术和生物医药技术。

E. 发展生物医药技术、智能技术和纳米技术。

［解题分析］正确答案：B

第一步，简化信息。（根据题干信息，列出条件关系式）

（1）王：纳∧生；

（2）赵：智←生；

（3）李：纳∧生→智。

第二步，寻找矛盾。（找出矛盾关系或反对关系）

未找到矛盾关系或反对关系，则改为用假设归谬法来解题。

第三步，推知真假。（用假设归谬法推知某些断定的真假）

如果（2）真，赵的意见被采纳，那么，（3）真，李的意见也成立，这不符合题干只有一位的意见被采纳的断定。因此，（2）假，赵的意见没被采纳。

第四步，推出结论。（根据上述断定的真假继续推理，得出结论）

既然（2）假，推出：¬智∧生。

即：不发展智能技术，且发展生物医药技术。

第五步，选出答案。（根据问题要求，确定答案）

B项：与上述结果不矛盾，符合董事会的决定，正确。

A、D项：与“发展生物医药技术”矛盾，排除。

C、E项：与“不发展智能技术”矛盾，排除。

3 2011MBA-34

某集团公司有四个部门，分别生产冰箱、彩电、电脑和手机。根据前三个季度的数据统计，四个部门经理对2010年全年的赢利情况作了如下预测：

冰箱部门经理：今年手机部门会赢利。

彩电部门经理：如果冰箱部门今年赢利，那么彩电部门就不会赢利。

电脑部门经理：如果手机部门今年没赢利，那么电脑部门也没赢利。

手机部门经理：今年冰箱部门和彩电部门都会赢利。

全年数据统计完成后，发现上述四个预测只有一个符合事实。

关于该公司各部门的全年赢利情况，以下除哪项外，均可能为真？

A. 彩电部门赢利，冰箱部门没赢利。

B. 冰箱部门赢利，电脑部门没赢利。

C. 电脑部门赢利，彩电部门没赢利。

D. 冰箱部门和彩电部门都没赢利。

E. 冰箱部门和电脑部门都赢利。

[解题分析] 正确答案：B

第一步，简化信息。（根据题干信息，列出条件关系式）

（1）冰箱部门经理：手机。

（2）彩电部门经理：冰箱→¬彩电。

（3）电脑部门经理：¬手机→¬电脑。

（4）手机部门经理：冰箱∧彩电。

第二步，寻找矛盾。（找出矛盾关系或反对关系）

（2）和（4）互为负命题，互相矛盾，必有一真。

第三步，推知真假。（绕开矛盾推知其余断定的真假）

由于只有一个预测为真，因此，（1）（3）均为假。

第四步，推出结论。（根据上述断定的真假继续推理，得出结论）

由（1）假得出：¬手机。

由（3）假得出：¬手机∧电脑。

结果就是手机部门没赢利，电脑部门赢利了。

第五步，选出答案。（根据问题要求，确定答案）

本题问除哪项外均可能为真，即找出与推知结果相矛盾的选项。

B 项：电脑部门没赢利，与推知结果相矛盾，所以，不可能为真，因此为正确答案。

其余选项均可能为真。

4　2010MBA－44

小东在玩“勇士大战”游戏，进入第二关时，界面出现四个选项。第一个选项是“选择任意选项都需支付游戏币”；第二个选项是“选择本项后可以得到额外游戏奖励”；第三个选项是“选择本项后游戏不会进行下去”；第四个选项是“选择某个选项不需支付游戏币”。

如果四个选项中的陈述只有一句为真，则以下哪项一定为真？

A. 选择任意选项都需支付游戏币。

B. 选择任意选项都无需支付游戏币。

C. 选择任意选项都不能得到额外游戏奖励。

D. 选择第二个选项后可以得到额外游戏奖励。

E. 选择第三个选项后游戏能继续进行下去。

[解题分析] 正确答案：E

第一步，简化信息。阅读理解题干条件。

第二步，寻找矛盾。第一个选项和第四个选项中的陈述互相矛盾，因此，必然是一真一假。

第三步，推知真假。由于四个选项中的陈述只有一句为真，因此，第二个选项和第三个选项中的陈述就必然为假。

第四步，推出结论。根据第三个选项“选择本项后游戏不会进行下去”为假，推出：选择第三个选项后游戏能继续进行下去。

第五步，选出答案。E 项为正确答案。

5 2009MBA－39

关于甲班体育达标测试，三位老师有如下预测：

张老师说：“不会所有人都不及格。”

李老师说：“有人会不及格。”

王老师说：“班长和学习委员都能及格。”

如果三位老师中只有一人的预测正确，则以下哪项一定为真？

A. 班长和学习委员都没及格。

B. 班长和学习委员都及格了。

C. 班长及格了，但学习委员没及格。

D. 班长没及格，但学习委员及格了。

E. 以上各项都不一定为真。

［解题分析］正确答案：A

解法一：推理法。

第一步，简化信息。（根据题干信息，列出条件关系式）

张：I 判断（不会所有人都不及格＝有人考试及格了）。

李：O 判断（有人会不及格）。

王：班长 ∧ 学习委员。

第二步，寻找矛盾。（找出矛盾关系或反对关系）

张和李为下反对关系，不同假，只有一真。

第三步，推知真假。（绕开矛盾推知其余断定的真假）

因为只有一人的预测正确，必在张、李之中，所以，王必假。

第四步，推出结论。（根据上述断定的真假继续推理，得出结论）

由王假，得出：¬（班长 ∧ 学习委员）＝¬班长 ∨ ¬学习委员。

即：班长和学习委员至少有一人不及格。

第五步，选出答案。（根据问题要求，确定答案）

由此，推知，李真。所以，张假。根据¬ I＝E，即：所有人考试都不及格。

可见，班长和学习委员也都不及格。因此，A 项为正确答案。

解法二：假设法。

如果王老师的话“班长和学习委员都能及格”为真，则张老师的话必为真，这与题干“三位老师中只有一人的预测正确”矛盾，故王老师的话为假，即：班长和学习委员至少有一人不及格，从而推出李老师的话“有人会不及格”为真。这样，可知张老师的话为假，从而推出：所有人都不及格。既然所有人都不及格，那么，班长和学习委员都没及格。即 A 项正确。

6 2007MBA－36

小王参加了某公司招工面试，不久，他得知以下消息：

（1）公司已决定，他与小陈至少录用一人；

（2）公司可能不录用他；

（3）公司一定录用他；
（4）公司已录用小陈。
其中两条消息为真，两条消息为假。
如果上述断定为真，则以下哪项为真？
A. 公司已录用小王，未录用小陈。
B. 公司未录用小王，已录用小陈。
C. 公司既录用小王，又录用小陈。
D. 公司既未录用小王，也未录用小陈。
E. 不能确定录用结果。
［解题分析］正确答案：A
第一步，简化信息。（根据题干信息，列出条件关系式）
（1）王∨陈；（2）可能非王；（3）必然王；（4）陈。
第二步，寻找矛盾。（找出矛盾关系或反对关系）
模态命题（2）与（3）矛盾，必为一真一假。
第三步，推知真假。（绕开矛盾推知其余断定的真假）
题干消息为两真两假，所以，余下的（1）（4）也必为一真一假。
第四步，推出结论。（根据上述断定的真假继续推理，得出结论）
若（4）为真，那么可推出（1）也为真，这违背题干信息，所以是不可能的。
由此推出，（4）为假，（1）为真。
由（4）为假推出：公司没录用小陈。
加上（1）为真，从而推知：公司已录用小王。
第五步，选出答案。（根据问题要求，确定答案）
根据上述推理得出的结果为"¬陈∧王"，因此，A项为正确答案。

7　2006MBA－38

在一次对全省小煤矿的安全检查后，甲、乙、丙三个安检人员有如下结论：
甲：有小煤矿存在安全隐患。
乙：有小煤矿不存在安全隐患。
丙：大运和宏通两个小煤矿不存在安全隐患。
如果上述三个结论只有一个正确，则以下哪项一定为真？
A. 大运煤矿和宏通煤矿都不存在安全隐患。
B. 大运煤矿和宏通煤矿都存在安全隐患。
C. 大运煤矿存在安全隐患，但宏通煤矿不存在安全隐患。
D. 大运煤矿不存在安全隐患，但宏通煤矿存在安全隐患。
E. 上述断定都不一定为真。
［解题分析］正确答案：B
第一步，简化信息。（根据题干信息，列出条件关系式）
（1）甲：I判断。
（2）乙：O判断。
（3）丙：¬大运∧¬宏通。
第二步，寻找矛盾。（找出矛盾关系或反对关系）
（1）（2）为下反对关系，不同假，必有一真。

第三步，推知真假。（绕开矛盾推知其余断定的真假）

既然只有一个正确，必在（1）或（2）之中，因此，（3）必为假。

第四步，推出结论。（根据上述断定的真假继续推理，得出结论）

由（3）假可推知：¬（¬大运∧¬宏通）＝大运∨宏通。

第五步，选出答案。（根据问题要求，确定答案）

由上述推理知，至少有一个煤矿存在安全隐患，所以（1）为真。

因为三个结论只有一个正确，所以，（2）为假。

从而推出：所有煤矿都存在安全隐患。

由此可得：大运煤矿和宏通煤矿都存在安全隐患。

因此，B项为正确答案。

8　2002MBA－46

某矿山发生了一起严重的安全事故。关于事故原因，甲、乙、丙、丁四位负责人有如下断定：

甲：如果造成事故的直接原因是设备故障，那么肯定有人违反操作规程。

乙：确实有人违反操作规程，但造成事故的直接原因不是设备故障。

丙：造成事故的直接原因确实是设备故障，但并没有人违反操作规程。

丁：造成事故的直接原因是设备故障。

如果上述断定中只有一个人的断定为真，则以下断定都不可能为真，除了：

A. 甲的断定为真，有人违反了操作规程。

B. 甲的断定为真，但没有人违反操作规程。

C. 乙的断定为真。

D. 丙的断定为真。

E. 丁的断定为真。

［解题分析］正确答案：B

第一步，简化信息。

甲：设→违。

乙：违∧¬设。

丙：设∧¬违。

丁：设。

第二步，寻找矛盾。

甲和丙的断定互相矛盾，其中必有一真一假。

第三步，推知真假。

由于只有一人的断定为真，因此，乙和丁的断定为假。

第四步，推出结论。

由丁的断定为假，可知：造成事故的直接原因不是设备故障。

由乙的断定为假，可推知：或者没有人违反操作规程，或者造成事故的直接原因是设备故障。

由上述两个推断，¬设∧(¬违∨设)，可推知：没有人违反操作规程。

第五步，选出答案。

从上述推理可得出结论：

第一，事实上造成事故的直接原因不是设备故障。

第二，事实上没有人违反操作规程。
因此，丙的断定为假，从而甲的断定为真。
所以，B项为真。其余各项均不可能为真。

9 2001MBA－25

某仓库失窃，四个保管员因涉嫌而被传讯。四人的供述如下：
甲：我们四人都没作案。
乙：我们中有人作案。
丙：乙和丁至少有一人没作案。
丁：我没作案。
如果四人中有两人说的是真话，有两人说的是假话，则以下哪项断定成立？
A. 说真话的是甲和丙。
B. 说真话的是甲和丁。
C. 说真话的是乙和丙。
D. 说真话的是乙和丁。
E. 说真话的是丙和丁。
[解题分析] 正确答案：C
第一步，简化信息。
甲：(1) SOP。
乙：(2) SIP。
丙：(3) ¬乙∨¬丁。
丁：(4) ¬丁。
第二步，寻找矛盾。
找出一对矛盾的直言命题：(1) 和 (2)，其中必然一真一假。
第三步，推知真假。
绕开矛盾：四人中两人说真话，两人说假话，因此，(3) 和 (4) 亦必然一真一假。
第四步，推出结论。
若 (4) 为真，则 (3) 为真，这不可能。
因此，(4) 为假、(3) 为真，由此可推出：丁作了案，乙没作案。
第五步，选出答案。
由“丁作了案”可知，(1) 为假、(2) 为真。
则甲、丁说假话。据此可推知说真话的是乙和丙。
因此，C项正确。

10 2000MBA－57

红星中学的四位老师在高考前对某理科毕业班学生的前景进行推测，他们特别关注班里的两个尖子生。
张老师说：“如果余涌能考上清华，那么方宁也能考上清华。”
李老师说：“依我看这个班没有人能考上清华。”
王老师说：“不管方宁能否考上清华，余涌考不上清华。”
赵老师说：“我看方宁考不上清华，但余涌能考上清华。”
高考的结果证明，四位老师中只有一人的推测成立。

如果上述断定是真的，则以下哪项也一定是真的？

A. 李老师的推测成立。

B. 王老师的推测成立。

C. 赵老师的推测成立。

D. 如果方宁考不上清华，则张老师的推测成立。

E. 如果方宁考上了清华，则张老师的推测成立。

［解题分析］ 正确答案：E

第一步，简化信息。

（1）张：余→方。

（2）李：SOP。

（3）王：¬余。

（4）赵：¬方∧余。

第二步，寻找矛盾。

上述（1）和（4）的推理形式分别是“如果P则Q”和“P并且非Q”，互相矛盾，必有一真一假。

第三步，推知真假。

又由条件，四人中只有一人的推测成立，因此，（2）（3）均为假。

第四步，推出结论。

根据（3）假，推出余涌考上了清华。

第五步，选出答案。

由此，如果方宁考上了清华，则张老师的推测成立。因此，E项正确。

11 2000MBA-39

学校在为失学儿童义捐活动中收到两笔没有署真名的捐款，经过多方查找，可以断定是周、吴、郑、王中的某两位捐的。经询问，周说：“不是我捐的”；吴说：“是王捐的”；郑说：“是吴捐的”；王说：“我肯定没有捐”。

最后经过详细调查证实四个人中只有两个人说的是真话。

根据已知条件，则下列哪项可能为真？

A. 是吴和王捐的。

B. 是周和王捐的。

C. 是郑和王捐的。

D. 是郑和吴捐的。

E. 是郑和周捐的。

［解题分析］ 正确答案：C

第一步，简化信息。

根据题干信息，列出条件关系式：（1）¬周；（2）王；（3）吴；（4）¬王。

第二步，寻找矛盾。

（2）和（4）的断定是互相矛盾的，因此，必然一真一假。

第三步，推知真假。（绕开矛盾推知其余断定的真假，或者用假设归谬法推知某些断定的真假）

又由题干，只有两人说的是真话，因此，（1）和（3）也必然一真一假。

第四步，推出结论。

(1)和(3)哪个真、哪个假暂无法判定，故只能分两种情况讨论：

情况一：(1)真、(3)假，可推出“¬周、¬吴”，因为有两笔捐款，那捐款人一定是“郑、王”。

情况二：(1)假、(3)真，可推出“周、吴”，因为有两笔捐款，那捐款人一定是“周、吴”。

第五步，选出答案。

根据上述分析，有且只有两种情况可能为真：第一，周和吴捐的款，第二，郑和王捐的款。其余的情况一定为假。因此，A、B、D、E项不可能为真；C项可能为真，为正确答案。

二、间接推理

对于不能用矛盾突破法或反对突破法的真假推理题，或者一些推理难度较高的真假话题，可以用假设代入法来进行间接推理，或者分不同情况进行分析，从而推出结果。

1 2019MBA－38

某大学有位女教师默默资助一位偏远山区的贫困家庭长达15年。记者多方打听，发现做好事者是该大学传媒学院甲、乙、丙、丁、戊五位教师中的一位。在接受采访时，五位教师都很谦虚。她们是这么对记者说的：

甲：这件事是乙做的。

乙：我没有做，是丙做了这件事。

丙：我并没有做这件事。

丁：我也没有做这件事，是甲做的。

戊：如果甲没有做，则丁也不会做。

记者后来得知，上述五位教师中只有一人说的话符合真实情况。

根据以上信息，可以得出做这件好事的人是：

A. 甲。

B. 乙。

C. 丙。

D. 丁。

E. 戊。

[解题分析] 正确答案：D

根据五位教师的陈述，列出条件关系式。

甲：乙。

乙：¬乙∧丙。

丙：¬丙。

丁：¬丁∧甲。

戊：¬甲→¬丁。

假设是乙做的好事，因为只有一个人做了好事，则甲和丙说的话都为真，由于只有一人说真话，因此，这个假设不成立，所以，不是乙做的。

既然不是乙做的，那么，乙、丙说的话必然是一真一假。这样，其他人说的话都是假话。

再由戊说的话为假，可推出：¬(¬甲→¬丁)=¬甲∧丁。

所以，做好事的人一定是丁。

2　2016MBA－49

在某项目招标过程中，赵嘉、钱宜、孙斌、李汀、周武、吴纪6人作为各自公司代表参与投标，有且只有1人中标。关于究竟谁是中标者，招标小组中有3位成员各自谈了自己的看法：

（1）中标者不是赵嘉就是钱宜；

（2）中标者不是孙斌；

（3）周武和吴纪都没有中标。

经过深入调查，发现上述3人中只有1人的看法是正确的。

根据以上信息，以下哪项中的3人都可以确定没有中标？

A. 赵嘉、孙斌、李汀。

B. 赵嘉、钱宜、李汀。

C. 孙斌、周武、吴纪。

D. 赵嘉、周武、吴纪。

E. 钱宜、孙斌、周武。

［解题分析］正确答案：B

根据题干条件，假设如下：

如果赵中标，则上述3人的看法都正确，不符合题干条件，所以，赵没中标。

如果钱中标，则上述3人的看法都正确，不符合题干条件，所以，钱也没中标。

如果李中标，则（2）（3）正确，即上述2人的看法都正确，不符合题干条件，所以，李也没中标。

综上，可以确定没有中标的是赵、钱、李。因此，B项为正确答案。

3　2013MBA－42

某金库发生了失窃案。公安机关侦查确定，这是一起典型的内盗案，可以断定金库管理员甲、乙、丙、丁中至少有一人是作案者。办案人员对四人进行了询问，四人的回答如下：

甲：“如果乙不是窃贼，我也不是窃贼。”

乙：“我不是窃贼，丙是窃贼。”

丙：“甲或者乙是窃贼。”

丁：“乙或者丙是窃贼。”

后来事实表明，他们四人中只有一人说了真话。

根据以上陈述，以下哪项一定为假？

A. 丙说的是假话。

B. 丙不是窃贼。

C. 乙不是窃贼。

D. 丁说的是真话。

E. 甲说的是真话。

［解题分析］正确答案：D

题干条件：甲、乙、丙、丁中只有一人说了真话，而且至少有一人是作案者。

首先确定乙不作案，否则，若乙作案，则丙、丁都说真话，与题干条件矛盾。

其次确定丙不作案，否则，若丙作案，则乙、丁都说真话，与题干条件矛盾。

既然乙、丙都不作案，则推出：丁必然说的是假话。

因此，D项所述一定为假。

4　2012MBA－31

临江市地处东部沿海，下辖临东、临西、江南、江北四个区。近年来，文化旅游产业成为该市新的经济增长点。2010 年，该市一共吸引了全国数十万人次游客前来参观旅游。12 月底，关于该市四个区当年吸引游客人次多少的排名，各位旅游局长作了如下预测：

临东区旅游局长：如果临西区第三，那么江北区第四。

临西区旅游局长：只有临西区不是第一，江南区才是第二。

江南区旅游局长：江南区不是第二。

江北区旅游局长：江北区第四。

最终的统计表明，只有一位局长的预测符合事实，则临东区当年吸引游客人次的排名是：

A. 第一。

B. 第二。

C. 第三。

D. 第四。

E. 在江北区之前。

[解题分析] 正确答案：D

列出条件关系式：

(1) 西三→北四 ＝ ¬西三 ∨ 北四。

(2) ¬西一←南二 ＝ ¬南二 ∨ ¬西一。

(3) ¬南二。

(4) 北四。

上述条件无矛盾关系或反对关系，则采用假设法来分析。

若 (3) 真，则 (2) 真，不符合题干只有一真的条件，所以，(3) 必假，则推出：南二。

若 (4) 真，则 (1) 真，不符合题干只有一真的条件，所以，(4) 必假，则推出：¬北四。

由上述分析知 (3) (4) 为假，而题干只有一真，可知，(1) (2) 为一真一假。

假设 (1) 真、(2) 假。由 (2) 假知：南二，西一。再由¬北四，推知：北三，东四。

假设 (1) 假、(2) 真。由 (1) 假知：西三，¬北四。结合南二，推知：北一，东四。

无论上述何种情况，均推出东四，即临东区排名是第四。因此，D 项为正确答案。

5　2010MBA－39

大小行星悬浮在太阳系边缘，极易受附近星体引力作用的影响。据研究人员计算，有时这些力量会将彗星从奥尔特星云拖出，这样，它们更有可能靠近太阳。两位研究人员据此分别作出了以下两种有所不同的断定：(1) 木星的引力作用要么将它们推至更小的轨道，要么将它们逐出太阳系；(2) 木星的引力作用或者将它们推至更小的轨道，或者将它们逐出太阳系。

如果上述两种断定只有一种为真，则可以推出以下哪项结论？

A. 木星的引力作用将它们推至更小的轨道，并且将它们逐出太阳系。

B. 木星的引力作用没有将它们推至更小的轨道，但是将它们逐出太阳系。

C. 木星的引力作用将它们推至更小的轨道，但是没有将它们逐出太阳系。

D. 木星的引力作用既没有将它们推至更小的轨道，也没有将它们逐出太阳系。

E. 木星的引力作用如果将它们推至更小的轨道，就不会将它们逐出太阳系。

[解题分析] 正确答案：A

用 P 表示“推至更小的轨道”，用 Q 表示“逐出太阳系”，则两位研究人员的断定可表示如下：

（1）$P \dot{\vee} Q$；

（2）$P \vee Q$。

假设（1）真，则可推出（2）真。

而两个断定中只有一真，因此，必然是（1）假、（2）真。

由（1）假得：P、Q两者都真，或两者都假。

由（2）真得：P、Q两者至少一个真。

上述两个条件都要满足，从而推出：只能是“P、Q两者都真”这一种情况成立。

因此，A项为正确答案。

6 2009MBA－27

甲、乙、丙和丁进入某围棋邀请赛半决赛，最后要决出一名冠军。张、王和李三人对结果作了如下预测：

张：冠军不是丙。

王：冠军是乙。

李：冠军是甲。

已知张、王、李三人中恰有一人的预测正确，则以下哪项为真？

A. 冠军是甲。

B. 冠军是乙。

C. 冠军是丙。

D. 冠军是丁。

E. 无法确定冠军是谁。

[解题分析] 正确答案：D

题干信息：（1）¬丙。（2）乙。（3）甲。

假设冠军是甲，则（1）（3）正确，与题干所述恰有一人的预测正确不符，所以，冠军不是甲。

假设冠军是乙，则（1）（2）正确，与题干所述恰有一人的预测正确不符，所以，冠军不是乙。

假设冠军是丙，则（1）（2）（3）均错误，与题干所述不符，所以，冠军不是丙。

由此可知，甲、乙、丙都不是冠军，冠军只能是丁。此时，（1）正确，（2）（3）错误，符合题干要求。因此，D项为正确答案。

7 2003MBA－56

一对夫妻带着他们的一个孩子在路上碰到一个朋友。朋友问孩子：“你是男孩还是女孩？”

朋友没听清孩子的回答。孩子的父母中某一个说，我孩子回答的是“我是男孩”，另一个接着说：“这孩子撒谎。她是女孩。”这家人中男性从不说谎，而女性从来不连续说两句真话，也不连续说两句假话。

如果上述陈述为真，那么，以下哪项一定为真？

Ⅰ. 父母中第一个说话的是母亲。

Ⅱ. 父母中第一个说话的是父亲。

Ⅲ. 孩子是男孩。

A. 只有Ⅰ。

B. 只有Ⅱ。

C. 只有Ⅰ和Ⅲ。
D. 只有Ⅱ和Ⅲ。
E. 不能确定。

[解题分析] 正确答案：A

假设父母中第一个说话的是父亲，则第二个说话的是母亲。由于这家人中男性从不说谎，因此，由父亲说的话可推知，孩子的回答确实是“我是男孩”。如果孩子是男孩，则母亲连续说了两句假话；如果孩子是女孩，则母亲连续说了两句真话。可见，母亲说的两句话要么都真，要么都假，这与题干的断定矛盾。

因此，假设不成立，即父母中第一个说话的不是父亲，而是母亲，即Ⅰ为真，Ⅱ为假。因为父母中第二个说话是父亲，又男性说真话，因此事实上孩子是女孩，即Ⅲ为假。

第五节　分析推理

分析推理题通常是题干给出若干条件，要求以这些条件为前提，逻辑地推出某种确定性的结论。推理技能可以通过训练来提高。分析推理训练的是整体和全面分析问题的能力，从宏观角度要求具备对整体框架的认识，从微观角度要求具备对每个条件的具体使用方法的灵活运用。

一、逻辑分析

逻辑分析题要求考生分析一些假想的情况，根据已知的人物、地点、事件等要素和项目中的关系进行演绎，得出结论。这些题设条件（关系）往往被假设成多种情形，且彼此相互联系。

分析思考往往是个信息收集和推理的过程，大致分为以下三个步骤：

（1）阅读理解。即准确阅读并理解文字陈述，从复杂的文字中分析出条件信息。

（2）分析思考。即对从阅读中获得的信息进行抽象提炼，并分析整理成清晰、完整的图表或条件推理关系。

（3）逻辑推理。即根据整理出来的图表、条件推理关系以及题目所给的附加条件，推理出新的信息。

1　2024MBA－47

某大学要从候选人甲、乙、丙、丁、戊、己、庚7人中选出3人作为本年度优秀教师。已知：

（1）甲、丙、丁、戊、己中至多有2人入选；
（2）若戊、己都没有入选，则丁、庚也都没有入选；
（3）若乙、庚中至少有1人没入选，则甲、丙都入选。

根据上述信息，可以得出以下哪项？

A. 甲入选。
B. 乙入选。
C. 丙入选。
D. 戊入选。
E. 庚入选。

［解题分析］正确答案：B

题干信息：

（1）甲、丙、丁、戊、己≤2人；

（2）¬戊∧¬己→¬丁∧¬庚；

（3）¬乙∨¬庚→甲∧丙。

由于7人中选3人，结合（1）推知，乙、庚2人中至少选1人。即：

（4）乙∨庚。

下面列表并分情况分析：

	≤2					≥1		备注
	甲	丙	丁	戊	己	乙	庚	
1. 庚不入选	+	+	−	−	−	+	−	符合题干条件
2. 庚入选，且乙入选	−	−	−	（+）	（+）	+	+	符合题干条件
3. 庚入选，且乙不入选	+	+	−	（+）	（+）	−	+	与题干条件矛盾

情况1：庚不入选。

由（4）知，乙入选。由（3）知，甲、丙入选，则剩下的丁、戊、己不入选。符合题干条件。

情况2：庚入选，且乙入选。

庚入选，由（2）的逆否命题：丁∨庚→戊∨己，可知，戊、己至少1人入选。结合只有3人入选，所以，戊、己中有1人入选，剩下的甲、丙、丁都不入选。符合题干条件。

情况3：庚入选，且乙不入选。

庚入选，由（2）的逆否命题可知，戊、己至少1人入选。

乙不入选，由（3）知，甲、丙都入选。

这样，甲、丙、丁、戊、己中至少有3人入选，这就与条件（1）矛盾，排除。

综上分析，不管是情况1还是情况2，乙都入选。因此，B项正确。

2　2024MBA－45

下面有一个5×5的方阵，它所含的每个小方格中均可填入“稻”“黍”“稷”“麦”“豆”5种谷物名称中的一个，有部分方格已经填入。要求该方阵每行、每列的5个小方格中均含有5种谷物的名称，不能重复，也不能遗漏。

根据上述要求，以下哪项是方阵中的①空格中应填入的谷物名称？

稷	麦			黍
麦	豆			
			①	
		黍		麦
	稷			稻

A. 麦。

B. 豆。

C. 稻。

D. 稷。

E. 黍。

[解题分析] 正确答案：A

根据题意，用行列标注各个格子，比如，1 行 3 列的格子标注为 1.3。

由于 2.2 是豆，则 2.5 不能是豆，那只能是稷，3.5 就是豆。

由于 4.3 是黍，所以 2.3 是稻，2.4 就只能是黍。

由于 2.3 是稻，所以 1.3 是豆，1.4 是稻。

由于 4.3 是黍，所以 4.2 是稻，3.2 是黍。

由于 5.2 是稷，所以 5.3 是麦，3.3 是稷。

由于 1.4 是稻，所以①不是稻，只能是麦。

因此，A 项正确。

稷	麦	豆	稻	黍
麦	豆	稻	黍	稷
	黍	稷	①	豆
	稻	黍		麦
	稷	麦		稻

3 2024MBA－27

某大学管理学院安排甲、乙、丙、丁、戊、己六位院务会成员暑期值班六周，每人值班一周。已知：

(1) 乙第四周值班；

(2) 丁和戊的值班时间都早于己；

(3) 甲值班的时间早于乙，但晚于丙。

根据以上信息，第三周可以安排的值班人员有：

A. 仅甲、丁。

B. 仅甲、戊。

C. 仅丁、戊。

D. 仅甲、丁、戊。

E. 仅丁、戊、己。

[解题分析] 正确答案：D

根据 (1)，乙在第四周，结合 (3)，可推知，甲只能在第二周或第三周。若甲在第二周，那么丙只能在第一周；若甲在第三周，那么丙可以在第一周或第二周。这样就分成了以下三种情况（见下表）：

	第一周	第二周	第三周	第四周	第五周	第六周
第一种情况	丙	甲		乙		
第二种情况	丙		甲	乙		
第三种情况		丙	甲	乙		

又由 (2)，己晚于丁和戊，那么，己只能在第六周，剩下的两个空缺的周就由丁和戊值班。填入表格如下：

	第一周	第二周	第三周	第四周	第五周	第六周
第一种情况	丙	甲	丁/戊	乙	戊/丁	己
第二种情况	丙	丁/戊	甲	乙	戊/丁	己
第三种情况	丁/戊	丙	甲	乙	戊/丁	己

可见，甲、丁、戊可以安排在第三周值班，因此，D项正确。

4 2023MBA－52

入冬以来，天气渐渐变冷。11月30日，某地气象台的天气预报显示：未来5天每天的最高气温从4℃开始逐日下降至－1℃；每天的最低气温不低于－6℃；最低气温－6℃只出现在其中一天。预报还包含如下信息：

（1）未来5天中的最高气温和最低气温不会出现在同一天，每天的最高气温和最低气温均为整数；

（2）若5号的最低气温是未来5天中最低的，则2号的最低气温比4号的高4℃；

（3）2号和4号每天的最高气温与最低气温之差均为5℃。

根据以上预报信息，可以得出以下哪项？

A. 1号的最低气温比2号的高2℃。

B. 3号的最高气温比4号的高1℃。

C. 4号的最高气温比5号的高1℃。

D. 3号的最低气温为－6℃。

E. 2号的最低气温为－4℃。

[解题分析] 正确答案：D

根据未来5天每天的最高气温从4℃开始逐日下降至－1℃，可知未来5天的最高气温分别是3℃、2℃、1℃、0℃、－1℃。

由（3），2号和4号每天的最高气温与最低气温之差均为5℃，可知，2号和4号每天的最低气温分别为－3℃和－5℃。这样，就否定了（2）的后件，得出，5号的最低气温不是未来5天中最低的。

又由（1），未来5天中的最高气温和最低气温不会出现在同一天，最低气温－6℃不可能出现在1号。由此知道，最低气温－6℃只能出现在3号。因此，D项正确。

	1号	2号	3号	4号	5号
最高气温（℃）	3	2	1	0	－1
最低气温（℃）		－3		－5	

5 2023MBA－42

某台电脑的登录密码由0～9中的6个数字组成，每个数字最多出现1次。关于该6位密码，已知：

（1）741605中，共有4个数字正确，其中3个位置正确，1个位置不正确；

（2）320968中，恰有3个数字正确且位置正确；

（3）417280中，共有4个数字不正确。

根据上述信息，可以得出该登录密码的前两位是：

A. 71。

B. 42。

C. 72。

D. 31。

E. 34。

[解题分析] 正确答案：E

(1) 741605 中，有 3 个数字正确且位置正确；

(2) 320968 中，有 3 个数字正确且位置正确。

这两个密码完全不同，因此，这两个密码中加起来一共 6 个数字正确，且位置互斥。所以，第一个数字不是 7 就是 3，排除 B 项。

第二个数字不是 4 就是 2，排除 A、D 项。所以，正确答案只能从 C 项和 E 项中产生。

假设前两位是 72，则由（3），417280 中，正确的是 7、2，不正确的是 4、1、8、0。这样，741605 中，4、1、0 不正确，与共有 4 个数字正确矛盾。因此，假设前两位是 72 不成立，排除 C 项。

因此，剩下的 E 项为正确答案。

6　2023MBA－40

小陈与几位朋友商定利用假期到某地旅游，他们在桃花坞、第一山、古生物博物馆、新四军军部旧址、琉璃泉、望江阁 6 个景点中选择了 4 个游览。已知：

（1）如果选择桃花坞，则不选择古生物博物馆而选择望江阁；

（2）如果选择望江阁，则不选择第一山而选择新四军军部旧址。

根据以上信息，可以得出以下哪项？

A. 他们选择了桃花坞。

B. 他们没有选择望江阁。

C. 他们选择了新四军军部旧址。

D. 他们没有选择第一山。

E. 他们没有选择古生物博物馆。

[解题分析] 正确答案：C

由（1），桃花坞和古生物博物馆中至少有 1 个不选。

由（2），望江阁和第一山中至少有 1 个不选。

既然题干断定，6 个景点中选择 4 个。

那么，剩下的 2 个景点新四军军部旧址、琉璃泉必然都入选。

因此，C 项为正确答案。

7　2022MBA－39

节日将至，某单位拟为职工发放福利品，每人可在甲、乙、丙、丁、戊、己、庚 7 种商品中选择其中的 4 种进行组合，且每种组合还要满足如下要求：

（1）若选甲，则丁、戊、庚 3 种中至多选其一；

（2）若丙、己 2 种至少选 1 种，则必选乙但不能选戊。

以下哪项组合符合上述要求？

A. 甲、丁、戊、己。

B. 乙、丙、丁、戊。

C. 甲、乙、戊、庚。
D. 乙、丁、戊、庚。
E. 甲、丙、丁、己。

[解题分析] 正确答案：D

用选项逐一代入，排除与题干信息矛盾的选项即可。

A项：甲、丁、戊、己。与条件（1）矛盾，选了甲但出现了丁、戊2种，排除。

B项：乙、丙、丁、戊。与条件（2）矛盾，有丙但还有戊，排除。

C项：甲、乙、戊、庚。与条件（1）矛盾，选了甲但出现了戊、庚2种，排除。

D项：乙、丁、戊、庚。没有矛盾。

E项：甲、丙、丁、己。与条件（2）矛盾，有丙、己但没有乙，排除。

因此，只有D项符合要求。

8 2022MBA－35

某单位有甲、乙、丙、丁、戊、己、庚、辛、壬、癸10名新进员工，他们所学专业是哲学、数学、化学、金融和会计5个专业之一，每人只学其中1个专业，已知：

（1）若甲、丙、壬、癸中至多有3人是数学专业，则丁、庚、辛3人都是化学专业；

（2）若乙、戊、己中至多有2人是哲学专业，则甲、丙、庚、辛4人专业各不相同。

根据上述信息，所学专业相同的新员工是：

A. 乙、戊、己。
B. 甲、壬、癸。
C. 丙、丁、癸。
D. 丙、戊、己。
E. 丁、庚、辛。

[解题分析] 正确答案：A

假设乙、戊、己中至多有2人是哲学专业为真，则由（2）知，甲、丙、庚、辛4人专业各不相同。

既然庚、辛专业不相同，则丁、庚、辛3人都是化学专业为假。

再由（1）知，甲、丙、壬、癸中至多有3人是数学专业为假，即甲、丙、壬、癸4人都为数学专业，这与甲、丙、庚、辛4人专业各不相同矛盾。

因此，乙、戊、己中至多有2人是哲学专业这一假设错误，由此可推知，乙、戊、己均为哲学专业。因此，A项正确。

9 2022MBA－32

张、李、宋、孔4人参加植树活动的情况如下所示：

（1）张、李、孔至少有2人参加；

（2）李、宋、孔至多有2人参加；

（3）如果李参加，那么张、宋2人要么都参加，要么都不参加。

根据以上陈述，以下哪项是不可能的？

A. 宋、孔都参加。
B. 宋、孔都不参加。
C. 李、宋都参加。
D. 李、宋都不参加。

E. 李参加，宋不参加。

[解题分析] 正确答案：B

题干断定，张、李、宋、孔 4 人参加植树活动的情况满足如下条件关系式：

(1) 张、李、孔至少有 2 人参加；

(2) ¬(李∧宋∧孔)；

(3) 李→(张∧宋) $\dot{\vee}$ (¬张∧¬宋)。

假设 B 项为真，即宋、孔都不参加，由(1)可知，张、李都参加。既然李参加，再由(3)推出，张、宋都参加或都不参加；而张是参加的，因此，宋也参加。这与假设矛盾。所以，B 项不可能成立。

其余选项都不与题干矛盾，均有可能为真。把选项逐项代入验证，如下表所示：

	张	李	宋	孔	
A. 宋、孔都参加	+	−	+	+	可能真
B. 宋、孔都不参加			−	−	不可能
C. 李、宋都参加	+	+	+	−	可能真
D. 李、宋都不参加	+	−	−	+	可能真
E. 李参加，宋不参加	−	+	−	+	可能真

10　2022MBA－28

退休在家的老王今晚在“焦点访谈”“国家记忆”“自然传奇”“人物故事”“纵横中国”这 5 个节目中选择了 3 个节目观看。老王对观看的节目有如下要求：

(1) 如果观看“焦点访谈”，就不观看“人物故事”；

(2) 如果观看“国家记忆”，就不观看“自然传奇”。

根据上述信息，老王一定观看了如下哪个节目？

A. “纵横中国”。

B. “国家记忆”。

C. “自然传奇”。

D. “人物故事”。

E. “焦点访谈”。

[解题分析] 正确答案：A

按题意，5 个节目选 3 个。

由(1)知：“焦点访谈”和“人物故事”必选 1 个。

由(2)知：“国家记忆”和“自然传奇”必选 1 个。

因此，剩下的 1 个必然是“纵横中国”。

	1	2	3
观看的节目	焦点访谈/人物故事	国家记忆/自然传奇	纵横中国

11　2021MBA－52

除冰剂是冬季北方城市用于道路去冰的常见产品。下表显示了五种除冰剂的各项特征：

除冰剂类型	融冰速度	破坏道路设施的可能风险	污染土壤的可能风险	污染水体的可能风险
Ⅰ	快	高	高	高
Ⅱ	中等	中	低	中
Ⅲ	较慢	低	低	中
Ⅳ	快	中	中	低
Ⅴ	较慢	低	低	低

以下哪项对上述五种除冰剂特征的概括最为准确？

A. 融冰速度较慢的除冰剂在污染土壤和污染水体方面的风险都低。

B. 没有一种融冰速度快的除冰剂三个方面风险都高。

C. 若某种除冰剂至少两个方面风险低，则其融冰速度一定较慢。

D. 若某种除冰剂三个方面风险都不高，则其融冰速度一定也不快。

E. 若某种除冰剂在破坏道路设施和污染土壤方面的风险都不高，则其融冰速度一定较慢。

［解题分析］ 正确答案：C

将各个选项逐一结合题干条件进行判断。

A 项：不准确。因为Ⅲ的融冰速度较慢，但污染水体方面的风险为中。

B 项：不准确。Ⅰ的融冰速度快，但三个方面风险都高。

C 项：准确。至少两个方面风险低的除冰剂只有Ⅲ和Ⅴ，其融冰速度都较慢。

D 项：不准确。Ⅳ的三方面风险都不高，但其融冰速度快。

E 项：不准确。Ⅱ和Ⅳ在破坏道路设施和污染土壤方面的风险都不高，但其融冰速度并不慢。

12　2021MBA－45

下面有一个 5×5 的方阵，它所含的每个小方格中可填入一个词（已有部分词填入）。现要求该方阵中的每行、每列及每个粗线条围住的五个小方格组成的区域中均含有“道路”“制度”“理论”“文化”“自信”5 个词，不能重复也不能遗漏。

根据上述要求，以下哪项是方阵①②③④空格中从左至右依次应填入的词？

①	②	③	④	
	自信	道路		制度
理论				道路
制度		自信		
				文化

A. 道路、理论、制度、文化。

B. 道路、文化、制度、理论。

C. 文化、理论、制度、自信。

D. 理论、自信、文化、道路。

E. 制度、理论、道路、文化。

[解题分析] 正确答案：A

首先看第二行，只有两个空格，应分别填“文化”和“理论”，如下所示：

①	②	③	④	
（文化）	自信	道路	（理论）	制度
理论				道路
制度		自信		
				文化

根据题干，该5行、5列的方阵，每行、每列均含5个词，不能重复也不能遗漏。

那么，第1列不能有“文化”“理论”“制度”，排除C、D、E项。

第4列不能有“理论”，排除B项。

这样只剩下A项为正确答案。填入空格中，验证如下：

道路	理论	制度	文化	（自信）
（文化）	自信	道路	（理论）	制度
理论	（制度）	（文化）	（自信）	道路
制度	（文化）	自信	（道路）	（理论）
（自信）	（道路）	（理论）	（制度）	文化

13　2021MBA－35

王、陆、田3人拟到甲、乙、丙、丁、戊、己6个景点结伴游览。关于游览的顺序，3人意见如下：

（1）王：1甲、2丁、3己、4乙、5戊、6丙；

（2）陆：1丁、2己、3戊、4甲、5乙、6丙；

（3）田：1己、2乙、3丙、4甲、5戊、6丁。

实际游览时，每个人的意见中都恰有一半的景点序号是正确的。

根据以上信息，他们实际游览的前3个景点分别是：

A. 己、丁、丙。

B. 丁、乙、己。

C. 甲、乙、己。

D. 乙、己、丙。

E. 丙、丁、己。

[解题分析] 正确答案：B

将题干3人意见列表如下：

	1	2	3	4	5	6
王	甲	丁	己	乙	戊	丙
陆	丁	己	戊	甲	乙	丙
田	己	乙	丙	甲	戊	丁

将各个选项逐一结合题干条件进行判断：

A项：己、丁、丙。则（2）陆的意见：1丁、2己、3戊、6丙，这4个均错误。

C项：甲、乙、己。则（2）陆的意见：1丁、2己、3戊、4甲、5乙，这5个均错误。

D项：乙、己、丙。则（1）王的意见：1甲、2丁、3己、4乙、6丙，这5个均错误。

E项：丙、丁、己。则（2）陆的意见：1丁、2己、3戊、6丙，这4个均错误。

可见，上述四个选项均违背了每个人的意见中都恰有一半的景点序号是正确的这一条件。因此，均排除。

只有B项：丁、乙、己。这3人意见的前3个景点都有1个正确，可以满足题干条件，所以，该项正确。

14 2021MBA－33

某电影节设有“最佳故事片”“最佳男主角”“最佳女主角”“最佳编剧”“最佳导演”等多个奖项。颁奖前，有专业人士预测如下：

（1）若甲或乙获得“最佳导演”，则“最佳女主角”和“最佳编剧”将在丙和丁中产生；

（2）只有影片P或者影片Q获得“最佳故事片”，其中的主角才能获得“最佳男主角”或“最佳女主角”；

（3）“最佳导演”和“最佳故事片”不会来自同一部影片。

以下哪项颁奖结果与上述预测不一致？

A. 乙没有获得“最佳导演”，“最佳男主角”来自影片Q。

B. 丙获得“最佳女主角”，“最佳编剧”来自影片P。

C. 丁获得“最佳编剧”，“最佳女主角”来自影片P。

D. “最佳女主角”“最佳导演”都来自影片P。

E. 甲获得“最佳导演”，“最佳编剧”来自影片Q。

［解题分析］ 正确答案：D

将各个选项逐一代入题干，结合条件进行判断：

分析D项，“最佳女主角”“最佳导演”都来自影片P。

根据条件（3），“最佳导演”和“最佳故事片”不会来自同一部影片，因此，影片P不可能获得“最佳故事片”。再根据条件（2），影片P中的主角就不可能获得“最佳女主角”。

因此，D项颁奖结果与上述预测不一致。

其余选项均没有违背题干条件，都有可能成立。

15 2021MBA－31

某俱乐部共有甲、乙、丙、丁、戊、己、庚、辛、壬、癸10名职业运动员，来自5个不同的国家（不存在双重国籍的情况）。已知：

（1）该俱乐部的外援刚好占一半，他们是乙、戊、丁、庚、辛；

（2）乙、丁、辛3人来自2个国家。

根据以上信息，可以得出以下哪项？

A. 甲、丙来自不同国家。

B. 乙、辛来自不同国家。

C. 乙、庚来自不同国家。

D. 丁、辛来自相同国家。

E. 戊、庚来自相同国家。

[解题分析] 正确答案：C

职业运动员来自 5 个国家，外援占一半，因此，乙、戊、丁、庚、辛 5 个外援来自 4 个国家。

既然乙、丁、辛来自 2 个国家，因此，戊、庚来自另外 2 个国家。

将各个选项逐一结合题干条件进行判断：

A 项：甲、丙来自不同国家。错误，甲、丙不是外援，均来自本国。

B 项：乙、辛来自不同国家。不能确定，有可能来自相同国家。

C 项：乙、庚来自不同国家。正确，乙来自的 2 个国家和庚来自的另外 2 个国家一定不同。

D 项：丁、辛来自相同国家。不能确定，有可能来自不同国家。

E 项：戊、庚来自相同国家。错误，戊、庚一定来自 2 个不同国家。

16　2021MBA－27

M 大学社会学学院的老师都曾经对甲县某些乡镇进行家庭收支情况调研；N 大学历史学院的老师都曾经到甲县的所有乡镇进行历史考查。赵若兮曾经对甲县所有乡镇家庭收支情况进行调研，但未曾到项郢镇进行历史考察；陈北鱼曾经到梅河乡进行历史考察，但从未对甲县家庭收支情况进行调研。

根据以上信息，可以得出以下哪项？

A. 陈北鱼是 M 大学社会学学院的老师，且梅河乡是甲县的。

B. 若赵若兮是 N 大学历史学院的老师，则项郢镇不是甲县的。

C. 对甲县的家庭收支情况调研，也会涉及相关的历史考察。

D. 陈北鱼是 N 大学的老师。

E. 赵若兮是 M 大学的老师。

[解题分析] 正确答案：B

题干信息：

(1) M 大学社会学学院的老师→对甲县某些乡镇收支调研。

(2) N 大学历史学院的老师→到甲县所有乡镇进行历史考察。

(3) 赵→对甲县所有乡镇收支调研。

(4) 赵→¬项郢镇历史考察。

(5) 陈→梅河乡历史考察。

(6) 陈→¬甲县收支调研。

若赵若兮是 N 大学历史学院的老师，由 (2) 知，则赵到甲县所有乡镇进行历史考察；又由 (4)，赵未曾到项郢镇进行历史考察，可推出，项郢镇不是甲县的。因此，B 项正确。

其余选项不能必然得出。比如，A 项，由“陈”结合 (5)，无法根据推理规则推出有效信息，排除。

17　2020MBA－51

某街道的综合部、建设部、平安部和民生部四个部门，需要负责街道的秩序、安全、环境、协调等四项工作。每个部门只负责其中的一项工作，且各部门负责的工作各不相同。已知：

(1) 如果建设部负责环境或秩序，则综合部负责协调或秩序；

(2) 如果平安部负责环境或协调，则民生部负责协调或秩序。

根据以上信息，以下哪项工作安排是可能的？

A. 建设部负责环境，平安部负责协调。

B. 建设部负责秩序，民生部负责协调。

C. 综合部负责安全，民生部负责协调。

D. 民生部负责安全，综合部负责秩序。

E. 平安部负责安全，建设部负责秩序。

［解题分析］正确答案：E

根据题干条件，对选项进行逐一考察：

A项：建设部负责环境，平安部负责协调。建设部负责环境，根据条件（1）得，综合部负责秩序；平安部负责协调，根据条件（2）得，民生部负责秩序。这样有两个部门负责秩序，与题干条件矛盾，排除。

B项：建设部负责秩序，根据条件（1）得，综合部负责协调，与民生部负责协调矛盾，排除。

C项：综合部负责安全，根据条件（1）的逆否命题得，建设部不负责环境，也不负责秩序；而民生部负责协调，此时建设部不存在可以负责的内容，排除。

D项：民生部负责安全，根据条件（2）的逆否命题得，平安部既不负责环境，也不负责协调；而综合部负责秩序，此时平安部不存在可以负责的内容，排除。

E项：平安部负责安全，建设部负责秩序。根据条件（1）得，综合部负责协调；这样，民生部就负责环境，符合题干条件要求。因此，该项工作安排是可能的。

18 2020MBA－39

因业务需要，某公司欲将甲、乙、丙、丁、戊、己、庚7个部门，合并到丑、寅、卯3个子公司。已知：

（1）一个部门只能合并到一个子公司；

（2）若丁和丙中至少有一个未合并到丑公司，则戊和甲均合并到丑公司；

（3）若甲、己、庚中至少有一个未合并到卯公司，则戊合并到寅公司且丙合并到卯公司。

根据上述信息，可以得出以下哪项？

A. 甲、丁均合并到丑公司。

B. 乙、戊均合并到寅公司。

C. 乙、丙均合并到寅公司。

D. 丁、丙均合并到丑公司。

E. 庚、戊均合并到卯公司。

［解题分析］正确答案：D

假设丁、丙中至少有一个未合并到丑公司，根据条件（2）推出，戊和甲均合并到丑公司。

再由条件（1），一个部门只能合并到一个子公司，推出，当戊合并到丑公司时，则戊未合并到寅公司。

然后根据条件（3）的逆否命题推出，甲、己、庚都合并到卯公司，这与前面推出的甲合并到丑公司相冲突，所以，原假设不能成立。

既然假设不成立，由此可进一步推出：丁、丙均合并到丑公司。

19　2019MBA－47

某大学读书会开展“一月一书”活动。读书会成员甲、乙、丙、丁、戊5人在《论语》《史记》《唐诗三百首》《奥德赛》《资本论》中各选一本阅读，互不重复。已知：

（1）甲爱读历史，会在《史记》和《奥德赛》中挑一本；

（2）乙和丁只爱读中国古代经典，但现在都没有读诗的心情；

（3）如果乙选《论语》，则戊选《史记》。

事实上，每个人都选了自己喜爱的书目。

根据上述信息，可以得出以下哪项？

A. 甲选《史记》。

B. 乙选《奥德赛》。

C. 丙选《唐诗三百首》。

D. 丁选《论语》。

E. 戊选《资本论》。

[解题分析] 正确答案：D

根据题干陈述和条件（2）推知，乙和丁选的是《论语》《史记》。

如果乙选《论语》，根据条件（3），则戊选《史记》。这和上述推理矛盾。

因此，乙不能选《论语》，只能选《史记》，这样，丁选的是《论语》。

所以，D项正确。

20　2019MBA－37

某市青年节设立了流行、民谣、摇滚、民族、电音、说唱、爵士这7大类的奖项评选。在入围提名中，已知：

（1）至少有6类入围；

（2）流行、民谣、摇滚中至多有2类入围；

（3）如果摇滚和民族类都入围，则电音和说唱中至少有一类没有入围。

根据上述信息，可以得出以下哪项？

A. 流行类没有入围。

B. 民谣类没有入围。

C. 摇滚类没有入围。

D. 爵士类没有入围。

E. 电音类没有入围。

[解题分析] 正确答案：C

根据题干，有7大类奖项评选，由条件（1）（2）可推出：

（4）民族、电音、说唱、爵士这4大类都入围。

结合条件（3）摇滚∧民族→¬电音∨¬说唱。

其等价的逆否命题为：（5）¬摇滚∨¬民族←电音∧说唱。

由（5），既然电音、说唱入围，则推出：摇滚和民族至少有一类没入围。

又由（4），既然民族已入围，则摇滚一定没入围。因此，C项正确。

21　2019MBA－36

有一个6×6的方阵，它所含的每个小方格中可填入一个汉字，已有部分汉字填入。现要求该方阵中的每行、每列均含有礼、乐、射、御、书、数6个汉字，不能重复也不能遗漏。

根据上述要求，以下哪项是方阵的第6行5个空格中从左至右依次应填入的汉字？

	乐		御	书	
			乐		
射	御	书		礼	
	射			数	礼
御		数			射
					书

A. 数、礼、乐、射、御。
B. 乐、数、御、射、礼。
C. 数、礼、乐、御、射。
D. 乐、礼、射、数、御。
E. 数、御、乐、射、礼。

[解题分析] 正确答案：A

首先看第三行，只有两个空格，应分别填“数”和“乐”，如下表：

	乐		御	书	
			乐		
射	御	书	（数）	礼	（乐）
	射			数	礼
御		数			射
					书

根据题干，该6行、6列方阵，每行、每列均含6个汉字，不能重复也不能遗漏。
那么，第6行第2列不能有乐、御、射，排除E项。
第6行第4列不能有御、乐、数，排除C、D项。
第6行第5列不能有书、礼、数，排除B、E项。
这样，只剩下A项，即为正确答案。

22　2019MBA－35

本保险柜密码由4个阿拉伯数字和4个英文字母组成。已知：
(1) 若4个英文字母不连续排列，则密码组合中的数字之和大于15；
(2) 若4个英文字母连续排列，则密码组合中的数字之和等于15；
(3) 密码组合中的数字之和或者等于18，或者小于15。
根据上述信息，以下哪项是可能的密码组合？
A. 1adbe356。
B. 37ab26dc。
C. 2acgf716。
D. 58bcde32。

E. 18ac42de。

[解题分析] 正确答案：B

B 项：4 个英文字母不连续排列，数字之和为 18，符合上述条件，正确。

其余选项均不符合条件，排除。其中：

A 项：密码组合中的数字之和等于 15，违背条件（3）。

C 项：密码组合中的数字之和等于 16，违背条件（2）（3）。

D 项：4 个英文字母连续排列，密码组合中的数字之和等于 18，违背条件（2）。

E 项：4 个英文字母不连续排列，密码组合中的数字之和等于 15，违背条件（1）。

23　2018MBA - 38

某学期学校新开设 4 门课程："《诗经》鉴赏""老子研究""唐诗鉴赏""宋词选读"。李晓明、陈文静、赵珊珊和庄志达 4 人各选修了其中一门课程。已知：

（1）他们 4 人选修的课程各不相同；

（2）喜爱诗词的赵珊珊选修的是诗词类课程；

（3）李晓明选修的不是"《诗经》鉴赏"就是"唐诗鉴赏"。

以下哪项如果为真，就能确定赵珊珊选修的是"宋词选读"？

A. 庄志达选修的不是"宋词选读"。

B. 庄志达选修的是"老子研究"。

C. 庄志达选修的不是"老子研究"。

D. 庄志达选修的是"《诗经》鉴赏"。

E. 庄志达选修的不是"《诗经》鉴赏"。

[解题分析] 正确答案：D

题干信息：赵珊珊选修的是诗词类课程，包括"《诗经》鉴赏""唐诗鉴赏""宋词选读"。

若 D 项为真，即庄志达选修的是"《诗经》鉴赏"，结合（3），李晓明就要选修"唐诗鉴赏"，那么，赵珊珊选修的只能是"宋词选读"。

24　2018MBA - 35

某市已开通运营一、二、三、四号地铁线路，各条地铁线每一站运行加停靠所需时间均彼此相同。小张、小王、小李三人是同一单位的职工，单位附近有北口地铁站。某天早晨，三人同时都在常青站乘一号线上班，但三人关于乘车路线的想法不尽相同。已知：

（1）如果一号线拥挤，小张就坐 2 站后转三号线，再坐 3 站到北口站；如果一号线不拥挤，小张就坐 3 站后转二号线，再坐 4 站到北口站。

（2）只有一号线拥挤，小王才坐 2 站后转三号线，再坐 3 站到北口站。

（3）如果一号线不拥挤，小李就坐 4 站后转四号线，坐 3 站后再转三号线，再坐 1 站到达北口站。

（4）该天早晨地铁一号线不拥挤。

假定三人换乘及步行总时间相同，则以下哪项最可能与上述信息不一致？

A. 小王和小李同时到达单位。

B. 小张和小王同时到达单位。

C. 小王比小李先到达单位。

D. 小李比小张先到达单位。

E. 小张比小王先到达单位。

［解题分析］正确答案：D

由条件（1）和条件（4）可得：小张先坐一号线（3 站），转二号线（4 站），到达。即坐了 7 站，转乘一次。

由条件（3）和条件（4）可得：小李先坐一号线（4 站），转四号线（3 站），再转三号线（1 站），到达。即坐了 8 站，转乘两次。

由于“各条地铁线每一站运行加停靠所需时间均彼此相同”且“换乘及步行总时间相同”，所以小李一定要比小张晚到单位，选项 D 不可能为真。

由条件（2）和条件（4）可得：小王不会“坐 2 站后转三号线，再坐 3 站到北口站”，具体情况未知。因此，包含小王的选项均应予以排除。

25　2018MBA－33

二十四节气是我国在农耕社会生产生活的时间指南，反映了从春到冬一年四季的气温、降水、物候的周期性变化规律。已知各节气的名称具有如下特点：

（1）凡含“春”“夏”“秋”“冬”字的节气各属春、夏、秋、冬季；

（2）凡含“雨”“露”“雪”字的节气各属春、秋、冬季；

（3）如果“清明”不在春季，则“霜降”不在秋季；

（4）如果“雨水”在春季，则“霜降”在秋季。

根据以上信息，如果从春至冬每季仅列两个节气，则以下哪项是不可能的？

A. 雨水、惊蛰、夏至、小暑、白露、霜降、大雪、冬至。

B. 惊蛰、春分、立夏、小满、白露、寒露、立冬、小雪。

C. 清明、谷雨、芒种、夏至、秋分、寒露、小雪、大寒。

D. 立春、清明、立夏、夏至、立秋、寒露、小雪、大寒。

E. 立春、谷雨、清明、夏至、处暑、白露、立冬、小雪。

［解题分析］正确答案：E

根据（2）“雨”都在春季，说明“雨水”在春季。

结合（4）得到，“霜降”在秋季。

再结合（3）得到，“清明”在春季。

而 E 项“清明”是第三个，属于夏季，这是不可能的。

其余选项都有可能成立。比如，A 项，由（4）“霜降”在秋季，则“雨水”在春季，但题目只列了两个节气，并没有列出全部，所以，A 项并非不可能。

26　2017MBA－37

很多成年人对于儿时熟悉的《唐诗三百首》中的许多名诗，常常仅记得几句名句，而不知道诗作者或诗名。甲校中文系硕士生只有三个年级，每个年级人数相等。统计发现，一年级学生都能把该书中的名句与诗名及其作者对应起来；二年级 2/3 的学生能把该书中的名句和作者对应起来；三年级 1/3 的学生不能把该书中的名句与诗名对应起来。

根据上述信息，关于该校中文系硕士生，可以得出以下哪项？

A. 1/3 以上的一、二年级学生不能把该书中的名句和作者对应起来。

B. 1/3 以上的硕士生不能将该书中的名句与诗名或作者对应起来。

C. 大部分硕士生能将该书中的名句与诗名及其作者对应起来。

D. 2/3 以上的一、三年级学生能把该书中的名句与诗名对应起来。

E. 2/3 以上的一、二年级学生不能把该书中的名句与诗名对应起来。

［解题分析］ 正确答案：D

根据题干所陈述的对甲校中文系硕士生的统计，列表如下：

	名句和作者对应		名句与诗名对应	
	能	不能	能	不能
一年级学生	1	0	1	0
二年级学生	2/3	1/3		
三年级学生			2/3	1/3

由此可见，2/3 以上的一、三年级学生能把该书中的名句与诗名对应起来。因此，D 项正确。

其余选项都不能必然得出。其中：

A 项：只能得出 1/3 以下的一、二年级学生不能把该书中的名句和作者对应起来，排除。

B 项：由于缺乏二年级学生把该书中的名句与诗名对应起来的比例，所以无法确定该项是否正确，排除。

C 项：由于缺乏二、三年级学生能把该书中的名句与诗名及其作者对应起来的比例，所以无法确定该项是否正确，排除。

E 项：由于缺乏二年级学生把该书中的名句与诗名对应起来的比例，所以无法确定该项是否正确，排除。

27　2017MBA - 29

某剧组招募群众演员。为配合剧情，需要招 4 类角色：外国游客 1 到 2 名；购物者 2 到 3 名；商贩 2 名；路人若干。有甲、乙、丙、丁、戊、己 6 人可供选择，且每个人在同一场景中只能出演一个角色。已知：

（1）只有甲、乙才能出演外国游客；

（2）上述 4 类角色在每个场景中至少有 3 类同时出现；

（3）每一场景中，若乙或丁出演商贩，则甲和丙出演购物者；

（4）购物者和路人的数量之和在每个场景中不超过 2。

根据上述信息，可以得出以下哪项？

A. 同一场景中，如果戊和己出演路人，那么甲只能出演外国游客。

B. 甲、乙、丙、丁不会出现在同一场景。

C. 至少有 2 人需要在不同场景中出演不同的角色。

D. 在同一场景中，若乙出演外国游客，则甲只可能出演商贩。

E. 在同一场景中，如果丁和戊出演购物者，则乙只可能出演外国游客。

［解题分析］ 正确答案：E

根据题干条件，表达如下：

（1）甲 ∨ 乙←外。

（2）（外、购、商、路）≥3。

（3）每个场景中，乙 ∨ 丁（商）→甲 ∧ 丙（购）。

（4）购＋路≤2。

现进行逐项考察：

A 项不必然为真，因为同一场景中，如果戊和己出演路人，那么甲出演商贩，乙出演外国游客，也符合题干条件。

B项错误，因为甲、乙、丙、丁可以出现在同一场景，比如甲、乙、丙、丁分别出演外国游客、购物者、商贩、路人，这是符合题干条件的。

C项不必然为真，比如在仅有两个场景的演出中，只有1人出演不同角色，其他人演同样的角色，这是符合题干条件的。

D项错误，根据条件（3），若乙出演外国游客，则甲也可能出演购物者，排除。

E项必然为真，因为若丁和戊出演购物者，根据条件（4），则没有路人，又由（2），则一定有商贩和外国游客。若乙出演商贩，根据条件（3），则甲和丙出演购物者，那么，甲、乙都不出演外国游客，与条件（1）矛盾。所以，乙不能出演商贩，只能出演外国游客。因此，该项为正确答案。

28　2014MBA－29

在某次考试中，有3个关于北京旅游景点的问题，要求考生每题选择某个景点的名称作为唯一答案。其中6位考生关于上述3个问题的答案依次如下：

第一位考生：天坛、天坛、天安门。

第二位考生：天安门、天安门、天坛。

第三位考生：故宫、故宫、天坛。

第四位考生：天坛、天安门、故宫。

第五位考生：天安门、故宫、天安门。

第六位考生：故宫、天安门、故宫。

考试结果表明每位考生都至少答对其中1道题。

根据以上陈述，可知这3个问题的答案依次是：

A. 天坛、故宫、天坛。

B. 故宫、天安门、天安门。

C. 天安门、故宫、天坛。

D. 天坛、天坛、故宫。

E. 故宫、故宫、天坛。

［解题分析］正确答案：B

使用选项归谬法，依次把选项代入题干进行排除。

把选项A代入，第六位考生就全答错了，与题干不符，排除该项。

把选项B代入，符合题干所述的每位考生都至少答对其中1道题。

把选项C代入，第一位考生就全答错了，与题干不符，排除该项。

把选项D代入，第二位考生就全答错了，与题干不符，排除该项。

把选项E代入，第一位考生就全答错了，与题干不符，排除该项。

29　2012MBA－49

一位房地产信息员通过对某地的调查发现：护城河两岸房屋的租金都比较廉价；廉租房都坐落在凤凰山北麓；东向的房屋都是别墅；非廉租房不可能具有廉价的租金；有些单室套的两限房建在凤凰山南麓；别墅也都建筑在凤凰山南麓。

根据该房地产信息员的调查，以下哪项不可能存在？

A. 东向的护城河两岸的房屋。

B. 凤凰山北麓的两限房。

C. 单室套的廉租房。
D. 护城河两岸的单室套。
E. 南向的廉租房。
[解题分析] 正确答案：A
根据题干断定：
(1) 两岸→廉价；
(2) 廉租→山北；
(3) 东向→别墅；
(4) ¬廉租→¬廉价；
(5) 有些单室套的两限房→山南；
(6) 别墅→山南。
由 (1) (4) (2) (6) (3) 传递可得：(7) 两岸→廉价→廉租→山北→¬别墅→¬东向。
A 项：两岸∧东向。这与 (7) 矛盾，不可能存在，因此为正确答案。
其余选项都可能存在，分析如下：
由 (5) (2) (4) (1) 传递可得：(8) 有些单室套的两限房→山南→¬廉租→¬廉价→¬两岸。
B 项：凤凰山北麓的两限房。从 (5) 无法确定该项的真假，排除。
C 项：单室套的廉租房。从 (8) 无法确定该项的真假，排除。
D 项：护城河两岸的单室套。从 (8) 无法确定该项的真假，排除。
E 项：南向的廉租房。南向→¬东向，无法再推出其他信息，排除。

30 2010MBA-52

小明、小红、小丽、小强、小梅五人去听音乐会。他们五人在同一排且座位相连，其中只有一个座位最靠近走廊。如果小强想坐在最靠近走廊的座位上，小丽想跟小明紧挨着，小红不想跟小丽紧挨着，小梅想跟小丽紧挨着，但不想跟小强或小明紧挨着。
以下哪项排序符合上述五人的意愿？
A. 小明、小梅、小丽、小红、小强。
B. 小强、小红、小明、小丽、小梅。
C. 小强、小梅、小红、小丽、小明。
D. 小明、小红、小梅、小丽、小强。
E. 小强、小丽、小梅、小明、小红。
[解题分析] 正确答案：B
题干信息：
(1) 五人在同一排且座位相连，其中只有一个座位最靠近走廊；
(2) 小强在最靠近走廊的座位上；
(3) 小丽跟小明紧挨着；
(4) 小红不跟小丽紧挨着；
(5) 小梅想跟小丽紧挨着，但不想跟小强或小明紧挨着。
可用排除法解题。根据 (3)，排除 A、D、E 项；根据 (4)，排除 C 项。
只有 B 项不违背题干条件，因此为正确答案。

31　2010MBA－48

李赫、张岚、林宏、何柏、邱辉五位同事近日各自买了一辆不同品牌小轿车。分别为雪铁龙、奥迪、宝马、奔驰、桑塔纳。这五辆车的颜色分别与五人名字最后一个字谐音的颜色不同。已知李赫买的是蓝色的雪铁龙。

以下哪项排列可能依次对应张岚、林宏、何柏、邱辉所买的车？

A. 灰色的奥迪、白色的宝马、灰色的奔驰、红色的桑塔纳。

B. 黑色的奥迪、红色的宝马、灰色的奔驰、白色的桑塔纳。

C. 红色的奥迪、灰色的宝马、白色的奔驰、黑色的桑塔纳。

D. 白色的奥迪、黑色的宝马、红色的奔驰、灰色的桑塔纳。

E. 黑色的奥迪、灰色的宝马、白色的奔驰、红色的桑塔纳。

[解题分析] 正确答案：A

题干信息：这五辆车的颜色分别与五人名字最后一个字谐音的颜色不同。

A 项：符合题干条件，因此为正确答案。

B 项：林宏买红色的宝马违反了题干条件，排除。

C 项：何柏买白色的奔驰违反了题干条件，排除。

D 项：邱辉买灰色的桑塔纳违反了题干条件，排除。

E 项：何柏买白色的奔驰违反了题干条件，排除。

32　2009MBA－45

肖群一周工作五天，除非这周内有法定休假日。除了周五在志愿者协会，其余四天肖群都在大平保险公司上班。上周没有法定休假日。因此，上周的周一、周二、周三和周四肖群一定在大平保险公司上班。

以下哪项是上述论证所必须假设的？

A. 一周内不可能出现两天以上的法定休假日。

B. 大平保险公司实行每周四天工作日制度。

C. 上周的周六和周日肖群没有上班。

D. 肖群在志愿者协会的工作与保险业有关。

E. 肖群是个称职的雇员。

[解题分析] 正确答案：C

题干信息：

(1) ¬法定→五天。

(2) 周五在志愿者协会，其余四天都在大平保险公司。

(3) 上周：¬法定。

由 (3) (1) 推知，肖群工作五天；再结合 (2) 得：

(4) 除了周五外，其余四天肖群都在大平保险公司上班。

补充 C 项：上周的周六和周日肖群没有上班。

得出结论：上周的周一、周二、周三和周四肖群一定在大平保险公司上班。

可见，C 项为题干论证所必须假设的，因此为正确答案。

33　2007MBA－48

蓝星航线上所有货轮的长度都大于 100 米，该航线上所有客轮的长度都小于 100 米。蓝星航线上的大多数轮船都是1990年以前下水的。金星航线上的所有货轮和客轮都是1990年以后下水的，其长度都小于100米。大通港一号码头只对上述两条航线的轮船开放，该码头设施只适用于长度小于100米的轮船。捷运号是最近停靠在大通港一号码头的一艘货轮。

如果上述断定为真，则以下哪项一定为真？

A. 捷运号是1990年以后下水的。

B. 捷运号属于蓝星航线。

C. 大通港只适用于长度小于100米的货轮。

D. 大通港不对其他航线开放。

E. 蓝星航线上的所有轮船都早于金星航线上的轮船下水。

[解题分析] 正确答案：A

题干断定：

(1) 蓝星货轮>100米；

(2) 蓝星客轮<100米；

(3) 蓝星大多数轮船1990年以前下水；

(4) 金星货轮<100米，1990年以后下水；

(5) 金星客轮<100米，1990年以后下水；

(6) 大通港一号码头→蓝星∨金星；

(7) 大通港一号码头<100米；

(8) 捷运号→大通港一号码头∧货轮。

由(8)(7)知，捷运号→大通港一号码头<100米。

再结合(1)知，捷运号不是蓝星航线上的。

又由(6)推出，捷运号是金星航线上的。

再由(4)推出，捷运号是1990年以后下水的。

因此，A项为正确答案。

B项：错误，由上述推理知捷运号不属于蓝星航线。

C、D项：不一定为真，因为题干只断定了大通港一号码头的情况，其他码头的情况未知。

E项：不一定为真，因为蓝星航线上的大多数轮船是1990年以前下水，那么也有轮船是1900年以后下水的。

34　2007MBA-42

某公司一批优秀的中层干部竞选总经理职位。所有的竞选者除了李女士自身外，没有人能同时具备她的所有优点。

从以上断定能合乎逻辑地得出以下哪项结论？

A. 在所有竞选者中，李女士最具备条件当选总经理。

B. 李女士具有其他竞选者都不具备的某些优点。

C. 李女士具有其他竞选者的所有优点。

D. 李女士的任一优点都有竞选者不具备。

E. 任一其他竞选者都有不及李女士之处。

[解题分析] 正确答案：E

题干断定：没有竞选者同时具备李女士的所有优点。

举例如下表：

	优点A	优点B	优点C	优点D	优点E	优点F	优点G
李女士	√	√	√				
王（竞选者）	√	√		√	√		
张（竞选者）		√	√			√	√

E项：从上表看出，其他竞选者都存在不具备李女士的某些优点的情况。也就是说，任一其他竞选者都有不及李女士之处，正确。

A项：题干没有提及当选总经理需要具备哪些优点，所以无法推出李女士是否最具备条件，排除。

B项：从上表看出，李女士并不一定具有其他竞选者都不具备的某些优点，排除。

C项：从上表看出，李女士并不具有其他竞选者的所有优点，排除。

D项：从上表看出，不可能李女士的任一优点都有竞选者不具备，排除。

35　2006MBA－52

思考是人的大脑才具有的机能。计算机所做的事（如深蓝与国际象棋大师对弈）更接近于思考，而不同于动物（指人以外的动物，下同）的任何一种行为。但计算机不具有意志力，而有些动物具有意志力。

如果上述断定为真，则以下哪项一定为真？

Ⅰ.具备意志力不一定能思考。

Ⅱ.动物的行为中不包括思考。

Ⅲ.思考不一定要具备意志力。

A.只有Ⅰ。

B.只有Ⅱ。

C.只有Ⅲ。

D.只有Ⅰ和Ⅱ。

E.Ⅰ、Ⅱ和Ⅲ。

［解题分析］正确答案：D

题干断定：

(1) 思考是人的大脑才具有的机能。

(2) 计算机不具有意志力。

(3) 有些动物具有意志力。

由 (1) 知，不是人就不能思考，所以可得：(4) 计算机和动物都不能思考。

根据上述信息，列表如下：

	人	计算机	动物
思考	√	×	×
意志力		×	√×

Ⅰ：一定为真。由 (3) (4) 推知，有些动物具有意志力，但动物都不能思考，所以，具备意志力不一定能思考。

Ⅱ：一定为真。由 (4) 动物都不能思考，所以，动物的行为中不包括思考。

Ⅲ：不一定为真。题干信息没有给出人是否具有意志力，所以，无法判断思考是否要具备意志力。

二、匹配对应

匹配对应题一般有三个特征：第一，给出一组对象两种或者两种以上的元素；第二，给出不同对象之间相关元素的判断；第三，问题要求推出确定的结论，即要求在不同对象的元素之间进行匹配、对应或排列。

根据难度的不同，匹配对应题可分为简单的匹配或排列和复杂的匹配或排列。这类题的解题方法是演绎分析法、图表分析法，并且可以与假设代入法一起综合使用。

其中，图表分析法需要建构一个图表，这样有助于问题的解决。通过构建的图表来贮备已知的信息和所推出的信息。要把已知的信息和所推出的信息完整地记录下来。随着推出的信息数目不断增长以及推理链条不断拉长，将不断获得新的信息。解题时要把已知信息和获得的新信息逐步填入图表中，以表示所有相关的可能选择。

1 2024MBA－50

甲、乙、丙、丁、戊5人参加某单位招聘，他们分别应聘市场部、人事部和外联部3个岗位。已知每人都选择了2个岗位应聘，其中1个岗位5人都选择应聘。另外，还知道：

（1）选择市场部的人数比选择外联部的多1人；

（2）若甲、丙、丁中至少有1人选择了市场部，则只有甲和戊选择了外联部。

根据以上信息，可以得出以下哪项？

A. 甲选择了市场部和外联部。

B. 乙选择了市场部和人事部。

C. 丙选择了人事部和外联部。

D. 丁选择了市场部和外联部。

E. 戊选择了市场部和人事部。

［解题分析］ 正确答案：B

根据题干，5人中每人都选择了2个岗位，则共有10人次应聘。

其中1个岗位5人都选择应聘，结合（1）选择市场部的人数比选择外联部的多1人，可知：人事部有5人应聘，市场部有3人应聘，外联部有2人应聘。

既然市场部有3人应聘，那么，甲、丙、丁中至少有1人选择了市场部，由（2）推知，只有甲和戊选择了外联部。那么，乙、丙、丁都没选择外联部。

由于每人都选择了2个岗位应聘，可知：乙、丙、丁都选择了市场部，甲、戊没有选择市场部。列表如下：

	甲	乙	丙	丁	戊
市场部3人	－	＋	＋	＋	－
人事部5人	＋	＋	＋	＋	＋
外联部2人	＋	－	－	－	＋

因此，B项正确。

2 2024MBA－39

老孟、小王、大李3人为某小区保安。已知：一周7天每天总有他们3人中的至少1人值班，没有人连续 3 天值班，任意 2 人在同一天休假的情况均不超过 1 次。另外，还知道：

（1）老孟周二、周四和周日休假；

（2）小王周四、周六休假，周五值班；

（3）大李周六、周日休假，周五值班。

根据以上信息，可以得出以下哪项？

A. 老孟周一值班。

B. 小王周一值班。

C. 老孟周五值班。

D. 小王周三休假。

E. 大李周四休假。

［解题分析］ 正确答案：A

根据条件（1）（2）（3），列表如下（“×”为休假，“√”为值班）：

	周一	周二	周三	周四	周五	周六	周日
孟		×		×			×
王				×	√	×	
李					√	×	×

由每天至少 1 人值班，可知：李在周四值班，孟在周六值班，王在周日值班。

再根据任意 2 人在同一天休假的情况均不超过 1 次，而孟、王同在周四休假，王、李同在周六休假，孟、李同在周日休假，因此，其他日子，都不可能有 2 人休假。所以，周二王、李必须都值班。

	周一	周二	周三	周四	周五	周六	周日
孟		×		×		(√)	×
王		(√)		×	√	×	(√)
李		(√)		(√)	√	×	×

又由于没有人连续 3 天值班，所以，周三李休假，那么孟、王必须在周三值班。

既然王在周二、周三值班，那么，周一王必然休假，孟、李必然在周一值班。

因此，A 项正确。推理出的情况列表如下：

	周一	周二	周三	周四	周五	周六	周日
孟	(√)	×	(√)	×		(√)	×
王	(×)	(√)	(√)	×	√	×	(√)
李	(√)	(√)	(×)	(√)	√	×	×

3　2024MBA - 32

近日，某博物馆展出中国古代书画家赵、唐、沈、苏四人的书画，其中展览的《松溪图》《涧石图》《山高图》《雪钓图》分别是这四位最具代表性的画作之一。已知：

（1）若《松溪图》不是苏所画，则《山高图》是唐所画；

（2）若《松溪图》是苏或赵所画，则《雪钓图》是沈所画；

（3）若《雪钓图》是沈所画或《山高图》是唐所画，则《涧石图》是苏所画或《雪钓图》是唐所画。

根据上述信息，可以得出以下哪项？

A.《雪钓图》是沈所画。

B.《松溪图》是唐所画。

C.《松溪图》是赵所画。

D.《涧石图》是苏所画。

E.《山高图》是沈所画。

［解题分析］正确答案：D

题干信息：

（1）¬松苏→山唐；

（2）松苏∨松赵→雪沈；

（3）雪沈∨山唐→涧苏∨雪唐。

假设《松溪图》为苏所画，即松苏，则由（2）知，雪沈；又由条件（3）得：涧苏∨雪唐。

既然"雪沈"，那么，¬雪唐，结合"涧苏∨雪唐"，推知，涧苏，这与假设"松苏"矛盾。

所以，¬松苏。根据（1）推知，山唐。

再结合（3）推知，涧苏∨雪唐。既然有山唐，那么，¬雪唐。所以推知，涧苏。

因此，D项正确。

	《松溪图》	《涧石图》	《山高图》	《雪钓图》
赵		－	－	
唐	－	－	＋	－
沈		－	－	
苏	－	＋	－	－

4 2022MBA－37

宋、李、王、吴四人均订阅了《人民日报》《光明日报》《参考消息》《文汇报》中的两种，每种报纸均有两人订阅，且每人订阅的均不完全相同。另外，还知道：

（1）如果吴至少订阅了《光明日报》《参考消息》中的一种，则李订阅了《人民日报》而王未订阅《光明日报》；

（2）如果李、王两人中至多有一人订阅了《文汇报》，则宋、吴均订阅了《人民日报》。

如果李订阅了《人民日报》，则可以得出以下哪项？

A. 宋订阅了《文汇报》。

B. 宋订阅了《人民日报》。

C. 王订阅了《参考消息》。

D. 吴订阅了《参考消息》。

E. 吴订阅了《人民日报》。

［解题分析］正确答案：C

既然李订阅了《人民日报》，则宋、吴均订阅了《人民日报》就不可能。

由（2）的逆否命题推知，李、王两人都订阅了《文汇报》，则宋、吴都没订阅《文汇报》。进一步推出，李没订阅《光明日报》《参考消息》。

既然吴没订阅《文汇报》，则吴至少订阅了《光明日报》《参考消息》中的一种，由（1）推知，王未订阅《光明日报》。进一步推知，宋、吴订阅了《光明日报》。

因为每人订阅的均不完全相同，李、王要有所不同，那只能是王订阅了《参考消息》。

剩下的宋、吴一人订阅《人民日报》，另一人订阅《参考消息》即可。

	《人民日报》	《光明日报》	《参考消息》	《文汇报》
宋		+		−
李	+	−	−	+
王	−	−	+	+
吴		+		−

由上分析可知，王订阅了《参考消息》，即C项正确。

其余选项均不妥，其中，A项错误，B、D、E项不确定为真。

5　2021MBA－37

甲、乙、丙、丁、戊5人是某校美学专业2019级研究生。第一学期结束后，他们在张、陆、陈3位教授中选择导师，每人只选择1人作为导师，每位导师都有1至2人选择，并且得知：

（1）选择陆老师的研究生比选择张老师的多；

（2）若丙、丁中至少有1人选择张老师，则乙选择陈老师；

（3）若甲、丙、丁中至少有1人选择陆老师，则只有戊选择陈老师。

根据以上信息，可以得出以下哪项？

A. 甲选择陆老师。

B. 乙选择张老师。

C. 丁、戊选择陆老师。

D. 乙、丙选择陈老师。

E. 丙、丁选择陈老师。

[解题分析] 正确答案：E

由于每位导师都有1至2人选择，若选择张老师的研究生为2人，则由条件（1），选择陆老师的为3人，这与题干条件相矛盾。因此，选择张老师的研究生为1人，选择陆老师的研究生为2人，选择陈老师的研究生也是2人。

既然选择陈老师的研究生是2人，那么，只有戊选择陈老师不成立。根据条件（3）的逆否命题可推知，甲、丙、丁均不能选择陆老师。因此，乙、戊均选择陆老师。

由于每人只选择1人作为导师，因此，乙选择陈老师不成立。根据条件（2）的逆否命题可推知，丙、丁均没有选择张老师。因此，甲选择了张老师。

	甲	乙	丙	丁	戊
选择张1人	+	−	−	−	−
选择陆2人	−	+	−	−	+
选择陈2人	−	−	+	+	−

这样，甲、乙、戊均没有选择陈老师，可推知，丙、丁选择陈老师。因此，E项正确。

6 2021MBA-36

“冈萨雷斯”“埃尔南德斯”“施米特”“墨菲”这四个姓氏是且仅是卢森堡、阿根廷、墨西哥、爱尔兰四国中其中一国常见的姓氏。已知：

(1) “施米特”是阿根廷或卢森堡常见姓氏；

(2) 若“施米特”是阿根廷常见姓氏，则“冈萨雷斯”是爱尔兰常见姓氏；

(3) 若“埃尔南德斯”或“墨菲”是卢森堡常见姓氏，则“冈萨雷斯”是墨西哥常见姓氏。

根据以上信息，可以得出以下哪项？

A. “施米特”是卢森堡常见姓氏。

B. “埃尔南德斯”是卢森堡常见姓氏。

C. “冈萨雷斯”是爱尔兰常见姓氏。

D. “墨菲”是卢森堡常见姓氏。

E. “墨菲”是阿根廷常见姓氏。

[解题分析] 正确答案：A

根据条件（1），假设“施米特”是阿根廷常见姓氏，则由（2）推知，“冈萨雷斯”是爱尔兰常见姓氏，即“冈萨雷斯”不是墨西哥常见姓氏，再由（3）推知，“埃尔南德斯”和“墨菲”均不是卢森堡常见姓氏。

	冈萨雷斯	埃尔南德斯	施米特	墨菲
卢森堡	—	—	—	—
阿根廷	—	—	+	—
墨西哥	—		—	
爱尔兰	+	—	—	—

这样导致这四个姓氏均不是卢森堡常见的姓氏，违背了题干所述这四个姓氏是且仅是四国中其中一国常见的姓氏这一条件。

因此，上述假设错误，即“施米特”不是阿根廷常见姓氏，则由条件（1）可推知，“施米特”是卢森堡常见姓氏。

7 2020MBA-29

某公司为员工免费提供菊花、绿茶、红茶、咖啡和大麦茶五种饮品。现有甲、乙、丙、丁、戊五位员工，他们每人都只喜欢其中的两种饮品，且每种饮品只有两人喜欢。已知：

(1) 甲和乙喜欢菊花，且分别喜欢绿茶和红茶中的一种；

(2) 丙和戊分别喜欢咖啡和大麦茶中的一种。

根据上述信息，可以得出以下哪项？

A. 甲喜欢菊花和绿茶。

B. 乙喜欢菊花和红茶。

C. 丙喜欢红茶和咖啡。

D. 丁喜欢咖啡和大麦茶。

E. 戊喜欢绿茶和大麦茶。

[解题分析] 正确答案：D

根据题干所述条件，进行简要推理后，列表如下：

	菊花	绿茶	红茶	咖啡	大麦茶
甲	√	(√)	(√)	×	×
乙	√	(√)	(√)	×	×
丙	×			(√)	(√)
丁	×				
戊	×			(√)	(√)

上表中，“√”表示一定喜欢，“(√)”表示可能喜欢，“×”表示一定不喜欢。

根据条件（1），甲、乙一定不喜欢咖啡和大麦茶。

根据条件（2），丙和戊分别喜欢咖啡和大麦茶中的一种。

题干又断定，每种饮品只有2人喜欢。

由此可以得出：丁喜欢咖啡和大麦茶。

因此，D项正确。其余选项均可能为真，但不必然为真。

8　2019MBA-41

某地人才市场招聘保洁、物业、网管、销售四种岗位的从业者，有甲、乙、丙、丁四位年轻人前来应聘。事后得知，每人只能选择一种岗位应聘，且每种岗位都有其中一人应聘。另外，还知道：

（1）如果丁应聘网管，那么甲应聘物业；

（2）如果乙不应聘保洁，那么甲应聘保洁且丙应聘销售；

（3）如果乙应聘保洁，那么丙应聘销售且丁也应聘保洁。

根据以上陈述，可以得出以下哪项？

A. 甲应聘网管岗位。

B. 丙应聘保洁岗位。

C. 甲应聘物业岗位。

D. 乙应聘网管岗位。

E. 丁应聘销售岗位。

[解题分析] 正确答案：D

根据题意，列出以下关系式：

（1）丁网管→甲物业；

（2）¬乙保洁→甲保洁∧丙销售；

（3）乙保洁→丙销售∧丁保洁。

由（2）（3）推知，不管乙是否应聘保洁，都能推出：丙应聘销售。

再分析（3）可知，如果乙应聘保洁，则丁也应聘保洁，这与每种岗位都有一人应聘矛盾。所以，乙一定不应聘保洁。

再由（2）推知：甲应聘保洁。

由此可知，甲不应聘物业，则由（1）的逆否命题推出：丁不应聘网管。

既然网管不是甲、丙、丁去应聘，那只能是乙应聘网管。

	保洁	物业	网管	销售
甲	√			×
乙	×		√	×
丙	×			√
丁	×	√	×	×

9 2017MBA－47

某著名风景区有“妙笔生花”“猴子观海”“仙人晒靴”“美人梳妆”“阳关三叠”“禅心向天”六个景点。为方便游人，景区提示如下：

（1）只有先游“猴子观海”，才能游“妙笔生花”；

（2）只有先游“阳关三叠”，才能游“仙人晒靴”；

（3）如果游“美人梳妆”，就要先游“妙笔生花”；

（4）“禅心向天”应第四个游览，之后才可以游览“仙人晒靴”。

张先生按照上述提示，顺利游览了上述六个景点。

根据上述信息，关于张先生的浏览顺序，以下哪项不可能为真？

A. 第一个游览“猴子观海”。

B. 第二个游览“阳关三叠”。

C. 第三个游览“美人梳妆”。

D. 第五个游览“妙笔生花”。

E. 第六个游览“仙人晒靴”。

［解题分析］ 正确答案：D

题干信息整理如下：

（1）猴＜妙；

（2）阳＜仙；

（3）妙＜美；

（4）禅＝4＜仙。

一	二	三	四	五	六
			禅心向天		

根据条件（4）可知，五和六中必然有一个是“仙人晒靴”。

D项：第五个游览“妙笔生花”，由条件（3），第六个位置必然是“美人梳妆”，则和上述信息矛盾，故D项不可能为真。

10 2016MBA－48

在编号为1、2、3、4的四个盒子中装有绿茶、红茶、花茶和白茶四种茶。每个盒子只装一种茶，每种茶只装一个盒子。已知：

（1）装绿茶和红茶的盒子在1、2、3号范围之内。

（2）装红茶和花茶的盒子在 2、3、4 号范围之内。
（3）装白茶的盒子在 1、3 号范围之内。
根据上述信息，可以得出以下哪项？
A. 绿茶在 3 号。
B. 花茶在 4 号。
C. 白茶在 3 号。
D. 红茶在 2 号。
E. 绿茶在 1 号。
[解题分析] 正确答案：B
根据条件（1）可知，绿茶和红茶都不在 4 号，由条件（3）可知白茶也不在 4 号，从而推出，4 号装的只能是花茶，因此，B 项为正确答案。

	1	2	3	4
绿茶				×
红茶	×			×
花茶	×			
白茶		×		×

11 2015MBA－28

甲、乙、丙、丁、戊、己六人围坐在一张正六边形的小桌前，每边各坐一人。已知：
（1）甲与乙正面相对；
（2）丙与丁不相邻，也不正面相对。
如果己与乙不相邻，则以下哪项一定为真？
A. 戊与乙相邻。
B. 甲与丁相邻。
C. 己与乙正面相对。
D. 如果甲与戊相邻，则丁与己正面相对。
E. 如果丙与戊不相邻，则丙与己相邻。
[解题分析] 正确答案：E
根据题意，做示意图。由（1）可得下图：

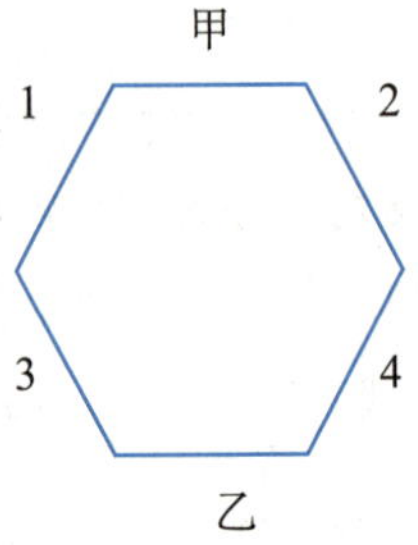

由（2）知，丙、丁的座次只可能是：1 和 2，3 和 4。
再由己与乙不相邻可知，己只能在 1 或 2；故丙、丁只能在 3 和 4，如下图：

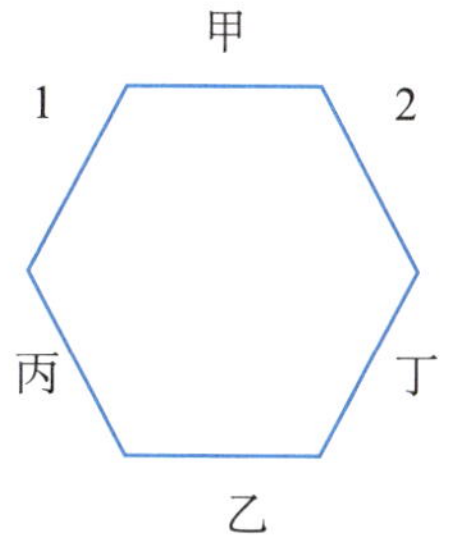

E 项：如果丙与戊不相邻，则戊只能在丙的对面，则丙与己相邻，正确。

由以上分析可排除 A、B、C 三项。

D 项：如果甲与戊相邻，则丁与己可能正面相对，也可能相邻，排除。

12　2014MBA－47

某小区业主委员会的四名成员晨桦、建国、向明和嘉媛坐在一张方桌前（每边各坐一人）讨论小区大门旁的绿化方案。四人的职业各不相同，每个人的职业是高校教师、软件工程师、园艺师和邮递员之中的一种。已知：晨桦是软件工程师，他坐在建国的左手边；向明坐在高校教师的右手边；坐在建国对面的嘉媛不是邮递员。

根据以上信息，可以得出以下哪项？

A. 嘉媛是高校教师，向明是园艺师。

B. 向明是邮递员，嘉媛是园艺师。

C. 建国是邮递员，嘉媛是园艺师。

D. 建国是高校教师，向明是园艺师。

E. 嘉媛是园艺师，向明是高校教师。

［解题分析］正确答案：B

题干条件：晨桦是软件工程师，他坐在建国的左手边；向明坐在高校教师的右手边；坐在建国对面的嘉媛不是邮递员。

画图可知，向明坐在建国的右手边，即建国是高校教师，嘉媛不是邮递员，因此，向明是邮递员，那么，嘉媛是园艺师。故答案为选项 B。

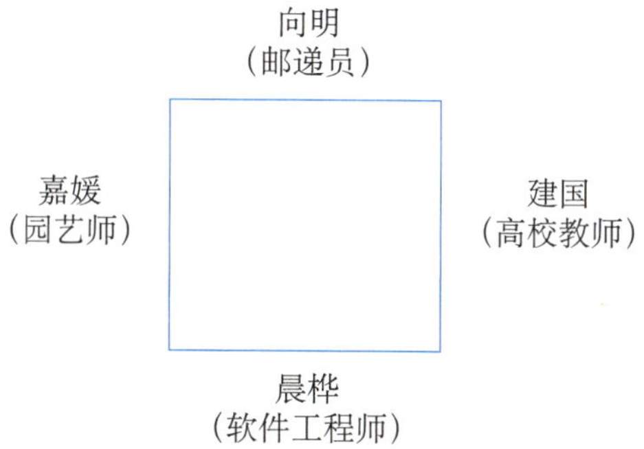

13　2014MBA－46

某单位有负责网络、文秘以及后勤的三名办公人员文珊、孔瑞和姚薇。为了培养年轻干部，领导决定她们三人在这三个岗位之间实行轮岗，并将她们原来的工作间 110 室、111 室和 112 室也进行了轮换。结果，原本负责后勤的文珊接替了孔瑞的文秘工作，由 110 室调到了 111 室。

根据以上信息，可以得出以下哪项？

A. 姚薇接替孔瑞的工作。

B. 孔瑞接替文珊的工作。

C. 孔瑞被调到了 110 室。

D. 孔瑞被调到了 112 室。

E. 姚薇被调到了 112 室。

[解题分析] 正确答案：D

从题干条件得知三人要轮岗，即每个人的工作及工作间都要变动，文珊接替了孔瑞的工作，由 110 室调到了 111 室，孔瑞不可能接替文珊的工作，即孔瑞不可能被调到 110 室，否则姚薇就不能轮岗了，因此，孔瑞只能接替姚薇的工作，即孔瑞被调到了 112 室。

岗位	后勤	文秘	网络
房间	110 室	111 室	112 室
轮岗前	文珊	孔瑞	姚薇
轮岗后	姚薇	文珊	孔瑞

14　2013MBA－46

在东海大学研究生会举办的一次中国象棋比赛中，来自经济学院、管理学院、哲学学院、数学学院和化学学院的 5 名研究生（每学院 1 名）相遇在一起。有关甲、乙、丙、丁、戊 5 名研究生之间的比赛信息满足以下条件：

（1）甲仅与 2 名选手比赛过；

（2）化学学院的选手和 3 名选手比赛过；

（3）乙不是管理学院的，也没有和管理学院的选手对阵过；

（4）哲学学院的选手和丙比赛过；

（5）管理学院、哲学学院、数学学院的选手相互都交过手；

（6）丁仅与 1 名选手比赛过。

根据以上条件，请问丙来自哪个学院？

A. 管理学院。

B. 化学学院。

C. 数学学院。

D. 哲学学院。

E. 经济学院。

[解题分析] 正确答案：C

丁仅与 1 名选手比赛过，根据条件（2）化学学院的选手和 3 名选手比赛过和条件（5）管理学院、哲学学院、数学学院的选手相互都交过手，则丁为经济学院的选手。

乙不是管理学院的，也没有和管理学院的选手对阵过，结合（5）管理学院、哲学学院、数学学院的选手相互都交过手，则乙不是管理学院、哲学学院和数学学院的，乙是化学学院的。

哲学学院的选手和丙比赛过，则丙是数学学院或管理学院的选手。

学生	甲	乙	丙	丁	戊
学院		化学	数学/管理	经济	

化学学院的选手和3名选手比赛过并且没有和管理学院的选手对阵过，则化学学院的选手与哲学学院、数学学院和经济学院的选手都交过手。

这说明，数学学院的选手与化学学院、管理学院、哲学学院的选手交过手；而且，哲学学院的选手与化学学院、管理学院和数学学院的选手交过手，根据（1）甲仅与2名选手比赛过，所以甲不是数学学院的，也不是哲学学院的，只能是管理学院的。

由此推出丙是数学学院的。因此，C项正确。

本题推理结果如下表所示：

	经济	管理	哲学	数学	化学
甲	×	√	×	×	×
乙	×	×	×	×	√
丙	×	×	×	√	×
丁	√	×	×	×	×
戊	×	×			×

15　2013MBA－38

张霞、李丽、陈露、邓强和王硕一起坐火车去旅游，他们正好在同一车厢相对两排的五个座位上，每人各坐一个位置。第一排的座位按顺序分别记作1号和2号。第二排的座位按顺序分别记为3号、4号、5号。座位1和座位3直接相对，座位2和座位4直接相对，座位5不和上述任何座位直接相对。李丽坐在4号位置；陈露所坐的位置不与李丽相邻，也不与邓强相邻（相邻是指同一排上紧挨着）；张霞不坐在与陈露直接相对的位置上。

根据以上信息，张霞所坐位置有多少种可能的选择？

A. 1种。

B. 2种。

C. 3种。

D. 4种。

E. 5种。

［解题分析］正确答案：D

根据题干条件，李丽坐4号位，陈露不与李丽相邻，所以陈露只能坐1或2号位。

由于张霞不坐在与陈露直接相对的位置上，则假设陈露坐1号位，张霞可以坐2或5号位；假设陈露坐2号位，张霞可坐1、3或5号位。

综合来看，张霞可有1、2、3、5号位共4种可能的位置。

1	2	
3	4李	5

三、分析题组

分析题组是指一个题干包括两个以上小题的分析类题目。分析题组特别强调考查考生整体和全面分析问题的能力。考生在解题过程中，首先需要理解并运用一组问题所给出的所有条件；其次需要密切结合每一个具体小题的具体条件来求解。

通常的思考步骤是：

(1) 读取所给陈述和问题所给的所有条件。

(2) 对条件间的关系进行逻辑分析，寻找其内在联系。

(3) 逐步推理，直至推出结果。

分析题组需要通过全面分析题干信息找到解题的切入点，考生的解题能力主要体现在快速精准定位和对有效信息的转化和理解。

1　2024MBA－54～55 基于以下题干：

甲、乙、丙、丁 4 位记者对张、陈、王、李 4 位市民就民生问题进行了访谈。每次访谈均是 1 对 1 进行，每个人均进行或接受了至少 1 次访谈，访谈共进行了 6 次。已知：

(1) 若甲、丙至少有 1 人访谈了陈，则乙分别访谈了王、李各 2 次；

(2) 若乙、丁至少有 1 人访谈了陈，则王只分别接受了丙、丁各 1 次访谈。

54. 根据以上信息，可以得出以下哪项？

A. 甲至少访谈了张、李中的 1 人。

B. 乙至少访谈了陈、李中的 1 人。

C. 乙至少访谈了张、王中的 1 人。

D. 丁至少访谈了陈、张中的 1 人。

E. 丁至少访谈了李、张中的 1 人。

［解题分析］正确答案：A

假设甲、丙确实至少有 1 人访谈了陈，则存在以下 3 种情况。

情况 1：若甲、丙都访谈了陈，则访谈共进行了 6 次，那么丁没进行访谈、张没接受访谈，违背题目条件，这不可能。

	张	陈	王	李
甲		(1)		
乙			2	2
丙		(1)		
丁				

情况 2：若甲访谈了陈、丙没有访谈陈，则已进行了 5 次访谈，还剩 1 次访谈，那么，丙、丁至少有 1 人没进行访谈，违背题目条件，这不可能。

	张	陈	王	李
甲		1		
乙			2	2
丙				
丁				

情况3：若甲没访谈陈、丙访谈了陈，则已进行了5次访谈，还剩1次访谈，那么，甲、丁至少有1人没进行访谈，违背题目条件，这不可能。

	张	陈	王	李
甲				
乙			2	2
丙		1		
丁				

综上，假设不成立，所以，甲、丙都没访谈陈。

既然甲、丙都没访谈陈，那么乙、丁至少有1人访谈了陈，根据（2），王只分别接受了丙、丁各1次访谈，可知，王没接受甲、乙的访谈。

	张	陈	王	李
甲		—	—	
乙		(1)	—	
丙		—	1	
丁		(1)	1	

可见，甲没有访谈陈、王，由于每个人均进行了至少1次访谈，所以，甲至少访谈了张、李中的1人。因此，A项正确。

55. 若丙访谈了张和李，则可以得出以下哪项？

A. 张只接受了1次访谈。

B. 丙只进行了2次访谈。

C. 陈只接受了1次访谈。

D. 丁只进行了2次访谈。

E. 李只接受了1次访谈。

［解题分析］正确答案：C

根据前面分析，王只分别接受了丙、丁各1次访谈。

若丙访谈了张和李，则至少已进行了4次访谈，那么至多还有2次访谈。

结合前面分析推知，甲只访谈了张、李中的1人，乙、丁中只有1人访谈了陈，丙访谈了张、王和李各1次。

	张	陈	王	李
甲	(1)	—	—	(1)
乙		(1)	—	
丙	1	—	1	1
丁		(1)	1	

C项：陈只接受了1次访谈。与前面分析的情况一致，正确。

A项：张只接受了1次访谈。推不出，张有可能接受了2次访谈。

B项：丙只进行了2次访谈。错误，丙进行了3次访谈。

D项：丁只进行了2次访谈。推不出，丁有可能只进行了1次访谈。

E项：李只接受了1次访谈。推不出，李有可能接受了2次访谈。

2 2024MBA－35～36基于以下题干：

某大学进行校园形象动物评选。对于喜鹊、松鼠、狐狸、刺猬、乌鸦和白鹭6种动物能否进入初选，有人预测如下：

（1）上述6种动物中若至少有4种入选，则刺猬和松鼠均入选；

（2）若松鼠、狐狸和乌鸦中至少有1种入选，则喜鹊入选，而刺猬不会入选。

评选结果表明，上述预测正确。

35. 根据以上信息，关于上述6种动物的入选情况，可以得出以下哪项？

A. 至多有3种入选。

B. 至少有3种入选。

C. 乌鸦和刺猬均未入选。

D. 乌鸦和刺猬至少有1种入选。

E. 白鹭、松鼠和狐狸中至少有1种入选。

［解题分析］正确答案：A

题干信息：

（1）至少4种→刺猬∧松鼠；

（2）松鼠∨狐狸∨乌鸦→喜鹊∧¬刺猬。

联立（1）（2）得：至少4种→刺猬∧松鼠→喜鹊∧¬刺猬。

这样既有刺猬，又没有刺猬，矛盾。所以，不可能至少有4种入选。

可见，至多有3种入选。因此，A项正确。

36. 若恰好有3种动物入选，则可以得出以下哪项？

A. 刺猬入选。

B. 狐狸入选。

C. 喜鹊入选。

D. 松鼠入选。

E. 白鹭入选。

［解题分析］正确答案：C

根据（2）的逆否命题：¬喜鹊∨刺猬→¬松鼠∧¬狐狸∧¬乌鸦。

由此，假设喜鹊不入选，则松鼠、狐狸和乌鸦都不入选，这样至多只有2种动物入选，不可能恰好有3种动物入选。

所以，假设不成立，喜鹊必然入选。因此，C项正确。

3 2023MBA－46～47基于以下题干：

单位购买了《尚书》《周易》《诗经》《论语》《老子》《孟子》各1本，分发给甲、乙、丙、丁、戊5个部门，每个部门至少1本。已知：

（1）若《周易》《老子》《孟子》至少有1本分发给甲部门或乙部门，则《尚书》分发给丁部门且《论语》分发给戊部门；

（2）若《诗经》《论语》至少有1本分发给甲部门或乙部门，则《周易》分发给丙部门且《老子》分发给戊部门。

46. 若《尚书》分发给丙部门，则可以得出以下哪项？

A.《诗经》分发给甲部门。

B.《论语》分发给乙部门。

C.《老子》分发给丙部门。

D.《孟子》分发给丁部门。

E.《周易》分发给戊部门。

[解题分析] 正确答案：D

《尚书》分发给丙部门，即《尚书》没有分发给甲、乙、丁、戊部门。既然《尚书》没有分发给丁部门，由（1）的逆否命题推知，《周易》《老子》《孟子》都没有分发给甲部门和乙部门。

因此，《诗经》《论语》至少有1本分发给甲部门或乙部门。由（2）推得，《周易》分发给丙部门且《老子》分发给戊部门。

这样，《孟子》不能给甲、乙部门，也不可能给丙、戊部门，只能给丁部门。因此，D项正确。

	《尚书》	《周易》	《诗经》	《论语》	《老子》	《孟子》
甲	−	−			−	−
乙	−	−			−	−
丙	+	+			−	−
丁	−	−			−	+
戊	−	−			+	−

47. 若《老子》分发给丁部门，则以下哪项是不可能的？

A.《周易》分发给甲部门。

B.《周易》分发给乙部门。

C.《诗经》分发给丙部门。

D.《尚书》分发给丁部门。

E.《诗经》分发给戊部门。

[解题分析] 正确答案：E

《老子》分发给丁部门，即《老子》没给戊部门，则由（2），《诗经》《论语》都没有分发给甲部门或乙部门。这样，《周易》《老子》《孟子》至少有1本分发给甲部门或乙部门，又由（1）知，《尚书》分发给丁部门且《论语》分发给戊部门。进一步推出，《诗经》不可能给丁、戊部门，只能给丙部门。因此，E项不可能，正确。

	《尚书》	《周易》	《诗经》	《论语》	《老子》	《孟子》
甲	−		−	−	−	
乙	−		−	−	−	
丙	−		+	−	−	
丁	+		−	−	+	
戊	−		−	+	−	

4 2023MBA－37～38 基于以下题干：

某研究所甲、乙、丙、丁、戊5人拟定去我国四大佛教名山普陀山、九华山、五台山、峨眉山考察，他们每人去上述两座名山，且每座名山均有其中的2～3人前往，丙与丁结伴考察。已知：

（1）如果甲去五台山，则乙和丁都去五台山；

（2）如果甲去峨眉山，则丙和戊都去峨眉山；

（3）如果甲去九华山，则戊去九华山和普陀山。

37. 根据以上信息，可以得出以下哪项？

A. 甲去五台山和普陀山。

B. 乙去五台山和峨眉山。

C. 丙去九华山和五台山。

D. 戊去普陀山和峨眉山。

E. 丁去峨眉山和五台山。

[解题分析] 正确答案：E

由（1）如果甲去五台山，则乙和丁都去五台山；又由丙与丁结伴，因此甲、乙、丙、丁4人都去五台山，这与每座名山均有其中的2～3人前往矛盾。因此，甲没去五台山。

同理，由（2）如果甲去峨眉山，则丙和戊都去峨眉山；又由丙与丁结伴，因此甲、丙、丁、戊4人都去峨眉山，这与每座名山均有其中的2～3人前往矛盾。因此，甲没去峨眉山。

所以，甲去了普陀山、九华山。再由（3）推得，戊去九华山和普陀山。又由每人去上述两座名山，因此，戊没去五台山、峨眉山。

再由丙与丁结伴考察，那么他俩一定都去五台山、峨眉山。因此，E项正确。

	甲	乙	丙	丁	戊
普陀山	＋		－	－	＋
九华山	＋		－	－	＋
五台山	－		＋	＋	－
峨眉山	－		＋	＋	－

38. 如果乙去普陀山和九华山，则5人去四大名山（按题干所列顺序）的人次之比是：

A. 3∶3∶2∶2。

B. 2∶3∶3∶2。

C. 2∶2∶3∶3。

D. 3∶2∶2∶3。

E. 3∶2∶3∶2。

[解题分析] 正确答案：A

根据上题分析，丙、丁均没去普陀山、九华山。再由乙去普陀山和九华山，可列表如下：

	甲	乙	丙	丁	戊
普陀山	＋	＋	－	－	＋
九华山	＋	＋	－	－	＋
五台山	－	－	＋	＋	－
峨眉山	－	－	＋	＋	－

由此可知：甲、乙、戊去普陀山、九华山；丙、丁去五台山、峨眉山。

可见，5 人去四大名山的人次之比是 3∶3∶2∶2，因此，A 项正确。

5 2023MBA－31～32 基于以下题干：

某中学举行田径运动会，高二（3）班甲、乙、丙、丁、戊、己 6 人报名参赛。在跳远、跳高和铅球 3 项比赛中，他们每人都报名 1～2 项，其中 2 人报名跳远，3 人报名跳高，3 人报名铅球。另外，还知道：

（1）如果甲、乙至少有 1 人报名铅球，则丙也报名铅球；

（2）如果己报名跳高，则乙和己均报名跳远；

（3）如果丙、戊至少有 1 人报名铅球，则己报名跳高。

31. 根据以上信息，可以得出以下哪项？

A. 甲报名铅球，乙报名跳远。

B. 乙报名跳远，丙报名铅球。

C. 丙报名跳高，丁报名铅球。

D. 丁报名跳远，戊报名跳高。

E. 戊报名跳远，己报名跳高。

［解题分析］正确答案：B

假设己不报名跳高，则由（3）得出，丙、戊均不报名铅球；再由（1），则甲、乙也均不报名铅球，这样，就不满足 3 人报名铅球的条件。因此，己报名跳高。根据（2），乙和己均报名跳远。由于己报名跳高、跳远 2 项，那么，己不会报名铅球。

假设丙不报名铅球，则由（1）得出，甲、乙均不报名铅球，则甲、乙、丙、己都不报名铅球，不满足 3 人报名铅球的条件。因此，丙一定报名铅球。B 项正确。

	甲	乙	丙	丁	戊	己
跳远 2 人		＋				＋
跳高 3 人						＋
铅球 3 人			＋			－

32. 如果甲、乙均报名跳高，则可以得出以下哪项？

A. 丁、戊均报名铅球。

B. 乙、丁均报名铅球。

C. 甲、戊均报名铅球。

D. 乙、戊均报名铅球。

E. 甲、丁均报名铅球。

［解题分析］正确答案：A

乙、己均报名跳远，则跳远 2 人已报满，则丁、戊不会报名跳远。

甲、乙均报名跳高，则跳高 3 人已报满，则丁、戊不会报名跳高。

由于每人都报名 1～2 项，则丁、戊均一定报名铅球。因此，A 项正确。

	甲	乙	丙	丁	戊	己
跳远 2 人	－	＋	－	－	－	＋
跳高 3 人	＋	＋	－	－	－	＋
铅球 3 人	－	－	＋	＋	＋	－

6 2022MBA－54～55 基于以下题干：

某特色建筑项目评选活动设有纪念建筑、观演建筑、会堂建筑、商业建筑、工业建筑5个门类的奖项。甲、乙、丙、丁、戊、己6位建筑师均有2个项目入选上述不同门类的奖项，且每个门类有上述6人的2～3个项目入选。已知：

（1）若甲或乙至少有1个项目入选观演建筑或工业建筑，则乙、丙入选的项目均是观演建筑和工业建筑；

（2）若乙或丁至少有1个项目入选观演建筑或会堂建筑，则乙、丁、戊入选的项目均是纪念建筑和工业建筑；

（3）若丁至少有1个项目入选纪念建筑或商业建筑，则甲、己入选的项目均在纪念建筑、观演建筑和商业建筑之中。

54. 根据上述信息，可以得出以下哪项？

A. 甲有项目入选观演建筑。

B. 丙有项目入选工业建筑。

C. 丁有项目入选商业建筑。

D. 戊有项目入选会堂建筑。

E. 己有项目入选纪念建筑。

[解题分析] 正确答案：D

根据（2），若乙至少有1个项目入选观演建筑或会堂建筑，则乙入选的项目是纪念建筑和工业建筑，这与题干中每个建筑师均有2个项目入选矛盾，则可以得知乙没有项目入选观演建筑和会堂建筑。

由此可知，乙、丙入选的项目均是观演建筑和工业建筑这一断定不成立，由（1）的逆否命题可推知，甲和乙均没有项目入选观演建筑或工业建筑。

由于每个建筑师均有2个项目入选，这样，乙入选的项目只能是纪念建筑和商业建筑。

这样，乙、丁、戊入选的项目均是纪念建筑和工业建筑这一断定也不成立，由（2）的逆否命题推知，丁没有项目入选观演建筑或会堂建筑。

由此，丁至少有1个项目入选纪念建筑或商业建筑，再由（3）得，甲、己入选的项目均在纪念建筑、观演建筑和商业建筑之中。

这样，甲入选的项目只能是纪念建筑和商业建筑；而己入选的项目在纪念建筑、观演建筑和商业建筑之中，所以己入选的项目不是会堂建筑和工业建筑，则丙和戊有项目入选会堂建筑。因此，D项为正确答案。

	纪念	观演	会堂	商业	工业
甲	+	−	−	+	−
乙	+	−	−	+	−
丙			+		
丁		−	−		
戊			+		
己			−		−

55. 若己有项目入选商业建筑，则可以得出以下哪项？

A. 己有项目入选观演建筑。
B. 戊有项目入选工业建筑。
C. 丁有项目入选商业建筑。
D. 丙有项目入选观演建筑。
E. 乙有项目入选工业建筑。

［解题分析］ 正确答案：A

增加条件己有项目入选商业建筑，则商业建筑已经满足有 3 个人入选的条件，则丙、丁、戊不会有项目入选商业建筑。

由于丁没有项目入选观演建筑、会堂建筑和商业建筑，则只能入选纪念建筑和工业建筑。

这样，纪念建筑满足有 3 个人入选的条件，则丙、戊、己不能有项目入选纪念建筑。

因此，己有项目入选观演建筑，A 项为正确答案。

	纪念	观演	会堂	商业	工业
甲	+	−	−	+	−
乙	+	−	−	+	−
丙	−		+	−	
丁	+	−	−	−	+
戊	−		+	−	
己	−	+	−	+	−

7　2022MBA－49～50 基于以下题干：

某校文学社的王、李、周、丁四个人每人只爱好诗歌、散文、戏剧、小说四种文学形式中的一种，且各不相同。他们每个人只创作了上述四种形式中的一种作品，且形式各不相同；他们创作的作品形式与各自的文学爱好均不相同。已知：

（1）若王没有创作诗歌，则李爱好小说；
（2）若王没有创作诗歌，则李创作小说；
（3）若王创作诗歌，则李爱好小说且周爱好散文。

49. 根据上述信息，可以得出以下哪项？

A. 王爱好散文。
B. 李爱好戏剧。
C. 周爱好小说。
D. 丁爱好诗歌。
E. 周爱好戏剧。

［解题分析］ 正确答案：D

题干断定：

（1）王没有创作诗歌→李爱好小说。
（2）王没有创作诗歌→李创作小说。
（3）王创作诗歌→李爱好小说 ∧ 周爱好散文。

由（1）（3）作二难推理，可得：李爱好小说。

由于创作与爱好均不相同，可知：李没创作小说。

由（2）的逆否命题，推知：王创作诗歌。
再由（3）推得：李爱好小说且周爱好散文。
既然王创作诗歌，则王不爱好诗歌；而李爱好小说，周爱好散文。
因此，丁爱好诗歌，王爱好戏剧。

	王	李	周	丁
创作形式	诗歌			
文学爱好	戏剧	小说	散文	诗歌

50. 如果丁创作散文，则可以得出以下哪项？
A. 周创作小说。
B. 李创作诗歌。
C. 李创作小说。
D. 周创作戏剧。
E. 王创作小说。
[解题分析] 正确答案：A
丁创作散文，王创作诗歌，则李、周只能创作戏剧或小说。
而李爱好小说，就不能创作小说，因此，李创作戏剧。
所以，周只能创作小说。

	王	李	周	丁
创作形式	诗歌	戏剧	小说	散文
文学爱好	戏剧	小说	散文	诗歌

8 2022MBA－45～46 基于以下题干：

某电影院制订未来一周的排片计划。研究决定，周二至周日（周一休息）每天放映动作片、悬疑片、科幻片、纪录片、战争片、历史片六种类型中的一种，各不重复。已知排片还有如下要求：
（1）如果周二或周五放映悬疑片，则周三放映科幻片；
（2）如果周四或周六放映悬疑片，则周五放映战争片；
（3）战争片必须在周三放映。
45. 根据以上信息，可以得出以下哪项？
A. 周六放映科幻片。
B. 周日放映悬疑片。
C. 周五放映动作片。
D. 周二放映纪录片。
E. 周四放映历史片。
[解题分析] 正确答案：B
由（3）战争片必须在周三放映，则周三不放映科幻片，再由（1）推知，周二和周五都不放映悬疑片。
又由（3）战争片必须在周三放映，则周五不放映战争片，再由（2）推知，周四和周六都不放映悬疑片。

因此，悬疑片只能在周日放映。

周二	周三	周四	周五	周六	周日
	战争				悬疑

46. 如果历史片的放映日期，既与纪录片相邻，又与科幻片相邻，则可得出以下哪项？

A. 周二放映纪录片。

B. 周四放映纪录片。

C. 周二放映动作片。

D. 周四放映科幻片。

E. 周五放映动作片。

［解题分析］ 正确答案：C

根据上述推理，加上历史片与纪录片、科幻片均相邻，那么历史片只能在周五放映；这样，纪录片和科幻片在周四或周六放映，剩下的周二只能放映动作片。

周二	周三	周四	周五	周六	周日
动作	战争	纪录/科幻	历史	科幻/纪录	悬疑

9 2022MBA－41～42 基于以下题干：

本科生小刘拟在四个学年中选修甲、乙、丙、丁、戊、己、庚、辛 8 门课程，每个学年选修其中的 1～3 门课程，每门课程均在其中的一个学年修完。同时还满足：

（1）后三个学年选修的课程数量均不同；

（2）丙、己和辛课程安排在一个学年，丁课程安排在紧接其后的一个学年；

（3）若第四学年至少选修甲、丙、丁中的 1 门课程，则第一学年仅选修戊、辛 2 门课程。

41. 如果乙在丁之前的学年选修，则可以得出以下哪项？

A. 乙在第一学年选修。

B. 乙在第二学年选修。

C. 丁在第二学年选修。

D. 丁在第四学年选修。

E. 戊在第一学年选修。

［解题分析］ 正确答案：A

由每个学年选修其中的 1～3 门课程，后三个学年选修的课程数量均不同，则第一学年只能选 2 门。

若丙、己和辛在第三学年，再由（2），则丁在第四学年；又由（3），则第一学年仅选修戊、辛 2 门。这样，辛既在第三学年，又在第一学年，矛盾。

因此，丙、己和辛只能在第二学年，丁在第三学年。列表如下：

	第一学年	第二学年	第三学年	第四学年
课程数量	2	3	1	2
课程名称		丙、己和辛	丁	

如果乙在丁之前的学年选修，那么乙只能在第一学年选修。因此，A 项为正确答案。

42. 如果甲、庚均在乙之后的学年选修，则可以得出以下哪项？

A. 戊在第一学年选修。

B. 戊在第三学年选修。

C. 庚在甲之前的学年选修。

D. 甲在戊之前的学年选修。

E. 庚在戊之前的学年选修。

[解题分析] 正确答案：A

甲、庚均在乙之后的学年选修，那就只能在第四学年选修。

这样，剩下的乙、戊只能在第一学年选修。因此，A 项为正确答案。

	第一学年	第二学年	第三学年	第四学年
课程数量	2	3	1	2
课程名称	乙、戊	丙、己和辛	丁	甲、庚

10 2021MBA-54~55 基于以下题干：

某高铁线路设有“东沟”“西山”“南镇”“北阳”“中丘”5 座高铁站。该线路有甲、乙、丙、丁、戊 5 趟车运行。这 5 座高铁站中，每站恰好有 3 趟车停靠，且甲车和乙车停靠的站均不相同。已知：

(1) 若乙车或丙车至少有一车在“北阳”停靠，则它们均在“东沟”停靠；

(2) 若丁车在“北阳”停靠，则丙、丁和戊车均在“中丘”停靠；

(3) 若甲、乙和丙车中至少有 2 趟车在“东沟”停靠，则这 3 趟车均在“西山”停靠。

54. 根据上述信息，可以得出以下哪项？

A. 甲车不在“中丘”停靠。

B. 乙车不在“西山”停靠。

C. 丙车不在“东沟”停靠。

D. 丁车不在“北阳”停靠。

E. 戊车不在“南镇”停靠。

[解题分析] 正确答案：A

除了以上 (1) (2) (3) 所述的条件，题干还陈述了以下条件：

(4) 每站恰好有 3 趟车停靠；

(5) 甲车和乙车停靠的站均不相同。

	东沟	西山	南镇	北阳	中丘
甲				+	−
乙				−	−
丙				−	+
丁	+			+	+
戊	+			+	+

由 (5) 可知，不可能甲、乙和丙 3 趟车均在“西山”停靠。

由（3）推出：

（6）甲、乙和丙车中最多有 1 趟车在“东沟”停靠。

由（4），则丁、戊车必定在“东沟”停靠。

由（6），乙、丙车不可能均在“东沟”停靠。

由（1）推出，乙、丙车都不在“北阳”停靠。

再由（4）可知，甲、丁、戊车都在“北阳”停靠。

再由（2）推出，丙、丁和戊车均在“中丘”停靠。

因此，甲、乙车都不在“中丘”停靠。所以，A 项正确。

55. 若没有车在每站都停靠，则可以得出以下哪项？

A. 甲车在“南镇”停靠。

B. 乙车在“东沟”停靠。

C. 丙车在“西山”停靠。

D. 丁车在“南镇”停靠。

E. 戊车在“西山”停靠。

[解题分析] 正确答案：C

由（4），“西山”和“南镇”需要 6 趟车停靠。而丁、戊车最多分别出现 1 次（因为没有车在每站都停靠）。

又由（5），“西山”和“南镇”两个站，甲、乙车也最多分别出现 1 次，因此，丙车肯定要出现 2 次。所以，C 项正确。

	东沟	西山	南镇	北阳	中丘
甲				+	—
乙				—	—
丙		(+)	(+)	—	+
丁	+			+	+
戊	+			+	+

11　2020MBA－54～55 基于以下题干：

某项测试共有四道题，每道题给出 A、B、C、D 四个选项，其中只有一项是正确答案。现有张、王、赵、李四人参加了测试，他们的答题情况和测试结果如下：

	第一题	第二题	第三题	第四题	测试结果
张	A	B	A	B	均不正确
王	B	D	B	C	只答对一题
赵	D	A	A	B	均不正确
李	C	C	B	D	只答对一题

54. 根据以上信息，可以得出以下哪项？

A. 第一题的正确答案是 C。

B. 第二题的正确答案是 D。

C. 第三题的正确答案是D。
D. 第四题的正确答案是A。
E. 第四题的正确答案是D。
[解题分析] 正确答案：D

根据张、赵答案全错可知，第一题的答案是B或C，第二题的答案是C或D，第三题的答案是B或C或D，第四题的答案是A或C或D。

	第一题	第二题	第三题	第四题	测试结果
王	B	D	B	C	只答对一题
李	C	C	B	D	只答对一题
正确答案	B或C	C或D	B或C或D	A或C或D	

由于王、李只答对一题，因此，第三题答案不可能为B，否则，第三题两人都答对，而且第一题和第二题不管是哪个答案，王、李中至少有一人答对，因此，第三题答案只能是C或D。

由于第一题和第二题不管是哪个答案，王、李中至少有一人答对，因此，第四题的正确答案只能是A，否则，王、李中至少有一人答对第四题，这样至少有一人答对两题，与题目条件矛盾。

	第一题	第二题	第三题	第四题	测试结果
王	B	D	B	C	只答对一题
李	C	C	B	D	只答对一题
正确答案	B或C	C或D	C或D	A	

综上所述，D选项为本题答案。

55. 如果每道题的正确答案各不相同，则可以得出以下哪项？
A. 第一题的正确答案是B。
B. 第一题的正确答案是C。
C. 第二题的正确答案是D。
D. 第二题的正确答案是A。
E. 第三题的正确答案是C。
[解题分析] 正确答案：A

由于每道题的正确答案各不相同，根据上面分析可知，第一题的正确答案不能为C，否则，第二题和第三题的正确答案就均为D，矛盾。因此，第一题的正确答案只能为B。

	第一题	第二题	第三题	第四题	测试结果
王	B	D	B	C	只答对一题
李	C	C	B	D	只答对一题
正确答案	B	C或D	C或D	A	

综上所述，A选项为本题答案。

12　2020MBA－46～47 基于以下题干：

某公司甲、乙、丙、丁、戊 5 人爱好出国旅游。去年，在日本、韩国、英国和法国 4 国中，他们每人都去了其中的 2 个国家旅游，且每个国家总有他们中的 2～3 人去旅游。已知：

（1）如果甲去韩国，则丁不去英国；

（2）丙与戊去年总是结伴出国旅游；

（3）丁和乙只去欧洲国家旅游。

46. 根据以上信息，可以得出以下哪项？

A. 甲去了韩国和日本。

B. 乙去了英国和日本。

C. 丙去了韩国和英国。

D. 丁去了日本和法国。

E. 戊去了韩国和日本。

[解题分析]　正确答案：E

根据题干信息，推导如下：

第一步：由条件（3），丁和乙只去欧洲国家，结合题干条件，每人去了 2 个国家，推出，丁和乙只去了英国和法国。排除了 B、D 项。

第二步：由条件（2），丙与戊总是结伴出国旅游，则可推知，丙与戊不可能去英国或法国，否则，英国或法国就有 4 个人去旅游了，与题干条件矛盾。因此，丙与戊一定去了日本和韩国旅游。排除 C 项。

第三步：由于丁去了英国，根据条件（1）可知，甲没有去韩国，排除 A 项。

	甲	乙	丙	丁	戊
日本		×	√	×	√
韩国	×	×	√	×	√
英国		√	×	√	×
法国		√	×	√	×

因此，只有 E 项可以从题干推出。

47. 如果 5 人去欧洲国家旅游的总人次与去亚洲国家的一样多，则可以得出以下哪项？

A. 甲去了日本。

B. 甲去了英国。

C. 甲去了法国。

D. 戊去了英国。

E. 戊去了法国。

[解题分析]　正确答案：A

根据上面的推理，乙和丁只去了英国和法国，丙与戊只去了日本和韩国，则这 4 人去欧洲国家旅游的总人次与去亚洲国家的一样多。

那么，剩下的甲，由于只能去 2 个国家，那一定是 1 个欧洲国家和 1 个亚洲国家。根据上题推知甲没有去韩国，所以甲肯定去了日本。

13　2020MBA－37～38 基于以下题干：

放假 3 天，小李夫妇除安排 1 天休息之外，其他 2 天准备做 6 件事：①购物（这件事编号为①，其他依次类推）；②看望双方父母；③郊游；④带孩子去游乐场；⑤去市内公园；⑥去影院看电影。他们商定：

(1) 每件事均做1次，且在1天内做完，每天至少做2件事。

(2) ④和⑤安排在同一天完成。

(3) ②在③之前1天完成。

37. 如果③和④安排在假期的第2天，则以下哪项是可能的？

A. ①安排在第2天。

B. ②安排在第2天。

C. 休息安排在第1天。

D. ⑥安排在最后1天。

E. ⑤安排在第1天。

[解题分析] 正确答案：A

根据题干，③和④安排在假期的第2天，再由条件(2)，④和⑤安排在同一天完成，得：③④⑤安排在第2天。

结合条件(3)，②在③之前1天完成，因此，②一定安排在第1天。所以，第3天休息。

列表如下：

	第1天	第2天	第3天
事情安排	②	③④⑤	休息

分别判定各个选项，A项，①安排在第2天，与题干条件无矛盾，是可能的。

其余选项均不符合题干条件，均排除。

38. 如果假期第2天只做⑥等3件事，则可以得出以下哪项？

A. ②安排在①的前1天。

B. ①安排在休息1天之后。

C. ①和⑥安排在同一天。

D. ②和④安排在同一天。

E. ③和④安排在同一天。

[解题分析] 正确答案：C

如果假期第2天只做3件事，那么有两种情况：第一种情况：第1天做3件事并且第2天做3件事；第二种情况：第2天做3件事并且第3天做3件事。

	第1天	第2天	第3天
情况一：事情安排	3件事	⑥等3件事	休息
情况二：事情安排	休息	⑥等3件事	3件事

假设是第一种情况，根据题目条件可推出，第1天做②④⑤，第2天做①③⑥，此时B、E项均不符合题意。

假设是第二种情况，按照题目条件可推出，第2天做①②⑥，第3天做③④⑤，此时A、D项均不符合题意。

总之，只有C项可以得出。

	第1天	第2天	第3天
情况一：事情安排	②④⑤	①③⑥	休息
情况二：事情安排	休息	①②⑥	③④⑤

14　2020MBA－31～32 基于以下题干：

"立春""春分""立夏""夏至""立秋""秋分""立冬""冬至"是我国二十四节气中的八个节气。"凉风""广莫风""明庶风""条风""清明风""景风""阊阖风""不周风"是八种节风。上述八个节气与八种节风之间一一对应。已知：

（1）"立秋"对应"凉风"；

（2）"冬至"对应"不周风""广莫风"之一；

（3）若"立夏"对应"清明风"，则"夏至"对应"条风"或者"立冬"对应"不周风"；

（4）若"立夏"不对应"清明风"或者"立春"不对应"条风"，则"冬至"对应"明庶风"。

31. 根据上述信息，可以得出以下哪项？

A. "秋分"不对应"明庶风"。

B. "立冬"不对应"广莫风"。

C. "夏至"不对应"景风"。

D. "立夏"不对应"清明风"。

E. "春分"不对应"阊阖风"。

［解题分析］正确答案：B

根据条件（1）（2），列表如下：

立春	春分	立夏	夏至	立秋	秋分	立冬	冬至
				凉风			不周风/广莫风

由条件（2），则"冬至"不对应"明庶风"，再由条件（4）推出，"立夏"对应"清明风"且"立春"对应"条风"。

立春	春分	立夏	夏至	立秋	秋分	立冬	冬至
条风		清明风		凉风			不周风/广莫风

又由条件（3）推出，"夏至"对应"条风"或者"立冬"对应"不周风"；由于根据前面推导已知，"立春"对应"条风"，那么，"夏至"不对应"条风"，从而推出，"立冬"对应"不周风"。

再根据条件（2）推出，"冬至"对应"广莫风"。

立春	春分	立夏	夏至	立秋	秋分	立冬	冬至
条风		清明风		凉风		不周风	广莫风

由此可推出，B项必然正确。

其余选项不能得出，其中，A、C、E项不能确定，D项必然错误。

32. 若"春分"和"秋分"两节气对应的节风在"明庶风"和"阊阖风"之中，则可以得出以下哪项？

A. “春分”对应“阊阖风”。
B. “秋分”对应“明庶风”。
C. “立春”对应“清明风”。
D. “冬至”对应“不周风”。
E. “夏至”对应“景风”。

[解题分析] 正确答案：E

若“春分”和“秋分”两节气对应的节风在“明庶风”和“阊阖风”之中，则剩下的“景风”只能对应“夏至”。

立春	春分	立夏	夏至	立秋	秋分	立冬	冬至
条风	明庶风/阊阖风	清明风	景风	凉风	明庶风/阊阖风	不周风	广莫风

15 2019MBA－54～55 基于以下题干：

某园艺公司打算在花圃中栽种玫瑰、兰花、菊花 3 个品种的花卉，该花圃的形状如下所示：

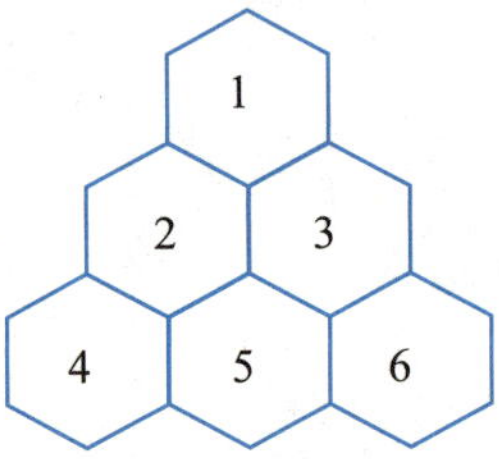

拟栽种的玫瑰有紫、红、白 3 种颜色，兰花有红、白、黄 3 种颜色，菊花有白、黄、蓝 3 种颜色，栽种需满足如下要求：

（1）每个六边形格子中仅栽种 1 个品种、1 个颜色的花；
（2）每个品种只栽种 2 种颜色的花；
（3）相邻格子的花，其品种与颜色均不相同。

54. 若格子 5 中是红色的花，则以下哪项是不可能的？
A. 格子 2 中是紫色的玫瑰。
B. 格子 1 中是白色的兰花。
C. 格子 1 中是白色的菊花。
D. 格子 4 中是白色的兰花。
E. 格子 6 中是蓝色的菊花。

[解题分析] 正确答案：C

	紫	红	白	黄	蓝
玫瑰	√	√	√		
兰花		√	√	√	
菊花			√	√	√

若格子 1 中是白色的菊花，那么，格子 2 和格子 3 要排除白花和菊花，只可能是以下 4 种花。

	紫	红	白	黄	蓝
玫瑰	√	√			
兰花		√		√	
菊花					

本题条件是格子 5 中是红色的花，只能是红玫瑰或红兰花。

假定格子 5 中是红玫瑰，由（3），在格子 2 和格子 3 中均不可能是紫玫瑰和红兰花，那只剩下 1 种黄兰花，不可能占这 2 个格子。

假定格子 5 中是红兰花，由（3），在格子 2 和格子 3 中均不可能是黄兰花和红玫瑰，那只剩下 1 种紫玫瑰，也不可能占这 2 个格子。

综上分析，格子 1 中是白色的菊花是不可能成立的，因此，C 项正确。

55. 若格子 5 中是红色的玫瑰，且格子 3 中是黄色的花，则可以得出以下哪项?

A. 格子 1 中是紫色的玫瑰。

B. 格子 4 中是白色的菊花。

C. 格子 2 中是白色的菊花。

D. 格子 4 中是白色的兰花。

E. 格子 6 中是蓝色的菊花。

［解题分析］正确答案：D

若格子 5 中是红色的玫瑰，则格子 5 周边的格子 2、3、4、6 就要排除红花和玫瑰，可能的情况如下：

	紫	红	白	黄	蓝
玫瑰					
兰花			√	√	
菊花			√	√	√

由“格子 3 中是黄色的花”可知，格子 3 中是黄色的菊花或黄色的兰花。

若格子 3 中是黄色的菊花，则格子 3 周边的格子 2、6 就要排除黄花和菊花，只剩白兰花。2 个格子只有 1 种花，这是不可能成立的，因此，格子 3 中是黄色的兰花。

由“格子 3 中是黄色的兰花”可知，格子 4 中也是兰花，而且不能是红色和黄色，所以，格子 4 中是白色的兰花。因此，D 项正确。

16　2019MBA－49～50 基于以下题干：

某食堂采购 4 类（各种蔬菜名称的后一个字相同，即为一类）共 12 种蔬菜：芹菜、菠菜、韭菜、青椒、红椒、黄椒、黄瓜、冬瓜、丝瓜、扁豆、毛豆、豇豆，并根据若干条件将其分成三组，准备在早、中、晚三餐中分别使用。已知条件如下：

（1）同一类别的蔬菜不在一组；

（2）芹菜不能在黄椒一组，冬瓜不能在扁豆一组；

（3）毛豆必须与红椒或韭菜在同一组；

（4）黄椒必须与豇豆在同一组。

49. 根据以上信息，可以得出以下哪项?

A. 芹菜与豇豆不在同一组。
B. 芹菜与毛豆不在同一组。
C. 菠菜与扁豆不在同一组。
D. 冬瓜与青椒不在同一组。
E. 丝瓜与韭菜不在同一组。

［解题分析］正确答案：A

根据（2）芹菜不能在黄椒一组，和（4）黄椒必须与豇豆在同一组，可推知：芹菜与豇豆不在同一组。因此，A 项正确。

50. 如果韭菜、青椒与黄瓜在同一组，则可得出以下哪项？
A. 芹菜、红椒与扁豆在同一组。
B. 菠菜、黄椒与豇豆在同一组。
C. 韭菜、黄瓜与毛豆在同一组。
D. 菠菜、冬瓜与豇豆在同一组。
E. 芹菜、红椒与丝瓜在同一组。

［解题分析］正确答案：B

由（2）芹菜不能在黄椒一组，结合（4）黄椒必须与豇豆在同一组，那么，必然是菠菜或韭菜与黄椒、豇豆在同一组。

既然本题断定，韭菜、青椒与黄瓜在同一组，那么，只能是菠菜与黄椒、豇豆在同一组。因此，B 项正确。

17　2019MBA－30～31 基于以下题干：

某单位拟派遣 3 名德才兼备的干部到西部山区进行精准扶贫。报名者踊跃，经过考察，最终确定了陈甲、傅乙、赵丙、邓丁、刘戊、张己 6 名候选人。根据工作需要，派遣还需要满足以下条件：

（1）若派遣陈甲，则派遣邓丁但不派遣张己；
（2）若傅乙、赵丙至少派遣 1 人，则不派遣刘戊。

30. 以下哪项的派遣人选和上述条件不矛盾？
A. 赵丙、邓丁、刘戊。
B. 陈甲、傅乙、赵丙。
C. 傅乙、邓丁、刘戊。
D. 邓丁、刘戊、张己。
E. 陈甲、赵丙、刘戊。

［解题分析］正确答案：D

根据题干断定，列出以下条件关系式：
（1）甲→丁∧¬己。
（2）乙∨丙→¬戊。
（3）甲、乙、丙、丁、戊、己（6 选 3）。
A 项：违背条件（2），因为有丙则没戊。
B 项：由条件（1）有甲则有丁，这样至少派了 4 人，违背条件（3）。
C 项：违背条件（2），因为有乙则没戊。
D 项：和上述条件不矛盾。
E 项：违背条件（2），因为有丙则没戊。

31. 如果陈甲、刘戊至少派遣 1 人，则可以得出以下哪项？

A. 派遣刘戊。

B. 派遣赵丙。

C. 派遣陈甲。

D. 派遣傅乙。

E. 派遣邓丁。

［解题分析］ 正确答案：E

本题的前提是，甲、戊至少派遣 1 人。则分两种情况：

第一种情况，派甲（不管是否派戊），则由（1）推出，必派丁。

第二种情况，不派甲但派戊，则由（2）的逆否命题推出，既不派乙也不派丙。这样，甲、乙、丙都不派，再由条件（3），则必派丁、戊、己。

可见，不管哪种情况，丁是必派的。因此，E 项为正确答案。

18　2018MBA－54～55 基于以下题干：

某校四位女生施琳、张芳、王玉、杨虹与四位男生范勇、吕伟、赵虎、李龙进行中国象棋比赛。他们被安排在四张桌子上，每桌一男一女对弈，四张桌子从左到右分别记为 1、2、3、4 号，每桌选手需要进行四局比赛。比赛规定：选手每胜一局得 2 分，和一局得 1 分，负一局得 0 分。前三局结束时，按分差大小排列，四对选手的总积分分别是 6∶0、5∶1、4∶2、3∶3。已知：

（1）张芳和吕伟对弈，杨虹在 4 号桌比赛，王玉的比赛桌在李龙的比赛桌的右边；

（2）1 号桌的比赛至少有一局是和局，4 号桌双方的总积分不是 4∶2；

（3）赵虎前三局总积分并不领先他的对手，他们并没有下过和局；

（4）李龙已连输三局，范勇在前三局总积分上领先他的对手。

54. 根据上述信息，前三局比赛结束时谁的总积分最高？

A. 杨虹。

B. 施琳。

C. 范勇。

D. 王玉。

E. 张芳。

［解题分析］ 正确答案：B

由题干信息“四对选手的总积分分别是 6∶0、5∶1、4∶2、3∶3”可知，总积分最高的是得 6 分的选手。根据（4）可知：与李龙对弈的人得 6 分，是最高分，只能来自女生行列。

由（1）可知：李龙的对手不是张芳、王玉。假设杨虹和李龙在 4 号桌比赛，这和（1）中“王玉的比赛桌在李龙的比赛桌的右边”相冲突，假设不成立。因此，李龙的对手不是张芳、王玉，也不是杨虹，那就只能是施琳。

55. 如果下列有位选手前三局均与对手下成和局，那么他（她）是谁？

A. 施琳。

B. 杨虹。

C. 张芳。

D. 范勇。

E. 王玉。

［解题分析］ 正确答案：C

三局都是和局，那结果就是3：3。

根据上题的分析，先排除A项。再根据（4），排除D项。

根据得分规则可知：6：0是3胜；5：1是2胜1和；4：2是1胜2和或2胜1负；3：3是3和。

先由（3）赵虎没有下过和局，不可能是3：3和5：1，只能是6：0或4：2。

又由（4）李龙已连输三局，为6：0，因此，赵虎的局只能为4：2。

再由（4）范勇在前三局总积分上领先他的对手，因此，范勇的局不可能是3：3，只能是5：1。

由此，男选手中只有吕伟的局是3：3。再由（1）知，他的对手是张芳。因此，C项正确。

本题还可以继续推出每对选手的桌号。由（2）1号桌的比赛至少有一局是和局，因此，不可能是6：0。再由（1）王玉的比赛桌在李龙的比赛桌的右边，这样推出的结果如下表所示：

桌号	1	2	3	4
得分	3：3	6：0	4：2	5：1
战况	3和	3胜	1胜2和或2胜1负	2胜1和
女	张芳	施琳	王玉	杨虹
男	吕伟	李龙	赵虎	范勇

19　2018MBA－47～48基于以下题干：

一江南园林拟建松、竹、梅、兰、菊5个园子。该园林拟设东、南、北3个门，分别位于其中3个园子。这5个园子的布局满足如下条件：

（1）如果东门位于松园或菊园，那么南门不位于竹园；

（2）如果南门不位于竹园，那么北门不位于兰园；

（3）如果菊园在园林的中心，那么它与兰园不相邻；

（4）兰园与菊园相邻，中间连着一座美丽的廊桥。

47. 根据以上信息，可以得出以下哪项？

A. 兰园不在园林的中心。

B. 菊园不在园林的中心。

C. 兰园在园林的中心。

D. 菊园在园林的中心。

E. 梅园不在园林的中心。

［解题分析］正确答案：B

根据（4）可知：兰和菊相邻；再根据（3）可得：菊园不在园林的中心。

48. 如果北门位于兰园，则可以得出以下哪项？

A. 南门位于菊园。

B. 东门位于竹园。

C. 东门位于梅园。

D. 东门位于松园。

E. 南门位于梅园。

［解题分析］正确答案：C

如果北门位于兰园，根据（2）可得：南门位于竹园；再根据（1）可得：东门不位于松园且不位于菊园。

由于只有 5 个园子，可推知：东门只能位于梅园。

20 2018MBA－40～41 基于以下题干：

某海军部队有甲、乙、丙、丁、戊、己、庚 7 艘舰艇，拟组成两个编队出航。第一编队编列 3 艘舰艇，第二编队编列 4 艘舰艇。编列需满足以下条件：

（1）己必须编列在第二编队；

（2）戊和丙至多有一艘编列在第一编队；

（3）甲和丙不在同一编队；

（4）如果乙编列在第一编队，则丁也必须编列在第一编队。

40. 如果甲在第二编队，则下列哪项中的舰艇一定也在第二编队？

A. 乙。

B. 丙。

C. 丁。

D. 戊。

E. 庚。

［解题分析］正确答案：D

如果甲在第二编队，根据（3）可得：丙在第一编队。

再根据（2）可得：戊在第二编队。

41. 如果丁和庚在同一编队，则可以得出以下哪项？

A. 甲在第一编队。

B. 乙在第一编队。

C. 丙在第一编队。

D. 戊在第二编队。

E. 庚在第二编队。

［解题分析］正确答案：D

已知丁和庚在同一编队。

假设丁和庚都在第二编队，根据（4）可得：乙在第二编队。再根据（1）可知：己在第二编队。到此可知，在第二编队的有：丁、庚、己、乙。根据题干“第二编队有 4 艘舰艇”可知，第二编队已经满员。但又由（3），甲和丙不能在同一编队，那么二者必有一个在第二编队，这就出现了矛盾，因此，假设不成立。

由此可知，丁和庚都在第一编队，甲、丙必有一艘在第一编队，第一编队到此满员。其他舰艇乙、戊、己只能全部在第二编队。

21 2017MBA－54～55 基于以下题干：

某影城将在“十一黄金周”7 天（周一至周日）放映 14 部电影，其中有 5 部科幻片、3 部警匪片、3 部武侠片、2 部战争片及 1 部爱情片。限于条件，影城每天放映 2 部电影。已知：

（1）除科幻片安排在周四外，其余 6 天每天放映的 2 部电影都属于不同的类型；

（2）爱情片安排在周日；

（3）科幻片与武侠片没有安排在同一天；

（4）警匪片和战争片没有安排在同一天。

54. 根据以上信息，以下哪项 2 部电影不可能安排在同一天放映？

A. 警匪片和爱情片。

B. 科幻片和警匪片。

C. 武侠片和战争片。

D. 武侠片和警匪片。

E. 科幻片和战争片。

［解题分析］ 正确答案：A

根据题干信息列表如下：

时间	周一	周二	周三	周四	周五	周六	周日
影片				科幻			爱情
				科幻			

这样，还剩下 3 部科幻片、3 部武侠片、3 部警匪片、2 部战争片。

而根据（3）科幻片与武侠片没有安排在同一天，可推出，周一到周三以及周五到周日这 6 天，必然要选择科幻片和武侠片中的一部来放映。由此可见，周日不能放映警匪片，即警匪片和爱情片不可能安排在同一天放映。因此，A 项为正确答案。

55. 根据以上信息，如果同类影片放映日期连续，则周六可以放映的电影是以下哪项？

A. 科幻片和警匪片。

B. 武侠片和警匪片。

C. 科幻片和战争片。

D. 科幻片和武侠片。

E. 警匪片和战争片。

［解题分析］ 正确答案：C

如果同类影片连续放映，则周五到周日必然要么是科幻片、要么是武侠片连续放映。

所以，3 部警匪片只能在周一到周三连续放映，则周五到周六必然连续放映战争片。

时间	周一	周二	周三	周四	周五	周六	周日
影片	警匪	警匪	警匪	科幻	战争	战争	爱情
				科幻			

由此可见，周六可以放映的电影是“科幻片和战争片”或者“武侠片和战争片”

因此，C 项为正确答案。

22 2017MBA－51～52 基于以下题干：

儿童节快到了。幼儿园老师为班上的小明、小雷、小刚、小芳、小花五位小朋友准备了红、橙、黄、绿、青、蓝、紫七份礼物。已知所有礼物都送了出去，每份礼物只能由一人获得，每人最多获得两份礼物。另外，礼物派送还需要满足如下要求：

（1）如果小明收到橙色礼物，则小芳会收到蓝色礼物；

（2）如果小雷没有收到红色礼物，则小芳不会收到蓝色礼物；

（3）如果小刚没有收到黄色礼物，则小花不会收到紫色礼物；

（4）没有人既能收到黄色礼物，又能收到绿色礼物；

(5) 小明只收到橙色礼物，而小花只收到紫色礼物。

51. 根据上述信息，以下哪项可能为真？

A. 小明和小芳都收到两份礼物。

B. 小雷和小刚都收到两份礼物。

C. 小刚和小花都收到两份礼物。

D. 小芳和小花都收到两份礼物。

E. 小明和小雷都收到两份礼物。

[解题分析] 正确答案：B

根据条件 (5)，说明小明和小花只能收到一份礼物，不可能收到两份礼物，所以，A、C、D、E 项均排除。只有 B 项可能为真。

52. 根据上述信息，如果小刚收到两份礼物，则可以得出以下哪项？

A. 小雷收到红色和绿色两份礼物。

B. 小刚收到黄色和蓝色两份礼物。

C. 小芳收到绿色和蓝色两份礼物。

D. 小刚收到黄色和青色两份礼物。

E. 小芳收到青色和蓝色两份礼物。

[解题分析] 正确答案：D

由 (5) 可知，小明只收到橙色礼物，小花只收到紫色礼物。

又由 (1) 可知，小芳收到蓝色礼物。

再由 (2) 可知，小雷收到红色礼物。

由 (5)(3)(4) 可知，小刚收到黄色礼物，且没有收到绿色礼物。

列表如下：

	小明	小芳	小雷	小刚	小花
礼物份数	1				1
礼物颜色	橙色	蓝色	红色	黄色，非绿色	紫色

如果小刚收到两份礼物，那只能是黄色礼物和青色礼物。因此，D 项为正确答案。

23　2017MBA－33～34 基于以下题干：

丰收公司邢经理需要在下个月赴湖北、湖南、安徽、江西、江苏、浙江、福建 7 省进行市场需求调研，各省均调研一次。他的行程需满足如下条件：

(1) 第一个或最后一个调研江西省；

(2) 调研安徽省的时间早于浙江省，在这两省的调研之间调研除了福建省的另外两省；

(3) 调研福建省的时间安排在调研浙江省之前或刚好调研完浙江省之后；

(4) 第三个调研江苏省。

33. 如果邢经理首先赴安徽省调研，则关于他的行程，可以确定以下哪项？

A. 第二个调研湖北省。

B. 第二个调研湖南省。

C. 第五个调研福建省。

D. 第五个调研湖北省。

E. 第五个调研浙江省。

［解题分析］ 正确答案：C

根据题目条件，按调研顺序从 1 到 7 排列，可列条件如下：

(1) 江西＝1/7。

(2) 安徽＋3＝浙江，(福建＜安徽)∨(福建＞浙江)。

(3) (福建＜浙江) ∨ (福建＝浙江＋1)。

(4) 江苏＝3。

首先赴安徽省调研，即安徽在 1 号；由条件 (4)，江苏在 3 号；再由条件 (1)，江西只能在 7 号。既然安徽在 1 号，由条件 (2)，浙江就在 4 号，而且福建不能在 2 号。再由条件 (3)，福建只能在 5 号，因此，C 项为正确答案。

1	2	3	4	5	6	7
安徽		江苏	浙江	福建		江西

34. 如果安徽省是邢经理第二个调研的省份，则关于他的行程，可以确定以下哪项？

A. 第一个调研江西省。

B. 第四个调研湖北省。

C. 第五个调研浙江省。

D. 第五个调研湖南省。

E. 第六个调研福建省。

［解题分析］ 正确答案：C

安徽是第二个调研的省份，由条件 (2)，浙江就在 5 号，因此，C 项为正确答案。

1	2	3	4	5	6	7
	安徽	江苏		浙江		

24　2016MBA－54～55 基于以下题干：

江海大学的校园美食节开幕了，某女生宿舍有 5 人积极报名参加此次活动，她们的姓名分别为金粲、木心、水仙、火珊、土润。举办方要求，每位报名者只做一道菜品参加评比，但需自备食材。限于条件，该宿舍所备食材仅有 5 种：金针菇、木耳、水蜜桃、火腿和土豆。要求每种食材只能有 2 人选用，每人又只能选用 2 种食材，并且每人所选食材名称的第一个字与自己的姓氏均不相同。已知：

(1) 如果金粲选水蜜桃，则水仙不选金针菇；

(2) 如果木心选金针菇或土豆，则她也须选木耳；

(3) 如果火珊选水蜜桃，则她也须选木耳和土豆；

(4) 如果木心选火腿，则火珊不选金针菇。

54. 根据上述信息，可以得出以下哪项？

A. 木心选用水蜜桃、土豆。

B. 水仙选用金针菇、火腿。

C. 土润选用金针菇、水蜜桃。

D. 火珊选用木耳、水蜜桃。

E. 金粲选用木耳、土豆。

[解题分析] 正确答案：C

题干条件如下：

(题设) 每种食材只能有2人选用。每人又只能选用2种食材，并且每人所选食材名称的第一个字与自己的姓氏均不相同。

(1) 金粲(水蜜桃)→水仙(¬金针菇)。

(2) 木心(金针菇∨土豆)→木心(木耳)。

(3) 火珊(水蜜桃)→火珊(木耳∧土豆)。

(4) 木心(火腿)→火珊(¬金针菇)。

根据(2)，因为木心不能选木耳，则木心不选金针菇和土豆，所以，木心选水蜜桃、火腿。

又由(3)，火珊不能选水蜜桃，否则她选了至少3种。

由上已知，木心选火腿，再由(4)，所以，火珊不选金针菇，从而推知，火珊选木耳、土豆。

	金针菇	木耳	水蜜桃	火腿	土豆
金粲	×(题设)		×(1)		
木心	×(2)	×(题设)	√(2)	√(2)	×(2)
水仙	√		×(题设)		
火珊	×(4)	√(4)	×(3)	×(题设)	√(4)
土润	√	×	√	×	×(题设)

再考虑，对金针菇而言，金粲、木心、火珊都没选用，因此，必然是水仙、土润选用。

水仙选金针菇，又由(1)推出，金粲不选水蜜桃。

对水蜜桃而言，除木心选用外，剩下选用的一人一定是土润。

从而可以必然推出C项，土润选用金针菇、水蜜桃。

55. 如果水仙选用土豆，则可以得出以下哪项？

A. 木心选用金针菇、水蜜桃。

B. 金粲选用木耳、火腿。

C. 火珊选用金针菇、土豆。

D. 水仙选用木耳、土豆。

E. 土润选用水蜜桃、火腿。

[解题分析] 正确答案：B

如果水仙选用土豆，则土豆已有两人选，金粲就不能选。由于金粲不选金针菇、水蜜桃、土豆，因此，金粲选用木耳、火腿，即可得出B项。

	金针菇	木耳	水蜜桃	火腿	土豆
金粲	×(题设)	√	×(1)	√	×
木心	×(2)	×(题设)	√(2)	√(2)	×(2)
水仙	√	×	×(题设)	×	√
火珊	×(4)	√(4)	×(3)	×(题设)	√(4)
土润	√	×	√	×	×(题设)

25 2016MBA－43～44 基于以下题干：

某皇家园林依中轴线布局，从前到后依次排列着七个庭院。这七个庭院分别以汉字“日”“月”“金”“木”“水”“火”“土”来命名。已知：

（1）“日”字庭院不是最前面的那个庭院；

（2）“火”字庭院和“土”字庭院相邻；

（3）“金”“月”两庭院间隔的庭院数与“木”“水”两庭院间隔的庭院数相同。

43. 根据上述信息，下列哪个庭院可能是“日”字庭院？

A. 第一个庭院。

B. 第二个庭院。

C. 第四个庭院。

D. 第五个庭院。

E. 第六个庭院。

［解题分析］正确答案：D

题干条件表达如下：

（1）日≠1；

（2）（火，土）；

（3）（金一月）＝（木一水）。

本题采用排除法。

A 项：与条件（1）冲突，排除。

B 项：若“日”字庭院是第二个庭院，当条件（2）满足时，则条件（3）不能满足，排除。

C 项：若“日”字庭院是第四个庭院，当条件（2）满足时，则条件（3）不能满足，排除。

D 项：若“日”字庭院是第五个庭院，当“火”和“土”处在第六、七庭院时，则有多种可能性满足条件（3），正确。

E 项：若“日”字庭院是第六个庭院，当条件（2）满足时，则条件（3）不能满足，排除。

44. 如果第二个庭院是“土”字庭院，可以得出以下哪项？

A. 第七个庭院是“水”字庭院。

B. 第五个庭院是“木”字庭院。

C. 第四个庭院是“金”字庭院。

D. 第三个庭院是“月”字庭院。

E. 第一个庭院是“火”字庭院。

［解题分析］正确答案：E

由条件（2）“火”和“土”相邻可知，如果第二个是“土”，则“火”有两种可能性，处于第一或处于第三。若“火”处于第三，则当满足条件（1）“日”字庭院不是最前面的那个庭院时，则条件（3）不能满足，所以“火”只能处于第一。因此，E 项为正确答案。

根据题干信息，庭院排序可为“火土日月金水木”，此时，A、B、C、D 项均不一定为真。

26 2015MBA－54～55 基于以下题干：

某高校数学、物理、化学、管理、文秘、法学 6 个专业毕业生要就业，现有风云、怡和、宏宇三家公司前来学校招聘。已知，每家公司只招聘该校 2 至 3 个专业若干毕业生，且需要满足以下条件：

（1）招聘化学专业也招聘数学专业；

（2）怡和公司招聘的专业，风云公司也招聘；

（3）只有一家公司招聘文秘专业，且该公司没有招聘物理专业；

（4）如果怡和公司招聘管理专业，那么也招聘文秘专业；

（5）如果宏宇公司没有招聘文秘专业，那么怡和公司招聘文秘专业。

54. 如果只有一家公司招聘物理专业，那么可以得出以下哪项？

A. 风云公司招聘化学专业。

B. 怡和公司招聘管理专业。

C. 宏宇公司招聘数学专业。

D. 风云公司招聘物理专业。

E. 怡和公司招聘物理专业。

[解题分析] 正确答案：D

题干断定的条件关系如下：

（1）化学→数学。

（2）怡和→风云。

（3）仅一家公司：文秘∧¬物理。

（4）怡和管理→怡和文秘。

（5）¬宏宇文秘→怡和文秘。

假设怡和招聘物理，由（2）知，则风云也招聘物理，这与只有一家公司招聘物理矛盾，因此，怡和没招聘物理。

假设怡和招聘文秘，由（2）知，则风云也招聘文秘，这与（3）断定的只有一家公司招聘文秘这一条件矛盾，故怡和没招聘文秘。

再由（5）得：¬怡和文秘→宏宇文秘，既然宏宇招聘文秘，由（3）知，宏宇没招聘物理。

所以，招聘物理的只能是风云公司。

	数学	物理	化学	管理	文秘	法学
风云		+				
怡和		−			−	
宏宇		−			+	

55. 如果三家公司都招聘了 3 个专业若干毕业生，那么可以得出以下哪项？

A. 风云公司招聘化学专业。

B. 怡和公司招聘法学专业。

C. 宏宇公司招聘化学专业。

D. 风云公司招聘数学专业。

E. 怡和公司招聘物理专业。

[解题分析] 正确答案：D

由上题的分析知，怡和没招聘文秘。

由（4）知，¬怡和文秘→¬怡和管理，因此，怡和没招聘管理。

由（1）知，¬数学→¬化学，因此，如果怡和没招数学，则怡和也没招化学，这样的话，怡和公司有4个专业没招，与招3个专业矛盾，故怡和一定招了数学。

再由（2）知，怡和招了数学，则风云也招了数学。

	数学	物理	化学	管理	文秘	法学
风云	+					
怡和	+			−	−	
宏宇					+	

27 2015MBA－41～42 基于以下题干：

某大学运动会即将召开，经管学院拟组建一支12人的代表队参赛，参赛队员将从该院四个年级学生中选拔。每个年级须在长跑、短跑、跳高、跳远、铅球5个项目中选1～2项比赛，其余项目可任意选择；一个年级如果选择长跑，就不能选短跑或跳高；一个年级如果选跳远，就不能选长跑或铅球；每名队员只参加一项比赛。已知该院：

（1）每个年级均有队员被选拔进入代表队；

（2）每个年级被选拔进入代表队的人数各不相同；

（3）有两个年级的队员人数相乘等于另一个年级的队员人数。

41. 根据以上信息，一个年级最多可选拔的人数是以下哪项？

A. 8人。

B. 7人。

C. 6人。

D. 5人。

E. 4人。

[解题分析] 正确答案：C

根据题干条件分析：

A项：若一个年级有8人，则另外三个年级一共有4人，只能分别为1人、1人、2人，这与（2）矛盾，不成立。

B项：若一个年级有7人，则另外三个年级一共有5人，只能分别为1人、1人、3人或者1人、2人、2人，这与（2）矛盾，不成立。

C项：若一个年级有6人，则另外三个年级一共有6人，可以分别为1人、2人、3人，满足（1）（2）（3）三个条件，成立，因此为正确答案。

42. 如果某年级队员人数不是最少的，且选择了长跑，那么对于该年级来说，以下哪项是不可能的？

A. 选择铅球或跳远。

B. 选择短跑或铅球。

C. 选择短跑或跳远。

D. 选择长跑或跳高。

E. 选择铅球或跳高。

[解题分析] 正确答案：C

题干断定：

① 长跑→¬（短跑∨跳高）＝长跑→¬短跑∧¬跳高。

② 跳远→¬（长跑∨铅球）＝长跑∨铅球→¬跳远。

该年级队员选择了长跑，由①知，就不能选择短跑、跳高；再由②知，就不能选择跳远。即该年级队员不能选择短跑、跳高、跳远。因此，C 项为正确答案。

其余选项都是可能的情况，均排除。

28　2015MBA－38～39 基于以下题干：

天南大学准备派 2 名研究生、3 名本科生到山村小学支教。经过个人报名和民主决议，最终人选将在研究生赵婷、唐玲、殷倩 3 人和本科生周艳、李环、文琴、徐昂、朱敏 5 人中产生。按规定同一学院或者同一社团至多选派一人。已知：

（1）唐玲和朱敏均来自数学学院；

（2）周艳和徐昂均来自文学院；

（3）李环和朱敏均来自辩论协会。

38. 根据上述条件，以下必定入选的是：

A. 文琴。

B. 唐玲。

C. 殷倩。

D. 周艳。

E. 赵婷。

［解题分析］正确答案：A

研究生，选 2 人	赵、唐、殷
本科生，选 3 人	周、李、文、徐、朱

因为周、李、文、徐、朱 5 人当中要选 3 人，根据（2）推出，周、徐 2 人当中选 1 人，根据（3）推出，李、朱 2 人当中选 1 人，这样，本科生中的文一定入选，因此，A 项为正确答案。

39. 如果唐玲入选，以下必定入选的是：

A. 赵婷。

B. 殷倩。

C. 徐昂。

D. 李环。

E. 周艳。

［解题分析］正确答案：D

唐入选，根据（1）推出，朱不能入选，那只能在周、李、文、徐当中选 3 人；再根据（2），周和徐不能都选，所以要保证选 3 人，李和文一定入选。因此，D 项为正确答案。

29　2015MBA－31～32 基于以下题干：

某次讨论会共有 18 名参与者。已知：

（1）至少有 5 名青年教师是女性；

（2）至少有 6 名女教师年过中年；

（3）至少有 7 名女青年是教师。

31. 根据上述信息，关于参会人员的情况，可以得出以下哪项？

A. 有些青年教师不是女性。

B. 有些女青年不是教师。

C. 青年教师至少有 11 名。

D. 女教师至少有 13 名。

E. 女青年至多有 11 名。

[解题分析] 正确答案：D

由（2）知，至少有 6 名年过中年的女教师，再由（3）知，至少有 7 名青年女教师，因此女教师至少有 13 名。因此，D 项正确。

A 项：由题干只能推知，有些青年教师是女性，而无法推出，有些青年教师不是女性，排除。

B 项：由题干只能推知，有些女青年是教师，而无法推出，有些女青年不是教师，排除。

C 项：由（1）（3）推知，青年教师至少有 7 名，排除。

E 项：由（1）（3）推知，女青年至少有 7 名，至多有几个无法得知，排除。

32. 如果上述三句话两真一假，那么关于参会人员的情况，可以得出以下哪一项？

A. 女青年都是教师。

B. 青年教师至少有 5 名。

C. 青年教师都是女性。

D. 女青年至少有 7 名。

E. 男教师至多有 10 名。

[解题分析] 正确答案：B

三句话两真一假，若（1）假，则（3）假，这不可能，所以，（1）必然是真话，青年女教师都至少有 5 人，则青年教师至少有 5 人，因此，B 项正确。

其他选项无法确定真假。

30　2014MBA－53～55 基于以下题干：

孔智、孟睿、荀慧、庄聪、墨灵、韩敏六人组成一个代表队参加某次棋类大赛，其中两人参加围棋比赛，两人参加中国象棋比赛，还有两人参加国际象棋比赛。有关他们具体参加比赛项目的情况还需满足以下条件：

（1）每位选手只能参加一个比赛项目；

（2）孔智参加围棋比赛，当且仅当庄聪和孟睿都参加中国象棋比赛；

（3）如果韩敏不参加国际象棋比赛，那么墨灵参加中国象棋比赛；

（4）如果荀慧参加中国象棋比赛，那么庄聪不参加中国象棋比赛；

（5）荀慧和墨灵至少有一人不参加中国象棋比赛。

53. 如果荀慧参加中国象棋比赛，那么可以得出以下哪项？

A. 庄聪和墨灵都参加围棋比赛。

B. 孟睿参加围棋比赛。

C. 孟睿参加国际象棋比赛。

D. 墨灵参加国际象棋比赛。

E. 韩敏参加国际象棋比赛。

[解题分析] 正确答案：E

根据荀慧参加中国象棋比赛，由条件（5）可知，墨灵不参加中国象棋比赛，再依据条件（3）可知，韩敏参加国际象棋比赛。

	孔智	孟睿	荀慧	庄聪	墨灵	韩敏
围棋（2人）						
中国象棋（2人）			√		×	
国际象棋（2人）						√

54. 如果庄聪和孔智参加相同的比赛项目，且孟睿参加中国象棋比赛，那么可以得出以下哪项？

A. 墨灵参加国际象棋比赛。

B. 庄聪参加中国象棋比赛。

C. 孔智参加围棋比赛。

D. 荀慧参加围棋比赛。

E. 韩敏参加中国象棋比赛。

［解题分析］ 正确答案：D

根据庄聪和孔智参加相同的比赛项目，且孟睿参加中国象棋比赛，依据条件（2）得知，庄聪和孔智参加的不是中国象棋比赛，同时得知，孔智参加的也不是围棋比赛，那么孔智参加的是国际象棋比赛，即庄聪和孔智参加的都是国际象棋比赛。

那么，韩敏参加的就不是国际象棋比赛，再根据条件（3）得知，墨灵参加中国象棋比赛。孟睿和墨灵参加中国象棋比赛，所以，荀慧和韩敏只能参加围棋比赛。故正确答案为选项D。

	孔智	孟睿	荀慧	庄聪	墨灵	韩敏
围棋（2人）			√			√
中国象棋（2人）		√			√	
国际象棋（2人）	√			√		×

55. 根据题干信息，以下哪项可能为真？

A. 庄聪和韩敏参加中国象棋比赛。

B. 韩敏和荀慧参加中国象棋比赛。

C. 孔智和孟睿参加围棋比赛。

D. 墨灵和孟睿参加围棋比赛。

E. 韩敏和孔智参加围棋比赛。

［解题分析］ 正确答案：D

用选项代入排除法。

假设A项为真，庄聪和韩敏参加中国象棋比赛，依据条件（3），韩敏参加中国象棋比赛就是不参加国际象棋比赛，那么墨灵也得参加中国象棋比赛，这就有3个人要参加中国象棋比赛了，不符合题干所说的2个人参加的信息，所以A项不可能为真。

	孔智	孟睿	荀慧	庄聪	墨灵	韩敏
围棋（2人）						
中国象棋（2人）				√	√	√
国际象棋（2人）						

假设B项为真，韩敏和荀慧参加中国象棋比赛，同样依据条件（3）可知韩敏、荀慧、墨灵3人都得参加中国象棋比赛，所以B项也不可能为真。

	孔智	孟睿	荀慧	庄聪	墨灵	韩敏
围棋（2人）						
中国象棋（2人）			√		√	√
国际象棋（2人）						

假设C项为真，孔智和孟睿参加围棋比赛，但依据条件（2）可知，孔智参加围棋比赛，则孟睿不能参加围棋比赛，所以C项不可能为真。

	孔智	孟睿	荀慧	庄聪	墨灵	韩敏
围棋（2人）	√	√×				
中国象棋（2人）						
国际象棋（2人）						

假设E项为真，韩敏和孔智参加围棋比赛，但依据条件（2）可知庄聪和孟睿都参加中国象棋比赛，又依据条件（3）可知墨灵也参加中国象棋比赛，这样就有3个人得参加中国象棋比赛，不符合题干所说的2个人参加的信息，所以不可能为真。

	孔智	孟睿	荀慧	庄聪	墨灵	韩敏
围棋（2人）	√					√
中国象棋（2人）		√		√	√	
国际象棋（2人）						

假设D项为真，与题干条件不矛盾，由于A、B、C、E项都不可能为真，正确答案只能是D项。

31　2014MBA－37～38基于以下题干：

某公司年度审计期间，审计人员发现一张发票，上面有赵义、钱仁礼、孙智、李信四个签名，签名者的身份各不相同，分别是经办人、复核、出纳或审批领导之中的一个，且每个签名都是本人所签。询问四位相关人员，得到以下答案：

赵义："审批领导的签名不是钱仁礼。"

钱仁礼："复核的签名不是李信。"

孙智："出纳的签名不是赵义。"

李信："复核的签名不是钱仁礼。"

已知上述每个回答中，如果提到的人是经办人，则该回答为假；如果提到的人不是经办人，则为真。

37. 根据以上信息，可以得出经办人是：

A. 赵义。

B. 钱仁礼。

C. 孙智。

D. 李信。

E. 无法确定。

[解题分析] 正确答案：C

从题干条件可推出，经办人不是赵。因为假设经办人是赵，根据提到经办人的话为假，那么，孙的话为假，即出纳是赵，这与假设不符。

同理可推出，经办人不是钱，也不是李。

因此经办人只能是孙智。

38. 根据以上信息，该公司的复核与出纳分别是：

A. 李信、赵义。

B. 孙智、赵义。

C. 钱仁礼、李信。

D. 赵义、钱仁礼。

E. 孙智、李信。

[解题分析] 正确答案：D

从上题知经办人是孙，因此上面四句话全为真。从钱与李的话得知，复核不是李也不是钱，那复核一定是赵。因此，D 项为正确答案。

	经办人	复核	出纳	审批领导
赵		√	×	
钱		×		×
孙	√			
李		×		

32　2013MBA－54～55 基于以下题干：

晨曦公园拟在园内东、南、西、北四个区域种植四种不同的特色树木，每个区域只种植一种。选定的特色树种为：水杉、银杏、乌柏和龙柏。布局和基本要求是：

（1）如果在东区或者南区种植银杏，那么在北区不能种植龙柏或乌柏。

（2）北区或者东区要种植水杉或者银杏。

54. 根据上述种植要求，如果北区种植龙柏，则以下哪项一定为真？

A. 南区种植乌柏。

B. 西区种植乌柏。

C. 西区种植水杉。

D. 东区种植乌柏。

E. 南区种植水杉。

[解题分析] 正确答案：A

根据（1），如果在东区或者南区种植银杏，那么在北区不能种植龙柏或乌柏。

如果北区种植龙柏，否定了后件，则前件也不出现，即银杏不种植在东区和南区。

而由于每个区域只种植一种，北区种植龙柏，则银杏必然种植在西区。

区域	东	南	西	北
树种	（水杉）	（乌柏）	银杏	龙柏

再根据，(2) 北区或者东区要种植水杉或者银杏，则东区只能种植水杉。

最后得出：南区种植乌柏。因此，A 项正确。

推理结果可列表如下：

树种 区域	水杉	银杏	乌桕	龙柏
东	√	×	×	×
南	×	×	√	×
西	×	√	×	×
北	×	×	×	√

55. 根据上述种植要求，如果水杉必须种植于西区或者南区，则以下哪项一定为真？

A. 南区种植乌桕。

B. 南区种植水杉。

C. 东区种植银杏。

D. 西区种植水杉。

E. 北区种植银杏。

[解题分析] 正确答案：E

根据 (2)，北区或者东区要种植水杉或者银杏，意味着以下四种情况至少发生一种：北区种植水杉，北区种植银杏，东区种植水杉，东区种植银杏。

根据条件 (1)，如果在东区或者南区种植银杏，那么在北区不能种植龙柏或乌柏。假设东区种植银杏，则北区不能种植龙柏或乌柏，那么北区只能种植水杉，但水杉只能种植于西区或者南区，导致矛盾。所以东区不能种植银杏。

既然水杉必须种植于西区或者南区，则可得出：东区不能种植水杉，北区也不能种植水杉。

排除以上四种情况中的三种之后，必然推出：北区种植银杏。因此，E 项正确。

33 2013MBA-35～36 基于以下题干：

年初，为激励员工努力工作，某公司决定根据每月的工作绩效评选“月度之星”。王某在当年前 10 个月恰好只在连续的 4 个月中当选“月度之星”，他的另 3 位同事郑某、吴某、周某也做到了这一点。关于这 4 人当选“月度之星”的月份，已知：

(1) 王某和郑某仅有 3 个月同时当选；

(2) 郑某和吴某仅有 3 个月同时当选；

(3) 王某和周某不曾在同一个月当选；

(4) 仅有 2 人在 7 月同时当选；

(5) 至少有 1 人在 1 月当选。

35. 根据以上信息，有 3 人同时当选“月度之星”的月份是：

A. 1～3 月。

B. 2～4 月。

C. 3～5 月。

D. 4～6 月。

E. 5～7 月。

[解题分析] 正确答案：D

如果1月、2月、3月这3个月中任一个月有3人同时当选，那他们均只能在7月份之前当选，就不可能满足条件（4），因此，A、B、C项排除。

E项直接与条件（4）冲突，排除。

所以，只有剩下的D项为正确选项。即，1到4月有1人当选，3到6月有1人当选，4到7月有1人当选，5到8月有1人当选，这样，4、5、6这3个月当中每一个月都有3个人同时当选。

36. 根据以上信息，王某当选“月度之星”的月份是：

A. 1～4月。

B. 3～6月。

C. 4～7月。

D. 5～8月。

E. 7～10月。

[解题分析] 正确答案：D

因为由条件（3）可知，王和周只能一个在1到4月当选，另一个在5到8月当选，但如果王在1到4月当选，就不能满足条件（1），所以，王只能在5到8月当选。因此，D项正确。

根据上述信息，4人的当选情况如下表：

	1	2	3	4	5	6	7	8	9	10
王					√	√	√	√		
郑				√	√	√	√			
吴			√	√	√	√				
周	√	√	√	√						

34 2012MBA－53～55基于以下题干：

东宁大学公开招聘3个教师职位，哲学学院、管理学院和经济学院各1个，每个职位都有分别来自南山大学、西京大学、北清大学的候选人。有位“聪明”人士李先生对招聘结果作出了如下预测：

如果哲学学院录用北清大学的候选人，那么管理学院录用西京大学的候选人；如果管理学院录用南山大学的候选人，那么哲学学院也录用南山大学的候选人；如果经济学院录用北清大学或者西京大学的候选人，那么管理学院录用北清大学的候选人。

53. 如果哲学学院、管理学院和经济学院最终录用的候选人的大学归属信息依次如下，则哪项符合李先生的预测？

A. 南山大学、南山大学、西京大学。

B. 北清大学、南山大学、南山大学。

C. 北清大学、北清大学、南山大学。

D. 西京大学、北清大学、南山大学。

E. 西京大学、西京大学、西京大学。

[解题分析] 正确答案：D

李先生的预测表达如下：

（1）哲学北清→管理西京；

（2）管理南山→哲学南山；

（3）经济北清∨经济西京→管理北清。

A项：经济西京，由（3）推得，管理北清，但此项为管理南山，不符合，排除。

B项：哲学北清，由（1）推得，管理西京，但此项为管理南山，不符合，排除。

C项：哲学北清，由（1）推得，管理西京，但此项为管理北清，不符合，排除。

D项：与李先生的3个预测均不矛盾，因此为正确答案。

E项：经济西京，由（3）推得，管理北清，但此项为管理西京，不符合，排除。

54. 若哲学学院最终录用西京大学的候选人，则以下哪项表明李先生的预测错误?

A. 管理学院录用北清大学的候选人。

B. 管理学院录用南山大学的候选人。

C. 经济学院录用南山大学的候选人。

D. 经济学院录用北清大学的候选人。

E. 经济学院录用西京大学的候选人。

[解题分析] 正确答案：B

若哲学学院最终录用西京大学的候选人，那就没录用南山大学的候选人，根据李先生的预测（2），那么，管理学院不能录用南山大学的候选人。因此，B项表明其预测错误。

其余选项均不与题干信息矛盾，排除。

55. 如果3个学院最终录用的候选人来自不同的大学，则以下哪项符合李先生的预测?

A. 哲学学院录用西京大学的候选人，经济学院录用北清大学的候选人。

B. 哲学学院录用南山大学的候选人，管理学院录用北清大学的候选人。

C. 哲学学院录用北清大学的候选人，经济学院录用西京大学的候选人。

D. 哲学学院录用西京大学的候选人，管理学院录用南山大学的候选人。

E. 哲学学院录用南山大学的候选人，管理学院录用西京大学的候选人。

[解题分析] 正确答案：B

解法一：

如果3个学院最终录用的候选人来自不同的大学，根据李先生的预测（2）知，管理学院不能录用南山大学的候选人，排除D项。再根据李先生的预测（3）知，经济学院不能录用北清大学的候选人，排除A项。

若C项为真，则管理学院录用南山大学的候选人（由上面的分析知，管理学院不能录用南山大学的候选人），排除。

若E项为真，则经济学院录用北清大学的候选人（由上面的分析知，经济学院不能录用北清大学的候选人），排除。

只有B项符合李先生的预测。

解法二：

3个学院最终录用的候选人来自不同的大学，根据此条件，列表如下：

	哲学	管理	经济	
A项	西京（已知）	南山（推知）	北清（已知）	不符合（2）
B项	南山（已知）	北清（已知）	西京（推知）	符合预测
C项	北清（已知）	南山（推知）	西京（已知）	不符合（1）
D项	西京（已知）	南山（已知）	北清（推知）	不符合（2）
E项	南山（已知）	西京（已知）	北清（推知）	不符合（3）

35　2008MBA－59～60 基于以下题干：

某公司有 F、G、H、I、M 和 P 六位总经理助理，三个部门。每一部门恰由三个总经理助理分管。每个总经理助理至少分管一个部门。以下条件必须满足：

（1）有且只有一位总经理助理同时分管三个部门。

（2）F 和 G 不分管同一部门。

（3）H 和 I 不分管同一部门。

59. 根据以上信息，以下哪项一定为真？

A. 有的总经理助理恰分管两个部门。

B. 任一部门由 F 或 G 分管。

C. M 或 P 只分管一个部门。

D. 没有部门由 F、M 和 P 分管。

E. P 分管的部门 M 都分管。

［解题分析］正确答案：A

三个部门，每一部门恰由三个总经理助理分管，共计有九个职位。有且只有一位总经理助理同时分管三个部门，那么剩下的六个职位将由五人担任。又由于每个总经理助理至少分管一个部门，因此，一定有的总经理助理恰分管两个部门。

60. 如果 F 和 M 不分管同一部门，则以下哪项一定为真？

A. F 和 H 分管同一部门。

B. F 和 I 分管同一部门。

C. I 和 P 分管同一部门。

D. M 和 G 分管同一部门。

E. M 和 P 不分管同一部门。

［解题分析］正确答案：C

有且只有一位总经理助理同时分管三个部门，因此，F、G、H、I、M 均不可能同时分管三个部门，否则就会和“F 和 G 不分管同一部门，H 和 I 不分管同一部门，F 和 M 不分管同一部门”这些条件相矛盾。

这样，P 同时分管三个部门，由于每个总经理助理至少分管一个部门，因此，剩下的五位均与 P 分管同一部门。

36　2002MBA－29～30 基于以下题干：

三位高中生赵、钱、孙和三位初中生张、王、李参加一个课外学习小组。可选修的课程有：文学、经济、历史和物理。

（1）赵选修的是文学或经济。

（2）王选修物理。

如果一门课程没有任何一个高中生选修，那么任何一个初中生也不能选修该课程；如果一门课程没有任何一个初中生选修，那么任何一个高中生也不能选修该课程；一个学生只能选修一门课程。

29. 如果上述断定为真，且钱选修历史，则以下哪项一定为真？

A. 孙选修物理。

B. 赵选修文学。

C. 张选修经济。

D. 李选修历史。

E. 赵选修经济。

［解题分析］ 正确答案：A

由题干，如果有一个初中生选修某门课程，那么就有一个高中生也选修该课程；反之亦然。

已知初中生王选修物理，所以有一个高中生也选修物理，即赵、钱或孙选修物理。

又因为一个学生只能选修一门课程，已知钱选修历史，所以钱不选修物理；赵选修文学或经济，所以赵不选修物理。因此，可推出孙选修物理。

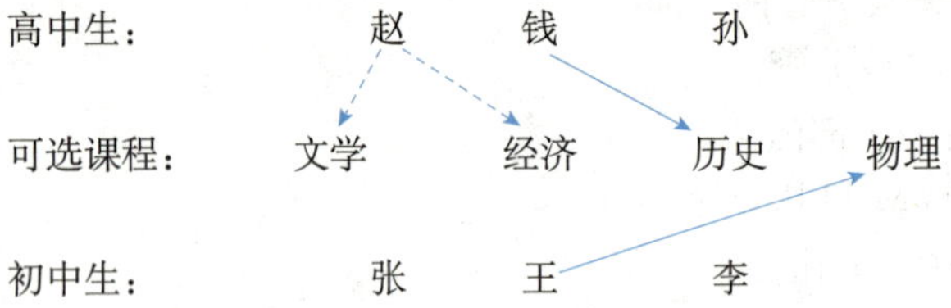

30. 如果题干的断定为真，且有人选修经济，则选修经济的学生中不可能同时包含：

A. 赵和钱。

B. 钱和孙。

C. 孙和张。

D. 孙和李。

E. 张和李。

［解题分析］ 正确答案：B

根据题干条件可知，必定有高中生选修物理，赵选修文学或经济，所以，钱和孙必有一个选修物理，而一个学生只能选修一门课程，因此，钱和孙不可能同时选修经济。

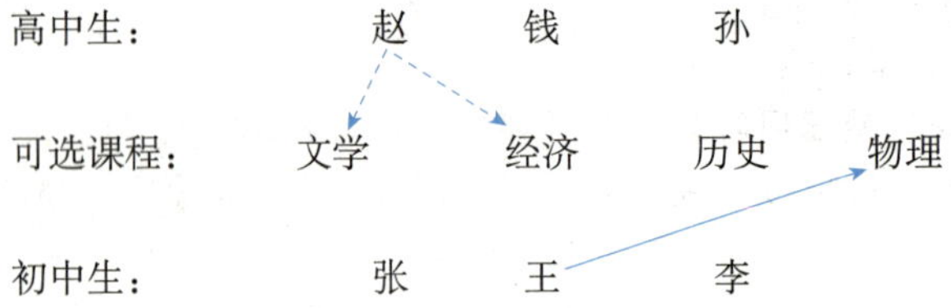

下篇 非形式推理

非形式推理即非演绎推理，属于或然性推理，具体是指日常思维中运用的不具有形式有效性但又具有一定合理性的推理，包括归纳推理和合情推理，其关心的领域是自然语言论证。

非形式推理的理论基础是非形式逻辑，之所以是“非形式的”，主要是因为，它不依赖于形式演绎逻辑的主要分析工具——逻辑形式的概念，也不依赖于形式演绎逻辑的主要评价功能——有效性。相应地，非形式推理考题主要考查考生的归纳、论证和批判性思维能力，注重的是前提和结论之间、题干和选项之间的意义关联和论证关系。

第四章　归纳逻辑

归纳逻辑是从特殊到一般的逻辑推理，它是一种或然性推理，或扩展性推理。从认知的角度看，归纳逻辑是指人们以一系列经验判断或知识储备为依据，寻找出其遵循的基本规律或共同规律，并假设同类事物中的其他事物也遵循这些规律，从而将这些规律作为预测同类其他事物的基本原理的一种认知方法。

第一节　归纳推理

归纳推理是根据一类事物的部分对象具有某种性质，推出这类事物的所有对象都具有这种性质的推理。归纳推理的结论所断定的知识范围超出了前提所断定的知识范围，因此，归纳推理的前提与结论之间的联系不是必然性的，而是或然性的。

一、归纳概括

归纳法是指经验科学以及日常思维中非演绎论证类型的推理方法，归纳概括是指利用不完全归纳推理，来得出一个虽然并非必然但要相对合理的结论。

评估归纳概括的批判性问题有：

CQ1. 前提是否真实？

CQ2. 前提和结论是否相关？

CQ3. 结论是什么？结论的范围是否受到适当限制？

CQ4. 有没有发现反例？

CQ5. 所举的例子的数量是否足够大？或样本容量是否足够大？

CQ6. 所举的例子是否多样化？样本的个体之间差异是否足够大？

CQ7. 所举的例子或样本是否具有代表性？观察到的事物和属性有什么关系？

所谓归纳不当是违背简单枚举推理准则所犯的错误，其实质是严重忽视了与样本属性相反的事例存在，常见的表现形式是轻率概括，即对被考察对象并未作深入细致的考察，便轻率地作出某种结论，这种结论显然容易出现逻辑错误。

1　2018MBA－27

盛夏时节的某一天，某市早报刊载了由该市专业气象台提供的全国部分城市当天天气预报，择其内容列表如下。

天津	阴	上海	雷阵雨	昆明	小雨
呼和浩特	阵雨	哈尔滨	少云	乌鲁木齐	晴
西安	中雨	南昌	大雨	香港	多云
南京	雷阵雨	拉萨	阵雨	福州	阴

根据上述信息，以下哪项作出的论断最为准确？

A. 由于所列城市盛夏天气变化频繁，所以上面所列的9类天气一定就是所有的天气类型。

B. 由于所列城市并非我国的所有城市，所以上面所列的9类天气一定不是所有的天气类型。

C. 由于所列城市在同一天不一定展示所有的天气类型，所以上面所列的9类天气可能不是所有的天气类型。

D. 由于所列城市在同一天可能展示所有的天气类型，所以上面所列的9类天气一定就是所有的天气类型。

E. 由于所列城市分处我国的东南西北中，所以上面所列的9类天气一定就是所有的天气类型。

［解题分析］正确答案：C

题干仅给出某一天的部分城市的天气情况，显然，这并不能确认包含了所有的天气情况。

所以，从题干不能得出“一定”“一定不”之类必然性的结论，只能得到“可能”“可能不”之类或然性的结论。

选项A、D、E断定了“一定就是所有的天气类型”，以偏概全，可以排除。

选项B断定了“一定不是所有的天气类型”，推断绝对化了，也应排除。

选项C，“可能不是所有的天气类型”，这是可能性推断，为正确答案。

2 2008MBA-39

临床试验显示，对偶尔食用一定量的牛肉干的人而言，大多数品牌牛肉干的添加剂并不会导致动脉硬化。因此，人们可以放心食用牛肉干而无须担心对健康的影响。

以下哪项如果为真，最能削弱上述论证？

A. 食用大量牛肉干不利于动脉健康。

B. 动脉健康不等同于身体健康。

C. 肉类都含有对人体有害的物质。

D. 喜欢吃牛肉干的人往往也喜欢食用其他对动脉健康有损害的食品。

E. 题干所述临床试验大都是由医学院的实习生在医师指导下完成的。

［解题分析］正确答案：B

题干论述：牛肉干的添加剂不会导致动脉硬化，因此，食用牛肉干不会影响健康。

该论证犯了以偏概全的谬误，从“不会导致动脉硬化”出发，结论扩大到“不会影响健康”，把动脉健康等同于身体健康。

B项：动脉健康不等同于身体健康，即使食用牛肉干不会导致动脉硬化，也不等于不会影响人体其他方面的健康，正确。

A项：即使食用大量牛肉干不利于动脉健康，但题干论述的是偶尔食用一定量的牛肉干的人，如果食用适量则不影响放心食用的结论成立，排除。

C项：超出题干论述范围，为无关项，排除。

D项：题干论述对象是“偶尔食用一定量的牛肉干的人”，而不是“喜欢吃牛肉干的人”，论述对象不一致。而且即使喜欢吃牛肉干的人往往也喜欢食用其他对动脉健康有损害的食品，也不等于食用牛肉干本身会影响健康。不能削弱，排除。

E项：与题干论证无关，排除。

3　2007MBA - 45

社会成员的幸福感是可以运用现代手段精确量化的。衡量一项社会改革措施是否成功，要看社会成员的幸福感总量是否增加，S市最近推出的福利改革明显增加了公务员的幸福感总量，因此，这项改革措施是成功的。

以下哪项如果为真，最能削弱上述论证？

A. 上述改革措施并没有增加S市所有公务员的幸福感。

B. S市公务员只占全市社会成员很小的比例。

C. 上述改革措施在增加公务员幸福感总量的同时，减少了S市民营企业人员的幸福感总量。

D. 上述改革措施在增加公务员幸福感总量的同时，减少了S市全体社会成员的幸福感总量。

E. 上述改革措施已经引起S市市民的广泛争议。

［解题分析］正确答案：D

前提：衡量一项社会改革措施是否成功，要看社会成员的幸福感总量是否增加。

结论：福利改革增加了公务员的幸福感总量，因此，这项改革措施是成功的。

上述论证的漏洞在于，公务员只是社会成员的一部分，如果只有公务员的幸福感增加，其他社会成员的幸福感减少，从而导致社会成员的幸福感总量减少，那么就不能说明该项改革措施是成功的。D项指出了这一点，有效地削弱了上述论证，正确。

A项：题干中衡量的标准是幸福感总量，与公务员个体的幸福感无关，排除。

B项：虽然公务员占社会成员的比例很小，但如果社会成员的幸福感总量增加，那么题干论证仍然成立，排除。

C项：民营企业人员只是社会成员的一部分，该市社会成员的幸福感总量是否减少未知，不能削弱，排除。

E项：改革措施引起市民争议，这与题干论证无关，排除。

4　2007MBA - 40

一项时间跨度为半个世纪的专项调查研究得出肯定结论：饮用常规量的咖啡对人的心脏无害。因此，咖啡的饮用者完全可以放心地享用，只要不过量。

以下哪项最为恰当地指出了上述论证的漏洞？

A. 咖啡的常规饮用量可能因人而异。

B. 心脏健康不等同于身体健康。

C. 咖啡饮用者可能在喝咖啡时吃对心脏有害的食物。

D. 喝茶，特别是喝绿茶比喝咖啡有利于心脏的保健。

E. 有的人从不喝咖啡但心脏仍然健康。

［解题分析］正确答案：B

前提：饮用常规量的咖啡对人的心脏无害。

结论：可以放心地享用咖啡，只要不过量。

上述论证把心脏健康和身体健康混为一谈，B项表明，心脏健康不等同于身体健康，即使饮用常规量的咖啡对人的心脏无害，也不等于对人体健康无害，未必能放心地享用，正确。

A项：即使咖啡的常规饮用量因人而异，题干论证依然可以成立，排除。

C项：如果咖啡饮用者在喝咖啡时吃对心脏有害的食物，那对健康的危害不是咖啡本身导致的，无法表明题干论证的漏洞，排除。

D、E项：均与题干论证无关，排除。

5 2007MBA－35

莫大伟到吉安公司上班的第一天，就被公司职工自由散漫的表现所震惊，莫大伟由此得出结论：吉安公司是一个管理失效的公司，吉安公司的员工都缺乏工作积极性和责任心。

以下哪项如果为真，最能削弱上述结论？

A. 当领导不在时，公司的员工会表现出自由散漫。

B. 吉安公司的员工超过2万，遍布该省十多个城市。

C. 莫大伟大学刚毕业就到吉安公司，对校门外的生活不适应。

D. 吉安公司的员工和领导的表现完全不一样。

E. 莫大伟上班这一天刚好是节假日后的第一个工作日。

[解题分析] 正确答案：B

前提：上班第一天发现该公司职工自由散漫。

结论：公司员工都缺乏工作积极性和责任心。

B项：公司员工遍布十多个城市，而莫大伟只看见一个城市部分员工的情况，很可能不能代表整个公司所有员工的状态，这说明该结论犯了“以偏概全”的逻辑错误，可以削弱，正确。

A、D项：题干论证与领导无关，排除。

C项：题干论证与是否适应校门外的生活无关，排除。

E项：节假日后的第一个工作日与自由散漫的工作表现可能有关系，但没有必然的联系，不能起到足够的削弱作用，排除。

二、统计概括

统计推理也叫统计推断，是从总体中抽取部分样本，通过对抽取部分所得到的带有随机性的数据进行合理的分析，进而对总体作出合理的判断，它是伴随着一定概率的推测。统计推理属于不完全归纳推理，其结论所断定的范围超出了前提所断定的范围，前提与结论之间的联系不是必然的，因而，它的结论是或然的，对其推理的可靠性需要进行必要的评估。

评估统计推理的批判性问题有：

CQ1. 明确结论问题：结论是什么？

CQ2. 数据意义问题：统计数据有何含义？

CQ3. 数据可信度问题：统计数据从何而来？

CQ4. 样本代表性问题：样本是否能真正代表总体？

CQ5. 反案例问题：有无不具有原样本属性的其他样本？

CQ6. 数据应用问题：统计数据应用是否合理？

统计概括指的是针对统计推理而概括出结论。在进行统计推理和概括时，要尽量做到抽样要科学、数据应用要合理、概括出的结论要恰当。

轻率概括和以偏概全这两类归纳不当谬误的共同特征是以不具有代表性的样本为根据，概括出一类对象的总体都具有某种属性的结论。

以偏概全属于统计中的轻率概括，是根据部分具有的属性概括了整体的属性而导致的谬误，是由于忽视样本属性的异质性，或者根据有偏颇的样本所作出的概括。如果题干的推理出现这种逻辑错误，削弱该统计论证的主要方式就是拿出理由，指出样本是特殊的，不具有代表性。

1 2010MBA－27

为了调查当前人们的识字水平，某实验者列举了20个词语，请30位文化人士识读，这些人的文化程度都在大专以上。识读结果显示，多数人只读对3到5个词语，极少数人读对15个以上，甚至有人全部读错。其中，“蹒跚”的辨识率最高，30人中有19人读对；“呱呱坠地”所有人都读错。20个词语的整体误读率接近80％。该实验者由此得出，当前人们的识字水平并没有提高，甚至有所下降。

以下哪项如果为真，最能对该实验者的结论构成质疑？

A. 实验者选取的20个词语不具有代表性。

B. 实验者选取的30位识读者均没有博士学位。

C. 实验者选取的20个词语在网络流行语言中不常用。

D. “呱呱坠地”这个词语，有些大学老师也经常读错。

E. 实验者选取的30位识读者中约有50％学习成绩不佳。

［解题分析］正确答案：A

前提：30位文化人士对20个词语识读结果不佳。

结论：当前人们的识字水平并没有提高，甚至有所下降。

题干论证方式是基于抽样调查的统计推理，其可靠性取决于样本是否具有代表性，如果样本选取不当，就会犯以偏概全的逻辑谬误。A项指出了这个问题，如果这20个词语不具有代表性（比如是易读错的词语），这就对实验结论构成了严重的质疑。因此，该项为正确答案。

B项：不能质疑，选取的识读者关键在于能否代表人们当前的识字水平，而不在于是否具有博士学位。

C项：不能质疑，选取的词语在网络流行语言中不常用并不能表明这些词语不具有代表性。

D项：不足以质疑，这个词语较难，并不能表明这20个词语都较难，不能表明这20个词语整体上是否具有代表性。

E项：不足以质疑，30位识读者中约有50％学习成绩不佳，不足以表明这30位识读者不具有代表性。

2 2001MBA－37

经A省的防疫部门检测，在该省境内接受检疫的长尾猴中，有1％感染上了狂犬病。但是只有与人及其宠物有接触的长尾猴才接受检疫。防疫部门的专家因此推测，该省长尾猴中感染有狂犬病的比例，将大大小于1％。

以下哪项如果为真，将最有力地支持专家的推测？

A. 在A省境内，与人及其宠物有接触的长尾猴，只占长尾猴总数的不到10％。

B. 在A省，感染有狂犬病的宠物，约占宠物总数的0.1％。

C. 在与A省毗邻的B省境内，至今没有关于长尾猴感染狂犬病的疫情报告。

D. 与和人的接触相比，健康的长尾猴更愿意与人的宠物接触。

E. 与健康的长尾猴相比，感染有狂犬病的长尾猴更愿意与人及其宠物接触。

［解题分析］正确答案：E

前提：只有与人及其宠物有接触的长尾猴才接受检疫，接受检疫的长尾猴中有1％染病。

结论：该省长尾猴染病率大大小于1％。

这是由样本（与人及其宠物接触的长尾猴的患病率）推出总体（该省所有长尾猴的患病

率）的统计推理，要使上述论证成立，就要指出该样本是特殊的，即要表明接受检疫的长尾猴感染比例偏高。

E项：染病的长尾猴更愿意与人及其宠物接触，又根据题干，只有与人及其宠物有接触的长尾猴才接受检疫，则说明接受检疫的长尾猴的染病率（1%）要远高于未接受检疫的长尾猴，这就有力地支持了该省长尾猴染病率大大小于1%这一结论，正确。

A项：只能表明接受检疫的长尾猴所占比例较低，但没法从样本染病率为1%推出整体染病率大大小于1%。由于统计推理的有效性主要看样本是否具有代表性，抽样调查结果的可靠性主要不取决于抽样的比例，所以该项起不到支持作用，排除。

其余各项均不能支持专家的推测。

3　2001MBA－21

今年上半年，即从1月到6月间，全国大约有300万台录像机售出。这个数字仅是去年全部录像机销售量的35%。由此可知，今年的录像机销售量一定会比去年少。

以下哪项如果为真，最能削弱以上结论？

A. 去年的录像机销售量比前年要少。

B. 大多数对录像机感兴趣的家庭都已至少备有一台。

C. 录像机的销售价格今年比去年便宜。

D. 去年销售的录像机中有6成左右是在1月售出的。

E. 一般说来，录像机的全年销售量70%以上是在年末两个月中完成的。

[解题分析] 正确答案：E

前提：今年上半年的销售量只占去年全年销售量的35%。

结论：今年的销售量一定会比去年少。

E项：表明用上半年的销售量不能外推到全年的销售量，如果录像机的全年销售量70%以上是在年末两个月中完成的，那么虽然今年上半年的销售量仅是去年全年销售量的35%，但全年的销售量却极可能超过去年，这就严重地削弱了题干的结论。

C项：对题干的结论有所削弱，但削弱力度显然不足，排除。

A、B、D项不能削弱题干，排除。

4　2000MBA－76

对一批企业的调查显示，这些企业的总经理的平均年龄是57岁，而在20年前，同样的这些企业的总经理的平均年龄大约是49岁。这说明，目前企业中总经理的年龄呈老化趋势。

以下哪项对题干的论证提出的质疑最为有力？

A. 题干中没有说明，20年前这些企业关于总经理人选是否有年龄限制。

B. 题干中没有说明，这些总经理任职的平均年数。

C. 题干中的信息，仅仅基于有20年以上历史的企业。

D. 20年前这些企业的总经理的平均年龄，仅是个近似数字。

E. 题干中没有说明被调查企业的规模。

[解题分析] 正确答案：C

前提：受调查的一批企业的总经理的平均年龄比20年前增大8岁。

结论：目前企业中总经理的年龄呈老化趋势。

本题论证的错误属于以偏概全，上述论证仅仅基于有20年以上历史的老企业，而结论却是对包括新老企业在内的目前各种企业的一般性评价。

C 项：指出样本不具有代表性，没包含成立时间少于 20 年的企业，有力地质疑了题干论证，正确。

其余各项均不能构成对题干的质疑。

第二节　统计推理

统计推理是从样本过渡到总体的推理，即由样本具有某种属性的单位频率或百分比推出总体具有某种属性的概率或可能性的推理。统计数据主要是指统计工作活动过程中所取得的反映经济和社会现象的数字资料。统计数据包括平均数、百分比、相对数量与绝对数量、比率、概率及其他样本数据。

数据应用就是对数据进行分析、处理，从中获取有价值的信息。在应用统计数据的过程中，如果忽视统计数据的相对性、交叉性、相关性和可比性等将会导致数据误用谬误。一旦在所使用的统计数据方面产生谬误，就会动摇论证的基础。

一、 平均数据

平均数一般指的是算术平均数，其特点是拉长补短，以大补小，以最终求得的结果代表对象总体的某种一般水平。最常见的平均数谬误是指不恰当地使用算术平均数，从而基于平均数假象而引申出一般性结论的谬误。

2011MBA-33

受多元文化和价值观的冲击，甲国居民的离婚率明显上升。最近一项调查表明，甲国的平均婚姻存续时间为 8 年。张先生为此感慨，现在像钻石婚、金婚、白头偕老这样的美丽故事已经很难得，人们淳朴的爱情婚姻观一去不复返了。

以下哪项如果为真，最可能表明张先生的理解不确切？

A. 现在有不少闪婚一族，他们经常在很短的时间里结婚又离婚。

B. 婚姻存续时间长并不意味着婚姻的质量高。

C. 过去的婚姻主要由父母包办，现在主要是自由恋爱。

D. 尽管婚姻存续时间短，但年轻人谈恋爱的时间比以前增加很多。

E. 婚姻是爱情的坟墓，美丽感人的故事更多体现在恋爱中。

[解题分析] 正确答案：A

张先生的论证结构如下：

前提：最近一项调查表明，甲国的平均婚姻存续时间为 8 年。

结论：长久的婚姻已经很难得，人们淳朴的爱情婚姻观一去不复返了。

A 项表明，闪婚一族闪结闪离，婚姻存续时间短，导致平均婚姻存续时间降低，但平均数不能代表多数婚姻的情况，事实上存续时间长的婚姻仍然可能是主流，这说明张先生的理解是不确切的，犯了平均数陷阱的谬误。因此，该项为正确答案。

B 项：题干论证与"婚姻质量"无关，排除。

C 项：无论是包办婚姻还是自由恋爱，对婚姻存续时间的影响未知，不能削弱，排除。

D、E 项：题干论证与"恋爱"无关，排除。

二、 相对数据

数据的相对性主要指的是百分比、基数与绝对数三者的相对关系，数据的相对性谬误就是指忽视三者的相对变化而导致对数据的滥用。

1. 百分比陷阱

百分比只是一个相对数字，它不能反映对象的绝对总量。评估百分比数据的批判性问题有：

CQ1. 该百分比所依据的基础数据是什么？

CQ2. 百分比所表示的绝对总量是多大？

2. 绝对数陷阱

绝对数难以反映对象的相对变化，一般来讲，绝对数与相对比例相结合才能有效地说明问题，而仅仅用绝对数往往容易误导受众。

1　2018MBA－36

最近的一项调研发现，某国 30 岁至 45 岁人群中，去医院治疗冠心病、骨质疏松等病症的人越来越多，而原来患有这些病症的大多是老年人。调研者由此认为，该国年轻人中“老年病”发病率有不断增加的趋势。

以下哪项如果为真，最能质疑上述调研结论？

A. 由于国家医疗保障水平的提高，相比以往，该国民众更有条件关注自己的身体健康。

B. “老年人”的最低年龄比以前提高了，“老年病”的患者范围也有所变化。

C. 近年来，由于大量移民涌入，该国 45 岁以下年轻人的数量急剧增加。

D. 尽管冠心病、骨质疏松等病症是常见的“老年病”，老年人患的病未必都是“老年病”。

E. 近几十年来，该国人口老龄化严重，但健康老龄人口的比重在不断增大。

[解题分析] 正确答案：C

前提：该国年轻人去医院治疗“老年病”的越来越多。

结论：该国年轻人中“老年病”发病率有不断增加的趋势。

前提与结论间的漏洞在于根据“发病人数”增加推出“发病率”增加，混淆了绝对数与相对数。C 项表明，由于大量移民涌入，该国年轻人的数量急剧增加。这意味着，年轻人总人数在增加，年轻人的发病人数在增加，那么求“发病率”的公式的分子和分母都在增加，从而无法确定“发病率”是否增加。这显然有力地质疑了上述调研结论，因此 C 项为正确答案。

2　2008MBA－35

通常认为左撇子比右撇子更容易出事故，这是一种误解。事实上，大多数家务事故，大到火灾、烫伤，小到切破手指，都出自右撇子。

以下哪项最为恰当地概括了上述论证中的漏洞？

A. 对两类没有实质性区别的对象作实质性的区分。

B. 在两类不具有可比性的对象之间进行类比。

C. 未考虑家务事故在整个操作事故中所占的比例。

D. 未考虑左撇子在所有人中所占的比例。

E. 忽视了这种可能性：一些家务事故是由多个人造成的。

[解题分析] 正确答案：D

前提：大多数家务事故出自右撇子。

结论：通常认为左撇子比右撇子更容易出事故，这是一种误解。

上述论证是有漏洞的。要比较左撇子与右撇子哪个更容易出事故，就是要比较左撇子的事故率和右撇子的事故率。

左撇子的事故率＝左撇子出事故的人数/左撇子的总人数。

右撇子的事故率＝右撇子出事故的人数/右撇子的总人数。

只有考虑左撇子或右撇子在所有人中所占的比例，才能确定左撇子和右撇子的总人数比，进而才能确定左撇子和右撇子哪个更容易出事故。

如果左撇子在所有人中所占的比例远低于右撇子，那么就不能根据大多数家务事故都出自右撇子，就否定左撇子比右撇子更容易出事故。

可见，D项概括了上述论证中的漏洞，因此为正确答案。

3 2003MBA-40

某出版社近年来出版物的错字率较前几年有明显的增加，引起了读者的不满和有关部门的批评，这主要是由于该出版社大量引进非专业编辑所致。当然，近年来该出版社出版物的大量增加也是一个重要原因。

上述议论中的漏洞，也类似地出现在以下哪项中？

Ⅰ. 美国航空公司近两年来的投诉率比前几年有明显下降。这主要是由于该航空公司在裁员整顿的基础上，有效地提高了服务质量。当然，9·11事件后航班乘客数量的锐减也是一个重要原因。

Ⅱ. 统计数字表明：近年来我国心血管病的死亡率，即由心血管病导致的死亡人数在整个死亡人数中的比例，较前有明显增加，这主要是由于随着经济的发展，我国民众的饮食结构和生活方式发生了容易诱发心血管病的不良变化。当然，由于心血管病主要是老年病，因此，我国人口中的老年人比例的增大也是一个重要原因。

Ⅲ. S市今年的高考录取率比去年增加了15%，这主要是由于各中学狠抓了教育质量。当然，另一个重要原因是，该市今年参加高考的人数比去年增加了20%。

A. 只有Ⅰ。

B. 只有Ⅱ。

C. 只有Ⅲ。

D. 只有Ⅰ和Ⅲ。

E. Ⅰ、Ⅱ和Ⅲ。

[解题分析] 正确答案：D

题干指出了导致出版物的错字率增加的两个原因：一是大量引进非专业编辑，二是出版物的大量增加。

分析上述议论，其中第一个原因是有效原因，和结果相关，因为非专业编辑会导致一些错字没修改，造成错字率增加；但是第二个原因并不是有效原因，与结果不相关，因为“错字率”是单位数量的文字中出现错字的比例，和文字的总量没有确定关系。题干把近年来该出版社出版物的大量增加，解释为该出版社近年来出版物的错字率明显增加的重要原因，这里存在漏洞。

Ⅰ：“有效地提高了服务质量”是“投诉率下降”的有效原因，但“航班乘客数量的锐减”并不是有效原因，因为投诉率是单位数量航班乘客中投诉者的比例，和乘客的总量没有确定关系，与题干中出现的漏洞类似，正确。

Ⅱ："饮食结构和生活方式发生不良变化"和"人口中的老年人比例增大"都是心血管病的死亡率增加的有效原因，并未出现题干中的漏洞，排除。

Ⅲ："狠抓教育质量"是"高考录取率增加"的有效原因，但"高考人数增加"和"高考录取率增加"无关，与题干中出现的漏洞类似，正确。

因此，D项正确。

4 2001MBA－29

针对当时建筑施工中工伤事故频发的严峻形势，国家有关部门颁布了《建筑业安全生产实施细则》。但是，在《细则》颁布实施两年间，覆盖全国的统计显示，在建筑施工中伤亡职工的数量每年仍有增加。这说明，《细则》并没有得到有效实施。

以下哪项如果为真，最能削弱上述论证？

A. 在《细则》颁布后的两年中，施工中的建筑项目的数量有了大的增长。

B. 严格实施《细则》，将不可避免地提高建筑业的生产成本。

C. 在题干所提及的统计结果中，在事故中死亡职工的数量较《细则》颁布前有所下降。

D.《细则》实施后，对工伤职工的补偿金和抚恤金的标准较前有所提高。

E. 在《细则》颁布后的两年中，在建筑业施工的职工数量有了很大的增长。

［解题分析］正确答案：E

前提：《细则》实施后伤亡人数仍增加。

结论：《细则》并没有得到有效实施。

分析：衡量《细则》是否有效的标准，不是伤亡职工绝对数量的增减，而是伤亡职工所占比例的增减，即每一百人中有多少人伤亡，如果这个比例降低了，说明《细则》实施有效。

E项：在《细则》颁布后的两年中，在建筑业施工的职工数量有了很大的增长。如果这一断定为真，则虽然在这两年中，在建筑施工中伤亡职工的数量每年仍有增加，但完全可能伤亡职工在所有建筑业职工中所占的比例下降了，这说明《细则》的实施取得了成效。可以削弱，正确。

A项：在《细则》颁布后的两年中，施工中的建筑项目的数量有了大的增长。项目数量增长，不一定职工人数增长。项目有大小之分，完全可能项目数量增加了，但职工人数反而减少了。难以削弱，排除。

C项：比较的是伤亡职工比例，而不是死亡职工数量，难以削弱，排除。

B、D项：均不能削弱题干。

5 2000MBA－42

近期的一项调查显示：日本产"星愿"、德国产"心动"和美国产"EXAP"三种轿车最受女性买主的青睐。调查指出，在中国汽车市场上，按照女性买主所占的百分比计算，这三种轿车名列前三名。星愿、心动和EXAP三种车的买主，分别有58%、55%和54%是女性。但是，最近连续6个月的女性购车量排行榜，却都是国产的富康轿车排在首位。

以下哪项如果为真，最有助于解释上述矛盾？

A. 每种轿车的女性买主占各种轿车买主总数的百分比，与某种轿车的买主之中女性所占的百分比是不同的。

B. 排行榜的设立，目的之一就是引导消费者的购车方向。而发展国产汽车业，排行榜的作用不可忽视。

C. 国产的富康轿车也曾经在女性买主所占的百分比的排列中名列前茅，只是最近才落到了第四名的位置。

D. 最受女性买主的青睐和女性买主真正花钱去购买是两回事，一个是购买欲望，一个是购买行为，不可混为一谈。

E. 女性买主并不意味着就是女性来驾驶，轿车登记的主人与轿车实际的使用者经常是不同的。而且，单位购车在国内占到了很重要的比例，不能忽略不计。

[解题分析] 正确答案：A

需要解释的矛盾：一方面，女性买主占比最高的是星愿、心动和 EXAP；另一方面，女性购车量最高的是富康。

这表面上看来似乎矛盾，其实并不矛盾。因为前者排名的依据是某种轿车的买主之中女性所占的百分比，这是个相对数；后者排名的依据是富康轿车的女性购车量，这是个绝对数。绝对数和相对数的意义不一样，进行比较是无意义的。

A 项：指出两个数据是不同的，与上述分析一致。完全可能是这样的情况：尽管富康轿车的女性买主在各种轿车买主总数中所占的百分比居第一，但是，富康轿车的买主中，女性所占的比例却低于 54%。这样，题干的断定就不存在任何矛盾，有助于解释，正确。

其余各项都无助于解释，比如，D 项的购买欲望和购买行为、E 项的登记者和使用者有差异，均与题干论证不相关，为无关项。

三、 交叉数据

数据的交叉性也是常见的数字陷阱。运用统计推理时，需要注意的是统计数据所描述的不同对象的概念外延是否具有重合的可能性，即数据中是否有相容的计算值。

1　2003MBA－54

以下是一份统计材料中的两个统计数据：

第一个数据：到 1999 年底为止，“希望之星工程”所收到捐款总额的 82%，来自国内 200 家年纯盈利一亿元以上的大中型企业；

第二个数据：到 1999 年底为止，“希望之星工程”所收到捐款总额的 25%来自民营企业，这些民营企业中，五分之四从事服装或餐饮业。

如果上述统计数据是准确的，则以下哪项一定是真的？

A. 上述统计中，“希望之星工程”所收到捐款总额不包括来自民间的私人捐款。

B. 上述 200 家年盈利一亿元以上的大中型企业中，不少于一家从事服装或餐饮业。

C. 在捐助“希望之星工程”的企业中，非民营企业的数量要大于民营企业。

D. 民营企业的主要经营项目是服装或餐饮。

E. 有的向“希望之星工程”捐款的民营企业的年纯盈利在一亿元以上。

[解题分析] 正确答案：E

题干信息：

(1) 82%捐款总额＝国内年纯盈利一亿元以上的大中型企业的捐款；

(2) 25%捐款总额＝民营企业的捐款；

(3) 4/5 捐款的民营企业＝从事服装或餐饮业的捐款的民营企业。

E 项：一定为真。以上 (1) (2) 两个数据合计超过 100%，说明这两类企业有交集，因此，可以推出：有的向“希望之星工程”捐款的民营企业的年纯盈利在一亿元以上，正确。

A 项：无法推出。从题干信息不能得知所收捐款总额是否包括来自民间的私人捐款，排除。

B项：无法推出。82%和4/5分别是捐款额和企业数的比例，无法进行比较和计算，即由(1)(3)并不能推出该项，排除。

C项：不能推出。捐款总额的25%来自民营企业，并不能得出非民营企业数量与民营企业数量的关系，排除。

D项：不能推出。捐款的民营企业中五分之四从事服装或餐饮业，并不能得出总体上民营企业的主要经营项目是服装或餐饮，排除。

2　2000MBA－37

我国计算机网络事业发展很快。据中国互联网络中心的一项统计显示，截至1999年6月30日，我国上网用户人数约为400万，其中使用专线上网的用户人数约为144万，使用拨号上网的用户人数约为324万。

根据以上统计数据，最可能推出以下哪项判断有误？

A. 专虑到我国有12亿多的人口，与先进国家相比，我国上网的人数还是少得可怜。

B. 专线上网与拨号上网的用户之和超过了上网用户的总数，这不能用四舍五入引起的误差来解释。

C. 用专线上网的用户中，多数也选用拨号上网，可能是从家里用拨号连网更方便。

D. 由于专线上网的设备能力不足，在使用拨号上网的用户中，仅有少数用户有使用专线上网的机会。

E. 从1994年到1999年的五年间，我国上网用户的平均年增长率在50%以上。

[解题分析] 正确答案：C

可把网民上网分为仅使用专线、仅使用拨号、既使用专线又使用拨号三种。由题干的统计数据可知：

仅使用专线上网的人数为400－324＝76（万）；

仅使用拨号上网的人数为400－144＝256（万）；

既使用专线又使用拨号上网的人数则为400－76－256＝68（万）。

<table>
<tr><td colspan="2">专线上网</td><td></td></tr>
<tr><td>仅使用专线上网的人数</td><td>既使用专线又使用拨号上网的人数</td><td>仅使用拨号上网的人数</td></tr>
<tr><td></td><td colspan="2">拨号上网</td></tr>
</table>

可见，使用专线上网的144万用户中只有68万也选用拨号上网，达不到一半，并不是多数，因此，C项的断定有误。

四、可比数据

统计数据的应用涉及数据的相关性和可比性。

数据的相关性是指应用统计数据推出结论时，数据必须与结论相关。如果把不相关的统计数据误认为密切相关而作出错误的统计论证，就会产生数据与结论不相关的谬误。

数据的可比性是数据能够起到证据作用的必要条件。数据不可比的谬误指的是由于忽视统计对象和样本的实质差别而将本来不可比的对象、数据拿来强作比较而导致的错误。通过指出比较的根据或基础不正确，来说明某一组数据不能说明问题或两组数据不可比，这是削弱统计论证常用的方式。

1　2003MBA-50

一个美国议员提出，必须对本州不断上升的监狱费用采取措施。他的理由是，现在一个关在单人牢房的犯人所需的费用，平均每天高达132美元，即使在世界上开销最昂贵的城市里，也不难在最好的饭店找到每晚租金低于125美元的房间。

以下哪项如果为真，能构成对上述美国议员的观点及其论证的恰当驳斥？

Ⅰ. 据州司法部公布的数字，一个关在单人牢房的犯人所需的费用，平均每天125美元。

Ⅱ. 在世界上开销最昂贵的城市里，很难在最好的饭店里找到每晚租金低于125美元的房间。

Ⅲ. 监狱用于犯人的费用和饭店用于客人的费用，几乎用于完全不同的开支项目。

A. 只有Ⅰ。

B. 只有Ⅱ。

C. 只有Ⅲ。

D. 只有Ⅰ和Ⅱ。

E. Ⅰ、Ⅱ和Ⅲ。

[解题分析] 正确答案：C

前提：最好的饭店里有的房间的租金甚至比单人牢房犯人所需的费用还低。

结论：必须对本州不断上升的监狱费用采取措施。

Ⅰ：无法驳斥。单人牢房的犯人所需费用，平均每天125美元，与题干前提一致，排除。

Ⅱ：无法驳斥。很难在最好的饭店里找到每晚租金低于125美元的房间，并不等于不存在，与题干前提不矛盾，排除。

Ⅲ：可以驳斥。题干论证的实质性缺陷是把两个具有不同内容的数字进行不恰当的比较。两种费用是完全不同的开支，表明两者的比较毫无意义，构成了对题干论证的驳斥，正确。

因此，C项为正确答案。

2　2000MBA-36

在美国与西班牙作战期间，美国海军曾经广为散发海报，招募兵员。当时最有名的一个海军广告是这样说的：美国海军的死亡率比纽约市民还要低。海军的官员具体就这个广告解释说："根据统计，现在纽约市民的死亡率是每千人有16人，而尽管是战时，美国海军士兵的死亡率也不过每千人只有9人。"

如果以上资料为真，则以下哪项最能解释上述这种看起来很让人怀疑的结论？

A. 在战争期间，海军士兵的死亡率要低于陆军士兵。

B. 在纽约市民中包括生存能力较差的婴儿和老人。

C. 敌军打击美国海军的手段和途径没有打击普通市民的手段和途径来得多。

D. 美国海军的这种宣传主要是为了鼓动入伍，所以，要考虑其中夸张的成分。

E. 尽管是战时，纽约的犯罪仍然很猖獗，报纸的头条不时地有暴力和色情的报道。

[解题分析] 正确答案：B

需要解释的矛盾：美国海军的死亡率比纽约市民还要低。

这个令人怀疑的现象出现的原因是前后两个数据不可比，因为样本（质）不同。

B项：表明纽约市民中有婴儿、老年人，而美国海军士兵都是通过体检选拔出来的身强体壮、生命力旺盛的年轻人，海军士兵正处于生存能力最佳状态的年龄段，造成他们死亡的几乎唯一的原因，是战争。如果把处于后方的纽约市民中身体素质和海军士兵一样的年富力强的年轻人的死亡率与海军的死亡率进行比较，前者的死亡率无疑会低得多。可以解释，正确。

A项：与题干比较对象不一致，排除。

C项：打击手段和途径，也是对纽约市民构成威胁的因素，但没有明确打击次数是多还是少，没有理由认为这个因素造成的威胁会大于直接的战争。解释力度不足，排除。

D项：题干已假定了提供的资料为真，而且即使有夸张，夸张的程度未知，难以解释，排除。

E项：犯罪造成的死亡率未知。解释力度不足，排除。

五、 独立数据

独立数据是脱离比较基础的数据，具体是没有设定供比较的对象，没有设定比较的根据或基础，这在论证中的证据效力是不能令人信服的。

1 2010MBA－54

对某高校本科生的某项调查统计发现：在因成绩优异被推荐免试攻读硕士研究生的文科专业学生中，女生占70%，由此可见，该校本科文科专业的女生比男生优秀。

以下哪项如果为真，能最有力地削弱上述结论？

A. 在该校本科文科专业学生中，女生占30%以上。

B. 在该校本科文科专业学生中，女生占30%以下。

C. 在该校本科文科专业学生中，男生占30%以下。

D. 在该校本科文科专业学生中，女生占70%以下。

E. 在该校本科文科专业学生中，男生占70%以上。

［解题分析］ 正确答案：C

题干根据调查发现，在因成绩优异被推免读研的文科专业学生中，女生占70%，从而得出结论：该校本科文科专业的女生比男生优秀。

上述论证是有缺陷的，因为有可能该校本科文科专业学生中女生的比例本来就较大。要削弱此结论，只需要表明该校本科文科专业学生中女生所占的比例高于免试读研的学生中女生所占的比例即可。

C项，男生的比例小于30%，意味着该校本科文科专业学生中女生的比例高于70%，这就有力地削弱了题干的结论，正确。

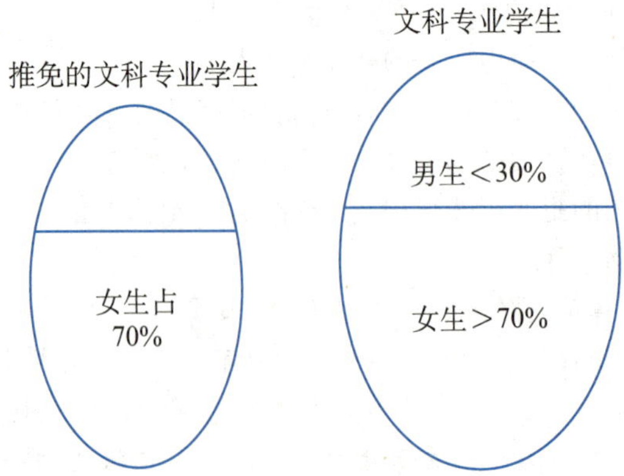

2 2005MBA－40～41 基于以下题干：

某校的一项抽样调查显示：该校经常泡网吧的学生中家庭经济条件优越的占80%；学习成绩下降的也占80%，因此家庭条件优越是学生泡网吧的重要原因，泡网吧是学习成绩下降的重要原因。

40. 以下哪项如果为真，最能削弱上述论证？

A. 该校位于高档住宅区且学生9成以上家庭条件优越。

B. 经过清理整顿，该校周围网吧符合规范。

C. 有的家庭条件优越的学生并不泡网吧。

D. 家庭条件优越的家长并不赞成学生泡网吧。

E. 被抽样调查的学生占全校学生的30%。

［解题分析］正确答案：A

题干包括两个论证：

第一个论证结构如下。

前提1：该校经常泡网吧的学生中家庭经济条件优越的占80%。

结论1：家庭条件优越是学生泡网吧的重要原因。

第二个论证结构如下。

前提2：该校经常泡网吧的学生中学习成绩下降的占80%。

结论2：泡网吧是学习成绩下降的重要原因。

要使第一个论证成立，需要比较P1（在经常泡网吧的学生中，家庭经济条件优越的学生占泡网吧的学生的比例）与P2（在该校学生中，家庭条件优越的学生占全校学生的比例）。

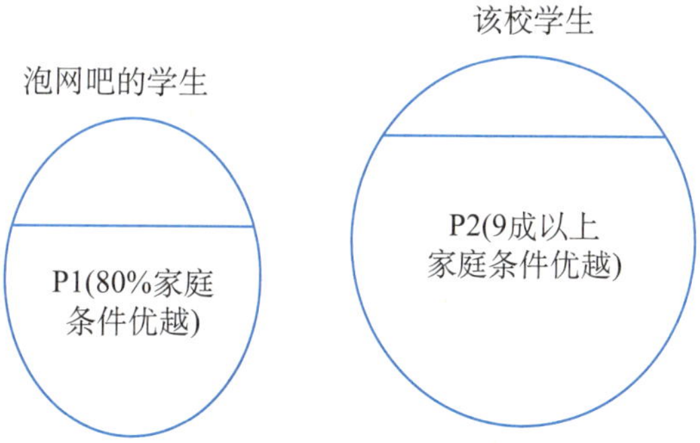

若P2＞P1，有助于说明，家庭条件优越的学生更不愿意泡网吧；

若P2≈P1，有助于说明，家庭条件与泡网吧之间没有相关性；

若P2＜P1，有助于说明，家庭条件优越的学生更愿意泡网吧。

在本题中，P1＝80%。

A项：P2＞90%＞P1，意味着家庭条件优越的学生更不愿意泡网吧，有力地削弱了题干第一个论证。

B项：与题干论证无关，排除。

C项："有的"数量不明，无法削弱，排除。

D项："家长不赞成"与"学生泡网吧"没有必然联系，排除。

E项：指的是样本占总体的比率，统计推理的有效性主要看样本是否具有代表性，而不取决于抽样的比例。如果抽取的样本具有代表性，题干论证仍然成立，不能削弱，排除。

41. 以下哪项如果为真，最能加强上述论证？

A. 该校是市重点学校，学生的成绩高于普通学校。

B. 该校狠抓教学质量，上学期半数以上学生的成绩都有明显提高。

C. 被抽样调查的学生多数能如实填写问卷。

D. 该校经常做这种形式的问卷调查。

E. 该项调查的结果已上报，受到了教育局的重视。

［解题分析］ 正确答案：B

本题针对的是题干第二个论证。要得出“泡网吧是学习成绩下降的重要原因”这一结论，需要比较Q1（在经常泡网吧的学生中，学习成绩下降的学生占泡网吧的学生的比例）与Q2（在该校学生中，学习成绩下降的学生占全校学生的比例）。

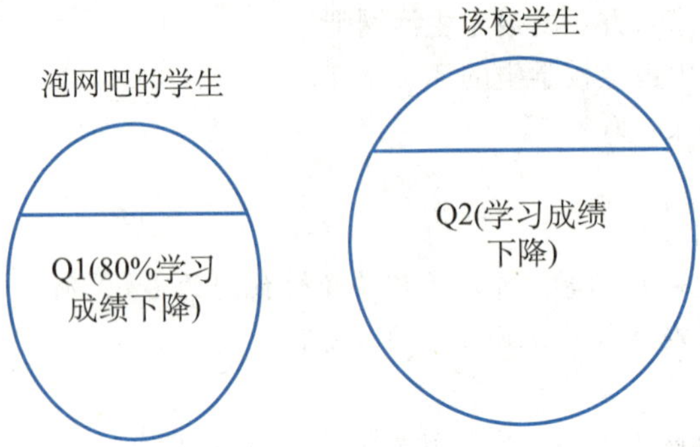

若Q2＞Q1，有助于说明，泡网吧不容易导致学习成绩下降；

若Q2≈Q1，有助于说明，泡网吧与学习成绩下降之间没有相关性；

若Q2＜Q1，有助于说明，泡网吧会导致学习成绩下降。

B项：该校狠抓教学质量，上学期半数以上学生的成绩都有明显提高，这说明不到半数的学生成绩下降，即Q2＜50％＜Q1＝80％，显然支持了泡网吧是学习成绩下降的重要原因，即加强了题干第二个论证，正确。

C项：干扰项。多数学生能如实填写问卷也无法证明题干论证成立，只能表明论据为真，支持力度较弱，排除。

其余选项都与题干论证无关，无法加强，均排除。

3　2002MBA－54

有人对某位法官在性别歧视类案件审理中的公正性提出了质疑。这一质疑不能成立，因为有记录表明，该法官审理的这类案件中60％的获胜方为女性，这说明该法官并未在性别歧视类案件的审理中有失公正。

以下哪项如果为真，能对上述论证构成质疑？

Ⅰ. 在性别歧视案件中，女性原告如果没有确凿的理由和证据，一般不会起诉。

Ⅱ. 一个为人公正的法官在性别歧视案件的审理中保持公正也是件很困难的事情。

Ⅲ. 统计数据表明，如果不是因为遭到性别歧视，女性应该在60％以上的此类案件的诉讼中获胜。

A. 只有Ⅰ。

B. 只有Ⅱ。

C. 只有Ⅲ。

D. 只有Ⅰ和Ⅲ。

E. Ⅰ、Ⅱ和Ⅲ。

［解题分析］ 正确答案：D

前提：某法官审理的性别歧视类案件中60%的获胜方为女性。

结论：该法官并未在性别歧视类案件的审理中有失公正。

Ⅰ项：能够质疑。女性在性别歧视案件中起诉，一般都有确凿的理由和证据，其获胜率本来就应该很高，但目前只有60%，所以，法官还是有失公正。

Ⅱ项：不能质疑。一般而言，某人做某件事有难度，不能对某人做成这件事的结果构成质疑，例如，登上珠穆朗玛峰很困难，这不能对中国人登上了珠穆朗玛峰构成质疑。

Ⅲ项：能够质疑。女性的获胜率本来就应该高于60%，但因为遭到性别歧视，所以获胜率只有60%，所以，法官还是有失公正。

因此，D项为正确答案。

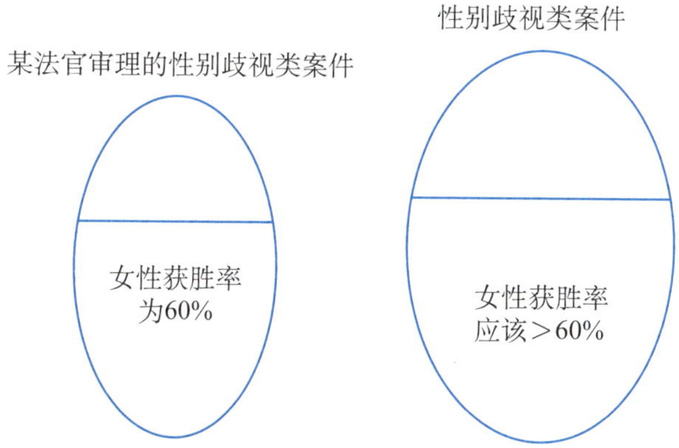

4 2002MBA－33

自从《行政诉讼法》颁布以来，“民告官”的案件成为社会关注的热点。一种普遍的担心是，“官官相护”会成为公正审理此类案件的障碍。但据A省本年度的调查显示，凡正式立案审理的“民告官”案件，65%都是以原告胜诉结案。这说明，A省的法院在审理“民告官”的案件中，并没有出现社会舆论所担心的“官官相护”。

以下哪项如果为真，将最有力地削弱上述论证？

A. 由于新闻媒介的特殊关注，“民告官”案件审理的透明度要大大高于其他的案件。

B. 有关部门收到的关于司法审理有失公正的投诉，A省要多于周边省份。

C. 所谓“民告官”的案件，在法院受理的案件中只占很小的比例。

D. 在“民告官”的案件审理中，司法公正不能简单地理解为原告胜诉。

E. 在“民告官”的案件中，原告如果不掌握能胜诉的确凿证据，一般不会起诉。

［解题分析］ 正确答案：E

前提：65%的“民告官”案件都是原告胜诉（果）。

结论：法院在审理“民告官”的案件中没有出现“官官相护”（因）。

E项：在“民告官”的案件中，起诉的原告一般都掌握能胜诉的确凿证据。说明原本原告胜诉的比例就应当远高于65%，而实际比例却只有65%，意味着很可能存在“官官相护”。可以削弱，正确。

A项：案件审理的透明度高，对题干论证有所支持，排除。

B项：司法审理有失公正的投诉多，题干没给出明确的原因，难以削弱，排除。

C项：题干结论是法院在审理“民告官”的案件中没有出现“官官相护”，所以，“民告官”的案件在法院受理的案件中只占很小的比例不影响结论，排除。

D项：不能削弱。题干中提及的65%以原告胜诉结案的案件，并不自然意味着司法公正，其中可能存在司法不公正，比如原告从公正角度本来不应胜诉而最后胜诉了，这样显然不可能是“官官相护”带来的，这对题干反而起支持作用了，至少构不成削弱，排除。

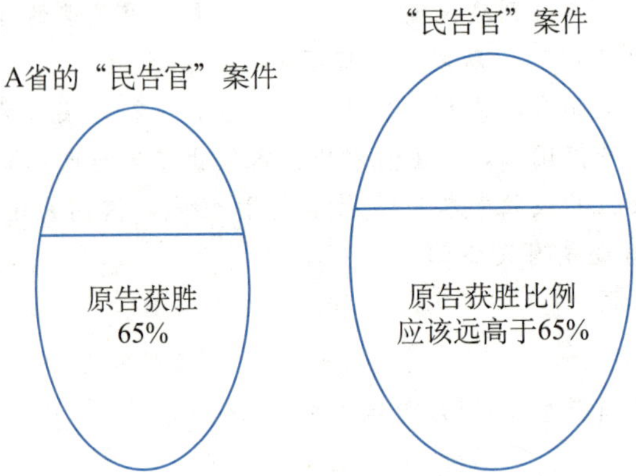

第三节　因果推理

因果联系是世界万物之间普遍联系的一个方面，科学研究的一个重要任务就是要把握事物之间的因果联系，以便掌握事物发生、发展的规律。

一、因果传递

三个以上因果关系中可能存在因果的链条，因果链条可能包含实质性的因果传递关系。实质性因果链条的形成关键在于这种因果关系能传递并直到最后仍然使因果关系得以保持。但因果关系并不是一定能传递的，若因果链条不包含实质性的因果传递关系而断定其具有因果关系，那就会犯“诉诸远因”或“滑坡论证”的谬误。

2002MBA－35

在美国，近年来在电视卫星的发射和操作中事故不断，这使得不少保险公司不得不面临巨额赔偿，这不可避免地导致了电视卫星的保险金的猛涨，使得发射和操作电视卫星的费用变得更为昂贵。为了应付昂贵的成本，必须进一步开发电视卫星更多的尖端功能来提高电视卫星的售价。

以下哪项如果为真，和题干的断定一起，最能支持这样一个结论，即电视卫星的成本将继续上涨？

A. 承担电视卫星保险业风险的只有为数不多的几家大公司，这使得保险金必定很高。

B. 美国电视卫星业面临的问题，在西方发达国家带有普遍性。

C. 电视卫星目前具备的功能已能满足需要，用户并没有对此提出新的要求。

D. 卫星的故障大都发生在进入轨道以后，对这类故障的分析及排除变得十分困难。

E. 电视卫星具备的尖端功能越多，越容易出问题。

[解题分析] 正确答案：E

前提：电视卫星事故多，导致其保险金猛涨，使其成本增加，从而开发更多的尖端功能来提高其售价。

结论：电视卫星的成本将继续上涨。

E 项：电视卫星具备的尖端功能越多，越容易出问题，因而又将导致保险金的新一轮上涨，使得电视卫星的成本继续上涨，正确。

其余各项不足以说明电视卫星的成本将继续上涨。

二、间接因果

逻辑试题中有一类考查的是间接原因或间接因果关系，这类题在结论里面往往带有某个因果关系的否定，实际上是犯了“错否因果”的谬误。这类谬误具体是指对表面上不相干或关系不紧密的两个现象，就断定其不存在因果关系，而其事实上存在因果关系的谬误。比如：

（1）A 是 B 的原因，所以 A 就不是 C 的原因。

而事实是：B 导致了 C，从而 A→B→C 形成因果链条，所以，A 是 C 的间接原因。

（2）A 是 C 的原因，所以 B 就不是 C 的原因。

而事实是：B 导致了 A，从而 B→A→C 形成因果链条，所以，B 是 C 的间接原因。

（3）A 和 B 貌似不相关，所以，A 不是 B 的原因。

而事实是：A 导致了 C，而 C 导致了 B，从而 A→C→B 形成因果链条，所以，A 是 B 的间接原因。

1　2008MBA－56

北大西洋海域的鳕鱼数量锐减，但几乎同时海豹的数量却明显增加。有人说是海豹导致了鳕鱼的减少。这种说法难以成立，因为海豹很少以鳕鱼为食。

以下哪项如果为真，最能削弱上述论证？

A. 海水污染对鳕鱼造成的伤害比对海豹造成的伤害严重。

B. 尽管鳕鱼数量锐减，海豹数量明显增加，但在北大西洋海域，海豹的数量仍少于鳕鱼。

C. 在海豹的数量增加以前，北大西洋海域的鳕鱼数量就已经减少了。

D. 海豹生活在鳕鱼无法生存的冰冷海域。

E. 鳕鱼只吃毛鳞鱼，而毛鳞鱼也是海豹的主要食物。

［解题分析］正确答案：E

前提：海豹很少以鳕鱼为食。

结论：鳕鱼数量的减少（果）不是海豹数量的增加（因）导致的。

E 项：鳕鱼和海豹的主要食物都是毛鳞鱼。海豹数量的大量增加会导致毛鳞鱼数量的显著下降，使得鳕鱼的食物短缺，从而影响了鳕鱼的生存，说明鳕鱼数量的减少确实是海豹数量的增加所间接导致的，削弱论证，正确。

A 项：海水污染导致了鳕鱼数量的减少，支持题干论证，排除。

B 项：海豹与鳕鱼的数量比较与题干论证无关，排除。

C 项：意味着鳕鱼数量的减少不是受海豹数量的增加的影响，支持题干论证，排除。

D 项：说明海豹生活的海域没有鳕鱼，那么海豹数量当然不影响鳕鱼数量，支持题干论证，排除。

2　2004MBA－40

由风险资本家融资的初创公司比通过其他渠道融资的公司的失败率要低。所以，与诸如企业家个人素质、战略规划质量或公司管理结构等因素相比，融资渠道对于初创公司的成功更为重要。

以下哪项如果为真，最能削弱上述论证？

A. 风险资本家在决定是否为初创公司提供资金时，把该公司的企业家个人素质、战略规划质量和管理结构等作为主要的考虑因素。

B. 作为取得成功的要素，初创公司的企业家个人素质比它的战略规划更为重要。

C. 初创公司的倒闭率近年逐步下降。

D. 一般来讲，初创公司的管理结构不如发展中的公司完整。

E. 风险资本家对初创公司的财务背景比其他融资渠道更为敏感。

［解题分析］正确答案：A

前提：由风险资本家融资的初创公司比通过其他渠道融资的公司的失败率要低。

结论：融资渠道比企业家个人素质、战略规划质量或公司管理结构等因素对于初创公司的成功更为重要。

A 项：间接因果的削弱。表明初创公司得到风险资本家融资的真正原因是企业家个人素质、战略规划质量和管理结构等，所以企业失败率低还是这些因素起了关键作用，可以削弱，正确。

B 项：引入一个新的比较，与融资渠道无关，不能削弱，排除。

C 项：倒闭率的变化情况与题干论证无关，不能削弱，排除。

D 项：初创公司与发展中公司的比较与题干论证无关，不能削弱，排除。

E 项：题干没有涉及财务背景，不能削弱，排除。

3　2001MBA－32

近十年来，移居清河界森林周边地区生活的居民越来越多。环保组织的调查统计表明，清河界森林中的百灵鸟的数量近十年来呈明显下降的趋势。但是恐怕不能把这归咎于森林周边地区居民的增多，因为森林的面积并没有因为周边居民人口的增多而减少。

以下哪项如果为真，最能削弱题干的论证？

A. 警方每年都接到报案，来自全国各地的不法分子无视禁令，深入清河界森林捕猎。

B. 清河界森林的面积虽没减少，但主要由于几个大木材集团公司的滥砍滥伐，森林中树木的数量锐减。

C. 清河界森林周边居民丢弃的生活垃圾吸引了越来越多的乌鹃，这是一种专门觅食百灵鸟卵的鸟类。

D. 清河界森林周边的居民大都从事农业，只有少数经营商业。

E. 清河界森林中除百灵鸟的数量近十年来呈明显下降的趋势外，其余的野生动物生长态势良好。

［解题分析］正确答案：C

前提：森林的面积没有因为周边居民人口的增多而减少。

结论：百灵鸟的数量下降（果）不能归咎于居民的增多（因）。

C 项：表明清河界森林周边居民的增多，造成了丢弃的生活垃圾的增多；丢弃垃圾的增多，造成了森林中乌鹃的增多；森林中乌鹃的增多，造成了百灵鸟的卵减少，从而造成了清河界森林中百灵鸟数量的减少。因此，百灵鸟数量减少的最终原因还是周边居民的增多，有力地削弱了题干的论证，正确。

其余各项均不能削弱题干的论证。比如 B 项，只提到森林中树木数量锐减，但并未说明对百灵鸟产生影响，故无法削弱。

三、从因到果

从因到果的推理是指：预见一个事件将出现，因为其原因已经出现。

论证形式如下：

一般情况下，因为事件A（因）发生，所以产生事件B（果）。

事件A已经发生了；

所以，事件B将要发生。

评估从因到果的批判性问题有：

CQ1. 说明原因问题：先行事件在某一情况下确实发生了吗？

CQ2. 因果联系问题：前提中反映某因果联系的命题是否为真？

CQ3. 干扰因素问题：存在干预或抵销在此情形中产生那个结果的其他因素吗？

1　2006MBA－39

研究发现，市面上X牌香烟的Y成分可以抑制EB病毒。实验证实，EB病毒是很强的致鼻咽癌的病原体，可以导致正常的鼻咽部细胞转化为癌细胞。因此，经常吸X牌香烟的人将减少患鼻咽癌的风险。

以下哪项如果为真，最能削弱上述论证？

A. 不同条件下的实验，可以得出类似的结论。

B. 已经患有鼻咽癌的患者吸X牌香烟后并未发现病情好转。

C. Y成分可以抑制EB病毒，也可以对人的免疫系统产生负面作用。

D. 经常吸X牌香烟会加强Y成分对EB病毒的抑制作用。

E. Y成分的作用可以被X牌香烟的Z成分中和。

［解题分析］正确答案：E

前提：X牌香烟的Y成分可以抑制EB病毒，EB病毒会导致鼻咽癌（因）。

结论：经常吸X牌香烟的人将减少患鼻咽癌的风险（果）。

E项：表明另有他因（Y成分的作用被Z成分中和）削弱了结果（减少患鼻咽癌的风险）发生的可能性，正确。

A、D项：均支持了题干论证，排除。

B项：题干只断定Y成分有利于阻止正常的鼻咽部细胞转化为癌细胞，并没有断定Y成分有利于抑制或消除已经形成的癌细胞，不能削弱，排除。

C项：Y成分有抑制EB病毒的正面作用与影响免疫系统的负面作用，但这两个作用的强弱未知，对题干论证的支持或削弱作用不明确，排除。

2　2005MBA－26

在期货市场上，粮食可以在收获前就“出售”。如果预测歉收，粮价就上升；如果预测丰收，粮价就下跌。目前粮食作物正面临严重干旱，今晨气象学家预测，一场足以解除旱情的大面积降雨将在傍晚开始。因此，近期期货市场上的粮价会大幅度下跌。

以下哪项如果为真，最能削弱上述论证？

A. 气象学家气候预测的准确性并不稳定。

B. 气象学家同时提醒做好防涝准备，防备这场大面积降雨延续时间过长。

C. 农业学家预测，一种严重的虫害将在本季粮食作物的成熟期出现。

D. 和期货市场上的某些商品相比，粮食价格的波动幅度较小。

E. 干旱不是对粮食作物生长的最严重威胁。

［解题分析］ 正确答案：C

前提：一场足以解除旱情的大面积降雨即将开始（因）。

结论：预测粮食会丰收，期货市场上的粮价会大幅度下跌（果）。

C 项：粮食作物的成熟期将出现严重的虫害，这就会导致粮食的歉收，从而可能导致粮价上升，这就从另有他因的角度削弱了题干论证，因此为正确答案。

A 项：气象学家气候预测的准确性不稳定，不能表明本次预测不准，不足以削弱，排除。

B 项："提醒"只代表一种可能性，即使降雨延续时间过长，也可能做好防涝，不一定导致粮食歉收，不足以削弱，排除。

D 项：也许某些商品的价格波动巨大，即使与这些商品相比粮价波动较小，粮价仍有可能大幅度下跌，不足以削弱，排除。

E 项：干旱即使不是对粮食作物生长的最严重威胁，但也可能是很严重的威胁，题干论证仍然可以成立，不足以削弱，排除。

3　2002MBA－36

喜欢甜味的习性曾经对人类有益，因为它使人在健康食品和非健康食品之间选择前者。例如，成熟的水果是甜的，不成熟的水果则不甜，喜欢甜味的习性促使人类选择成熟的水果。但是，现在的食糖是经过精制的。因此，喜欢甜味不再是一种对人有益的习性，因为精制食糖不是健康食品。

以下哪项如果为真，最能加强上述论证？

A. 绝大多数人都喜欢甜味。

B. 许多食物虽然生吃有害健康，但经过烹饪则可成为极有营养的健康食品。

C. 有些喜欢甜味的人，在一道甜点心和一盘成熟的水果之间，更可能选择后者。

D. 喜欢甜味的人，在含食糖的食品和有甜味的自然食品（例如成熟的水果）之间，更可能选择前者。

E. 史前人类只有依赖味觉才能区分健康食品。

［解题分析］ 正确答案：D

前提：精制食糖不是健康食品（因）。

结论：喜欢甜味不再是对人有益的习性（果）。

D 项：说明人们会在含食糖的食品和有甜味的自然食品间优先选择含食糖的食品，即选择了非健康食品，这样就有力地支持了题干论证。

其余各项均不能加强题干，其中 C 项削弱了题干结论。

4　2001MBA－51；2000MBA－59

在目前财政拮据的情况下，在本市增加警力的动议不可取。在计算增加警力所需的经费开支时，光考虑到支付新增警员的工资是不够的，同时还要考虑到支付法庭和监狱新雇员的工资。由于警力的增加带来的逮捕、宣判和监管任务的增加，势必需要相关机构同时增员。

以下哪项如果为真，将最有力地削弱上述论证？

A. 增加警力所需的费用，将由中央和地方财政共同负担。

B. 目前的财政状况，绝不至于拮据到连维护社会治安的费用都难以支付的地步。

C. 湖州市与本市毗邻，去年警力增加 19%，逮捕个案增加 40%，判决个案增加 13%。

D. 并非所有侦察都导致逮捕，并非所有逮捕都导致宣判，并非所有宣判都导致监禁。

E. 当警力增加到与市民的数量达到一个恰当的比例时，将会减少犯罪。

［解题分析］ 正确答案：E

前提：警力增加会导致相关机构增员，增加财政开支（因）。

结论：增加警力的动议不可取（果）。

E 项：否因削弱。当警力增加到与市民的数量达到一个恰当的比例时，将会减少犯罪，这就意味着，在这样的条件下，相应的逮捕、宣判和监管任务不但没有增加，反而减少，因此，并不需要相关部门同时增员，财政开支也不会增加。这就有力地削弱了题干的论证，正确。

A 项：不能削弱。没有否定财政开支的增加，也没有明确财政是否能够负担增加警力所需的费用，起不到削弱作用，排除。

B 项：难以削弱。表明目前的财政状况能够承担，但没有否定财政开支的增加，削弱力度不足，排除。

C 项：无关选项。湖州市的情况与本市关系不大，排除。

D 项：不能削弱。"并非所有"是模糊数量，具体数量不明，不能明确是否会导致相关机构增员，排除。

四、从果到因

从果到因也叫溯因推理，就是从已知事实结果出发，根据一般的规律性知识，推测出事件发生的原因的推理方法。

论证形式：

一般情况下，因为事件 A（因）发生，所以产生事件 B（果）。

在某一具体情况下，B 发生了；

所以，在某一具体情况下 A 可能发生了。

评估从果到因的批判性问题有：

CQ1. 说明结果问题：结果在某一情况下确实发生了吗？

CQ2. 因果联系问题：前提中反映某因果联系的命题是否为真？

CQ3. 其他原因问题：是否排除了其他原因的可能性？

1　2002MBA－25

最近十年，地震、火山爆发和异常天气对人类造成的灾害比数十年前明显增多，这说明，地球正变得对人类愈来愈充满敌意和危险。这是人类在追求经济高速发展中因破坏生态环境而付出的代价。

以下哪项如果为真，最能削弱上述论证？

A. 经济发展使人类有可能运用高科技手段来减轻自然灾害的危害。

B. 经济发展并不必然导致全球生态环境的恶化。

C. W 国和 H 国是两个毗邻的小国，W 国经济发达，H 国经济落后，地震、火山爆发和异常天气所造成的灾害，在 H 国显然比 W 国严重。

D. 自然灾害对人类造成的危害，远低于战争、恐怖主义等人为灾害。

E. 全球经济发展的不平衡所造成的人口膨胀和相对贫困，使得越来越多的人不得不居住在生态环境恶劣甚至危险的地区。

［解题分析］ 正确答案：E

前提：各种自然状况对人类造成的灾害比数十年前明显增多（果）。

结论：这是人类因破坏生态环境而付出的代价（因）。

E项：他因削弱。生态环境恶劣地区的人数不断增加，导致各种自然状况对人类造成的灾害比数十年前明显增多了，即可能不是生态环境本身的恶化，而是其他原因导致了该结果，削弱了题干论证，正确。

A项："减轻自然灾害的危害"与题干论证无关，排除。

B项：经济发展可能不会导致全球生态环境的恶化，断定模糊，排除。

C项：所提及的W国和H国是两个毗邻的小国，而地震、火山爆发和异常天气所涉及的是大生态环境，因此，将二者的经济发展和受灾状况进行比较，对于揭示经济发展和生态环境的关系没有代表性，难以削弱，排除。

D项：无关题干论证的比较，排除。

2　2002MBA－12

认为大学的附属医院比社区医院或私立医院要好，是一种误解。事实上，大学的附属医院抢救病人的成功率比其他医院要小。这说明大学的附属医院的医疗护理水平比其他医院要低。

以下哪项如果为真，最能驳斥上述论证？

A. 很多医生既在大学的附属医院工作又在私立医院工作。

B. 大学，特别是医科大学的附属医院拥有其他医院所缺少的精密设备。

C. 大学附属医院的主要任务是科学研究，而不是治疗和护理病人。

D. 去大学附属医院就诊的病人的病情，通常比去私立医院或社区医院的病人的病情重。

E. 抢救病人的成功率只是评价医院的标准之一，而不是唯一的标准。

[解题分析] 正确答案：D

前提：大学附属医院抢救病人的成功率比其他医院要小（果）。

结论：大学附属医院的医疗护理水平比其他医院要低（因）。

D项：他因削弱，去大学附属医院就诊的病人的病情重，导致了其抢救病人的成功率要小，而不能说明其医疗护理水平低，可以驳斥，正确。

A项：无关选项，排除。

B项：大学附属医院拥有精密设备，按理应该是抢救成功率要高，而事实是成功率小，那更能说明其医疗护理水平低，支持题干论证，排除。

C项：即使主要任务不是治疗和护理病人，也不能削弱抢救成功率小的原因是医疗护理水平低，排除。

E项：无关选项，题干论证是针对医疗护理水平，而不是评价医院，排除。

3　2001MBA－26

一位海关检查员认为，他在特殊工作经历中培养了一种特殊的技能，即能够准确地判定一个人是否在欺骗他。他的根据是，在海关通道执行公务时，短短的几句对话就能使他确定对方是否可疑；而在他认为可疑的人身上，无一例外地都查出了违禁物品。

以下哪项如果为真，最能削弱上述海关检查员的论证？

Ⅰ. 在他认为不可疑而未经检查的入关人员中，有人无意地携带了违禁物品。

Ⅱ. 在他认为不可疑而未经检查的入关人员中，有人有意地携带了违禁物品。

Ⅲ. 在他认为可疑并查出违禁物品的入关人员中，有人是无意地携带了违禁物品。

A. 只有Ⅰ。

B. 只有Ⅱ。

C. 只有Ⅲ。

D. 只有Ⅱ和Ⅲ。

E. Ⅰ、Ⅱ和Ⅲ。

[解题分析] 正确答案：D

前提一：在他认为可疑的人（果）身上都查出了违禁物品（因）。

前提二：他能确定对方是否可疑（果）。

结论：他能够准确地判定一个人是否在欺骗他（因）。

上述论证为溯因论证，可概括为：因（骗，携带违禁品）即会引起果（疑）；有果（疑），所以，有因（骗）。

Ⅰ：不能削弱。无意地携带了违禁物品属于“无骗”，无骗无疑，无因无果，符合海关检查员的论证。即判定一个无意地携带了违禁物品的入关人员为不可疑，不能说明检查员受了欺骗，同样不能说明检查员在判定一个人是否在欺骗他时不够准确。

Ⅱ：可以削弱。有意地携带了违禁物品属于“有骗”，有骗无疑，有因无果的反例。即判定一个有意地携带了违禁物品的人关入员为不可疑，说明检查员受了欺骗，因而能说明检查员在判定一个人是否在欺骗他时不够准确。

Ⅲ：可以削弱。无意地携带了违禁物品属于“无骗”，无骗有疑，无因有果的反例。即判定一个无意地携带了违禁物品的入关人员为可疑，虽然不能说明检查员受了欺骗，但是能说明检查员在判断一个人是否在欺骗他时不够准确。

因此，D项正确。

4　2001MBA－22

据S市的卫生检疫部门统计，和去年相比，今年该市肠炎患者的数量有明显的下降。权威人士认为，这是由于该市的饮用水净化工程正式投入了使用。

以下哪项如果为真，最不能削弱上述权威人士的结论？

A. 和天然饮用水相比，S市经过净化的饮用水中缺少了几种重要的微量元素。

B. S市的饮用水净化工程在五年前动工，于前年正式投入了使用。

C. 去年S市对餐饮业特别是卫生条件较差的大排档进行了严格的卫生检查和整顿。

D. 由于引进了新的诊断技术，许多以前被诊断为肠炎的病案，今年被确诊为肠溃疡。

E. 全国范围的统计数字显示，我国肠炎患者的数量呈逐年明显下降的趋势。

[解题分析] 正确答案：A

前提：今年肠炎患者的数量比去年明显下降（果）。

结论：该市的饮用水净化工程正式投入了使用（因）。

A项：微量元素和肠炎的关系是什么呢，题干没有提及，无法削弱。

B项：由于S市的饮用水净化工程于前年就投入了使用，因此，这一工程的使用，显然不能成为S市今年肠炎患者的数量比去年明显下降的原因。归谬反驳，可以削弱，排除。

C项：存在这种可能性，S市对餐饮业严格的卫生检查和整顿是在接近去年年底进行的。作为这种检查的结果，今年该市餐饮业的卫生状况比去年有明显改善；这又可能是今年肠炎患者的数量比去年明显下降的主要原因。另有他因，可以削弱，排除。

D项：今年肠炎患者的数量比去年明显下降的主要原因，可能是在去年被诊断为肠炎的病例，今年被确诊为肠溃疡。另有他因，可以削弱，排除。

E项：说明可能是某种在全国范围内一般性的原因造成了S市肠炎患者数量的逐年减少。另有他因，可以削弱，排除。

5 2000MBA－49

赵青一定是一位出类拔萃的教练。她调到我们大学执教女排才一年，球队的成绩突飞猛进。

以下哪项如果为真，最有可能削弱上述论证？

A. 赵青以前曾经入选过国家青年女排，后来因为伤病提前退役。

B. 赵青之前的教练一直是男性，对于女运动员的运动生理和心理了解不够。

C. 调到大学担任女排教练之后，赵青在学校领导那里立下了军令状，一定要拿全国大学生联赛的冠军，结果只得了一个铜牌。

D. 女排队员尽管是学生，但是对于赵青教练的指导都非常佩服，并自觉地加强训练。

E. 大学准备建设高水平的体育代表队，因此，从去年开始，就陆续招收一些职业队的退役队员。女排只招到了一个二传手。

[解题分析] 正确答案：E

前提：赵青执教一年后球队的成绩就突飞猛进（果）。

结论：赵青是一位优秀的教练（因）。

E项：表明球队的成绩突飞猛进，可能是因为招收到了一个从职业队退役的二传手，他因削弱，正确。

6 2000MBA－40

一位研究人员希望了解他所在社区的人们喜欢的是可口可乐还是百事可乐。他找了些喜欢可口可乐的人，要他们在一杯可口可乐和一杯百事可乐中，通过品尝指出喜好。杯子上不贴标签，以免商标引发明显的偏见，只是将可口可乐的杯子标志为“M”，将百事可乐的杯子标志为“Q”。结果显示，超过一半的人更喜欢百事可乐，而非可口可乐。

以下哪项如果为真，最可能削弱上述论证的结论？

A. 参加者受到了一定的暗示，觉得自己的回答会被认真对待。

B. 参加实验者中很多人从来都没有同时喝过这两种可乐，甚至其中30%的参加实验者只喝过其中一种可乐。

C. 多数参加者对于可口可乐和百事可乐的市场占有情况是了解的，并且经过研究证明，他们普遍有一种同情弱者的心态。

D. 在对参加实验的人所进行的另外一个对照实验中，发现了一个有趣的结果：这些实验者中的大部分更喜欢英文字母Q，而不大喜欢英文字母M。

E. 在参加实验前的一个星期中，百事可乐的形象代表正在举行大规模的演唱会，演唱会的场地中有百事可乐的大幅宣传画，并且在电视转播中反复出现。

[解题分析] 正确答案：D

前提：超过一半的人更喜欢杯子标志为“Q”的百事可乐（果）。

结论：超过一半的人更喜欢百事可乐（因）。

D项：许多品尝者表示更喜欢标有“Q”的杯子中的饮料，是因为更喜欢英文字母Q，而不是因为更喜欢杯中的百事可乐，有力地削弱了题干的结论，正确。

其余各项均不能削弱题干的结论。其中C项和E项看来似乎能削弱题干，但事实上不能，因为品尝者并不知道自己喝的实际上是何种饮料。

7 2000MBA－35

过去，大多数航空公司都尽量减轻飞机的重量，从而达到节省燃油的目的。那时最安全的飞机座椅是非常重的，因此只安装很少的这类座椅。今年，最安全的座椅卖得最好。这非常明显地证明，现在的航空公司在安全和省油这两方面更倾向重视安全了。

以下哪项如果为真，能够最有力地削弱上述结论？

A. 去年销售量最大的飞机座椅并不是最安全的座椅。

B. 所有航空公司总是宣称它们比其他公司更加重视安全。

C. 与安全座椅销售不好的那些年比，今年的油价有所提高。

D. 由于原材料成本提高，今年的座椅价格比以往都贵。

E. 由于技术创新，今年最安全的座椅反而比一般的座椅重量轻。

［解题分析］正确答案：E

前提：航空公司购买了更多安全座椅（果）。

结论：航空公司在安全和省油这两方面更倾向重视安全（因）。

题干论证成立必须基于一个隐含假设，即今年出售的最安全的座椅，仍然如同过去的那样，由于比一般座椅较重而导致较多的耗油量。

E项：断定上述假设不能成立，表明航空公司在安全和省油这两方面有可能更重视省油而不是更重视安全，今年为省油买了轻的座椅，只是由于轻的座椅反而更安全，可以削弱，正确。

其余各项均不能削弱题干的论证。A项只表明去年最好卖的飞机座椅不是市场上最安全的座椅，但是与今年无关，排除；B、C、D项均为无关选项。

五、因果推断

因果推断指的是从相关到因果的推理，就是根据两个事件之间存在时间关联或统计关联等相关性，进而推断出它们之间存在着因果关系。这种推断可能是正确的，即确实存在实质上的因果关系；也可能是错误的，即这两个事件的相关性纯属偶然的巧合，两者之间并不存在真正的因果关系。

对一个因果推断的论证进行强化的常用方法是增加新的论据，包括提供正向的例子（有因有果、无因无果）；对一个因果推断的论证进行弱化的常用方法是指出另有他因，或者提供反向的例子（有因无果、无因有果）等。

1　2015MBA－48

自闭症会影响社会交往、语言交流和兴趣爱好等方面的行为。研究人员发现，实验鼠体内神经连接蛋白的蛋白质如果合成过多，会导致自闭症。由此他们认为，自闭症与神经连接蛋白的蛋白质合成量具有重要关联。

以下哪项如果为真，最能支持上述观点？

A. 神经连接蛋白正常的老年实验鼠患自闭症的比例很低。

B. 如果将实验鼠控制蛋白合成的关键基因去除，其体内的神经连接蛋白就会增加。

C. 抑制神经连接蛋白的蛋白质合成可缓解实验鼠的自闭症症状。

D. 生活在群体之中的实验鼠较之独处的实验鼠患自闭症的比例要小。

E. 雄性实验鼠患自闭症的比例是雌性实验鼠的5倍。

［解题分析］正确答案：C

前提：实验鼠体内神经连接蛋白的蛋白质合成过多会导致自闭症。

结论：自闭症（果）与神经连接蛋白的蛋白质合成量（因）具有重要关联。

C项：表明抑制神经连接蛋白的蛋白质合成，自闭症症状得到缓解，这就以无因无果的证据，有助于说明神经连接蛋白的蛋白质合成量与自闭症相关，有力地支持了题干的观点，因此正确。

A项：仅指老年实验鼠，对题干观点支持力度不足，排除。

B项：关键基因去除会使神经连接蛋白增加，但未提及与自闭症的关系，不能支持，排除。

D项：群居与独处与题干论证无关，排除。

E项：性别与题干论证无关，排除。

2 2004MBA－39

在一项社会调查中，调查者通过电话向大约一万名随机选择的被调查者问及有关他们的收入和储蓄方面的问题。结果显示，被调查者的年龄越大，越不愿意回答这样的问题。这说明，年龄较轻的人比年龄较大的人更愿意告诉别人有关自己的收入状况。

以下哪项如果为真，最能削弱上述论证？

A. 小张不是被调查者，在其他场合表示，不愿意告诉别人自己的收入状况。

B. 老李是被调查者，愿意告诉别人自己的收入状况。

C. 老陈是被调查者，不愿意告诉别人自己的收入状况，并在其他场合表示，自己年轻时因收入高，很愿意告诉别人自己的收入状况。

D. 小刘是被调查者，愿意告诉别人自己的收入状况，并在其他场合表示，自己的这种意愿不会随着年龄而改变。

E. 被调查者中，年龄大的收入状况一般比年龄小的要好。

[解题分析] 正确答案：D

前提：调查发现，年龄越大的被调查者越不愿意回答收入的问题。

结论：年龄较轻的人比年龄较大的人（因）更愿意告诉别人有关自己的收入状况（果）。

D项：表明是否愿意告知别人自己收入的意愿，与年龄无关，是一个无因有果反例，可以削弱，正确。

A项：讨论被调查者之外的一个例子，没有统计意义，不能削弱，排除。

B项：没有涉及“年龄比较”这一因素，不能削弱，排除。

C项：指出有人年轻时愿意告诉别人自己的收入，有因有果，支持了题干结论，排除。

E项：收入状况如何与题干讨论无关，不能削弱，排除。

3 2000MBA－43

最近的一项研究指出：“适量饮酒对妇女的心脏有益。”研究人员对1 000名女护士进行调查，发现那些每星期饮酒3～15次的人，其患心脏病的可能性较每星期饮酒少于3次的人要低。因此，研究人员发现了饮酒量与妇女心脏病之间的联系。

以下哪项如果为真，最不可能削弱上述论证的结论？

A. 许多妇女因为感觉自己的身体状况良好，从而使得她们的饮酒量增加。

B. 调查显示：性格独立的妇女更愿意适量饮酒并同时加强自己的身体锻炼。

C. 护士因为职业习惯的原因，饮酒次数比普通妇女要多一些。再者，她们的年龄也偏年轻。

D. 对男性饮酒的研究发现，每星期饮酒3～15次的人中，有一半人患心脏病的可能性比少于3次的人还要高。

E. 这项研究得到了某家酒精饮料企业的经费资助，有人检举研究人员在调查对象的选择上有不公正的行为。

[解题分析] 正确答案：D

前提：每星期饮酒 3～15 次的女护士患心脏病的可能性低。

结论：适量饮酒（因）对妇女的心脏有益（果）。

D 项：男性饮酒多的反而比饮酒少的得心脏病的可能性高，这作为一个旁证，对“适量饮酒对人的心脏有益”是一个有因无果的削弱。但题干论证是有关饮酒量与妇女心脏病之间的关系，而不是饮酒量与所有人心脏病之间的关系。因此，削弱力度不足，正确。

A 项：因果倒置的削弱。饮酒较多者患心脏病的可能性较低，完全可能是由于她们的身体素质本来相对较好，也就是说不是多饮酒会减少患心脏病的可能性，而是身体本来好（没心脏病）才多饮酒，可以削弱，排除。

B 项：另有他因的削弱。适量饮酒与心脏病无因果关系，这两者可能有个共同的原因，就是这些妇女性格独立，更愿意在适量饮酒的同时加强锻炼（而锻炼会减少心脏病的发生）。这是一个另有共同原因的削弱，排除。

C 项：以偏概全的削弱。即使题干的调查属实，但由于女护士职业习惯多饮酒并且年龄也偏年轻，也就对整体的妇女来说不具有代表性，由女护士的情况推出妇女的情况就不可靠了，可以削弱，排除。

E 项：以偏概全的削弱。由于调查操作上的不公正与不规范，所以样本不具有代表性，当然可以有力地质疑其结论的可信性，排除。

六、因果倒置

如果题干根据某两类现象 A 和 B 时间相关或者统计相关，得出“A 是导致 B 的原因”这样的结论，很可能是错把原因当结果，或者错把结果当原因，那么削弱这一论证的一种有效方式是，寻找一个选项来说明：A 不是导致 B 的原因，B 才是导致 A 的原因。

1　2020MBA－27

某教授组织了 120 名年轻的参试者，先让他们熟悉电脑上的一个虚拟城市，然后让他们以最快速度寻找由指定地点到达关键地标的最短路线，最后再让他们识别茴香、花椒等 40 种芳香植物的气味。结果发现，寻路任务中得分较高者其嗅觉也比较灵敏。该教授由此推测，一个人空间记忆力好、方向感强，就会使其嗅觉更为灵敏。

以下哪项如果为真，最能质疑该教授的推测？

A. 大多数动物主要靠嗅觉寻找食物、躲避天敌，其嗅觉进化有助于“导航”。

B. 有些参试者是美食家，经常被邀请到城市各处特色餐馆品尝美食。

C. 部分参试者是马拉松运动员，他们经常参加一些城市举办的马拉松比赛。

D. 在同样的测试中，该教授本人在嗅觉灵敏度和空间方向感方面都不如年轻人。

E. 有的年轻人喜欢玩方向感要求较高的电脑游戏，因过分投入而食不知味。

[解题分析] 正确答案：A

教授的论证结构如下。

前提：寻路任务中得分较高者其嗅觉也比较灵敏。

结论：一个人空间记忆力好、方向感强，就会使其嗅觉更为灵敏。

即其因果解释为：P（空间记忆力好、方向感强）与 Q（嗅觉灵敏）统计相关，是因为 P 导致 Q。

选项 A 表明，嗅觉进化有助于“导航”，即是因为 Q 导致 P。这就从因果倒置的角度，严重地质疑了教授的推测。

其余选项均不妥。其中，B、C、E项："有些""部分""有的"范围不明确，不能起到有效的削弱作用，均予排除。D项：该教授本人与题干论证对象不一致，为无关项，排除。

2　2013MBA－52

某研究人员报告说：与心跳速度每分钟低于58次的人相比，心跳速度每分钟超过78次者心脏病发作或者发生其他心血管问题的概率高出39%，死于这类疾病的风险高出77%，其整体死亡率高出65%。研究人员指出，长期心跳过快导致了心血管疾病。

以下哪项如果为真，最能对该研究人员的观点提出质疑？

A. 各种心血管疾病影响身体的血液循环机能，导致心跳过快。

B. 在老年人中，长期心跳过快的不到39%。

C. 在老年人中，长期心跳过快的超过39%。

D. 野外奔跑的兔子心跳很快，但是很少发现它们患心血管疾病。

E. 相对老年人，年轻人生命力旺盛，心跳较快。

[解题分析] 正确答案：A

研究人员根据"心跳速度快"与"心血管疾病发病率高"统计相关，得出观点：长期心跳过快导致了心血管疾病。

A项表明，心血管疾病导致了心跳过快，这以因果倒置的论据有力地削弱了研究人员的观点，正确。

B、C项：题干并没有涉及老年人，不能质疑，排除。

D项：题干没有表明兔子与人是否类似，不能质疑，排除。

E项：题干并没有涉及老年人与年轻人的比较，不能质疑，排除。

3　2005MBA－51

一项关于婚姻的调查显示，那些起居时间明显不同的夫妻之间，虽然每天相处的时间相对要少，但每月爆发激烈争吵的次数，比起那些起居时间基本相同的夫妻明显要多。因此，为了维护良好的夫妻关系，夫妻之间应当注意尽量保持基本相同的起居规律。

以下哪项如果为真，最能削弱上述论证？

A. 夫妻间不发生激烈争吵不一定关系就好。

B. 夫妻闹矛盾时，一方往往用不同时起居的方式表示不满。

C. 个人的起居时间一般随季节变化。

D. 起居时间的明显变化会影响人的情绪和健康。

E. 起居时间的不同很少是夫妻间争吵的直接原因。

[解题分析] 正确答案：B

前提：起居时间不同的夫妻比起居时间基本相同的夫妻爆发激烈争吵的次数要多。

结论：起居时间不同（因）导致夫妻矛盾（果）。因此，夫妻之间应尽量保持基本相同的起居规律。

B项：因果倒置的削弱。并非不同的起居时间导致夫妻矛盾，而是夫妻矛盾导致不同的起居时间。这就有力地削弱了题干的论证，正确。

A项："不一定"只表明一种或然性，意义模糊，力度不足，排除。

C项：题干探讨的是夫妻起居时间的异同，与个人起居时间变化无关，排除。

D项：起居时间变化对人的影响与题干论证无关，排除。

E 项：不是直接原因，也可以是间接原因，不能有效削弱题干论证，排除。

七、复合因果

复合因果包括复合原因和复合结果，是指根据现象 A 和现象 B 存在时间相关或者统计相关，就误认为现象 A 和现象 B 具有因果关系，而事实上可能存在以下情况：

（1）多因一果：是指当一个特定的结果是由多种原因引起的时候，论证者只选择其中的一种原因作为对该结果产生原因的解释，就会犯单因的谬误。

（2）部分原因：存在一个其他原因 C，与 A 结合导致了 B。或者，A 只是 B 的次要原因，C 才是导致 B 的主要原因。

（3）共同原因：存在一个共同原因 C 导致了现象 A 和现象 B 两个结果同时出现。

2001MBA－43

自 1940 年以来，全世界的离婚率不断上升。因此，目前世界上的单亲儿童，即只与生身父母中的某一位一起生活的儿童，在整个儿童中所占的比例，一定高于 1940 年。

以下哪项关于世界范围内相关情况的断定如果为真，最能对上述推断提出质疑？

A. 1940 年以来，特别是 70 年代以来，相对和平的环境和医疗技术的发展，使中青年已婚男女的死亡率极大地降低。

B. 1980 年以来，离婚男女中的再婚率逐年提高，但其中的复婚率却极低。

C. 目前全世界儿童的总数，是 1940 年的两倍以上。

D. 1970 年以来，初婚夫妇的平均年龄在逐年上升。

E. 目前每对夫妇所生子女的平均数，要低于 1940 年。

[解题分析] 正确答案：A

前提：离婚率不断上升（因）。

结论：单亲儿童的比例增加（果）。

分析：单亲儿童的比例取决于已婚男女的离婚率（因）和死亡率（其他原因）。

A 项：他因削弱。离婚率虽然上升了，但已婚男女的死亡率却下降了，所以，单亲儿童的比例不一定增加，这对题干推断提出了严重的质疑，正确。

B 项：无关选项。再婚者的孩子仍然是单亲儿童，排除。

C、E 项：不能削弱。儿童的绝对数变化不影响题干单亲儿童在整个儿童中的相对比例，排除。

D 项：无关选项。初婚夫妇的平均年龄与题干论证无关，排除。

第四节　归纳方法

在归纳法中，为了探究事物现象之间的因果关系，往往通过在现象的比较中发现因果关系。具体包括求同法（契合法）、求异法（差异法）、求同求异法（契差法）、共变法和剩余法等探求因果关系的五种方法，并称为排除归纳法，它们的原则可以简单归纳为：相同结果必然有相同原因；不同结果必然有不同原因；变化的结果必然有变化的原因；剩余的结果应当有剩余的原因。

一、 求同推理

求同法又称契合法，是指被研究现象发生变化的若干场合中，如果只有一个情况是在这些场合中共有的，那么这个唯一的共同情况就是被研究现象的原因（结果）。

1. 求同法的结构

求同法可以用下面的结构来表示：

场合	先行情况	被研究现象
(1)	A、B、C	a
(2)	A、D、E	a
(3)	A、F、G	a
…	…	…

所以，A是a的原因（或结果）。

2. 批判性准则

针对运用求同法推出的因果主张，可提出如下批判性问题：

CQ1. 考察的场合是否足够多？是否有反例存在？

CQ2. 不同场合中所具有的相同因素是不是唯一的？在所比较的两种现象之间是否存在其他相同的因素？

CQ3. 表面相同是否实质不同？表面不同是否实质相同？

CQ4. 相同点是导致某一现象产生的部分原因，还是全部的或唯一的原因？

3. 解题指导

（1）求同强化。

强化求同论证的方法大致有三种：

①增加论据。即增加一个事实论据，提供另一个有因有果的论据。

②唯一因素。即从正面指出相同的因素对导致某个现象的出现是唯一的或关键的。

③没有他因。即从反面指出在所比较的两种现象之间不存在其他相同的因素，或指出没有反例的存在。

（2）求同弱化。

弱化求同论证的方法大致有三种：

①反面论据。提出一个反例的事实论据，来弱化一个论证；或者提出一个削弱论证的理论论据。

②并非唯一。从正面指出在被讨论的现象出现的不同场合中某个相同的因素并不是唯一的。

③另有他因。从反面指出在所比较的两种现象之间存在其他相同的因素。

2000MBA－45

光线的照射，有助于缓解冬季抑郁症。研究人员曾对九名患者进行研究，他们均因冬季白天变短而患上了冬季抑郁症。研究人员让患者在清早和傍晚各受三小时伴有花香的强光照射。一周之内，七名患者完全摆脱了抑郁症，另外两人也表现了显著的好转。由于光照会诱使身体误以为夏季已经来临，这样便治好了冬季抑郁症。

以下哪项如果为真，最能削弱上述论证的结论？

A. 研究人员在强光照射时有意使用花香伴随，对于改善患上冬季抑郁症的患者的适应性有不小的作用。

B. 九名患者中最先痊愈的三位均为女性，而对男性的治疗效果较为迟缓。

C. 该实验在北半球的温带气候中进行，无法区分南北半球的实验差异，也无法预先排除。

D. 强光照射对于皮肤的损害已经得到专门研究的证实，其中夏季比起冬季的危害性更大。

E. 每天六小时的非工作状态，改变了患者原来的生活环境，改善了他们的心态，这是对抑郁症患者的一种主要影响。

[解题分析] 正确答案：E

前提：让患者在清早和傍晚各受三小时伴有花香的强光照射，一周后患者摆脱了抑郁症或有显著的好转。

结论：光照有助于缓解冬季抑郁症。

题干得出这个结论的方法就是求同法，即其他条件都不同，只有光照相同。削弱思路可以是指出还有其他因素使患者的冬季抑郁症得到缓解。

E 项：指出存在“每天六小时的非工作状态”这一相同因素，改善了患者的心态，从而使患者得到痊愈或好转。这意味着冬季抑郁症的缓解，可能与光照无关，可以削弱，正确。

A 项：对题干的实验进行了另一种解释，但“改善患者的适应性”与“缓解冬季抑郁症”不同，难以削弱，排除。

B 项：题干论证与男女性别无关，排除。

C 项：无法得知南北半球对题干论证的影响，无关选项，排除。

D 项：强光照射对于皮肤的损害与题干论证无关，排除。

二、 求异推理

求异法也叫差异法，是指这样的一种方法：如果某一现象在一种场合下出现，而在另一种场合下不出现，但在这两种场合里，其他条件都相同，只有一个条件不同（在某现象出现的场合里有这个条件，而在某现象不出现的那一种场合里则没有这个条件），那么，这唯一不同的条件，就是某现象产生的原因。

1. 求异法的结构

求异法可用下述结构来表示：

场合	先行情况	被研究现象
（1）	A、B、C	a
（2）	—、B、C	—

所以，A 是 a 的原因（或结果）。

2. 批判性准则

针对运用求异法推出的因果主张，可提出如下批判性问题：

CQ1. 有没有考察别的场合？是否有反例存在？

CQ2. 不同场合中所具有的差异因素是不是唯一的？在所比较的两种现象之间是否存在其他差异的因素？

CQ3. 背景是否一样，即其他条件是否都相同？

CQ4. 两个不同场合中所具有的差异因素是部分原因，还是全部原因？

CQ5. 是否还隐藏着其他原因？表面相同是否实质不同？表面不同是否实质相同？

3. 解题指导

（1）求异强化。

①求异论证的强化方法第一种：关键差异。

从导致不同结果的原因方面指出差异因素是唯一的、关键的或必不可少的。即先行情况和被研究现象之间具有实质性的因果联系。

②求异论证的强化方法第二种：正面证据。

通过一个对比观察或对比实验，提供一个符合求异法的对比事实作为正面证据。

③求异论证的强化方法第三种：无因无果。

通过一个对比观察或对比实验，提供对比方的无因无果的事实作为正面证据。

④求异论证的强化方法第四种：背景相同。

正面指出除这个差异因素之外，其他背景因素（先行条件）都是相同的。

⑤求异论证的强化方法第五种：没有他因。

从导致不同结果的原因方面指出不存在其他方面的差异。

（2）求异弱化。

弱化求异论证的方法大致也有五种：

①求异论证的弱化方法第一种：并非关键。

从导致不同结果的原因方面指出差异因素不是唯一的、关键的或必不可少的。

②求异论证的弱化方法第二种：反面证据。

通过一个对比观察或对比实验，提供一个违背求异法的对比事实作为反面证据。

③求异论证的弱化方法第三种：提供反例（无因有果、有因无果）。

通过一个对比观察或对比实验，提供对比方的因果不一致的事实作为反面证据。

④求异论证的弱化方法第四种：背景不同。

正面指出除这个差异因素之外，其他背景因素（先行条件）是不同的。

⑤求异论证的弱化方法第五种：另有他因。

从导致不同结果的原因方面指出存在其他方面的差异。

（3）求异推论。

求异推论题指的是，题干是个求异论证，要求推出结论。得出的结论应该是，差异因素是导致某种现象产生的原因。

（4）求异评价。

要评价因果关系的推断是否成立，可以利用求异法构建对照实验来验证，通过对比来评价。

（5）求异解释。

求异法作出因果论证的解释大致有两种：

第一种，题干通过观察、调查或实验发现，差异因素与某现象具有相关性。问题是要求解释上述现象，或者要求解释题干所给出的差异因素是导致某现象产生的原因这样的结论。这样的题目需要从选项中找出一种符合因果机理的合理解释。

第二种，题干通过观察、调查或实验发现，差异因素与某现象具有相关性。按理可认为差异因素是导致某现象发生的原因，但题干又说明这两者之间没有因果关系。问题是要求解释题干论述的不一致。这样的题目可以从另外的角度，比如另有他因或背景因素不一样来进行解释。

（6）求异比较。

求异法就是要考察正反两个场合，其推理特点是同中求异。题干是个求异法的论证，要求从选项中找出一个同样是用求异法作出的论证。

1 2016MBA－28

注重对孩子的自然教育，让孩子亲身感受大自然的神奇和奇妙，可促进孩子释放天性，激发自身潜能；而缺乏这方面教育的孩子容易变得孤独，道德、情感与认知能力的发展都会受到一定的影响。

以下哪项与以上陈述方式最为类似？

A. 老百姓过去"盼温饱"，现在"盼环保"；过去"求生存"，现在"求生态"。

B. 脱离环境保护搞经济发展是"涸泽而渔"；离开经济发展抓环境保护是"缘木求鱼"。

C. 注重调查研究，可以让我们掌握第一手资料；闭门造车只能让我们脱离实际。

D. 只说一种语言的人，首次被诊断出患阿尔茨海默症的平均年龄为71岁；说双语的人，首次被诊断出患阿尔茨海默症的平均年龄为76岁；说三种语言的人，首次被诊断出患阿尔茨海默症的平均年龄为78岁。

E. 如果孩子完全依赖电子设备来进行学习和生活，将会对环境越来越漠视。

［解题分析］正确答案：C

题干论述：注重对孩子的自然教育，会带来好的后果；缺乏自然教育，会带来坏的后果。

其陈述方式可概括为：有P，则有Q；没有P，则没有Q。

其逻辑原理为求异法对比推理：有因有果，无因无果。

诸选项中，只有C项与此陈述方式最为类似，也建立了对比推理：注重调查研究，掌握第一手资料；不调查研究，不掌握第一手资料，正确。

A项：只是将过去与现在进行比较，与题干陈述方式不一致，排除。

B项：只说明环境保护和经济发展不能只重视一方面，应该两手抓，但并没有形成对比推理，排除。

D项：随着掌握语言数量的增长，患病者的平均年龄也增长，逻辑原理属于共变法，排除。

E项：只是对孩子依赖电子设备会对环境漠视的现象进行了陈述，但没有形成对比推理，排除。

2 2015MBA－44

研究人员将角膜感觉神经断裂的兔子分为两组：实验组和对照组。他们给实验组兔子注射了一种从土壤霉菌中提取的化合物。3周后检查发现，实验组兔子的角膜感觉神经已经复合；而对照组兔子未注射这种化合物，其角膜感觉神经都没有复合。研究人员由此得出结论：该化合物可以使兔子断裂的角膜感觉神经复合。

以下哪项与上述研究人员得出结论的方式最为类似？

A. 科学家在北极冰川地区的黄雪中发现了细菌，而该地区的寒冷气候与木卫二的冰冷环境有着惊人的相似。所以，木卫二可能存在生命。

B. 绿色植物在光照充足的环境下能茁壮成长，而在光照不足的环境下只能缓慢生长。所以，光照有助于绿色植物生长。

C. 年逾花甲的老王戴上老花镜可以读书看报，不戴则视力模糊。所以，年龄大的人都要戴老花镜。

D. 一个整数或者是偶数，或者是奇数。0不是奇数，所以，0是偶数。

E. 昆虫都有三对足，蜘蛛并非三对足。所以，蜘蛛不是昆虫。

[解题分析] 正确答案：B

题干所述研究人员得出结论的推理方式是求异法。

B项也运用了求异法，因此为正确答案。

其余选项的推理方法均与题干不类似。其中，A项为类比法；C项为例证法；D项为选言证法；E项为直言三段论推理。

3 2013MBA－34

人们知道鸟类能感觉到地球磁场，并利用它们导航。最近某国科学家发现，鸟类其实是利用右眼“查看”地球磁场的。为检验该理论，当鸟类开始迁徙的时候，该国科学家把若干知更鸟放进一个漏斗形状的庞大的笼子里，并给其中部分知更鸟的一只眼睛戴上一种可屏蔽地球磁场的特殊金属眼罩。笼壁上涂着标记性物质，鸟要通过笼子口才能飞出去。如果鸟碰到笼壁，就会黏上标记性物质，以此判断鸟能否找到方向。

以下哪项如果为真，最能支持研究人员的上述发现？

A. 戴眼罩的鸟，不论左眼还是右眼，顺利从笼中飞了出去；没戴眼罩的鸟朝哪个方向飞的都有。

B. 没戴眼罩的鸟和左眼戴眼罩的鸟顺利从笼中飞了出去，右眼戴眼罩的鸟朝哪个方向飞的都有。

C. 没戴眼罩的鸟和右眼戴眼罩的鸟顺利从笼中飞了出去，左眼戴眼罩的鸟朝哪个方向飞的都有。

D. 没戴眼罩的鸟顺利从笼中飞了出去；戴眼罩的鸟，不论左眼还是右眼，朝哪个方向飞的都有。

E. 没戴眼罩的鸟和左眼戴眼罩的鸟朝哪个方向飞的都有，右眼戴眼罩的鸟顺利从笼中飞了出去。

[解题分析] 正确答案：B

研究人员发现，鸟类是用右眼“查看”地球磁场从而利用地球磁场导航的。

B项表明，右眼没戴眼罩的鸟能有效导航，而右眼戴眼罩的鸟不能导航。这作为一个证据，有力地支持了研究人员的发现。

4 2011MBA－40

一艘远洋帆船载着5位中国人和几位外国人由中国开往欧洲。途中，除5位中国人外，全患上了败血症。同乘一艘船，同样是风餐露宿、漂洋过海，为什么中国人和外国人如此不同呢？原来这5位中国人都有喝茶的习惯，而外国人却没有。于是得出结论：喝茶是这5位中国人未得败血症的原因。

以下哪项和题干中得出结论的方法最为相似？

A. 警察锁定了犯罪嫌疑人，但是从目前掌握的事实看，都不足以证明他犯罪。专案组由此得出结论，必有一种未知的因素潜藏在犯罪嫌疑人身后。

B. 在两块土壤情况基本相同的麦地上，对其中一块施氮肥和钾肥，另一块只施钾肥。结果施氮肥和钾肥的那块麦地的产量高于另一块，可见，施氮肥是麦地产量较高的原因。

C. 孙悟空：“如果打白骨精，师父会念紧箍咒；如果不打，师父就会被妖精吃掉。”孙悟空无奈得出结论：“我还是回花果山算了。”

D. 天文学家观测到天王星的运行轨道有特征a、b、c，已知特征a、b分别是由两颗行星甲、乙的吸引造成的，于是猜想还有一颗未知行星造成天王星的轨道特征c。

E. 一定压力下的一定量气体，温度升高，体积增大；温度降低，体积缩小。气体体积与温度之间存在一定的相关性，说明气体温度的改变是其体积改变的原因。

[解题分析] 正确答案：B

题干论证：中国人喝茶未得病，外国人不喝茶得了病，因此，喝茶是未得病的原因。

可见题干中得出结论的方法是穆勒五法中的求异法。

B 项：施氮肥和钾肥的麦地产量高，只施钾肥没施氮肥的麦地产量低，因此，施氮肥是麦地产量较高的原因。该推理方法为求异法，与题干论证相似，正确。

A 项：目前掌握的事实不足以证明犯罪嫌疑人犯罪，推出他背后必有一种未知的因素。这个推理方法属于剩余法，排除。

C 项：打与不打都会有不良的后果，因此就选择回避。这是针对二难情况做出逃避的选择，排除。

D 项：共有特征 a、b、c，已知 a、b 分别是由行星甲、乙的吸引造成的，故还有一颗未知行星造成 c。这个推理方法属于剩余法，排除。

E 项：气体体积与温度之间存在一定的相关性，说明气体温度的改变是其体积改变的原因。这个推理方法属于共变法，排除。

5　2010MBA－40

鸽子走路时，头部并不是有规律地前后移动，而是一直在往前伸。行走时，鸽子脖子往前一探，然后，头部保持静止，等待着身体和爪子跟进。有学者曾就鸽子走路时伸脖子的现象作出假设：在等待身体跟进的时候，暂时静止的头部有利于鸽子获得稳定的视野，看清周围的食物。

以下哪项如果为真，最能支持上述假设？

A. 鸽子行走时如果不伸脖子，很难发现远处的食物。

B. 步伐大的鸟类，伸缩脖子的幅度远比步伐小的要大。

C. 鸽子行走速度的变化，刺激内耳控制平衡的器官，导致伸脖子。

D. 鸽子行走时一举翅一投足，都可能出现脖子和头部肌肉的自然反射，所以头部不断运动。

E. 如果雏鸽步态受到限制，功能发育不够完善，那么，成年后鸽子的步伐变小，脖子伸缩幅度则会随之降低。

[解题分析] 正确答案：A

学者就鸽子走路时伸脖子的现象作出的假设是，暂时静止的头部有利于鸽子获得稳定的视野，看清周围的食物。

场合	先行的情况	导致的结果
1. 题干	伸脖子	看清食物
2. A 项	不伸脖子	看不清食物
结论	鸽子走路时伸脖子导致其能看清周围的食物	

可见，A 项与题干假设构成了求异法，从无因无果的角度有力地支持了题干假设，正确。其余选项均与题干论证无关，都予以排除。

6 2010MBA－30

化学课上，张老师演示了两个同时进行的教学实验：一个实验是 $KClO_3$ 加热后，有 O_2 缓慢产生；另一个实验是 $KClO_3$ 加热后迅速撒入少量 MnO_2，这时立即有大量的 O_2 产生。张老师由此指出：MnO_2 是 O_2 快速产生的原因。

以下哪项与张老师得出结论的方法类似？

A. 同一品牌的化妆品价格越高卖得越火。由此可见，消费者喜欢价格高的化妆品。

B. 居里夫人在沥青矿物中提取放射性元素时发现，从一定量的沥青矿物中提取的全部纯铀的放射线强度比同等数量的沥青矿物中放射线强度低数倍。她据此推断，沥青矿物中还存在其他放射性更强的元素。

C. 统计分析发现，30 岁至 60 岁之间，年纪越大胆子越小，有理由相信：岁月是勇敢的腐蚀剂。

D. 将闹钟放在玻璃罩里，使它打铃，可以听到铃声；然后把玻璃罩里的空气抽空，再使闹钟打铃，就听不到铃声了。由此可见，空气是声音传播的介质。

E. 人们通过对绿藻、蓝藻、红藻的大量观察，发现结构简单、无根叶是藻类植物的主要特征。

[解题分析] 正确答案：D

前提：$KClO_3$ 加热实验中，无 MnO_2，O_2 缓慢产生；有 MnO_2，O_2 快速产生。

结论：MnO_2 是 O_2 快速产生的原因。

可见，该实验为对照实验，其得出结论的方法为求异法。

D 项，有空气，可以听到铃声；没空气，听不到铃声了。因此，空气是声音传播的介质。可见其得出结论的方法同样为求异法，正确。

A 项，价格越高卖得越火，因此，价格高是卖得火的原因。可见其得出结论的方法为共变法，排除。

B 项，沥青是混合物，其中纯铀的放射线强度比混合物的低，因此，沥青矿物中还存在其他放射性更强的元素。可见其得出结论的方法为剩余法，排除。

C 项，年纪越大胆子越小，因此，年龄增加是胆子变小的原因。可见其得出结论的方法为共变法，排除。

E 项，绿藻、蓝藻、红藻的颜色、生长环境等方面都不同，但相同点是结构简单、无根叶，因此，结构简单、无根叶是藻类植物的主要特征。可见其得出结论的方法为剩余法，排除。

7 2008MBA－54

有 90 个病人，都患难治疾病 T，服用过同样的常规药物。这些病人被分为人数相等的两组，第一组服用一种用于治疗 T 的试验药物 W 素，第二组服用不含 W 素的安慰剂。10 年后的统计显示，两组都有 44 人死亡。因此，这种药物是无效的。

以下哪项如果为真，最能削弱上述论证？

A. 在上述死亡的病人中，第二组的平均死亡年份比第一组早两年。

B. 在上述死亡的病人中，第二组的平均寿命比第一组小两岁。

C. 在上述活着的病人中，第二组的病情比第一组更严重。

D. 在上述活着的病人中，第二组的比第一组的更年长。

E. 在上述活着的病人中，第二组的比第一组的更年轻。

[解题分析] 正确答案：A

本题是使用求异法作出的论证。

场合	先行情况	观察到的现象
第一组	服用 W 素	10 年后，有 44 人死亡
第二组	不服用 W 素	10 年后，有 44 人死亡
结论：W 素这种药物无效		

上述论证的漏洞是，比较该药物是否有效，除了死亡人数，还要考虑病人的存活时间。

A 项：第二组的平均死亡年份比第一组早，即服用 W 素的那一组存活时间长，这有助于说明服用试验药物 W 素是有效的，能削弱上述论证，因此，为正确答案。

B 项：对药效的考察，只能从两组病人的患病并进行治疗开始的存活时间来比较。由于两组病人的年龄情况未知，所以平均寿命无法说明问题，排除。

C、D、E 项：根据题意，每组只有 1 人活着，所以就没有代表性，比较活着的人就没有什么意义了，无法说明问题，排除。

8 2001MBA-46

各品种的葡萄中都存在着一种化学物质，这种物质能有效地减少人血液中的胆固醇。这种物质也存在于各类红酒和葡萄汁中，但白酒中不存在。红酒和葡萄汁都是用完整的葡萄作原料制作的；白酒除了用粮食作原料外，也用水果作原料，但和红酒不同，白酒在以水果作原料时，必须除去其表皮。

以上信息最能支持以下哪项结论？

A. 用作制酒的葡萄的表皮都是红色的。

B. 经常喝白酒会增加血液中的胆固醇。

C. 食用葡萄本身比饮用由葡萄制作的红酒或葡萄汁更有利于减少血液中的胆固醇。

D. 能有效地减少血液中胆固醇的化学物质，只存在于葡萄之中，不存在于粮食作物之中。

E. 能有效地减少血液中胆固醇的化学物质，只存在于葡萄的表皮之中，而不存在于葡萄的其他部分中。

［解题分析］ 正确答案：E

题干信息：包含表皮的葡萄制作的红酒有减少血液中胆固醇的物质，去掉表皮的葡萄制作的白酒不含减少血液中胆固醇的物质。

根据上述对照试验，可推出合理的结论：这种物质只存在于葡萄皮中，而不在其他部分。

因此，E 项为正确答案。

场合	先行情况	观察到的现象
1. 红酒	葡萄皮、B、C	含降低胆固醇的物质
2. 白酒	一、B、C	—
结论：葡萄皮能有效地减少血液中的胆固醇		

9 2001MBA-36

许多孕妇都出现了维生素缺乏的症状，但这通常不是由于孕妇的饮食中缺乏维生素，而是由于腹内婴儿的生长使她们比其他人对维生素有更高的需求。

为了评价上述结论的确切程度，以下哪项操作最为重要？

A. 对某个缺乏维生素的孕妇的日常饮食进行检测，确定其中维生素的含量。

B. 对某个不缺乏维生素的孕妇的日常饮食进行检测，确定其中维生素的含量。

C. 对孕妇的科学食谱进行研究，以确定有利于孕妇摄入足量维生素的最佳食谱。

D. 对日常饮食中维生素足量的一个孕妇和一个非孕妇进行检测，并分别确定她们是否缺乏维生素。

E. 对日常饮食中维生素不足量的一个孕妇和一个非孕妇进行检测，并分别确定她们是否缺乏维生素。

［解题分析］ 正确答案：D

题干结论：腹内婴儿的生长（因）导致孕妇缺乏维生素（果）。

要评价上述因果关系是否成立，有效的办法是进行对照试验，使该原因成为唯一的变量。

D项：对照试验，如果孕妇缺乏维生素而非孕妇不缺乏维生素，则对题干结论起支持作用；如果两者都不缺乏维生素，则对题干结论起削弱作用。该项能起到有效的评价作用，正确。

其余各项都起不到评价作用，比如，A项无意义，因为题干已说到孕妇的饮食中通常不缺乏维生素。

场合	先行情况	观察到的现象
1. 孕妇	腹内婴儿、B、C	维生素缺乏
2. 非孕妇	腹内无婴儿、B、C	维生素是否缺乏
结论：腹内婴儿是孕妇维生素缺乏的原因		

（B、C指日常饮食中维生素都足量等相同背景因素）

10　2001MBA－35

自从20世纪中叶化学工业在世界范围成为一个产业以来，人们一直担心，它所造成的污染将严重影响人类的健康。但统计数据表明，这半个世纪以来，化学工业发达的工业化国家的人均寿命增长率，大大高于化学工业不发达的发展中国家。因此，人们关于化学工业危害人类健康的担心是多余的。

以下哪项是上述论证必须假设的？

A. 20世纪中叶，发展中国家的人均寿命，低于发达国家。

B. 如果出现发达的化学工业，发展中国家的人均寿命增长率会因此更低。

C. 如果不出现发达的化学工业，发达国家的人均寿命增长率不会因此更高。

D. 化学工业带来的污染与它带给人类的巨大效益相比是微不足道的。

E. 发达国家在治理化学工业污染方面投入巨大，效果明显。

［解题分析］ 正确答案：C

前提：化学工业发达的国家人均寿命增长率高于不发达国家。

结论：化学工业不会危害人类健康。

C项：必须假设。否则，如果没有发达的化学工业，发达国家的人均寿命增长率会因此更高，那么根据化学工业发达国家的前后对比，就意味着化学工业是有害健康的，否定了题干结论。因此，该项是题干论证的假设，正确。

场合	先行情况	观察到的现象	
1. 发达国家	化学工业发达	人均寿命增长率高	
2. 发展中国家	化学工业不发达	人均寿命增长率不高	无因无果的支持
3. 发达国家	化学工业不发达	人均寿命增长率不高	无因无果的假设

B 项：削弱题干。根据化学工业不发达国家的前后对比，发现有发达的化学工业后人均寿命增长率会变低，这说明化学工业是有害健康的，削弱了题干结论。

A、D、E 项：与题干论证无关，排除。

11　2000MBA－48

京华大学的 30 名学生近日答应参加一项旨在提高约会技巧的计划。在参加这项计划前一个月，他们平均已经有过一次约会。30 名学生被分成两组：第一组与 6 名不同的志愿者进行 6 次“实习性”约会，并从约会对象那里得到对其外表和行为的看法的反馈；第二组仅为对照组。在进行“实习性”约会前，每一组都要分别填写社交忧惧调查表，并对其社交的技巧评定分数。进行“实习性”约会后，第一组需要再次填写调查表。结果表明：第一组较之对照组表现出更少社交忧惧，在社交场合更多自信，以及更易进行约会。显然，实际进行约会，能够提高我们社会交际的水平。

以下哪项如果为真，最可能质疑上述推断？

A. 这种训练计划能否普遍开展，专家们对此有不同的看法。

B. 参加这项训练计划的学生并非随机抽取的，但是所有报名的学生并不知道实验计划将要包括的内容。

C. 对照组在事后一直抱怨他们并不知道计划已经开始，因此，他们所填写的调查表因对未来有期待而填得比较悲观。

D. 填写社交忧惧调查表时，学生需要对约会的情况进行一定的回忆，男学生普遍对约会对象评价得较为客观，而女学生则显得比较感性。

E. 约会对象是志愿者，他们在事先并不了解计划的全过程，也不认识约会的实验对象。

[解题分析] 正确答案：C

前提：实验组表现出更少的社交忧惧和更多的自信。

结论：实际进行约会，能够提高社交水平。

这是一个使用求异法作出的论证，先行的差异因素是“是否进行约会”，被观察的现象是“社交水平”，要削弱此论证就要指出存在其他差异因素。

C 项：表明对照组不知道在实验，因此，表填得比正常情况要悲观，也即对照组实际上的社交水平与状态，比调查表中填写的要好，这样，作为题干根据的上述对比结果（即参加实习约会后表现出更少的社交忧惧和更多的自信）就可能不成立，实际进行约会不一定能够提高我们社会交际的水平，质疑题干，正确。

场合	先行情况	观察到的现象
1. 第一组	参加实习约会、B、C、T（正常填表）	更少忧惧和更多自信（社交水平提高）
2. 第二组	不参加实习约会 、B、C 、—（悲观填表）	—
结论：实际进行约会不一定能够提高我们社会交际的水平		

其余各项均不能构成质疑。

12 2000MBA－47

在美国，实行死刑的州，其犯罪率要比不实行死刑的州低。因此，死刑能够减少犯罪。

以下哪项如果为真，最可能质疑上述推断？

A. 犯罪的少年，较之守法的少年更多出自无父亲的家庭。因此，失去了父亲能够引发少年犯罪。

B. 美国的法律规定了在犯罪地起诉并按其法律裁决，许多罪犯因此经常流窜犯罪。

C. 在最近几年，美国民间呼吁废除死刑的力量在不断减弱，一些政治人物也已经不再像过去那样在竞选中承诺废除死刑了。

D. 经过长期的跟踪研究发现，监禁在某种程度上成为酝酿进一步犯罪的温室。

E. 调查结果表明：犯罪分子在犯罪时多数都曾经想过自己的行为可能会受到死刑或常年监禁的惩罚。

［解题分析］正确答案：B

前提：实行死刑的州犯罪率比不实行死刑的州低。

结论：死刑能够减少犯罪。

这是一个使用求异法作出的论证，先行的差异因素是“是否实行死刑”，被观察的现象是“犯罪率”，要削弱此论证就要指出存在其他差异因素。

B项：表明许多罪犯为了躲避死刑的风险，宁愿采取流窜作案的方式，选择不实行死刑的州作案。这样，虽然实行死刑的州犯罪率因此下降，但全美国的犯罪率并没有下降。所以不能由此得出一个普遍性的结论：死刑能够减少犯罪。

场合	先行情况	观察到的现象
1	实行死刑、B、C、T（罪犯跑了）	犯罪率低
2	不实行死刑、B、C、一（罪犯没跑）	犯罪率高
结论：死刑不一定能够减少犯罪		

其余各项均不能质疑题干的推断。

13 2000MBA－46

孩子出生后的第一年在托儿所度过，会引发孩子的紧张不安。在我们的研究中，有464名12～13岁的儿童接受了特异情景测试法的测验，该项测验意在测试儿童1岁时的状况与对母亲的依附心理之间的关系。其结果：有41.5%曾在托儿所看护的儿童和25.7%曾在家看护的儿童被认为紧张不安，过于依附母亲。

以下哪项如果为真，最不可能对上述研究的推断提出质疑？

A. 研究中所测验的孩子并不是从托儿所看护和在家看护两种情况下随机选取的。因此，这两组样本儿童的家庭很可能有系统的差异存在。

B. 这项研究的主持者被证实曾经在自己的幼儿时期受到过长时间来自托儿所阿姨的冷漠。

C. 针对孩子母亲的另一部分研究发现：由于孩子在家里表现出过度的依附心理，父母因此希望将其送入托儿所予以矫正。

D. 因为风俗的关系，在464名被测者中，在托儿所看护的大多数为女童，而在家看护的多数为男童。一般地说，女童比男童更易表现为紧张不安和依附母亲。

E. 出生后第一年在家看护的孩子多数是由祖父母或外祖父母看护的，并形成浓厚的亲情。

[解题分析] 正确答案：E

结论：孩子出生后的第一年在托儿所度过会引发孩子的紧张不安。

前提：曾在托儿所看护的儿童比曾在家看护的儿童紧张不安的比例高。

这是一个使用求异法作出的论证，先行的差异因素是“是否曾在托儿所看护”，被观察的现象是“紧张不安”。

场合	先行情况	观察到的现象
1	曾在托儿所看护的儿童、B、C	紧张不安的比例高
2	曾在家（不在托儿所）看护的儿童、B、C	紧张不安的比例低
结论：孩子出生后在托儿所度过，会引发孩子的紧张不安		

E 项：在家看护的孩子多数与祖父母或外祖父母形成浓厚的亲情，有助于说明在家看护让孩子有安全感，不容易紧张，支持了题干，因此最不可能构成质疑，正确。

A 项：以偏概全，说明样本不具有代表性，统计时的抽样可能不科学。因为如果两组进行比较的儿童本身可能存在系统性的差异，那么，他们是否较易紧张不安，完全可能由此种差异造成，而并非因为是否曾在托儿所看护，可以削弱，排除。

B 项：研究者不中立，带有个人偏向和主观色彩，会影响研究结果，可以削弱，排除。

C 项：表明有一部分孩子，不是由于去了托儿所才有了依附心理，恰恰相反，而是表现出了过度的依附心理才被送进托儿所。这是个因果倒置的削弱，排除。

D 项：曾在托儿所看护的儿童表现出紧张不安者所占的比例较高，是该组中女童所占的比例较高所致，而很可能不是曾在托儿所看护所致，另有他因的削弱，排除。

14　2000MBA－41

有些家长对学龄前的孩子束手无策，他们自愿参加了当地的一个为期六周的“家长培训”计划。家长们在参加该项计划前后，要在一份劣行调查表上为孩子评分，以表明孩子到底给他们带来了多少麻烦。家长们报告说，在参加该计划之后他们遇到的麻烦确实比参加之前要少。

以下哪项如果为真，最可能怀疑家长们所受到的这种培训的真正效果？

A. 这种训练计划所邀请的课程教授尚未结婚。

B. 参加这项训练计划的单亲家庭的家长比较多。

C. 家长们通常会在烦恼不堪、情绪落入低谷时才参加什么“家长培训”计划，而孩子们的捣乱和调皮有很强的周期性。

D. 填写劣行调查表对于这些家长来说不是一件容易的事情，尽管并不花费太多的时间。

E. 学龄前的孩子最需要父母亲的关心。起码，父母亲应当在每天都有和自己的孩子相处谈话的时间。专家建议，这个时间的低限是 30 分钟。

[解题分析] 正确答案：C

前提：家长们感到在参加该计划之后他们遇到的麻烦确实比参加之前要少。

结论：培训计划（因）有减轻家长麻烦的效果（果）。

这是一个使用求异法作出的论证，先行的差异因素是“是否参加家长培训”，被观察的现象是“遇到麻烦的情况”，要削弱此论证就要指出存在其他差异因素。

C 项：家长们在参加“家长培训”计划前，正是他们的情绪低谷，而孩子可能在调皮高峰，此后即使退出培训计划，他们遇到的麻烦也会减少，这就意味着孩子给家长带来的麻烦减少，并不是因为培训带来的效果。可以削弱，正确。

场合	先行情况	观察到的现象
1	没参加培训、B、C、T（家长情绪低谷、孩子调皮高峰）	麻烦多
2	参加培训、B、C、—（家长情绪好转、孩子调皮低谷）	麻烦少
结论：培训不一定有效果		

其余各项均不能构成质疑。

三、 契差推理

契差法（也叫契合差异并用法、求同求异并用法）是指这样一种方法：考察两组事例，一组是由被研究现象出现的若干场合组成的，称之为正事例组；一组是由被研究现象不出现的若干场合组成的，称之为负事例组。如果在被研究现象出现的若干场合（正事例组）中，只有一个共同情况，而在被研究现象不出现的若干场合（负事例组）中，却没有这个共同情况，那么这个共同情况就是被研究现象的原因（结果）。

1. 契差法的结构

契差法可用下述结构来表示：

正事例组

场合	先行情况	被研究现象
(1)	A、B、C	a
(2)	A、D、E	a
(3)	A、F、G	a
…	…	…

负事例组

(1)	—、B、C	—
(2)	—、D、E	—
(3)	—、F、G	—
…	…	…

所以，A 情况是 a 现象的原因。

2. 批判性准则

评估运用契差法推出的因果主张，可提出如下批判性问题：

CQ1. 正、反两组所考察的场合是否足够多？是否有反例存在？

CQ2. 反面组的场合应与正面组的场合的相似程度如何？

CQ3. 正、反两组所考察的场合中所具有的差异因素是不是唯一的？在所比较的两种现象之间是否存在其他差异因素？

1　2022MBA－51

有科学家进行了对比实验：在一些花坛中种植金盏草，而在另外一些花坛中未种植金盏草。他们发现：种了金盏草的花坛，玫瑰长得很繁茂，而未种金盏草的花坛，玫瑰却呈现病态，很快就枯萎了。

以下哪项如果为真，最能解释上述现象？

A. 为了利于玫瑰生长，某园艺公司推荐种金盏草而不是直接喷洒农药。

B. 金盏草的根系深度不同于玫瑰，不会与其争夺营养，却可保持土壤湿度。

C. 金盏草的根部可分泌出一种能杀死土壤中害虫的物质，使玫瑰免受其侵害。

D. 玫瑰花花坛中的金盏草常被认为是一种杂草，但它对玫瑰的生长，具有奇特的作用。

E. 花匠会对种了金盏草和玫瑰花的花坛施肥较多，而对仅种了玫瑰花的花坛施肥偏少。

［解题分析］ 正确答案：C

实验现象：种了金盏草的花坛，玫瑰长得很繁茂；而未种金盏草的花坛，玫瑰却呈现病态，很快就枯萎了。

C项表明，金盏草的根部分泌出的一种物质能杀死土壤中的害虫，使玫瑰免受其侵害。这作为一个证据，有力地解释了上述现象。

其余选项不妥，比如，B、E项有利于解释种了金盏草的花坛，玫瑰长得很繁茂；但不能解释未种金盏草的花坛，玫瑰呈现病态且枯萎的现象。D项所述的具体作用不明确。

2　2009MBA－29

一项对西部山区小塘村的调查发现，小塘村约五分之三的儿童入中学后出现中等以上的近视，而他们的父母及祖辈，没有机会到正规学校接受教育，很少出现近视。

以下哪项作为上述断定的结论最为恰当？

A. 接受文化教育是造成近视的原因。

B. 只有在儿童期接受正式教育才易于成为近视。

C. 阅读和课堂作业带来的视觉压力必然造成儿童的近视。

D. 文化教育的发展和近视现象的出现有密切关系。

E. 小塘村约有五分之二的儿童是文盲。

［解题分析］ 正确答案：D

题干根据小塘村的调查发现：

儿童：入中学后，约五分之三出现近视。

父母及祖辈：没有接受学校教育，很少出现近视。

通过上述调查的对比结果得出，文化教育的发展和近视现象的出现有密切关系。因此，D项为正确答案。

题干并没表明，除了接受教育之外，两类人群的其他条件是否相同，比如身体健康状况、营养状况、锻炼状况等是否一致，如果不一致，那么就得不出文化教育与近视之间有因果关系，所以，A项不妥，排除。B、C、E项均无法从题干得出，排除。

四、 共变推理

共变法是指在其他条件不变的情况下，如果一个现象发生变化，另一个现象就随之发生变化，那么，前一现象就是后一现象的原因或部分原因。

1. 共变法的结构

共变法可用下述结构来表示：

场合	先行情况	被研究现象
(1)	A1、B、C、D	a1
(2)	A2、B、C、D	a2
(3)	A3、B、C、D	a3
…	…	…

所以，A 是 a 的原因。

2. 批判性准则

针对运用共变法推出的因果主张，可提出如下批判性问题：

CQ1. 考察的场合是否足够多？是否有反例存在？

CQ2. 被研究现象发生共变的情况是否是唯一的？是否还存在其他共变因素？

CQ3. 在考察两个现象之间的共变关系时，背景是否一样？即其他条件是否保持不变？

CQ4. 两种现象的共变是否具有相关性？是否有因果关系？

CQ5. 共变情况在什么样的限制范围？

CQ6. 两种因果共变的现象是正的共变，还是逆的共变？

3. 解题指导

(1) 共变强化。

强化一个用共变法作出的论证的方法如下：

①指出发生共变的两个现象之间有实质性的相关。即从导致共变结果的原因方面指出共变因素是唯一的、关键的或必不可少的。也即先行情况和被研究现象之间具有实质性的因果联系。

②提供符合题干共变关系的原则（理论根据），或者，提供新的共变证据（事实例证：有因有果）。

③正面指出除这两个共变现象之外，其他背景因素都是相同的。或者，从反面指出不存在其他共变因素（没有他因）。

(2) 共变弱化。

弱化一个用共变法作出的论证的方法如下：

①指出发生共变的两个现象之间没有实质性的相关。即从导致共变结果的原因方面指出共变因素不是唯一的、关键的或必不可少的。

②提供不符合题干共变关系的原则（理论根据），或者，提供存在共变现象不成立的反例（有因无果、无因有果）。

③正面指出除这两个共变现象之外，其他背景因素不同。或者，从反面指出存在其他共变因素（另有他因）。

(3) 共变推论。

由共变现象得出合理的结论：共变的先行因素是被研究现象出现的原因。

1　2014MBA-30

人们普遍认为适量的体育运动能够有效降低中风的发生率，但科学家还注意到有些化学物质也有降低中风风险的效用。番茄红素是一种让番茄、辣椒、西瓜和番木瓜等蔬果呈现红色的化学物质。研究人员选取 1 000 余名年龄在 46 岁至 55 岁之间的人，进行了长达 12 年的跟踪调查，发现其中番茄红素水平最高的四分之一的人中有 11 人中风，番茄红素水平最低的四分之一的人中有 25 人中风。他们由此得出结论：番茄红素能减低中风的发生率。

以下哪项如果为真，能对上述研究结论提出质疑？

A. 番茄红素水平较低的中风者中有三分之一的人病情较轻。

B. 吸烟、高血压和糖尿病等会诱发中风。

C. 如果调查 56 岁至 65 岁之间的人，情况也许不同。

D. 番茄红素水平高的人约有四分之一喜爱进行适量的体育运动。

E. 被跟踪的另一半人中 50 人中风。

[解题分析] 正确答案：E

前提：番茄红素水平最高的四分之一的人中有 11 人中风，番茄红素水平最低的四分之一的人中有 25 人中风。

结论：番茄红素能减低中风的发生率。

如果题干结论正确，那么随着番茄红素水平的降低，中风的发生率应逐步增加。所以中间这一半人中，中风人数应该在 23～49 人。而 E 项表明，中间这一半人中有 50 人中风，不符合上述规律，即番茄红素水平中等的一半人的中风发生率和番茄红素水平最低的四分之一的人的中风发生率一样高，这说明番茄红素不一定减低中风的发生率，因此，对题干结论有质疑作用。

A 项：番茄红素水平较高的中风者病情轻重未知，不能质疑，排除。

B 项：与题干论证无关，不能质疑，排除。

C 项："也许"为模糊意义，到底是否会不同未知，年龄是否与中风相关也未知，不能质疑，排除。

D 项：易误认为是他因削弱，但实际上不能削弱，因为该项只表明番茄红素水平高的人约有四分之一喜爱体育运动，但番茄红素水平低的人有多少喜爱体育运动未知，运动是不是两类人群的差异也未知，不能质疑，排除。

2 2006MBA-35

海拔越高，空气越稀薄。因为西宁的海拔高于西安，因此，西宁的空气比西安稀薄。

以下哪项中的推理与题干的最为类似？

A. 一个人的年龄越大，他就变得越成熟。老张的年龄比他的儿子大，因此，老张比他的儿子成熟。

B. 一棵树的年头越长，它的年轮就越多。老张院子中槐树的年头比老李家的槐树年头长，因此，老张家的槐树比老李家的年轮多。

C. 今年马拉松冠军的成绩比前年好。张华是今年的马拉松冠军，因此，他今年的马拉松成绩比他前年的好。

D. 在激烈竞争的市场上，产品质量越高并且广告投入越多，产品需要就越大。甲公司投入的广告费比乙公司的多，因此，市场上对甲公司产品的需求量比对乙公司的需求量大。

E. 一种语言的词汇量越大，越难学。英语比意大利语难学，因此，英语的词汇量比意大利语大。

[解题分析] 正确答案：B

题干信息：空气的密度随着海拔的增高而变得越稀薄，两者之间存在共变的因果关系，运用了穆勒五法中的共变法。

B 项：一棵树的年轮随着年头的增长而变得越多，两者之间存在共变关系，与题干推理相似，正确。

A 项："年龄越大越成熟"这一规律可能对同一个人成立，但不同人之间就不一定有这种确定的关系，所以，从"老张的年龄比他的儿子大"，推不出"老张比他的儿子成熟"。与题干推理不相似，排除。

C 项："今年成绩比前年好"不属于共变关系，排除。

D 项："产品质量越高并且广告投入越多，产品需要就越大"，但接着的甲公司与乙公司对比中，只提到了广告费而没提及质量，与题干推理不相似，排除。

E 项："词汇量越大越难学"，若与题干推理相似，后文应该是"英语的词汇量比意大利语大，因此，英语比意大利语难学"。但其顺序搞反了，与题干推理不相似，排除。

3　2000MBA－62

世界卫生组织在全球范围内进行了一项有关献血对健康影响的跟踪调查。调查对象分为三组。第一组对象均有二次以上的献血记录，其中最多的达数十次；第二组对象均仅有一次献血记录；第三组对象均从未献过血。调查结果显示，被调查对象中癌症和心脏病的发病率，第一组分别为0.3%和0.5%，第二组分别为0.7%和0.9%，第三组分别为1.2%和2.7%。一些专家依此得出结论，献血有利于减少患癌症和心脏病的风险。这两种病已经不仅在发达国家而且也在发展中国家成为威胁中老年人生命的主要杀手。因此，献血利己利人，一举两得。

以下哪项如果为真，将削弱以上结论？

Ⅰ. 60岁以上的调查对象，在第一组中占60%，在第二组中占70%，在第三组中占80%。

Ⅱ. 献血者在献血前要经过严格的体检，一般具有较好的体质。

Ⅲ. 调查对象的人数，第一组为1 700人，第二组为3 000人，第三组为7 000人。

A. 只有Ⅰ。

B. 只有Ⅱ。

C. 只有Ⅲ。

D. 只有Ⅰ和Ⅱ。

E. Ⅰ、Ⅱ和Ⅲ。

[解题分析] 正确答案：D

前提：献血次数越多，癌症和心脏病的发病率越低。

结论：献血有利于减少患癌症和心脏病的风险。

上述论证是根据献血次数与发病率的共变关系得出的，要使论证成立，必须排除其他共变因素。

Ⅰ：能够削弱。说明背景不同，因为在三个组中，60岁以上的被调查对象，呈10%递增，又题干断定，癌症和心脏病是威胁中老年人生命的主要杀手，因此，有理由认为，三个组的癌症和心脏病发病率的递增，与其中中老年人比例的递增有关，而并非说明献血有利于减少患癌症和心脏病的风险。这是另有他因的削弱。

Ⅱ：能够削弱。因为如果献血者一般有较好的体质，则献血记录较高的被调查对象，一般患癌症和心脏病的可能性就较小，因此，并非献血导致体质好，而是体质好才去献血。这是因果倒置的削弱。

Ⅲ：不能削弱。因为调查是否有效，与被调查人数无关，只要被调查对象有代表性即可。即调查中进行比较的数据是百分比，被比较各组的绝对人数的差别不影响这种比较的说服力。

五、剩余推理

剩余法的基本内容是，如果已知被研究的某复合现象是由某复合原因引起的，并且已知这个复合现象的一部分是复合原因中的一部分引起的，那么，被研究现象的剩余部分和复合原因的剩余部分也有因果联系。

1. 剩余法的结构

剩余法可用下述结构来表示：

已知复合现象 F（A、B、C）是被研究现象 K（a、b、c）的原因。

已知，B 是 b 的原因；

C 是 c 的原因。

所以，A 是 a 的原因（或部分原因）。

2. 批判性准则

评估运用剩余法推出的因果主张，可提出如下批判性问题：

CQ1. 被研究的某复合现象是否由某复合原因引起的，且已知的部分原因与剩余部分的现象是否没有因果联系？

CQ2. 剩余现象与剩余的因是单一的，还是复合的？

1　2007MBA－41

在印度发现了一些不平常的陨石，它们的构成元素表明，它们只可能来自水星、金星和火星。由于水星靠太阳最近，它的物质只可能被太阳吸引而不可能落到地球上；这些陨石也不可能来自金星，因为金星表面的任何物质都不可能摆脱它和太阳的引力而落到地球上。因此，这些陨石很可能是某次巨大的碰撞后从火星落到地球上的。

上述论证方式和以下哪项最为类似？

A. 这起谋杀或是劫杀，或是仇杀，或是情杀。但作案现场并无财物丢失；死者家庭和睦，夫妻恩爱，并无情人。因此，最大的可能是仇杀。

B. 如果张甲是作案者，那必有作案动机和作案时间。张甲确有作案动机，但没有作案时间。因此，张甲不可能是作案者。

C. 此次飞机失事的原因，或是人为破坏，或是设备故障，或是操作失误。被发现的黑匣子显示，事故原因确实是设备故障。因此，可以排除人为破坏和操作失误。

D. 所有的自然数或是奇数，或是偶数。有的自然数不是奇数，因此，有的自然数是偶数。

E. 任一三角形或是直角三角形，或是钝角三角形，或是锐角三角形。这个三角形有两个内角之和小于 90 度。因此，这个三角形是钝角三角形。

[解题分析] 正确答案：A

题干论述：陨石只可能来自水星、金星和火星，排除了来自水星和金星的可能性，推出很可能来自火星的结论。

该论证使用的是剩余法，其形式为：或者 P，或者 Q，或者 R。非 P，非 Q。所以 R。

A 项：或是劫杀，或是仇杀，或是情杀。非劫杀，非情杀。所以很可能是仇杀。与题干论证方式一致，正确。

B 项：假言命题推理，与题干论证方式不相似，排除。

C 项：或者 P，或者 Q，或者 R。Q 成立。因此，P 和 R 都不成立。与题干论证方式不相似，排除。

D 项：自然数→奇数∨偶数。有的自然数→¬奇数，因此，有的自然数→偶数。与题干论证方式不相似，排除。

E 项：从前提推不出结论，结论与论据无关。与题干论证方式不相似，排除。

2 2006MBA－34

母斑马和它们的幼小子女离散后，可以在相貌体形相近的成群斑马中很快又聚集到一起。研究表明，斑马身上的黑白条纹是它们互相辨认的标志，而幼小斑马不能将自己母亲的条纹与其他成年斑马区分开来。显而易见，每个母斑马都可以辨别出自己后代的条纹。

上述论证采用了以下哪种论证方法？

A. 通过对发生机制的适当描述，支持关于某个可能发生现象的假说。

B. 在对某种现象的两种可供选择的解释中，通过排除其中的一种，来确定另一种。

C. 论证一个普遍规律，并用来说明某一特殊情况。

D. 根据两组对象有某些类似的特性，得出它们具有另一个相同特性。

E. 通过反例推翻一个一般性结论。

［解题分析］正确答案：B

题干论证过程如下。

斑马身上的黑白条纹是母斑马和幼斑马互相辨认的标志，包含两种可能情况：（1）母斑马能辨认幼斑马；（2）幼斑马能辨认母斑马。

将情况（2）排除后，就得出结论（1）。

这采用的是穆勒五法中的剩余法。B 项准确地描述了这一方法，正确。

3 2001MBA－38

一个已经公认的结论是，北美洲人的祖先来自亚洲。至于亚洲人是如何到达北美的呢，科学家们一直假设，亚洲人是跨越在 14 000 年以前还连结着北美和亚洲但后来沉入海底的陆地进入北美的。在艰难的迁徙途中，他们靠捕猎沿途陆地上的动物为食。最近的新发现导致了一个新的假设，亚洲人是驾船沿着上述陆地的南部海岸，沿途以鱼和海洋生物为食而进入北美的。

以下哪项如果为真，最能使人有理由在两个假设中更相信后者？

A. 当北美和亚洲还连在一起的时候，亚洲人主要以捕猎陆地上的动物为生。

B. 上述连结北美和亚洲的陆地气候极为寒冷，植物品种和数量都极为稀少，无法维持动物的生存。

C. 存在于 8 000 年以前的亚洲和北美文化，显示出极大的类似性。

D. 在欧洲，靠海洋生物为人的食物来源的海洋文化，最早发端于 10 000 年以前。

E. 在亚洲南部，靠海洋生物为人的食物来源的海洋文化，最早发端于 14 000 年以前。

［解题分析］正确答案：B

题干假设：（1）亚洲人是靠捕猎从陆地进入北美的；（2）亚洲人是驾船从海洋进入北美的。

题干所述情景可以用剩余法推理，要相信（2），那么只要否定（1）即可。

B 项：表明当时连结北美和亚洲的陆地无法维持动物的生存，（1）这个假设就不可能成立，那就只能相信（2）了，正确。

A 项：支持（1），但无法使人更相信（2），排除。

C 项：文化是否类似与题干论证无关，排除。

D、E 项：海洋文化的发端时间与题干论证没有必然的联系，排除。

第五章　论证逻辑

论证逻辑着眼于逻辑与批判性思维的技能与方法，解决日常论证或论辩的逻辑问题。论证逻辑的主要内容有：表述论证的语言、论证的结构、论证的谬误、论证的类型（演绎论证、归纳论证以及类比论证、实践论证等合情论证）等。

第一节　论证语言

如果把推理的逻辑视为狭义的逻辑，则语言表达的逻辑就是广义的逻辑。逻辑的研究对象就是思维，而在实际思维中，思维的过程同时也是使用语言的过程。所以在研究逻辑思维时一刻也不能离开语言。在语言表达中往往存在逻辑问题，在需要确定一句话或一段话的真实含义时，有必要进行一定的语言分析。

在逻辑推理测试中，与语言分析相关的考题主要测试考生的汉语阅读理解能力，这类题主要包括言语理解、争议焦点和对话辨析等。

一、言语理解

日常推理和论证中，前提和结论之间总是存在着某种共同的意义内容，使得我们可以由前提推出结论。形式逻辑通常不理会推理内容的相关性，但以非形式逻辑和批判性思维为基础的逻辑试题要顾及前提和结论之间的这种内容相关性，并为此设计了言语理解的考题。

言语理解题的解题方法是：一要阅读仔细，通过对选项和题干的内容逐一对照，从中迅速找到答案的线索；二要充分运用自己平时积累起来的语感，细心品味其推理的语义，力求准确理解、分析和推断题干给出的日常语言表达的句子或内容的复杂含义和深层意义。

1　2011MBA-42

按照联合国开发计划署 2007 年的统计，挪威是世界上居民生活质量最高的国家，欧美和日本等发达国家也名列前茅，如果统计 1990 年以来生活质量改善最快的国家，发达国家则落后了。至少在联合国开发计划署的 116 个国家中，17 年来，非洲东南部国家莫桑比克的生活质量提高最快，2007 年其生活质量指数比 1990 年提高了 50%。很多非洲国家取得了和莫桑比克类似的成就。作为世界上最受瞩目的发展中国家，中国的生活质量指数在过去 17 年中也提高了 27%。

以下哪项可以从联合国开发计划署的统计中得出？

A. 2007 年，发展中国家的生活质量指数都低于西方国家。

B. 2007 年，莫桑比克的生活质量指数不高于中国。

C. 2006 年，日本的生活质量指数不高于中国。

D. 2006 年，莫桑比克的生活质量的改善快于非洲其他各国。

E. 2007 年，挪威的生活质量指数高于非洲各国。

[解题分析] 正确答案：E

题干断定，按照联合国开发计划署 2007 年的统计：

(1) 挪威是世界上居民生活质量最高的国家。

(2) 1990 年到 2007 年的 17 年来，莫桑比克的生活质量提高最快，其生活质量指数提高了 50%。

E 项：由 (1) 挪威的生活质量最高，可推知，其生活质量指数必然高于非洲各国。因此，该项为正确答案。

A 项：发展中国家的生活质量指数是否都低于西方国家，超出题干断定范围，排除。

B 项：尽管莫桑比克的生活质量提高最快，但其生活质量指数是否高于中国，超出题干断定范围，排除。

C 项：日本的生活质量指数是否高于中国，无法从题干推出，排除。

D 项：由 (2) 可知，尽管 1990 年到 2007 年莫桑比克的生活质量提高最快，但 2006 年这一年的具体情况未知，排除。

2　2007MBA－44

三分之二的陪审员认为证人在被告作案时间、作案地点或作案动机上提供伪证。

以下哪项能作为结论从上述断定中推出？

A. 三分之二的陪审员认为证人在被告作案时间上提供伪证。

B. 三分之二的陪审员认为证人在被告作案地点上提供伪证。

C. 三分之二的陪审员认为证人在被告作案动机上提供伪证。

D. 在被告作案时间、作案地点或作案动机这三个问题中，至少有一个问题，三分之二的陪审员认为证人在这个问题上提供伪证。

E. 以上各项均不能从题干的断定推出。

[解题分析] 正确答案：E

题干断定：认为证人提供伪证的陪审员数占陪审员总数的三分之二。

这里的提供伪证指的是只要在被告作案时间、作案地点或作案动机这三个问题中至少有一个问题上提供伪证。举例如下表：

	三分之一陪审员意见	三分之一陪审员意见	三分之一陪审员意见
作案时间	认为提供伪证		
作案地点		认为提供伪证	
作案动机			认为提供伪证

A、B、C、D 项：从上表看出，对于作案时间、作案地点或作案动机，可能均只有三分之一的陪审员认为提供了伪证，故都不能从题干推出，排除。

因此，E 项为正确答案。

3　2007MBA－34

小荧十分渴望成为一名微雕艺术家，为此，他去请教微雕大师孔先生：“您如果教我学习微雕，我要多久才能成为一名微雕艺术家？”孔先生回答：“大约十年。”小荧不满足于此，再问："如果我不分昼夜每天苦练，能否缩短时间？"孔先生答道："那要用二十年。"

以下哪项最可能是孔先生的回答所提示的成为微雕艺术家的重要素质？

A. 谦虚。

B. 勤奋。

C. 尊师。

D. 耐心。

E. 决心。

[解题分析] 正确答案：D

题干论述：小荧渴望成为一名微雕艺术家，并希望速成。大师孔先生告诉他，需要十年时间的练习；而如果不分昼夜每天苦练，那就要二十年。

这说明孔先生认为，要从事微雕这样的艺术不能急于求成，要有极大的耐心才行。因此，D项为正确答案。

4　2005MBA－35

户籍改革的要点是放宽对外来人口的限制，G市在对待户籍改革上面临两难。一方面，市政府懂得吸引外来人口对城市化进程的意义；另一方面，又担心人口激增的压力。在决策班子里形成了"开放"和"保守"两派意见。

以下各项如果为真，都只能支持上述某一派的意见，除了：

A. 城市与农村户口分离的户籍制度，不适应目前社会主义市场经济的需要。

B. G市存在严重的交通堵塞、环境污染等问题，其城市人口的合理容量有限。

C. G市近几年的犯罪案件增加，案犯中来自农村的打工人员比例增高。

D. 近年来，G市的许多工程的建设者多数是来自农村的农民工，其子女的就学成为市教育部门面临的难题。

E. 由于计划生育政策和生育观的改变，近年来G市的幼儿园、小学乃至中学的班级数量递减。

[解题分析] 正确答案：D

题干信息如下。

开放派：放宽对外来人口的限制。

保守派：担心人口激增的压力，限制外来人口。

D项：一方面，许多工程的建设者是外来人口，支持了开放派的观点；另一方面，外来人口的子女就学成为难题，支持了保守派的观点。支持了两派，并非只支持某一派，正确。

A项：表明不应该实行城市与农村户口分离的户籍制度，仅支持开放派，排除。

B项：表明存在城市人口过多的问题，仅支持保守派，排除。

C项：外来人口导致了犯罪案件增加，仅支持保守派，排除。

E项：幼儿园、小学乃至中学的班级数量递减，若放宽外来人口的限制，很可能会导致入学难，支持了保守派，排除。

5　2000MBA－80

美国《华盛顿邮报》发表文章，引述美国前中央情报局副局长的话称，在过去多次中美核子科学家交流会期间，美国曾获得过中国有关核技术的资料，而且远远超过早些时候美国指责中国窃取美方核机密的数量。

以下各项，除了哪项，都与题干中引用论述的观点相符合？

A. 中美核子科学家之间曾有过比较长的友好的学术交流历史。

B. 中美核子科学家在交流中会讨论一些本研究领域共同关心的理论问题。

C. 在发展核子技术方面，中国科学家也有独到的创造，美国对此也很感兴趣。

D. 中国的核子科学家可以独立地发展自己的核技术并与美国相抗衡。

E. 美国无根据地指责某华人科学家是为中国提供核机密的间谍，这是不公正的。

[解题分析] 正确答案：D

美国前中情局副局长：美国在过去多次中美核子科学家交流会期间曾获得过中国有关核技术的资料，而且远超早些时候美国指责中国窃取美方核机密的数量。

D项：中国的核子科学家可以独立地发展自己的核技术，既然如此，就无须窃取美国的核机密，这明显与上述论述不符。

其余选项都符合题干观点或与题干观点不矛盾。

二、争议焦点

争议指的是在同一个问题上所存在的相互矛盾或相互反对的主张。争议的焦点既可以是观点，也可以是理由。发生在主要问题上的争议称为观点之争，发生在主要根据上的争议称为理由之争。提出恰当的问题是解决争议双方各自的主张相互纠缠的有效方法。

1 2017MBA－35

王研究员：我国政府提出的“大众创业、万众创新”激励着每一个创业者。对于创业者来说，最重要的是需要一种坚持精神。不管在创业中遇到什么困难，都要坚持下去。

李教授：对于创业者来说，最重要的是要敢于尝试新技术。因为有些新技术一些大公司不敢轻易尝试，这就为创业者带来了成功的契机。

根据以上信息，以下哪项最准确地指出了王研究员与李教授的分歧所在？

A. 最重要的是敢于迎接各种创业难题的挑战，还是敢于尝试那些大公司不敢轻易尝试的新技术。

B. 最重要的是坚持创业，有毅力有恒心把事业一直做下去，还是坚持创新，做出更多的科学发现和技术发明。

C. 最重要的是坚持把创业这件事做好，成为创业大众的一员，还是努力发明新技术，成为创新万众的一员。

D. 最重要的是需要一种坚持精神，不畏艰难，还是要敢于尝试新技术，把握事业成功的契机。

E. 最重要的是坚持创业，敢于成立小公司，还是尝试新技术，敢于挑战大公司。

[解题分析] 正确答案：D

题干中王研究员和李教授讨论的焦点问题是：对于创业者来说什么是最重要的？

王：最重要的是需要一种坚持精神。

李：最重要的是要敢于尝试新技术。

D项准确地指出了王研究员与李教授的分歧所在，正确。

其余选项均不妥，其中，A项中“敢于迎接各种创业难题的挑战”、B项中“做出更多的科学发现和技术发明”、C项中“努力发明新技术”、E项中“挑战大公司”均与题干不符，排除。

2 2016MBA－30

赵明与王洪都是某高校辩论协会成员，在为今年华语辩论赛招募新队员问题上，两人发生了争执。

赵明：我们一定要选拔喜爱辩论的人。因为一个人只有喜爱辩论，才能投入精力和时间研究辩论并参加辩论赛。

王洪：我们招募的不是辩论爱好者，而是能打硬仗的辩手。无论是谁，只要能在辩论赛中发挥应有的作用，他就是我们理想的人选。

以下哪项最可能是两人争论的焦点？

A. 招募的标准是从现实出发还是从理想出发。

B. 招募的目的是研究辩论规律还是培养实战能力。

C. 招募的目的是为了培养新人还是赢得比赛。

D. 招募的标准是对辩论的爱好还是辩论的能力。

E. 招募的目的是为了集体荣誉还是满足个人爱好。

［解题分析］正确答案：D

题干论述简化如下。

赵：招募的新队员应该是喜爱辩论的。

王：招募的新队员应该是能打硬仗的。即招募的新队员是要有能力的。

可见，两人争论的焦点是招募的标准是对辩论的爱好还是辩论的能力，所以，D项为正确答案。

其余选项均不妥，其中，A项，两人都没谈论现实或理想；B项，两人都没涉及研究或培养的问题；C项，两人显然都认同招募新人是要去赢得比赛，这不是争论的焦点；E项，两人显然都不认同招募的目的是满足个人爱好。

3 2010MBA－51

陈先生：未经许可侵入别人的电脑，就好像开偷来的汽车撞伤了人，这些都是犯罪行为。但后者性质更严重，因为它既侵占了有形财产，又造成了人身伤害；而前者只是在虚拟世界中捣乱。

林女士：我不同意，例如，非法侵入医院的电脑，有可能扰乱医疗数据，甚至危及病人的生命。因此，非法侵入电脑同样会造成人身伤害。

以下哪项最为准确地概括了两人争论的焦点？

A. 非法侵入别人的电脑和开偷来的汽车是否同样会危及人的生命？

B. 非法侵入别人的电脑和开偷来的汽车撞伤人是否都构成犯罪？

C. 非法侵入别人的电脑和开偷来的汽车撞伤人是否是同样性质的犯罪？

D. 非法侵入别人电脑的犯罪性质是否和开偷来的汽车撞伤人一样严重？

E. 是否只有侵占有形财产才构成犯罪？

［解题分析］正确答案：D

题干论述：非法侵入别人的电脑与开偷来的汽车撞伤人相比较，陈先生认为前者不如后者严重，而林女士认为两者同样严重。

可见，本题争论的焦点是这两种犯罪的性质是否一样严重，因此，D项正确。

A项：干扰项。两者是否同样会危及人的生命？陈先生认为不会，林女士认为会，两人观点不同。但该项针对的是论据，而不是结论，两人只是对论据持有不同的观点，所以，不是争论的焦点，排除。

B项：两者是否都构成犯罪？陈先生认为都是犯罪行为，林女士未提及，排除。

C项：两者是否是同样性质的犯罪？陈先生和林女士均未论述这两者是什么性质，排除。

E项：是否只有侵占有形财产才构成犯罪？陈先生和林女士均未论述此问题，排除。

4 2008MBA-38

郑女士：衡远市过去十年的GDP（国内生产总值）增长率比易阳市高，因此衡远市的经济前景比易阳市好。

胡先生：我不同意你的观点。衡远市GDP增长率虽然比易阳市高，但易阳市的GDP数值却更大。

以下哪项最为准确地概括了郑女士和胡先生争议的焦点？

A. 易阳市的GDP数值是否确实比衡远市大？

B. 衡远市的GDP增长率是否确实比易阳市高？

C. 一个城市的GDP数值大，是否经济前景一定好？

D. 一个城市的GDP增长率高，是否经济前景一定好？

E. 比较两个城市的经济前景，GDP数值与GDP增长率哪个更重要？

[解题分析] 正确答案：E

郑女士认为衡远市的经济前景比易阳市好，理由是衡远市过去十年的GDP增长率比易阳市高。

胡先生不同意郑女士的观点，理由是易阳市的GDP数值比衡远市更大。

可见，两人观点不同，源于郑女士认为GDP增长率更重要而胡先生认为GDP数值更重要，E项概括了两人争议的焦点，正确。

A、B项：两人并未讨论数据的真实性，排除。

C、D项：易误选，分别是胡先生和郑女士认可的观点，但不是两人争议的焦点，排除。

5 2007MBA-54

司机：有经验的司机完全有能力并习惯以每小时120公里的速度在高速公路上安全行驶。因此，高速公路上的最高时速不应由120公里改为现在的110公里，因为这既会不必要地降低高速公路的使用效率，也会使一些有经验的司机违反交规。

交警：每个司机都可以在法律规定的速度内行驶，只要他愿意。因此，把对最高时速的修改说成是某些违规行为的原因，是不能成立的。

以下哪项最为准确地概括了上述司机和交警争论的焦点？

A. 上述对高速公路最高时速的修改是否必要？

B. 有经验的司机是否有能力以每小时120公里的速度在高速公路上安全行驶？

C. 上述对高速公路最高时速的修改是否一定会使一些有经验的司机违反交规？

D. 上述对高速公路最高时速的修改实施后，有经验的司机是否会在合法的时速内行驶？

E. 上述对高速公路最高时速的修改，是否会降低高速公路的使用效率？

[解题分析] 正确答案：C

司机：有经验的司机习惯以每小时120公里的速度行驶，因此，规定的最高时速下调后，会使一些有经验的司机违规。

交警：每个司机只要愿意都可以在规定的速度内行驶，因此，修改最高时速不会导致司机违规。

C项：司机认为会，交警认为不会，两人持有相反的观点，是争论的焦点，正确。

A项：司机认为不必要，交警对此没有提出意见，不是争论的焦点。这是个干扰项，其实题干争论焦点并不是最高时速修改的必要性，而是最高时速修改的可行性，排除。

B 项：司机认为有能力，交警对此没有发表意见，不是争论的焦点，排除。

D 项：司机和交警均没有提及修改后实施的情况，不是争论的焦点，排除。

E 项：司机认为会，交警对此没有发表意见，不是争论的焦点，排除。

6　2006MBA－36

张教授：和谐的本质是多样性的统一。自然界是和谐的，例如没有两片树叶是完全相同的。因此，克隆人是破坏社会和谐的一种潜在危险。

李研究员：你设想的那种危险是不现实的，因为一个人和他的克隆复制品完全相同的仅仅是遗传基因。克隆人在成长和受教育的过程中，必然在外形、个性和人生目标等诸方面形成自己的不同特点。如果说克隆人有可能破坏社会和谐，我看一个现实危险是，有人可能把他的克隆复制品当作自己的活“器官银行”。

以下哪项最为恰当地概括了张教授与李研究员争论的焦点？

A. 克隆人是否会破坏社会的和谐？

B. 一个人和他的克隆复制品的遗传基因是否可能不同？

C. 一个人和他的克隆复制品是否完全相同？

D. 和谐的本质是否为多样性的统一？

E. 是否可能有人把他的克隆复制品当作自己的活“器官银行”？

［解题分析］正确答案：C

张：没有两片树叶是完全相同的。因此，克隆人是破坏社会和谐的一种潜在危险。

李：没这个危险，因为一个人和他的克隆复制品完全相同的仅仅是遗传基因，而其他方面仍会形成自己的不同特点。

根据上述信息，张认为克隆人和其原人是完全相同的，而李认为一个人和他的克隆复制品并不完全相同。可见，在一个人和他的克隆复制品是否完全相同这一问题上，两人持有相反的观点，是两人争论的焦点，因此，C 项为正确答案。

A 项：张认为克隆人是破坏社会和谐的一种潜在危险，李也认为可能会出现有人把克隆复制品当作自己的活“器官银行”的现实危险，所以在克隆人是否会破坏社会的和谐这一问题上，两人未持有相反的观点，不是争论的焦点，排除。

B 项：张没有提及此问题，但其隐含假设是认为一个人和他的克隆复制品的遗传基因是完全相同的，李也明确认为是完全相同的，不是争论的焦点，排除。

D 项：张认为和谐的本质是多样性的统一，李未对此发表意见，不是争论的焦点，排除。

E 项：张对此没有发表意见，李认为有这种现实危险，不是争论的焦点，排除。

7　2005MBA－44

厂长：采用新的工艺流程可以大大减少炼铜车间所产生的二氧化硫。这一新流程的要点是用封闭式熔炉替代原来的开放式熔炉。但是，不光购置和安装新的设备是笔大的开支，而且运作新流程的成本也高于目前的流程。因此，从总体上说，采用新的工艺流程将大大增加生产成本而使本厂无利可图。

总工程师：我有不同意见。事实上，最新的封闭式熔炉的熔炼能力是现有的开放式熔炉无法相比的。

在以下哪个问题上，总工程师和厂长最可能有不同意见？

A. 采用新的工艺流程是否确实可以大大减少炼铜车间所产生的二氧化硫？

B. 运作新流程的成本是否一定高于目前的流程？

C. 采用新的工艺流程是否一定使本厂无利可图？
D. 最新的封闭式熔炉的熔炼能力是否确实明显优于现有的开放式熔炉？
E. 使用最新的封闭式熔炉是否明显增加了生产成本？

[解题分析] 正确答案：C

题干对话信息概括如下。

厂长：采用封闭式熔炉新工艺将大大增加生产成本，所以，采用新工艺流程无利可图。

总工：封闭式熔炉大大提高了熔炼能力。

可见，在采用新工艺是否无利可图这一问题上，两人持有相反的观点，因此，C项正确。

A项：厂长认为可以减少所产生的二氧化硫，总工未发表意见，排除。

B项：厂长认为成本确实高于目前的流程，总工未发表意见，排除。

D项：厂长未发表意见，总工认为确实明显优于现有的熔炉，排除。

E项：厂长认为确实明显增加了生产成本，总工未发表意见，排除。

8　2001MBA－67

吴大成教授：各国的国情和传统不同，但是对于谋杀和其他严重刑事犯罪实施死刑，至少是大多数人可以接受的。公开宣判和执行死刑可以有效地阻止恶性刑事案件的发生，它所带来的正面影响比可能存在的负面影响肯定要大得多，这是社会自我保护的一种必要机制。

史密斯教授：我不能接受您的见解。因为在我看来，对于十恶不赦的罪犯来说，终身监禁是比死刑更严厉的惩罚，而一般的民众往往以为只有死刑才是最严厉的。

以下哪项是对上述对话的最恰当评价？

A. 两个对各国的国情和传统有不同的理解。
B. 两人对什么是最严厉的刑事惩罚有不同的理解。
C. 两人对执行死刑的目的有不同的理解。
D. 两人对产生恶性刑事案件的原因有不同的理解。
E. 两人对是否大多数人都接受死刑有不同的理解。

[解题分析] 正确答案：C

吴：执行死刑的目的是有效地阻止恶性刑事案件的发生。

史：对十恶不赦的罪犯来说，终身监禁是比死刑更严厉的惩罚，所以，执行死刑对他们起不到威慑作用，这样，有效地阻止恶性刑事案件的发生的目的就达不到了。

可见，史密斯认为执行死刑的目的是给十恶不赦的罪犯以最严厉的惩罚。因此，两人对执行死刑的目的有不同的理解，C项的评价最为恰当，正确。

其余选项不妥，其中，B项易误选，实际上史密斯知道对罪犯和民众所认为的最严厉的刑事惩罚是不同的，两人并没表露出他们自身对什么是最严厉的刑事惩罚有不同的理解。

三、对话辨析

对话辨析题型是针对两个人的对话和辩论进行分析，其解题思路是：一要抓住对话双方意思的差异；二要注意对话或论辩双方的语气，从而明确问题的方向；三要重点理解第一个人最后一句话和第二个人最后一句话，如果是甲驳斥乙，就应该重点关注乙的最后一句话。

1　2023MBA－36

甲：如今，独特性正成为中国人的一种生活追求。试想周末我穿一件心仪的衣服走在大街上，突然发现你迎面走来，和我穿得一模一样，“撞衫”的感觉八成会是尴尬之中带着一丝丝不快，因为自己不再独一无二。

乙：独一无二真的那么重要吗？想想上世纪七十年代满大街的中山装、八十年代遍地的喇叭裤，每个人也活得很精彩。再说“撞衫”总是难免的，再大的明星也有可能“撞衫”，所谓的独特只是一厢情愿。走自己的路，不要管自己是否和别人一样。

以下哪项是对甲、乙对话最恰当的评价？

A. 甲认为独一无二是现在每个中国人的追求，而乙认为没有人能做到独一无二。

B. 甲关心自己是否和别人“撞衫”，而乙不关心自己是否和别人一样。

C. 甲认为“撞衫”八成会让自己感到不爽，而乙认为自己想怎么样就怎么样。

D. 甲关心的是个人生活的独特性，而乙关心的是个人生活的自我认同。

E. 甲认为乙遇到“撞衫”无所谓，而乙认为别人根本管不着自己穿什么。

[解题分析] 正确答案：D

甲：独特性正成为中国人的一种生活追求。可见，甲关心的是个人生活的独特性。

乙：走自己的路，不要管自己是否和别人一样。可见，乙关心的是个人生活的自我认同。

因此，两人对话争议的焦点是D项。

2 2020MBA－40

王研究员：吃早餐对身体有害。因为吃早餐会导致皮质醇峰值更高，进而导致体内胰岛素异常，这可能引发Ⅱ型糖尿病。

李教授：事实并非如此。因为上午皮质醇水平高只是人体生理节律的表现，而不吃早餐不仅会增加患Ⅱ型糖尿病的风险，还会增加患其他疾病的风险。

以下哪项如果为真，最能支持李教授的观点？

A. 一日之计在于晨，吃早餐可以补充人体消耗，同时为一天工作准备能量。

B. 糖尿病患者若在9点至15点之间摄入一天所需的卡路里，血糖水平就能保持基本稳定。

C. 经常不吃早餐，上午工作处于饥饿状态，不利于血糖调节，容易患上胃溃疡、胆结石等疾病。

D. 如今，人们工作繁忙，晚睡晚起现象非常普遍，很难按时吃早餐，身体常处于亚健康状态。

E. 不吃早餐的人通常缺乏营养和健康方面的知识，容易形成不良生活习惯。

[解题分析] 正确答案：C

李教授的观点：不吃早餐不仅会增加患Ⅱ型糖尿病的风险，还会增加患其他疾病的风险。

C项：经常不吃早餐，对血糖的调节不利，并且容易患其他疾病。这作为新的论据，直接支持了李教授的观点。

A项：吃早餐的好处与不吃早餐的坏处无关，排除。

B项：糖尿病患者摄入卡路里与不吃早餐无关，排除。

D、E项：均与题干论证无关，排除。

3 2019MBA－43

甲：上周去医院，给我看病的医生竟然还在抽烟。

乙：所有抽烟的医生都不关心自己的健康，而不关心自己健康的人也不会关心他人的健康。

甲：是的，不关心他人健康的医生没有医德，我今后再也不会让没有医德的医生给我看病了。

根据上述信息，以下除了哪项，其余各项均可得出？

A. 甲认为他不会再找抽烟的医生看病。

B. 乙认为上周给甲看病的医生不会关心乙的健康。

C. 甲认为上周给他看病的医生不会关心医生自己的健康。

D. 甲认为上周给他看病的医生不会关心甲的健康。

E. 乙认为上周给甲看病的医生没有医德。

[解题分析] 正确答案：E

根据题干信息，整理如下：

（1）甲：医生抽烟。

（2）乙：医生抽烟→不关心自己健康→不关心他人健康。

（3）甲：不关心他人健康→没有医德→不找这样的医生看病。

从题干两人的对话中可以看出，是甲认为上周给甲看病的医生没有医德，并不是乙认为的，乙的论述并没有涉及“医德”。因此，E项从题干信息得不出，为正确答案。

其余选项均可得出，其中，A、C、D项，符合（3），排除；B项，符合（2），排除。

4　2009MBA－36～37 基于以下题干：

张教授：在南美洲发现的史前木质工具存在于13 000年以前。有的考古学家认为，这些工具是其祖先从西伯利亚迁徙到阿拉斯加的人群使用的。这一观点难以成立。因为要到达南美，这些人群必须在13 000年前经历长途跋涉，而在从阿拉斯加到南美洲之间，从未发现13 000年前的木质工具。

李研究员：您恐怕忽视了：这些木质工具是在泥煤沼泽中发现的，北美很少有泥煤沼泽。木质工具在普通的泥土中几年内就会腐烂化解。

36. 以下哪项最为准确地概括了张教授与李研究员所讨论的问题？

A. 上述史前木质工具是否是其祖先从西伯利亚迁徙到阿拉斯加的人群使用的？

B. 张教授的论据是否能推翻上述考古学家的结论？

C. 上述人群是否可能在13 000年前完成从阿拉斯加到南美洲的长途跋涉？

D. 上述木质工具是否只有在泥煤沼泽中才不会腐烂化解？

E. 上述史前木质工具存在于13 000年以前的断定是否有足够的根据？

[解题分析] 正确答案：B

考古学家的观点：这些工具是其祖先从西伯利亚迁徙到阿拉斯加的人群使用的。

张教授不同意上述考古学家的观点，其论据是：在从阿拉斯加到南美洲之间，从未发现史前木质工具。张教授认为这一论据能推翻考古学家的结论，因为如果在南美洲发现的史前木质工具是其祖先从西伯利亚迁徙到阿拉斯加的人群使用的，那么，在从阿拉斯加到南美洲之间，应该能发现史前木质工具。

李研究员认为这一论据不能推翻考古学家的结论。因为在从阿拉斯加到南美洲之间，未发现史前木质工具，不等于13 000年前在从阿拉斯加到南美洲之间一定没有此种木质工具。此种存在过的木质工具可能因为不具备土质条件而腐烂化解了。

可见，两人争论的问题是张教授的论据是否能推翻上述考古学家的结论。

B项：张教授认为能推翻，李研究员认为该论证前提未必成立，不能推翻，两人观点相反，是他俩所讨论的问题，正确。

A项：上述史前木质工具是否是其祖先从西伯利亚迁徙到阿拉斯加的人群使用的？张教授

认为不是，李研究员虽然对张教授的论据提出质疑，但并不能说明其认为考古学家的观点是正确的，排除。

C、D、E项：均超出题干断定的范围，两人都未对此进行过论述，均为无关项，排除。

37. 以下哪项最为准确地概括了李研究员的应对方法？

A. 指出张教授的论据违背事实。

B. 引用与张教授的结论相左的权威性研究成果。

C. 指出张教授曲解了考古学家的观点。

D. 质疑张教授的隐含假设。

E. 指出张教授的论据实际上否定其结论。

[解题分析] 正确答案：D

张教授的隐含假设：没有发现此工具，所以该工具不存在。即在从阿拉斯加到南美洲之间，如果存在过13 000年前的木质工具，就应该能被发现。

而李研究员质疑了这一假设，没有发现13 000年前的木质工具，可能是因为保存环境不适宜而腐烂化解掉了，并不能说明此工具不存在。因此，D项为正确答案。

5 2007MBA－37

魏先生：计算机对于当代人类的重要性，就如同火对于史前人类，因此，普及计算机知识当从小孩子抓起，从小学甚至幼儿园开始就应当介绍计算机知识；一进中学就应当学习计算机语言。

贾女士：你忽视了计算机技术的一个重要特点：这是一门知识更新和技术更新最为迅速的学科。童年时代所了解的计算机知识，中学时代所学的计算机语言，到需要运用的成年时代早已陈旧过时了。

以下哪项作为魏先生对贾女士的反驳最为有力？

A. 快速发展和更新并不仅是计算机技术的特点。

B. 孩子具备接受不断发展的新知识的能力。

C. 在中国，算盘已被计算机取代，但是并不说明有关算盘的知识毫无价值。

D. 学习计算机知识和熟悉某种计算机语言有利于提高理解和运用计算机的能力。

E. 计算机课程并不是中小学教育中的主课。

[解题分析] 正确答案：D

魏先生：普及计算机知识当从小孩子抓起。

贾女士：计算机知识和技术更新迅速，童年时代所学的计算机知识到成年时代已过时。

D项：学习计算机知识有利于提高理解和运用计算机的能力，表明虽然计算机知识可能会过时，但所学到的运用计算机的能力在以后也是有用的。这就从另一个角度，有力地反驳了贾女士，正确。

A项：其他技术是否有快速发展和更新的特点与题干论证无关，排除。

B项：虽然孩子有这种能力，但如果所学知识在使用时已经过时，那么贾女士的论证仍然成立，排除。

C项：没有涉及计算机知识，不能有效反驳贾女士的论证，排除。

E项：与题干论证无关，排除。

6 2006MBA－48～49 基于以下题干：

陈先生：北欧人具有一种特别明显的乐观精神。这种精神体现为日常生活态度，也体现为理解自然、社会和人生的哲学理念。北欧人的人均寿命历来是最高的，这正是导致他们具备乐观精神的重要原因。

贾女士：你的说法难以成立。因为你的理解最多只能说明，北欧的老年人为何具备乐观精神。

48. 以下哪项最可能是贾女士的反驳所假设的？

A. 北欧的中青年人并不知道北欧人的人均寿命历来是最高的。

B. 只有已经长寿的人，才具备产生上述乐观精神的条件。

C. 北欧国家都有完美的保护老年人利益的社会福利制度。

D. 成熟的理解自然、社会和人生的哲学理念，只有老年人才可能具有。

E. 北欧人实际上并不具有明显的乐观精神。

[解题分析] 正确答案：B

陈先生：长寿（因），所以，北欧人具备乐观精神（果）。

贾女士：已经长寿（果），所以，北欧老年人才具备乐观精神（因）。

可见，贾女士认为陈先生的看法是因果倒置的，即北欧人不是因为长寿而导致乐观，而是因为乐观导致了长寿。B项揭示了贾女士潜在的假设，因此为正确答案。

A项：可以支持贾女士的反驳，但并非必需的假设，排除。

C、D项：均与题干论证无关，排除。

E项：和贾女士的观点是矛盾的，所以不可能是贾女士的假设，排除。

49. 以下哪项如果为真，最能加强陈先生的观点并削弱贾女士的反驳？

A. 人均寿命是影响社会需求和生产的重要因素，经济发展水平是影响社会情绪的重要因素。

B. 北非的一些国家人均寿命不高，但并不缺乏乐观的民族精神。

C. 医学研究表明，乐观精神有利于长寿。

D. 经济发展水平是影响人的寿命及其情绪的决定因素。

E. 一家权威机构的最新统计表明，目前全世界人均寿命最高的国家是日本。

[解题分析] 正确答案：A

A项：长寿促进需求和生产，即长寿是促进经济发展的原因，经济发展又促进了乐观情绪，这样就加强了陈先生“因为长寿所以乐观”的观点。这是间接因果的支持，正确。

B、E项：北非国家和日本的情况与题干论证无关，排除。

C项：说明乐观导致长寿，以因果倒置的方式削弱了陈先生的观点，排除。

D项：经济发展水平作为其他因素，同时影响了寿命及乐观情绪，削弱了陈先生的观点，排除。

7 2006MBA-44～45基于以下题干：

小红说：“如果中山大道只允许通行轿车和不超过10吨的货车，大部分货车将绕开中山大道。”

小兵说：“如果这样的话，中山大道的车流量将减少，从而减少中山大道的撞车事故。”

44. 以下哪项是小红的断定所假设的？

A. 轿车和10吨以下的货车仅能在中山大道行驶。

B. 目前中山大道的交通十分拥挤。

C. 货车司机都喜欢在中山大道行驶。

D. 大小货车在中山大道外的马路行驶十分便利。

E. 目前行驶在中山大道的大部分货车都在 10 吨以上。

[解题分析] 正确答案：E

小红的论证结构如下。

前提：中山大道只允许通行轿车和不超过 10 吨的货车。

结论：大部分货车将绕开中山大道。

可见，不允许超过 10 吨的货车通行，大部分货车就将绕开中山大道。要使该论证成立，必须假设目前行驶在中山大道的大部分货车都在 10 吨以上。因此，E 项为正确答案。

45. 以下哪项如果为真，最能加强小兵的结论？

A. 中山大道的撞车事故主要发生在 10 吨以上的货车。

B. 在中山大道上，大客车很少发生撞车事故。

C. 中山大道因为常发生撞车事故，交通堵塞严重。

D. 许多原计划购买 10 吨以上货车的单位转而购买 10 吨以下的货车。

E. 近来中山大道周围的撞车事故减少了。

[解题分析] 正确答案：A

小兵的论证结构如下。

前提：大部分货车将绕开中山大道。

结论：中山大道的车流量将减少，从而减少中山大道的撞车事故。

A 项：通过增加一个论据加强了论证，即如果中山大道的撞车事故主要发生在 10 吨以上的货车，那么大部分货车绕开中山大道就可以减少中山大道的撞车事故，因此为正确答案。

8　2004MBA－48～49 基于以下题干：

张先生：应该向吸烟者征税，用以缓解医疗保健事业的投入不足。正是因为吸烟，导致了许多严重的疾病。要吸烟者承担一部分费用，来对付因他们的不良习惯而造成的健康问题，是完全合理的。

李女士：照您这么说，如果您经常吃奶油蛋糕或者肥猪肉，也应该纳税。因为如同吸烟一样，经常食用高脂肪、高胆固醇的食物同样会导致许多严重的疾病。但是没有人会认为这样做是合理的，并且人们的危害健康的不良习惯数不胜数，都对此征税，事实上无法操作。

48. 以下哪项最为恰当地概括了张先生和李女士争论的焦点？

A. 张先生关于缓解医疗保健事业投入不足的建议是否合理？

B. 有不良习惯的人是否应当对由此种习惯造成的社会后果负责？

C. 食用高脂肪、高胆固醇的食物对健康造成的危害是否同吸烟一样严重？

D. 由增加个人负担来缓解社会公共事业的投入不足是否合理？

E. 通过征税的方式来纠正不良习惯是否合理？

[解题分析] 正确答案：A

张先生：吸烟导致疾病，所以吸烟者要承担额外的税，用以缓解医疗保健事业的投入不足。

李女士：如果张先生的说法成立，那么也应该对具有其他危害健康的不良习惯的人征税，但这样做不合理，而且无法操作。

A 项：张先生认为合理，李女士认为不合理。两人对此观点相反，是争论的焦点，正确。

B 项：张先生认为应该负责，李女士对此没有发表意见，排除。

C 项：两人对此都没有发表看法，排除。

D 项：题干没有涉及“社会公共事业”，排除。

E 项：两人的争论始终围绕“对不良习惯的征税”问题，但并没有涉及“纠正不良习惯”的问题，排除。

49. 以下哪项最为恰当地概括了李女士的反驳所运用的方法？

A. 举出一个反例说明对方的建议虽然合理但在执行中无法操作。

B. 指出对方对一个关键性概念的界定和运用有误。

C. 提出了一个和对方不同的解决问题的方法。

D. 从对方的论据得出了一个明显荒谬的结论。

E. 对对方在论证中所运用的信息的准确性提出质疑。

［解题分析］正确答案：D

李女士举出经常食用高脂肪、高胆固醇的食物如同吸烟一样会导致严重疾病的例子，如果按照张先生的说法，那么也应该对此征税。但是很显然，对经常吃奶油蛋糕或者肥猪肉的人征税是荒谬的，以此说明张先生的论证是不成立的。

可见，李女士的反驳用了类比和归谬的方法，D 项概括了这个方法，正确。

9　2002MBA－49～50 基于以下题干：

张教授：智人是一种早期人种。最近在百万前的智人遗址发现了烧焦的羚羊骨头碎片的化石。这说明人类在自己进化的早期就已经知道用火来烧肉了。

李研究员：但是在同样的地方也同时发现了被烧焦的智人骨头碎片的化石。

49. 以下哪项最可能是李研究员所要说明的？

A. 百万年前森林大火的发生概率要远高于现代。

B. 百万年前的智人不可能掌握取火用火的技能。

C. 上述被发现的智人骨头不是被人控制的火烧焦的。

D. 羚羊并不是智人所喜欢的食物。

E. 研究智人的正确依据，是考古学的发现，而不是后人的推测。

［解题分析］正确答案：C

张：在智人遗址发现了烧焦的羚羊骨头碎片的化石，因此，人类在进化的早期就已经知道用火来烧肉了。

李：但同时在同地也发现了被烧焦的智人骨头碎片的化石。

可见，李用了归谬削弱，其理由是智人不可能同类相食，所以，羚羊骨和智人骨都不是被人控制的火烧焦的，而应该是被天然的森林大火烧焦的。

C 项：与上述分析一致，正确。

B 项：不是李想表达的意思，他只是认为这些智人骨不可能是智人用火烧的，排除。

50. 以下哪项最可能是李研究员的议论所假设的？

A. 包括人在内的所有动物，一般不以自己的同类为食。

B. 即使在发展的早期，人类也不会以自己的同类为食。

C. 上述被发现的智人骨头碎片的化石不少于羚羊骨头碎片的化石。

D. 张教授并没有掌握关于智人研究的所有考古资料。

E. 智人的主要食物是动物而不是植物。

［解题分析］正确答案：B

B 项：必须假设。李研究员的议论要成立必须假设该项，否则，如果在发展的早期，人类以自己的同类为食，那么，上述被烧焦的智人骨头碎片完全可能是人为火烧的结果，这样，李研究员的质疑就失去了根据。

A 项：断定过强。其断定范围过大，只需假设智人不以同类为食即可，其他动物是否以同类为食与题干议论无关，排除。

其余各项均与题干论证无关，均不是需要假设的。

10　2002MBA－39～40 基于以下题干：

史密斯：根据《国际珍稀动物保护条例》的规定，杂种动物不属于该条例的保护对象。《国际珍稀动物保护条例》的保护对象中，包括赤狼。而最新的基因研究技术发现，一直被认为是纯种物种的赤狼实际上是山狗与灰狼的杂交种。由于赤狼明显需要保护，所以条例应当修改，使其也保护杂种动物。

张大中：您的观点不能成立。因为，如果赤狼确实是山狗与灰狼的杂交种，那么，即使现有的赤狼灭绝了，仍然可以通过山狗与灰狼的杂交来重新获得它。

39. 以下哪项最为确切地概括了张大中与史密斯争论的焦点？

A. 赤狼是否为山狗与灰狼的杂交种？

B.《国际珍稀动物保护条例》的保护对象中，是否应当包括赤狼？

C.《国际珍稀动物保护条例》的保护对象中，是否应当包括杂种动物？

D. 山狗与灰狼是否都是纯种物种？

E. 目前赤狼是否有灭绝的危险？

[解题分析] 正确答案：C

史：条例规定杂种动物不属于保护对象，但赤狼是杂种动物并列入条例的保护对象。因此，条例应当修改，应当保护杂种动物。

张：如果赤狼是杂种动物，即使现有的赤狼灭绝了，仍然可以通过杂交来重新获得。因此，杂种动物不需要保护，条例不需要修改。

可见，两人争论的是条例是否需要修改，条例的保护对象是否应当包括杂种动物。

C 项：史认为应当包括，张认为不应当包括，是争论的焦点，正确。

A 项：史认为是，张对此没有表态，排除。

B 项：两人争论的对象是杂种动物，赤狼只是一个例子，排除。

D 项：两人均未涉及这个问题，排除。

E 项：史认为有，张未涉及此信息，排除。

40. 以下哪项最可能是张大中的反驳所假设的？

A. 目前用于鉴别某种动物是否为杂种的技术是可靠的。

B. 所有现存杂种动物都是现存纯种动物杂交的后代。

C. 山狗与灰狼都是纯种物种。

D.《国际珍稀动物保护条例》执行效果良好。

E. 赤狼并不是山狗与灰狼的杂交种。

[解题分析] 正确答案：B

张的反驳方式是归谬反驳，为使张的反驳成立，B 项是必须假设的，否则，如果有的杂种动物不是现存纯种动物杂交的后代，那么，此种杂种动物一旦灭绝，就不能通过杂交来重新获得它，张大中反驳的根据就不能成立。

11　2002MBA－37

是否应当废除死刑，在一些国家中一直存在争议。下面是相关的一段对话：

史密斯：一个健全的社会应当允许甚至提倡对罪大恶极者执行死刑。公开执行死刑通过其震慑作用显然可以减少恶性犯罪，这是社会自我保护的必要机制。

苏珊：您忽视了讨论这个议题的一个前提，这就是一个国家或者社会是否有权力剥夺一个人的生命。如果事实上这样的权力不存在，那么，讨论执行死刑是否可以减少恶性犯罪这样的问题是没有意义的。

如果事实上执行死刑可以减少恶性犯罪，则以下哪项最为恰当地评价了这一事实对两人所持观点的影响？

A. 两人的观点都得到加强。

B. 两人的观点都未受到影响。

C. 史密斯的观点得到加强，苏珊的观点未受影响。

D. 史密斯的观点未受影响，苏珊的观点得到加强。

E. 史密斯的观点得到加强，苏珊的观点受到削弱。

[解题分析] 正确答案：C

史密斯：执行死刑可取，因为它能减少恶性犯罪。

苏珊：执行死刑是否可取，前提是一个国家或者社会是否有权力剥夺一个人的生命。

事实：执行死刑可以减少恶性犯罪。

可见，补充事实后，可使史密斯的观点得到加强，而苏珊的观点未受影响。

12　2002MBA－19～20 基于以下题干：

张小珍：在我国，90%的人所认识的人中都有失业者，这真是个令人震惊的事实。

王大为：我不认为您所说的现象有令人震惊之处。其实，就5%这样可接受的失业率来讲，每20个人中就有1个人失业。在这种情况下，如果一个人所认识的人超过50个，那么，其中就很可能有1个或更多的失业者。

19. 根据王大为的断定能得出以下哪个结论？

A. 90%的人都认识失业者的事实并不表明失业率高到不可被接受。

B. 超过5%的失业率是一个社会所不能接受的。

C. 如果我国失业率不低于5%，那么就不可能90%的人所认识的人中都包括失业者。

D. 在我国，90%的人所认识的人不超过50个。

E. 我国目前的失业率不可能高于5%。

[解题分析] 正确答案：A

题干中的王大为并不认为张小珍所说的“90%的人所认识的人中都有失业者”这一现象有令人震惊之处。

可见，王大为认为张小珍给出的数据并不能说明失业率很高，A项表明了这一结论，正确。

20. 以下哪项最可能是王大为的论断所假设的？

A. 失业率很少超过社会能接受的限度。

B. 张小珍所引述的统计数据是准确的。

C. 失业通常并不集中在社会联系闭塞的区域。

D. 认识失业者的人通常超过总人口的90%。

E. 失业者比就业者具有更多的社会联系。

[解题分析] 正确答案：C

张：90%的人所认识的人中都有失业者，因此失业率很高。

王：在5%这样可接受的失业率情况下，如果一个人所认识的人超过50个，那么，其中就很可能有1个或更多的失业者，因此失业率不高。

王的议论中包含着以下断定：

第一，按5%的失业率计算，每20个人中就有1个人失业，即只要一个人认识20个人，他所认识的人中按概率来讲就很可能有失业者。

第二，在我国，所认识的人的数量在20个以上乃至超过50个的人，占总人口的比例不低于90%。(这是王大为议论的隐含假设)

C项：是王大为的论断需要假设的，否则，如果事实上失业通常集中在社会联系闭塞的区域，那么，一个人所认识的人的数量就可能很低，则在90%的人所认识的人中都有失业者这种情况下，失业率可能确实很高了。C项正确。

其余各项不是王大为的论断需要假设的。比如，B项不是王大为的论断必须假设的，因为即使张小珍所引述的统计数据不准确，王大为的论断仍然可以成立。

13 2001MBA－30～31 基于以下题干：

李工程师：在日本，肺癌病人的平均生存年限（即从确诊至死亡的年限）是9年，而在亚洲的其他国家，肺癌病人的平均生存年限只有4年。因此，日本在延长肺癌病人生命方面的医疗水平要高于亚洲的其他国家。

张研究员：你的论证缺乏充分的说服力。因为日本人的自我保健意识总体上高于其他的亚洲人，因此，日本肺癌患者的早期确诊率要高于亚洲其他国家。

30. 张研究员的反驳，基于以下哪项假设？

Ⅰ. 肺癌患者的自我保健意识对于其疾病的早期确诊起到重要作用。

Ⅱ. 肺癌的早期确诊对延长患者的生存年限起到重要作用。

Ⅲ. 对肺癌的早期确诊技术是衡量防治肺癌医疗水平的一个重要方面。

A. 只有Ⅰ。

B. 只有Ⅱ。

C. 只有Ⅲ。

D. 只有Ⅰ和Ⅱ。

E. Ⅰ、Ⅱ和Ⅲ。

[解题分析] 正确答案：D

李：日本的医疗水平较高，因此，其肺癌病人平均生存年限长。

张：日本人的自我保健意识较高，因此，其肺癌患者的早期确诊率高。(从而导致日本肺癌病人平均生存年限长)

分析：张的反驳是他因削弱，表明是早期确诊率较高导致了肺癌病人平均生存年限长。

Ⅰ：必须假设。否则，如果肺癌患者的自我保健意识对于其疾病的早期确诊起不到重要作用，那么张的推理就不能成立了。

Ⅱ：必须假设。否则，如果肺癌的早期确诊对延长患者的生存年限起不到重要作用，张的说法就起不到反驳李的作用了。

Ⅲ：无须假设。如果对肺癌的早期确诊技术是衡量防治肺癌医疗水平的一个重要方面，那么，张的反驳就不成立了，有削弱作用，排除。

因此，D项正确。

31. 以下哪项如果为真，能最为有力地指出李工程师论证中的漏洞？

A. 亚洲一些发展中国家的肺癌患者是死于由肺癌引起的并发症。

B. 日本人的平均寿命不仅居亚洲之首，而且居世界之首。

C. 日本的胰腺癌病人的平均生存年限是5年，接近于亚洲的平均水平。

D. 日本医疗技术的发展，很大程度上得益于对中医的研究和引进。

E. 一个数大大高于某些数的平均数，不意味着这个数高于这些数中的每个数。

［解题分析］正确答案：E

李工程师的论证实际上包含了两个推理：

第一个推理是根据肺癌病人在日本的平均生存年限高于在亚洲其他国家的平均生存年限，推出肺癌病人在日本的平均生存年限高于在亚洲其他国家的平均生存年限。

第二个推理是根据肺癌病人在日本的平均生存年限高于在亚洲其他国家的平均生存年限，推出日本在延长肺癌病人生命方面的医疗水平要高于亚洲的其他国家。

E项：指出了第一个推理中存在的漏洞。虽然肺癌病人在日本的平均生存年限高于在亚洲其他国家的平均生存年限，但完全可能有某个或某些亚洲国家，它的肺癌病人的平均生存年限高于日本，不能推出日本的医疗水平要高于亚洲的其他国家。

其余各项均不能说明李工程师的论证中存在漏洞。

14 2001MBA-24

某大公司的会计部经理要求总经理批准一项改革计划。

会计部经理：我打算把本公司会计核算所使用的良友财务软件更换为智达财务软件。

总经理：良友软件不是一直用得很好吗，为什么要换？

会计部经理：主要是想降低员工成本。我拿到了一个会计公会的统计，在新雇员的财会软件培训成本上，智达软件要比良友低28%。

总经理：我认为你这个理由并不够充分，你们完全可以聘请原本就会使用良友财务软件的雇员嘛。

以下哪项如果为真，最能削弱总经理的反驳？

A. 现在公司的所有雇员都曾经被要求参加良友财务软件的培训。

B. 当一个雇员掌握了财务会计软件的使用技能后，他们就开始不断地更换雇主。

C. 有会计软件使用经验的雇员通常比没有太多经验的雇员要求更高的工资。

D. 该公司雇员的平均工作效率比其竞争对手的雇员要低。

E. 智达财务软件的升级换代费用可能会比良友财务软件升级的费用高。

［解题分析］正确答案：C

会计部经理：智达财务软件在新雇员的培训成本上比良友财务软件低，因此，打算用智达财务软件来替换良友财务软件以降低员工成本。

总经理：可以聘请原本就会使用良友财务软件的雇员（不用培训也可以降低成本）。

C项：聘请原本就会使用良友财务软件的雇员，虽然不会如同会计部经理担心的那样会增加新雇员的财会软件培训成本，但是会增加公司的工资成本，员工成本可能不会下降。这就有力地削弱了总经理的反驳，正确。

其余各项均不能削弱总经理的反驳。

第二节　论证谬误

从论证角度来看，谬误通常被定义为逻辑上有缺陷的但可能误导人们认为它是逻辑上正确的论证。论证有三个基本要素：主张（论点/结论）、理由（前提/论据）和支持（论证方式）。基于论证三个基本要素的角度，相应地可把谬误分为主张谬误、理由谬误和支持谬误三大类。

一、主张谬误

对主张的批判性思考，需要检查论证是否存在以下谬误：

（1）语词谬误：包括语词歧义、语词含混、偷换概念（混淆概念）、歪曲词义。

（2）语句谬误：包括语句歧义、语句含混、断章取义（偷换句义）、强调不当。

（3）论题谬误：包括转移论题（偷换论题）、熏鲱谬误、稻草人谬误、回避论题、错失主旨、两不可（模棱两可）等。

在逻辑测试中，主要出现的主张谬误是偷换概念（已在前面论述）和转移论题等。

1　2022MBA-48

贾某的邻居易某在自家的阳台侧面安装了空调外机，空调一开，外机就向贾家卧室窗户方向吹热风，贾某对此叫苦不迭，于是找到易某协商此事。易某回答说："现在哪家没装空调，别人安装就行，偏偏我家就不行了?"

对于易某的回答，以下哪项中的说法最为恰当?

A. 易某的行为虽然影响了贾家的生活，但易某是正常行使自己的权利。

B. 易某的行为已经构成对贾家权利的侵害，应该立即停止侵权行为。

C. 易某没有将心比心，因为贾家也可以在正对易家卧室窗户处安装空调外机。

D. 易某在转移论题，问题不是能不能安装空调，而是安装空调该不该影响邻居。

E. 易某空调外机的安装不应该正对贾家卧室窗户，不能只顾自己享受而让贾家受罪。

［解题分析］ 正确答案：D

贾某找易某协商的论题是，易某不要将空调外机安装在向着贾家卧室窗户的方向。

易某回答的意思是，我有权利装空调。

可见，易某并没有针对空调外机安装的位置进行回答，而是转移了论题，因此，D 项正确。

2　2014MBA-27

李栋善于辩论，也喜欢诡辩。有一次他论证道："郑强知道数字 87654321，陈梅家的电话号码正好是 87654321，所以郑强知道陈梅家的电话号码。"

以下哪项与李栋论证中所犯的错误最为类似?

A. 中国人是勤劳勇敢的，李岚是中国人，所以李岚是勤劳勇敢的。

B. 金砖是由原子组成的，原子不是肉眼可见的，所以金砖不是肉眼可见的。

C. 黄兵相信晨星在早晨出现，而晨星其实就是暮星，所以黄兵相信暮星在早晨出现。

D. 张冉知道如果 1∶0 的比分保持到终场，他们的队伍就出线，现在张冉听到了比赛结束的哨声，所以张冉知道他们的队伍出线了。

E. 所有蚂蚁是动物，所以所有大蚂蚁是大动物。

［解题分析］ 正确答案：C

题干论证：郑强知道 A，B 是 A，所以郑强知道 B。

其逻辑错误在于不当地同一替换，将 A 和 B 强行等同，郑强其实并不知道 A 就是 B，即"A 是 B"与"知道 A 是 B"的含义是不同的，无法得出"郑强知道 B"这一结论。

C 项：黄兵相信 A，B 是 A，所以黄兵相信 B。其错误与题干相同，因此正确。

A 项：第一个“中国人”是集合概念，第二个“中国人”是个体概念，犯了“偷换概念”的错误，排除。

B 项：部分所具有的特点整体不一定具有，该项犯了“合成的谬误”，排除。

D 项：虽然听到了比赛结束的哨声，但 1：0 的比分是否保持到终场是未知的，犯了“推不出”的错误，排除。

E 项：大蚂蚁的“大”是相对于蚂蚁而言的，大动物的“大”是相对于所有动物而言的，两者含义不同，犯了“偷换概念”的错误，排除。

3 2009MBA - 43

这次新机种试飞只是一次例行试验，既不能算成功，也不能算不成功。

以下哪项对于题干的评价最为恰当？

A. 题干的陈述没有漏洞。

B. 题干的陈述有漏洞，这一漏洞也出现在后面的陈述中：这次关于物价问题的社会调查结果，既不能说完全反映了民意，也不能说一点也没有反映民意。

C. 题干的陈述有漏洞，这一漏洞也出现在后面的陈述中：这次考前辅导，既不能说完全成功，也不能说彻底失败。

D. 题干的陈述有漏洞，这一漏洞也出现在后面的陈述中：人有特异功能，既不是被事实证明的科学结论，也不是纯属欺诈的伪科学结论。

E. 题干的陈述有漏洞，这一漏洞也出现在后面的陈述中：在即将举行的大学生辩论赛中，我不认为我校代表队一定能进入前四名，我也不认为我校代表队可能进不了前四名。

［解题分析］ 正确答案：E

题干对“试验成功”和“试验不成功”这两个矛盾关系的命题同时否定，这违反了排中律，犯了“两不可”的逻辑错误。

E 项：对“一定能进入前四名”和“可能进不了前四名”这两个矛盾关系的命题同时否定，与题干错误一致，因此为正确答案。

A 项：题干没有漏洞不符合实际，排除。

B 项：“完全反映了民意”与“一点也没有反映民意”不是矛盾关系，与题干错误不一致，排除。

C 项：“完全成功”与“彻底失败”不是矛盾关系，与题干错误不一致，排除。

D 项：“被事实证明的科学结论”与“纯属欺诈的伪科学结论”不是矛盾关系，与题干错误不一致，排除。

4 2001MBA - 27

商业伦理调查员；XYZ 钱币交易所一直误导它的客户说，它的一些钱币是很稀有的。实际上那些钱币是比较常见而且很容易得到的。

XYZ 钱币交易所：这太可笑了。XYZ 钱币交易所是世界上最大的几个钱币交易所之一。我们销售钱币是经过一家国际认证的公司鉴定的，而且有钱币经销的执照。

XYZ 钱币交易所的回答显得很没有说服力，因为它______。

以下哪项作为上文的后继最为恰当？

A. 故意夸大了商业伦理调查员的论述，使其显得不可信。

B. 指责商业伦理调查员有偏见，但不能提供足够的证据来证实它的指责。

C. 没能证实其他钱币交易所也不能鉴定它们所卖的钱币。

D. 列出了XYZ钱币交易所的优势，但没有对商业伦理调查员的问题作出回答。

E. 没有对“非常稀少”这一意思含混的词作出解释。

[解题分析] 正确答案：D

商业伦理调查员指责钱币交易所误导客户的根据是，它所称的很稀有的钱币，实际上是比较常见的。

钱币交易所的回答回避了商业伦理调查员的问题，只是陈述了该交易所的一些优势，但没有对钱币是否稀有这一问题作出回答，这显然使得它的回答没有说服力。

D项：指出钱币交易所的回答没有说服力，作为题干的后继是恰当的。

其余各项均不恰当，比如，E项，“非常稀少”在题干中意思是明确的，并不含混。

二、 理由谬误

对理由的批判性思考，需要检查论证是否存在以下谬误：

(1) 相干谬误：包括诉诸无知、诉诸情感、诉诸怜悯、诉诸偏见（确认性偏见、一厢情愿、懒散归纳、诉诸信心、诉诸武断、诉诸传统、诉诸起源）、诉诸强力（诉诸势力、诉诸武力、诉诸暴力、诉诸威力）、诉诸恐惧、诉诸众人（诉诸大众、从众谬误、流行意见）、以人为据（因人纳言、因人废言）、人身攻击（人格人身攻击、处境人身攻击、井中投毒、反唇相讥）、诉诸权威等。

(2) 论据谬误：包括论据矛盾（自相矛盾、论据相左、前提不一致）、理由虚假（虚假原因、虚假理由、虚假前提）等。

(3) 预设谬误：包括预期理由、复合问题（复杂问语、误导性问题）、非黑即白（黑白二分、虚假两分、假二择一、非此即彼）等。

(4) 乞题谬误：乞求论题（丐题、窃取论题），包括同语反复、循环论证（含循环定义）等。

1　2019MBA－39

作为一名环保爱好者，赵博士提倡低碳生活，积极宣传节能减排。但我不赞同他的做法，因为作为一名大学老师，他这样做，占用了大量的科研时间，到现在连副教授都没有评上，他的观点怎么令人信服呢？

以下哪项论证中的错误和上述最为相似？

A. 张某提出要同工同酬，主张在质量相同的情况下，不分年龄、级别一律按件计酬，她这样说不就是因为她年轻、级别低吗？其实她是在为自己谋利益。

B. 公司的绩效奖励制度是为了充分调动广大员工的积极性，它对所有员工都是公平的。如果有人对此有不同意见，则说明他反对公平。

C. 最近听说你对单位的管理制度提了不少意见，这真令人难以置信！单位领导对你差吗？你这样做，分明是和单位领导过不去。

D. 单位任命李某担任信息科科长，听说你对此有意见，大家都没有提意见，只有你一个人有意见，看来你的意见是有问题的。

E. 有一种观点认为，只有直接看到的事物才能确信其存在，但是没有人可以看到质子、电子，而这些都被科学证明是客观存在的，所以该观点是错误的。

[解题分析] 正确答案：A

前提：赵博士连副教授都没有评上。

结论：不赞同他提倡低碳生活的主张。

其错误是诉诸人身或人身攻击，其特点是，论证不是针对对方的观点发表意见，而是针对提出观点的人的出身、职业、品德、处境等与论题无直接关系的方面进行攻击，以降低对方言论的可信度。

A 项：因为张某年轻、级别低，所以不同意张某提出的同工同酬的要求，是属于与题干类似的诉诸人身的逻辑错误，因此为正确答案。

其余选项不妥，其中：B 项，不符合推理规则，排除；C 项，诉诸情感，排除；D 项，诉诸众人，排除；E 项，没有论证错误，排除。

2　2016MBA－47

许多人不仅不理解别人，而且也不理解自己，尽管他们可能曾经试图理解别人，但这样的努力注定会失败，因为不理解自己的人是不可能理解别人的。可见，那些缺乏自我理解的人是不会理解别人的。

以下哪项最能说明上述论证的缺陷？

A. 使用了“自我理解”概念，但并未给出定义。

B. 没有考虑“有些人不愿意理解自己”这样的可能性。

C. 没有正确把握理解别人和理解自己之间的关系。

D. 结论仅仅是对其论证前提的简单重复。

E. 间接指责人们不能换位思考，不能相互理解。

[解题分析] 正确答案：D

前提：不理解自己的人是不可能理解别人的。

结论：那些缺乏自我理解的人是不会理解别人的。

可见，题干论证的理由与结论实质上是相同的，犯了“同语反复”的谬误，论证无效，即其论证缺陷在于，结论仅仅是对其论证前提的简单重复。因此，D 项为正确答案。

3　2012MBA－40

居民苏女士在菜市场看到某摊位出售的鹌鹑蛋色泽新鲜、形态圆润，且价格便宜，于是买了一箱。回家后发现有些鹌鹑蛋打不破，甚至丢到地上也摔不坏，再细闻已经打破的鹌鹑蛋，有一股刺鼻的消毒液味道。她投诉至菜市场管理部门，结果一位工作人员声称鹌鹑蛋目前还没有国家质量标准，无法判定它有质量问题，所以他坚持这箱鹌鹑蛋没有质量问题。

以下哪项与该工作人员作出结论的方式最为相似？

A. 不能证明宇宙是没有边际的，所以宇宙是有边际的。

B. “驴友论坛”还没有论坛规范，所以管理人员没有权利删除帖子。

C. 小偷在逃跑途中跳入 2 米深的河中，事主认为没有责任，因此不予施救。

D. 并非外星人不存在，所以外星人存在。

E. 慈善晚会上的假唱行为不属于商业管理范围，因此相关部门无法对此进行处罚。

[解题分析] 正确答案：A

工作人员声称：鹌鹑蛋没有国家质量标准，无法判定它有质量问题，所以这箱鹌鹑蛋没有质量问题。

这实际上是个诉诸无知的谬误，其逻辑错误形式为“不能证明有 S，所以就没有 S”或者“不能证明没有 S，所以就有 S”。也就是说，把缺少证据证明某种情况不存在，作为充分证据证明某种情况存在。

A 项：不能证明没有 S，所以就有 S。这也同样犯了诉诸无知的谬误。

其余选项均不相似，其中：

B项：没有规范并不能证明管理人员没有权利删除帖子。推不出，但不属于诉诸无知的谬误，排除。

C、E项也推不出，D项推理无误，均不属于诉诸无知的谬误，排除。

4　2010MBA－47

学生：IQ和EQ哪个更重要？您能否给我指点一下？

学长：你去书店问问工作人员，关于IQ、EQ的书哪类销得快，哪类就更重要。

以下哪项与上述题干中的问答方式最为相似？

A. 员工：我们正制订一个度假方案，你说是在本市好，还是去外地好？

经理：现在年终了，各公司都在安排出去旅游，你去问问其他公司的同行，他们计划去哪里，我们就不去哪里，不凑热闹。

B. 平平：母亲节那天我准备给妈妈送一样礼物，你说是送花好还是巧克力好？

佳佳：你在母亲节前一天去花店看一下，看看买花的人多不多就行了嘛。

C. 顾客：我准备买一件毛衣，你看颜色是鲜艳一点，还是素一点好？

店员：这个需要结合自己的性格与穿衣习惯，各人可以有自己的选择与喜好。

D. 游客：我们前面有两条山路，走哪一条更好？

导游：你仔细看看，哪一条山路上车马的痕迹深，我们就走哪一条。

E. 学生：我正准备期末复习，是做教材上的练习重要还是理解教材内容更重要？

老师：你去问问高年级得分高的同学，他们是否经常背书做练习。

[解题分析]　正确答案：D

题干论述：学生问IQ和EQ哪个更重要，学长的答复是哪类书销得快，哪类就更重要。

可见，哪类书销得快，就是哪类书读的人多，学长论述的依据是“诉诸众人”，这是一种逻辑谬误。

D项：哪一条山路上车马的痕迹深，就是哪一条山路走的人多，这同样犯了“诉诸众人”的逻辑谬误。这与题干中的问答方式最为相似，正确。

A项：不去其他公司的同行计划去的地方，与其他公司反着来，与题干不相似，排除。

B项：看看买花的人多不多，并没有比较买花和买巧克力的人数，与题干不相似，排除。

C项：店员没有比较买鲜艳的多还是买素的多，与题干不相似，排除。

E项：老师没有比较做教材上的练习的同学多还是理解教材内容的同学多，与题干不相似，排除。

5　2009MBA－48

主持人：有网友称你为国学巫师，也有网友称你为国学大师。你认为哪个名称更适合你？

上述提问中的不当也存在于以下各项中，除了：

A. 你要社会主义的低速度，还是资本主义的高速度？

B. 你主张为了发展可以牺牲环境，还是主张宁可不发展也不能破坏环境？

C. 你认为人都自私，还是认为人都不自私？

D. 你认为“9・11”恐怖袭击必然发生，还是认为有可能避免？

E. 你认为中国队必然夺冠，还是认为不可能夺冠？

[解题分析]　正确答案：D

题干信息：主持人希望被采访者在“国学巫师”与“国学大师”中二选一。

“国学巫师”与“国学大师”是反对关系，但并不是矛盾关系，不存在必须二选一的特点，完全可以两者都不选。只有矛盾关系才是一真一假，在其选择中才能非此即彼。因此，题干犯了非黑即白的逻辑错误。

D项：“必然发生”与“可能避免”（即“可能不发生”）为矛盾关系，不存在非黑即白的错误，因此为正确答案。

A项：“社会主义的低速度”与“资本主义的高速度”不是矛盾关系，可能有“社会主义的高速度”等情况。该项提问与题干非黑即白的不当相似，排除。

B项：“为了发展牺牲环境”与“宁可不发展也不破坏环境”不是矛盾关系，可能有“既发展又不破坏环境”的情况。该项提问与题干非黑即白的不当相似，排除。

C项：“人都自私”与“人都不自私”不是矛盾关系，可能有“一些人自私，另一些人不自私”的情况。该项提问与题干非黑即白的不当相似，排除。

E项：“必然夺冠”与“不可能夺冠”是反对关系，并不是矛盾关系。该项提问与题干非黑即白的不当相似，排除。

6 2002MBA - 27

在一次聚会上，10个吃了水果色拉的人中，有5个很快出现了明显的不适。吃剩的色拉立刻被送去检验。检验的结果不能肯定其中存在超标的有害细菌。因此，食用水果色拉不是造成食用者不适的原因。

如果上述检验结果是可信的，则以下哪项对上述论证的评价最为恰当？

A. 题干的论证是成立的。

B. 题干的论证有漏洞，因为它把事件的原因当作该事件的结果。

C. 题干的论证有漏洞，因为它没有考虑到这种可能性：那些吃了水果色拉后没有很快出现不适的人，过不久也出现了不适。

D. 题干的论证有漏洞，因为它没有充分利用一个有力的论据：为什么有的水果色拉食用者没有出现不适？

E. 题干的论证有漏洞，因为它把缺少证据证明某种情况存在，当作有充分证据证明某种情况不存在。

［解题分析］ 正确答案：E

前提：聚会上吃了水果色拉的人中有半数出现了不适，对吃剩的色拉的检验结果是不能肯定其中存在超标的有害细菌。

结论：食用水果色拉不是造成食用者不适的原因。

E项：不能肯定送检物中存在超标的有害细菌，不等于否定送检物中不存在超标的有害细菌。那么到底是否存在有害细菌呢？未知，所以，无法确定是不是水果色拉造成的不适。因此，题干论证的漏洞是诉诸无知，即把缺少证据证明某种情况存在，当作有充分证据证明某种情况不存在。

其余各项均不恰当。比如B项是因果倒置，但题干论证并不是这样的。

三、支持谬误

对支持的批判性思考，需要检查论证是否存在以下谬误：

（1）演绎谬误：包括词项逻辑、命题逻辑等推理中的谬误。

（2）概括谬误：包括特例概括、轻率概括等。

（3）统计谬误：包括以偏概全、数字陷阱、数据误用等。

（4）因果谬误：包括强加因果、因果倒置、混淆原因、复合原因、复合结果、错否因果、滑坡谬误等。

（5）类比谬误：包括类比不当、类推不当等。

（6）合情谬误：包括举证不全、以全概偏、分解谬误、合成谬误等。

其中，支持谬误的前五种类型已在前面论述，这里主要列举分解谬误、合成谬误等合情谬误。

1　2011MBA－38

公达律师事务所以为刑事案件的被告进行有效辩护而著称，成功率达90%以上。老余是一位以专门为离婚案件的当事人成功辩护而著称的律师。因此，老余不可能是公达律师事务所的成员。

以下哪项最为确切地指出了上述论证的漏洞？

A. 公达律师事务所具有的特征，其成员不一定具有。

B. 没有确切指出老余为离婚案件的当事人辩护的成功率。

C. 没有确切指出老余为刑事案件的当事人辩护的成功率。

D. 没有提供公达律师事务所统计数据的来源。

E. 老余具有的特征，其所在工作单位不一定具有。

［解题分析］正确答案：A

前提：公达律所以为刑事案件辩护而著称，老余不是以为刑事案件辩护而著称（而是以为离婚案件辩护而著称）的律师。

结论：老余不可能是公达律所的成员。

可见其论证犯了分解的谬误，其漏洞在于，认为整体（公达律所）具有的特征（为以刑事案件辩护而著称），个体（律所的成员）也应该具有，而老余不具有，所以，老余不是公达律所的成员。而事实上，整体所具有的特征其个体不一定都具有，即A项确切地指出了上述论证的漏洞，因此为正确答案。

B、C项：辩护成功率不是题干论证的问题所在，排除。

D项：统计数据来源属于论证的背景信息，削弱力度不足，排除。

E项：题干论证是从整体推论到个体，而不是从个体推论到整体，排除。

2　2008MBA－33

南口镇仅有一中和二中两所中学，一中学生的学习成绩一般比二中的学生好。由于来自南口镇的李明在大学一年级的学习成绩是全班最好的，因此，他一定是南口镇一中毕业的。

以下哪项与题干的论述方式最为类似？

A. 如果父母对孩子的教育得当，则孩子在学校的表现一般都较好。由于王征在学校的表现不好，因此他的家长一定教育失当。

B. 如果小孩每天背诵诗歌1小时，则会出口成章。郭娜每天背诵诗歌不足1小时，因此，她不可能出口成章。

C. 如果人们懂得赚钱的方法，则一般都能积累更多的财富。因此，彭总的财富是来源于他的足智多谋。

D. 儿童的心理教育比成年人更重要。张青是某公司心理素质最好的人，因此，他一定在儿童时期获得良好的心理教育。

E. 北方人个子通常比南方人高。马林在班上最高，因此，他一定是北方人。

［解题分析］正确答案：E

题干论述：一中学生的成绩比二中的学生好，李明的成绩是全班最好的，因此，他一定是一中毕业的。

该论证犯了分解的谬误，其漏洞是认为整体具有的特点个体也一定具有，然而事实上，一中整体成绩比二中好，并不等于一中的每个学生的成绩都比二中的学生好。

E项：北方人整体个子比南方人高的特点，并不是每个北方人都具有，与题干的论述方式类似，正确。

A项：该论证方式为假言推理，推理正确，与题干论证方式不类似，排除。

B项：该论证方式为假言推理，推理无效，与题干论证方式不类似，排除。

C项：该论证方式为假言推理，推理无效，与题干论证方式不类似，排除。

D项："心理教育"与"心理素质"是两个不同的概念，推理无效，与题干论证方式不类似，排除。

3　2007MBA－29

舞蹈学院的张教授批评本市芭蕾舞团最近的演出没能充分表现古典芭蕾舞的特色。他的同事林教授认为这一批评是个人偏见。作为芭蕾舞技巧专家，林教授考察过芭蕾舞团的表演者，结论是每一位表演者都拥有足够的技巧和才能来表现古典芭蕾舞的特色。

以下哪项最为恰当地概括了林教授反驳中的漏洞？

A. 他对张教授的评论风格进行攻击而不是对其观点加以批驳。

B. 他无视张教授的批评意见是与实际情况相符的。

C. 他仅从维护自己的权威地位的角度加以反驳。

D. 他依据一个特殊的事例轻率概括出一个普遍结论。

E. 他不当地假设，如果一个团体每个成员具有某种特征，那么这个团体总能体现这种特征。

［解题分析］正确答案：E

张教授：芭蕾舞团没能充分表现古典芭蕾舞的特色。

林教授：张教授的观点不对，因为每一位表演者都能表现古典芭蕾舞的特色。

可见，林教授的论证是认为每个个体都具有某种特征，整体就具有这种特征。而这个论证是有漏洞的，每一位表演者都能表现古典芭蕾舞的特色，而整个芭蕾舞团却不一定能充分表现古典芭蕾舞的特色。该论证犯了合举的谬误，E项概括了这一漏洞，正确。

第三节　类比论证

论证包括演绎论证、归纳论证和合情论证，其中演绎论证、归纳论证在前面已有详细论述，合情论证在现实生活中普遍存在，是指从不完善的前提得出有用、暂时可接受的结论的论证。合情论证包括类比论证、实践论证以及根据信息源的论证等多种类型。

类比论证是根据类比推理作出的论证。类比推理是根据两个或两类对象在某些属性上相同，推断出它们在另外的属性上（这一属性已为类比的一个对象所具有，而在另一个类比的对象那里尚未发现）也相同的一种推理。

1. 推理形式

案例A有属性a、b、c、d。

案例 B 有属性 a、b、c。
所以，案例 B 有属性 d。

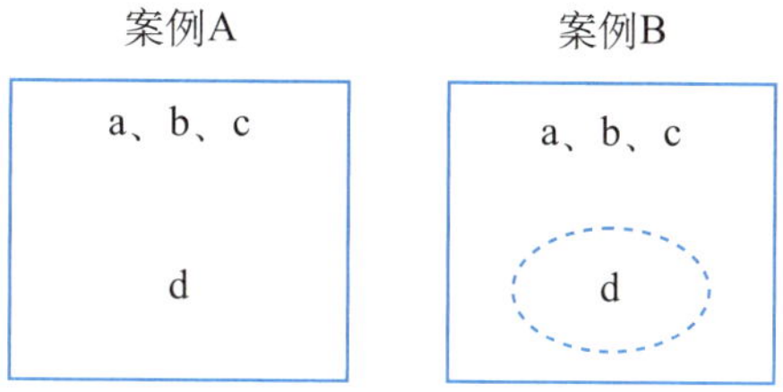

2. 批判性准则

针对运用类比推理得出的因果主张，所提出的批判性问题有：
CQ1. 相似性问题：A 和 B 真的相似吗？
CQ2. 相关性问题：相似属性 a、b、c 与推出属性 d 是否具有相关性？
CQ3. 不相似问题：A 和 B 之间是否存在某些重要的差异？
CQ4. 反案例问题：是否存在另一案例 C 也相似于 A，但是其中的 d 是不存在的？
CQ5. 可类推问题：是否忽视了时间因素对样本属性的影响？

一、 类比强化

强化一个用类比论证的方法：

（1）指出两类对象具有可类比性。包括：两类对象真的相似；相似属性与推出属性具有相关性；类比的两类对象有实质性的相关；类比的两类对象没有实质性的不同。

（2）提供新的论据支持类比的结论。包括：提供符合题干类比关系的原则（理论根据）；提供不存在与类推属性相关的反例（事实证据）。

2003MBA－57

没有一个植物学家的寿命长到足以研究一棵长白山红松的完整生命过程。但是，通过观察处于不同生长阶段的许多棵树，植物学家就能拼凑出一棵树的生长过程。这一原则完全适用于目前天文学对星团发展过程的研究。这些由几十万个恒星聚集在一起的星团，大都有 100 亿年以上的历史。

以下哪项最可能是上文所作的假设？

A. 在科学研究中，适用于某个领域的研究方法，原则上都适用于其他领域，即使这些领域的研究对象完全不同。

B. 天文学的发展已具备对恒星聚集体的不同发展阶段进行研究的条件。

C. 在科学研究中，完整地研究某一个体的发展过程是没有价值的，有时也是不可能的。

D. 目前有尚未被天文学家发现的星团。

E. 对星团的发展过程的研究，是目前天文学研究中的紧迫课题。

[解题分析] 正确答案：B

前提：通过观察处于不同生长阶段的许多棵树，植物学家就能拼凑出一棵树的生长过程。

结论：这一方法也适用于天文学对几十万个恒星聚集在一起的星团发展过程的研究。

B 项：需要假设。将对树的研究方法类推到对星团的研究上，就需要类似的研究条件，能够观察到处于不同生长阶段的许多棵树是研究树的生长过程的条件，那么，研究星团也应具备对恒星聚集体的不同发展阶段进行研究的条件，这是必须假设的，正确。

A 项：断定过强，范围太大，适用于某个领域的研究方法不需要都适用于其他领域，题干论证只需假设植物学的研究方法适用于天文学研究即可，排除。

C 项：完整地研究某一个体的发展过程是否有价值，超出题干论证范围，排除。

D、E 项：与题干论证无关，排除。

二、类比弱化

弱化一个用类比论证的方法：

（1）指出两类对象不可比。包括：两类对象不完全相似；相似属性与推出属性不具有相关性；类比的两类对象没有实质性的相关；类比的两类对象存在实质性的区别。

（2）提供新的论据削弱类比的结论。包括：提供不符合题干类比关系的原则（理论根据）；提供存在与类推属性相关的反例（事实证据）。

2009MBA - 26

某中学发现有学生课余利用扑克玩带有赌博性质的游戏，因此规定学生不得带扑克进入学校。不过即使是硬币，也可以用作赌具，但禁止学生带硬币进入学校是不可思议的。因此，禁止学生带扑克进学校是荒谬的。

以下哪项如果为真，最能削弱上述论证？

A. 禁止带扑克进学校不能阻止学生在校外赌博。

B. 硬币作为赌具远不如扑克方便。

C. 很难查明学生是否带扑克进学校。

D. 赌博不但败坏校风，而且影响学习成绩。

E. 有的学生玩扑克不涉及赌博。

[解题分析] 正确答案：B

题干论证：硬币类似扑克可用作赌具，既然不禁止学生带硬币进入学校，那也没必要禁止学生带扑克进入学校。

题干的论证方法是类比，类比对象是扑克和硬币。只要找到这两者的不相似之处，表明两者不可类比即可进行削弱。

B 项：硬币不如扑克赌博方便，指出了两者的不同之处，意味着类比不当，即不能进行类比，这就有力地削弱了题干论证，正确。

A、D 项：都游离了题干论证，均为无关项。

C 项：题干论证的是应该禁止带扑克，而不是能否禁止，排除。

E 项："有的"是模糊数量，若只是极少数学生玩扑克不涉及赌博，而绝大多数学生玩扑克涉及赌博，则题干论证依然成立，排除。

三、类比相关

类比相关考题主要包括以下几种类型：

（1）类比推论。

题干给出的信息涉及不同对象的类比，要求通过类比推理来推出一个合理的结论。

（2）类比比较。

题干所给出的是一个类比推理或论证，要求从选项中找出相似的类比推理或论证。

（3）类比描述。

类比描述题主要考查以下三个方面：

一是，识别类比论证以及识别类比论证的要素，揭示不同对象之间的类比。

二是，识别题干类比推理的结构与方法。

三是，识别题干类比推理的缺陷以及识别类比不当或弱类比的谬误。

1 2012MBA－43

我国著名的地质学家李四光，在对东北的地质结构进行了长期、深入的调查研究后发现，松辽平原的地质结构与中亚细亚极其相似。他推断，既然中亚细亚蕴藏大量的石油，那么松辽平原很可能也蕴藏着大量的石油。后来，大庆油田的开发证明了李四光的推断是正确的。

以下哪项与李四光的推理方式最为相似？

A. 他山之石，可以攻玉。

B. 邻居买彩票中了大奖，小张受此启发，也去买了体育彩票，结果没有中奖。

C. 某乡镇领导在考察了荷兰等国的花卉市场后认为要大力发展规模经济，回来后组织全乡镇种大葱，结果导致大葱严重滞销。

D. 每到炎热的夏季，许多商店腾出一大块地方卖羊毛衫、长袖衬衣、冬靴等冬令商品，进行反季节销售，结果都很有市场。小王受此启发，决定在冬季种植西瓜。

E. 乌兹别克地区盛产长绒棉。新疆塔里木河流域和乌兹别克地区在日照情况、霜期长短、气温高低、降雨量等方面均相似，科研人员受此启发，将长绒棉移植到塔里木河流域，果然获得了成功。

[解题分析] 正确答案：E

题干的推理方式是类比推理，将中亚细亚的情况类推到松辽平原，而且事实证明该推断正确。

一个类比推理的结论要可靠，进行类比的对象必须具有某种相关的共同属性。选项 E 将乌兹别克地区的情况类推到新疆塔里木河流域，并且获得了成功，与题干的推理方式相似，正确。

其余选项与李四光的推理方式均不相似，其中：

A 项：没有出现推理方式，排除。

B 项：未表明小张与邻居是否相似，而且没有中奖，与题干推理方式不相似，排除。

C 项：未表明荷兰等国的情况与某乡镇的情况是否相似，而且没有成功，与题干推理方式不相似，排除。

D 项：未知是否成功，与题干推理方式不相似，排除。

2 2009MBA－52

所有的灰狼都是狼。这一断定显然是真的。因此，所有的疑似 SARS 病例都是 SARS 病例，这一断定也是真的。

以下哪项最为恰当地指出了题干论证的漏洞？

A. 题干的论证忽略了：一个命题是真的，不等于具有该命题形式的任一命题都是真的。

B. 题干的论证忽略了：灰狼与狼的关系，不同于疑似 SARS 病例和 SARS 病例的关系。

C. 题干的论证忽略了：在疑似 SARS 病例中，大部分不是 SARS 病例。

D. 题干的论证忽略了：许多狼不是灰色的。

E. 题干的论证忽略了：此种论证方式会得出其他许多明显违反事实的结论。

[解题分析] 正确答案：B

题干是个类比论证，把“所有的疑似SARS病例都是SARS病例”类比为“所有的灰狼都是狼”。

此论证的漏洞在于类比不当，“灰狼”从属于“狼”，是包含关系；而“疑似SARS病例”并不从属于“SARS病例”，不是包含关系。两者不具有可比性，B项恰当地指出了这一漏洞。

3 2006MBA－51

脑部受到重击后人就会失去意识。有人因此得出结论：意识是大脑的产物，肉体一旦死亡，意识就不复存在。但是，一台被摔的电视机突然损坏，它正在播出的图像当然立即消失，但这并不意味着正由电视塔发射的相应图像信号就不复存在。因此，要得出“意识不能独立于肉体而存在”的结论，恐怕还需要更多的证据。

以下哪项最为准确地概括了“被摔的电视机”这一实例在上述论证中的作用？

A. 作为一个证据，它说明意识可以独立于肉体而存在。

B. 作为一个反例，它驳斥关于意识本质的流行信念。

C. 作为一个类似意识丧失的实例，它从自身中得出的结论和关于意识本质的流行信念显然不同。

D. 作为一个主要证据，它试图得出结论：意识和大脑的关系，类似于电视图像信号和接收它的电视机之间的关系。

E. 作为一个实例，它说明流行的信念都是应当质疑的。

［解题分析］ 正确答案：C

前提：一台被摔的电视机突然损坏，它正在播出的图像立即消失，但正由电视塔发射的相应图像信号仍存在。

结论：“意识不能独立于肉体而存在”的结论存疑。

上述论证用的是类比推理，“被摔的电视机损坏”类似于肉体死亡，“正在播出的图像立即消失”类比（流行信念认为的）意识消失，而“电视塔发射的相应图像信号依然存在”类似于（作者认为的）意识依然存在，作者从而试图得出“意识可以独立于肉体而存在”的结论。

该论证表明，信息可以独立于它的某种载体而存在，这和“意识不能独立于肉体而存在”的流行信念相左。题干引用“被摔的电视机”这一实例并非要完全否定这一流行信念，而只是说明，论证这一信念需要更多的证据，仅依据“肉体一旦死亡，意识就不复存在”的推理是不充分的。因此，C项的概括最为准确。

A、B项：类比论证的前提只能作为辅助的论据，不能作为“证据”“反例”，排除。

D项：意识和大脑的关系，是题干论证的隐含假设，不是试图得出的结论，排除。

E项：题干所举的“被摔的电视机”的实例，可以看作对关于意识本质的流行信念的一种质疑，但不能说明流行的信念都是应当质疑的，排除。

4 2001MBA－54

一般人总会这样认为，既然人工智能这门新兴学科是以模拟人的思维为目标，那么，就应该深入地研究人思维的生理机制和心理机制。其实，这种看法很可能误导这门新兴学科。如果说，飞机发明的最早灵感是来自鸟的飞行原理，那么，现代飞机从发明、设计、制造到不断改进，没有哪一项是基于对鸟的研究之上的。

上述议论，最可能把人工智能的研究，比作以下哪项？

A. 对鸟的飞行原理的研究。

B. 对鸟的飞行的模拟。

C. 对人思维的生理机制和心理机制的研究。

D. 飞机的设计、制造。

E. 飞机的不断改进。

［解题分析］ 正确答案：D

题干信息：飞机的发明、设计、制造到不断改进并非基于对鸟的研究，因此，人工智能的研究也不应基于对人思维的生理机制和心理机制的研究。

可见，上述类比推理是把“对人思维的生理机制和心理机制的研究”比作“对鸟的研究”；把“人工智能的研究”比作“飞机的发明、设计、制造和不断改进”。

D 项和 E 项都和题干的上述类比相关，由于先有设计和制造才谈得上改进，显然 D 项比 E 项作为题干中人工智能研究的类比对象更为恰当。

5　2001MBA－53

赞扬一个历史学家对于具体历史事件阐述的准确性，就如同是在赞扬一个建筑师在完成一项宏伟建筑物时使用了合格的水泥、钢筋和砖瓦，而不是赞扬一个建筑材料供应商提供了合格的水泥、钢筋和砖瓦。

以下哪项最为恰当地概括了题干所要表达的意思？

A. 合格的建筑材料对于完成一项宏伟的建筑是不可缺少的。

B. 准确地把握具体的历史事件，对于科学地阐述历史发展的规律是不可缺少的。

C. 建筑材料供应商和建筑师不同，他的任务仅是提供合格的建筑材料。

D. 就如同一个建筑师一样，一个历史学家的成就，不可能脱离其他领域的研究成果。

E. 一个历史学家必须准确地阐述具体的历史事件，但这并不是他的主要任务。

［解题分析］ 正确答案：E

题干把历史学家比作建筑师，而不是建筑材料供应商。

建筑师和建筑材料供应商的区别在于：建筑材料供应商的主要任务是提供合格的建筑材料；而建筑师的主要任务不是使用合格的建筑材料（建筑师的主要任务应该在于好的设计）。

所以，历史学家准确地阐述具体的历史事件，对于历史学家的工作来说是不可缺少的，但这并不是他的主要任务（历史学家的主要任务应该是科学地阐述历史规律），这正是 E 项所断定的。

第四节　实践论证

实践论证是基于实践推理而作出的论证。实践推理是指主体指向目标的行动的推理。常见的实践推理是方案推理。方案推理是指这样一种推理，即为达到一个目的或目标而提出一个拟采取的行动方案（包括方法、建议、计划等）。

1. 推理形式

目标前提：有一个目标 G。

方案前提：主体 a 拟采取行动方案 A，作为实现 G 的手段。

结论：因此，主体 a 应该执行行动方案 A。

2. 批判性准则

CQ1. 有效性问题：方案能否达成目标？

CQ2. 操作性问题：方案可以操作吗？
CQ3. 副作用问题：操作该方案是否会带来副作用？
CQ4. 选择手段问题：还有其他实现目标的方案吗？
CQ5. 最佳选项问题：是否有更好的其他解决方案？
CQ6. 冲突目标问题：是否有与目标冲突的其他目标？

一、 方案强化

强化一个方案论证的办法可分为两种：

（1）方案可行。

第一，该方案（方法、建议或是计划）可以达到目的或目标。

第二，该方案（方法、建议或是计划）可以操作。

（2）方案可取。

第一，该方案（方法、建议或是计划）没有副作用，或者即使有副作用，但优点大于缺点。

第二，没有比该方案（方法、建议或是计划）更好的其他解决方案。

1　2024MBA－37

脉冲星是银河系中难得的定位点，对导航极为有用。通过测量来自3颗或更多脉冲星每个脉冲的微小变化，航天器可以利用三角测量法确定自己在银河系中的位置。1972年，科学家在一台宇宙探测器上安装了刻有14颗脉冲星的铭牌，这些脉冲星被当作一组特殊的宇宙路标，科学家试图以此引导外星人来到地球。但有专家断言，地球人制作的这一“脉冲星地图”很难实现预想的目标。

以下哪项如果为真，最能支持上述专家的观点？

A. 科学家曾向太空发射载有地球信息的无线电波，但至今一无所获。

B. 我们并不了解外星人，贸然邀请并指引他们来地球是非常危险的。

C. 外星人即使获取铭牌，也可能看不懂铭牌，从而发现不了那14颗脉冲星。

D. 任何先进到足以发现并获取“脉冲星地图”的智慧生物，都能看懂这张地图。

E. 外星人捕获人类探测器的时间还很遥远，到那时14颗脉冲星的位置已发生很大变化，他们即使看懂铭牌，也只能“受骗上当”了。

［解题分析］正确答案：E

专家观点：地球人制作的这一“脉冲星地图”很难实现预想的目标。

E项：未来的脉冲星位置会发生很大变化，根据这张地图，未来的外星人是无法找到地球的，该方法不可行，支持专家观点，正确。

A项：无线电波和题干论述无关，排除。

B项：邀请外星人的风险与题干论述的“脉冲星地图”是否能起到预期作用无关，无法支持，排除。

C项：外星人可能看不懂铭牌，意味着也有可能看得懂铭牌，“可能”的支持力度较弱，排除。

D项：表明该方法可行，削弱了专家的观点，排除。

2　2017MBA－39

针对癌症患者，医生常采用化疗手段将药物直接注入人体杀伤癌细胞，但这也可能将正常细胞和免疫细胞一同杀灭，产生较强的副作用。近来，有科学家发现，黄金纳米粒子很容易被人体癌细胞吸收，如果将其包上一层化疗药物，就可作为“运输工具”，将化疗药物准确地投放到癌细胞中。他们由此断言，微小的黄金纳米粒子能提升癌症化疗的效果，并能降低化疗的副作用。

下列哪项如果为真，能支持上述科学家所作出的论断？

A. 因为黄金所具有的特殊化学性质，黄金纳米粒子不会与人体细胞发生反应。

B. 利用常规计算机断层扫描，医生容易判定黄金纳米粒子是否已投放到癌细胞中。

C. 在体外用红外线加热已进入癌细胞的黄金纳米粒子，可以从内部杀灭癌细胞。

D. 黄金纳米粒子用于癌症化疗的疗效有待大量临床检验。

E. 现代医学手段已能实现黄金纳米粒子的精准投送，让其所携带的化疗药物只作用于癌细胞，并不伤及其他细胞。

［解题分析］ 正确答案：E

科学家所作出的论证结构如下。

前提：将黄金纳米粒子作为“运输工具”，将化疗药物准确地投放到癌细胞中。

结论：黄金纳米粒子能提升癌症化疗的效果，并能降低化疗的副作用。

E 项：用黄金纳米粒子作用于癌细胞以治疗癌症是可行的，有力地支持了科学家的论断，正确。

A 项：题干没有提及“与人体细胞发生反应”是目前化疗手段的副作用，不能支持，排除。

B、C 项：并没有明确该特点是否能提升化疗的效果，排除。

D 项：表明该方法的疗效尚不明确，无法支持，排除。

3 2006MBA－54

研究显示，大多数有创造性的工程师，都有在纸上乱涂乱画，并记下一些看来稀奇古怪想法的习惯。他们的大多数最有价值的设计，都直接与这种习惯有关。而现在的许多工程师都用电脑工作，在纸上乱涂乱画不再是一种普遍的习惯。一些专家担心，这会影响工程师的创造性思维，建议在用于工程设计的计算机程序中匹配模拟的便条纸，能让使用者在上面涂鸦。

以下哪项最可能是上述建议所假设的？

A. 在纸上乱涂乱画，只可能产生工程设计方面的灵感。

B. 计算机程序中匹配的模拟便条纸，只能用于乱涂乱画，或记录看来稀奇古怪的想法。

C. 所有用计算机工作的工程师都不会备有纸笔以随时记下有意思的想法。

D. 工程师在纸上乱涂乱画所记下的看来稀奇古怪的想法，大多数都有应用价值。

E. 乱涂乱画所产生的灵感，并不一定通过在纸上的操作获得。

［解题分析］ 正确答案：E

题干是为达到一个目的而提出一个方法建议的论证。

方法：在用于工程设计的计算机程序中匹配模拟的便条纸。

目的：让使用者在上面涂鸦，帮助产生有价值的设计。

E 项：方法可行的假设。在计算机程序中模拟的便条纸上涂鸦，即可产生创造性的设计。否则，如果乱涂乱画所产生的灵感一定要通过在纸上的操作获得，那么，在计算机程序中匹配模拟的便条纸上面涂鸦也产生不了灵感，也就是说在用于工程设计的计算机程序中匹配模拟的便条纸这个方法建议就不可行了。

A、B、D 项：“只可能”“只能”“大多数”断定过强，均不是题干论证的假设。

C项：假设过强。不需要“所有工程师都不备纸笔”，只要“多数工程师不备纸笔”，那么，匹配模拟的便条纸就有意义了。

二、方案弱化

弱化一个方案论证的办法可分为两种：

（1）方案不可行。

第一，该方案（方法、建议或是计划）不能达到目的或目标，即使那样做也解决不了问题。

第二，该方案（方法、建议或是计划）本身不完善、不能执行或无法操作。

（2）方案不可取。

第一，该方案（方法、建议或是计划）有副作用，并且其所带来的负面效应往往大于正面效应。

第二，有比该方案（方法、建议或是计划）更好的其他解决方案。

1　2023MBA－27

处理餐厨垃圾的传统方式主要是厌氧发酵和填埋，前者利用垃圾产生的沼气发电，投资成本高；后者不仅浪费土地，还污染环境。近日，某公司尝试利用蟑螂来处理垃圾。该公司饲养了3亿只“美洲大蟑螂”，每天可吃掉15吨餐厨垃圾。有专家据此认为，用“蟑螂吃掉垃圾”这一生物处理方式解决餐厨垃圾，既经济又环保。

以下哪项如果为真，最能质疑上述专家的观点？

A. 餐厨垃圾经发酵转化为能源的处理方式已被国际认可，我国这方面的技术也相当成熟。

B. 大量人工养殖后，很难保证蟑螂不逃离控制区域，而一旦蟑螂逃离，则会危害周边生态环境。

C. 政府前期在工厂土地划拨方面对该项目给予了政策扶持，后期仍需进行公共安全检测和环境评估。

D. 我国动物蛋白饲料非常缺乏，1吨蟑螂及其所产生的卵鞘，可产生1吨昆虫蛋白饲料，饲养蟑螂将来盈利十分可观。

E. 该公司正在建设新车间，竣工后将能饲养20亿只蟑螂，它们虽然能吃掉全区的餐厨垃圾，但全市仍有大量餐厨垃圾需要通过传统方式处理。

[解题分析] 正确答案：B

专家观点：大量养殖蟑螂并用“蟑螂吃掉垃圾”这种处理方式既经济又环保。

B项表明，人工养殖的蟑螂可能会逃离控制区域，从而危害生态环境，即大量养殖蟑螂难以保证生态环保，从而有力地质疑了专家观点。

A项：餐厨垃圾经发酵转化为能源，没有表明这种处理方式的经济性和环保性，不能削弱专家观点，排除。

C项：政府前期的政策扶持以及后期仍需安检和环评，不能表明这种处理方式的经济性和环保性，不能削弱专家观点，排除。

D项：饲养蟑螂盈利可观，意味着这种处理方式具有经济性，支持了专家观点，排除。

E项：表明该种处理方式市场需求大，但与专家观点无关，排除。

2　2019MBA－53

阔叶树的降尘优势明显，吸附PM2.5的效果最好，一棵阔叶树一年的平均滞尘量达3.16

公斤。针叶树树叶面积小，吸附 PM2.5 的功效较弱。全年平均下来，阔叶林的吸尘效果要比针叶林强不少。阔叶树也比灌木和草的吸尘效果好得多。以北京常见的阔叶树国槐为例，成片的国槐林吸尘效果比同等面积的普通草地约高 30%。有些人据此认为，为了降尘，北京应大力推广阔叶树，并尽量减少针叶林面积。

以下哪项如果为真，最能削弱上述有关人员的观点？

A. 阔叶树与针叶树比例失调，不仅极易暴发病虫害、火灾等，还会影响林木的生长和健康。

B. 针叶树冬天虽然不落叶，但基本处于“休眠”状态，生物活性差。

C. 植树造林既要治理 PM2.5，也要治理其他污染物，需要合理布局。

D. 阔叶树冬天落叶，在寒冷的冬季，其养护成本远高于针叶树。

E. 建造通风走廊，能把城市和郊区的森林连接起来，让清新的空气吹入，降低城区的 PM2.5。

[解题分析] 正确答案：A

题干观点：为了降尘，北京应大力推广阔叶树，并尽量减少针叶林面积。

A 项：阔叶树与针叶树比例失调，会有严重的后果，这就意味着上述方案不可行，从而有力地削弱了题干中有关人员的观点，因此为正确答案。

B 项：表明针叶树有劣势，支持了题干论证，排除。

C、E 项：与题干论证无关，排除。

D 项：阔叶树养护成本高，但没有表明是否可达到降尘目的，削弱力度不足，排除。

3　2015MBA－27

长期以来，手机产生的电磁辐射是否威胁人体健康一直是极具争议的话题。一项长达 10 年的研究显示，每天使用移动电话通话 30 分钟以上的人患神经胶质瘤的风险比从未使用者要高出 40%。由此某专家建议，在取得进一步证据之前，人们应该采取更加安全的措施，如尽量使用固定电话通话或使用短信进行沟通。

以下哪项如果为真，最能表明该专家的建议不切实际？

A. 大多数手机产生的电磁辐射强度符合国家规定的安全标准。

B. 现在人类生活空间中的电磁辐射强度已经超过手机通话产生的电磁辐射强度。

C. 经过较长一段时间，人们的体质逐渐适应强电磁辐射的环境。

D. 在上述实验期间，有些人每天使用移动电话通话超过 40 分钟，但他们很健康。

E. 即使以手机短信进行沟通，发送和接收信息瞬间也会产生较强的电磁辐射。

[解题分析] 正确答案：B

前提：某研究显示，经常使用移动电话通话的人患神经胶质瘤的风险比从未使用者要高。

结论：为减少患神经胶质瘤的风险，应采取安全措施（尽量使用固定电话通话而少使用移动电话通话）。

B 项：环境中的电磁辐射强度已超过手机通话产生的电磁辐射强度，可见，即使不使用移动电话通话，也无法减轻人们所受到的电磁辐射。所以，即使采取安全措施，也无法减少患神经胶质瘤的风险，这就有力地质疑了专家的建议，正确。

A 项：国家安全标准与题干论证无关，排除。

C 项：适应强电磁辐射的环境与减少患神经胶质瘤的风险是两回事，排除。

D 项：“有些”为模糊量，若仍对多数人产生患神经胶质瘤的风险，则专家的建议依然成立，排除。

E项：即使使用手机短信也会产生较强的电磁辐射，但只要比手机通话的辐射量小，那么专家的建议依然成立，排除。

4 2012MBA-26

1991年6月15日，菲律宾吕宋岛上的皮纳图博火山突然大爆发，2 000万吨二氧化硫气体冲入平流层，形成的霾像毯子一样盖在地球上空，把部分要照射到地球的阳光反射回太空。几年之后，气象学家发现这层霾使得当时地球表面的温度累计下降了0.5℃，而皮纳图博火山爆发前的一个世纪，因人类活动而造成的温室效应已经使地球表面温度升高了10℃。某位持“人工气候改造论”的科学家据此认为，可以用火箭弹等方式将二氧化硫充入大气层，阻挡部分阳光，达到给地球表面降温的目的。

以下哪项如果为真，最能对该科学家提议的有效性构成质疑？

A. 如果利用火箭弹将二氧化硫充入大气层，会导致航空乘客呼吸不适。

B. 如果在大气层上空放置反光物，就可以避免地球表面受到强烈阳光的照射。

C. 可以把大气中的碳提取出来存储到地下，减少大气层中的碳含量。

D. 不论任何方式，“人工气候改造”都将破坏地球的大气层结构。

E. 火山喷发形成的降温效应只是暂时的，经过一段时间温度将再次回升。

[解题分析] 正确答案：E

科学家提议，用火箭弹将二氧化硫充入大气层以阻挡部分阳光，从而给地球表面降温。

E项表明，上述科学家提出的方法所能产生的降温效应只是暂时的，日后温度还会上升，长期来看该方法不可行，严重质疑了该科学家的提议，正确。

其余选项都起不到削弱作用。其中：

A项：说明该方法具有副作用，但与是否能降温无关，排除。

B项：指出用其他方法也可以使地球表面降温。但即使有其他办法，也并不能否认该科学家提议的有效性，排除。

C项：与该科学家提议的有效性无关，排除。

D项：只能有助于说明上述科学家提议的方式在产生降温效应时可能对地球产生其他负面影响，但无助于说明此方式不能产生有效的降温效应，排除。

5 2011MBA-53

一些城市，由于作息时间比较统一，加上机动车太多，很容易形成交通早高峰和晚高峰。市民们在高峰时间上下班很不容易。为了缓解人们上下班时间的交通压力，某政府顾问提议采取不同时间段上下班制度，即不同单位可以在不同的时间段上下班。

以下哪项如果为真，最可能使该顾问的提议无法取得预期效果？

A. 有些上班时间段与员工的用餐时间冲突，会影响他们的生活规律，从而影响他们的工作积极性。

B. 许多上班时间段与员工的作息时间不协调，他们需要较长一段时间来调整适应，这段时间的工作效率难以保证。

C. 许多单位的大部分工作需要员工一起讨论，集体合作才能完成。

D. 该城市机动车数量持续增加，即使不在早晚高峰期，交通拥堵现象也时有发生。

E. 有些单位员工的住处与单位非常近，步行即可上下班。

[解题分析] 正确答案：D

题干中该顾问提议：为了缓解人们上下班时间的交通压力，可采取不同时间段上下班制度。

D项：表明交通拥堵不只出现在早晚高峰期，其他时间段也时有发生。这意味着，即使采取了不同时间段上下班制度，仍然无法达到缓解上下班时间的交通压力的预期效果，正确。

A、B、C项：虽然实施该提议会给员工带来麻烦，但只要能达到缓解上下班时间的交通压力这一目的即可，排除。

E项：与顾问的提议无关，排除。

6　2005MBA－34

也许令许多经常不刷牙的人感到意外的是，这种不良习惯已使他们成为易患口腔癌的高危人群。为了帮助这部分人早期发现口腔癌，市卫生部门发行了一本小册子，教人们如何使用一些简单的家用照明工具，如台灯、手电等，进行每周一次的口腔自检。

以下哪项如果为真，最能对上述小册子的效果提出质疑？

A. 有些口腔疾病的病症靠自检难以发现。

B. 预防口腔癌的方案因人而异。

C. 经常刷牙的人也可能患口腔癌。

D. 口腔自检的可靠性不如在医院所做的专门检查。

E. 经常不刷牙的人不大可能做每周一次的口腔自检。

[解题分析]　正确答案：E

题干为一个方案论证，结构如下。

方案：卫生部门发行了一本教人们进行每周一次口腔自检的小册子。

目的：帮助经常不刷牙的人早期发现口腔癌。

E项：经常不刷牙的人根本不大可能做每周一次的口腔自检，这表明小册子的效果就达不到了，可以质疑，正确。

A项：有些口腔疾病是否包括口腔癌呢？题干没有明确，质疑力度较弱，排除。

B项：题干论述小册子的作用是帮助“发现”而不是“预防”口腔癌，排除。

C项：题干探讨对象并不是经常刷牙的人，排除。

D项：无效比较，即使口腔自检的可靠性不如在医院所做的专门检查，只要自检能帮助人们早期发现口腔癌，那么题干论证仍然成立，排除。

7　2004MBA－41

某乡间公路附近经常有鸡群聚集。这些鸡群对这条公路上高速行驶的汽车的安全造成了威胁。为了解决这个问题，当地交通部门计划购入一群猎狗来驱赶鸡群。

以下哪项如果为真，最能对上述计划构成质疑？

A. 出没于公路边的成群猎狗会对交通安全构成威胁。

B. 猎狗在驱赶鸡群时可能伤害鸡群。

C. 猎狗需要经过特殊训练才能够驱赶鸡群。

D. 猎狗可能会有疫病，有必要进行定期检疫。

E. 猎狗的使用会增加交通管理的成本。

[解题分析]　正确答案：A

方案：计划购入一群猎狗来驱赶鸡群。

目的：解决鸡群对公路上高速行驶的汽车造成的安全威胁。

A项：用猎狗来驱赶鸡群，虽然可减少鸡群对交通安全造成的威胁，但带来了猎狗对交通安全造成的威胁，表明该方案不可行，可以质疑，正确。

B项：伤害鸡群虽然会带来损失，但是跟交通安全无关，不能质疑，排除。

C项：引入猎狗前先经过特殊训练即可，不能质疑，排除。

D项：对猎狗进行定期检疫即可，不能质疑，排除。

E项：指出该方案增加了成本，但增加的成本是否在可承受范围之内，是否带来更大收益，未知，不能有效质疑，排除。

8 2001MBA－42

为了挽救濒临灭绝的大熊猫，一种有效的方法是把它们都捕获到动物园进行人工饲养和繁殖。

以下哪项如果为真，最能对上述结论提出质疑？

A. 在北京动物园出生的小熊猫京京，在出生24小时后，意外地被它的母亲咬断颈动脉而不幸夭折。

B. 近五年在全世界各动物园中出生的熊猫总数是9只，而在野生自然环境中出生的熊猫的数字，不可能准确地获得。

C. 只有在熊猫生活的自然环境中，才有它们足够吃的嫩竹，而嫩竹几乎是熊猫的唯一食物。

D. 动物学家警告，对野生动物的人工饲养将会改变它们的某些遗传特性。

E. 提出上述观点的是一个动物园主，他的动议带有明显的商业动机。

［解题分析］ 正确答案：C

目的：挽救濒临灭绝的大熊猫。

方案：把大熊猫都捕获到动物园进行人工饲养和繁殖。

C项：可以质疑。动物园不可能为所有的大熊猫提供足够的嫩竹，因此，如果把大熊猫都捕获到动物园进行人工饲养和繁殖，它们几乎唯一的食物来源就会发生问题，无法达到目的，正确。

A项：难以质疑。举了一个反例，质疑力度很弱，排除。

B项：不能质疑。野生环境中出生的熊猫数量未知，无法比较，排除。

D项：不能质疑。这一警告是否符合科学则未知，并不能确定人工饲养会改变动物的某些遗传特性；而且即使改变了某些遗传特性，但如果是把不好的特性改变为好的特性，或者改变了一些无关紧要的特性，那也不影响达到目的，排除。

E项：不能质疑。是否有商业动机不影响达到目的，排除。

三、方案相关

方案相关题主要指的是由于题干结论和提问方式的变化，使得有关方案论证的题目在方案的强化和弱化的答题方向上发生灵活变化的题目。答题时要抓住结论并注意提问方式，思维目的是针对结论来寻找满足问题要求的选项。

1 2020MBA－45

日前，科学家发明了一项技术，可以把二氧化碳等物质“电成”有营养价值的蛋白粉，这项技术不像种庄稼那样需要具备合适的气温、湿度和土壤等条件。他们由此认为，这项技术开辟了未来新型食物生产的新路，有助于解决全球饥饿问题。

以下各项如果都为真，则除了哪项均能支持上述科学家的观点？

A. 让二氧化碳、水和微生物一起接受电流电击，可以产生出有营养价值的食物。

B. 粮食问题是全球性重大难题，联合国估计到2050年将有20亿人缺乏基本营养。

C. 把二氧化碳等物质“电成”蛋白粉的技术将彻底改变农业，还能避免对环境造成不利影响。

D. 由二氧化碳等物质“电成”的蛋白粉，约含50%的蛋白质，25%的碳水化合物、核酸及脂肪。

E. 未来这项技术将被引入沙漠或其他面临饥荒的地区，为解决那里的饥饿问题提供重要帮助。

[解题分析] 正确答案：B

科学家观点：把二氧化碳等物质“电成”有营养价值的蛋白粉的新技术，开辟了未来新型食物生产的新路，有助于解决全球饥饿问题。

B项与科学家的论证无关，不能支持科学家的观点。

其余选项均能起到支持作用，其中：

A项：表明该技术的可行性，该技术可以产生出有营养价值的食物，可以支持，排除。

C项：表明该技术可彻底改变农业，可以支持，排除。

D项：表明该技术可以产生出有营养价值的食物，补充新论据，支持论证，排除。

E项：表明该技术可以为解决饥饿问题提供帮助，支持论证，排除。

2　2007MBA－43

去年某旅游胜地游客人数与前年游客人数相比，减少约一半。当地旅游管理部门调查发现，去年与前年的最大不同是入场门票从120元升到190元。

以下哪项措施，最可能有效解决上述游客锐减问题？

A. 利用多种媒体加强广告宣传。

B. 旅游地增加很多的游玩项目。

C. 根据实际情况，入场门票实行季节浮动价。

D. 对游客提供更周到的服务。

E. 加强该旅游地与旅游公司的联系。

[解题分析] 正确答案：C

题干信息：第一，游客减少了一半；第二，门票价格从120元升到190元。

既然问题出在门票价格上，要解决问题当然还要从门票价格入手，因此C项最可能有效解决上述游客锐减问题。

B项也会起到作用，但所起作用的效果不如C项。其他选项都没有涉及门票价格，为无关项。

3　2005MBA－24～25 基于以下题干：

市政府计划对全市的地铁进行全面改造，通过较大幅度地提高客运量，缓解沿线包括高速公路上机动车的拥堵。市政府同时又计划增收沿线两条主要高速公路的机动车过路费，用以贴补上述改造的费用。这样做的理由是，机动车主是上述改造的直接受益者，应当承担部分开支。

24. 以下哪项相关断定如果为真，最能质疑上述计划？

A. 市政府无权支配全部高速公路机动车过路费收入。

B. 地铁乘客同样是上述改造的直接受益者，但并不承担开支。

C. 机动车有不同的档次，但收取的过路费区别不大。

D. 为躲避多交过路费，机动车会绕开收费站，增加普通公路的流量。

E. 高速公路上机动车拥堵现象不如普通公路严重。

[解题分析] 正确答案：D

题干论述如下。

计划：对地铁进行全面改造，并增收沿线两条主要高速公路的机动车过路费。

目的：缓解沿线道路机动车的拥堵。

D项：为躲避多交过路费，机动车会绕开收费站，增加普通公路的流量。这样就造成，第一，由于机动车绕道了，所以这个费用收不到；第二，这个改造达不到缓解沿线道路拥堵的目的。这有力地质疑了上述计划，因此是正确答案。

A项："全部"是关键词，不能支配全部，但可能支配大部分，不能起到足够的削弱作用，排除。

B项：虽然题干论述机动车车主是直接受益者，要承担费用；但并没有说明，所有的直接受益者都应当承担费用。并且，该项不涉及该计划是否可以达到目的，削弱力度不足，排除。

C、E项：与题干论述的计划无关，排除。

25. 以下哪项相关断定如果为真，最有助于论证上述计划的合理性？

A. 上述计划通过了市民听证会的审议。

B. 在相邻的大、中城市中，该市的交通拥堵状况最为严重。

C. 增收过路费的数额，经过了专家的严格论证。

D. 市政府有足够的财力完成上述改造。

E. 改造后的地铁中，相当数量的乘客都有私人机动车。

[解题分析] 正确答案：E

题干的论述是通过改造地铁来减少车流量。这里面有个潜在的假设，就是说过去开车的人现在乘坐地铁了。因此，E项加强了上述计划的合理性。

A、C项：上述计划的合理性并不取决于市民听证会或专家论证，排除。

B项：该市的交通拥堵状况的严重程度与计划是否合理关系不大，排除。

D项：市政府有足够的财力只能表明计划的可行性，但无法证明计划的合理性，排除。

4　2000MBA－31

为降低成本，华强生公司考虑对中层管理者大幅减员。这一减员准备按如下方法完成：首先让50岁以上、工龄满15年者提前退休，然后解雇足够多的其他人使总数缩减为以前的50%。

以下各项如果为真，则都可能是公司这一计划的缺点，除了：

A. 由于人心浮动，经过该次减员后员工的忠诚度将会下降。

B. 管理工作的改革将迫使商业团体适应商业环境的变化。

C. 公司可以从中选拔未来高层经理人员的候选人将减少。

D. 有些最好的管理人员在不知道其是否会被解雇的情况下选择提前退休。

E. 剩下的管理人员的工作负担加重，使他们产生过分的压力而最终影响其表现。

[解题分析] 正确答案：B

计划：通过提前退休和解雇来对中层管理者减员。

目的：降低成本。

B项：说明该计划的必要性，起到支持作用，不是这一计划的缺点，正确。

A、C、D、E项：表明公司实行这一计划后导致各种不好的结果，最终会导致公司出现问题，显然都是这一计划的缺点，均排除。

第六章　论证推理

论证推理试题设计所依据的理论是“批判性思维”，其重点关注的，是如何识别、构造特别是评价实际思维中各种推理和论证的能力。论证推理题主要考查确定论点、评价论点、规范或者评价一个行动计划等三个方面的推理能力——大多数的问题基于一个单独的推理或是一系列语句。但有时候，也会有两三个问题基于一个推理或是一系列语句的情况。

逻辑论证的本质是事件与事件之间的推理关系，从解题角度上看，论证的本质就是句子与句子之间的推理关系。假设就是必要的支持；支持的取非就是削弱；评价就是支持与削弱的综合；解释就是对题干结论的支持。同一个题目可以按照不同的问题考多次。所以题型不是关键，题干的论证关系才是本质。

第一节　假设

在论证中，理由是支持主张的证据。理由有两种表现形式：被明确表达出来的称“前提”、没有被明确表达出来的称“假设”。

（一）假设定义

假设是使推理成立的一个必要条件。

具体而言，若 A 是 B 的一个必要条件，那么非 A→非 B；若一个推理在没有某一条件时，这个推理就不成立，那么这个条件就是语段推理的一个假设。

对于结论而言，假设的真或假是其能否成立的前提条件。如果假设不成立，则该结论不成立，而且也毫无意义。

（二）假设类型

假设作用于论证一般有以下三种类型：

1. 预设

预设是判定一个陈述真假的必要条件，指的是说话者在说出某个话语或句子时所作的假设，即说话者为保证句子或语段的合适性而必须满足的前提。

在交际过程中，预设通常指双方共同接受的东西。预设是指包含在命题中并使之成立的“隐含判断”，是某一个判断、某一个推理、某一个论证有意义的前提。人与人之间比较容易沟通主要在于具有共同的“预设”，讨论问题、交流思想、沟通情况必须要有共同的论域、共同的语境、共同的预设。

2. 隐含前提

隐含前提是论证中被省略、被默认为“真”且使论证得以成立的理由/前提之一。

在逻辑推理测试中，大多数假设均指的是隐含前提，即题干论证中省略的前提，是题干结论成立的隐含条件。

3. 支撑假设

支撑假设是假设的支撑，即支持假设成立的深层依据，是隐含前提成立的必要条件之一。

（三）揭示步骤

揭示论证中潜在假设的步骤如下：

1. 提炼出理由与结论

站在为作者着想的角度考虑，怎样才能使论证中已表述的前提成为支持其结论的强有力的理由？

2. 补充隐含前提

假定已表述的前提为真，紧扣结论，查看要使其结论成立，至少还需要得到什么样的隐含前提的支持，这样的前隐含提就是该论证的假设。

3. 检验重构的论证

补充隐含前提后，这个论证即可被重新构建出来。再来对论证者的推理进行评价，看被省略的前提是否真实，论证过程是否正确，是否符合原意。

（四）假设检验

在解答假设题时，首先凭语感来寻找可能为假设的选项，然后通过对选项加入否定的方法来判断题干推理是否成立。即用“否定代入法”来验证。

何谓“否定代入法”？就是把你认为有可能正确的选项首先进行否定，然后再把这个经过否定的选项代入题干之中，如果代入以后题干推理不能成立，那么，这个选项必为假设；如果代入以后题干推理仍然可以成立，则该选项绝对不是假设。

注意：假设分为充分假设和必要假设，除了充分假设，大多数假设均为必要假设，即有了这个假设上面的推理并不一定能成立，因为假设仅仅为使推理成立的一个必要条件，还可能需要其他条件的共同作用，上面的推理才能成立。

（五）假设辨析

假设辨析就是假设的筛选，包括假设的删除、选取和验证。当题目出现高质量的假设干扰项时，我们要学会对假设的识别，找到最恰当的假设。

1. 假设的删除

（1）排除无关选项。超出题干论证、与题干论证无关的不是假设。

（2）排除语意重复性选项。假设是题干论证的非重复性条件，因此，要排除重复题干理由，或者是题干理由的同语反复的选项。

（3）排除一般性的支持选项。支持性的选项未必是假设，因此，要排除虽然可加强题干结论但仅仅使题干前提具体化的选项。

2. 假设的选取

（1）假如有若干满足论证重构规则的隐含前提，则应补充使论证成立的强度高的隐含前提，优选能使得论证必然成立的选项。

（2）当有多个满足论证重构规则的隐含前提都能使得论证必然成立时，则应补充最弱的隐含前提。

（3）若题干结论带“可能”等类似限定词，则补充的隐含前提要减弱，假设不应该出现“必然”而应同样带有“可能”等类似限定词。

3. 假设的验证

取非后的选项要能够彻底否定题干，这样的选项才是假设，否则就不是假设。

（六）解题方法

假设题的逻辑关系是最严密的，吃透假设题就比较容易体会逻辑的推理过程，从而可以对别的题型举一反三，所以它是逻辑考题中最重要的一种题型。由于答案给出方式相对比较固定，假设题的解题技巧也很明确。通常的解题步骤如下：

1. 读题

找出前提和结论，把握逻辑主线。

2. 寻找疑似答案

（1）根据核心词、否定词、能够/可以等标志词来定位选项。

（2）若无明显标志词，则凭语感或三段论思维寻找推理缺口，找出疑似答案。

3. 排除那些并没有填补推理缺口的选项

排除无关项以及带有绝对化词的断定过强的选项。

4. 若题目冗长绕口，则猜答案

读选项的顺序是，先读最长项，再读次长项。

5. 加非验证

做假设题的最有效方法就是对选项取非验证。

通过否定代入判断上面推理是否成立，若加入否定词后上面推理必不成立，则必为假设；若仍可能成立，则立即排除。

通常是用有关无关排除后剩下难分的选项才用这方法，很多情况下通过有关无关排除后便只剩下一个选项。

注意：

· 有些选项可以加强原来的结论，但未必是假设。

· 取非后的选项要能够彻底否定原来论断，否则就不是假设。

一、充分假设

充分假设是指将待选的选项加入题干论证，若该选项与题干前提结合起来，能使题干结论必然被推出，则该选项即为假设。可见，其解题思路是加进法，即三段论思维。

1　2024MBA－44

为满足持续激增的市场需求，半导体行业的许多工厂竞相增加芯片产能，预计供求平衡将在明年达成，此后可能会出现供应过剩。有分析人士认为，今年随着智能手机和新能源汽车的销售势头放缓，两大行业的产能将会降低，芯片供应的紧张形势有望得到缓解。

以下哪项最可能是上述分析人士的假设？

A. 新能源汽车制造商在销售疲软的情况下大幅削减芯片库存。

B. 智能手机和新能源汽车是半导体行业的两大主要终端用户。

C. 智能手机因零部件短缺而更新升级迟缓，今年下半年销量将有所下滑。

D. 芯片市场具有很强的周期性，每隔数年就会经历一次从峰值到低谷的循环。

E. 市场需求情况将通过产品销售、生产供应等逐步向上游传导，并最终影响相关工厂的产能。

［解题分析］正确答案：B

题干前提：智能手机和新能源汽车的产能将会降低。

补充B项：智能手机和新能源汽车是半导体行业的两大主要终端用户。

得出结论：半导体行业的芯片供应紧张形势有望得到缓解，此后可能会出现供应过剩。

其余选项均不是题干中分析人士的假设。

2 2023MBA－28

记者：贵校是如何培养创新型人才的？

受访者：大学生踊跃创新创业是我校的一个品牌。在相关课程学习中，我们注重激发学生创业的积极性，引导学生想创业；通过实训、体验，让学生能创业；通过学校提供专业化的服务，帮助学生创成业。在高校创业者收益榜中，我们学校名列榜首。

以下哪项最可能是上述对话中受访者论述的假设？

A. 不懂创新就不懂创业。

B. 创新能力越强，创业收益越高。

C. 创新型人才培养主要是创业技能的培训和提升。

D. 培养大学生创业能力只是培养创新型人才的任务之一。

E. 创新型人才的主要特征是具有不拘陈规、勇于开拓的创新精神。

[解题分析] 正确答案：C

受访者的回答：学校培养创新型人才的方法是，通过相关创业方面的课程学习使得学生创业成功。

可见，受访者的假设是创新型人才培养主要是创业方面的培训学习，因此，C项正确。

其论证过程为：

前提：通过相关创业方面的课程学习使得学生创业成功。

假设：创新型人才培养主要是创业技能的培训和提升。

结论：学校成功地培养了创新型人才。

其余选项都无关题干论证，均为无关项，排除。

3 2021MBA－46

水产品的脂肪含量相对较低，而且含有较多不饱和脂肪酸，对预防血脂异常和心血管疾病有一定作用；禽肉的脂肪含量也比较低，脂肪酸组成优于畜肉；畜肉中的瘦肉脂肪含量低于肥肉，瘦肉优于肥肉。因此，在肉类选择上，应该优先选择水产品，其次是禽肉，这样对身体更健康。

以下哪项如果为真，最能支持以上论述？

A. 所有人都有罹患心血管疾病的风险。

B. 肉类脂肪含量越低对人体越健康。

C. 人们认为根据自己的喜好选择肉类更有益于健康。

D. 人必须摄入适量的动物脂肪才能满足身体的需要。

E. 脂肪含量越低，不饱和脂肪酸含量越高。

[解题分析] 正确答案：B

题干前提：水产品的脂肪含量相对较低，禽肉的脂肪含量也比较低。

补充B项：肉类脂肪含量越低对人体越健康。

题干结论：在肉类选择上，应该优先选择水产品，其次是禽肉，这样对身体更健康。

其余选项都不能建立肉类脂肪含量与健康之间的联系，均为无关项，排除。

4 2021MBA-44

今天的教育质量将决定明天的经济实力。PISA是经济合作与发展组织每隔三年对15岁学生的阅读、数学和科学能力进行的一项测试。根据2019年最新测试结果，中国学生的总体表现远超其他国家学生。有专家认为，该结果意味着中国有一支优秀的后备力量以保障未来经济的发展。

以下哪项如果为真，最能支持上述专家的论证？

A. 这次PISA测试的评估重点是阅读能力，能很好地反映学生的受教育质量。

B. 在其他国际智力测试中，亚洲学生总体成绩最好，而中国学生又是亚洲最好的。

C. 未来经济发展的核心驱动力是创新，中国教育非常重视学生创新能力的培养。

D. 中国学生在15岁时各项能力尚处于上升期，他们未来会有更出色的表现。

E. 中国学生在阅读、数学和科学三项排名中均位列第一。

[解题分析] 正确答案：A

题干前提1：据2019年最新PISA测试结果，中国学生的总体表现远超其他国家学生。

补充A项：这次PISA测试的评估重点是阅读能力，能很好地反映学生的受教育质量。

得出结论：今天中国的教育质量非常好。

题干前提2：今天的教育质量将决定明天的经济实力。

最终结论：该结果意味着中国有一支优秀的后备力量以保障未来经济的发展。

其余选项均无法支持。其中：

B、C项：无关项，题干论证与“其他国际智力测试”“创新”无关，排除。

D项：未能表明与该测试的关系，而且其他国家的学生在15岁时，各项能力处于什么时期，是否会有更出色的表现，未知，不能加强，排除。

E项：没有体现与未来经济发展的联系，排除。

5 2021MBA-38

艺术活动是人类标志性的创造性劳动。在艺术家的心灵世界里，审美需求和情感表达是创造性劳动不可或缺的重要引擎；而人工智能没有自我意识，人工智能艺术作品的本质是模仿。因此，人工智能永远不能取代艺术家的创造性劳动。

以下哪项最可能是以上论述的假设？

A. 没有艺术家的创作，就不可能有人工智能艺术品。

B. 大多数人工智能作品缺乏创造性。

C. 只有具备自我意识，才能具有审美需求和情感表达。

D. 人工智能可以作为艺术创作的辅助工具。

E. 模仿的作品很少能表达情感。

[解题分析] 正确答案：C

题干前提1：人工智能没有自我意识。

补充C项：只有具备自我意识，才能具有审美需求和情感表达。

得出结论：人工智能不具有审美需求和情感表达。

题干前提2：审美需求和情感表达是创造性劳动不可或缺的重要引擎。

最终结论：人工智能永远不能取代艺术家的创造性劳动。

其余选项不妥。其中，A、B项与论证无关；D项，题干论证未涉及“辅助工具”；E项，与题干论述的“审美需求和情感表达”不一致。

6　2020MBA－44

黄土高原以前植被丰富，长满大树，而现在千沟万壑，不见树木，这是植被遭破坏后水流冲刷大地造成的惨痛结果。有专家进一步分析认为，现在黄土高原不长植物是因为这里的黄土其实都是生土。

以下哪项最可能是上述专家推断的假设？

A. 生土不长庄稼，只有通过土壤改造等手段才适宜种植粮食作物。

B. 因缺少应有的投入，生土无人愿意耕种，无人耕种的土地贫瘠。

C. 生土是水土流失造成的恶果，缺乏植物生长所需要的营养成分。

D. 东北的黑土地中含有较厚的腐殖层，这种腐殖层适合植物的生长。

E. 植物的生长依赖熟土，而熟土的存续依赖人类对植被的保护。

[解题分析] 正确答案：C

专家推断，现在黄土高原不长植物是因为这里的黄土其实都是生土。

C项显然是专家推断的假设，补充到专家的论证后，形成如下完整的论证。

前提：这里的黄土其实都是生土。

假设：生土是水土流失造成的恶果，缺乏植物生长所需要的营养成分。

结论：现在黄土高原不长植物。

其余选项均与题干论证无关，排除。

7　2019MBA－44

得道者多助，失道者寡助。寡助之至，亲戚畔之；多助之至，天下顺之。以天下之所顺，攻亲戚之所畔，故君子有不战，战必胜矣。

以下哪项是上述论证所隐含的前提？

A. 得道者多，则天下太平。

B. 君子是得道者。

C. 得道者必胜失道者。

D. 失道者必定得不到帮助。

E. 失道者亲戚畔之。

[解题分析] 正确答案：B

根据题干论述，可知：得道者战必胜。

补充B项：君子是得道者。

得出结论：君子战必胜。

8　2019MBA－29

人们一直在争论猫与狗谁更聪明。最近，有些科学家不仅研究了动物脑容量的大小，还研究了动物大脑皮层神经细胞的数量，发现猫平常似乎总摆出一副智力占优的神态，但猫的大脑皮层神经细胞的数量只有普通金毛犬的一半。由此，他们得出结论：狗比猫更聪明。

以下哪项最可能是上述科学家得出结论的假设？

A. 狗善于与人类合作，可以充当导盲犬、陪护犬、搜救犬、警犬等，就对人类的贡献而言，狗能做的似乎比猫多。

B. 狗可能继承了狼结群捕猎的特点，为了互相配合，它们需要做出一些复杂行为。

C. 动物大脑皮层神经细胞的数量与动物的聪明程度呈正相关。

D. 猫的神经细胞数量比狗少，是因为猫不像狗那样“爱交际”。

E. 棕熊的脑容量是金毛犬的 3 倍，但其脑神经细胞的数量却少于金毛犬，与猫很接近，而棕熊的脑容量却是猫的 10 倍。

[解题分析] 正确答案：C

题干前提：猫的大脑皮层神经细胞的数量只有普通金毛犬的一半。

补充 C 项：动物大脑皮层神经细胞的数量与动物的聪明程度呈正相关。

得出结论：狗比猫更聪明。

因此，C 项最可能是上述科学家得出结论的假设。

其余选项均不具有假设意义，其中：

A、B 项：与题干论证中"大脑皮层神经细胞的数量"无关，排除。

D 项：没有建立起脑神经细胞数量与聪明之间的联系，排除。

E 项：棕熊与题干论证无关，排除。

9 2017MBA - 38

婴儿通过碰触物体、四处玩耍和观察成人的行为等方式来学习，但机器人通常只能按照确定的程序进行学习。于是，有些科学家试图研制学习方式更接近于婴儿的机器人。他们认为，既然婴儿是地球上最有效率的学习者，为什么不设计出能像婴儿那样不费力气就能学习的机器人呢？

以下哪项最可能是上述科学家观点的假设？

A. 成年人和现有机器人都不能像婴儿那样毫不费力地学习。

B. 如果机器人能像婴儿那样学习，它们的智能就有可能超过人类。

C. 即使是最好的机器人，它们的学习能力也无法超过最差的婴儿学习者。

D. 婴儿的学习能力是天生的，他们的大脑与其他动物幼崽不同。

E. 通过碰触、玩耍和观察等方式来学习是地球上最有效的学习方式。

[解题分析] 正确答案：E

题干前提：婴儿通过碰触物体、四处玩耍和观察成人的行为等方式来学习。

补充 E 项：通过碰触、玩耍和观察等方式来学习是地球上最有效的学习方式。

得出结论：婴儿是地球上最有效率的学习者。所以，应该设计出能像婴儿那样不费力气就能学习的机器人。

A 项：范围过大，题干论证与"成年人"无关，排除。

B 项：题干论证与"智能超过人类"无关，排除。

C 项：题干没有区分"最好""最差"的婴儿学习者，与题干论证对象不一致，排除。

D 项：题干论证与"其他动物幼崽"无关，排除。

10 2015MBA - 49

张教授指出，生物燃料是指利用生物资源生产的燃料乙醇或生物柴油，它们可以替代由石油制取的汽油和柴油，是可再生能源开发利用的重要方向。受世界石油资源短缺、环保和全球气候变化的影响，20 世纪 70 年代以来，许多国家日益重视生物燃料的发展，并取得显著成效。所以，应该大力开发和利用生物燃料。

以下哪项最可能是张教授论证的假设？

A. 生物燃料在生产与运输的过程中需要消耗大量的水、电和石油等。

B. 发展生物燃料可有效降低人类对石油等化石燃料的消耗。

C. 生物柴油和燃料乙醇是现代社会能源供给体系的适当补充。

D. 发展生物燃料会减少粮食供应，而当今世界有数以百万计的人食不果腹。

E. 目前我国生物燃料的开发和利用已经取得很大成绩。

[解题分析] 正确答案：B

题干前提：世界石油资源短缺。

补充假设：发展生物燃料可有效降低人类对石油等化石燃料的消耗。

得出结论：应该大力开发和利用生物燃料。

因此，B项为正确答案。

A、D项：发展生物燃料有明显的弊端，削弱题干论证，排除。

C项：生物燃料只是适当补充，不能得出应该大力开发和利用生物燃料的结论。可见，该项不是假设，只是弱支持，排除。

E项：取得多大的成绩与大力开发的必要性无关，排除。

11 2015MBA－29

人类经历了上百万年的自然进化，产生了直觉、多层次抽象等独特智能。尽管现代计算机已经具备了一定的学习能力，但这种能力还需要人类的指导，完全的自我学习能力还有待进一步发展。因此，计算机要达到甚至超过人类的智能水平是不可能的。

以下哪项最可能是上述论证的假设？

A. 计算机如果具备完全的自我学习能力，就能形成直觉、多层次抽象等独特智能。

B. 计算机很难真正懂得人类的语言，更不可能理解人类的感情。

C. 直觉、多层次抽象等这些人类的独特智能无法通过学习获得。

D. 计算机可以形成自然进化能力。

E. 理解人类复杂的社会关系需要自我学习能力。

[解题分析] 正确答案：C

题干前提：计算机的学习能力还有待发展。

补充C项：直觉、多层次抽象等这些人类的独特智能无法通过学习获得。

得出结论：计算机要达到甚至超过人类的智能水平是不可能的。

可见，C项是题干论证必须假设的，否则，如果计算机通过学习可以学会直觉、多层次抽象等独特智能，那么计算机就有可能达到或者超过人类的智能水平。

A项：与题干意思相反，质疑了题干论证，排除。

B项："人类的语言""人类的感情"与"直觉、多层次抽象等独特智能"不一致，排除。

D项：计算机可以形成自然进化能力，对题干结论有所削弱，排除。

E项："人类复杂的社会关系"与"直觉、多层次抽象等独特智能"不一致，排除。

12 2014MBA－39

长期以来，人们认为地球是已知唯一能支持生命存在的星球，不过这一情况开始出现改观。科学家近期指出，在其他恒星周围，可能还存在着更加宜居的行星。他们尝试用崭新的方法开展地外生命搜索，即搜寻放射性元素钍和铀。行星内部含有这些元素越多，其内部温度就会越高，这在一定程度上有助于行星的板块运动，而板块运动有助于维系行星表面的水体，因此板块运动可被视为行星存在宜居环境的标志之一。

以下哪项最可能是科学家的假设？

A. 行星如能维系水体，就可能存在生命。

B. 行星板块运动都是由放射性元素钍和铀驱动的。

C. 行星内部温度越高，越有助于它的板块运动。

D. 没有水的行星也可能存在生命。

E. 虽然尚未证实，但地外生命一定存在。

［解题分析］ 正确答案：A

题干前提：板块运动有助于维系行星表面的水体。

补充 A 项：行星如能维系水体，就可能存在生命。

得出结论：板块运动可被视为行星存在宜居环境的标志之一。

可见，A 项是科学家的假设。其余选项不妥，其中，B、C、E 项与题干论证无关，排除；D 项与题干陈述相悖，排除。

13　2013MBA－41

新近一项研究发现，海水颜色能够让飓风改变方向，也就是说，如果海水变色，飓风的移动路径也会变向。这也就意味着科学家可以根据海水的“脸色”判断哪些地区将被飓风袭击，哪些地区会幸免于难。值得关注的是，全球气候变暖可能已经让海水变色。

以下哪项最可能是科学家作出判断所依赖的前提？

A. 海水温度变化会导致海水改变颜色。

B. 海水颜色与飓风移动路径之间存在某种相对确定的联系。

C. 海水温度升高会导致生成的飓风数量增加。

D. 海水温度变化与海水颜色变化之间的联系尚不明朗。

E. 全球气候变暖是最近几年飓风频发的重要原因之一。

［解题分析］ 正确答案：B

题干陈述：科学家是根据海水的颜色来判断飓风移动路径。

显然，科学家作出判断所依赖的前提是，海水颜色与飓风移动路径之间存在某种相对确定的联系。因此，B 项正确。

14　2011MBA－51

某公司总裁曾经说过：“当前任总裁批评我时，我不喜欢那感觉，因此，我不会批评我的继任者。”

以下哪项最可能是该总裁上述言论的假设？

A. 当遇到该总裁的批评时，他的继任者和他的感觉不完全一致。

B. 只有该总裁的继任者喜欢被批评的感觉，他才会批评继任者。

C. 如果该总裁喜欢被批评，那么前任总裁的批评也不例外。

D. 该总裁不喜欢批评他的继任者，但喜欢批评其他人。

E. 该总裁不喜欢被前任总裁批评，但喜欢被其他人批评。

［解题分析］ 正确答案：B

总裁前提：不喜欢被批评。

补充 B 项：喜欢被批评←才会批评继任者。

得出结论：我不会批评继任者。

可见，B 项是该总裁言论必需的假设，正确。

A、D、E 项：没有出现推理关系，与总裁的言论无关，排除。

C 项：喜欢被批评→喜欢前任总裁的批评，与总裁的论证无关，排除。

15 2007MBA－31

张华是甲班学生，对围棋感兴趣。该班学生或者对国际象棋感兴趣，或者对军棋感兴趣；如果对围棋感兴趣，则对军棋不感兴趣。因此张华对中国象棋感兴趣。

以下哪项最可能是上述论证的假设？

A. 如果对国际象棋感兴趣，则对中国象棋感兴趣。

B. 甲班对国际象棋感兴趣的学生都对中国象棋感兴趣。

C. 围棋和中国象棋比军棋更具挑战性。

D. 甲班同学感兴趣的棋类只限于围棋、国际象棋、军棋和中国象棋。

E. 甲班所有学生都对中国象棋感兴趣。

［解题分析］ 正确答案：B

题干断定：

（1）张华是甲班学生，对围棋感兴趣。

（2）该班学生或者对国际象棋感兴趣，或者对军棋感兴趣。

（3）如果对围棋感兴趣，则对军棋不感兴趣。

由条件（1）（3）知，（4）张华对军棋不感兴趣。

由条件（1）（2）（4）知，（5）张华对国际象棋感兴趣。

而题干的结论是“张华对中国象棋感兴趣”。

这样我们可以把题干论证简化为：张华是甲班学生而且对国际象棋感兴趣，所以，张华对中国象棋感兴趣。补充假设后得到完整的论证如下。

前提：张华是甲班学生而且对国际象棋感兴趣。

假设：甲班对国际象棋感兴趣的学生都对中国象棋感兴趣。

结论：张华对中国象棋感兴趣。

可见，B项是题干论证的假设，因此为正确答案。

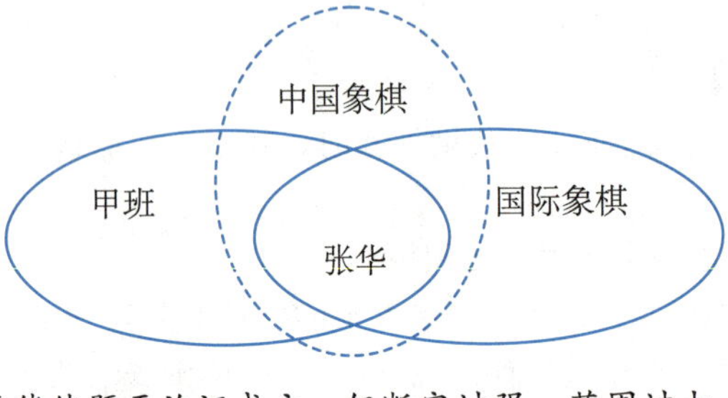

A项：虽然代入题干能使题干论证成立，但断定过强，范围过大，只要甲班学生符合该条件即可，排除。

C项：与题干论证无关，排除。

D项：代入题干无法推出结论，不是假设，排除。

E项：假设过强，断定范围过大，不需要甲班所有学生都对中国象棋感兴趣，只需要甲班对国际象棋感兴趣的学生都对中国象棋感兴趣即可，排除。

二、推理可行

推理可行的假设是一种必要假设，也是出题数量最多的假设题型。若能使一个论证可行或有意义，那么这样的假定就是题干推理成立的必要条件。因为若推理根本就不可行或没有实际意义，那么题干论证必然不成立，所以这个假定是假设。

注意：

（1）无因无果也是一种推理可行的假设。

（2）假设一定是支持，但支持不一定是假设。因此，命题者加大假设题难度无一例外地是在加大阅读的前提下设计出一个支持选项，而这时的易混淆支持选项必然不是题干论证成立的必要条件，所以可用加入否定的方法去掉这个易误选的支持选项。

1　2016MBA－46

超市中销售的苹果常常留有一定的油脂痕迹，表面显得油光滑亮。牛师傅认为，这是残留在苹果上的农药所致，水果在收摘之前都喷洒了农药，因此，消费者在超市购买水果后，一定要清洗干净方能食用。

以下哪项最可能是牛师傅看法所依赖的假设？

A. 在水果收摘之前喷洒的农药大多数会在水果上留下油脂痕迹。

B. 许多消费者并不在意超市销售的水果是否清洗过。

C. 超市里销售的水果并未得到彻底清洗。

D. 只有那些在水果上能留下油脂痕迹的农药才可能被清洗掉。

E. 除了苹果，其他许多水果运至超市时也留有一定的油脂痕迹。

［解题分析］正确答案：C

牛师傅的论证结构如下。

前提：超市中苹果的油脂痕迹是残留的农药所致。

结论：消费者在超市购买水果后，一定要清洗干净方能食用。

这一论述显然需要假设C项，正是因为超市里销售的水果并未得到彻底清洗，所以在食用前才需要清洗干净。否则，如果超市里销售的水果得到了彻底清洗，那么，牛师傅的结论就不成立了。因此，该项为正确答案。

其余选项均不是假设，其中：

A项：有干扰作用，属于支持项，但不是假设，排除。

B、E项：与题干论证无关，为无关项，排除。

D项：若除了那些在水果上能留下油脂痕迹的农药外，其他类型的农药也可被清洗掉，则题干论证仍然成立。可见，该项假设过强，排除。

2　2015MBA－36

美国扁桃仁于上世纪70年代出口到我国，当时被误译为“美国大杏仁”，这种误译使大多数消费者根本不知道扁桃仁、杏仁是两种完全不同的产品。对此，我国林果专家一再努力澄清，但学界的声音很难传达到相关企业和民众中。因此，必须制定林果的统一标准，这样才能还相关产品以本来面目。

以下哪项是上述论证的假设？

A. 美国扁桃仁和中国大杏仁的外形很相似。

B. 我国相关企业和大众并不认可我国林果专家的意见。

C. 进口商品名称的误译会扰乱我国企业正常的对外贸易活动。

D. 长期以来，我国没有林果的统一标准。

E. 美国“大杏仁”在中国市场上销量超过中国杏仁。

［解题分析］正确答案：D

前提：由于误译导致消费者以为扁桃仁和杏仁是相同产品。

结论：必须制定林果的统一标准。

D项是上述论证的假设，表明这一措施是有必要的，否则，如果我国已经有了林果的统一标准，那么就不必制定这一标准了。

A项：题干表明，误译导致消费者的误解，而非因为外形很相似，排除。

其余选项均与题干论证无关，均不是题干论证所需的假设。

3 2011MBA－55

有医学研究显示，行为痴呆症患者大脑组织中往往含有过量的铝。同时有化学研究表明，一种硅化合物可以吸收铝。陈医生据此认为，可以用这种硅化合物治疗行为痴呆症。

以下哪项是陈医生最可能依赖的假设？

A. 行为痴呆症患者大脑组织的含铝量通常过高，但具体数量不会变化。

B. 该硅化合物在吸收铝的过程中不会产生副作用。

C. 用来吸收铝的硅化合物的具体数量与行为痴呆症患者的年龄有关。

D. 过量的铝是导致行为痴呆症的原因，患者脑组织中的铝不是痴呆症引起的结果。

E. 行为痴呆症患者脑组织中的铝含量与病情的严重程度有关。

［解题分析］ 正确答案：D

前提：行为痴呆症患者大脑组织中往往含有过量的铝。

结论：可用这种能吸收铝的硅化合物治疗行为痴呆症。

“行为痴呆症”与“大脑中含有过量的铝”两个现象同时出现，陈医生认为“大脑中含有过量的铝”导致了“行为痴呆症”。如果“大脑中含有过量的铝”是“行为痴呆症”引起的结果，那么，即使硅化合物可以将铝吸收，也起不到治疗行为痴呆症的作用。要使陈医生的论证成立，必须排除因果倒置的可能性。

D项：与上述分析一致，排除了因果倒置的可能性，是题干论证所依赖的假设，正确。

A项：强调了行为痴呆症患者大脑组织的含铝量过高且不会变化，这并不涉及题干论证关系，不是假设，排除。

B项：假设过强，不需要假设该方法不会产生副作用，只要副作用在许可的范围内，该方法就依然有效，排除。

C项：硅化合物的具体数量与患者的年龄有关，这涉及“如何治疗”，而题干论证只涉及“能否治疗”，故为无关项，排除。

E项：患者脑组织中的铝含量与病情的严重程度有关，支持了题干论证的前提，但没有说明这两者哪个是因、哪个是果，不是假设，排除。

4 2005MBA－45

香蕉叶斑病是一种严重影响香蕉树生长的传染病，它的危害范围遍及全球。这种疾病可由一种专门的杀菌剂有效控制，但喷洒这种杀菌剂会对周边人群的健康造成危害。因此，在人口集中的地区对小块香蕉林喷洒这种杀菌剂是不妥当的。幸亏规模香蕉种植园大都远离人口集中的地区，可以安全地使用这种杀菌剂。因此，全世界的香蕉产量，大部分不会受到香蕉叶斑病的影响。

以下哪项最可能是上述论证所假设的？

A. 人类最终可以培育出抗叶斑病的香蕉品种。

B. 全世界生产的香蕉，大部分产自规模香蕉种植园。

C. 和在小块香蕉林中相比，香蕉叶斑病在规模香蕉种植园中传播得较慢。

D. 香蕉叶斑病是全球范围内唯一危害香蕉生长的传染病。

E. 香蕉叶斑病不危害植物。

[解题分析] 正确答案：B

前提：规模香蕉种植园大都远离人口集中的地区，可以安全地使用杀菌剂来控制香蕉叶斑病。

结论：全世界的香蕉产量大部分不会受到香蕉叶斑病的影响。

可见，题干论证由规模香蕉种植园的香蕉产量不会受到香蕉叶斑病的影响，得出全世界的香蕉产量大部分不会受到香蕉叶斑病的影响的结论，需要保证规模香蕉种植园的香蕉产量占了全世界香蕉产量的大部分。所以，B 项是必须假设的。

A、E 项：与题干论证无关，排除。

C 项：题干已表明香蕉叶斑病危害全球，所以该论证与该病的传播速度无关，排除。

D 项：即使不是唯一的传染病，但只要是严重危害香蕉生长的传染病，不影响题干论证成立，排除。

5　2005MBA－32

面试是招聘的一个不可以取代的环节，因为通过面试，可以了解应聘者的个性。那些个性不合适的应聘者将被淘汰。

以下哪项是上述论证最可能假设的？

A. 应聘者的个性很难通过招聘的其他环节展示。

B. 个性是确定录用应聘者的最主要因素。

C. 只有经验丰富的招聘者才能通过面试准确把握应聘者的个性。

D. 在招聘环节中，面试比其他环节更重要。

E. 面试的唯一目的是了解应聘者的个性。

[解题分析] 正确答案：A

前提：通过面试可了解应聘者的个性，从而将个性不合适的应聘者淘汰。

结论：面试是招聘的一个不可以取代的环节。

A 项是题干论证必须假设的，否则，如果应聘者的个性可以通过招聘的其他环节展示，面试环节在招聘中就可以被取代了。

B 项：假设过强，不需要是最主要因素，只要个性是确定录用应聘者不可缺少的一个重要因素即可，排除。

C 项：题干论证与招聘者的经验无关，排除。

D 项：假设过强，不需要假设面试比其他环节更重要，只要面试能影响录用结果即可，排除。

E 项：假设过强，不需要假设面试的唯一目的是了解个性，只要有这一目的即可，排除。

6　2004MBA－53

西方航空公司由北京至西安的全额票价一年多来保持不变，但是，目前西方航空公司由北京至西安的机票 90%打折出售，只有 10%全额出售；而在一年前则是一半打折出售，一半全额出售。因此，目前西方航空公司由北京至西安的平均票价比一年前要低。

以下哪项最可能是上述论证所假设的？

A. 目前和一年前一样，西方航空公司由北京至西安的机票，打折的和全额的，有基本相同的售出率。

B. 目前和一年前一样，西方航空公司由北京至西安的打折机票售出率，不低于全额机票。

C. 目前西方航空公司由北京至西安的打折机票的票价和一年前基本相同。

D. 目前西方航空公司由北京至西安航线的服务水平比一年前下降了。

E. 西方航空公司所有航线的全额票价一年多来保持不变。

［解题分析］正确答案：C

前提：票价一年多来保持不变；一年前则是一半打折出售，一半全额出售；目前90%打折出售，只有10%全额出售。

结论：平均票价比一年前要低。

C项：必须假设。否则，如果打折机票的票价和一年前不同，那么题干论证就不成立了。举一个极端例子：如果目前虽然90%的机票打折，但是都是打九九折，而一年前50%的机票打折，但都是打一折，那么目前的平均票价远高于一年前。

A、B项：平均票价的计算与售出率无关，不是题干论证必须假设的，均排除。

D、E项：服务水平和其他航线均与题干论证无关，均排除。

7　2002MBA－31

W公司制作的正版音乐光盘每张售价25元，赢利10元。而这样的光盘的盗版制品每张仅售价5元。因此，这样的盗版光盘如果销售10万张，就会给W公司造成100万元的利润损失。

为使上述论证成立，以下哪项是必须假设的？

A. 每个已购买各种盗版制品的人，若没有盗版制品可买，都仍会购买相应的正版制品。

B. 如果没有盗版光盘，W公司的上述正版音乐光盘的销售量不会少于10万张。

C. 上述盗版光盘的单价不可能低于5元。

D. 与上述正版光盘相比，盗版光盘的质量无实质性的缺陷。

E. W公司制作的上述正版光盘价格偏高是造成盗版光盘充斥市场的原因。

［解题分析］正确答案：B

前提：正版光盘每张赢利10元，盗版光盘销售了10万张。

结论：公司损失了100万元的利润。

上述论证的漏洞在于即使盗版光盘不存在，也并不意味着正版光盘能多卖10万张，因为两者的价格差距大。只有当一张本来可以销售的正版光盘，因为盗版的存在而卖不出去的时候，对正版公司才存在利润损失的问题。

B项：必须假设。否则，如果没有盗版光盘，W公司的上述正版光盘的销量少于10万张，那么就达不到100万元的利润损失。

A项：断定过强。“各种盗版制品”范围过大，而题干论证只涉及盗版光盘，排除。

C项：无关选项。盗版光盘的单价与题干论证无关，排除。

D项：无关选项。盗版光盘的质量与题干论证无关，排除。

E项：无关选项。正版光盘的价格是否偏高与题干论证无关，排除。

8　2001MBA－61

尽管计算机可以帮助人们进行沟通，计算机游戏却妨碍了青少年沟通能力的发展。青少年把课余时间都花费在玩游戏上，而不是与人交流上。所以说，把课余时间花费在玩游戏上的青少年比其他孩子有较少的沟通能力。

以下哪项是上述议论最可能假设的？

A. 一些被动的活动，如看电视和听音乐，并不会阻碍孩子们的交流能力的发展。

B. 大多数孩子在玩电子游戏之外还有其他事情可做。

C. 在课余时间不玩电子游戏的孩子至少有一些时间是在与人交流。

D. 传统的教育体制对增强孩子们与人交流的能力没有帮助。

E. 由玩电子游戏带来的思维能力的增强对孩子们的智力开发并没有实质性的益处。

[解题分析] 正确答案：C

题干断定：把课余时间花费在玩游戏上的青少年比其他孩子有较少的沟通能力。

因果关系：因（玩游戏）～果（不交流）。

C 项：无因（不玩游戏）～无果（有交流）。这是题干论证必须假设的，否则，如果事实上在课余时间不玩电子游戏的孩子也不与人交流，那么，题干断定就不成立了。

其余各项均不是需要假设的。

9　2000MBA－72

在西方几个核大国中，当核试验得到了有效的限制，老百姓就会倾向于省更多的钱，出现所谓的商品负超常消费；当核试验的次数增多的时候，老百姓就会倾向于花更多的钱，出现所谓的商品正超常消费。因此，当核战争成为能普遍觉察到的现实威胁时，老百姓为存钱而限制消费的愿望大大降低，商品正超常消费的可能性大大增加。

上述论证基于以下哪项假设？

A. 当核试验次数增多时，有足够的商品支持正超常消费。

B. 在西方几个核大国中，核试验受到了老百姓普遍的反对。

C. 老百姓只能通过本国的核试验的次数来觉察核战争的现实威胁。

D. 商界对核试验乃至核战争的现实威胁持欢迎态度，因为这将带来经济利益。

E. 在冷战年代，上述核战争的现实威胁出现过数次。

[解题分析] 正确答案：A

前提：当核试验得到限制时，出现负超常消费；当核试验次数增多时，出现正超常消费。

结论：当能觉察到核战争威胁时，正超常消费的可能性大大增加。

A 项：必须假设，否则，当核试验次数增多时，没有足够的商品支持正超常消费，商品正超常消费的现象也就出现不了。这是题干论证必须假设的，正确。

B 项：与题干论证无关，排除。

C 项：断定过强，题干说明老百姓可以通过本国的核试验的次数来觉察核战争的现实威胁，但并不说明老百姓只能通过本国的核试验的次数来觉察核战争的现实威胁。这不是题干论证必须假设的，排除。

D 项：这是对题干论证的一个可能的推论，并非题干论证本身必须假设的，排除。

E 项：无关项，这是对过去的一个陈述，不是题干论证必须假设的，排除。

三、没有他因

当逻辑论证是由一个研究、调查、发现等推导出结论时，此类型推理成立的一个必要条件往往是除了该论证所述的原因之外，没有其他原因来说明这些研究、调查、发现的事实了。因为如果存在别的原因影响事实结果，那其结论就不成立了。可见，“没有他因”也是一种必要假设。

1　2006MBA－53

类人猿和其后的史前人类所使用的工具很相似。最近在东部非洲考古所发现的古代工具，就属于史前人类和类人猿都使用过的类型。但是，发现这些工具的地方是热带大草原，热带大草原有史前人类居住过，而类人猿只生活在森林中。因此，这些被发现的古代工具是史前人类而不是类人猿使用过的。

为使上述论证有说服力，以下哪项是必须假设的？

A. 即使在相当长的环境生态变化过程中，森林也不会演变成为草原。

B. 史前人类从未在森林中生活过。

C. 史前人类比类人猿更能熟练地使用工具。

D. 史前人类在迁移时并不携带工具。

E. 类人猿只能使用工具，并不能制造工具。

［解题分析］正确答案：A

前提：在热带大草原发现了类人猿和史前人类所使用的工具；而史前人类在热带大草原居住过，类人猿只生活在森林中。

结论：这些被发现的古代工具是史前人类而不是类人猿使用过的。

由于类人猿和其后的史前人类存在巨大的时间差，在这个漫长的过程中有可能森林变成草原，那么该工具就可能是类人猿在森林生活中留下的。可见，要使题干论证成立，必须排除森林变成草原的情况，因此，A项是排除他因的假设，为正确答案。

其余选项均与题干论证无关，排除。

2　2004MBA－46

莱布尼茨是17世纪伟大的哲学家。他先于牛顿发表了他的微积分研究成果。但是当时牛顿公布了他的私人笔记，说明他至少在莱布尼茨发表其成果的10年前已经运用了微积分的原理。牛顿还说，在莱布尼茨发表其成果的不久前，他在给莱布尼茨的信中谈起过自己关于微积分的思想。但是事后的研究说明，牛顿的这封信中，有关微积分的几行字几乎没有涉及这一理论的任何重要之处。因此，可以得出结论，莱布尼茨和牛顿各自独立地发现了微积分。

以下哪项是上述论证必须假设的？

A. 莱布尼茨在数学方面的才能不亚于牛顿。

B. 莱布尼茨是个诚实的人。

C. 没有第三个人不迟于莱布尼茨和牛顿独立地发现了微积分。

D. 莱布尼茨在发表微积分研究成果前从没有把其中的关键性内容告诉任何人。

E. 莱布尼茨和牛顿都没有从第三渠道获得关于微积分的关键性细节。

［解题分析］正确答案：E

前提：莱布尼茨先发表了微积分的研究成果，而牛顿公布了之前已经运用了微积分原理的私人笔记，并且两人之间没有有关微积分的实质性沟通。

结论：莱布尼茨和牛顿各自独立地发现了微积分。

E项：必须假设。否则，如果莱布尼茨和牛顿中有人从第三渠道获得关于微积分的关键性细节，那么即使他们两人之间没有过实质性的沟通，也得不出他们是各自独立地发现了微积分的结论。

A、B、C项：不必假设，均为无关项，排除。

D项：不必假设。因为即使莱布尼茨在发表微积分研究成果前把其中的关键性内容告诉过别人，只要那人没有告诉牛顿，那么两人仍是各自独立地发现了微积分，题干论证仍然成立。

3　2004MBA－44

通常的高山反应是由高海拔地区空气中缺氧造成的，当缺氧条件改变时，症状可以很快消失。急性脑血管梗阻也具有脑缺氧的病征，如不及时恰当处理会危及生命。由于急性脑血管梗阻的症状和普通高山反应相似，因此，在高海拔地区，急性脑血管梗阻这种病特别危险。

以下哪项最可能是上述论证所假设的？

A. 普通高山反应和急性脑血管梗阻的医疗处理是不同的。

B. 高山反应不会诱发急性脑血管梗阻。

C. 急性脑血管梗阻如及时恰当处理不会危及生命。

D. 高海拔地区缺少抢救和医治急性脑血管梗阻的条件。

E. 高海拔地区的缺氧可能会影响医生的工作，降低其诊断的准确性。

［解题分析］正确答案：A

前提：急性脑血管梗阻具有类似高山反应的脑缺氧病征，如不及时恰当处理会危及生命。

结论：在高海拔地区，急性脑血管梗阻特别危险。

A 项：必须假设。否则，如果普通高山反应和急性脑血管梗阻的治疗方法相同，那么，在高海拔地区，即使把急性脑血管梗阻误诊为高山反应，也不会特别危险。

B 项：不论高山反应会不会诱发急性脑血管梗阻，都不会得出在高海拔地区，得急性脑血管梗阻这种病特别危险，排除。

C 项：支持了题干论述，但不是题干论证必须假设的，排除。

D 项：是其他原因导致了急性脑血管梗阻的危险性，不是假设，排除。

E 项：医生诊断的准确性降低与题干论证无关，排除。

4　2003MBA－36

在汉语和英语中，“塔”的发音是一样的，这是英语借用了汉语；“幽默”的发音也是一样的，这是汉语借用了英语。而在英语和姆巴拉拉语中，“狗”的发音也是一样的，但可以肯定，使用这两种语言的人交往只是近两个世纪的事，而姆巴拉拉语（包括“狗”的发音）的历史，几乎和英语一样古老。另外，这两种语言，属于完全不同的语系，没有任何亲缘关系。因此，这说明，不同的语言中出现意义和发音相同的词，并不一定是由于语言的相互借用，或是由于语言的亲缘关系所致。

以上论述必须假设以下哪项？

A. 汉语和英语中，意义和发音相同的词都是相互借用的结果。

B. 除了英语和姆巴拉拉语以外，还有多种语言对“狗”有相同的发音。

C. 没有第三种语言从英语或姆巴拉拉语中借用“狗”一词。

D. 如果两种不同语系的语言中有的词发音相同，则使用这两种语言的人一定在某个时期彼此接触过。

E. 使用不同语言的人相互接触，一定会导致语言的相互借用。

［解题分析］正确答案：C

前提：在英语和姆巴拉拉语中，“狗”的发音一样，两种语言一样古老而且属于完全不同的语系，没有任何亲缘关系，并且使用这两种语言的人两个世纪前没有过交往。

结论：不同的语言中出现意义和发音相同的词，并不一定是由于语言的相互借用，或是由于语言的亲缘关系所致。

C 项：必须假设。否则，存在第三种语言从英语或姆巴拉拉语中借用“狗”一词，这样，虽然“狗”在英语和姆巴拉拉语中的相同的意义和发音不是这两种语言间的直接借用，但却是通过第三种语言的间接借用（比如第三种语言借用英语中的“狗”，姆巴拉拉语借用第三种语言中的“狗”），这说明不同的语言中出现意义和发音相同的词还是相互借用了，则题干论证就不成立了。

A、B 项：题干论证与汉语或其他语言无关，排除。

D 项：不必彼此接触过，只要语言在两者之间产生传播即可，不是必须假设的，排除。

E 项：“一定会导致语言的相互借用”与题干结论“不一定是由于语言的相互借用”不一致，不可能是假设，排除。

5　2002MBA－17

心脏的搏动引起血液循环。对同一个人，心率越快，单位时间进入循环的血液量就越多。血液中的红血球运输氧气。一般地说，一个人单位时间通过血液循环获得的氧气越多，他的体能及其发挥就越佳。因此，为了提高运动员在体育比赛中的竞技水平，应该加强他们在高海拔地区的训练，因为在高海拔地区，人体内每单位体积血液中含有的红血球数量，要高于在低海拔地区。

以下哪项是题干的论证必须假设的？

A. 海拔的高低对运动员的心率不产生影响。

B. 不同运动员的心率基本相同。

C. 运动员的心率比普通人慢。

D. 在高海拔地区训练能使运动员的心率加快。

E. 运动员在高海拔地区的心率不低于在低海拔地区。

［解题分析］ 正确答案：E

前提：一个人的血液供氧量越多，则他的体能及其发挥就越佳；在高海拔地区人体内每单位体积血液中红血球数量高于在低海拔地区。

结论：运动员在高海拔地区的训练效果好。

E 项：排除他因的假设。供氧量不仅与“每单位体积血液中含有的红血球数量”有关，还与“心率”有关，如果运动员在高海拔地区的心率低于在低海拔地区，那么即使每单位体积血液中含有的红血球数量高于在低海拔地区，供氧量也有可能低于低海拔地区，就达不到好的训练效果。因此，此项是必须假设的，正确。

A 项：断定过强。“不产生影响”过于绝对，如果事实上海拔越高，运动员的心率越快，题干的论证依然成立。所以，此项不是必须假设的，排除。

B 项：无须假设。运动员的心率是否基本相同，与题干论证无关，排除。

C 项：无须假设。运动员与普通人的心率比较，与题干论证无关，排除。

D 项：断定过强。运动员在高海拔地区心率加快，能支持题干论证，但如果运动员在高海拔地区和低海拔地区心率一样，题干论证依然成立。所以，此项不是必须假设的，排除。

6　2001MBA－55

交通部科研所最近研制了一种自动照相机，凭借其对速度的敏锐反应，当且仅当违规超速的汽车经过镜头时，它会自动按下快门。在某条单向行驶的公路上，在一个小时中，这样的一架照相机共摄下了 50 辆超速的汽车的照片。从这架照相机出发，在这条公路前方的 1 公里处，一批交通警察于隐蔽处在进行目测超速汽车能力的测试。在上述同一个小时中，某个警察测定，共有 25 辆汽车超速通过。由于经过自动照相机的汽车一定经过目测处，因此，可以推定，这个警察的目测超速汽车的准确率不高于 50%。

要使题干的推断成立，以下哪项是必须假设的？

A. 在该警察测定为超速的汽车中，包括在照相机处不超速而到目测处超速的汽车。

B. 在该警察测定为超速的汽车中，包括在照相机处超速而到目测处不超速的汽车。

C. 在上述一个小时中，在照相机前不超速的汽车，到目测处不会超速。

D. 在上述一个小时中，在照相机前超速的汽车，都一定超速通过目测处。

E. 在上述一个小时中，通过目测处的非超速汽车一定超过 25 辆。

［解题分析］正确答案：D

前提：照相机拍到 50 辆汽车超速，而在目测处警察只目测出 25 辆汽车超速。

结论：警察目测超速汽车的准确率不高于 50%。

D 项：必须假设。否则，如果在照相机前超速的汽车，有些到目测处减速了，即在目测处实际上没有超速了，那么上述警察的目测准确率就可能高于 50%，这样题干论证就不成立了。

其余各项均不是必须假设的。

7　2001MBA－47

一词当然可以多义，但一词的多义应当是相近的。例如，“帅”可以解释为“元帅”，也可以解释为“杰出”，这两个含义是相近的。由此看来，把“酷（Cool）”解释为“帅”实在是英语中的一种误用，应当加以纠正，因为“Cool”在英语中的初始含义是“凉爽”，和“帅”丝毫不相关。

以下哪项是题干的论证所必须假设的？

A. 一个词的初始含义是该词唯一确切的含义。

B. 除了“Cool”以外，在英语中不存在其他的词具有不相关的多种含义。

C. 词语的多义将造成思想交流的困难。

D. 英语比汉语更容易产生语词歧义。

E. 语言的发展方向是一词一义，用人工语言取代自然语言。

［解题分析］正确答案：A

前提：一词的多义应当是相近的；“酷（Cool）”的初始含义是“凉爽”，和“帅”不相近。

结论：把“酷（Cool）”解释为“帅”是误用。

A 项：排除他因的假设。表明一个词除了初始含义之外没有其他含义，否则，如果一个词的初始含义并不是该词唯一确切的含义，那么，“酷（Cool）”还可能有其他与“帅”相近的含义，那么把“酷（Cool）”解释为“帅”就不是误用。这是必须假设的，正确。

四、不能假设

不能假设型考题的解题方法是把题干论证的必要条件的选项排除掉，剩下的选项就是正确答案。正确答案可能为无关项，也可能为不是假设的支持项。

1998MBA－12

某家私人公交公司通过增加班次、降低票价、开辟新线路等方式，吸引了顾客，增加了利润。为了使公司的利润指标再上一个台阶，该公司决定更换旧型汽车，换上新型大客车，包括双层客车。

该公司的上述计划假设了以下各项，除了：

A. 在该公司经营的区域内，客流量将有增加。

B. 更换汽车的投入费用将在预期的利润中得到补偿。

C. 新汽车在质量、效能等方面足以保证公司获得预期的利润。

D. 驾驶新汽车将不比驾驶旧汽车更复杂、更困难。

E. 新换的双层大客车在该公司经营的区域内将不会受到诸如高度、载重等方面的限制。

[解题分析] 正确答案：D

题干信息：为增加利润，公司计划更换旧车，换上新车，包括双层客车。

D项：讨论驾驶新旧汽车复杂性的不同，这与利润指标的实现没多大关系，不是必须假设的，正确。

A项：必须假设，否则，如果换上双层客车后，客流量没有增加，利润就不会增加，那么该计划不可行。

B项：必须假设，否则，如果换车的投入不能在利润中得到补偿，就会导致换车后利润反而会降低，那么该计划不可行。

C项：必须假设，否则，如果新车不足以保证公司获得预期的利润，那么该计划不可行。

E项：必须假设，否则，如果新换的双层大客车会受到限制，就难以获得更多的利润，那么该计划不可行。

五、 假设复选

假设复选题指的是要找出多个使题干推理成立的必要条件，这是各类假设方向的综合运用。复选题型的特征是，题干选项是Ⅰ、Ⅱ、Ⅲ几个结论的综合，复选题本质上就是多选题，因此，要做对复选题需要对Ⅰ、Ⅱ、Ⅲ每个结论都有充分的把握，实际上复选题是加大考试难度的一种重要方式。

1 2007MBA－55

为了提高运作效率，H公司应当实行灵活工作日制度，也就是充分考虑雇员的个人意愿，来决定他们每周的工作与休息日。研究表明，这种灵活工作日制度，能使企业员工保持良好的情绪和饱满的精神。

上述论证依赖于以下哪项假设？

Ⅰ. 那些希望实行灵活工作日的员工，大都是H公司的业务骨干。

Ⅱ. 员工良好的情绪和饱满的精神，能有效提高企业的运作效率。

Ⅲ. H公司不实行周末休息制度。

A. 只有Ⅰ。

B. 只有Ⅱ。

C. 只有Ⅲ。

D. 只有Ⅱ和Ⅲ。

E. Ⅰ、Ⅱ和Ⅲ。

[解题分析] 正确答案：D

前提：灵活工作日制度能使企业员工保持良好的情绪和饱满的精神。

结论：为了提高运作效率，H公司应当实行灵活工作日制度。

其逻辑关系为：灵活工作日制度（措施）→使员工保持良好的情绪和饱满的精神（效果）→提高运作效率（目的）。

题干论证要成立，必须假设上述两个环节的推理都是成立的。

Ⅰ：无须假设，因为题干没有涉及希望实行灵活工作日的员工是否是业务骨干。

Ⅱ：必须假设，以保证从“效果”到“目的”的论证过程成立，否则，如果员工良好的情绪和饱满的精神并不能有效提高企业的运作效率，H公司就没必要实行灵活工作日制度了。

Ⅲ：必须假设，否则，如果公司实行周末休息制度，就不能实行灵活工作日制度，两者不能同时实行。

因此，D项正确。

2　2006MBA－37

在近现代科技的发展中，技术革新从发明、应用到推广的循环过程不断加快。世界经济的繁荣是建立在导致新产业诞生的连续不断的技术革新之上的。因此，产业界需要增加科研投入以促使经济进一步持续发展。

上述论证基于以下哪项假设？

Ⅰ. 科研成果能够产生一系列新技术、新发明。

Ⅱ. 电讯、生物制药、环保是目前技术革新循环最快的产业，将会在未来几年中产生大量的新技术、新发明。

Ⅲ. 目前产业界投入科研的资金量还不足以确保一系列新技术、新发明的产生。

A. 仅Ⅰ。

B. 仅Ⅲ。

C. 仅Ⅰ和Ⅱ。

D. 仅Ⅰ和Ⅲ。

E. Ⅰ、Ⅱ和Ⅲ。

［解题分析］正确答案：D

前提：世界经济的繁荣是建立在技术革新之上的。

结论：产业界需要增加科研投入以促使经济进一步持续发展。

Ⅰ：必须假设。否则，如果科研成果不能够产生一系列新技术、新发明，那么就不会形成技术革新，就没必要增加科研投入。

Ⅱ：不必假设。“电讯、生物制药、环保”超出题干论述范围，为无关项。

Ⅲ：必须假设。否则，如果目前产业界投入科研的资金量足以确保一系列新技术、新发明的产生，那也就没必要增加科研投入。

因此，D项为正确答案。

3　2005MBA－52

一般而言，科学家总是把创新性研究当作自己的目标，并且只把同样具有此种目标的人作为自己的同行。因此，如果有的科学家因为向大众普及科学知识而赢得赞誉，虽然大多数科学家会认同这种赞誉，但不会把这样的科学家作为自己的同行。

为使上述论证成立，以下哪项是必须假设的？

Ⅰ. 创新性科学研究比普及科学知识更重要。

Ⅱ. 大多数科学家认为，普及科学知识不需要创新性研究。

Ⅲ. 大多数科学家认为，从事普及科学知识不可能同时进行创新性研究。

A. 只有Ⅰ。

B. 只有Ⅱ。

C. 只有Ⅲ。

D. 只有Ⅱ和Ⅲ。

E. Ⅰ、Ⅱ和Ⅲ。

［解题分析］ 正确答案：D

前提：科学家总是把创新性研究当作自己的目标，并且只把同样具有创新性研究目标的人作为自己的同行。

结论：大多数科学家不会把普及科学知识的科学家作为自己的同行。

Ⅰ：无须假设。题干没有比较创新性科学研究与普及科学知识的重要性。

Ⅱ：必须假设。否则，如果大多数科学家认为普及科学知识需要创新性研究，那么，他们就有可能把普及科学知识的科学家作为自己的同行。

Ⅲ：必须假设。否则，如果大多数科学家认为从事普及科学知识可以同时进行创新性研究，那么，他们就有可能把普及科学知识的科学家作为自己的同行。

因此，D项为正确答案。

4　2004MBA－38

实业钢铁厂将竞选厂长。如果董来春参加竞选，则极具竞选实力的郝建生和曾思敏不参加竞选。所以，如果董来春参加竞选，他将肯定当选。

为使上述论证成立，以下哪项是必须假设的？

Ⅰ. 当选者一定是竞选实力最强的竞选者。

Ⅱ. 如果董来春参加竞选，那么，他将是唯一的候选人。

Ⅲ. 在实业钢铁厂，除了郝建生和曾思敏，没有其他人的竞选实力比董来春强。

A. 只有Ⅰ。

B. 只有Ⅱ。

C. 只有Ⅲ。

D. 只有Ⅰ和Ⅲ。

E. Ⅰ、Ⅱ和Ⅲ。

［解题分析］ 正确答案：D

前提：如果董来春参加竞选，则极具竞选实力的郝建生和曾思敏不参加竞选。

结论：如果董来春参加竞选，他将肯定当选。

Ⅰ：必须假设。否则，如果当选者不一定是竞选实力最强的竞选者，那么，就不能根据极具竞选实力的郝建生和曾思敏不参加竞选而得出结论：如果董来春参加竞选，他将肯定当选。

Ⅱ：不必假设。即使还有其他竞选人，只要他们的竞争实力不强于董来春，题干的论证仍然可以成立。

Ⅲ：必须假设。否则，如果除了郝建生和曾思敏，还有其他人的竞选实力比董来春强，那么，即使郝建生和曾思敏不参加竞选，董来春也不会当选。

因此，D项正确。

5　2004MBA－37

影片《英雄》显然是前两年最好的古装武打片。这部电影是由著名导演、演员、摄影师、武打设计师和服装设计师参与的一部国际化大制作的电影。票房收入的明显领先说明观看该部影片的人数远多于大片《卧虎藏龙》的人数，尽管《卧虎藏龙》也是精心制作的中国古装武打片。

为使上述论证成立，以下哪项是必须假设的？

Ⅰ. 影片《英雄》和影片《卧虎藏龙》的票价基本相同。

Ⅱ. 观众数量是评价电影质量的标准。

Ⅲ. 导演、演员、摄影师、武打设计师和服装设计师的阵容是评价电影质量的标准。

A. 只有Ⅰ。

B. 只有Ⅱ。

C. 只有Ⅲ。

D. 只有Ⅰ和Ⅱ。

E. Ⅰ、Ⅱ和Ⅲ。

[解题分析] 正确答案：D

题干前提：《英雄》票房收入明显领先于《卧虎藏龙》。

中间结论：观看《英雄》的人数远多于《卧虎藏龙》。

最终结论：《英雄》是前两年最好的古装武打片。

Ⅰ：必须假设。否则，如果《英雄》和《卧虎藏龙》的票价不同，意味着有可能《英雄》的票价远高于《卧虎藏龙》，那么很可能虽然《英雄》的票房收入高但是实际上观众人数少，这样题干论证就不成立了。

Ⅱ：必须假设。否则，如果观众数量不是评价电影质量的标准，那么由观看《英雄》的人数多于《卧虎藏龙》，也不能说明《英雄》是最好的古装武打片。

Ⅲ：不必假设。题干对电影质量的判断只基于观影人数，并没涉及演职人员阵容。题干只是指出由著名导演、演员、摄影师、武打设计师和服装设计师参与是《英雄》的一个特点，但并没有断定这是评价《英雄》的质量的标准。

因此，D项正确。

6　2003MBA－51

天文学家一直假设，宇宙中的一些物质是看不见的。研究显示：许多星云如果都是由能看见的星球构成，那么它们的移动速度要比任何条件下能观测到的快得多。专家们由此推测：这样的星云中包含着看不见的巨大物质，其重力影响着星云的运动。

以下哪项是题干的议论所假设的？

Ⅰ. 题干说的看不见，是指不可能被看见，而不是指离地球太远，不能被人的肉眼或借助天文望远镜看见。

Ⅱ. 上述星云中能被看见的星球总体质量可以得到较为准确的估计。

Ⅲ. 宇宙中看不见的物质，除了不能被看见这点以外，具有看得见的物质的所有属性，例如具有重力。

A. 只有Ⅰ。

B. 只有Ⅱ。

C. 只有Ⅲ。

D. 只有Ⅰ和Ⅱ。

E. Ⅰ、Ⅱ和Ⅲ。

[解题分析] 正确答案：D

前提：如果星云都是由能看见的星球构成，那么其移动速度要比任何条件下能观测到的快得多。

结论：星云中包含着看不见的巨大物质，其重力影响着星云的运动。

Ⅰ：需要假设。题干前提中强调的能看见的星球的移动，是在任何条件下能观测到的移动，因此，题干所说的看不见，是指不可能被看见。

Ⅱ：需要假设。题干论述，天文学家是由星云的移动速度，计算出星云的实际质量；由星云的实际质量和星云中能被看见星球的总体质量的差别，推测星云中包含着看不见的巨大质量的物质。如果上述星云中能被看见的星球的总体质量无法得到较为准确的估计，则就无从推测上述看不见的巨大质量的物质存在。

Ⅲ：不需假设。题干只是论述了看不见的物质具有重力等看得见的物质的某些属性，但无从得知是否具有除了不能被看见这点以外的所有属性。

因此，D项为正确答案。

7　2001MBA－56

有的地质学家认为，如果地球的未勘探地区中单位面积的平均石油储藏量能和已勘探地区一样，那么，目前关于地下未开采的能源含量的正确估计因此要乘上一万倍。如果地质学家的这一观点成立，那么，我们可以得出结论：地球上未勘探地区的总面积是已勘探地区的一万倍。

为使上述论证成立，以下哪项是必须假设的？

Ⅰ. 目前关于地下未开采的能源含量的估计，只限于对已勘探地区。

Ⅱ. 目前关于地下未开采的能源含量的估计，只限于对石油含量。

Ⅲ. 未勘探地区中的石油储藏能和已勘探地区一样得到有效的勘测和开采。

A. 只有Ⅰ。

B. 只有Ⅱ。

C. 只有Ⅲ。

D. 只有Ⅰ和Ⅱ。

E. Ⅰ、Ⅱ和Ⅲ。

[解题分析] 正确答案：D

前提：未勘探地区中单位面积的平均石油储藏量和已勘探地区一样。

结论：第一，目前关于地下未开采的能源含量的正确估计因此要乘上一万倍；第二，地球上未勘探地区的总面积是已勘探地区的一万倍。

Ⅰ：必须假设。否则，如果目前关于地下未开采的能源含量的估计包含了未勘探地区，就得不出目前关于地下未开采的能源含量的正确估计因此要乘上一万倍的结论。

Ⅱ：必须假设。题干由“石油储藏量”推出“能源含量”，这两个概念间存在差异，因此必须假设这两个概念是等效的。

Ⅲ：不必假设。因为题干中说的只是地下未开采的能源储量，而不是能够有效利用的能源储量。

因此，D项正确。

第二节　支持

支持也叫加强，支持型考题的特点是在题干中给出一个推理或论证，要求用某一选项去补充其前提或论据，使推理或论证成立的可能性增大。

（一）支持类型

论证的支持一般可分为两大类：

1. 假设支持

虽然支持题和假设题的问法并不相同，但很多支持题可以与假设题一样，用同样的步骤和方法解题，因此，假设题的解题思路也是支持题的解题思路。假设支持包括：

（1）充分支持。填补题干论证的推理缺口，等同于充分假设。

（2）必要支持。即该选项是题干论证成立的必要条件，等同于必要假设。包括推理可行、没有他因。

2. 论据支持

即通过增加论据的方法来支持结论，具体包括：

（1）理据支持。即补充一个原则或原理，使题干论证成立的可能性增大，也包括直接重复结论（再次加强、明确态度）等。

（2）证据支持。即增加一个事例和证据，使题干论证成立的可能性增大（包括有因有果、无因无果以及表明因果关系的资料是准确的）。

（二）支持程度

在逻辑考试中，经常测试比较支持、削弱等程度的考题，这类题一般在备选选项中有两个或两个以上能起到问题所要求的作用（支持、削弱等）的选项，需要比较所起作用的程度，因此，这类题目有一定的难度。

最能支持题型的解题思路一般是，首先，排除无关选项；其次，排除与题干论证不一致的削弱性选项；最后，对剩下的两个以上的支持性选项比较支持的程度，正确答案应是支持程度最大的选项。那么，怎么来比较支持的程度呢？下面提供一些评价支持程度的一般经验：

（1）结论强于理由——支持结论的力度大于支持原因或论据。

（2）内部强于外部——针对逻辑主线的支持强于针对非逻辑主线的支持。

（3）必然强于或然——必然的支持力度大于或然的支持。

（4）明确强于模糊——含有确定性数字的支持大于模糊概念的支持。

（5）量大强于量小——量大的支持力度大于量小的支持。

（6）直接强于间接——直接支持的力度大于间接支持。

（7）整体强于部分——综合因素的支持力度要大于单一因素的支持力度。

（8）逻辑强于非逻辑——逻辑支持（形式化支持）的力度大于非逻辑支持。

（9）质强于量——针对样本质的支持力度大于针对样本量的支持。

（三）解题方法

支持题逻辑关系和解题思路都不是很难，推理的重点在结论上。

假设答案是支持答案的子集。因为支持题的选项不像假设的范围那么窄，如果对答案没有把握，还是要花些时间迅速浏览一下其他选项，看看有没有遗漏的可能性或者错选，取非法对支持题一样有效。下面是常见的支持方式：

假设类支持：将题干的推理中的缺口填补，消除题干的推理缺陷。

因果型结论：即题干给出两件事，然后得出结论说是一件事（因）导致另一件事（果）。支持该结论的方法包括：①没有其他原因或可能导致该结果。②结合因果：或有因有果或无果无因。③因果没有倒置。④显示因果关系的资料是准确的。

题干是类比：支持方式为两者本质相同。

题干是调查：有效性不受怀疑（被调查对象的代表性等）。

题干前提和结论关系不密切：正确选项直接支持结论。

一、 充分支持

充分支持就是指补充省略前提的支持题，等同于充分假设。解题思路是加进法，即将待选的选项加入题干论证，若该选项与题干前提结合起来，能使题干结论必然被推出，则该选项就为正确答案。

1 2024MBA－53

很多迹象表明，三星堆文化末期发生过重大变故，比如，三星堆两个器物坑的出土文物就留有不少被砸过和烧过的残损痕迹。关于三星堆王国衰亡的原因，一种说法认为是外敌入侵，但也有学者认为，衰亡很可能是内部权力冲突导致的。他们的理由是，三星堆出土的文物显示，三星堆王国是由笄发的神权贵族和辫发的世俗贵族联合执政；而金沙遗址出土的文物显示，三星堆王国衰亡之后继起的金沙王国仅由三星堆王国中辫发的世俗贵族单独执政。

以下哪项如果为真，最能支持上述学者的观点？

A. 三星堆出土的文物并不完整，使得三星堆王国因外敌入侵而衰亡的说法备受质疑。

B. 有证据显示，从三星堆文化到金沙文化，金沙王国延续了三星堆王国的主要族群和传统。

C. 一个古代王国中不同势力的联合执政意味着政治权力的平衡，这种平衡一旦被打破就会出现内部冲突。

D. 根据古蜀国的史料记载，三星堆文化晚期曾出现宗教势力过大、财富大多集中到神权贵族一方的现象。

E. 三星堆城池遭到严重破坏很可能是外部入侵在先、内部冲突在后，迫使三星堆人迁都金沙，重建都城。

［解题分析］正确答案：C

题干理由：三星堆出土的文物显示，三星堆王国是由笄发的神权贵族和辫发的世俗贵族联合执政。

补充C项：一个古代王国中不同势力的联合执政意味着政治权力的平衡，这种平衡一旦被打破就会出现内部冲突。

得出观点：三星堆王国衰亡很可能是内部权力冲突导致的。

其余选项均不能有力地支持上述学者的观点。

2 2021MBA－26

哲学是关于世界观、方法论的学问，哲学的基本问题是思维和存在的关系问题，它是在总结各门具体科学知识基础上形成的，并不是一门具体科学。因此，经验的个案不能反驳它。

以下哪项如果为真，最能支持以上论述？

A. 哲学并不能推演出经验的个案。

B. 任何科学都要接受经验的检验。

C. 具体科学不研究思维和存在的关系问题。

D. 经验的个案只能反驳具体科学。

E. 哲学可以对具体科学提供指导。

［解题分析］正确答案：D

题干前提：哲学不是具体科学。

补充D项：经验的个案只能反驳具体科学。

题干结论：经验的个案不能反驳哲学。

因此，D 项最能支持题干论述。其余选项均为无关项。

3 2020MBA－49

尽管近年来我国引进了不少人才，但真正顶尖的领军人才还是凤毛麟角。就全球而言，人才特别是高层次人才紧缺已是常态化、长期化的趋势。某专家由此认为，未来 10 年，美国、加拿大、德国等主要发达国家对高层次人才的争夺将进一步加剧，发展中国家的高层次人才紧缺状况更甚于发达国家。因此，我国高层次人才引进工作急需进一步加强。

以下哪项如果为真，最能加强上述专家论证？

A. 我国理工科高层次人才紧缺程度更甚于文科。

B. 发展中国家的一般性人才不比发达国家少。

C. 我国仍然是发展中国家。

D. 人才是衡量一个国家综合国力的重要指标。

E. 我国近年来引进的领军人才数量不及美国等发达国家。

[解题分析] 正确答案：C

整理题干信息，补充选项后形成专家的完整论证。

前提：未来 10 年，发展中国家的高层次人才紧缺状况更甚于发达国家。

C 项：我国仍然是发展中国家。

结论：我国高层次人才引进工作急需进一步加强。

可见，C 项最能加强专家论证。

其余选项不妥，其中：

A 项：题干论证没有涉及文科与理工科的比较，排除。

B 项：题干论证没有涉及“一般性人才”，排除。

D 项：与题干论证无关，排除。

E 项：人才紧缺除了跟引进数量有关，也和需求有关，只知道引进的领军人才数量不及发达国家，无法表明是否人才紧缺，排除。

4 2020MBA－48

1818 年前纽约市规定，所有买卖的鱼油都需要经过检查，同时缴纳每桶 25 美元的检查费。一天，鱼油商人买了三桶鲸鱼油，打算把鲸鱼油制成蜡烛出售，鱼油检查员发现这些鲸鱼油根本没经过检查，根据鱼油法案，该商人需要接受检查并缴费。但该商人声称鲸鱼不是鱼，拒绝缴费，遂被告上法庭。陪审员最后支持了原告，判决该商人支付 75 美元检查费。

以下哪项如果为真，最能支持陪审员所作的判决？

A. 纽约市相关法律已经明确规定“鱼油”包括鲸鱼油和其他鱼类油。

B. “鲸鱼不是鱼”和中国古代公孙龙的“白马非马”类似，两者都是违反常识的诡辩。

C. 19 世纪的美国虽有许多人认为鲸鱼不是鱼，但是也有许多人认为鲸鱼是鱼。

D. 当时多数从事科学研究的人都肯定鲸鱼不是鱼，而律师和政客持反对意见。

E. 古希腊有先哲早就把鲸鱼归类到胎生四足动物和卵生四足动物之下，比鱼类更高一级。

[解题分析] 正确答案：A

题干前提：纽约市规定，所有买卖的鱼油都需要缴纳检查费。

补充 A 项：纽约市相关法律已经明确规定“鱼油”包括鲸鱼油和其他鱼类油。

陪审员判决：买了鲸鱼油的商人要支付检查费。

可见，A项最能支持陪审员所作的判决。

其余选项均不妥，其中，B、E项与论证无关；C、D项："许多人认为""多数人都肯定"均属于模糊数量，支持力不足，排除。

5 2019MBA-34

研究人员使用脑电图技术研究了母亲给婴儿唱童谣时两人的大脑活动，发现当母亲与婴儿对视时，双方的脑电波趋于同步，此时婴儿也会发出更多的声音尝试与母亲沟通。他们据此认为，母亲与婴儿对视有助于婴儿的学习与交流。

以下哪项如果为真，最能支持上述研究人员的观点？

A. 在两个成年人交流时，如果他们的脑电波同步，交流就会更顺畅。

B. 当父母与孩子互动时，双方的情绪和心率也会同步。

C. 当部分学生对某学科感兴趣时，他们的脑电波会渐趋同步，学习效果也会随之提升。

D. 当母亲和婴儿对视时，他们都在发出信号，表明自己可以且愿意与对方交流。

E. 脑电波趋于同步可优化双方对话状态，使交流更加默契，增进彼此了解。

[解题分析] 正确答案：E

研究人员的论证结构如下。

论证前提：当母亲与婴儿对视时，双方的脑电波趋于同步。

补充E项：脑电波趋于同步可优化双方对话状态，使交流更加默契，增进彼此了解。

得出结论：母亲与婴儿对视有助于婴儿的学习与交流。

可见，E项建立了"脑电波同步"与"有助于婴儿的学习与交流"的联系，有力地支持了研究人员的观点。

其余选项不妥，其中：

A项：只讲了成年人的交流，而题干研究对象为母亲与婴儿，不是"两个成年人"，排除。

B项：未涉及脑电波，而题干研究的是脑电波，不是"情绪和心率"，排除。

C项：题干研究对象为母亲与婴儿，不是"部分学生"，排除。

D项：未涉及脑电波，无法支持，排除。

6 2014MBA-31

最新研究发现，恐龙腿骨化石都有一定的弯曲度，这意味着恐龙其实并没有人们想象的那么重，以前根据其腿骨为圆柱形的假定计算动物体重时，会使得计算结果比实际体重高出1.42倍。科学家由此认为，过去那种计算方式高估了恐龙腿部所能承受的最大身体重量。

以下哪项如果为真，最能支持上述科学家的观点？

A. 恐龙腿骨所能承受的重量比之前人们所认为的要大。

B. 恐龙身体越重，其腿部骨骼也越粗壮。

C. 圆柱形腿骨能承受的重量比弯曲的腿骨大。

D. 恐龙腿部的肌肉对于支撑其体重作用不大。

E. 与陆地上的恐龙相比，翼龙的腿骨更接近圆柱形。

[解题分析] 正确答案：C

补充信息后的论证结构如下。

题干前提1：最新发现，恐龙腿骨化石都有一定的弯曲度。

题干前提2：以前根据其腿骨为圆柱形的假定计算动物体重。

补充C项：圆柱形腿骨能承受的重量比弯曲的腿骨大。

得出结论：过去那种计算方式高估了恐龙腿部所能承受的最大身体重量。

7 2000MBA－75

美国联邦所得税是累进税，收入越高，纳税率越高。美国有的州还在自己管辖的范围内，在绝大部分出售商品的价格上附加7%左右的销售税。如果销售税也被视为所得税的一种形式，那么，这种税收是违背累进原则的：收入越低，纳税率越高。

以下哪项如果为真，最能加强题干的议论？

A. 人们花在购物上的钱基本上是一样的。

B. 近年来，美国的收入差别显著扩大。

C. 低收入者有能力支付销售税，因为他们缴纳的联邦所得税相对较低。

D. 销售税的实施，并没有减少商品的销售总量，但售出商品的比例有所变动。

E. 美国的大多数州并没有征收销售税。

[解题分析] 正确答案：A

题干前提：销售税是在出售商品的价格上附加7%左右的税。

补充A项：人们花在购物上的钱基本上是一样的。

由此推论：人们在购物上交的销售税额基本一样。

得出结论：销售税是违背累进原则的：收入越低，纳税率越高。

其余各项与题干论证无关，均不能加强题干，排除。

8 2000MBA－56

在司法审判中，所谓肯定性误判是指把无罪者判为有罪，否定性误判是指把有罪者判为无罪。肯定性误判就是所谓的错判，否定性误判就是所谓的错放。而司法公正的根本原则是“不放过一个坏人，不冤枉一个好人”。

某法学家认为，目前，衡量一个法院在办案中是否对司法公正的原则贯彻得足够好，就看它的肯定性误判率是否足够低。

以下哪项如果为真，能最有力地支持上述法学家的观点？

A. 错放，只是放过了坏人；错判，则是既放过了坏人，又冤枉了好人。

B. 宁可错判，不可错放，是“左”的思想在司法界的反映。

C. 错放造成的损失，大多是可弥补的；错判对被害人造成的伤害，是不可弥补的。

D. 各个法院的办案正确率普遍有明显的提高。

E. 各个法院的否定性误判率基本相同。

[解题分析] 正确答案：E

题干前提：司法公正取决于肯定性误判和否定性误判两个因素。

补充E项：各个法院的否定性误判率基本相同。

得出结论：衡量一个法院在办案中是否对司法公正的原则贯彻得足够好，就看它的肯定性误判率是否足够低。

其余各项都不足以使题干中法学家的观点成立。其中，A、C项对法学家的观点有所支持，但它们断定的只是，就错判和错放二者对司法公正的危害而言，前者比后者更严重，但由此显然得不出法学家的结论。

二、必要支持

必要支持，也叫推理可行，相当于寻找题干推理成立的一个必要假设。由于假设是题干推理的必要条件，找到了题干推理的一个假设，就使得题干论证可行或有意义，那么题干结论成立的可能性就必然增大，这个假设就对题干推理起到了有力的支持作用。

其中，“没有他因”的支持是属于必要支持的一种。如果支持题的题干是由一个调查、研究、数据或实验等得出一个解释性的结论，或者为达到一个目的而提出一个方法或建议时，那么“没有别的因素影响论证”就是支持其结论或论证的一种有效方式。

1　2006MBA－43

对常兴市23家老人院的一项评估显示，爱慈老人院在疾病治疗水平方面受到的评价相当低，而在其他不少方面评价不错，虽然各老人院的规模大致相当，但爱慈老人院医生与住院老人的比率在常兴市的老人院中几乎是最小的。因此，医生数量不足是造成爱慈老人院在疾病治疗水平方面评价偏低的原因。

以下哪项如果为真，最能加强上述论证？

A. 和祥老人院也在常兴市，对其疾病治疗水平的评价比爱慈老人院还要低。

B. 爱慈老人院的医务护理人员比常兴市其他老人院都要多。

C. 爱慈老人院的医生发表的相关学术文章很少。

D. 爱慈老人院位于常兴市的市郊。

E. 爱慈老人院某些医生的医术一般。

［解题分析］正确答案：B

前提：爱慈老人院医生与住院老人的比率在常兴市的老人院中几乎是最小的，爱慈老人院在疾病治疗水平方面受到的评价相当低。

结论：医生数量不足是造成爱慈老人院在疾病治疗水平方面评价偏低的原因。

B项：爱慈老人院的医务护理人员比常兴市其他老人院都要多，这样就排除了爱慈老人院疾病治疗水平低的原因是护理人员少，这就以排除他因的方式加强了题干论证，因此为正确答案。

A、C、D项：“和祥老人院”“发表的相关学术文章”“老人院位于常兴市的市郊”等因素均与题干论证无关，排除。

E项：“某些”数量未知，不能加强，排除。

2　2002MBA－45

在法庭的被告中，被指控偷盗、抢劫的定罪率，要远高于被指控贪污、受贿的定罪率。其重要原因是后者能聘请收费昂贵的私人律师，而前者主要由法庭指定的律师辩护。

以下哪项如果为真，最能支持题干的叙述？

A. 被指控偷盗、抢劫的被告，远多于被指控贪污、受贿的被告。

B. 一个合格的私人律师，与法庭指定的律师一样，既忠实于法律，又努力维护委托人的合法权益。

C. 被指控偷盗、抢劫的被告中罪犯的比例，不高于被指控贪污、受贿的被告。

D. 一些被指控偷盗、抢劫的被告，有能力聘请私人律师。

E. 司法腐败导致对有权势的罪犯的庇护，而贪污、受贿等职务犯罪的构成要件是当事人有职权。

［解题分析］正确答案：C

题干断定：贪污、受贿罪的定罪率较低的原因是贪污、受贿罪的被告能请到收费昂贵的私人律师。

C 项：没有他因的假设支持。要使题干论证成立，必须假设被指控偷盗、抢劫的被告中罪犯的比例，不高于被指控贪污、受贿的被告。否则，如果事实上被指控偷盗、抢劫的被告中罪犯的比例，高于甚至远高于被指控贪污、受贿的被告，那么，被指控偷盗、抢劫的被告的定罪率，自然要远高于被指控贪污、受贿的被告的定罪率，没有理由认为这种结果与所聘请的律师有实质性的联系。C 项正确。

A 项：题干讨论的“定罪率”是一个相对的比值，与被指控的被告数量没有必然联系，排除。

B 项：表明两类律师在忠实于法律、维护委托人的合法权益方面没有差异，有削弱作用，排除。

D 项：与题干论证无关，排除。

E 项：干扰项，它只是支持题干的“受贿罪的定罪率较低”这个事实，但不能支持“受贿罪的定罪率较低的原因是受贿罪的被告能请到收费昂贵的私人律师”这一结论，排除。

三、 论据支持

论据支持也叫增加论据，即通过增加一个正面论据来使结论成立的可能性增大。

1. 论据支持的类型

论据是支持论点的证据、根据、依据。论据一般分为道理论据（简称为理据）和事实论据（可视为某种证据）两类。因此论据支持相应地分为理据支持和证据支持。

（1）理据支持就是增加原则，或补充一个原理或道理，从而与题干前提结合起来，使题干论证成立的可能性增大。

（2）证据支持就是补充正面的事实论据从而支持题干论证。下表所列的“有因有果”或“无因无果”等例子都是正面的事实论据。

例证法是支持或削弱一个论证的常用方法，方式如下：

题干	根据相关前提，得出结论，A 是 B 的原因			
选项	正例强化（因果一致）	有因有果	有 A	有 B
		无因无果	无 A	无 B
	反例弱化（因果不一致）	有因无果	有 A	无 B
		无因有果	无 A	有 B

2. 论据支持的方式

如果题干逻辑主线为：由前提 A 得到结论 B。增加论据 A′作为支持的方式有三种：

（1）新论据 A′加强了前提 A，从而间接支持了结论 B。

（2）新论据 A′和前提 A 结合起来，强化了结论 B。这种情况出现最多。

（3）题干没有前提 A 直接断定结论 B 这种情况，新论据 A′直接支持了结论 B。

1　2024MBA－46

马可·波罗在《马可·波罗游记》中对元世祖忽必烈颇有赞词，并称忽必烈寿命“约有八十五岁”。这一说法与《元史》中“在位三十五年，寿八十”的记载不符。但有学者指出，游记中的说法很可能是正确的，因为拉施都丁在 14 世纪初写成的《史集》中称：“忽必烈合罕（即可汗）在位三十五年，并在他的年龄达到八十三之后去世。”

以下哪项如果为真，最能支持上述学者的观点？

A. 关于忽必烈寿命的记载，《元史》很可能使用的是中国人惯用的虚岁记法。

B. 中国历代皇帝平均寿命不到四十岁，忽必烈则超出一倍多，历史排名第五。

C.《史集》可信度较高，它纪年用的伊斯兰太阳历比《马可・波罗游记》用的突厥太阳历每 30 年少 1 年。

D.《马可・波罗游记》出自鲁斯蒂谦之手，他声称该游记是他在狱中根据马可・波罗生前口述整理而成。

E.《饮膳正要》曾记录忽必烈的生活："饮食必稽于本草，动静必准乎法度。"他的长寿与其善用医理调理身心有关。

[解题分析] 正确答案：C

学者观点：《马可・波罗游记》中关于忽必烈寿命"约有八十五岁"的说法很可能是正确的，因为《史集》中称：忽必烈"在他的年龄达到八十三之后去世"。

C 项：《史集》可信度高，且比《马可・波罗游记》纪年每 30 年少 1 年。那么，《史集》中忽必烈八十三岁就比《马可・波罗游记》中的八十五岁多，有力地支持了学者的观点，正确。

A 项：《元史》若用虚岁记法，那实际年龄都不到八十了，削弱题干，排除。

B 项：不能相对精确地得出忽必烈的实际寿命，不能支持，排除。

D 项：与题干论证无关，排除。

E 项：从忽必烈的长寿原因，不能推算出其准确的寿命，无法支持，排除。

2　2024MBA－38

瘦肉精是一种牲畜饲料添加剂的统称，现在主要指莱克多巴胺，它通过模拟肾上腺素的功能来抑制饲养动物的脂肪生长，从而增加瘦肉含量。从现实来看，食用瘦肉精含量极低的肉类仍是安全的，但科学还无法证明瘦肉精对人体完全无害。目前，全球有 160 多个国家禁止在本国销售含有瘦肉精的肉类。有专家就此指出，全球多数国家对莱克多巴胺采取零容忍政策，是一项正确合理的决策。

以下哪项如果为真，最能支持上述专家的观点？

A. 喂了瘦肉精的动物更容易疲劳、受伤，其死亡的概率也会增加。

B. 目前，全球有 20 多个国家不允许在饲养中使用瘦肉精，但允许进口含有瘦肉精的肉类。

C. 某国食品法典委员会规定，市场销售的肉类中莱克多巴胺的最高残留量不得超过亿分之一。

D. 一项科学实验显示，摄入微量莱克多巴胺对人体无害，但该实验仅招募了 6 名志愿者，样本量严重不足。

E. 如果允许瘦肉精合法使用，无法保证饲养者会严格按照使用指南喂养牲畜，而政府有关部门检查起来技术复杂、成本高昂。

[解题分析] 正确答案：E

前提：瘦肉精主要指莱克多巴胺，科学还无法证明瘦肉精对人体完全无害。

观点：全球多数国家对莱克多巴胺采取零容忍政策，是一项正确合理的决策。

E 项：如果允许瘦肉精合法使用，饲养者就可能超量使用，有可能对人体有害，支持了采取零容忍政策是一项正确合理的决策的观点，正确。

A 项：瘦肉精对动物有负面作用，不等于对人体有害，难以支持，排除。

B 项：有 20 多个国家允许进口含有瘦肉精的肉类，削弱专家观点，排除。

C 项：某国对莱克多巴胺采取零容忍政策，支持力度不足，排除。

D 项：摄入微量莱克多巴胺对人体无害的一项实验样本量严重不足，支持了题干前提，但支持力度不足，排除。

3 2024MBA - 34

位于长江三角洲的良渚古城遗址是中国已知古城中最早建有大型水利工程的城池。大约 4 300 年前，良渚古城遭到神秘摧毁，良渚文明就此崩溃。研究人员借助良渚古城的地质样本，对该地的古代气候进行评估后断定，良渚古城的摧毁很可能与洪水的暴发存在关联。

以下哪项如果为真，最能支持上述研究人员的观点？

A. 到目前为止，研究人员尚未发现人为因素导致良渚文明覆灭的证据。

B. 研究人员发现，在保存完好的良渚古城遗址上覆盖着一层湿润的黏土。

C. 良渚古城外围建有多条水坝，这些距今 5 000 年左右的水坝能防御超大洪灾。

D. 距今 4 345 年至 4 324 年期间，长江三角洲曾有一段强降雨时期，之后雨又断断续续下了很长时间。

E. 公元前 2277 年前的某个夏季，异常的降雨量超出了当时先进的良渚古城水坝和运河的承受极限。

[解题分析] 正确答案：E

题干观点：良渚古城的摧毁很可能与洪水的暴发存在关联。

E 项：建立了洪水和良渚古城之间的联系，“异常的降雨量”意味着“洪水”，可以支持，正确。

A 项：排除了人为因素，但没有与洪水关联，不能支持，排除。

B 项：湿润的黏土和洪水的暴发之间的关系不明确，难以支持，排除。

C 项：表明 5 000 年前水坝的建立能抵御洪灾，但不能说明古城的摧毁与洪水的暴发之间的关系，不能支持，排除。

D 项：强降雨可能会引发洪水，可以支持，但支持力度不足。

4 2024MBA - 30

当前，越来越多的网络作品将枯燥的文字转化成轻松的视听语言，不时植入段子、金句或评论，让年轻人乐此不疲，逐渐失去忍耐枯燥的能力，进入不了深度学习的状态。但是，能真正滋养一个人的著述往往都带着某种枯燥，需要读者投入专注力去穿透抽象。由此有专家建议，年轻人读书要先克服前 30 页的阅读痛苦，这样才能获得知识与快乐。

以下哪项如果为真，最能支持上述专家的观点？

A. 读书本身就很枯燥，学习就是学习，娱乐就是娱乐，所谓“娱乐式学习”并不存在。

B. 有些人拿起任何一本书都能津津有味地读下去，即使连续读 30 页，也不会感到枯燥乏味。

C. 一本书的前 30 页往往是该书概念术语的首次展现，要想获得阅读的愉悦，就要越过这个门槛。

D. 那些让人很舒服、不断点头的轻松阅读，往往只是重复你既有认知的无效阅读，哪怕读再多页也无益处。

E. 有些书即使硬着头皮读了前 30 页，后面的文字仍不能让人感到快乐并有所收获，读者将其弃置一边也不奇怪。

[解题分析] 正确答案：C

专家观点：克服前30页的阅读痛苦（因）←获得知识与快乐（果）。

C项：获得阅读的愉悦→越过前30页这个门槛。这与专家的观点逻辑关系一致，最能支持，正确。

A、D项：与前30页的阅读无关，排除。

B项：¬克服前30页的阅读痛苦∧获得知识与快乐。与题干逻辑关系不一致，无因有果的削弱，排除。

E项：克服前30页的阅读痛苦∧¬获得知识与快乐。与题干逻辑关系不一致，有因无果的削弱，排除。

5　2023MBA－43

研究表明，鱼油中的不饱和脂肪酸能够有效降低人体内血脂水平并软化血管，因此，鱼油通常被用来预防由高血脂引起的心脏病、动脉粥样硬化和高胆固醇血症等疾病，降低死亡风险。但有研究人员认为，食用鱼油不一定能够有效控制血脂水平并预防由高血脂引起的各种疾病。

以下哪项如果为真，最能支持上述研究人员的观点？

A. 鱼油虽然优于猪油、牛油，但毕竟是脂肪，如果长期食用，就容易引起肥胖。

B. 鱼油的概念很模糊，它既指鱼体内的脂肪，也包括被做成保健品的鱼油制品。

C. 不饱和脂肪酸很不稳定，只要接触空气、阳光，就会氧化分解。

D. 通过长期服用鱼油制品来控制体内血脂的观点始终存在学术争议。

E. 人们若要身体健康最好注重膳食平衡，而不是仅仅依靠服用浓缩鱼油。

[解题分析] 正确答案：C

研究人员的观点：虽然鱼油中的不饱和脂肪酸能够有效降低人体内血脂水平并软化血管，但食用鱼油不一定能够有效控制血脂水平并预防由高血脂引起的各种疾病。

C项表明，不饱和脂肪酸极易氧化分解，意味着食用的鱼油可能很少含有有效的不饱和脂肪酸，起不到降血脂的作用，从而有力地支持了研究人员的观点，正确。

A项：长期食用鱼油会引起肥胖，与降血脂没有直接关联，排除。

B项：鱼油的概念，无关项，排除。

D项：观点存在学术争议，其作用不明确，排除。

E项：注重膳食平衡，无关项，排除。

6　2023MBA－39

水在温度高于374℃、压力大于22MPa的条件下，被称为超临界水。超临界水能与有机物完全互溶，同时还可以大量溶解空气中的氧，而无机物特别是盐类在超临界水中的溶解度很低。由此，研究人员认为，利用超临界水作为特殊溶剂，水中的有机物和氧气可以在极短时间内完成氧化反应，把有机物彻底“秒杀”。

以下哪项如果为真，最能支持上述研究人员的观点？

A. 有机物在超临界水中通过分离装置可瞬间转化为无毒无害的水、无机盐以及二氧化碳等气体，并最终在生产和生活中得到回收利用。

B. 超临界水氧化技术具有污染物去除率高、二次污染小、反应迅速等特征，被认为是水处理技术中的“杀手锏”，具有广阔的工业应用前景。

C. 超临界水只有兼具气体与液体的高扩散性、高溶解性、高反应活性及低表面张力等优良特性，才能把有机物彻底“秒杀”。

D. 超临界水氧化技术对难以降解的农化、石油、制药等有机废水尤为适用。

E. 如果超临界水氧化技术成功应用于化工、制药等行业的污水处理，可有效提升流域内重污染行业的控源减排能力。

［解题分析］ 正确答案：A

研究人员的观点：利用超临界水作为特殊溶剂，水中的有机物和氧气可以在极短时间内完成氧化反应，把有机物彻底“秒杀”。

A项表明，有机物在超临界水中可瞬间转化为无毒无害的水、无机盐以及二氧化碳等气体，与研究人员的观点一致，因此，该项正确。

B项：指出了超临界水氧化技术的优势，但没有强调超临界水可以在极短时间内把有机物彻底“秒杀”的特点，支持力度弱，排除。

C项：超临界水应具备其他前提条件才能把有机物彻底“秒杀”，不能有力地支持研究人员的观点，排除。

D项：超临界水氧化技术对难以降解的有机废水尤为适用，与“秒杀”无关，排除。

E项：超临界水氧化技术可有效提升重污染行业的控源减排能力，与“秒杀”无关，排除。

7　2022MBA－53

胃底腺息肉是所有胃息肉中最为常见的一种良性病变。最常见的是散发型胃底腺息肉，它多发于50岁以上人群。研究人员在研究10万人的胃镜检查资料后发现，有胃底腺息肉的患者中无人患胃癌，而没有胃底腺息肉的患者中有172人发现有胃癌。他们由此断定，胃底腺息肉与胃癌呈负相关。

以下哪项如果为真，最能支持上述研究人员的断定？

A. 有胃底腺息肉的患者绝大多数没有家族癌症病史。

B. 在研究人员研究的10万人中，50岁以下的占大多数。

C. 在研究人员研究的10万人中，有胃底腺息肉的人仅占14%。

D. 有胃底腺息肉的患者罹患萎缩性胃炎、胃溃疡的概率显著降低。

E. 胃内一旦有胃底腺息肉，往往意味着没有感染致癌物“幽门螺杆菌”。

［解题分析］ 正确答案：E

研究人员的断定：胃底腺息肉与胃癌呈负相关。

E项：胃内一旦有胃底腺息肉，往往意味着没有感染致癌物“幽门螺杆菌”，从而患者不易患胃癌。这作为直接的证据，有力地支持了研究人员的断定。

其余选项不妥，其中，A项支持力度弱，因为不确定家族癌症史与是否患胃癌存在必然联系；B、C项起不到支持作用；D项支持力度不足。

8　2022MBA－33

2020年下半年，随着新冠病毒在全球范围内的肆虐及流感季节的到来，很多人担心会出现大范围流感和新冠疫情同时爆发的情况。但是有病毒学家发现，2009年甲型H1N1流感毒株出现时，自1977年以来一直传播的另一种甲型流感病毒株消失了，由此他推测，人体同时感染新冠病毒和流感病毒的可能性应该低于预期。

以下哪项如果为真，最能支持该病毒学家的推测？

A. 如果人们继续接种流感疫苗，仍能降低同时感染这两种病毒的概率。

B. 一项分析显示，新冠肺炎患者中大约只有3%的人同时感染另一种病毒。

C. 人体感染一种病毒后的几周内，其先天免疫系统的防御能力会逐步增强。

D. 为避免感染新冠病毒，人们会减少室内聚集、继续佩戴口罩、保持社交距离和手部卫生。

E. 新冠病毒的感染会增加参与干扰素反应的基因的活性，从而防止流感病毒在细胞内进行复制。

[解题分析] 正确答案：E

病毒学家的推测：人体同时感染新冠病毒和流感病毒的可能性应该低于预期。

E项表明，新冠病毒的感染会防止流感病毒的复制，这作为一个新的证据，最强地支持了病毒学家的推测。因此，该项正确。

A、D项：无法建立新冠病毒与流感病毒的联系，均为无关项，排除。

B项：支持力度较弱，举例支持，但并不能说明新冠病毒与流感病毒的关系，排除。

C项：有支持作用，但没有表明免疫系统防御能力增强对感染病毒的影响，因此，支持作用不如E项直接，排除。

9　2022MBA－31

某研究团队研究了大约4万名中老年人的核磁共振成像数据、自我心理评估等资料，发现经常有孤独感的研究对象和没有孤独感的研究对象在大脑的默认网络区域存在显著差异。默认网络是一组参与内心思考的大脑区域，这些内心思考包括回忆旧事、规划未来、想象等，孤独者大脑的默认网络联结更为紧密，其灰质容积更大。研究人员由此认为，大脑默认网络的结构和功能与孤独感存在正相关。

以下哪项如果为真，最能支持上述研究人员的观点？

A. 人们在回忆过去、假设当下或预想未来时会使用默认网络。

B. 有孤独感的人更多地使用想象、回忆过去和憧憬未来以克服社交隔离。

C. 感觉孤独的老年人出现认知衰退和患上痴呆症的风险更高，进而导致部分脑区萎缩。

D. 了解孤独感对大脑的影响，拓展我们在这个领域的认知，有助于减少当今社会的孤独现象。

E. 穹窿是把信号从海马体输送到默认网络的神经纤维束，在研究对象的大脑中，这种纤维束得到较好的保护。

[解题分析] 正确答案：B

研究人员的论证结构如下。

前提：第一，孤独者大脑的默认网络联结更为紧密；第二，默认网络是一组参与内心思考的大脑区域，这些内心思考包括回忆旧事、规划未来、想象等。

结论：大脑默认网络的结构和功能与孤独感存在正相关。

B项：建立了"孤独感"与"默认网络"的联系，这作为一个证据表明，有孤独感的人会更多地使用大脑默认网络，从而有力地支持了研究人员的观点。因此，该项正确。

A项：只是强调了上述第二个前提，没有与"孤独感"关联，支持力度很弱。

C项：题干论证与"痴呆症"不相关，故为无关选项。

D项：题干论证与减少"孤独现象"不相关，故为无关选项。

E项：题干论证与"神经纤维束"不相关，故为无关选项。

10　2022MBA－29

2020年全球碳排放量减少大约24亿吨，远远大于之前的创纪录降幅。同比二战结束时下降9亿吨，2009年金融危机最严重时下降5亿吨。非政府组织全球碳计划（GCP）在其年度评估报告中说，由于各国在新冠肺炎疫情期间采取了封锁和限制措施，汽车使用量下降了一半左右，2020年的碳排放量同比下降了创纪录的7%。

以下哪项如果为真，最能支持GCP的观点？

A. 2020年碳排放量下降得最明显的国家或地区是美国和欧盟。

B. 延缓气候变化的办法不是停止经济活动，而是加速向低碳能源过渡。

C. 根据气候变化《巴黎协定》，2015年后的10年，全球每年需减排约10～20亿吨。

D. 2020年在全球各行业减少的碳排放总量中，交通运输业所占比例最大。

E. 随着世界经济的持续复苏，2021年全球碳排放量同比下降可能不超过5%。

[解题分析] 正确答案：D

GCP的观点：由于在疫情期间采取了封锁和限制措施，汽车使用量下降，碳排放量同比下降。

D项表明，在碳排放总量中，交通运输业所占比例最大。这作为一个证据，直接支持了上述观点。所以，该项正确。

其余选项都无法建立汽车使用量与碳排放量之间的联系，因而均为无关项。

11　2022MBA－27

"君问归期未有期，巴山夜雨涨秋池。何当共剪西窗烛，却话巴山夜雨时。"这首《夜雨寄北》是晚唐诗人李商隐的名作，一般认为这是一封"家书"，当时诗人身处巴蜀，妻子在长安，所以说"寄北"，但有学者提出，这首诗实际上是寄给友人的。

以下哪项如果为真，最能支持以上学者的观点？

A. 李商隐之妻王氏卒于大中五年，而该诗作于大中七年。

B. 明清小说戏曲中经常将家庭塾师或官员幕客称为"西席""西宾"。

C. 唐代温庭筠的《舞衣曲》中有诗句"回颦笑语西窗客，星斗寥廓波脉脉"。

D. 该诗另一题为《夜雨寄内》，"寄内"即寄怀妻子，此说得到了许多人的认同。

E. "西窗"在古代专指客房、客厅，起自尊客于西的先秦古礼，并被后世习察日用。

[解题分析] 正确答案：E

学者的观点：李商隐《夜雨寄北》这首诗不是寄给妻子的，而是寄给友人的。

E项表明，"西窗"在古代专指客房、客厅，建立了诗中"西窗"与"友人"的联系，作为一个依据，有力地支持了学者所认为的这首诗是寄给友人的这一观点。因此，该项正确。

A项为干扰项，支持力度较弱。此项表明，李商隐之妻在这首诗创作之前就已经离世了，但在信息不通畅的古代，有可能李商隐不知道；况且，即使这首诗不是寄给妻子的，但也不足以表明是寄给友人的。

B、C项均与题干论证无关，为无关选项。

D项支持了"家书"之说，反驳了学者的观点，为削弱选项。

12　2021MBA－53

孩子在很小的时候，对接触到的东西都要摸一摸，尝一尝，甚至还会吞下去。孩子天生就对这个世界抱有强烈的好奇心，但随着孩子慢慢长大，特别是进入学校之后，他们的好奇心越来越少。对此，有教育专家认为这是由于孩子受到外在的不当激励所造成的。

以下哪项如果为真，最能支持上述专家的观点？

A. 现在许多孩子迷恋电脑、手机，对书本知识感到索然无味。

B. 野外郊游可以激发孩子的好奇心，长时间宅在家里就会产生思维惰性。

C. 老师、家长只看考试成绩，导致孩子只知道死记硬背书本知识。

D. 现在孩子所做的很多事情大多迫于老师、家长等的外部压力。

E. 孩子助人为乐能获得褒奖，损人利己往往受到批评。

[解题分析] 正确答案：C

专家的观点：孩子长大进入学校之后的好奇心越来越少是由于孩子受到外在的不当激励所造成的。

C 项：建立起孩子受到不当激励（老师、家长只看考试成绩）和好奇心越来越少（孩子只知道死记硬背书本知识）之间的联系，这显然作为直接证据，有力地支持了专家的观点。

其余选项不妥。其中，A、B、E 项：没有提及“不当激励”，无法支持，排除。D 项：没有提及“好奇心越来越少”，无法支持，排除。

13 2021MBA－50

曾几何时，快速阅读进入了我们的培训课堂。培训者告诉学员，要按“之”字形浏览文章。只要精简我们看的地方，就能整体把握文本要义，从而提高阅读速度；真正的快速阅读能将阅读速度提高至少两倍，并且不影响理解。但近来有科学家指出，快速阅读实际上是不可能的。

以下哪项如果为真，最能支持上述科学家的观点？

A. 阅读是一项复杂的任务，首先需要看到一个词，然后要检索其涵义、引申义，再将其与上下文相联系。

B. 科学界始终对快速阅读持怀疑态度，那些声称能帮助人们实现快速阅读的人通常是为了谋生或赚钱。

C. 人的视力只能集中于相对较小的区域，不可能同时充分感知和阅读大范围文本，识别单词的能力限制了我们的阅读理解。

D. 个体阅读速度差异很大，那些阅读速度较快的人可能拥有较强的短时记忆或信息处理能力。

E. 大多声称能快速阅读的人实际上是在浏览，他们可能相当快地捕捉到文本的主要内容，但也会错过众多细枝末节。

[解题分析] 正确答案：C

科学家的论证结构如下。

前提：快速阅读是按“之”字形浏览文章。

结论：快速阅读实际上是不可能的。

C 项表明，“之”字形浏览文章不可能同时充分感知和阅读大范围文本，所以快速阅读不可能。这作为一个直接证据有效地质疑了快速阅读，从而有力地支持了科学家的观点。

其余选项不妥，其中：

A 项：与“快速阅读”无关，排除。

B 项：题干论证与“科学界的态度”无关，排除。

D 项：题干论证与“个体差异”无关，排除。

E 项：表明快速阅读是可能的，削弱了科学家的观点，排除。

14　2021MBA－42

酸奶作为一种健康食品，既营养丰富又美味可口，深受人们的喜爱，很多人饭后都不忘来杯酸奶。他们觉得，饭后喝杯酸奶能够解油腻、助消化。但近日有专家指出，饭后喝酸奶其实并不能帮助消化。

以下哪项如果为真，最能支持上述专家的观点？

A. 人体消化需要消化酶和有规律的肠胃运动，酸奶中没有消化酶，饮用酸奶也不能纠正无规律的肠胃运动。

B. 酸奶含有一定的糖分，吃饱了饭再喝酸奶会加重肠胃负担，同时也使身体增加额外的营养，容易导致肥胖。

C. 酸奶中的益生菌可以维持肠道消化系统的健康，但是这些菌群大多不耐酸，胃部的强酸环境会使其大部分失去活性。

D. 足量膳食纤维和维生素 B1 被人体摄入后可有效促进肠胃蠕动，进而促进食物消化，但酸奶不含膳食纤维，维生素 B1 的含量也不丰富。

E. 酸奶可以促进胃酸分泌，抑制有害菌在肠道内繁殖，有助于维持消化系统健康，对于食物消化能起到间接帮助作用。

[解题分析] 正确答案：A

专家的观点：饭后喝酸奶不能帮助消化。

A 项表明，消化需要消化酶和有规律的肠胃运动，但酸奶在这两方面都没有作用，所以，无法帮助消化。这显然作为直接证据，最有力地支持了专家的观点。

B 项：未涉及是否有助于消化，无关项，排除。

C 项：益生菌可以维持肠道健康，但胃部强酸环境会使其大部分失去活性，没有明确是否有助于消化，排除。

D 项：对专家的观点有所支持，但支持力度弱，排除。

E 项：对专家的观点有削弱作用，表明酸奶可以间接地帮助消化，排除。

15　2021MBA－39

最近一项科学观测显示，太阳产生的带电粒子流即太阳风，含有数以千计的“滔天巨浪”，其时速会突然暴增，可能导致太阳磁场自行反转，甚至会对地球产生有害影响。但目前我们对太阳风的变化及其如何影响地球知之甚少。据此有专家指出，为了更好保护地球免受太阳风的影响，必须更新现有的研究模式，另辟蹊径研究太阳风。

以下哪项如果为真，最能支持上述专家的观点？

A. 太阳风里有许多携带能量的粒子和磁场，而这些磁场会发生意想不到的变化。

B. 对太阳风的深入研究，将有助于防止太阳风大爆发时对地球的卫星和通信系统乃至地面电网造成的影响。

C. 目前，根据标准太阳模型预测太阳风变化所获得的最新结果与实际观测相比，误差为 10～20 倍。

D. 最新观测结果不仅改变了天文学家对太阳风的看法，而且将改变其预测太空天气事件的能力。

E. “高速”太阳风源于太阳南北极的大型日冕洞，而“低速”太阳风则来自太阳赤道上的较小日冕洞。

［解题分析］ 正确答案：C

专家的观点：为了更好保护地球免受太阳风的影响，必须更新现有的研究模式，另辟蹊径研究太阳风。

C 项表明，根据标准太阳模型预测太阳风变化所获得的最新结果与实际观测相比误差非常大。显然，这作为一个证据，最强地支持了专家的观点。

A、B 两项也有助于说明研究太阳风以更好地保护地球的必要性，但不能说明必须更新现有的研究模式，支持力度不如 C 项。D、E 项均起不到支持作用。

16　2021MBA－28

研究人员招募了 300 名体重超标的男性，将其分成餐前锻炼组和餐后锻炼组，进行每周三次相同强度和相同时段的晨练。餐前锻炼组晨练前摄入零卡路里安慰剂饮料，晨练后摄入 200 卡路里的奶昔；餐后锻炼组晨练前摄入 200 卡路里的奶昔，晨练后摄入零卡路里安慰剂饮料。三周后发现，餐前锻炼组燃烧的脂肪比餐后锻炼组多。该研究人员由此推断，肥胖者若持续这样的餐前锻炼，就能在不增加运动强度或时间的情况下改善代谢能力，从而达到减肥效果。

以下哪项如果为真，最能支持该研究人员的上述推断？

A. 餐前锻炼组额外的代谢与体内肌肉中的脂肪减少有关。

B. 餐前锻炼组觉得自己在锻炼中消耗的脂肪比餐后锻炼组多。

C. 餐前锻炼可以增强肌肉细胞对胰岛素的反应，促使它更有效地消耗体内的糖分和脂肪。

D. 肌肉参与运动所需要的营养，可能来自最近饮食中进入血液的葡萄糖和脂肪成分，也可能来自体内储存的糖和脂肪。

E. 有些餐前锻炼组的人知道他们摄入的是安慰剂，但这并不影响他们锻炼的积极性。

［解题分析］ 正确答案：C

题干根据一项实验发现，餐前锻炼组燃烧的脂肪比餐后锻炼组多，得出结论，餐前锻炼能达到减肥效果。

若 C 项为真，即餐前锻炼可以更有效地消耗体内的糖分和脂肪，那么将有力地支持研究人员的推断：餐前锻炼能达到减肥效果。

其余选项不妥。比如，A、D 项没有将餐前锻炼和餐后锻炼进行比较，不能起支持作用；B、E 项为无关项。

17　2020MBA－50

移动互联网时代，人们随时都可进行数字阅读，浏览网页、读电子书是数字阅读，刷微博、朋友圈也是数字阅读。长期以来，一直有人担忧数字阅读的碎片化、表面化，但近来有专家表示，数字阅读具有重要价值，是阅读的未来发展趋势。

以下哪项如果为真，最能支持上述专家的观点？

A. 长有长的用处，短有短的好处，不求甚解的数字阅读，也未尝不可，说不定在未来某一时刻，当初阅读的信息就会浮现出来，对自己的生活产生影响。

B. 当前人们越来越多地通过数字阅读了解热点信息，通过网络进行相互交流，但网络交流者常常伪装或者匿名，可能会提供虚假信息。

C. 有些网络读书平台能够提供精致的读书服务，他们不仅帮你选书，而且帮你读书，你只需“听”即可，但用“听”的方式去读书，效率较低。

D. 数字阅读容易挤占纸质阅读的时间，毕竟纸质阅读具有系统、全面、健康、不依赖电子设备等优点，仍将是阅读的主要方式。

E. 数字阅读便于信息筛选，阅读者能在短时间内对相关信息进行初步了解，也可以此为基础作深入了解，相关网络阅读服务平台近几年已越来越多。

[解题分析] 正确答案：E

专家的观点：数字阅读具有重要价值，是阅读的未来发展趋势。

E 项表明了数字阅读的价值优势和良好的发展趋势，有力地支持了专家的观点。

其余选项不妥，其中，A 项，不求甚解的数字阅读，支持力度不足；B 项，数字阅读提供虚假信息，起削弱作用；C 项，网络读书服务，为无关项；D 项，数字阅读不如纸质阅读，起削弱作用。

18 2020MBA－43

披毛犀化石都分布在欧亚陆路北部，我国东北平原、华北平原、西藏等地也偶有发现。披毛犀有一个独特的构造——鼻中隔，简单地说就是鼻子中间的骨头。研究发现，西藏披毛犀化石的鼻中隔只是一块不完全的硬骨，早先在亚洲北部、西伯利亚等地发现的披毛犀化石的鼻中隔要比西藏披毛犀的“完全”，这说明西藏披毛犀具有更原始的形态。

以下哪项如果为真，最能支持以上论述？

A. 一个物种不可能有两个起源地。

B. 西藏披毛犀化石是目前已知最早的披毛犀化石。

C. 在冰雪环境中生存，披毛犀的鼻中隔经历了由软到硬的进化过程，并最终形成一块完整的骨头。

D. 冬季的青藏高原犹如冰期动物的“训练基地”，披毛犀在这里受到耐寒训练。

E. 随着冰期的到来，有了适应寒冷能力的西藏披毛犀走出西藏，往北迁移。

[解题分析] 正确答案：C

前提：亚洲北部、西伯利亚等地发现的披毛犀化石中的鼻中隔比西藏披毛犀化石中的鼻中隔更加“完全”。

结论：西藏披毛犀具有更原始的形态。

C 项所提供的论据表明，披毛犀的进化程度越高其鼻中隔越“完全”，有力地支持了题干论述。

其余选项与鼻中隔无关，排除。

19 2019MBA－51

《淮南子·齐俗训》中有曰：“今屠牛而烹其肉，或以为酸，或以为甘，煎熬燎炙，齐味万方，其本一牛之体。”其中的“熬”便是熬牛肉汤的意思。这是考证牛肉汤做法的最早文献资料，某民俗专家由此推测，牛肉汤的起源不会晚于春秋战国时期。

以下哪项如果为真，最能支持上述推测？

A.《淮南子·齐俗训》完成于西汉时期。

B. 早在春秋战国时期，我国已经开始使用耕牛。

C.《淮南子》的作者中有来自齐国故地的人。

D. 春秋战国时期我国已经有熬汤的鼎器。

E.《淮南子·齐俗训》记述的是春秋战国时期齐国的风俗习惯。

[解题分析] 正确答案：E

民俗专家的论证结构如下。

前提：《淮南子·齐俗训》中有熬牛肉汤的记载。

结论：牛肉汤的起源不会晚于春秋战国时期。

E 项：《淮南子·齐俗训》记述的是春秋战国时期齐国的风俗习惯。这建立了《淮南子·齐俗训》和“春秋战国时期”的联系，显然有力地支持了专家的推测。

A 项：《淮南子·齐俗训》的完成时期和题干论证无关，排除。

B 项：使用耕牛和制作牛肉汤无直接关系，排除。

C 项：题干论证和《淮南子》的作者无关，排除。

D 项：春秋战国时期我国已经有熬汤的鼎器，这不见得当时就用鼎器来熬牛肉汤，排除。

20 2019MBA－45

如今，孩子写作业不仅仅是他们自己的事，大多数中小学生的家长都要面临陪孩子写作业的任务，包括给孩子听写、检查作业、签字等。据一项针对 3 000 余名家长进行的调查显示，84％的家长每天都会陪孩子写作业，而 67％的受访家长会因陪孩子写作业而烦恼。有专家对此指出，家长陪孩子写作业，相当于充当学校老师的助理，让家庭成为课堂的延伸，会对孩子的成长产生不利影响。

以下哪项如果为真，最能支持上述专家的论断？

A. 家长是最好的老师，家长辅导孩子获得各种知识本来就是家庭教育的应有之义，对于中低年级的孩子，学习过程中的父母陪伴尤为重要。

B. 家长通常有自己的本职工作，有的晚上要加班，有的即使晚上回家也需要研究工作、操持家务，一般难有精力认真完成学校老师布置的“家长作业”。

C. 家长陪孩子写作业，会使得孩子在学习中缺乏独立性和主动性，整天处于老师和家长的双重压力下，既难生出学习兴趣，更难养成独立人格。

D. 大多数家长在孩子教育上并不是行家，他们或者早已遗忘了自己曾学习过的知识，或者根本不知道如何将自己拥有的知识传授给孩子。

E. 家长辅导孩子，不应围绕老师布置的作业，而应着重激发孩子的学习兴趣，培养孩子良好的学习习惯，让孩子在成长中感到新奇、快乐。

[解题分析] 正确答案：C

专家的论断：家长陪孩子写作业，会对孩子的成长产生不利影响。

C 项：家长陪孩子写作业，会不利于孩子的学习兴趣和独立人格的形成。这建立起了“陪孩子写作业”与“对孩子的成长产生不利影响”的联系，作为新的理由，有力地支持了专家的论断，正确。

A 项：表明家长陪孩子写作业对孩子成长的好处，削弱题干论证，排除。

B、D 项：表明家长陪孩子写作业缺乏可行性，与题干论证无关，排除。

E 项：表明家长不应该陪孩子写作业，但没明确家长辅导孩子写作业会对孩子的成长产生不利影响，排除。

21　2019MBA－32

近年来，手机、电脑的使用导致工作与生活的界限日益模糊，人们的平均睡眠时间一直在减少，熬夜已成为现代人生活的常态。科学研究表明，熬夜有损身体健康，睡眠不足不仅仅是多打几个哈欠那么简单。有科学家具体建议，人们应该遵守作息规律。

以下哪项如果为真，最能支持上述科学家所提的建议？

A. 长期睡眠不足会导致高血压、糖尿病、肥胖症、抑郁症等多种疾病，严重时还会造成意外伤害或死亡。

B. 缺乏睡眠会降低体内脂肪调节瘦激素的水平，同时增加饥饿激素，容易导致暴饮暴食、体重增加。

C. 熬夜会让人的反应变慢、认知退步、思维能力下降，还会引发情绪失控，影响与他人的交流。

D. 所有的生命形式都需要休息与睡眠。在人类进化过程中，睡眠这个让人短暂失去自我意识、变得极其脆弱的过程并未被大自然淘汰。

E. 睡眠是身体的自然美容师，与那些睡眠充足的人相比，睡眠不足的人看上去面容憔悴，缺乏魅力。

［解题分析］正确答案：A

科学家的建议：人们应该遵守作息规律。

理由：熬夜（睡眠不足）有损身体健康。

A项：建立了睡眠不足与损害健康的联系，表明长期睡眠不足确实会损害健康，支持科学家的建议，为正确答案。

其余选项论述了睡眠的好处、重要性或者睡眠不足的害处，但没有具体说明睡眠不足会严重损害健康。其中：

B项：表明了缺乏睡眠会变胖，但没明确说明对身体健康的影响，排除。

C项：表明熬夜的坏处，但没有明确说明对身体健康的损害，排除。

D项：表明睡眠的重要性，但没有提及对健康的影响，排除。

E项：表明睡眠能让人变美，但没有具体说明缺乏睡眠对健康的影响，排除。

22　2019MBA－27

根据碳14检测，卡皮瓦拉山岩画的创作时间最早可追溯到3万年前。在文字尚未出现的时代，岩画是人类沟通交流、传递信息、记录日常生活的方式。于是今天的我们可以在这些岩画中看到：一位母亲将孩子举起嬉戏，一家人在仰望并试图触碰头上的星空……动物是岩画的另一个主角，比如巨型犰狳、马鹿、螃蟹等。在许多画面中，人们手持长矛，追逐着前方的猎物。由此可以推断，此时的人类已经居于食物链的顶端。

以下哪项如果为真，最能支持上述推断？

A. 岩画中出现的动物一般是当时人类捕猎的对象。

B. 3万年前，人类需要避免自己被虎豹等大型食肉动物猎杀。

C. 能够使用工具使得人类可以猎杀其他动物，而不是相反。

D. 有了岩画，人类可以将生活经验保留下来供后代学习，这极大地提高了人类的生存能力。

E. 对星空的敬畏是人类脱离动物、产生宗教的动因之一。

［解题分析］ 正确答案：C

前提：岩画上人们手持长矛，追逐着前方的猎物。

结论：此时的人类已经居于食物链的顶端。

C 项：人们确实可以使用工具捕杀其他动物，而不是被动物捕杀。这样，通过增加了这一论据，和题干前提结合起来，就有力地支持了题干的结论，正确。

A 项：只能表明人类可以捕猎一些动物，但无法确定人类是否已经居于食物链的顶端。该项支持力度不足，排除。

B 项：表明人类有可能被大型食肉动物猎杀，并未居于食物链的顶端，排除。

D、E 项：与题干论证无关，排除。

23　2018MBA－49

有研究发现，冬季在公路上撒盐除冰，会让本来要成为雌性的青蛙变成雄性，这是因为这些路盐中的钠元素会影响青蛙的受体细胞并改变原可能成为雌性青蛙的性别。有专家据此认为，这会导致相关区域青蛙数量的下降。

以下哪项如果为真，最能支持上述专家的观点？

A. 大量的路盐流入池塘可能会给其他生物造成危害，破坏青蛙的食物链。

B. 如果一个物种以雄性为主，该物种的个体数量就可能受到影响。

C. 在多个盐含量不同的水池中饲养青蛙，随着水池中盐含量的增加，雌性青蛙的数量不断减少。

D. 如果每年冬季在公路上撒很多盐，盐水流入池塘，就会影响青蛙的生长发育过程。

E. 雌性比例会影响一个动物种群的规模，雌性数量的充足对物种的繁衍生息至关重要。

［解题分析］ 正确答案：E

专家的观点：雌性变成了雄性会导致青蛙数量下降。

若 E 项为真，即雌性数量的充足对物种的繁衍生息至关重要，这显然作为一个重要的论据有力地支持了专家的观点。

A 项：破坏青蛙的食物链与雌性青蛙性别改变无关，排除。

B 项："可能"一词力度较弱，排除。

C、D 项："雌性青蛙的数量不断减少""影响青蛙的生长发育"与青蛙数量下降无直接关联，排除。

24　2018MBA－29

分心驾驶是指驾驶人为满足自己的身体舒适、心情愉悦等需求而没有将注意力全部集中于驾驶过程的驾驶行为，常见的分心行为有抽烟、饮水、进食、聊天、刮胡子、使用手机、照顾小孩等。某专家指出，分心驾驶已成为我国道路交通事故的罪魁祸首。

以下哪项如果为真，最能支持上述专家的观点？

A. 驾驶人正常驾驶时反应时间为 0.3～1.0 秒，使用手机时反应时间则延迟 3 倍左右。

B. 一项统计研究表明，相对于酒驾、药驾、超速驾驶、疲劳驾驶等情形，我国由分心驾驶导致的交通事故占比最高。

C. 一项研究显示，在美国超过 1/4 的车祸是由驾驶人使用手机引起的。

D. 近来使用手机已成为我国驾驶人分心驾驶的主要表现形式，59%的人开车过程中看微信，31%的人玩自拍，36%的人刷微博、微信朋友圈。

E. 开车使用手机会导致驾驶人注意力下降 20%，如果驾驶人边开车边发短信，则发生车祸的概率是其正常驾驶时的 23 倍。

[解题分析] 正确答案：B

专家的观点：分心驾驶已成为我国道路交通事故的罪魁祸首。

B 项：分心驾驶导致的交通事故占比最高，建立了“分心驾驶”与“交通事故”之间的联系，这就有力地支持了专家的观点，正确。

A、E 项：只是论述了分心驾驶的弊端，但未提及我国，排除。

C 项：美国的情况与题干观点无关，排除。

D 项：只描述了分心驾驶的主要表现形式，但未提及交通事故的情况，排除。

25　2018MBA－28

现在许多人很少在深夜 11 点以前安然入睡，他们未必都在熬夜用功，大多是在玩手机或看电视，其结果就是晚睡，第二天就会头晕脑胀、哈欠连天。不少人常常对此感到后悔，但一到晚上他们多半还会这么做。有专家就此指出，人们似乎从晚睡中得到了快乐，但这种快乐其实隐藏着某种烦恼。

以下哪项如果为真，最能支持上述专家的结论？

A. 晨昏交替，生活周而复始，安然入睡是对当天生活的满足和对明天生活的期待，而晚睡者只想活在当下，活出精彩。

B. 晚睡者具有积极的人生态度，他们认为，当天的事须当天完成，哪怕晚睡也在所不惜。

C. 大多数习惯晚睡的人白天无精打采，但一到深夜就感觉自己精力充沛，不做点有意义的事情就觉得十分可惜。

D. 晚睡其实是一种表面难以察觉的、对“正常生活”的抵抗，它提醒人们现在的“正常生活”存在着某种令人不满的问题。

E. 晚睡者内心并不愿意睡得晚，也不觉得手机或电脑有趣，甚至都不记得玩过或看过什么，但他们总是要在睡觉前花较长时间磨蹭。

[解题分析] 正确答案：D

专家的结论：人们似乎从晚睡中得到了快乐，但这种快乐其实隐藏着某种烦恼。

在诸选项中，能体现某种烦恼的只有 D 项，即晚睡提醒人们现在的“正常生活”存在着某种令人不满的问题，说明“这种快乐其实隐藏着某种烦恼”，有力地支持了结论。

其余选项均与“烦恼”不相关或无直接关联，不能支持结论，均排除。

26　2017MBA－36

进入冬季以来，内含大量有毒颗粒物的雾霾频繁袭击我国部分地区。有关调查显示，持续接触高浓度污染物会直接导致 10%至 15%的人患有眼睛慢性炎症或干眼症。有专家由此认为，如果不采取紧急措施改善空气质量，这些疾病的发病率和相关的并发症将会增加。

以下哪项如果为真，最能支持上述专家的观点？

A. 上述被调查的眼疾患者中有 65%是年龄在 20～40 岁的男性。

B. 有毒颗粒物会刺激并损害人的眼睛，长期接触会影响泪腺细胞。

C. 空气质量的改善不是短期内能做到的，许多人不得不在污染环境中工作。

D. 在重污染环境中采取戴护目镜、定期洗眼等措施有助于预防干眼症等眼疾。

E. 眼睛慢性炎症和干眼症等病例通常集中出现于花粉季。

［解题分析］正确答案：B

前提：持续接触高浓度污染物会直接导致10%至15%的人患有眼睛慢性炎症或干眼症。

结论：如果不采取紧急措施改善空气质量，这些疾病的发病率和相关的并发症将会增加。

B项如果为真，增强了论据，说明有毒颗粒物确实会损害人的眼睛，导致眼疾，从而支持了专家的观点，正确。

A、C、E项：与题干论证无关，均予以排除。

D项：有其他措施可以预防干眼症，但不能证明题干的因果关系成立，排除。

27　2017MBA－32

通识教育重在帮助学生掌握尽可能全面的基础知识，即帮助学生了解各个学科领域的基本常识；而人文教育则重在培育学生了解生活世界的意义，并对自己及他人行为的价值和意义作出合理的判断，形成“智识”。因此有专家指出，相比较而言，人文教育对个人未来生活的影响会更大一些。

以下哪项如果为真，最能支持上述专家的断言？

A. 当今我国有些大学开设的通识教育课程要远远多于人文教育课程。

B. 没有知识，人依然可以活下去；但如果没有对价值和意义的追求，人只能成为没有灵魂的躯壳。

C. “知识”是事实判断，“智识”是价值判断，两者不能相互替代。

D. 关于价值和意义的判断事关个人的幸福和尊严，值得探究和思考。

E. 没有知识就会失去应对未来生活挑战的勇气，而错误的价值观可能会误导人的生活。

［解题分析］正确答案：B

前提：通识教育重在帮助学生掌握尽可能全面的基础知识；人文教育重在培育学生了解生活世界的意义。

结论：相对而言，人文教育对个人未来生活的影响更大。

B项指出，对人来讲，没有知识可以活，但如果没有对价值和意义的追求便失去了灵魂，由此可知后者的意义更大，从而加强了题干论证。

A项：哪个教育对个人未来生活的影响更大与开设的课程数量无关，排除。

C项：两者都重要，无法证明人文教育更重要，排除。

D项：只能表明人文教育重要，但没有与通识教育进行对比，排除。

E项：错误的价值观可能会误导人的生活，但这种可能性有多大是未知的，支持力度不足，排除。

28　2017MBA－30

离家300米的学校不能上，却被安排到2公里以外的学校就读，某市一位适龄儿童在上小学时就遇到了所在区教育局这样的安排，而这一安排是区教育局根据儿童户籍所在施教区作出的。根据该市教育局规定的“就近入学原则”，儿童家长将区教育局告上法庭，要求撤销原来安排，让其孩子就近入学。法院对此作出一审判决，驳回原告请求。

下列哪项最可能是法院判决的合理依据？

A. “就近入学”不是“最近入学”，不能将入学儿童户籍地和学校的直线距离作为划分施教区的唯一依据。

B. 按照特定的地理要素划分，施教区中的每所小学不一定就处于该施教区的中心位置。

C. 儿童入学究竟应上哪一所学校，不是让适龄儿童或其家长自主选择，而是要听从政府主管部门的行政安排。

D. “就近入学”仅仅是一个需要遵循的总体原则，儿童具体入学安排还要根据特定的情况加以变通。

E. 该区教育局划分施教区的行政行为符合法律规定，而原告孩子按户籍所在施教区的确需要去离家2公里外的学校就读。

［解题分析］ 正确答案：E

题干陈述：儿童家长将区教育局告上法庭的理由是离家300米的学校不能上，却被安排到2公里以外的学校就读，违反了“就近入学原则”。但法院驳回了儿童家长的请求。

E项：孩子按户籍所在施教区的确需要去离家2公里外的学校就读，表明区教育局对孩子的安排符合规定，这显然是法院判决的合理依据，正确。

A项：户籍地和学校的直线距离虽然不是划分施教区的“唯一根据”，但可能是重要的根据，家长的诉求还可能是合理的，排除。

29 2017MBA-28

近年来，我国海外代购业务量快速增长，代购者们通常从海外购买产品，通过各种渠道避开关税，再卖给内地顾客从中牟利，却让政府损失了税收收入。某专家由此指出，政府应该严厉打击海外代购行为。

以下哪项如果为真，最能支持上述论证？

A. 近期，有位前空乘服务员因在网上开设海外代购店而被我国地方法院判定犯走私罪。

B. 海外代购提升了人民的生活水平，满足了国内部分民众对于高品质生活的向往。

C. 国内民众的消费需求提升是伴随着我国经济发展而产生的经济现象，应以此为契机促进国内同类消费品产业的升级。

D. 去年，我国奢侈品海外代购规模几乎是全球奢侈品国内门店销售额的一半，这些交易大多避开关税。

E. 国内一些企业生产的同类产品与海外代购产品相比，无论质量还是价格都缺乏竞争优势。

［解题分析］ 正确答案：D

题干的论证结构如下。

前提：海外代购业务避开关税，让政府损失了税收收入。

结论：政府应该严厉打击海外代购行为。

D项：说明了海外代购的销售额所占比重大，而且又避开关税，提供了新的证据加强了题干的论证。

A项：没有建立“海外代购”与“税收损失”之间的关系，排除。

B、C、E 项：表明海外代购的好处，起不到对题干论证的支持作用，排除。

30　2016MBA－50

如今，电子学习机已全面进入儿童的生活。电子学习机将文字与图像、声音结合起来，既生动形象，又富有趣味性，使儿童独立阅读成为可能。但是，一些儿童教育专家却对此发出警告，电子学习机可能不利于儿童成长。他们认为，父母应该抽时间陪孩子一起阅读纸质图书。陪孩子一起阅读纸质图书，并不是简单地让孩子读书识字，而是在交流中促进其心灵的成长。

以下哪项如果为真，最能支持上述专家的观点？

A. 电子学习机最大的问题是让父母从孩子的阅读行为中走开，减少父母与孩子的日常交流。

B. 接触电子产品越早，就越容易上瘾，长期使用电子学习机会形成“电子瘾”。

C. 在使用电子学习机时，孩子往往更关注其使用功能而非学习内容。

D. 纸质图书有利于保护儿童视力，有利于父母引导儿童形成良好的阅读习惯。

E. 现代生活中年轻父母工作压力较大，很少有时间能与孩子一起共同阅读。

[解题分析] 正确答案：A

儿童教育专家的论证结构如下。

前提：电子学习机可能不利于儿童成长。

结论：父母应该陪孩子一起阅读纸质图书，在交流中促进其心灵的成长。

A 项：电子学习机会减少父母与孩子的日常交流，这作为一个论据，建立了前提与结论之间的联系，显然有力地支持了专家的观点，正确。

B 项：没能说明父母陪孩子阅读纸质图书的必要性，排除。

C 项：只是说明电子学习机的弊端，但没能说明父母陪孩子阅读纸质图书的必要性，排除。

D 项：说明纸质图书的益处，但并没表明父母陪孩子阅读纸质图书的益处，排除。

E 项：表明父母没时间陪孩子阅读纸质图书，说明专家的观点不可行，有削弱作用，排除。

31　2016MBA－39

有专家指出，我国城市规划缺少必要的气象论证，城市的高楼建得高耸而密集，阻碍了城市的通风循环。有关资料显示，近几年国内许多城市的平均风速已下降10%。风速下降，意味着大气扩散能力减弱，导致大气污染物滞留时间延长，易形成雾霾天气和热岛效应。为此，有专家提出建立“城市风道”的设想，即在城市里制造几条通畅的通风走廊，让风在城市中更加自由地进出，促进城市空气的更新循环。

以下哪项如果为真，最能支持上述建立“城市风道”的设想？

A. “城市风道”形成的“穿街风”，对建筑物的安全影响不大。

B. 风从八方来，“城市风道”的设想过于主观和随意。

C. 有风道但没有风，就会让“城市风道”成为无用的摆设。

D. 有些城市已拥有建立“城市风道”的天然基础。

E. “城市风道”不仅有利于“驱霾”，还有利于散热。

[解题分析] 正确答案：E

题干论述，建立“城市风道”的目的是促进城市空气的更新循环，以改变当前由于城市高耸密集的高楼阻碍城市通风循环从而易形成雾霾天气和热岛效应的现状。

E 项："城市风道"确实有利于"驱霾"，也有利于散热，表明"城市风道"可以解决雾霾天气和热岛效应问题。这直接有力地支持了题干设想，因此为正确答案。

A、D 项：起不到有效的支持作用，排除。

B 项："城市风道"的设想过于主观和随意，起削弱作用，排除。

C 项："城市风道"可能会成为无用的摆设，起削弱作用，排除。

32　2016MBA－32

考古学家发现，那件仰韶文化晚期的土坯砖边缘整齐，并且没有切割痕迹，由此他们推测，这件土坯砖应当是使用木质模具压制成型的；而其他 5 件由土坯砖经过烧制而成的烧结砖，经检测其当时的烧制温度为 850℃～900℃。由此考古学家进一步推测，当时的砖是先使用模具将粘土做成土坯，然后再经过高温烧制而成的。

以下哪项如果为真，最能支持上述考古学家的推测？

A. 仰韶文化晚期的年代约为公元前 3500 年～公元前 3000 年。

B. 仰韶文化晚期，人们已经掌握了高温冶炼技术。

C. 出土的 5 件烧结砖距今已有 5 000 年，确实属于仰韶文化晚期的物品。

D. 没有采用模具而成型的土坯砖，其边缘或者不整齐，或者有切割痕迹。

E. 早在西周时期，中原地区的人们就可以烧制铺地砖和空心砖。

[解题分析] 正确答案：D

考古学家的论证结构如下。

前提：边缘整齐∧没有切割痕迹（因）。

结论：这件土坯砖应当是使用木质模具压制成型的（果）。

D 项：没有采用模具而成型的土坯砖（无果），其边缘或者不整齐，或者有切割痕迹（无因）。可见，该项以无因无果的方式，有力地支持了考古学家的推测，因此为正确答案。

其余选项不妥，其中：

A、E 项：与题干论证无关，为无关项，排除。

B 项：即使那时人们已掌握了高温冶炼技术，考古学家的推测仍依据不足，排除。

C 项：即使有 5 件烧结砖的年代及所属时期，支持力度仍不足，排除。

33　2015MBA－52

研究人员安排了一次实验，将 100 名受试者分为两组：喝一小杯红酒的实验组和不喝酒的对照组。随后，让两组受试者计算某段视频中篮球队员相互传球的次数。结果发现，对照组的受试者都计算准确，而实验组中只有 18%的人计算准确。经测试，实验组受试者的血液中酒精浓度只有酒驾法定值的一半。由此专家指出，这项研究结果或许应该让立法者重新界定酒驾法定值。

以下哪项如果为真，最能支持上述专家的观点？

A. 饮酒过量不仅损害身体健康，而且影响驾车安全。

B. 即使血液中酒精浓度只有酒驾法定值的一半，也会影响视力和反应速度。

C. 即使酒驾法定值设置较高，也不会将少量饮酒的驾车者排除在酒驾范围之外。

D. 酒驾法定值设置过低，可能会把许多未饮酒者界定为酒驾。

E. 只要血液中酒精浓度不超过酒驾法定值，就可以驾车上路。

[解题分析] 正确答案：B

前提：通过对照实验发现，喝一小杯红酒也会对人的判断力产生很大的影响，而实验组受试者的血液中酒精浓度只有酒驾法定值的一半。

结论：应该重新界定酒驾法定值。

B项：就算血液中酒精浓度只有酒驾法定值的一半，也会影响视力和反应速度，这就有力地支持了题干结论，正确。

A项：饮酒过量影响驾车安全，但这并不能支持需要修改酒驾法定值，排除。

C、D项：有助于说明无须修改酒驾法定值，有削弱作用，排除。

E项：不能支持需要修改酒驾法定值，排除。

34 2014MBA－50

某研究中心通过实验对健康男性和女性听觉的空间定位能力进行了研究。起初，每次只发出一种声音，要求被试者说出声源的准确位置，男性和女性都非常轻松地完成了任务；后来多种声音同时发出，要求被试者只关注一种声音并对声源进行定位，与男性相比女性完成这项任务要困难得多，有时她们甚至认为声音是从声源相反方向传来的。研究人员由此得出：在嘈杂环境中准确找出声音来源的能力，男性要胜过女性。

以下哪项如果为真，最能支持研究者的结论？

A. 在实验使用的嘈杂环境中，有些声音是女性熟悉的声音。

B. 在实验使用的嘈杂环境中，有些声音是男性不熟悉的声音。

C. 在安静的环境中，女性注意力更易集中。

D. 在嘈杂的环境中，男性注意力更易集中。

E. 在安静的环境中，人的注意力容易分散；在嘈杂的环境中，人的注意力容易集中。

[解题分析] 正确答案：D

研究者的结论：在嘈杂环境中准确找出声音来源的能力，男性要胜过女性。

D项：在嘈杂环境中男性比女性更易集中注意力，这显然作为一个证据有力地支持了题干结论，正确。

A、B项："有些"数量未知，无法确定对实验结果是否会产生影响，不能支持，排除。

C项：陈述的是安静的环境，没有涉及结论中嘈杂的环境，排除。

E项：未体现男女之间的差异，起不到支持作用，排除。

35 2014MBA－35

实验发现，孕妇适当补充维生素D可降低新生儿感染呼吸道合胞病毒的风险。科研人员检测了156名新生儿脐带血中维生素D的含量，其中54%的新生儿被诊断为维生素D缺乏，这当中有12%的孩子在出生后一年内感染了呼吸道合胞病毒，这一比例远高于维生素D正常的孩子。

以下哪项如果为真，最能对科研人员的上述发现提供支持？

A. 上述实验中，54%的新生儿维生素D缺乏是由于他们的母亲在妊娠期间没有补充足够的维生素D造成的。

B. 孕妇适当补充维生素D可降低新生儿感染流感病毒的风险，特别是在妊娠后期补充维生素D，预防效果会更好。

C. 上述实验中，46%补充维生素D的孕妇所生的新生儿有一些在出生一年内感染呼吸道合胞病毒。

D. 科研人员实验时所选的新生儿在其他方面跟一般新生儿的相似性没有得到明确验证。

E. 维生素D具有多种防病健体功能，其中包括提高免疫系统功能、促进新生儿呼吸系统发育、预防新生儿呼吸道病毒感染等。

[解题分析] 正确答案：E

前提：维生素D缺乏的新生儿中感染呼吸道合胞病毒的比例远高于维生素D正常的孩子。

结论：孕妇适当补充维生素D可降低新生儿感染呼吸道合胞病毒的风险。

E项：表明维生素D对呼吸道发育确实有利，可以预防呼吸道病毒感染，支持了科研人员的发现，正确。

A项：不能支持。描述维生素D缺乏的原因，但不能建立“维生素D”与“呼吸道合胞病毒”的联系，排除。

B项：不能支持。“流感病毒”与题干论述的“呼吸道合胞病毒”不一致，排除。

C项：不能支持。补充维生素D的孕妇所生的新生儿是否仍有可能缺乏维生素D，未知，排除。

D项：不能支持。表明所研究的对象可能没有代表性，排除。

36　2012MBA－46

葡萄酒中含有白藜芦醇和类黄酮等对心脏有益的抗氧化剂。一项新研究表明，白藜芦醇能防止骨质疏松和肌肉萎缩。由此，有关研究人员推断，那些长时间在国际空间站或宇宙飞船上的宇航员或许可以补充一下白藜芦醇。

以下哪项如果为真，最能支持上述研究的推断？

A. 研究人员发现由于残疾或者其他因素而很少活动的人会比经常活动的人更容易出现骨质疏松和肌肉萎缩等症状，如果能喝点葡萄酒，则可以获益。

B. 研究人员模拟失重状态，对老鼠进行试验，一个对照组未接受任何特殊处理，另一组则每天服用白藜芦醇。结果对照组的老鼠骨头和肌肉的密度都降低了，而服用白藜芦醇的一组则没有出现这些症状。

C. 研究人员发现由于残疾或者其他因素而很少活动的人，如果每天服用一定量的白藜芦醇，则可以改善骨质疏松和肌肉萎缩等症状。

D. 研究人员发现，葡萄酒能对抗失重所造成的负面影响。

E. 某医学博士认为，白藜芦醇或许不能代替锻炼，但它能减缓人体某些机能的退化。

[解题分析] 正确答案：B

前提：一项研究表明，白藜芦醇能防止骨质疏松和肌肉萎缩。

结论：宇航员可以补充白藜芦醇。

B项：实验老鼠处于模拟失重状态，不服用白藜芦醇，骨头和肌肉的密度都降低；而服用白藜芦醇，骨头和肌肉的密度都不降低。由于在国际空间站或宇宙飞船上的宇航员长期处于失重状态，因此，这一实验得出的结论最能支持题干。所以，B项为正确答案。

A项：喝点葡萄酒对骨质疏松和肌肉萎缩等症状有益，但不知是不是白藜芦醇的作用，不能支持，排除。

C项：服用白藜芦醇可以改善很少活动的人的骨质疏松和肌肉萎缩等症状，但题干中白藜芦醇的作用是“防止”而不是“改善”，所以不能支持，排除。

D项：葡萄酒能对抗失重所造成的负面影响，但没有表明白藜芦醇是否能防止骨质疏松和肌肉萎缩，所以不能支持，排除。

E项：某医学博士的观点只是个人的看法，力度不足；而且，白藜芦醇即使能减缓人体某些机能的退化，也没有表明白藜芦醇能防止骨质疏松和肌肉萎缩，所以不能支持，排除。

37 2011MBA－46

由于含糖饮料的卡路里含量高，容易导致肥胖，因此无糖饮料开始流行。经过一段时间的调查发现，无糖饮料尽管卡路里含量低，但并不意味它不会导致体重增加，因为无糖饮料可能导致人们对于甜食的高度偏爱，这意味着可能食用更多的含糖类食物。而且无糖饮料几乎没什么营养，喝得过多就限制了其他健康饮品的摄入，比如茶和果汁等。

以下哪项如果为真，最能支持题干的观点?

A. 茶是中国的传统饮料，长期饮用有益健康。

B. 有些瘦子也爱喝无糖饮料。

C. 有些胖子爱吃甜食。

D. 不少胖子向医生报告他们常喝无糖饮料。

E. 喝无糖饮料的人很少进行健身运动。

［解题分析］ 正确答案：D

前提：无糖饮料可能导致人们食用更多的含糖类食物。

结论：无糖饮料可能导致肥胖（无糖饮料并不意味它不会导致体重增加）。

D项：表明无糖饮料与肥胖很可能相关，这显然作为一个论据，支持了题干的观点，正确。

A项：茶与题干论证无关，排除。

B项：表明无糖饮料与瘦可能相关，有削弱作用，排除。

C项："有些"的范围未知，而且"甜食"可能不是无糖饮料，不能支持，排除。

E项：该项表明无糖饮料不一定导致肥胖，而可能是很少进行健身运动导致肥胖，有削弱作用，排除。

38 2011MBA－39

科学研究中使用的形式语言和日常生活中的自然语言有很大的不同，形式语言看起来像天书，远离大众，只有一些专业人士才能理解和运用。但其实这是一种误解，自然语言和形式语言的关系就像肉眼与显微镜的关系，肉眼的视域广阔，可以从整体上把握事物的信息；显微镜可以帮助人们看到事物的细节和精微之处，尽管用它看到的范围小。所以形式语言和自然语言都是人们交流和理解信息的重要工具，把它们结合起来使用，具有强大的力量。

以下哪项如果为真，最能支持上述结论?

A. 通过显微镜看到的内容可能成为暂时的"风暴"，说明形式语言可以丰富自然语言的表达，我们应重视形式语言。

B. 正如显微镜下显示的信息最终还是要通过肉眼观察一样，形式语言表达的内容最终也要通过自然语言来实现，说明自然语言更基础。

C. 科学理论如果仅用形式语言表达，很难被普通民众理解；同样，如果仅用自然语言表达，有可能变得冗长且很难表达准确。

D. 科学的发展很大程度上改善了普通民众的日常生活，但人们并没有意识到科学表达的基础——形式语言的重要性。

E. 采用哪种语言其实不重要，关键在于是否表达了真正想表达的思想内容。

［解题分析］ 正确答案：C

题干结论是，形式语言和自然语言都是人们交流和理解信息的重要工具，应把它们结合起来使用。

C项表明，仅用形式语言或仅用自然语言都有问题，说明两者不可偏废，有力地支持了要把它们结合起来使用的结论，正确。

A、D项：只表明了形式语言的重要性，不能支持结论，排除。

B项：只表明了自然语言的重要性，不能支持结论，排除。

E项：与题干论证无关，排除。

39　2010MBA-38

一种常见的现象是，从国外引进的一些畅销科普读物在国内并不畅销，有人对此解释说，这与我们多年来沿袭的文理分科有关。文理分科人为地造成了自然科学与人文社会科学的割裂，导致科普类图书的读者市场还没有真正形成。

以下哪项如果为真，最能加强上述观点？

A. 有些自然科学工作者对科普读物也不感兴趣。

B. 科普读物不是没有需求，而是有效供给不足。

C. 由于缺乏理科背景，非自然科学工作者对科学敬而远之。

D. 许多科普电视节目都拥有固定的收视群，相应的科普读物也大受欢迎。

E. 国内大部分科普读物只是介绍科学常识，很少真正关注科学精神的传播。

[解题分析] 正确答案：C

题干论述：从国外引进的一些畅销科普读物在国内并不畅销，其原因在于文理分科人为地造成了自然科学与人文社会科学的割裂，导致科普类图书的读者市场还没有真正形成。

C项：非自然科学工作者缺乏理科背景，因而对科学敬而远之。而缺乏理科背景正是文理分科造成的，这就有力地加强了题干的观点。

A项："有些"的范围模糊，力度较弱，排除。

B项：指出另外的原因，由于有效供给不足导致了科普读物不畅销，有削弱作用，排除。

D项：许多科普电视节目都拥有固定的收视群，相应的科普读物也大受欢迎，但为什么从国外引进的一些畅销科普读物在国内并不畅销，还是未知，不能加强，排除。

E项：科普读物大多只介绍科学常识而不关注科学精神的传播，这与科普读物不畅销没有明确关联，排除。

40　2003MBA-48

建筑历史学家丹尼斯教授对欧洲19世纪早期铺有木地板的房子进行了研究。结果发现较大的房间铺设的木板条比较小房间的木板条窄得多。丹尼斯教授认为，既然大房子的主人一般都比小房子的主人富有，那么，用窄木条铺地板很可能是当时有地位的象征，用以表明房主的富有。

以下哪项如果为真，最能加强丹尼斯教授的观点？

A. 欧洲19世纪晚期的大多数房子所铺设的木地板的宽度大致相同。

B. 丹尼斯教授的学术地位得到了国际建筑历史学界的公认。

C. 欧洲19世纪早期，木地板条的价格是以长度为标准计算的。

D. 欧洲19世纪早期，有些大房子铺设的是比木地板昂贵得多的大理石。

E. 在以欧洲19世纪市民生活为背景的小说《雾都十三夜》中，富商查理的别墅中铺设的就是有别于民间的细条胡桃木地板。

[解题分析] 正确答案：C

前提：大房间铺设的木板条比小房间的木板条窄得多；大房子的主人一般都比小房子的主人富有。

结论：窄木条铺地板用以表明房主的富有。

C 项：由于当时木地板条的价格是以长度为标准计算的，因此，铺设相同面积的房间地面，使用窄木条比使用宽木条花费要高。大房间面积更大，使用的木条更窄，木条总长度就比小房子用宽木条的总长度要长得多，花费更多，显示了房主的富有，加强了题干观点，正确。

A 项：大多数房子所铺设的木地板宽度大致相同，这与题干讨论的宽木板和窄木板不一致，无法支持，排除。

B 项：诉诸权威，丹尼斯教授的学术地位得到公认，并不能必然表明其观点是正确的，排除。

D 项：无关选项，大理石地板与题干论证无关，排除。

E 项：以一部小说中的描述作为论据，作为个例支持力度很弱，排除。

41　2000MBA－74

提高教师应聘标准并不是引起目前中小学师资短缺的主要原因。引起中小学师资短缺的主要原因，是近年来中小学教学条件的改进缓慢，以及教师的工资的增长未能与其他行业同步。

以下哪项如果为真，最能加强上述断定？

A. 虽然还有别的原因，但收入低是许多教师离开教育岗位的理由。

B. 许多教师把应聘标准的提高视为师资短缺的理由。

C. 有些能胜任教师的人，把应聘标准的提高作为自己不愿执教的理由。

D. 许多在岗但不胜任的教师，把低工资作为自己不努力进取的理由。

E. 决策部门强调提高应聘标准是师资短缺的主要原因，以此作为不给教师加工资的理由。

［解题分析］ 正确答案：A

题干断定：师资短缺的主要原因是教学条件的改进缓慢以及教师的工资增长滞后。

A 项：收入低是许多教师离岗的原因，直接加强了上述断定，正确。

其余各项均不能加强题干的断定。

四、 不能支持

不能支持型考题的解题方法是将能与题干一致的选项（能支持题干的选项）排除掉，最后剩下的选项不管是与题干相矛盾、不一致还是不相干的都是不能支持的，即不能支持题型的正确答案必为削弱或无关项。

1　2024MBA－33

人们常常听到这样的说法："天气凉了，大家要小心着凉感冒。"然而着凉未必意味着感冒。"着凉"仅仅指没有穿够保暖的衣物时体温过低的情况，而感冒的原因是病毒或细菌感染。但有研究人员分析了过去 5 年流感疫情监测数据后发现，流感的频繁活动通常发生在当年 11 月至次年 3 月期间。由此他们断定，寒冷天气确实更容易让人感染流行性感冒。

以下各项如果为真，则除哪项外均能支持上述研究人员的观点？

A. 各种病毒在低温且干燥的环境中更稳定，而且繁殖得更快。

B. 寒冷的天气里，人们更愿意待在温暖的室内，而不愿进行户外活动。

C. 在通风不良的室内供暖环境中，人体抵御细菌感染的机能会有所减弱。

D. 温度大幅降低会导致人体温度下降，妨碍呼吸系统和消化系统的正常运转。

E. 当人体处于紧张状态比如承受低温时，其代谢系统和免疫系统的正常运转将会受到影响。

[解题分析] 正确答案：B

题干观点：寒冷天气更容易让人感染流行性感冒。

B 项：寒冷天气人们不愿进行户外活动，那么就不容易因为寒冷天气而感冒，削弱题干观点，正确。

A 项：表明寒冷环境下病毒更容易生存和繁殖，从而使人容易感冒，支持题干，排除。

C 项：表明在通风不良的室内供暖环境中人体抵御细菌感染的机能减弱，从而使人容易感冒，支持题干，排除。

D 项：寒冷妨碍人体的呼吸系统和消化系统的正常运转，从而使人容易感冒，支持题干，排除。

E 项：寒冷影响人体的代谢系统和免疫系统的正常运转，从而使人容易感冒，支持题干，排除。

2　2023MBA－44

近年来，一些地方修改了本地见义勇为相关条例，强调对生命的敬畏和尊重，既肯定大义凛然、挺身而出的见义勇为，更鼓励和倡导科学、合法、正当的“见义智为”。有专家由此指出，从鼓励见义勇为到倡导“见义智为”，反映了社会价值观念的进步。

以下各项如果为真，则除了哪项均能支持上述专家的观点？

A. “见义智为”强调以人为本、合理施救，表明了科学理性、互帮互助的社会价值取向。

B. 有时见义勇为需要专业技术知识，普通民众如果没有相应的知识，最好不要贸然行事，应及时报警求助。

C. 所有的生命都是平等的，救人者与被救者都具有同等的生命价值，救人者的生命同样应得到尊重和爱护。

D. 我国中小学正在引导学生树立应对突发危机事件的正确观念，教育学生如何在保证自身安全的情况下“机智”救助他人。

E. 倡导“见义智为”容易给一些自私懦弱的人逃避社会责任制造借口，见死不救的惨痛案例可能会增多，社会道德水平可能因此而下滑。

[解题分析] 正确答案：E

专家的观点是肯定“见义智为”。

E 项的论述是在否定“见义智为”，反对了专家的观点，正确。

其余选项都从不同角度对“见义智为”有所肯定，支持了专家的观点，排除。

3　2017MBA－50

译制片配音，作为一种独有的艺术形式，曾在我国广受欢迎。然而时过境迁，现在许多人已不喜欢看配过音的外国影视剧。他们觉得还是听原汁原味的声音才感觉到位。有专家由此断言，配音已失去观众，必将退出历史舞台。

以下各项如果为真，则除哪项外都能支持上述专家的观点？

A. 很多上了年纪的国人仍习惯看配过音的外国影视剧，而在国内放映的外国大片有的仍然是配过音的。

B. 配音是一种艺术再创作，倾注了艺术家的心血，但有的人对此并不领情，反而觉得配音妨碍了他们对原剧的欣赏。

C. 许多中国人通晓外文，观赏外国原版影视剧并不存在语言的困难；即使不懂外文，边看中文字幕边听原声也不影响理解剧情。

D. 随着对外交流的加强，现在外国影视剧大量涌入国内，有的国人已经等不及慢条斯理、精工细作的配音了。

E. 现在有的外国影视剧配音难以模仿剧中的演员的出色嗓音，有时也与剧情不符，对此观众并不接受。

[解题分析] 正确答案：A

专家的论证结构如下。

前提：现在许多人喜欢原汁原味的声音。

结论：配音已失去观众，必将退出历史舞台。

A 项：仍有一部分观众习惯看配过音的外国影视剧，所以配音仍然存在一定的市场，对专家的观点有所削弱，正确。

B 项：有的人觉得配音妨碍了他们对原剧的欣赏，支持了专家的观点，排除。

C 项：许多人观赏外国原版影视剧并没有语言困难，或者看中文字幕也可，无须配音，支持了专家的观点，排除。

D 项：外国影视剧的时效性增强，配音无法满足部分国人的需求，支持了专家的观点，排除。

E 项：配音难以模仿剧中的演员的出色嗓音，有时也与剧情不符，对此观众并不接受，支持了专家的观点，排除。

4 2015MBA－53

某研究人员在 2004 年对一些 12～16 岁的学生进行了智商测试，测试得分为 77～135 分，4 年之后再次测试，这些学生的智商得分为 87～143 分。仪器扫描显示，那些得分提高了的学生，其脑部比此前呈现更多的灰质（灰质是一种神经组织，是中枢神经的重要组成部分）。这一测试表明，个体的智商变化确实存在，那些早期在学校表现不突出的学生仍有可能成为佼佼者。

以下除哪项外，都能支持上述实验结论？

A. 随着年龄的增长，青少年脑部区域的灰质通常也会增加。

B. 学生的非言语智力表现与他们的大脑结构的变化明显相关。

C. 言语智商的提高伴随着大脑左半球运动皮层灰质的增多。

D. 有些天才少年长大后智力并不出众。

E. 部分学生早期在学校表现不突出与其智商有关。

[解题分析] 正确答案：E

题干根据实验测试得出结论：第一，个体的智商变化确实存在；第二，个体的智商变化与脑部的灰质结构变化有关。

E 项：学生早期表现是否突出与智商的关系并不能说明个体的智商变化以及个体智商变化与其脑部结构变化的相关性，无法支持题干，正确。

A 项：个体随着年龄增长，一般智商也随之增长，因此，随着年龄增长，灰质通常也会增加，支持题干中的实验结论，排除。

B 项：某项智力表现与大脑结构变化相关，支持题干中的实验结论，排除。

C 项：智商的提高伴随着灰质的增多，支持题干中的实验结论，排除。

D 项：有些天才少年长大后智力并不出众，说明个体智商变化确实存在，支持题干中的实验结论，排除。

5 2011MBA-54

统计数据表明，近年来，民用航空飞机的安全性有很大提高。例如，某国2008年每飞行100万次发生恶性事故的次数为0.2次，而1989年为1.4次，从这些年的统计数字看，民用航空恶性事故发生率呈下降趋势，由此看出，乘飞机出行越来越安全。

以下哪项不能加强上述结论？

A. 近年来，飞机事故中“死里逃生”的概率比以前提高了。

B. 各大航空公司越来越注意对机组人员的安全培训。

C. 民用航空的空中交通控制系统更加完善。

D. 避免“机鸟互撞”的技术与措施日臻完善。

E. 虽然飞机坠毁很可怕，但从统计数据上讲，驾车仍然要危险得多。

[解题分析] 正确答案：E

前提：民用航空恶性事故发生率呈下降趋势。

结论：乘飞机出行越来越安全。

E项：无效比较，因为题干中飞机的安全性只和自身比，没有和驾车比较，即该项与题干论证无关，因此为正确答案。

A项：“死里逃生”的概率提高，即使出现了飞行事故也有机会生还，可加强结论，排除。

B项：注意对机组人员的安全培训，那么机组人员在遇到事故时更能采取正确措施，可加强结论，排除。

C项：空中交通控制系统更加完善，可使飞机的飞行更加安全，加强结论，排除。

D项：技术与措施日臻完善，可使“机鸟互撞”事故发生的概率降低，加强结论，排除。

6 2011MBA-30

抚仙湖虫是泥盆纪澄江动物群中特有的一种，属于真节肢动物中比较原始的类型，成虫体长10厘米，有31个体节，外骨骼分为头、胸、腹三部分，它的背、腹分节不一致。泥盆纪直虾是现代昆虫的祖先，抚仙湖虫化石与直虾类化石类似，这间接表明了抚仙湖虫是昆虫的远祖。研究者还发现，抚仙湖虫的消化道充满泥沙，这表明它是食泥动物。

以下除哪项外，均能支持上述论证？

A. 昆虫的远祖也有不食泥的生物。

B. 泥盆纪直虾的外骨骼分为头、胸、腹三部分。

C. 凡是与泥盆纪直虾类似的生物都是昆虫的远祖。

D. 昆虫是由真节肢动物中比较原始的生物进化而来的。

E. 抚仙湖虫消化道中的泥沙不是在化石形成过程中由外界渗透进去的。

[解题分析] 正确答案：A

题干论述：

(1) 抚仙湖虫属于真节肢动物中比较原始的类型。

(2) 抚仙湖虫的外骨骼分为头、胸、腹三部分，它的背、腹分节不一致。

(3) 泥盆纪直虾是现代昆虫的祖先，抚仙湖虫化石与直虾类化石类似，这间接表明了抚仙湖虫是昆虫的远祖。

(4) 抚仙湖虫的消化道充满泥沙，这表明它是食泥动物。

A项：根据(3)抚仙湖虫是昆虫的远祖，结合(4)抚仙湖虫是食泥动物，可推知，昆虫的远祖是食泥动物。而本项表明，昆虫的远祖也有不食泥的生物。这与上述推论冲突，不能支持题干，因此为正确答案。

B项：根据（2）抚仙湖虫的外骨骼分为头、胸、腹三部分，结合（3）抚仙湖虫化石与直虾类化石类似，可推知，泥盆纪直虾的外骨骼分为头、胸、腹三部分。因此，本项支持题干论证，排除。

C项：凡是与泥盆纪直虾类似的生物都是昆虫的远祖。这支持了（3），排除。

D项：昆虫是由真节肢动物中比较原始的生物进化而来的。结合（1）抚仙湖虫属于真节肢动物中比较原始的类型，有助于推出（3）抚仙湖虫是昆虫的远祖。因此，本项支持题干论证，排除。

E项：抚仙湖虫消化道中的泥沙不是在化石形成过程中由外界渗透进去的。这支持了（4），排除。

7 2010MBA－41

S市环保监测中心的统计分析表明，2009年空气质量为优的天数达到了150天，比2008年多出22天。二氧化硫、一氧化碳、二氧化氮、可吸入颗粒物四项污染物浓度平均值，与2008年相比分别下降了约21.3%、25.6%、26.2%、15.4%。S市环保负责人指出，这得益于近年来本市政府持续采取的控制大气污染的相关措施。

以下除哪项外，均能支持上述S市环保负责人的看法？

A. S市广泛开展环保宣传，加强了市民的生态理念和环保意识。

B. S市启动了内部控制污染方案：凡是排放不达标的燃煤锅炉停止运行。

C. S市执行了机动车排放国Ⅳ标准，单车排放比国Ⅲ标准降低了49%。

D. S市市长办公室最近研究了焚烧秸秆的问题，并着手制定相关条例。

E. S市制定了“绿色企业”标准，继续加快污染重、能耗高企业的退出。

[解题分析] 正确答案：D

环保负责人的看法：空气质量转优，得益于近年来本市政府持续采取的控制大气污染的相关措施。

D项：市长办公室着手制定相关条例。这属于正在研究但尚未实施的项目，但空气质量已经转优，显然不能支持上述看法，因此为正确答案。

其余选项都起到支持作用。A项，环保宣传加强了市民的环保意识；B项，排放不达标的燃煤锅炉停止运行；C项，执行了机动车排放国Ⅳ标准从而降低了单车排放；E项，新的企业标准加快了污染重、能耗高企业的退出，这些都是政府已经采取的环保措施，从不同角度支持了环保负责人的看法。

8 2004MBA－33

汽油酒精，顾名思义，是一种汽油酒精混合物。作为一种汽车燃料，和汽油相比，燃烧一个单位的汽油酒精能产生较多的能量，同时排出较少的有害废气一氧化碳和二氧化碳。以汽车日流量超过200万辆的北京为例，如果所有汽车都使用汽油酒精，那么，每天产生的二氧化碳，不比北京的绿色植被通过光合作用吸收的多。因此，可以预计，在世界范围内，汽油酒精将很快进军并占领汽车燃料市场。

以下各项如果为真，都能加强题干的论证，除了：

A. 汽车每公里消耗的汽油酒精量和汽油基本持平，至多略高。

B. 和汽油相比，使用汽油酒精更有利于汽车的保养。

C. 使用汽油酒精将减少对汽油的需求，有利于缓解石油短缺的压力。

D. 全世界汽车日流量超过200万辆的城市中，北京的绿色植被覆盖率较低。

E. 和汽油相比，汽油酒精的生产成本较低，因而售价也较低。

[解题分析] 正确答案：A

前提：一个单位的汽油酒精和汽油相比，产生能量多，排放废气少；如果北京的所有汽车都使用汽油酒精，绿色植被能够完全吸收其产生的二氧化碳。

结论：汽油酒精将很快占领燃料市场。

A 项：无法加强。汽车每公里消耗的汽油酒精量和汽油持平或略高，那么在同里程的消耗量方面，汽油酒精就有劣势或至少没有优势，不能加强题干论证，正确。

B 项：可以加强。表明了汽油酒精更利于汽车保养，这是支持使用汽油酒精的另一个理由，排除。

C 项：可以加强。表明了汽油酒精有利于缓解石油短缺压力，这是使用汽油酒精的好处，排除。

D 项：可以加强。北京在绿色植被覆盖率较低的情况下，能够完全吸收汽油酒精产生的二氧化碳，那么，绿色植被覆盖率较高的其他城市如果使用汽油酒精，当然更能避免排放的二氧化碳污染，表明了汽油酒精的优势，排除。

E 项：可以加强。表明了汽油酒精的生产成本和售价较低的优势，排除。

9　2001MBA－39

有着悠久历史的肯尼亚国家自然公园以野生动物在其中自由出没而著称。在这个公园中，已经有 10 多年没有出现灰狼了。最近，公园的董事会决定引进灰狼。董事会认为，灰狼不会对游客造成危害，因为灰狼的习性是避免与人接触的；灰狼也不会对公园中的其他野生动物造成危害，因为公园为灰狼准备了足够的家畜如山羊、兔子等作为食物。

以下各项如果为真，都能加强题干中董事会的论证，除了：

A. 作为灰狼食物的山羊、兔子等，和野生动物一样在公园中自由出没，这增加了公园的自然气息和游客的乐趣。

B. 灰狼在进入公园前将经过严格的检疫，事实证明，只有患有狂犬病的灰狼才会主动攻击人。

C. 国家自然公园中，游客通常坐在汽车中游览，不会遭到野兽的直接攻击。

D. 麋鹿是一种反应极其敏捷的野生动物。灰狼在公园中对麋鹿可能的捕食将减少其中的不良个体，从总体上有利于麋鹿的优化繁衍。

E. 公园有完备的排险设施，能及时地监控并有效地排除人或野生动物遭遇的险情。

[解题分析] 正确答案：A

前提：第一，灰狼不会危害游客，因为其习性是避免与人接触；第二，灰狼也不会危害公园中的其他野生动物，因为公园为其准备了足够的家畜作为食物。

结论：引进灰狼。

A 项：削弱论证。作为灰狼食物的山羊、兔子等和野生动物一样在公园中自由出没，这使得灰狼在捕食食物时，很可能会对公园中的其他野生动物造成危害，不能加强，正确。

B 项：支持论证。表明进入公园的灰狼不会主动攻击人，能起到加强作用，排除。

C 项：支持论证。表明公园中的游客不会遭到攻击，能起到加强作用，排除。

D 项：支持论证。虽然灰狼对不良个体的麋鹿有危害，但对麋鹿群体却是有好处的，能起到加强作用，排除。

E 项：支持论证。公园有安全措施，显然有助于说明灰狼不太会对游客或野生动物造成危害，能起到加强作用，排除。

五、支持复选

支持复选是支持题型的多选题，这类题的选项可从多个角度对题干论证进行支持，是各类支持方向的综合运用，需要对每个选项都有正确的把握。

1998MBA－44

目前食品包装袋上没有把纤维素的含量和其他营养成分一起列出。因此，作为保护民众健康的一项措施，国家应该规定食品包装袋上明确列出纤维素的含量。

以下哪项如果是真的，能作为论据支持上述论证？

Ⅰ. 大多数消费者购买食品时能注意包装袋上关于营养成分的说明。

Ⅱ. 高纤维食品对于预防心脏病、直肠癌和糖尿病有重要作用。

Ⅲ. 很多消费者都具有高纤维食品营养价值的常识。

A. 仅Ⅰ。

B. 仅Ⅱ。

C. 仅Ⅲ。

D. 仅Ⅰ和Ⅱ。

E. Ⅰ、Ⅱ和Ⅲ。

[解题分析] 正确答案：E

题干信息：为保护民众健康，应该规定食品包装袋上明确列出纤维素的含量。

Ⅰ：可以支持。大多数消费者购买食品时能注意包装袋上关于营养成分的说明，这样在包装袋上列出纤维素的含量才有意义。

Ⅱ：可以支持。高纤维食品对于预防心脏病、直肠癌和糖尿病有重要作用，为了保护民众健康我们也才需要明确列出纤维素的含量。

Ⅲ：可以支持。很多消费者具有高纤维食品营养价值的常识，他们才会去关心列出的纤维素含量。

因此，E项正确。

第三节 削弱

削弱就是弱化题干论证，这类考题要求被测试者去识别能够使结论更不可能的陈述。即只要将某选项放入题干的前提与结论之间，就能使结论成立的可能性降低，那么，这个选项就是削弱性选项。

（一）削弱方式

削弱题型的解题思路与支持题型的解题思路大致一样，只不过是它们的答案对题干推理的作用刚好相反。削弱就是要找出题干论证的漏洞，其主要解题思路如下：

（1）否定假设：削弱题干前提和结论间的关系，即削弱论证方式。

（2）反对理由：削弱题干前提或论据。

（3）另有他因：存在别的因素影响论证，从而削弱题干结论。

（4）反面论据：增加一个新的论据从而削弱题干结论。

（二）削弱程度

若在题目的备选项中有两个或两个以上能削弱题干推理的选项，则在确定答案时必须比较其削弱的程度。下面提供一些评价削弱程度的一般方法：

（1）结论强于理由——削弱结论的力度大于削弱前提（论据、原因）。

（2）内部强于外部——内部削弱的力度大于外部削弱。

（3）必然强于或然——必然性削弱力度大于或然性削弱。

（4）明确强于模糊——含有确定性数字的削弱大于模糊概念的削弱。

（5）量大强于量小——量大的削弱力度大于量小的削弱。

（6）直接强于间接——直接削弱的力度大于间接削弱。

（7）整体强于部分——针对整体的削弱力度要大于针对部分的削弱。

（8）逻辑强于非逻辑——逻辑削弱的力度大于非逻辑削弱。

（9）质强于量——针对样本质的削弱力度大于针对样本量的削弱。

（三）解题步骤

第一，寻找结论，推理的重点在结论上。

第二，找出题干得出结论的理由。

第三，分析题干中的论证形式。

第四，预测答案：用结论的具体性去区分有关无关，对于特殊类，先预测出答案。

第五，削弱方式：

（1）反驳或质疑结论。

（2）反驳或质疑论据。

（3）削弱前提对于结论的支持力度。

（4）指出论证方式中存在逻辑漏洞。

（5）削弱和假设关系很密切，因为假设答案取非就是削弱答案。

几种特殊类型：

条件型结论：举反例。

原文是类比：削弱方式为两者本质不同。

原文是调查：有效性受怀疑（被调查对象没代表性等）。

原文前提和结论关系不密切：正确选项直接削弱结论。

第六，验证答案。思考：是否该答案使作者再考虑他的观点或迫使作者做出反应或原文该前提能证明该结论吗?

（四）解题思路

题干的论证方式通常分为两种结构，相应的常见解题思路如下：

（1）第一类结构：因果论证型。前提（原因）→结论（结果）。

①断桥：措施达不到目的、原因得不到结果、条件得不出结论。

②他因：受其他因素限制，措施未必达目的、原因未必得结果、条件未必得结论。

（2）第二类结构：因果解释型。前提（结果）→结论（原因）。

①是其他原因或可能导致该结果。

②割断因果：有因无果或无因有果。

③因果颠倒了。

④显示因果关系的资料不准确。

总之，削弱就是找逻辑漏洞。以上这些削弱的方式只是给考生解题时提供的一种思路，对某些考题可能用其中的几种思路都说得通，因此，考生不要拘泥于具体每一道逻辑题到底归于哪一类，特别是真正到考场，我们会发现没有时间判断考题属于哪一类，在考试中主要还是凭平时训练积累起来的感觉来迅速解题。

一、否定假设

否定假设就是指出论证不可行或没有意义，这就达到了推翻结论的目的。因为假设是题干论证成立的必要条件，如果否定了潜在的假设，就能动摇论证的依据，从而说明题干推理是不可行的，这就有力地削弱了题干的论证。

1 2024MBA－28

随着传播媒介的不断发展，其接收方式越来越多样。声音，作为一种接收门槛相对较低的传播媒介，它的“可听化”比视频的“可视化”受限制条件少，接收方式灵活。近来，各种有声读物、方言乡音等媒介日渐红火，一些听书听剧网站颇受欢迎，这让一些人看到了希望：会说话就行，用“声音”就可以获得财富。有专家就此认为，声媒降低了就业门槛，为人们提供了更多平等就业的机会。

以下哪项如果为真，最能质疑上述专家的观点？

A. 传媒接收门槛的降低并不意味着声媒准入门槛的降低。

B. 只有切实贯彻公平合理的就业政策，人们平等就业才有实现的可能。

C. 一个行业吸纳的就业人员越多，它所能提供的平均薪酬水平往往越低。

D. 有人愿意为听书付费，而有人不愿意，靠“声音”获得财富并不容易。

E. 有人天生一副好嗓子，而有人的嗓音则需通过训练才能达到播音标准。

［解题分析］正确答案：A

前提：传媒接收方式越来越多样。

结论：声媒降低了就业门槛。

可见，上述专家论证的隐含假设是，传媒接收门槛的降低导致了声媒准入门槛的降低，从而降低了就业门槛。

A 项：否定了上述假设，割裂了题干论证前提和结论之间的联系，最能质疑专家的观点，正确。

B、C 项：与题干论证无关，排除。

D、E 项：靠“声音”获得财富并不容易，人们嗓子的天生条件不一样，这些均与“声媒降低了就业门槛”没有必然联系，不能质疑，排除。

2 2022MBA－47

有些科学家以为，基因调整技术能大幅延长人类的寿命。他们在实验室中调整了一种小型土壤线虫的两组基因序列，成功将这种生物的寿命延长了 5 倍。他们据此声称，如果将延长线虫寿命的科学方法应用于人类，人活到 500 岁就会成为可能。

以下哪项最能质疑上述科学家的观点？

A. 基因调整技术可能会导致下一代中一定比例的个体失去繁殖能力。

B. 即使将基因调整技术成功应用于人类，也只会有极少数人活到 500 岁。

C. 将延长线虫寿命的科学方法应用于人类，还需要经历较长一段时间。

D. 人类的生活方式复杂而多样，不良的生活习惯和心理压力会影响身心健康。

E. 人类寿命的提升幅度不会像线虫那样简单倍增，200 岁以后寿命再延长基本不可能。

［解题分析］正确答案：E

科学家的论证结构如下。

前提：调整土壤线虫的基因序列使得其寿命延长了 5 倍。

结论：如果将延长线虫寿命的科学方法应用于人类，人活到500岁就会成为可能。

其隐含假设是人和土壤线虫是完全类似的。

E项表明，人类寿命的提升幅度不会像线虫那样简单倍增，否定了科学家的隐含假设，从而有力地质疑了科学家的观点。

其余选项不妥，其中：A项力度弱，“一定比例”数量模糊，排除；B、C项均对题干有支持作用，排除；D项未涉及寿命问题，为无关项，排除。

3　2017MBA－45

人们通常认为，幸福能够增进健康、有利于长寿，而不幸福则是健康状况不佳的直接原因。但最近有研究人员对300多人的生活状况调查后发现，幸福或不幸福并不意味着死亡的风险会相应地变得更低或更高。他们由此指出，疾病可能会导致不幸福，但不幸福本身并不会对健康状况造成损害。

以下哪项如果为真，最能质疑上述研究人员的论证？

A. 有些高寿老人的人生经历较为坎坷，他们有时过得并不幸福。

B. 有些患有重大疾病的人乐观向上，积极与疾病抗争，他们的幸福感比较高。

C. 人的死亡风险低并不意味着健康状况好，死亡风险高也不意味着健康状况差。

D. 幸福是个体的一种心理体验，要求被调查对象准确断定其幸福程度有一定的难度。

E. 对少数个体死亡风险的高低难以进行准确评估。

[解题分析]　正确答案：C

研究人员的论证结构如下。

前提：幸福和不幸福的人死亡率没有差别。

结论：疾病可能会导致不幸福，但不幸福本身并不会对健康状况造成损害。

该论证需要假设：死亡风险低代表身体健康状况好（没有疾病），死亡风险高代表身体健康状况差（有疾病）。C项否定了这一假设，最能质疑上述研究人员的论证。

其余选项中含有“有时”“有些”“有一定的难度”“少数”等模糊数量，力度较弱，排除。

4　2014MBA－49

不仅人上了年纪会难以集中注意力，就连蜘蛛也有类似的情况。年轻蜘蛛结的网整齐均匀，角度完美；年老蜘蛛结的网可能出现缺口，形状怪异。蜘蛛越老，结的网就越没有章法。科学家由此认为，随着时间的流逝，这种动物的大脑也会像人脑一样退化。

以下哪项如果为真，最能质疑科学家的上述论证？

A. 优美的蛛网更容易受到异性蜘蛛的青睐。

B. 年老蜘蛛的大脑较之年轻蜘蛛，其脑容量明显偏小。

C. 运动器官的老化会导致年老蜘蛛结网能力下降。

D. 蜘蛛结网只是一种本能的行为，并不受大脑控制。

E. 形状怪异的蜘蛛网较之整齐均匀的蜘蛛网，其功能没有大的差别。

[解题分析]　正确答案：D

科学家的论证结构如下。

前提：年老蜘蛛结网没有年轻蜘蛛结得好。

结论：年老蜘蛛大脑退化。

显然，该论证必须假设：蜘蛛结网受大脑控制。

D项否定了这一假设，有力地质疑了科学家的上述论证，正确。

A、E项：与题干论证无关，均为无关项，排除。

B项：年老蜘蛛比年轻蜘蛛的脑容量小，但没有明确脑容量变小是否由大脑退化所导致，若是，则支持题干论证；若否，则与题干论证无关。排除。

C项：题干没有表明运动器官的老化是否由大脑退化所导致，若不是，则质疑论证；若是，则支持论证。排除。

5 2013MBA－33

某科研机构对市民所反映的一种奇异现象进行研究，该现象无法用已有的科学理论进行解释。助理研究员小王由此断言，该现象是错觉。

以下哪项如果为真，最可能使小王的断言不成立？

A. 所有错觉都不能用已有的科学理论进行解释。

B. 有些错觉不能用已有的科学理论进行解释。

C. 已有的科学理论尚不能完全解释错觉是如何形成的。

D. 错觉都可以用已有的科学理论进行解释。

E. 有些错觉可以用已有的科学理论进行解释。

[解题分析] 正确答案：D

小王根据该奇异现象无法用已有的科学理论进行解释，进而断言，该现象是错觉。

其隐含的假设是，无法用已有的科学理论进行解释的现象都是错觉。

D项所述，错觉都可以用已有的科学理论进行解释，意味着，无法用已有的科学理论进行解释的现象都不是错觉，否定了小王论证的假设，从而使小王的断言不成立。

6 2011MBA－45

国外某教授最近指出，长着一张娃娃脸的人意味着他将享有更长的寿命，因为人们的生活状况很容易反映在脸上。从1990年春季开始，该教授领导的研究小组对826对70岁以上的双胞胎进行了体能和认知测试，并拍了他们的面部照片。在不知道他们确切年龄的情况下，三名研究助手先对不同年龄组的双胞胎进行年龄评估，结果发现，即使是双胞胎，被猜出的年龄也相差很大。然后研究小组用若干年时间对这些双胞胎的晚年生活进行了跟踪调查，直至他们去世。调查表明：双胞胎中，外表年龄差异越大，看起来老的那个就越可能先去世。

以下哪项如果为真，最能形成对该教授调查结论的反驳？

A. 如果把调查对象扩大到40岁以上的双胞胎，结果可能会有所不同。

B. 三名研究助手比较年轻，从事该项研究的时间不长。

C. 外表年龄是每个人生活环境、生活状况和心态的集中体现，与老化关系不大。

D. 生命老化的原因在于细胞分裂导致染色体末端不断损耗。

E. 看起来越老的人，在心理上一般较为成熟，对于生命有更深刻的理解。

[解题分析] 正确答案：C

前提：双胞胎中，外表看起来老的那个很可能先去世。

结论：长着一张娃娃脸的人意味着他将享有更长的寿命。

可见，题干论证的潜在的假设是，外表年龄是人们老化的标志。

C项：否定了假设，割裂了因果关系，指出外表年龄与老化关系不大，有力地反驳了教授的结论，正确。

A项：表述含“可能”，削弱力度较弱，排除。

B项：研究助手对研究结果的影响未知，无法削弱，排除。

D 项：生命老化的原因与题干论证无关，排除。

E 项：心理成熟度与寿命的关系未知，无法削弱，排除。

二、 反对理由

反对理由就是否定或削弱理由，其基本特点是针对前提进行直接反对而达到推翻结论的效果，具体包括否定论据（即指出论证的论据是虚假的或者站不住脚的）、否定原因（即指出题干论证的原因是不可靠的）等方式。

1　2022MBA－44

当前，不少教育题材影视剧贴近社会现实，直击子女升学、出国留学、代际冲突等教育痛点，引发社会广泛关注。电视剧一阵风，剧外人急红眼，很多家长触“剧”生情，过度代入，焦虑情绪不断增加，引得家庭“鸡飞狗跳”，家庭与学校的关系不断紧张。有专家由此指出，这类教育题材影视剧只能贩卖焦虑，进一步激化社会冲突，对实现教育公平于事无补。

以下哪项如果为真，最能质疑上述专家的主张？

A. 当代社会教育资源客观上总是有限且分配不平衡，教育竞争不可避免。

B. 父母过度焦虑则导致孩子间暗自攀比，重则影响亲子关系、家庭和睦。

C. 教育题材影视剧一旦引发广泛关注，就会对国家教育政策走向产生重要影响。

D. 教育题材影视剧提醒学校应明确职责，不能对义务教育实行“家长承包制”。

E. 家长不应成为教育焦虑的“剧中人”，而应该用爱包容孩子的不完美。

[解题分析] 正确答案：C

专家主张：教育题材影视剧只能贩卖焦虑，对实现教育公平无用。

C 项表明，教育题材影视剧一旦引发广泛关注，就会对国家教育政策走向产生重要影响。这意味着教育题材影视剧对实现教育公平是起重要作用的，这显然有力地质疑了专家的主张。

其余选项不妥，其中，A、B、E 项与教育题材影视剧无关，排除；D 项没提及教育题材影视剧对教育公平的影响，排除。

2　2016MBA－41

根据现有物理学定律，任何物质的运动速度都不可能超过光速，但是最近一次天文观测结果向这条定律发起了挑战。距离地球遥远的 IC310 星系拥有一个活跃的黑洞，掉入黑洞的物质产生了伽马射线冲击波。有些天文学家发现，这束伽马射线的速度超过了光速，因为它只用了 4.8 分钟就穿越了黑洞边界，而光要 25 分钟才能走完这段距离。由此，这些天文学家提出，光速不变定律需要修改了。

以下哪项如果为真，最能质疑天文学家所作的结论？

A. 或者光速不变定律已经过时，或者天文学家的观测有误。

B. 如果天文学家的观测没有问题，光速不变定律就需要修改。

C. 要么天文学家的观测有误，要么有人篡改了天文观测数据。

D. 天文观测数据可能存在偏差，毕竟 IC310 星系离地球很远。

E. 光速不变定律已经历过多次实践检验，没有出现反例。

[解题分析] 正确答案：C

前提：天文学家观测到这束伽马射线的速度超过了光速。

结论：光速不变定律需要修改了。

C 项表明，观测结果不可信，有力地质疑了天文学家的结论，正确。

其余选项不妥，其中，A、B 项起不到明确的质疑作用；D 项有质疑作用，但“可能”的质疑力度较弱；E 项“没有出现反例”不代表反例不存在，质疑力度较弱。

3　2016MBA－34

某市消费者权益保护条例明确规定，消费者对其所购买商品可以“7 天内无理由退货”。但这项规定出台后并未得到顺利执行，众多消费者在 7 天内“无理由”退货时，常常遭遇商家的阻挠，他们以商品已作特价处理、商品已经开封或使用等理由拒绝退货。

以下哪项如果为真，最能质疑商家阻挠的理由？

A. 开封验货后，如果商品规格、质量等问题来自消费者本人，他们应为此承担责任。

B. 那些作特价处理的商品，本来质量就没有保证。

C. 如果不开封验货，就不能知道商品是否存在质量问题。

D. 政府总偏向消费者，这对于商家来说是不公平的。

E. 商品一旦开封或使用了，即使不存在问题，消费者也可以选择退货。

［解题分析］正确答案：E

商家拒绝退货的理由是，商品已作特价处理、商品已经开封或使用等。

E 项：商品即使开封或使用了也可以退货，说明商家拒绝退货的理由不成立，因此，该项为正确答案。

其余选项均与题干论证无关，比如，C 项，题干论述并没提及“存在质量问题”，排除。

4　2008MBA－34

现在能够纠正词汇、语法和标点符号使用错误的中文电脑软件越来越多，记者们即使不具备良好的汉语基础也不妨碍撰稿。因此培养新闻工作者的学校不必重视学生汉语能力的提高，而应注重新闻工作者其他素质的培养。

以下哪项如果为真，最能削弱上述论证和建议？

A. 避免词汇、语法和标点符号的使用错误并不一定能够确保文稿的语言质量。

B. 新闻学课程一直强调并要求学生能够熟练应用计算机并熟悉各种软件。

C. 中文软件越是有效，被盗版的可能性越大。

D. 在新闻学院开设新课要经过复杂的论证与报批程序。

E. 目前大部分中文软件经常更新，许多人还在用旧版本。

［解题分析］正确答案：A

前提：软件可以纠正汉语的使用错误，记者不具备良好的汉语基础也不妨碍撰稿。

结论：培养新闻工作者的学校不必重视学生汉语能力的提高。

A 项否定了这一理由，表明文稿的语言质量不仅与词汇、语法和标点符号的使用有关，还与其他因素有关，虽然软件能纠正这些使用错误，但新闻工作者还需要具备良好的汉语能力等其他条件才能保证所写文稿的语言质量，这就有力地削弱了题干的论证，正确。

5　2001MBA－28

某些种类的海豚利用回声定位来发现猎物：它们发射出滴答的声音，然后接收水域中远处物体反射的回声。海洋生物学家推测这些滴答声可能有另一个作用：海豚用异常高频的滴答声使猎物的感官超负荷，从而击晕近距离的猎物。

以下哪项如果为真，最能对上述推测构成质疑？

A. 海豚用回声定位不仅能发现远距离的猎物，而且能发现中距离的猎物。

B. 作为一种发现猎物的讯号，海豚发出的滴答声，是它的猎物的感官所不能感知的，只有海豚能够感知从而定位。

C. 海豚发出的高频讯号即使能击晕它们的猎物，这种效果也是很短暂的。

D. 蝙蝠发出的声波不仅能使它发现猎物，而且这种声波能对猎物形成特殊刺激，从而有助于蝙蝠捕获它的猎物。

E. 海豚想捕获的猎物离自己越远，它发出的滴答声就越高。

[解题分析] 正确答案：B

题干推测：海豚用异常高频的滴答声（因）使猎物的感官超负荷，从而击晕近距离的猎物（果）。

B 项：猎物不能感知海豚发出的滴答声，那么就不可能感官超负荷，也就不可能被击晕，有力地质疑了海洋生物学家的推测，正确。

其余选项均不能构成质疑。

三、另有他因

另有他因的削弱方式就是指出还存在别的因素影响推理。具体来说，如果题干是以一个事实、研究、发现或一系列数据为前提推出一个解释上述事实或数据的结论，要削弱这个结论，就可以通过指出有其他可能因素来解释题干事实，即存在别的原因来解释题干的结果。

1　2020MBA－35

移动支付如今正在北京、上海等大中城市迅速普及，但是，并非所有中国人都熟悉这种新的支付方式，很多老年人仍然习惯传统的现金交易。有专家因此断言，移动支付的迅速普及会将老年人阻挡在消费经济之外，从而影响他们晚年的生活质量。

以下哪项如果为真，最能质疑上述专家的论断？

A. 到 2030 年，中国 60 岁以上人口将增至 3.2 亿，老年人的生活质量将进一步引起社会关注。

B. 有许多老年人因年事已高，基本不直接进行购物消费，所需物品一般由儿女或社会提供，他们的晚年很幸福。

C. 国家有关部门近年来出台多项政策指出，消费者在使用现金支付被拒时可以投诉，但仍有不少商家我行我素。

D. 许多老年人已在家中或者社区活动中心学会移动支付的方法以及防范网络诈骗的技巧。

E. 有些老年人视力不好，看不清手机屏幕；有些老年人记忆力不好，记不住手机支付密码。

[解题分析] 正确答案：B

专家的论证结构如下。

前提：很多老年人仍然习惯传统的现金交易。

结论：移动支付的迅速普及会将老年人阻挡在消费经济之外，从而影响他们晚年的生活质量。

B 项表明，许多老年人根本不需要直接购物，即使不熟悉移动支付，老年人的生活质量也不会受到影响。这就从另一个角度严重地质疑了专家的论断。

其余选项不妥，其中：

A 项：与移动支付无关，排除。

C 项：与移动支付是否影响老年人的生活质量无关，排除。

D 项：许多老年人已学会移动支付的方法，并不能否定其他很多老年人不熟悉移动支付而晚年生活质量受到影响，因此，削弱力度不足，排除。

E 项：支持了题干中的论据，排除。

2　2016MBA－51

田先生认为，绝大部分笔记本电脑运行速度慢的原因不是 CPU 性能太差，也不是内存容量太小，而是硬盘速度太慢，给老旧的笔记本电脑换装固态硬盘可以大幅提升使用者的游戏体验。

以下哪项如果为真，最能质疑田先生的观点？

A. 一些笔记本电脑使用者的使用习惯不好，使得许多运行程序占据大量内存，导致电脑运行速度缓慢。

B. 销售固态硬盘的利润远高于销售传统的笔记本电脑硬盘。

C. 固态硬盘很贵，给老旧笔记本换装硬盘费用不低。

D. 使用者的游戏体验很大程度上取决于笔记本电脑的显卡，而老旧笔记本电脑显卡较差。

E. 少部分老旧笔记本电脑的 CPU 性能很差，内存也小。

[解题分析] 正确答案：D

田先生的前提：笔记本电脑运行速度慢的原因是硬盘速度太慢。

结论：给老旧的笔记本电脑换装固态硬盘可以大幅提升使用者的游戏体验。

D 项表明，游戏体验主要取决于显卡，即使更换固态硬盘可能也没作用，这以另有他因的方式有力地质疑了田先生的观点。

其余选项不妥，其中：

A、E 项：削弱力度较弱，“一些”“少部分”的表述是一种模糊数量，并且没有提及硬盘速度慢与使用者游戏体验差之间的因果关系，排除。

B、C 项：“销售固态硬盘的利润”“费用不低”均与题干论证无关，排除。

3　2016MBA－33

研究人员发现，人类存在 3 种核苷酸基因类型：AA 型、AG 型以及 GG 型。一个人有 36%的概率是 AA 型，有 48%的概率是 AG 型，有 16%的概率是 GG 型。在 1 200 名参与实验的老年人中，拥有 AA 型和 AG 型基因类型的人都在上午 11 时之前去世，而拥有 GG 型基因类型的人几乎都在下午 6 时左右去世。研究人员据此认为：GG 型基因类型的人会比其他人平均晚死 7 小时。

以下哪项如果为真，最能质疑上述研究人员的观点？

A. 平均寿命的计算依据应是实验对象的生命存续长度，而不是实验对象的死亡时间。

B. 当死亡临近的时候，人体会还原到一种更加自然的生理节律感应阶段。

C. 有些人是因为疾病或者意外事故等其他因素而死亡的。

D. 对死亡的时间比较，比一天中的哪一时刻更重要的是哪一年、哪一天。

E. 拥有 GG 型基因类型的实验对象容易患上心血管疾病。

[解题分析] 正确答案：D

前提：比较了不同基因类型的人去世的时辰。

结论：GG 型基因类型的人会比其他人平均晚死 7 小时。

D 项：比较人的死亡时间，首先应该考虑的是死亡的年份及日期，而不是一天中的哪个时刻。这就以另有他因的方式，削弱了研究人员的观点，正确。

A 项：题干只是陈述了“平均晚死”，并没有提及“平均寿命”的长短，排除。

B、E 项：与题干论证无关，排除。

C 项："有些人"数量模糊，可能占比小而难以影响整体结果，排除。

4　2011MBA－29

某教育专家认为："男孩危机"是指男孩调皮捣蛋、胆小怕事、学习成绩不如女孩好等现象。近些年，这种现象已经成为儿童教育专家关注的一个重要问题。这位专家在列出一系列统计数据后，提出了"今日男孩为什么从小学、中学到大学全面落后于同年龄段的女孩"的疑问，这无疑加剧了无数男孩家长的焦虑。该专家通过分析指出，恰恰是家庭和学校不适当的教育方法导致了"男孩危机"现象。

以下哪项如果为真，最能对该专家的观点提出质疑？

A. 家庭对独生子女的过度呵护，在很大程度上限制了男孩发散思维的拓展和冒险性格的养成。

B. 现在的男孩比以前的男孩在女孩面前更喜欢表现出"绅士"的一面。

C. 男孩在发展潜能方面要优于女孩，大学毕业后他们更容易在事业上有所成就。

D. 在家庭、学校教育中，女性充当了主要角色。

E. 现代社会游戏泛滥，男孩天性比女孩更喜欢游戏，这耗去了他们大量的精力。

［解题分析］正确答案：E

专家的观点："男孩危机"现象（男孩调皮捣蛋、胆小怕事、学习成绩不如女孩好等）的根源在于，家庭和学校不适当的教育方法。

E 项表明，"男孩危机"是由男孩的天性所导致，与家庭和学校的教育方法无关。这就从另有他因的角度，削弱了专家的观点。

A 项："男孩危机"确实与家庭和学校的教育方法有关，支持专家的观点，排除。

B 项：现在的男孩比以前更"绅士"，与"男孩危机"无关，排除。

C 项：男孩在发展潜能方面优于女孩，与目前的"男孩危机"无关，排除。

D 项：女性在家庭、学校教育中充当了主要角色，并不能说明"男孩危机"是否与家庭和学校不适当的教育方法有关，不能质疑专家观点，排除。

5　2010MBA－43

一般认为，剑乳齿象是从北美洲迁入南美洲的。剑乳齿象的显著特征是具有较直的长剑形门齿，颚骨较短，臼齿的齿冠隆起，齿板数目为 7 至 8 个，并呈乳状凸起，剑乳齿象因此得名。剑乳齿象的牙齿结构比较复杂，这表明它能吃草。在南美洲的许多地方都有证据显示史前人类捕捉过剑乳齿象。由此可以推断，剑乳齿象的灭绝可能与人类的过度捕杀有密切关系。

以下哪项如果为真，最能反驳上述论证？

A. 史前动物之间经常发生大规模相互捕杀的现象。

B. 剑乳齿象在遇到人类攻击时缺乏自我保护能力。

C. 剑乳齿象也存在由南美洲进入北美洲的回迁现象。

D. 由于人类活动范围的扩大，大型食草动物难以生存。

E. 幼年剑乳齿象的牙齿结构比较简单，自我生存能力弱。

［解题分析］正确答案：A

前提：有证据显示史前人类捕捉过剑乳齿象。

结论：剑乳齿象的灭绝可能与人类的过度捕杀有密切关系。

A 项：史前动物之间经常发生大规模相互捕杀的现象，意味着剑乳齿象的灭绝可能是其他动物对它的捕杀造成的，未必与人类有关。这就提出来一个新的论据，有力地反驳了题干论证，正确。

B项：剑乳齿象在遇到人类攻击时难以自我保护，支持了其灭绝与人类捕杀有关，排除。

C项：回迁现象与人类捕杀没有明确的关系，该项与题干论证无关，排除。

D项：题干只是断定剑乳齿象能吃草，但没有断定其为大型食草动物；而且即使本项有助于说明人类的活动与大型食草动物的灭绝有关，但没明确断定与人类的过度捕杀有关。因此，该项不能有效地削弱题干，排除。

E项：各种幼小动物的自我生存能力都弱，都需要父母照顾长大，故幼年剑乳齿象的自我生存能力弱不足以导致种族灭绝，不能有效削弱，排除。

6　2010MBA－34

一般认为，出生地间隔较远的夫妻所生子女的智商较高。有资料显示，夫妻均是本地人，其所生子女的平均智商为102.45；夫妻是省内异地的，其所生子女的平均智商为106.17；而隔省婚配的，其所生子女的智商则高达109.35。因此，异地通婚可提高下一代智商水平。

以下哪项如果为真，最能削弱上述结论？

A. 统计孩子平均智商的样本数量不够多。

B. 不难发现，一些天才儿童的父母均是本地人。

C. 不难发现，一些低智商儿童的父母的出生地间隔较远。

D. 能够异地通婚者是智商比较高的，他们自身的高智商促成了异地通婚。

E. 一些情况下，夫妻双方出生地间隔很远，但他们的基因可能接近。

［解题分析］正确答案：D

前提：出生地间隔较远的夫妻所生子女的智商较高。

结论：异地通婚可提高下一代的智商。

D项：高智商促成了异地通婚，表明并非异地通婚提高了下一代的智商，而是高智商父母的遗传导致了其子女的智商较高。这就从另有他因的角度，有力地削弱了题干结论，正确。

A项：说明样本数量不够，对题干的论据有一定程度的削弱作用，但只起到可能的削弱作用，因为即使增加样本数量也可能得出相似的数据，因此，指出样本数量问题的削弱力度一般较弱，排除。

B、C项：“一些”属于模糊数量，有可能只是极少数的现象，削弱力度较弱，排除。

E项：父母的基因接近与子女智商的关系未知，无法削弱，排除。

7　2008MBA－43

H国赤道雨林的面积每年以惊人的比例减少，引起了全球的关注。但是，卫星照片的数据显示，去年H国赤道雨林面积的缩小比例明显低于往年。去年，H国政府支出数百万美元用以制止滥砍滥伐和防止森林火灾。H国政府宣称，上述卫星照片的数据说明，本国政府保护赤道雨林的努力取得了显著成效。

以下哪项如果为真，最能削弱H国政府的上述结论？

A. 去年H国用以保护赤道雨林的财政投入明显低于往年。

B. 与H国毗邻的G国的赤道雨林的面积并未缩小。

C. 去年H国的旱季出现了异乎寻常的大面积持续降雨。

D. H国用于赤道雨林保护的费用只占年度财政支出的很小比例。

E. 森林面积的萎缩是全球性的环保问题。

[解题分析] 正确答案：C

题干论证的因果关系简化如下。

果：去年 H 国赤道雨林面积的缩小比例明显低于往年。

因：政府支出数百万美元保护赤道雨林。

C 项：表明旱季出现的大面积持续降雨促使了赤道雨林生长，从而使赤道雨林面积的缩小比例低于往年，而很可能与政府的努力无关，这就以另有他因的方式有效地削弱了上述结论，正确。

A 项：去年财政投入低于往年，这并不能说明政府的努力没有作用，排除。

B 项：题干没有提及两国的情况相似，无法比较，排除。

D 项：用于赤道雨林保护的费用占年度财政支出的比例与其能否起到作用无必然联系，排除。

E 项：森林面积的萎缩是全球性问题，有利于说明政府的努力起到了作用，无法削弱，排除。

8　2005MBA－31

市场上推出了一种新型的电脑键盘。新型键盘具有传统键盘所没有的“三最”特点，即最常用的键设计在最靠近最灵活手指的部分。新型键盘能大大提高键入速度，并减少错误率。因此，用新型键盘替换传统键盘能迅速提高相关部门的工作效率。

以下哪项如果为真，最能削弱上述论证？

A. 有的键盘使用者最灵活的手指和平常人不同。

B. 传统键盘中最常用的键并非设计在离最灵活手指最远的部分。

C. 越能高效率地使用传统键盘，短期内越不易熟练地使用新型键盘。

D. 新型键盘的价格高于传统键盘的价格。

E. 无论使用何种键盘，键入速度和错误率都因人而异。

[解题分析] 正确答案：C

前提：新型键盘具有“三最”特点，能大大提高键入速度，并减少错误率。

结论：用新型键盘替代传统键盘能迅速提高相关部门的工作效率。

C 项：新型键盘虽有其优点，但短期内不易熟练地使用，就难以迅速提高工作效率。这就以另有他因的角度削弱了题干论证，正确。

A 项：“有的”数量未知，可能只有很小的比例，新型键盘仍具有优势，不能削弱，排除。

B 项：即使如此，新型键盘的“三最”优势仍在，不能削弱，排除。

D 项：“价格”因素与题干论证无关，排除。

E 项：即使因人而异，新型键盘的优势依然可以存在，不能削弱，排除。

9　2004MBA－54

小丽在情人节那天收到了专递公司送来的一束鲜花。如果这束花是熟人送的，那么送花人一定知道小丽不喜欢玫瑰而喜欢紫罗兰。但小丽收到的是玫瑰。如果这束花不是熟人送的，那么，花中一定附有签字名片。但小丽收到的花中没有名片。因此，专递公司肯定犯了以下的某种错误：或者该送紫罗兰却误送了玫瑰，或者失落了花中的名片，或者这束花应该是送给别人的。

以下哪项如果为真，最能削弱上述论证？

A. 女士在情人节收到的鲜花一般都是玫瑰。

B. 有些人送花，除了取悦对方外，还有其他目的。

C. 有些人送花是出于取悦对方以外的其他目的。

D. 不是熟人不大可能给小丽送花。

E. 上述专递公司在以往的业务中从未有过失误记录。

［解题分析］ 正确答案：C

前提：熟人不会送小丽不喜欢的玫瑰，不是熟人一定在花中放名片，而小丽收到的是玫瑰并没有名片。

结论：专递公司或者误送了玫瑰，或者失落了花中的名片，或者这束花应该是送给别人的。

C 项：如果不是出于取悦对方的目的，熟人就可能送小丽不喜欢的花，并且符合熟人不放名片的条件，那么专递公司可能并没有误送玫瑰、失落名片或者送错对象，可以削弱题干论证。

A 项：不能削弱。女士在情人节一般收到玫瑰，不影响题干论证，排除。

B 项：不能削弱。小丽不喜欢玫瑰，送玫瑰达不到取悦的目的，排除。

D 项：不能削弱。题干已经讨论了不是熟人送花的情况，该项与题干结论无关，排除。

E 项：不能削弱。以往从未有过失误，不等于这次就一定没有失误，排除。

10　2004MBA－36

一项对 30 名年龄为 3 岁的独生孩子与 30 名同龄非独生的第一胎孩子的研究发现，这两组孩子日常行为能力非常相似，这种日常行为能力包括语言能力、对外界的反应能力以及和同龄人、他们的家长及其他大人相处的能力等。因此，独生孩子与非独生孩子的社会能力发展几乎一致。

以下哪项如果为真，最能削弱上述结论？

A. 进行对比的两组孩子是不同地区的孩子。

B. 独生孩子与母亲的接触时间多于非独生孩子与母亲接触的时间。

C. 家长通常在第一胎孩子接近 3 岁时怀有他们的第二胎孩子。

D. 大部分参与此项目的研究者没有兄弟姐妹。

E. 独生孩子与非独生孩子与母亲的接触时间和与父亲接触的时间是各不相同的。

［解题分析］ 正确答案：C

前提：3 岁的独生孩子与同龄非独生的第一胎孩子的日常行为能力非常相似。

结论：独生孩子与非独生孩子的社会能力发展几乎一致。

C 项：表明实际上第一胎非独生孩子在 3 岁以前没有弟弟或妹妹，也即无法区分独生孩子和非独生孩子，影响行为能力的生活环境，对于他们来说是一样的。所以调查的结果，不能反映独生孩子与非独生孩子之间的差异（如果再过几年研究，就有明显差异了），因此，该项有力地削弱了题干结论，正确。

A 项：题干没有讨论地区问题，地区对孩子日常行为能力的影响未知，不能削弱，排除。

B 项：与母亲的接触时间对孩子日常行为能力的影响未知，不能削弱，排除。

D 项：研究者有无兄弟姐妹与此项调查无关，排除。

E 项：与父母的接触时间对孩子日常行为能力的影响未知，不能削弱，排除。

11　2003MBA－58

据统计，西式快餐业在我国主要大城市中的年利润，近年来稳定在 2 亿元左右。扣除物价浮动因素，估计这个数字在未来数年中不会因为新的西式快餐网点的增加而有大的改变。因此，随着美国快餐之父艾德熊的大踏步迈进中国市场，一向生意火爆的麦当劳的利润肯定会有所下降。

以下哪项如果为真，最能动摇上述论证？

A. 中国消费者对艾德熊的熟悉和接受要有一个过程。

B. 艾德熊的消费价格一般稍高于麦当劳。

C. 随着艾德熊进入中国市场，中国消费者用于肯德基的消费将有明显下降。

D. 艾德熊在中国的经营规模，在近年不会超过麦当劳的四分之一。

E. 麦当劳一直注意改进服务，开拓品牌，使之在保持传统的基础上更适合中国消费者的口味。

[解题分析] 正确答案：C

前提：西式快餐在我国总的年利润已稳定不变。

结论：随着艾德熊进入中国市场，麦当劳的利润肯定会下降。

C 项：他因削弱。随着艾德熊进入中国市场，中国消费者用于肯德基的消费转而用于艾德熊，所以，麦当劳的利润就不一定会下降，有力地动摇了题干的论证，正确。

A 项：不能削弱。消费者对艾德熊的接受有个过程，接受后麦当劳的利润还是会下降，题干论证仍然成立，排除。

B 项：不能削弱。艾德熊的消费价格稍高于麦当劳，消费者是否会因为价格略高而不消费艾德熊，题干没有提及，排除。

D 项：不能削弱。即使艾德熊的经营规模不会超过麦当劳的四分之一，但只要抢占了麦当劳的市场，就会使麦当劳的利润有所下降，排除。

E 项：难以削弱。麦当劳一直在改进服务以适应消费者，但艾德熊完全有可能质量和服务更好而更适应消费者，所以难以说明麦当劳的利润不会下降，排除。

12　2003MBA-55

我国科研人员经过对动物和临床的多次试验，发现中药山茱萸具有抗移植免疫排斥反应和治疗自身免疫性疾病的作用，是新的高效低毒免疫抑制剂。某医学杂志首次发表了关于这一成果的论文。多少有些遗憾的是，从杂志社收到该论文到它的发表，间隔了 6 周。如果这一论文能尽早发表，这 6 周内许多这类患者可以避免患病。

以下哪项如果为真，最能削弱上述论证？

A. 上述医学杂志在发表此论文前，未送有关专家审查。

B. 只有口服山茱萸超过两个月，药物才具有免疫抑制作用。

C. 山茱萸具有抗移植免疫排斥反应和治疗自身免疫性疾病的作用仍有待进一步证实。

D. 上述杂志不是国内最权威的医学杂志。

E. 口服山茱萸可能会引起消化系统的不适。

[解题分析] 正确答案：B

前提：从杂志社收到山茱萸是高效低毒免疫抑制剂的论文到它的发表，间隔了 6 周。

结论：如果这一论文能尽早发表，这 6 周内许多这类患者可以避免患病。

B 项：他因削弱。由于山茱萸的疗效在服用 2 个月（8 周）后才能见效，因此，即使揭示山茱萸疗效的论文能提前 6 周发表，并且这类患者读到论文后立即服药，在这 6 周内也难以避免患病，可以削弱，正确。

A 项：论文发表前未送专家审查与患者避免患病无必然联系，难以削弱，排除。

C 项：有待进一步证实并不能否定山茱萸的疗效，难以削弱，排除。

D 项：诉诸权威。该杂志是不是最权威的医学杂志与题干论证关系不大，难以削弱，排除。

E 项：无关选项。口服山茱萸只要有疗效就可以，与是否引起消化系统的不适无关，不能削弱，排除。

13　2002MBA－22

被疟原虫寄生的红血球在人体内的存在时间不会超过 120 天。因为疟原虫不可能从一个它所寄生衰亡的红血球进入一个新生的红血球，因此，如果一个疟疾患者在进入了一个绝对不会再被疟蚊叮咬的地方 120 天后仍然周期性高烧不退，那么，这种高烧不会是由疟原虫引起的。

以下哪项如果为真，最能削弱上述结论？

A. 由疟原虫引起的高烧和由感冒病毒引起的高烧有时不容易区别。

B. 携带疟原虫的疟蚊和普通的蚊子很难区别。

C. 引起周期性高烧的疟原虫有时会进入人的脾脏细胞，这种细胞在人体内的存在时间要长于红血球。

D. 除了周期性的高烧只有到疟疾治愈后才会消失外，疟疾的其他某些症状会随着药物治疗而缓解乃至消失，但在 120 天内仍会再次出现。

E. 疟原虫只有在疟蚊体内和人的细胞内才能生存与繁殖。

[解题分析] 正确答案：C

前提：在红血球中疟原虫最多存活 120 天。

结论：如果一个疟疾患者在进入了一个绝对不会再被疟蚊叮咬的地方 120 天后仍然周期性高烧不退，那么，这种高烧不会是由疟原虫引起的。

C 项：他因削弱。表明 120 天后仍然高烧不退，可能是由进入人的脾脏细胞的疟原虫引起的，即仍有可能是疟原虫引起的高烧，削弱了题干的结论，正确。

其余各项均不能削弱题干论证。

14　2002MBA－18

因偷盗、抢劫或流氓罪入狱的刑满释放人员的重新犯罪率，要远远高于因索贿、受贿等职务犯罪入狱的刑满释放人员。这说明，在狱中对上述前一类罪犯教育改造的效果，远不如对后一类罪犯。

以下哪项如果为真，最能削弱上述论证？

A. 与其他类型的罪犯相比，职务犯罪者往往有较高的文化水平。

B. 对贪污、受贿犯罪的刑事打击，并没能有效地扼制腐败，有些地方的腐败反而愈演愈烈。

C. 刑满释放人员很难再得到官职。

D. 职务犯罪的罪犯在整个服刑犯中只占很小的比例。

E. 统计显示，职务犯罪者很少有前科。

[解题分析] 正确答案：C

前提：因偷盗等其他犯罪入狱的刑满释放人员比因职务犯罪入狱的刑满释放人员的重新犯罪率高。

结论：对偷盗等其他犯罪的罪犯教育改造的效果比对职务犯罪的罪犯教育改造的效果差。

C 项：他因削弱。此项说明因职务犯罪入狱的刑满释放人员不具备重新进行职务犯罪的条件，导致了其重新犯罪率低，而不能将重新犯罪率低归因于教育改造，正确。

A 项：不能削弱。文化水平的高低与是否重新犯罪没有必然的因果联系，排除。

B 项：不能削弱。对职务犯罪的打击并没有扼制腐败与题干论证无关，排除。

D 项：不能削弱。职务犯罪的罪犯在整个服刑犯中的比例与重新犯罪率无关，排除。

E 项：不能削弱。职务犯罪者很少有前科，表明职务犯罪者的重新犯罪率低，符合题干前提，支持题干，排除。

15 2001MBA－57

虽然菠菜中含有丰富的钙，但同时含有大量的浆草酸，浆草酸会有力地阻止人体对于钙的吸收。因此，一个人要想摄入足够的钙，就必须用其他含钙丰富的食物来取代菠菜，至少和菠菜一起食用。

以下哪项如果为真，最能削弱题干的论证？

A. 大米中不含有钙，但含有中和浆草酸并改变其性能的碱性物质。

B. 奶制品中的钙含量要远高于菠菜，许多经常食用菠菜的人也同时食用奶制品。

C. 在烹饪的过程中，菠菜中受到破坏的浆草酸要略多于钙。

D. 在人的日常饮食中，除了菠菜以外，事实上大量的蔬菜都含有钙。

E. 菠菜中除了钙以外，还含有其他丰富的营养素，另外，其中的浆草酸只阻止人体对钙的吸收，并不阻止对其他营养素的吸收。

[解题分析] 正确答案：A

前提：虽然菠菜中含有丰富的钙，但同时含有大量阻止人体吸收钙的浆草酸。

结论：必须吃其他含钙丰富的食物来取代菠菜，至少和菠菜一起食用。

A 项：可以削弱。大米不含钙，但大米含有的碱性物质能中和浆草酸，说明在大米和菠菜一起食用时，既能保证人体对钙的吸收，又没有用其他含钙丰富的食物来取代菠菜，即要想摄入足够的钙，并不是“必须”要吃其他含钙丰富的食物，正确。

B 项：支持论证。与题干论证一致，可以起到支持作用，排除。

C 项：难以削弱。即使菠菜在烹饪中受到破坏的浆草酸要略多于钙，但如果原来浆草酸要远远多于钙，那么，菠菜里面剩下的钙还是不能被吸收。因此，没有明确的削弱作用，排除。

D、E 项：不能削弱。均与题干论证无关，排除。

16 2001MBA－44

鸡油菌这种野生蘑菇生长在宿主树下，如在道氏杉树的底部生长。道氏杉树为它提供生长所需的糖分。鸡油菌在地下用来汲取糖分的纤维部分为它的宿主提供养料和水。由于它们之间这种互利关系，过量采摘道氏杉树根部的鸡油菌会对道氏杉树的生长不利。

以下哪项如果为真，将对题干的论述构成质疑？

A. 在最近的几年中，野生蘑菇的产量有所上升。

B. 鸡油菌不只在道氏杉树底部生长，也在其他树木的底部生长。

C. 很多在森林中生长的野生蘑菇在其他地方无法生长。

D. 对某些野生蘑菇的采摘会促进其他有利于道氏杉树的蘑菇的生长。

E. 如果没有鸡油菌的滋养，道氏杉树的种子不能成活。

[解题分析] 正确答案：D

前提：鸡油菌与道氏杉树有互利关系。

结论：过量采摘鸡油菌会对道氏杉树的生长不利。

D项：他因削弱。表明虽然过量采摘鸡油菌会直接割断和道氏杉树的互利关系，但“对某些野生蘑菇的采摘”（可能包括对鸡油菌的采摘）有可能促进其他有利于道氏杉树的蘑菇的生长，而最终仍有可能对道氏杉树有利。这就构成了对题干的质疑，正确。

其余各项均不能构成质疑，比如，B项是无关项，因为没有针对题干结论。

17 2001MBA－40

科学研究表明，大量吃鱼可以大大减少患心脏病的危险，这里起作用的关键因素是在鱼油中所含的丰富的“奥米加-3”脂肪酸。因此，经常服用保健品“奥米加-3”脂肪酸胶囊将大大有助于预防心脏病。

以下哪项如果为真，最能削弱题干的论证？

A. “奥米加-3”脂肪酸胶囊从研制到试销，才不到半年的时间。

B. 在导致心脏病的各种因素中，遗传因素占了很重要的地位。

C. 不少保健品都有不同程度的副作用。

D. “奥米加-3”脂肪酸只有和主要存在于鱼体内的某些物质化合后才能产生保健疗效。

E. “奥米加-3”脂肪酸胶囊不在卫生部最近推荐的十大保健品之列。

[解题分析] 正确答案：D

前提：大量吃鱼可以大大减少患心脏病的危险，起作用的关键因素是鱼油中所含的“奥米加-3”脂肪酸。

结论：服用“奥米加-3”脂肪酸胶囊将大大有助于预防心脏病。

D项：说明吃鱼有助于预防心脏病，是由于鱼油中所含的“奥米加-3”脂肪酸经过了与鱼体内某些物质的化合而具有了疗效；但保健品胶囊中所含的“奥米加-3”脂肪酸完全可能缺少这种特殊的化合而不具有疗效。他因削弱，正确。

其余选项均难以削弱题干的论证。

18 2000MBA－54

第二次世界大战期间，海洋上航行的商船常常遭到德国轰炸机的袭击，许多商船都先后在船上架设了高射炮。但是，商船在海上摇晃得比较厉害，用高射炮射击天上的飞机是很难命中的。战争结束后，研究人员发现，从整个战争期间架设过高射炮的商船的统计资料看，击落敌机的命中率只有4%。因此，研究人员认为，商船上架设高射炮是得不偿失的。

以下哪项如果为真，最能削弱上述研究人员的结论？

A. 在战争期间，未架设高射炮的商船，被击沉的比例高达25%；而架设了高射炮的商船，被击沉的比例只有不到10%。

B. 架设了高射炮的商船，即使不能将敌机击中，在某些情况下也可能将敌机吓跑。

C. 架设高射炮的费用是一笔不小的投入，而且在战争结束后，为了运行的效率，还要再花费资金将高射炮拆除。

D. 一般地说，上述商船用于高射炮的费用，只占整个商船的总价值的极小部分。

E. 架设高射炮的商船速度会受到很大的影响，不利于逃避德国轰炸机的袭击。

[解题分析] 正确答案：A

前提：商船架设高射炮后击落敌机的命中率极低。

结论：商船上架设高射炮是得不偿失的。

A项：用数据说明没架设高射炮的商船被击沉的比例高，架设高射炮的商船被击沉的比例低，表明架设高射炮是有保护作用的，他因削弱，正确。

B 项：架设高射炮的商船，可能将敌机吓跑，也说明商船架设高射炮有用，但“某些情况”是个模糊数量，削弱力度不足，排除。

C 项：架设高射炮的费用大，支持题干，排除。

D 项：架设高射炮费用不多，说明经济上可行，但题干讲的是军事上要有用，因此，与题干论证关系不大，排除。

E 项：架设高射炮的商船速度受到影响，这是架设高射炮的坏处，支持题干，排除。

19 2000MBA－52

由于烧伤致使四个手指黏结在一起时，处置方法是用手术刀将手指黏结部分切开，然后实施皮肤移植，将伤口覆盖住。但是，有一个非常头痛的问题是，手指靠近指根的部分常会随着伤势的愈合又黏结起来，非再一次开刀不可。一位年轻的医生从穿着晚礼服的新娘子手上戴的白手套得到启发，发明了完全套至指根的保护手套。

以下哪项如果为真，最能削弱该保护手套的作用？

A. 该保护手套的透气性能直接关系到伤势的愈合。

B. 由于材料的原因，保护手套的制作费用比较贵，如果不能大量使用，价格很难下降。

C. 烧伤后新生长的皮肤容易与保护手套粘连，在拆除保护手套时容易造成新的伤口。

D. 保护手套需要与伤患的手型吻合，这就影响了保护手套的大批量生产。

E. 保护手套不一定能适用于脚趾烧伤后的复原。

［解题分析］ 正确答案：C

方法：使用完全套至指根的保护手套。

目的：避免二次开刀。

C 项：表明保护手套虽然解决了指根的黏结问题，但又带来了另一个问题，即烧伤后新生长的皮肤容易与保护手套粘连，拆除时会造成新的伤口，这是保护手套的负面作用，他因削弱，正确。

A 项最多是个或然性削弱，并没有表明保护手套的透气性能不好，使得伤势难以愈合。只要改善其透气性就没问题了，削弱力度不足。

20 2000MBA－44

许多消费者在超级市场挑选食品时，往往喜欢挑选那些用透明材料包装的食品，其理由是透明包装可以直接看到包装内的食品，这样心里有一种安全感。

以下哪项如果为真，最能对上述心理感觉构成质疑？

A. 光线对食品营养所造成的破坏，引起了科学家和营养专家的高度重视。

B. 食品的包装与食品内部的卫生程度并没有直接的关系。

C. 美国宾州州立大学的研究结果表明：牛奶暴露于光线之下，无论是何种光线，都会引起口味上的变化。

D. 有些透明材料包装的食品，有时候让人看了会倒胃口，特别是不新鲜的蔬菜和水果。

E. 世界上许多国家在食品包装上大量采用阻光包装。

［解题分析］ 正确答案：A

前提：消费者喜欢挑选用透明材料包装的食品。

结论：透明包装可以直接看到包装内的食品（因），这样心里有一种安全感（果）。

A 项：说明透明包装会使光线射入，对食品的营养造成破坏，这反而使得食品变得不安全，这就对题干中顾客的心理感觉构成了质疑，正确。

B项：食品的包装与食品内部的卫生程度并没有直接的关系，但完全可能有间接关系，因此是一种或然性的质疑，力度不足，排除。

C项：涉及的只是牛奶这一种食品，质疑力度不足，排除。

D项：偏离了比较的对象，题干论述的是食品是否安全，而不是是否令人愉悦，不能质疑，排除。

E项：与题干论证无关，不能构成质疑，排除。

21 2000MBA－38

在驾驶资格考试中，桩考（俗称考杆儿）是对学员要求很高的一项测试。在南崖市各驾驶学校以往的考试中，有一些考官违反工作纪律，也有些考官责任心不强，随意性较大，这些都是学员意见比较集中的问题。今年1月1日起，各驾驶学校考场均在场地的桩上安装了桩考器，由目测为主变成机器测量，使场地驾驶考试完全实现了电脑操作，提高了科学性。

以下哪项如果为真，将最有力地怀疑这种仪器的作用？

A. 机器都是人发明的，并且最终还是由人来操纵，所以，在执法中防止考官徇私仍有很大的必要。

B. 场地驾驶考试也要包括考查学员在驾驶室中的操作是否规范。

C. 机器测量的结果直接通过计算机打印，随意性的问题能完全消除。

D. 桩考器严格了考试纪律，但是，也会引起部分学员的反对，因为，这样一来，就很难托关系走后门了。

E. 桩考器如果只在南崖市安装，许多学员会到外地去参加驾驶考试。

［解题分析］正确答案：B

方法：安装桩考器，由目测为主变成机器测量。

目的：使场地驾驶考试完全实现了电脑操作，提高了科学性。

B项：场地驾驶考试也要包括考查学员在驾驶室中的操作是否规范，这是桩考器无法测试的，这就有力地质疑这种仪器的作用，正确。

A项：通过对考官的素质的怀疑间接削弱桩考器的作用，质疑力度不足，排除。

C项：不能构成对仪器作用的质疑，排除。

D项：与桩考器的作用无关，排除。

E项：虽然许多学员会到外地去参加驾驶考试，但并不能削弱桩考器提高了科学性这个事实，排除。

四、反面论据

反面论据的削弱方式是指，增加一个新的削弱题干结论的论据来直接弱化结论。这样的论据包括起弱化作用的理据、证据，以及事实反例（包括无因有果、有因无果、因果倒置、间接因果等）。

1 2024MBA－48

近年来，网络美图和短视频热带动不少小众景点升温。然而许多网友发现，他们实地探访所见的小众景点与滤镜照片中的同一景点形成强烈反差，而且其中一些体验项目也不像网络宣传的那样有趣美好、物有所值。有专家就此建议，广大游客应远离小众景点，不给它们宰客的机会。

以下哪项如果为真，最能质疑上述专家的建议？

A. 有些专家的建议值得参考，而有些专家的建议则可能存在偏狭之处。

B. 旅游业做不了“一锤子买卖”，好口碑才是真正的“流量密码”，靠“照骗”出位无异于饮鸩止渴。

C. 一般来说，在拍照片或短视频时相机或手机会自动美化，拍摄对象也是拍摄者主观选取的局部风景。

D. 随着互联网全面进入“光影时代”，越来越多的景点通过网络营销模式进行推广和宣传，即使那些著名景点也不例外。

E. 如今很多乡村景点虽不出名，但它们尝试农旅结合，推出“住农家屋、采农家菜、吃农家饭”的乡村游项目，让游客在美丽乡村流连忘返。

［解题分析］正确答案：E

专家的建议：游客应远离小众景点，以免挨宰。

E项：很多乡村景点推出乡村游项目，让游客流连忘返。这意味着这类小众景点物有所值，严重质疑了专家的建议，正确。

A项：笼统地说有些专家的建议不值得参考，但没有明确是什么建议，难以质疑题干中专家的建议，排除。

B项：是题干的进一步论述，不能质疑专家的建议，排除。

C、D项：支持了题干的前提信息，不能质疑专家的建议，排除。

2　2024MBA－41

我国有些传统村落已有数百年历史，具有较高的历史文化价值。政府相继发布一批中国传统村落名录，对有些传统村落给予了有效的保护。但是，大量未纳入保护范围的传统村落仍处于放任自流的状态，其现状不容乐观。有专家就此指出，随着社会的快速发展和新生活方式的兴起，这些传统村落走向衰亡是一种必然趋势。

以下哪项如果为真，最能质疑上述专家的观点？

A. 中国拥有高度发达的农耕文明，乡土中国的精神和文化现在仍是我们文化身份、民族情感的重要来源。

B. 有些城里人自愿来到农村居住，他们养鸡种菜、耕读垂钓，全然不顾想去城市生活的乡邻们异样的眼光。

C. 欧洲国家在工业化、城市化进程中，对一些传统村落进行了较好的保护，使其乡村文化、乡村生活方式延续至今。

D. 我国有些传统村落虽未纳入保护名录，但也被重新规划、修缮，宜居程度显著提高，美丽乡村既留住了村民，也迎来了游客。

E. 基于资源、环境、公共服务等方面的考虑，某些地方开启多村合并模式，部分传统村落已经消失在合并的过程中。

［解题分析］正确答案：D

专家的观点：传统村落走向衰亡是一种必然趋势。

D项：有些传统村落即使未纳入保护名录，也被重新规划、修缮。这意味着传统村落不会走向衰亡，严重质疑了专家的观点，正确。

A项：乡土中国的精神和文化仍是文化身份、民族情感的重要来源，与传统村落是否走向衰亡并不直接关联，排除。

B项：有些城里人自愿来到农村居住，对传统村落走向衰亡有所质疑，但削弱力度不足，排除。

C 项：欧洲的情况不一定成为中国的情况，削弱力度不足，排除。

E 项：部分传统村落已经消失在多村合并的过程中，支持了专家的观点，排除。

3 2024MBA－31

纸箱是邮寄快递的主要包装材料之一，初次使用的纸箱大都可重复使用。目前大部分旧纸箱仍被当作生活垃圾处理，不利于资源的利用和环境的保护。其实，我们寄快递时所用的新纸箱快递点一般都要收费。有专家就此认为，即使从自身利益角度出发，快递点对纸箱回收也应具有积极性。

以下哪项如果为真，最能质疑上述专家的观点？

A. 有些人在收到快递后习惯将包装纸箱留存，积攒到一定数量后，再送到附近废品收购站卖掉。

B. 快递员回收纸箱的意愿并不高，为了赶时间，他们不会等客户拆封后再带走空纸箱。

C. 旧纸箱一般是以往客户丢下的，快递点并未花钱回购，在为客户提供旧纸箱时也不会收费。

D. 为了“有面子”，有些人在寄快递时宁愿花钱购买新纸箱，也不愿使用旧纸箱，哪怕免费使用也不行。

E. 快递点大多设有纸箱回收处，让客户拿到快递后自己决定是否将快递当场拆封，并将纸箱留下。

[解题分析] 正确答案：C

专家的观点：即使从自身利益角度出发，快递点对纸箱回收也应具有积极性。

C 项：表明纸箱回收不会增加快递点的利益，能够削弱，正确。

A 项：有些人会主动回收纸箱，但并没有直接质疑快递点回收纸箱的积极性，排除。

B 项：讨论的是快递员，而非快递点，对象不一致，难以质疑，排除。

D 项：表明有人愿意花钱买新纸箱，支持了题干关于“新纸箱快递点一般都要收费”的论据，排除。

E 项：说明纸箱回收确实符合快递点的利益诉求，支持了专家的观点，排除。

4 2023MBA－49

十多年前曾有传闻：M 国从不生产一次性筷子，完全依赖进口，而且 M 国 96％的一次性筷子来自中国。2019 年有媒体报道：“去年 M 国出口的木材中，约有 40％流向了中国市场，而且今年中国订单的比例还在进一步攀升，中国已成为 M 国木材出口中占比最大的国家。”张先生据此认为，中国和 M 国木材进出口角色的转换，表明中国人的环保意识已经超越 M 国。

以下哪项如果为真，最能削弱张先生的观点？

A. 十多年前的传闻不一定反映真实情况，实际情形是中国的一次性筷子比其他国家的更便宜。

B. 从 2018 年起，中国相关行业快速发展，木材需求急剧增长；而 M 国多年养护的速生林正处于采伐期，出口量逐年递增。

C. 近年中国修订相关规范，原来只用于商品外包装的 M 国杉木现也可用于木结构建筑物，导致进口大增。

D. 制作一次性筷子的木材主要取自速生杨树或者桦树，这类速生树种只占中国经济林的极小部分。

E. 中国和 M 国在木材贸易上的角色转换主要是经济发展导致，环保意识只是因素之一，但不是主要因素。

[解题分析] 正确答案：B

张先生的论证结构如下。

前提：多年前M国大部分的一次性筷子来自中国，而去年中国已成为M国木材出口中占比最大的国家。

结论：中国人的环保意识已经超越M国。

B项表明中国木材需求急剧增长和M国处于采伐期的速生林出口量递增，这与环保意识无关，有力地削弱了张先生的观点，正确。

A项：十多年前，中国的一次性筷子比其他国家的更便宜，没有涉及去年中国已成为M国木材出口中占比最大的国家，排除。

C项：只提及了中国进口M国杉木一种木材大增，削弱力度较弱，排除。

D项：用于制作一次性筷子的速生树种只占中国经济林的极小部分，无关项，排除。

E项：环保意识只是中国和M国在木材贸易上的角色转换因素之一，对张先生的观点有一定的支持作用，排除。

5　2023MBA－35

曾几何时，"免费服务"是互联网的重要特征之一，如今这一情况正在发生改变。有些人在网上开辟知识付费平台，让寻求知识、学习知识的读者为阅读"买单"，这改变了人们通过互联网免费阅读的习惯。近年来，互联网知识付费市场的规模正以连年翻番的速度增长。但是有专家指出，知识付费市场的发展不可能长久，因为人们大多不愿为网络阅读付费。

以下哪项如果为真，最能质疑上述专家的观点？

A. 高强度的生活节奏使人无法长时间、系统性阅读纸质文本，见缝插针、随时呈现式的碎片化、网络化阅读已成为获取知识的常态。

B. 日常工作的劳累和焦虑使得人们更喜欢在业余时间玩网络游戏、看有趣视频或与好友进行微信聊天。

C. 日益增长的竞争压力促使当代人不断学习新知识，只要知识付费平台做得足够好，他们就愿意为此付费。

D. 当前网上知识付费平台竞争激烈，尽管内容丰富、形式多样，但是鱼龙混杂、缺少规范，一些年轻人沉湎其中难以自拔。

E. 当前，许多图书资料在互联网上均能免费获得，只要合理用于自身的学习和研究一般不会产生知识产权问题。

[解题分析] 正确答案：C

专家的观点：知识付费市场的发展不可能长久，因为人们大多不愿为网络阅读付费。

C项表明，只要知识付费平台做得足够好，人们就愿意为网络阅读付费。这与专家的观点相反，显然起到了有力的质疑作用，正确。

A项：网络阅读已成为获取知识的常态，但没提及人们是否愿意为此付费，排除。

B项：人们更喜欢在业余时间做轻松的事而不是网络阅读，对题干有支持作用，排除。

D项："一些"是模糊数量，质疑力度较弱，排除。

E项：许多图书资料在互联网上均能免费获得，支持了专家的观点，排除。

6　2023MBA－33

进入移动互联网时代，扫码点餐、在线挂号、网购车票、电子支付等智能化生活方式日益普及，人们的生活越来越便捷。然而，也有很多老年人因为不会使用智能手机等设备，无法进入菜场、超市和公园，也无法上网娱乐与购物，甚至在新冠疫情期间无法从手机中调出健康码而被拒绝乘坐公共交通。对此，某专家指出，社会在高速发展，不可能“慢”下来等老年人；老年人应该加强学习，跟上时代发展。

以下哪项如果为真，最能质疑该专家的观点？

A. 老年人也享有获得公共服务的权利，为他们保留老办法，提供传统服务，既是一种社会保障，更是一种社会公德。

B. 有些老年人学习能力较强，能够熟练使用多种电子产品，充分感受移动互联网时代的美好。

C. 目前中国有2亿多老年人，超4成的老年人存在智能手机使用障碍，仅会使用手机打电话。

D. 社会管理和服务不应只有一种模式，而应更加人性化和多样化，有些合理的生活方式理应得到尊重。

E. 有些老年人感觉自己被时代抛弃了，内心常常充斥着窘迫与挫败感，这容易导致他们与社会的加速脱离。

［解题分析］ 正确答案：A

专家的观点：社会不可能“慢”下来等老年人。

A项表明，老年人享有获得公共服务的权利，应该为他们保留老办法，提供传统服务，即社会应该“等”老年人，这有力地质疑了专家的观点，正确。

B项：有些老年人能够熟练使用多种电子产品，对专家的观点有支持作用，排除。

C项：超4成的老年人存在智能手机使用障碍，与题干论述的背景情况一致，不能质疑专家的观点，排除。

D项：社会管理和服务不应只有一种模式，对题干有一定的质疑作用，但力度较弱，排除。

E项：“有些”是模糊数量，对题干有一定的质疑作用，但力度较弱，排除。

7 2021MBA－49

某医学专家提出一种简单的手指自我检测法：将双手放在眼前，把两个食指的指甲那一面贴在一起，正常情况下，应该看到两个指甲床之间有一个菱形的空间。如果看不到这个空间，则说明手指出现了杵状改变，这是患有某种心脏或肺部疾病的迹象。该专家认为，人们通过手指自我检测能快速判断自己是否患有心脏或肺部疾病。

以下哪项如果为真，最能质疑上述专家的论断？

A. 杵状改变可能由多种肺部疾病引起，如肺纤维化、支气管扩张等，而且这种病变需要经历较长的一段过程。

B. 杵状改变不是癌的明确标志，仅有不足40％的肺癌患者有杵状改变。

C. 杵状改变检测只能作为一种参考，不能用来替代医生的专业判断。

D. 杵状改变有两个发展阶段，第一个阶段的畸变不是很明显，不足以判断人体是否有病变。

E. 杵状改变是手指末端软组织积液造成，而积液是由于过量血液注入该区域导致，其内在机理仍然不明。

［解题分析］ 正确答案：E

专家的论证结构如下。

前提：手指出现了杵状改变是患有某种心脏或肺部疾病的迹象。

结论：人们通过手指自我检测能快速判断自己是否患有心脏或肺部疾病。

E项：杵状改变的内在机理不明，这就割裂了杵状改变和心脏或肺部疾病之间的关系，意味着通过手指自我检测难以判断心脏或肺部疾病，有力地质疑了专家的论断，正确。

A项：无法质疑。对专家论点有所支持，表明杵状改变和肺部疾病有关，排除。

B项：无法质疑。表明杵状改变和肺部疾病有一定比例的联系，对题干论证有所加强，排除。

C项：无法质疑。表明杵状改变检测可以作为一种参考，对题干论证有弱支持的作用，排除。

D项：无法质疑。只表明第一个阶段的畸变不明显，没有明确以后的阶段如何，如果第二阶段畸变明显，仍可以表明通过杵状改变判断是否患有心脏或肺部疾病，排除。

8　2021MBA－32

某高校的李教授在网上撰文指责另一高校张教授早年发表的一篇论文存在抄袭现象。张教授知晓后，立即在同一网站对李教授的指责作出反驳。

以下哪项作为张教授的反驳最为有利？

A. 自己投稿在先而发表在后，所谓论文抄袭其实是他人抄袭自己。

B. 李教授的指责纯属栽赃陷害、混淆视听，破坏了大学教授的整体形象。

C. 李教授的指责是对自己不久前批评李教授学术观点所做的打击报复。

D. 李教授的指责可能背后有人指使，不排除受到两校不正当竞争的影响。

E. 李教授早年的两篇论文其实也存在不同程度的抄袭现象。

［解题分析］正确答案：A

李教授指责：张教授早年发表的一篇论文存在抄袭现象。

张教授提出的证据是自己投稿在先而发表在后，因此，张教授撰写论文时不可能抄袭别人那篇后发表的论文。因此，A项是张教授最有力的反驳。

张教授要反驳的是别人说自己抄袭，仅A项围绕抄袭是否为事实在探讨，其他选项都为无关项。

9　2019MBA－52

某研究机构以约2万名65岁以上的老人为对象，调查了笑的频率与健康状态的关系。结果显示，在不苟言笑的老人中，认为自身现在的健康状态“不怎么好”和“不好”的比例分别是几乎每天都笑的老人的1.5倍和1.8倍。爱笑的老人对自我健康状态的评价往往较高。他们由此认为，爱笑的老人更健康。

以下哪项如果为真，最能质疑上述调查者的观点？

A. 乐观的老年人比悲观的老年人更长寿。

B. 病痛的折磨使得部分老人对自我健康状态的评价不高。

C. 身体健康的老年人中，女性爱笑的比例比男性高10个百分点。

D. 良好的家庭氛围使得老年人生活更乐观，身体更健康。

E. 老年人的自我健康评价往往和他们实际的健康状况之间存在一定的差距。

［解题分析］正确答案：E

调查者的论证结构如下。

前提：爱笑的老人对自我健康状态的评价往往较高。

结论：爱笑的老人更健康。

E项：老年人的自我健康评价往往不客观，这表明老年人的自我健康评价并不等于实际的健康状况，这就有力地质疑了调查者的观点。

其余选项不妥，其中：A、D项，乐观不等于爱笑，排除；B项，“部分”力度不足，排除；C项，女性、男性与题干的比较对象不一致，排除。

10 2019MBA－42

旅游是一种独特的文化体验。游客可以跟团游，也可以自由行。自由行游客虽避免了跟团游的集体束缚，但也放弃了人工导游的全程讲解，而近年来他们了解旅游景点的文化需求却有增无减。为适应这一市场需求，基于手机平台的多款智能导游App被开发出来。它们可定位用户位置，自动提供景点讲解、游览问答等功能。有专家就此指出，未来智能导游必然会取代人工导游，传统的导游职业将消亡。

以下哪项如果为真，最能质疑上述专家的推断？

A. 至少有95%的国外景点所配备的导游讲解器没有中文语音，中国出境游客因为语音和文化的差异，对智能导游App的需求比较强烈。

B. 旅行中才会使用的智能导游App，如何保持用户黏性、未来又如何取得商业价值等都是待解问题。

C. 好的人工导游可以根据游客需求进行不同类型的讲解，不仅关注景点，还可表达观点，个性化很强，这是智能导游App难以企及的。

D. 目前发展较好的智能导游App用户量在百万级左右，这与当前中国旅游人数总量相比还只是一个很小的比例，市场还没有培养出用户的普遍消费习惯。

E. 国内景区配备的人工导游需要收费，大部分导游讲解的内容都是事先背好的标准化内容。但是，即使人工导游没有特色，其退出市场还需要一定的时间。

［解题分析］正确答案：C

专家的论证结构如下。

前提：多款智能导游App被开发出来，并且具有可定位用户位置、自动提供景点讲解和游览问答等功能。

结论：未来智能导游必然会取代人工导游，传统的导游职业将消亡。

C项：好的人工导游可表达观点，个性化很强，而这正是智能导游App所做不到的，所以，智能导游App还是难以代替人工导游，从而严重地质疑了上述专家的推断。

A项：中国出境游客因为语音和文化的差异，对智能导游App的需求比较强烈，这对专家的推断有一定的支持作用，排除。

B项：表明智能导游App的推广还有一些待解的问题，但不能说明未来不能解决，不能质疑专家的推断，排除。

D项：目前市场还没有培养出用户使用智能导游App的普遍消费习惯，但不能说明未来不能培养出来，不能质疑专家的推断，排除。

E项：人工导游退出市场还需要一定的时间，对专家的推断有一定的支持作用，排除。

11 2016MBA－36

近年来，越来越多的机器人被用于在战场上执行侦察、运输、拆弹等任务，甚至将来冲锋陷阵的都不再是人，而是形形色色的机器人。人类战争正在经历自核武器诞生以来最深刻的革命。有专家据此分析指出，机器人战争技术的出现可以使人类远离危险，更安全、更有效地实现战争目标。

以下哪项最能质疑上述专家的观点？

A. 现代人类掌控机器人，但未来机器人可能会掌控人类。

B. 因不同国家军事科技实力的差距，机器人战争技术只会让部分国家远离危险。

C. 机器人战争技术有助于摆脱以往大规模杀戮的血腥模式，从而让现代战争变得更为人道。

D. 掌握机器人战争技术的国家为数不多，将来战争的发生更为频繁，也更为血腥。

E. 全球化时代的机器人战争技术要消耗更多资源，破坏生态环境。

［解题分析］正确答案：D

专家的观点：机器人战争技术的出现可以使人类远离危险，更安全、更有效地实现战争目标。

D项：掌握机器人战争技术的国家为数不多，将来战争的发生更为频繁，也更为血腥，与专家所认为的“远离危险”“更安全”完全相反，直接质疑了专家的观点。因此，该项为正确答案。

A项：只讲了人类与机器人之间的掌控关系，没有明确人类与“战争”的关系，排除。

B项：机器人战争技术使部分国家远离危险，对专家的观点有一定支持作用，排除。

C项：机器人战争技术使得战争更为人道，支持了专家的观点，排除。

E项：“消耗更多资源”“破坏生态环境”与题干论证无关，排除。

12　2015MBA－46

有人认为，任何一个机构都包括不同的职位等级或层级，每个人都隶属于其中一个层次。如果某人在原来级别岗位上干得出色，就会被提拔，而被提拔者得到重用后却碌碌无为，这会造成机构效率低下，人浮于事。

以下哪项如果为真，最能质疑上述观点？

A. 个人晋升常常会在一定程度上影响所在机构的发展。

B. 不同岗位的工作方式不同，对新的岗位要有一个适应过程。

C. 王副教授教学和科研都很强，而晋升为正教授后却表现平平。

D. 李明的体育运动成绩并不理想，但他进入管理层后却干得得心应手。

E. 部门经理王先生业绩出众，被提拔为公司总经理后工作依然出色。

［解题分析］正确答案：E

题干陈述：干得出色的人会被提拔，而被提拔后却碌碌无为。

E项为题干观点的一个反例，王先生因业绩出众被提拔，被提拔后工作依然出色，这就有力地削弱了题干，因此为正确答案。

13　2015MBA－35

某市推出一项月度社会公益活动，市民报名踊跃。由于活动规模有限，主办方决定通过摇号抽签方式选择参与者。第一个月中签率为1∶20，随后连创新低，到下半年的十月份已达1∶70，大多数市民屡摇不中，但从今年7月到10月，“李祥”这个名字连续四个月中签。不少市民据此认为有人作弊，并对主办方提出质疑。

以下哪项如果为真，最能消除市民的质疑？

A. 已经中签的申请者中，叫“张磊”的有7人。

B. 曾有一段时间，家长给孩子取名不同避免重名。

C. 在报名市民中，名叫“李祥”的近300人。
D. 摇号抽签全过程是在有关部门监督下进行的。
E. 在摇号系统中，每一位申请人都被随机赋予了一个不重复的编码。
［解题分析］正确答案：C
前提：中签率低至1∶70，但“李祥”这个名字连续四个月中签。
结论：市民提出有人作弊。
C项：300人名叫“李祥”，按中签率1∶70，平均有4.3个“李祥”可以中签，可见，“李祥”这个名字连续四个月中签符合正常比例，说明并未作弊，这就有力地消除了市民的质疑，正确。
A项：“张磊”的人数与题干论证的“李祥”无关，排除。
B项：家长给孩子取名不同避免重名与题干论证无关，排除。
D项：摇号抽签全过程是在有关部门监督下进行的，这也无法保证不作弊，排除。
E项：每一位申请人都被随机赋予了一个不重复的编码，也无法说明“李祥”这个名字连续四个月中签的合理性，不能消除市民的质疑，排除。

14 2014MBA－26

随着光纤网络带来的网速大幅度提高，高速下载电影、在线看大片等都不再是困扰我们的问题。即使在社会生产力发展水平较低的国家，人们也可以通过网络随时随地获得最快的信息、最贴心的服务和最佳体验。有专家据此认为：光纤网络将大幅提高人们的生活质量。
以下哪项如果为真，最能质疑该专家的观点？
A. 即使没有光纤网络，同样可以创造高品质的生活。
B. 快捷的网络服务可能使人们将大量时间消耗在娱乐上。
C. 随着高速网络的普及，相关上网费用也随之增加。
D. 网络上所获得的贴心服务和美妙体验有时是虚幻的。
E. 人们生活质量的提高仅决定于社会生产力的发展水平。
［解题分析］正确答案：E
专家的论证结构如下。
前提：光纤网络的高网速给人们带来获得信息的便利。
结论：光纤网络将大幅提高人们的生活质量。
E项：人们生活质量的提高仅决定于社会生产力的发展水平，而不是由光纤网络决定的，质疑了专家的观点，正确。
A项：没有光纤网络怎么样，无法说明光纤网络不能大幅提高生活质量，不能有效质疑，排除。
B项：“可能”是模糊意义，削弱力度不足，排除。
C项：上网费用增加对生活质量的影响效果未知，排除。
D项：“有时”是模糊意义，削弱力度不足，排除。

15 2013MBA－26

某公司去年初开始实施一项“办公用品节俭计划”，每位员工每月只能免费领用限量的纸笔等各类办公用品。年末统计时发现，公司用于各类办公用品的支出较上年度下降了30%。在未实施该计划的过去5年间，公司年平均消耗办公用品10万元。公司总经理由此得出：该计划去年已经为公司节约了不少经费。

以下哪项如果为真，最能构成对总经理推论的质疑?

A. 另一家与该公司规模及其他基本情况均类似的公司，未实施类似的节俭计划，在过去的 5 年间办公用品消耗额年均也为 10 万元。

B. 在过去的 5 年间，该公司大力推广无纸化办公，并且取得很大成效。

C. “办公用品节俭计划”是控制支出的重要手段，但说该计划为公司“一年内节约不少经费”，没有严谨的数据分析。

D. 另一家与该公司规模及其他基本情况均类似的公司，未实施类似的节俭计划，但是在过去的 5 年间办公用品人均消耗额越来越低。

E. 去年，该公司在员工困难补助、交通津贴等方面开支增加了 3 万元。

［解题分析］ 正确答案：D

总经理根据公司实施计划后支出下降的事实，得出结论：该计划去年已经为公司节约了不少经费。

D 项表明，另一家类似的公司，未实施计划但支出也下降，构成了反例，意味着支出下降可能与实施计划没有关系，有力地质疑了总经理的推论。

A 项：另一家公司未实施计划，在过去 5 年年均消耗的费用，与这家公司在未实施计划的过去 5 年年均消耗的费用等同，该信息有支持作用，不能构成质疑，排除。

B 项：过去 5 年该公司推广无纸化办公并取得成效，但办公用品除纸外，还包括笔、夹子等，无纸化办公所减少的经费有可能只是办公费用的一小部分，且这可能与该公司去年初开始实施“办公用品节俭计划”无关，无法质疑，排除。

C 项：题干已列出了具体下降的数据，只要该数据有根据就可以得出结论，排除。

E 项：与题干论证无关，排除。

16 2012MBA－35

比较文字学者张教授认为，在不同的民族语言中，字形与字义的关系有不同的表现。他提出，汉字是象形文字，其中大部分是形声字，这些字的字形与字义相互关联；而英语是拼音文字，其字形与字义往往关联度不大，需要某种抽象的理解。

以下哪项如果为真，最不符合张教授的观点?

A. 汉语中的“日”“月”是象形字，从字形可以看出其所指的对象；而英语中的 sun 与 moon 则感觉不到这种形义结合。

B. 汉语中的“日”与“木”结合，可以组成“東”“杲”“杳”等不同的字，并可以猜测其语义；而英语中则不存在与此类似的 sun 与 wood 的结合。

C. 英语中，也有与汉语类似的象形文字，如，eye 是人的眼睛的象形，两个 e 代表眼睛，y 代表中间的鼻子；bed 是床的象形，b 和 d 代表床的两端。

D. 英语中的 sunlight 与汉语中的“阳光”相对应，而英语的 sun 与 light 和汉语中的“阳”与“光”相对应。

E. 汉语中的“星期三”与英语中的 Wednesday 和德语中的 Mitwoch 意思相同。

［解题分析］ 正确答案：C

张教授的观点：汉字大部分是形声字，字形与字义相互关联；而英语是拼音文字，其字形与字义往往关联度不大。

C 项：英语中也有与汉语类似的象形文字，这显然不符合张教授的观点。

A、B 项：表明汉字是象形文字，英语不是象形文字，符合张教授的观点，排除。

C、D 项：举例说明英语与汉语的词语相对应，汉语与英语、德语的词语意思相同，与张教授的观点无关，排除。

17 2011MBA－37

3D立体技术代表了当前电影技术的尖端水平，由于使电影实现了高度可信的空间感，它可能成为未来电影的主流。3D立体电影中的荧幕角色虽然由计算机生成，但是那些包括动作和表情的电脑角色的“表演”，都以真实演员的“表演”为基础，就像数码时代的化妆技术一样。这也引起了某些演员的担心：随着计算机技术的发展，未来计算机生成的图像和动画会替代真人表演。

以下哪项如果为真，最能减弱上述演员的担心？

A. 所有电影的导演只能和真人交流，而不是和电脑交流。

B. 任何电影的拍摄都取决于制片人的选择，演员可以跟上时代的发展。

C. 3D立体电影目前的高票房只是人们一时图新鲜的结果，未来尚不可知。

D. 掌握3D立体技术的动画专业人员不喜欢去电影院看3D电影。

E. 电影故事只能用演员的心灵、情感来表现，其表现形式与导演的喜好无关。

[解题分析] 正确答案：E

题干中演员的担心：未来计算机生成的图像和动画会替代真人表演。

E项：电影故事只能用演员的心灵、情感来表现，那就表明真人表演是不可替代的，有效地减弱了演员的担心，因此为正确答案。

A项：电影导演只能和真人交流，但可以是和生成电影的电脑专业人员交流，未必是和演员交流，仍然不能减弱上述演员的担心，排除。

B项：即使演员可以跟上时代的发展，但演员仍有可能被替代，不能减弱其担心，排除。

C项：立体电影的未来尚不可知，无法起到任何作用，排除。

D项：动画专业人员不喜欢去电影院看3D电影，与题干论证无关，排除。

18 2011MBA－32

随着互联网的发展，人们的购物方式有了新的选择。很多年轻人喜欢在网络上选择自己满意的商品，通过快递送上门，购物足不出户，非常便捷。刘教授据此认为，那些实体商场的竞争力会受到互联网的冲击，在不远的将来，会有更多的网络商店取代实体商店。

以下哪项如果为真，最能削弱刘教授的观点？

A. 网络购物虽然有某些便利，但容易导致个人信息被不法分子利用。

B. 有些高档品牌的专卖店，只愿意采取街面实体商店的销售方式。

C. 网络商店与快递公司在货物丢失或损坏的赔偿方面经常互相推诿。

D. 购买黄金珠宝等贵重物品，往往需要现场挑选，且不适宜网络支付。

E. 通常情况下，网络商店只有在其实体商店的支撑下才能生存。

[解题分析] 正确答案：E

刘教授的论证结构如下。

前提：很多年轻人喜欢网上购物。

结论：将来会有更多的网络商店取代实体商店。

E项表明，网络商店的生存必须依靠实体商店的支撑，因此，网络商店不可能取代实体商店，有力地削弱了刘教授的观点。

A、C项：指出网络购物的弊端，即使网络商店有这些短板，但只要总体上比实体商店有优势，仍会有更多的网络商店取代实体商店，因此，不足以削弱题干观点，排除。

B、D项：有些高档商品、贵重物品只能采取实体商店的销售方式，不适合网络购物。但刘教授的观点是将来会有“更多的”实体商店被取代，而不是“所有的”实体商店被取代，因此，该观点不能被削弱，排除。

19 2007MBA－33

在我国北方严寒冬季的夜晚，车辆前挡风玻璃会因低温而结冰霜。第二天对车辆发动预热后，玻璃上的冰霜会很快融化。何宁对此不解，李军解释道：因为车辆仅有的除霜孔位于前挡风玻璃，而车辆预热后除霜孔完全开启，因此，是开启除霜孔使车辆玻璃冰霜融化。

以下哪项如果为真，最能质疑李军对车辆玻璃冰霜迅速融化的解释？

A. 车辆一侧玻璃窗没有出现冰霜现象。

B. 尽管车尾玻璃窗没有除霜孔，其玻璃上的冰霜融化速度与前挡风玻璃没有差别。

C. 当吹在车辆玻璃上的空气气温增加时，其冰霜的融化速度也会增加。

D. 车辆前挡风玻璃除霜孔排出的暖气流排出后可能很快冷却。

E. 即使启用车内空调暖风功能，除霜孔的功用也不能被取代。

［解题分析］正确答案：B

题干的解释是：开启除霜孔导致车辆玻璃上的冰霜迅速融化。

其因果关系为：因（开启除霜孔）——果（冰霜迅速融化）。

B项：车尾玻璃窗没有除霜孔，后窗的冰霜同前挡风玻璃上的冰霜融化得一样快，有助于说明冰霜融化与除霜孔无关，属于无因（没有除霜孔）有果（冰霜迅速融化）的反例削弱，正确。

A项：没有涉及除霜孔，与题干论述的主题无关，排除。

C项：表明除霜孔吹出的暖气对冰霜融化有作用，支持题干解释，排除。

D项：除霜孔排出的暖气很快冷却，与冰霜融化的关系不明确，排除。

E项：表明除霜孔有不可取代的功用，有支持作用，排除。

20 2004MBA－52

一个部落或种族在历史的发展中灭绝了，但它的文字会留传下来。“亚里洛”就是这样一种文字。考古学家是在内陆发现这种文字的。经研究，“亚里洛”中没有表示“海”的文字，但有表示“冬天”“雪”和“狼”的文字。因此，专家们推测，使用“亚里洛”文字的部落或种族在历史上生活在远离海洋的寒冷地带。

以下哪项如果为真，最能削弱上述专家的推测？

A. 蒙古语中有表示“海”的文字，尽管古代蒙古人从没见过海。

B. “亚里洛”中有表示“鱼”的文字。

C. “亚里洛”中有表示“热”的文字。

D. “亚里洛”中没有表示“山”的文字。

E. “亚里洛”中没有表示“云”的文字。

［解题分析］正确答案：E

题干中专家的推测：

(1)“亚里洛”中没有表示“海”的文字，说明该部落或种族远离海洋。

(2)“亚里洛”中有表示“冬天”“雪”和“狼”的文字，说明该部落或种族生活在寒冷地带。

E项：“亚里洛”中没有表示“云”的文字，按照专家的推测(1)，说明该部落或种族没有见过云，这是不可能的，因为任何地方都可以见到云，用归谬的方式削弱了专家的推测，正确。

A项：试图举一个反例，但蒙古语和“亚里洛”文字在传承发展等方面未必相似，比如古代蒙古语中就没有表示“海”的文字，到现代蒙古语才出现表示“海”的文字，这样就不能削弱专家的推测。

B项：鱼还可以生活在河、湖中，未必在海里，无法削弱，排除。

C项：“热”是相对概念，即使在寒冷地区也会有热的感受，无法削弱，排除。

D项：按照专家的推测（1），说明该部落或种族没有见过“山”，这是可能出现的情况，无法削弱，排除。

21 2002MBA－42

近年来，立氏化妆品的销量有了明显的增长，同时，该品牌用于广告的费用也有同样明显的增长。业内人士认为，立氏化妆品销量的增长，得益于其广告的促销作用。

以下哪项如果为真，最能削弱上述结论？

A. 立氏化妆品的广告费用，并不多于其他化妆品。

B. 立氏化妆品的购买者中，很少有人注意到该品牌的广告。

C. 注意到立氏化妆品广告的人中，很少有人购买该产品。

D. 消协收到的对立氏化妆品的质量投诉，多于其他化妆品。

E. 近年来，化妆品的销售总量有明显增长。

［解题分析］正确答案：C

前提：立氏化妆品的销量有了明显的增长，同时，其广告费也有同样明显的增长。

结论：立氏化妆品销量的增长（果），得益于其广告的促销作用（因）。

C项：注意到广告的人中很少有人购买该产品，说明购买者并不是受广告的宣传而去购买，即广告起不到促销作用。看了广告，但是没有购买该产品，有因无果的削弱，正确。

B项：购买者中很少有人注意到该广告，无因有果，削弱力度不足。广告是否有促销作用，主要体现在看了广告后有没有购买行为，买了说明广告有促销作用，没买说明没有促销作用。而该项的意思是，没看广告但也买了，那么，购买者是否受了广告的影响，未知，排除。

A、D、E项：广告费用、质量投诉、化妆品的销售总量等信息均与题干论证无关，不能削弱，排除。

22 2002MBA－24

一种外表类似苹果的水果被培育出来，我们称它为皮果。皮果皮里面会包含少量杀虫剂的残余物。然而，专家建议我们吃皮果之前不应该剥皮，因为这种皮果的果皮里面含有一种特殊的维生素，这种维生素在其他水果里面含量很少，对人体健康很有益处，弃之可惜。

以下哪项如果为真，最能对专家的上述建议构成质疑？

A. 皮果皮上的杀虫剂残余物不能被洗掉。

B. 皮果皮中的那种维生素不能被人体充分消化吸收。

C. 吸收皮果皮上的杀虫剂残余物对人体的危害超过了吸收皮果皮中的维生素对人体的益处。

D. 皮果皮上杀虫剂残余物的数量太少，不会对人体带来危害。

E. 皮果皮中的这种维生素未来也可能用人工的方式合成，有关研究成果已经公布。

［解题分析］正确答案：C

前提：虽然皮果皮里包含少量杀虫剂残余物，但皮果皮里含有对人体很有益的维生素。

结论：应该食用皮果皮。

C项：皮果皮里杀虫剂残余物对人体的危害超过了吸收皮果皮中的维生素对人体的益处，可见，食用皮果皮弊大于利，所以，不应该食用皮果皮，有力地质疑了专家的建议，正确。

A、B项也能对专家的建议构成部分的质疑，但属于单方面的削弱，削弱力度不足。其中，A项说的是存在坏处；B项说的是维生素不能被人体充分消化吸收，但也可以部分吸收。排除。

D、E项不能构成质疑，其中，D项对专家的建议有所支持。排除。

23 2002MBA-14

调查表明，一年中任何月份，18至65岁的女性中都有52%在家庭以外工作。因此，18至65岁的女性中有48%是全年不在外工作的家庭主妇。

以下哪项如果为真，能最严重地削弱了上述论证？

A. 现在离家工作的女性比历史上的任何时期都多。

B. 尽管在每个月中参与调查的女性人数都不多，但是这些样本有很好的代表性。

C. 调查表明将承担一份有薪工作作为优先考虑的女性比以往任何时候都多。

D. 总体上说，职业女性比家庭主妇有更高的社会地位。

E. 不管男性还是女性，都有许多人经常进出于劳动力市场。

[解题分析] 正确答案：E

前提：一年中任何月份，18至65岁的女性中都有52%在外工作。

结论：18至65岁的女性中有48%是全年不在外工作的家庭主妇。

E项：许多女性经常进出于劳动力市场，意味着许多女性经常在工作与不工作之间转换，那么虽然每个月有48%的女性不工作，但每个月不工作的可能有不同的女性，这样全年不在外工作的女性比例就会低于48%，严重削弱了题干论证，正确。

其余选项均起不到削弱作用。

24 2001MBA-41

关节尿酸炎是一种罕见的严重关节疾病，一种传统的观点认为，这种疾病曾于2 500年前在古埃及流行，其根据是在所发现的那个时代的古埃及木乃伊中，有相当高的比例可以发现患有这种疾病的痕迹。但是，最近对于上述木乃伊骨骼的化学分析使科学家们推测，木乃伊所显示的关节损害实际上是对尸体进行防腐处理时使用的化学物质引起的。

以下哪项如果为真，最能进一步加强对题干中所提及的传统观点的质疑？

A. 在我国西部所发现的木乃伊中，同样可以发现患有关节尿酸炎的痕迹。

B. 关节尿酸炎是一种遗传性疾病，但在古埃及人的后代中这种病的发病率并不比一般的要高。

C. 对尸体进行成功的防腐处理，是古埃及人一项密不宣人的技术，科学家至今很难确定他们所使用物质的化学性质。

D. 在古代中东文物艺术品的人物造型中，可以发现当时的人患有关节尿酸炎的参考证据。

E. 一些古埃及的木乃伊并没有显示患有关节尿酸炎的痕迹。

[解题分析] 正确答案：B

前提：古埃及木乃伊中有相当高的比例可以发现患有关节尿酸炎的痕迹。

结论：关节尿酸炎曾于2 500年前在古埃及流行。

B项：可以削弱。由于关节尿酸炎是遗传病，所以，如果题干中的传统观点成立，则这种病在古埃及人的后代中的发病率应该比一般的要高。但事实上在古埃及人的后代中这种病的发病率并不比一般的要高，所以这种疾病在当时并没有流行，有力地质疑了传统观点，正确。

A项：不能削弱。题干讨论的是古埃及，与我国西部无关，排除。

C项：不能削弱。能否确定防腐处理所使用物质的化学性质与题干论证无关，排除。

D项：不能削弱。发现当时的人患有关节尿酸炎的证据，有助于支持当时该病流行过，排除。

E项：不能削弱。"一些"数量未知，排除。

五、 削弱变形

削弱变形题指的是题干结论和提问方式的变化，使得有的题目貌似支持实际上是削弱，有的题目貌似削弱实际上是支持。提问方式的变化，导致削弱或支持的指向发生变化。若题干是否定性的结论，则要注意提问方式：

（1）支持否定性结论实际上就是削弱肯定性结论。

（2）削弱否定性结论实际上就是支持肯定性结论。

（3）不能支持否定性结论实际上就是支持肯定性结论（或无关项）。

（4）不能削弱否定性结论实际上就是削弱肯定性结论（或无关项）。

不管是哪一类的支持或削弱方式，支持或削弱都最终对推理或结论起作用，所以关键是要针对结论来寻找满足问题要求的选项。

1 2023MBA－48

"嫦娥"登月、"神舟"巡天，我国不断谱写飞天梦想的新篇章。基于太空失重环境的多重效应，研究人员正在探究植物在微重力环境下生存的可能性。他们设想，如果能够在太空中种植新鲜水果和蔬菜，则不仅有利于航天员的身体健康，而且还可以降低食物的上天成本，同时，可以利用其消耗的二氧化碳产生氧气，为航天员生活与工作提供有氧环境。

以下哪项如果为真，则可能成为研究人员实现上述设想的最大难题？

A. 为了携带种子、土壤等种植必需品上天，飞船需要减少其他载荷以满足发射要求，这可能影响其他科学实验的安排。

B. 有些航天员虽然在地面准备阶段学习掌握了植物栽培技术，但在太空的实际操作中他们可能会遇到意想不到的情况。

C. 太空中的失重、宇宙射线等因素会对植物的生长和发育产生不良影响，食用这些植物可能有损航天员的健康。

D. 有些航天员将植物带入太空，又成功带回地面，短暂的太空经历对这些植物后来的生长发育可能造成影响。

E. 过去很多航天器携带植物上天，因为缺乏生长条件，这些植物都没有存活很长时间。

［解题分析］正确答案：C

研究人员的设想是，在太空中种植新鲜水果和蔬菜。

各选项从不同角度论述了实现这个设想的难题，其中C项表明，食用太空中种植的水果和蔬菜可能有损航天员的健康，与其他难题相比，这是最严重的问题。

2 2022MBA－34

补充胶原蛋白已经成为当下很多女性抗衰老的手段之一。她们认为：吃猪蹄能够补充胶原蛋白，为了美容养颜，最好多吃些猪蹄。近日有些专家对此表示质疑，他们认为多吃猪蹄其实并不能补充胶原蛋白。

以下哪项如果为真，最能质疑上述专家的观点？

A. 猪蹄中的胶原蛋白会被人体的消化系统分解，不会直接以胶原蛋白的形态补充到皮肤中。

B. 人们在日常生活中摄入的优质蛋白和水果、蔬菜中的营养物质，足以提供人体所需的胶原蛋白。

C. 猪蹄中胶原蛋白的含量并不多，但胆固醇含量高、脂肪多，食用过多会引起肥胖，还会增加患高血压的风险。

D. 猪蹄中的胶原蛋白经过人体消化后会被分解成氨基酸等物质，氨基酸参与人体生理活动，再合成人体必需的胶原蛋白等多种蛋白质。

E. 胶原蛋白是人体皮肤、骨骼和肌腱中的主要结构蛋白，它填充在真皮之间，撑起皮肤组织，增加皮肤紧密度，使皮肤水润而富有弹性。

[解题分析] 正确答案：D

专家的观点：多吃猪蹄其实并不能补充胶原蛋白。

D 项表明，猪蹄中的胶原蛋白确实能够合成人体必需的胶原蛋白，有力地质疑了专家的观点。因此，该项正确。

其余选项不能质疑上述专家的观点，其中：

A 项：猪蹄中的胶原蛋白不能补充到人体皮肤中，支持了专家的观点，排除。

C 项：猪蹄中胶原蛋白的含量并不多，意味着多吃猪蹄其实并不能有效地补充胶原蛋白，支持了专家的观点，排除。

B、E 项：都没提及多吃猪蹄是否可以补充胶原蛋白，均为无关项，排除。

3　2012MBA－50

探望病人通常会送上一束鲜花，但某国曾有报道说，医院花瓶养花的水可能含有很多细菌，鲜花会在夜间与病人争夺氧气，还可能影响病房里电子设备的工作。这引起了人们对鲜花的恐慌，该国一些医院甚至禁止病房内摆放鲜花。尽管后来证实鲜花并未导致更多的病人受感染，并且权威部门也澄清，未见任何感染病例与病房里的植物有关，但这并未减轻医院对鲜花的反感。

以下除哪项外，都能减轻医院对鲜花的担心？

A. 鲜花并不比病人身边的餐具、饮料和食物带有更多可能危害病人健康的细菌。

B. 在病房里放置鲜花让病人感到心情愉悦、精神舒畅，有助于病人康复。

C. 给鲜花换水、修剪需要一定的人工，如果花瓶倒了还会导致危险发生。

D. 已有研究证明，鲜花对病房空气的影响微乎其微，可以忽略不计。

E. 探望病人所送的鲜花都花束小、需水量少、花粉少，不会影响电子设备的工作。

[解题分析] 正确答案：C

医院对鲜花的担心源自这一报道：医院花瓶养花的水可能含有很多细菌，鲜花会在夜间与病人争夺氧气，还可能影响病房里电子设备的工作。

C 项：养护鲜花需要人工，花瓶可能产生危险。这显然加剧了医院对鲜花的担心，正确。

A、B、D、E 项：鲜花所含致病的细菌少、鲜花有助于病人康复、鲜花对病房空气的影响可忽略不计、鲜花不会影响电子设备，都从不同角度减轻了医院对鲜花的担心，排除。

4　2005MBA－43

当有些纳税人隐瞒实际收入逃避缴纳所得税时，一个恶性循环就出现了，逃税造成了年度总税收量的减少，总税收量的减少迫使立法者提高所得税率，所得税率的提高增加了合法纳税者的税金，这促使更多的人设法通过隐瞒实际收入以逃税。

以下哪项如果为真，上述恶性循环可以打破？

A. 提高所得税率的目的之一是激励纳税人努力增加税前收入。

B. 能有效识别逃税行为的金税工程即将实施。

C. 年度税收总量不允许因逃税等原因而减少。

D. 所得税率必须有上限。

E. 纳税人的实际收入基本持平。

[解题分析] 正确答案：B

题干论述的恶性循环为：有人逃税→总税收量减少→提高所得税率→增加税金→更多人设法逃税。

B 项：金税工程能有效识别逃税行为，那么就可以从源头上防止“有人逃税”，从而可以打破上述恶性循环，正确。

A 项：题干不涉及提高所得税率的目的，排除。

C 项：支持了上述恶性循环的一环，不能打破恶性循环，排除。

D 项：没有明确所得税率的上限应该是多少，难以打破恶性循环，排除。

E 项：与本题要求无关，排除。

5　2000MBA－79

美国法律规定，不论是驾驶员还是乘客，坐在行驶的小汽车中都必须系好安全带。有人对此持反对意见。他们的理由是，每个人都有权冒自己愿意承担的风险，只要这种风险不会给别人带来损害。因此，坐在汽车里系不系安全带，纯粹是个人的私事，正如有人愿意承担风险去炒股，有人愿意承担风险去攀岩，纯属他个人的私事一样。

以下哪项如果为真，最能对上述反对意见提出质疑？

A. 尽管确实为了保护每个乘客自己，而并非为了防备伤害他人，但所有航空公司仍然要求每个乘客在飞机起飞和降落时系好安全带。

B. 汽车保险费近年来连续上涨，原因之一，是由于不系安全带造成的伤亡使得汽车保险赔偿费连年上涨。

C. 在实施了强制要求系安全带的法律以后，美国的汽车交通事故死亡率明显下降。

D. 法律的实施带有强制性，不管它的反对意见看来多么有理。

E. 炒股或攀岩之类的风险是有价值的风险，不系安全带的风险是无谓的风险。

[解题分析] 正确答案：B

前提：不系安全带并未给别人带来损害。

结论：不应规定坐在行驶的小汽车中的人必须系好安全带。

B 项：不系安全带会造成伤亡，引起汽车保险费上涨，从而损害了全体汽车主的利益，也即，不系安全带可能会间接地给别人带来损害，有力地质疑了题干论证，正确。

其余各项均不能构成有力的质疑。

6　2000MBA－51

澳大利亚是个地广人稀的国家，不仅劳动力价格昂贵，而且很难雇到工人，许多牧场主均为此发愁。有个叫德尔的牧场主采用了一种办法，他用电网把自己的牧场圈起来，既安全可靠，又不需要多少牧牛工人。但是反对者认为这样会造成大量的电力浪费，对牧场主来说增加了开支，对国家的资源也不够节约。

以下哪项如果为真，能够削弱反对者对德尔的指责？

A. 电网在通电 10 天后就不再耗电，牛群因为有了惩罚性的经验，不会再靠近和触碰电网。

B. 节省人力资源对于国家来说也是一笔很大的财富。

C. 使用电网对于牛群来说是暴力式的放牧，不符合保护动物的基本理念。

D. 德尔的这种做法，既可以防止牛走失，也可以防范居心不良的人偷牛。

E. 德尔的这种做法思路新颖，可以考虑用在别的领域以节省宝贵的人力资源。

[解题分析] 正确答案：A

反对者对德尔的指责：用电网把牧场圈起来的做法会造成大量的电力浪费。

A 项：表明该方法只需给电网通电 10 天，不会造成大量的电力浪费，可以削弱，正确。

其余各项均不能削弱题干中的指责。

六、不能削弱

不能削弱型考题的解题方法是先将能反对题干结论的选项排除掉，最后剩下的选项不管是与题干不相干还是支持题干的都是不能削弱的，即不能削弱题型的正确答案必为支持项或无关项。

1　2023MBA－50

某公司为了让员工多运动，近日出台一项规定：每月按照 18 万步的标准对员工进行考核，如果没有完成步行任务，则按照“一步一分钱”标准扣钱。有专家认为，此举鼓励运动，看似对员工施加压力，实质上能够促进员工的身心健康，引导整个企业积极向上。

以下各项如果为真，则除哪项外均能质疑上述专家的观点？

A. 按照我国《劳动法》等相关法律规定，企业规章制度所涉及的员工行为应与工作有关，而步行显然与工作无关。

B. 步行有益身体健康，但规定每月必须步行 18 万步，不达标就扣钱，显得有些简单粗暴，这会影响员工对企业的认同感。

C. 公司鼓励员工多运动，此举不仅让员工锻炼身体，还可释放工作压力，培养良好品格，改善人际关系。

D. 有员工深受该规定的困扰，为了完成考核，他们甚至很晚不得不外出运动，影响了正常休息。

E. 该公司老张在网上购买了专门刷步行数据的服务，只花 1 元钱就可轻松购得两万步。

[解题分析] 正确答案：C

专家的观点：每月按照 18 万步的标准对员工进行考核，不达标则按规定扣钱，这个公司规定能够促进员工的身心健康，引导整个企业积极向上。

C 项表明公司鼓励员工多运动的好处，这对专家的观点有支持作用，即不能质疑，因此为正确答案。

其余选项均从不同角度论述了这个公司规定的坏处或漏洞，质疑了专家的观点，均予排除。

2　2016MBA－38

开车路上，一个人不仅需要有良好的守法意识，也需要有特有的“理性计算”：在拥堵的车流中，只要有“加塞”的，你开的车就一定要让着它；你开着车在路上正常直行，有车不打方向灯在你近旁突然横过来要撞上你，原来它想要变道，这时你也得让着它。

以下除哪项外，均能质疑上述“理性计算”的观点？

A. 有理的让着没有理的，只会助长歪风邪气，有悖于社会的法律和道德。

B. “理性计算”其实就是胆小怕事，总觉得凡事能躲则躲，但有的事很难躲过。

C. 一味退让就会给行车带来极大的危险，不但可能伤及自己，而且有可能伤及无辜。

D. 即使碰上也不可怕，碰上之后如果立即报警，警方一般会有公正的裁决。

E. 如果不让，就会碰上；碰上之后，即使自己有理，也会有许多麻烦。

［解题分析］ 正确答案：E

题干所述“理性计算”的观点是，在路上开车如果遇到加塞或变道的车，就要让着它。

选项 A、B、C、D 分别从不同角度说明不能一味避让，均质疑了上述观点。

只有 E 项表明，如果不让就会增添麻烦，意思就是要避让，与题干观点相同，即支持了题干。因此，该项起不到质疑作用，为正确答案。

3 2010MBA－29

现在越来越多的人拥有了自己的轿车，但他们明显地缺乏汽车保养的基本知识。这些人会按照维修保养手册或4S店售后服务人员的提示做定期保养。可是，某位有经验的司机会告诉你，每行驶5 000公里做一次定期检查，只能检查出汽车可能存在问题的一小部分，这样的检查是没有意义的，是浪费时间和金钱。

以下哪项不能削弱该司机的结论？

A. 每行驶5 000公里做一次定期检查是保障车主安全所需要的。

B. 每行驶5 000公里做一次定期检查能发现引擎的某些主要故障。

C. 在定期检查中所做的常规维护是保证汽车正常运行所必需的。

D. 赵先生的新车未做定期检查行驶到5 100公里时出了问题。

E. 某公司新购的一批汽车未做定期检查，均安全行驶了7 000公里以上。

［解题分析］ 正确答案：E

司机的论证结构如下。

前提：每行驶5 000公里做一次定期检查只能查出汽车可能存在问题的一小部分。

结论：汽车定期检查是没有意义的。

题目要求寻找不能削弱的选项，可用排除法排除可以削弱的选项。

A 项，定期检查是保障车主安全所需要的，表明定期检查有意义，可以削弱，排除。

B 项，定期检查能发现引擎的某些主要故障，表明定期检查有意义，可以削弱，排除。

C 项，在定期检查中所做的常规维护是必需的，表明定期检查有意义，可以削弱，排除。

D 项，举例说明了不检查就出问题，表明定期检查有意义，可以削弱，排除。

E 项，一批汽车未做定期检查均安全行驶了7 000公里以上，表明定期检查是没有意义的，支持了结论，正确。

4 2009MBA－44

S市持有驾驶证的人员数量较五年前增加了数十万，但交通死亡事故却较五年前有明显的减少。由此可以得出结论：目前S市驾驶员的驾驶技术熟练程度较五年前有明显的提高。

以下各项如果为真，都能削弱上述论证，除了：

A. 交通事故的主要原因是驾驶员违反交通规则。

B. 目前S市的交通管理力度较五年前有明显加强。

C. S市加强对驾校的管理，提高了对新驾驶员的培训标准。

D. 由于油价上涨，许多车主改乘公交车或地铁上下班。

E. S市目前的道路状况及安全设施较五年前有明显改善。

[解题分析] 正确答案：C

前提：持有驾驶证的人数增加了而交通死亡事故明显减少了。

结论：驾驶员的驾驶技术提高了。

C项：加强对驾校的管理，提高了对新驾驶员的培训标准。这意味着驾驶员的驾驶技术通过强制措施得到了提高，支持了题干论证，为正确答案。

A项：如果交通事故的主要原因是驾驶员违反交通规则，那么，交通死亡事故减少就与驾驶技术无关，可能是驾驶员遵守交通规则的意识增强了。他因削弱，排除。

B项：交通管理力度加强，这可能是交通死亡事故减少的原因。他因削弱，排除。

D项：许多车主改乘公交车或地铁上下班，导致了路上的私家车数量减少，这可能是交通死亡事故减少的原因。他因削弱，排除。

E项：道路状况及安全设施明显改善，这可能是交通死亡事故减少的原因。他因削弱，排除。

5　2006MBA-42

某报评论：H市的空气质量本来应该已经得到改善。五年来，市政府在环境保护方面花了气力，包括耗资600多亿元将一些污染最严重的工厂迁走，但是，H市仍难摆脱空气污染的困扰，因为解决空气污染问题面临着许多不利条件，其中，一个是机动车辆的增加，另一个是全球石油价格的上升。

以下各项如果为真，都能削弱上述论断，除了：

A. 近年来H市加强了对废气的排放的限制，加大了对污染治理费征收的力度。

B. 近年来H市启用了大量电车和使用燃气的公交车，地铁的运行路线也有明显增加。

C. 由于石油涨价，许多计划购买豪华车的人转为购买低耗油的小型车。

D. 由于石油涨价，在国际市场上一些价位偏低的劣质含硫石油进入H市。

E. 由于汽油涨价和公车改革，拥有汽车的人缩减了驾车旅游的计划。

[解题分析] 正确答案：D

前提：机动车辆的增加，全球石油价格的上升。

结论：H市仍难摆脱空气污染的困扰。

D项：有利于说明全球石油价格的上升，导致了劣质含硫石油的进入，将使污染加重，支持了题干论断，不能削弱，因此为正确答案。

A、B、C、E项均以另有他因的方式说明可以摆脱空气污染的困扰，都有削弱作用。

6　2003MBA-44

因为青少年缺乏基本的驾驶技巧，特别是缺乏紧急情况的应对能力，所以必须给青少年的驾驶执照附加限制。在这点上，应当吸取H国的教训。在H国，法律规定16岁以上就可申请驾驶执照。尽管在该国注册的司机中19岁以下的只占7%，但他们却是20%的造成死亡的交通事故的肇事者。

以下各项有关H国的判定如果为真，都能削弱上述议论，除了：

A. 和其他人相比，青少年开的车较旧，性能也较差。

B. 青少年开车时载客的人数比其他司机要多。

C. 青少年开车的年均公里数（即每年平均行驶的公里数）要高于其他司机。

D. 和其他司机相比，青少年较不习惯系安全带。

E. 据统计，被查出酒后开车的司机中，青少年所占的比例，远高于他们占整个司机总数的比例。

［解题分析］正确答案：B

前提：青少年缺乏基本的驾驶技巧和紧急情况的应对能力，比如，在 H 国注册的司机中 19 岁以下的只占 7%，但他们却是 20%的造成死亡的交通事故的肇事者。

结论：必须给青少年的驾驶执照附加限制。

B 项：青少年开车载客人数多，可以说明出事故后造成的死亡人数多，但并没有断定是超载，所以，不能说明造成死亡的事故率多，不能削弱，正确。

A 项：青少年开的车陈旧、性能差，会导致容易出事故，所以，造成青少年驾车事故多的原因并非他们缺乏驾驶技巧。他因削弱，排除。

C 项：青少年开车的年均公里数较高，则发生交通事故的可能性也较高，但平均每公里造成的事故并不一定比其他司机多。可见，并非缺乏驾驶技巧导致事故多。他因削弱，排除。

D 项：青少年较不习惯系安全带，这导致容易出事故，而并非因为他们缺乏驾驶技巧。他因削弱，排除。

E 项：青少年酒后驾车比例高，导致他们更容易出事故，而并非因为他们缺乏驾驶技巧。他因削弱，排除。

7　2000MBA－58

加拿大的一位运动医学研究人员报告说，利用放松体操和机能反馈疗法，有助于对头痛进行治疗。研究人员抽选出 95 名慢性牵张性头痛患者和 75 名周期性偏头痛患者，教他们放松头部、颈部和肩部的肌肉，以及用机能反馈疗法对压力和紧张程度加以控制。其结果是，前者中有四分之三、后者中有一半人报告说，他们头痛的次数和剧烈程度有所下降。

以下哪项如果为真，最不能削弱上述论证的结论？

A. 参加者接受了高度的治疗有效的暗示，同时，对病情改善的希望亦起到推波助澜的作用。

B. 参加者有意迎合研究人员：即使不合事实，也会说感觉变好。

C. 多数参加者志愿合作，虽然他们的生活状况蒙受着巨大的压力。在研究过程中，他们会感觉到生活压力有所减轻。

D. 参加实验的人中，慢性牵张性头痛患者和周期性偏头痛患者人数选择不等，实验设计需要进行调整。

E. 放松体操和机能反馈疗法的锻炼，减少了这些头痛患者的工作时间，使得他们对于自己病情的感觉有所改善。

［解题分析］正确答案：D

前提：使用放松体操和机能反馈疗法后，大部分头痛患者好转。

结论：用放松体操和机能反馈疗法，有助于对头痛进行治疗。

D 项：人数问题不影响实验的结果，两者人数不需要相等，无关选项，无法削弱，正确。

A、B 项：另有他因，表明参加实验的患者的报告不真实，可以削弱，排除。

C、E 项：另有他因，表明并非因为上述疗法，而是有别的因素使患者的头痛减轻，可以削弱，排除。

七、削弱复选

削弱复选是削弱题型的多选题，这类题的选项可从多个角度对题干论证进行削弱，是各类削弱方向的综合运用，需要对每个选项都有正确的把握。

1　2010MBA－32

在某次课程教学改革的研讨会上，负责工程类教学的程老师说，在工程设计中，用于解决数学问题的计算机程序越来越多了，这样就不必要求工程技术类大学生对基础数学有深刻的理解。因此，在未来的教学体系中，基础数学课程可以用其他重要的工程类课程替代。

以下哪项如果为真，能削弱程老师的上述论证？

Ⅰ. 工程类基础课程中已经包含了相关的基础数学内容。

Ⅱ. 在工程设计中，设计计算机程序需要对基础数学有全面的理解。

Ⅲ. 基础数学课程的一个重要目标是培养学生的思维能力，这种能力对工程设计来说很关键。

A. 只有Ⅱ。

B. 只有Ⅰ和Ⅱ。

C. 只有Ⅰ和Ⅲ。

D. 只有Ⅱ和Ⅲ。

E. Ⅰ、Ⅱ和Ⅲ。

［解题分析］正确答案：D

前提：在工程设计中，用于解决数学问题的计算机程序越来越多，工程技术类大学生不必对基础数学有深刻的理解。

结论：基础数学课程可以用其他重要的工程类课程替代。

Ⅰ：工程类基础课程中已经包含了相关的基础数学内容，因此，可以用工程类课程替代基础数学课程，支持了题干论证。

Ⅱ：设计计算机程序需要对基础数学有全面的理解，表明基础数学课程对工程设计很重要，不能被替代，削弱了题干论证。

Ⅲ：基础数学课程能培养学生的思维能力，这对工程设计很关键，表明基础数学课程不能被替代，削弱了题干论证。

因此，D项为正确答案。

2　2005MBA－28

马医生发现，在进行手术前喝高浓度加蜂蜜的热参茶可以使他手术时主刀更稳，用时更短，效果更好。因此，他认为，要么是参，要么是蜂蜜，其含有的某些化学成分能帮助他更快更好地进行手术。

以下哪项如果为真，能削弱马医生的上述结论？

Ⅰ. 马医生在喝高浓度加蜂蜜的热柠檬茶后的手术效果同喝高浓度加蜂蜜的热参茶一样好。

Ⅱ. 马医生在喝白开水之后的手术效果与喝高浓度加蜂蜜的热参茶一样好。

Ⅲ. 洪医生主刀的手术效果比马医生好，而前者没有术前喝高浓度加蜂蜜的热参茶的习惯。

A. 只有Ⅰ。

B. 只有Ⅱ。

C. 只有Ⅲ。

D. 只有Ⅰ和Ⅱ。

E. Ⅰ、Ⅱ和Ⅲ。

[解题分析] 正确答案：B

题干中马医生的论证结构如下。

前提：在进行手术前喝高浓度加蜂蜜的热参茶可以使自己做手术效果更好。

结论：要么是参，要么是蜂蜜（因），能帮助他更快更好地进行手术（果）。

Ⅰ：有因有果的支持。两种茶中都有蜂蜜，手术效果都好，有利于说明蜂蜜有效果，无法削弱。

Ⅱ：无因有果的反例削弱。没有参和蜂蜜，能有同样好的手术效果，有助于说明手术效果好不是参和蜂蜜导致的。

Ⅲ：无关项，没有针对结论，起不到削弱作用。因为马医生的结论只是针对自己，并非同时针对别人。

因此，B项为正确答案。

第四节　推论

推论题是指逻辑考试中问题方向“自上而下”的论证推理考题，就是要推出一段论证的结论。所谓“自上而下”的解题思路，即假定题干论述成立，要求从题干论述中推出某些结果。具体地说，推论与假设、支持、削弱、评价题型的最大差异在于：假设、支持、削弱、评价考题所面临的题干是有待评价的论证（题干论证是有疑问的），因此这四类考题是要求从所列选项中选择一个选项放到题干中对题干推理起到一定作用；而推论所面临的题干论述是肯定成立的，不需要对题干的内容是否正确、结论是否荒谬、推理是否合理作出评价，而是要求从题干中能合理地推出结论。

（一）思维原则

推论题主要考查考生能否把握阅读材料所传达的主要信息，其读题思维原则如下：

（1）收敛思维原则。不管题干内容如何，考生都不能对试题所陈述的事实的正确与否提出怀疑，题干论述是被假设为正确的、不容置疑的。

（2）阅读分析原则。读题时需要注意从逻辑层次结构上去分析题干推理关系，要学会一边读题一边分析题干论述。

（3）紧扣题干原则。解题时必须紧扣题干陈述的内容，不能忽视试题中所陈述的事实，正确的答案应与陈述直接有关，并从陈述中直接推出一个合理的结论。

（二）题目分类

推论题的题干陈述可分为两类：

（1）第一类是题干仅是个陈述，只给出某些前提或多个信息，没给出结论。

这类题占推论题的大多数，包括概括论点、推出结论、推论支持等。解题思路是从题干所陈述的信息中，按问题要求，概括、引申或推出某个结论。

（2）第二类是题干是个论证，给出了前提，也给出了结论。

这类题首先要认为题干的论证是必然正确的，因此，其前提与结论之间有必然的联系。所以，这类题往往转化为假设题或支持题来思考。推论假设题的解题思路就是要找出题干论证成立的隐含假设。

（三）解题方法

推论题的常用解题方法如下：

1. 排除法

从某种意义上讲，这类题型考的就是阅读理解，解题策略就是要确定范围，即限定范围或收敛思维。推论题的“垃圾”选项经常是在文章的范围之外。做题时，注意一定要直击问题的范围。也就是说，推论题的答案应该在文章的范围之内。你个人的观点和背景知识通常都是在范围之外。大部分推论题的正确答案必须与题干所给的陈述相符，一般不能用题干之外的信息进一步推理。原则上可用排除法排除超出题干范围的选项：

（1）排除绝对化语言。题干没有绝对化语言，答案也不能包括绝对化语言。

（2）排除新内容。正确答案一般不能出现题干中没有的新内容。

2. 直接代入法

由于答案不能和原文信息相违背，直接代入法（归谬法）可用来帮助排除选项，具体是指当错误选项不容易排除，而正确选项又难以选择时，就应该运用代入法试一试。这种方法是说，先假设某一个备选项是成立的，然后代入题干，看是否导致矛盾，如果出现矛盾就说明假设该选项成立不对，该选项是不成立的。

但是，需要注意的是，如果通过假设某一选项成立代入题干，并没有导致矛盾，是不是就说明该选项一定能成立呢？这很难说。因为有时可能出现不止一个选项如果成立而不会导致矛盾的情况。这里，代入法需要结合排除法来使用，如果通过使用排除法，其他选项均导致矛盾，则剩余的不导致矛盾的选项就是正确的。

3. 否定代入法

否定代入法即假设反证法（假设 P 假，推出逻辑矛盾，因此，P 真）。该方法的意思是，如果我们对某个选项难以确定其真假，那么就可以先假设所要考虑的选项为假，然后代入题干，看是否导致矛盾，如果导致矛盾，则说明该选项不可能假，一定为真。（既然题干事实为真，根据逆否命题的思路，如果选项不成立，题干推理就会不成立，这就说明，如果题干推理成立，则该选项就成立，这时，这个选项就是正确答案。）

（四）答题技巧

推论题的解答目标应锁定在怎么样才能找到能从题干论述中得出的一个合理的结论。

（1）与题干重合度越高的选项越可能成为正确答案。推论题一般都可以找到题干的关键词语，按关键词语定位选项，解题速度可以加快。

（2）首先要读懂题目的论述和结构，特别是找出题干的主结论或主要事实。推论答案往往是原文主结论的重写，必须概括全文，比如是原论断的逆否命题的改写或者是关键词替换。

（3）推论题的错误无非两种：无关或扩大推理范围。

要注意推论题的难点在于逻辑推论时范围限制的变化，尤其在论据是调查研究等题中，原论断针对的范围一般不能变化，如果要变化，必须说明这种变化的合理性。

一、推出结论

推出结论题是最普遍的推论题，具体表现形式是题干给出一段陈述，然后问你从中最能得出什么结论。这类题型的考查方向包括确定论点、总结主要观点，概括出题干陈述的内容、原则、主旨，或引申出题干陈述的意图、中心思想。

解题时要在把握题干层次结构的基础上去寻找隐含的结论或内在的含义。正确答案必定是与题干前提相关并从中合理推出的，往往是概括类选项。

1 2024MBA－51

在航空公司眼中，旅客大体分为两类：“时间敏感而价格不敏感”且多在工作日出行的群体，“时间不敏感而价格敏感”且多在周末出行的群体。去年，为改善低客流状况，S航空公司推出了“周末随心飞”特惠产品：用户只需花3 000元即可在本年度的任意周六和周日，不限次数乘坐该航空公司除飞往港澳台以外的任意国内航班。据统计，在S航空公司的大本营H市，多个航班的“周末随心飞”旅客占比超过90%，且这些旅客大多是从H市飞往成都、深圳、三亚、昆明等热点城市的。

根据上述信息，可以得出以下哪项?

A. 有些“周末随心飞”旅客以往并不曾飞往成都。

B. 去年S航空公司推出的“周末随心飞”产品可以跨年兑换使用。

C. 没有“时间不敏感而价格敏感”的旅客会选择工作日出行。

D. 有些“时间敏感而价格不敏感”的旅客会乘坐S航空公司的周末航班。

E. 去年乘坐S航空公司航班飞往香港的旅客，使用的不是“周末随心飞”特惠产品。

[解题分析] 正确答案：E

题干信息：去年购买S航空公司“周末随心飞”特惠产品的顾客，可在本年度的任意周末，不限次数乘坐该航空公司除飞往港澳台以外的任意国内航班。

E项：从题干信息看出，去年乘坐S航空公司航班飞往香港的旅客，不能使用“周末随心飞”特惠产品，可以得出，正确。

A项：推不出。超出题干断定范围，排除。

B项：推不出。题干提及的是本年度当年使用，那么就不能跨年兑换使用，排除。

C项：推不出。存在“时间不敏感而价格敏感”且多在周末出行的群体，那么，完全有可能少数“时间不敏感而价格敏感”的旅客会选择工作日出行，排除。

D项：推不出。有可能“时间敏感而价格不敏感”的旅客都不会乘坐S航空公司的周末航班，排除。

2 2017MBA－44

爱书成痴注定会藏书。大多数藏书家也会读一些自己收藏的书，但有些藏书家却因喜爱书的价值和精致装帧而购书收藏，至于阅读则放到了自己以后闲暇的时间，而一旦他们这样想，这些新购的书就很可能不被阅读了。但是，这些受到“冷遇”的书只要被友人借去一本，藏书家就会失魂落魄，整日心神不安。

根据上述信息，可以得出以下哪项?

A. 有些藏书家将自己的藏书当作友人。

B. 有些藏书家喜欢闲暇时读自己的藏书。

C. 有些藏书家会读遍自己收藏的书。

D. 有些藏书家不会立即读自己新购的书。

E. 有些藏书家从不读自己收藏的书。

[解题分析] 正确答案：D

题干断定：有些藏书家因喜爱书的价值和精致装帧而购书收藏，至于阅读则放到了自己以后闲暇的时间。

从中显然可以得出，有些藏书家不会立即读自己新购的书。因此，D项为正确答案。

其余选项不能从题干中必然得出。其中，A项“将自己的藏书当作友人”、B项“喜欢闲暇时读”、C项“读遍”、E项“从不读”均超出题干断定范围。

3 2011MBA－28

一般将缅甸所产的经过风化或经河水搬运至河谷、河床中的翡翠大砾石，称为“老坑玉”。“老坑玉”的特点是“水头好”、质坚、透明度高，其上品透明如玻璃，故称“玻璃种”或“冰种”。同为“老坑玉”，其质量相对也有高低之分，有的透明度高一些，有的透明度稍差些，所以价值也有差别。在其他条件都相同的情况下，透明度高的“老坑玉”比透明度较低的单位价值高，但是开采的实践告诉人们，没有单位价值最高的“老坑玉”。

以上陈述如果为真，则可以得出以下哪项结论？

A. 没有透明度最高的“老坑玉”。

B. 透明度高的“老坑玉”未必“水头好”。

C. “新坑玉”中也有质量很好的翡翠。

D. “老坑玉”的单位价值还决定于其加工的质量。

E. 随着年代的增加，“老坑玉”的单位价值会越来越高。

[解题分析] 正确答案：A

题干断定：第一，在其他条件都相同的情况下，透明度高的“老坑玉”比透明度较低的单位价值高；第二，开采的实践告诉人们，没有单位价值最高的“老坑玉”。

A项：透明度越高则单位价值越高，没有单位价值最高的，所以，没有透明度最高的。因此，该项可以得出，为正确答案。

B项：题干已说明“老坑玉”的特点是“水头好”，该项与题干不符，排除。

C项：“新坑玉”超出题干断定范围，为无关项，排除。

D项：题干只是说明“老坑玉”的单位价值与透明度相关，但没有论述其单位价值是否受加工质量等因素的影响，排除。

E项：题干没有说明“老坑玉”的单位价值与年代的关系，排除。

4 2007MBA－32

神经化学物质的失衡可以引起人的行为失常，大到严重的精神疾病，小到常见的孤僻、抑郁甚至暴躁、嫉妒。神经化学的这些发现，使我们不但对精神疾病患者，而且对身边原本生厌的怪癖行为者，怀有同情和容忍。因为精神健康，无非是指具有平衡的神经化学物质。

以下哪项最为准确地表达了上述论证所要表达的结论？

A. 神经化学物质失衡的人在人群中只占少数。

B. 神经化学的上述发现将大大丰富精神病学的理论。

C. 理解神经化学物质与行为的关系将有助于培养对他人的同情心。

D. 神经化学物质的失衡可以引起精神疾病或其他行为失常。

E. 神经化学物质是否平稳是决定精神或行为是否正常的主要因素。

[解题分析] 正确答案：C

题干信息：

第一，神经化学物质的失衡可以引起人的行为失常，包括精神疾病及怪癖等。

第二，这些发现使我们对精神疾病患者及怪癖行为者怀有同情和容忍。

可见，题干对神经化学物质与行为的关系进行了描述，并表明该发现有助于培养对他人的同情心，因此，C项为正确答案。

A 项：题干并没有提及神经化学物质失衡的人在人群中的占比问题，排除。

B 项：题干并没有提及上述发现对精神病学理论的影响，排除。

D 项：重复了题干断定的第一条信息，没有表达出题干的结论，排除。

E 项：神经化学物质是否平稳可能是决定精神或行为是否正常的主要因素，但题干在第一条信息中并没有断定是主要因素，且该项没有与题干第二条信息关联，没有表达出题干论证的结论，排除。

5 2003MBA－45

最近台湾航空公司客机坠落事故急剧增加的主要原因是飞行员缺乏经验。台湾航空部门必须采取措施淘汰不合格的飞行员，聘用有经验的飞行员。毫无疑问，这样的飞行员是存在的。但问题在于，确定和评估飞行员的经验是不可行的。例如，一个在气候良好的澳大利亚飞行1 000小时的教官，和一个在充满暴风雪的加拿大东北部飞行 1 000 小时的夜班货机飞行员是无法相比的。

上述议论最能推出以下哪项结论？（假设台湾航空公司继续维持原有的经营规模）

A. 台湾航空公司客机坠落事故急剧增加的现象是不可改变的。

B. 台湾航空公司应当聘用加拿大飞行员，而不宜聘用澳大利亚飞行员。

C. 台湾航空公司应当解聘所有现职飞行员。

D. 飞行时间不应成为评估飞行员经验的标准。

E. 对台湾航空公司来说，没有一项措施，能根本扭转台湾航空公司客机坠落事故急剧增加的趋势。

［解题分析］正确答案：E

题干信息：

第一，台湾航空公司客机坠落事故急剧增加的主要原因是飞行员缺乏经验。

第二，台湾航空部门必须采取措施，聘用有经验的飞行员。

第三，有经验的飞行员是存在的，但确定和评估飞行员的经验是不可行的。

根据上述议论，可推知，无法聘用有经验的飞行员，是无法扭转客机坠落事故急剧增加趋势的主要原因。

E 项：与上述分析一致，由于无法解决其主要原因，因此，没有能从根本上扭转客机坠落事故急剧增加趋势的措施，正确。

A 项：“不可改变”一词过于绝对化，飞行员缺乏经验是主要原因，但并不是唯一原因，所以，可以从其他方面来改善，排除。

B 项：题干中加拿大飞行员和澳大利亚飞行员的例子只是用来说明确定和评估飞行员的经验是不可行的，不是题干能得出的结论，排除。

C 项：超出题干信息所断定的范围，排除。

D 项：题干中 1 000 小时在不同环境下飞行的例子只是为了说明仅仅依靠飞行时间确定和评估飞行员的经验是不可行的，而不是否定将飞行时间作为评估飞行员经验的标准之一，排除。

二、推论假设

推论假设题是指题干是一个已经成立的论证，要求推出一个结论。由于对推论题而言，题干论证是一个已经成立的论证关系，因此，其论证的必要条件自然能被推导出来，即题干论证的隐含假设必定成立。这类题应转化为假设去思维，可用否定代入法（选项反证法）解决，即假设如果选项不成立，则题干结论也不成立，这样的选项就是正确答案。

1 2008MBA－37

水泥的原料是很便宜的，像石灰石和随处可见的泥土都可以用作水泥的原料。但水泥的价格会受石油价格的影响，因为在高温炉窑中把原料变为水泥要耗费大量的能源。

基于上述断定最可能得出以下哪项结论？

A. 石油是水泥所含的原料之一。

B. 石油是制水泥的一些高温炉窑的能源。

C. 水泥的价格随着油价的上升而下跌。

D. 水泥的价格越高，石灰石的价格也越高。

E. 石油价格是决定水泥产量的主要因素。

［解题分析］ 正确答案：B

题干论述可简化为：在高温炉窑中把便宜的原料变为水泥要耗费大量的能源，所以水泥的价格会受石油价格的影响。

补充隐含假设后完善的论证如下。

前提：在高温炉窑中把便宜的原料变为水泥要耗费大量的能源。

假设：石油是制水泥的一些高温炉窑的能源。

结论：所以水泥的价格会受石油价格的影响。

可见，B项是题干论述的假设，也是题干断定最可能得出的结论。

2 2006MBA－29

在桂林漓江一些有地下河流的岩洞中，有许多露出河流水面的石笋。这些石笋是由水滴常年滴落在岩石表面而逐渐积聚的矿物质形成的。

如果上述断定为真，最能支持以下哪项结论？

A. 过去漓江的江面比现在高。

B. 只有漓江的岩洞中才有地下河流。

C. 漓江的岩洞中大都有地下河流。

D. 上述岩洞中的地下河流是在石笋形成前出现的。

E. 上述岩洞中地下河流的水比过去深。

［解题分析］ 正确答案：E

题干断定：第一，石笋是由水滴常年滴落在岩石表面而逐渐积累的矿物质形成的；第二，一些有地下河流的岩洞中，有许多露出河流水面的石笋。

可见，石笋是由于上面的水滴滴到下面的岩石上而形成的，所以应该是石笋形成在先，河流形成在后。这说明过去没有河流或者河流水很浅，岩石表面是没有河水的，否则的话，石笋就不可能形成了，因为这样的岩石表面会在水面以下，含有矿物质的水滴无法滴落到这样的岩石表面。所以，题干描述的岩洞中地下河流的水一定比过去（石笋形成初期）深，因此，E项正确。反之，如果该项不成立，意味着现在的岩洞地下水比过去浅，即地下河流的水过去比现在还深，那么，题干所述的露出河流的石笋，就不可能是由水滴常年滴落在岩石表面而逐渐积累的矿物质形成的。

A项：石笋是存在于岩洞中的，漓江的江面高度与岩洞中地下河流的深度之间的关系是未知的，故无法判断漓江的江面高度变化情况，排除。

B、C项：不能推出，因为题干只表述了漓江有一些有地下河流的岩洞，但无法得知更多信息，均排除。

D项：不能推出，因为题干没有断定岩洞中的地下河流与石笋形成的先后顺序，排除。

3　2003MBA－38

上个世纪60年代初以来，新加坡的人均预期寿命不断上升，到本世纪已超过日本，成为世界之最。与此同时，和一切发达国家一样，由于饮食中的高脂肪含量，新加坡人的心血管疾病的发病率也逐年上升。

从上述判定，最可能推出以下哪项结论？

A. 新加坡人的心血管疾病的发病率虽逐年上升，但这种疾病不是造成目前新加坡人死亡的主要杀手。

B. 目前新加坡对于心血管疾病的治疗水平是全世界最高的。

C. 上个世纪60年代造成新加坡人死亡的那些主要疾病，到本世纪，如果在该国的发病率没有实质性的降低，那么对这些疾病的医治水平一定有实质性的提高。

D. 目前新加坡人心血管疾病的发病率低于日本。

E. 新加坡人比日本人更喜欢吃脂肪含量高的食物。

［解题分析］ 正确答案：C

题干信息：一方面，新加坡的人均预期寿命不断上升，成为世界之最；另一方面，新加坡人的心血管疾病的发病率也逐年上升。

C项：在心血管疾病的发病率逐年上升的情况下，人均预期寿命不断上升，那么，其他以前造成新加坡人死亡的疾病到目前造成死亡的可能性大大降低了。可见，很可能是之前导致新加坡人死亡的疾病的发病率降低了或医治水平提高了。由此得出，如果发病率没有实质性的降低，那么对这些疾病的医治水平一定有实质性的提高。反之，如果该项不成立，那么，新加坡的人均预期寿命不可能不断上升，更难以在本世纪初成为世界之最。因此，该项为正确答案。

A项：不能从题干推出，因为尽管新加坡的人均预期寿命是世界之最，但心血管疾病仍完全可能是造成目前新加坡人死亡的主要杀手，排除。

B项：不能从题干推出，因为题干并没有讲目前新加坡对于心血管疾病的治疗水平是全世界最高的，排除。

D、E项：从题干只能得知新加坡的人均预期寿命比日本高，其他情况的比较无法得知，排除。

4　2002MBA－59

W病毒是一种严重危害谷物生长的病毒，每年要造成谷物的大量减产。W病毒分为三种：W1、W2、W3。科学家们发现，把一种从W1中提取的基因，植入易受感染的谷物基因中，可以使该谷物产生对W1的抗体，这样处理的谷物会在W2和W3中，同时产生对其中一种病毒的抗体，但严重减弱对另一种病毒的抵抗力。科学家证实，这种方法能大大减少谷物因W病毒危害造成的损失。

从上述断定最可能得出以下哪项结论？

A. 在三种W病毒中，不存在一种病毒，其对谷物的危害性，比其余两种病毒的危害性加在一起还大。

B. 在W2和W3两种病毒中，不存在一种病毒，其对谷物的危害性，比其余两种W病毒的危害性加在一起还大。

C. W1对谷物的危害性，比W2和W3的危害性加在一起还大。

D. W2 和 W3 对谷物具有相同的危害性。

E. W2 和 W3 对谷物具有不同的危害性。

[解题分析] 正确答案：B

前提：基因技术方法可使该谷物产生对 W1 的抗体，同时在 W2 和 W3 中产生对其中一种病毒的抗体，但严重减弱对另一种病毒的抵抗力。

结论：这种方法能大大减少谷物因 W 病毒危害造成的损失。

B 项：可以得出。如果该项不成立，即在 W2 和 W3 两种病毒中，存在一种病毒，不妨假设是 W2，其对谷物的危害性，比其余两种 W 病毒的危害性加在一起还大，那么，运用题干中的方法，谷物虽然得益于对 W1 和 W3 产生的抗体，但却同时受害于严重减弱了对 W2 的抵抗力。由于 W2 对谷物的危害性，比其余两种 W 病毒的危害性加在一起还大，因此，题干的方法使谷物受害大于受益，这样，题干的论述就不能成立。

其他各项不能作为题干的结论。比如 A 项不能从题干推出，因为如果事实上 W1 的危害性比其余两种病毒的危害性加在一起还大，题干的陈述仍然成立。

三、 推论支持

推论支持指的是自上而下的支持，要求用题干陈述去支持下面的选项。解题思路是根据题干陈述，选项中使题干陈述成立的可能性最大的，就是正确答案。推论支持题的正确答案尽可能在题干范围之内，但由于推论支持并不是从题干必然推出的，实际上正确答案也有可能超出题干范围，但其内容一定要与题干紧密相关并能够合理地得到题干支持。

1　2007MBA－53

在西方经济发展的萧条期，消费需求的萎缩导致许多企业解雇职工甚至倒闭。在萧条期，被解雇的职工很难找到新的工作，这就增加了失业人数。萧条之后的复苏，是指消费需求的增加和社会投资能力的扩张。这种扩张要求增加劳动力。但是经历了萧条之后的企业主大都丧失了经商的自信，他们尽可能地推迟雇用新的职工。

上述断定如果为真，最能支持以下哪项结论？

A. 经济复苏不一定能迅速减少失业人数。

B. 萧条之后的复苏至少需要两三年。

C. 萧条期的失业大军主要是由倒闭企业的职工造成的。

D. 萧条通常是由企业主丧失经商的自信引起的。

E. 在西方经济发展中出现萧条是解雇职工造成的。

[解题分析] 正确答案：A

题干论述：萧条期的失业人数增加，之后的复苏要求增加劳动力，但企业主大都尽可能地推迟雇用新的职工。

复苏本应增加劳动力，但企业主普遍推迟雇用新职工，从而失业问题不会迅速得到缓解。因此，A 项为正确答案。

B 项：题干没有提及复苏所需的时间，排除。

C 项：题干没有提及萧条期的失业大军的主要来源，排除。

D、E 项：题干没有提及萧条的原因，均超出题干断定范围，排除。

2　2006MBA－33

地球在其形成的早期是一个熔岩状态的快速旋转体，绝大部分的铁元素处于其核心部分。

有一些熔岩从这个旋转体的表面甩出，后来冷凝形成了月球。

如果以上这种关于月球起源的理论正确，则最能支持以下哪项结论？

A. 月球是唯一围绕地球运行的星球。

B. 月球将早于地球解体。

C. 月球表面的凝固是在地球表面凝固之后。

D. 月球像地球一样具有固体的表层结构和熔岩状态的核心。

E. 月球的含铁比例小于地球核心部分的含铁比例。

[解题分析] 正确答案：E

题干断定：第一，早期地球绝大部分的铁元素处于其核心部分；第二，月球是早期地球表面甩出的熔岩冷凝形成的。

根据上述信息可知，地球表面的铁元素含量比地球核心部分少，所以由地球表面熔岩所形成的月球含铁比例小于地球核心部分。因此，E 项为正确答案。

A 项：月球是否是唯一，是否绕地球运行，均无法从题干信息得出，排除。

B 项：月球与地球解体的时间，超出题干断定范围，排除。

C 项：题干没有提及月球与地球的表面凝固时间，排除。

D 项：题干没有提及月球与地球的表层结构和核心状态，排除。

3 2005MBA－46

为了减少汽车追尾事故，有些国家的法律规定，汽车在白天行驶时也必须打开尾灯。一般地说，一个国家的地理位置离赤道越远，其白天的能见度越差；而白天的能见度越差，实施上述法律的效果越显著。事实上，目前世界上实施上述法律的国家都比中国离赤道远。

上述断定最能支持以下哪项相关结论？

A. 中国离赤道较近，没有必要制定和实施上述法律。

B. 在实施上述法律的国家中，能见度差是造成白天汽车追尾事故的最主要原因。

C. 一般地说，和目前已实施上述法律的国家相比，如果在中国实施上述法律，其效果将较不显著。

D. 中国白天汽车追尾事故在交通事故中的比例，高于已实施上述法律的国家。

E. 如果离赤道的距离相同，则实施上述法律的国家每年发生的白天汽车追尾事故的数量，少于未实施上述法律的国家。

[解题分析] 正确答案：C

题干断定：

(1) 一个国家的地理位置离赤道越远，其白天的能见度越差，实施上述法律的效果越显著。

(2) 目前世界上实施上述法律的国家都比中国离赤道远。

从中显然可推知，目前世界上实施上述法律的国家都比中国的效果显著，即如果该法律在中国实施，那么效果不如上述国家显著，因此，C 项正确。

A 项：题干没有论述是否有必要制定和实施上述法律，排除。

B 项：能见度差是造成白天汽车追尾事故的一个原因，但题干没有断定为最主要原因，排除。

D、E 项：其相关信息均未在题干中出现，排除。

4 2003MBA－46

一个人从饮食中摄入的胆固醇和脂肪越多，他的血清胆固醇指标就越高。存在着一个界限，在这个界限内，二者成正比。超过了这个界限，即使摄入的胆固醇和脂肪急剧增加，血清胆固醇指标也只会缓慢地有所提高。这个界限，对于各个人种是一样的，大约是欧洲人均胆固醇和脂肪摄入量的1/4。

上述判定最能支持以下哪项结论？

A. 中国的人均胆固醇和脂肪摄入量是欧洲的1/2，但中国的人均血清胆固醇指标不一定等于欧洲的1/2。

B. 上述界限可以通过减少胆固醇和脂肪摄入量得到降低。

C. 3/4的欧洲人的血清胆固醇含量超出正常指标。

D. 如果把胆固醇和脂肪摄入量控制在上述界限内，就能确保血清胆固醇指标的正常。

E. 血清胆固醇的含量只受饮食的影响，不受其他因素，例如运动、吸烟等生活方式的影响。

[解题分析] 正确答案：A

题干信息：

第一，在界限内，摄入的胆固醇和脂肪与血清胆固醇指标成正比。

第二，超过界限，即使摄入的胆固醇和脂肪急剧增加，血清胆固醇指标也只会缓慢地有所提高。

第三，这个界限，大约是欧洲人均胆固醇和脂肪摄入量的1/4。

A项：得到题干支持。如果一个人摄入的胆固醇及脂肪和他的血清胆固醇指标无条件成正比，那么，如果中国的人均胆固醇和脂肪摄入量是欧洲的1/2，则其人均血清胆固醇指标也等于欧洲的1/2。但中国的人均胆固醇和脂肪摄入量是欧洲的1/2，已经超过1/4的界限，则两者就不成正比了，血清胆固醇指标只会缓慢地有所提高，即中国的人均血清胆固醇指标不一定等于欧洲的1/2。A项正确。

B项：无法得出。题干信息没有涉及该界限如何降低，排除。

C项：无法得出。题干信息没有涉及血清胆固醇含量超出正常指标的欧洲人的比例，排除。

D项：无法得出。题干信息没有涉及如何确保血清胆固醇指标在正常范围，排除。

E项：无法得出。题干只提及饮食是血清胆固醇含量的影响因素，但未断定是不是唯一因素，排除。

5　2001MBA-49

麦角碱是一种可以在谷物种子的表层大量滋生的菌类，特别多见于黑麦。麦角碱中含有一种危害人体的有毒化学物质。黑麦是在中世纪引进欧洲的。由于黑麦可以在小麦难以生长的贫瘠和潮湿的土地上有较好的收成，因此，就成了那个时代贫穷农民的主要食物来源。

上述信息最能支持以下哪项断定？

A. 在中世纪以前，麦角碱从未在欧洲出现。

B. 在中世纪以前，欧洲贫瘠而潮湿的土地基本上没有得到耕作。

C. 在中世纪的欧洲，如果不食用黑麦，就可以避免受到麦角碱所含有毒物质的危害。

D. 在中世纪的欧洲，富裕农民比贫穷农民较多地意识到麦角碱所含有毒物质的危害。

E. 在中世纪的欧洲，富裕农民比贫穷农民较少受到麦角碱所含有毒物质的危害。

[解题分析] 正确答案：E

题干信息：含有有毒物质的麦角碱常见于黑麦，黑麦是那个时代贫苦农民的主要食物来源。

E项：由题干信息可合理地推知，在那个年代，富人比穷人吃的黑麦少，因此，富裕农民比贫穷农民较少受到麦角碱所含有毒物质的危害，正确。

C项：超出题干断定范围，不一定成立，因为题干没有断定麦角碱只存在于黑麦中，可能在别的食物中也有，排除。

其余各项均不能从题干的信息中得出。

6　2001MBA－34

用蒸馏麦芽渣提取的酒精作为汽油的替代品进入市场，使得粮食市场和能源市场发生了前所未有的直接联系。到1995年，谷物作为酒精的价值已经超过了作为粮食的价值。西方国家已经或正在考虑用从谷物提取的酒精来替代一部分进口石油。

如果上述断定为真，则对于那些已经用从谷物提取的酒精来替代一部分进口石油的西方国家，以下哪项，最可能是1995年后进口石油价格下跌的后果？

A. 一些谷物从能源市场转入粮食市场。

B. 一些谷物从粮食市场转入能源市场。

C. 谷物的价格面临下跌的压力。

D. 谷物的价格出现上浮。

E. 国产石油的销量大增。

[解题分析] 正确答案：C

题干信息：从谷物提取的酒精可以替代一部分进口石油。

对于那些已经用从谷物提取的酒精来替代一部分进口石油的西方国家，1995年后进口石油价格下跌，显然可能导致作为石油替代品的酒精价格的下跌；而酒精价格的下跌，显然可能导致作为酒精原料的谷物价格的下跌。

C项：根据上述分析，作为1995年后进口石油价格下跌的可能后果，谷物的价格面临下跌的压力，正确。

A项：无法推出。当酒精价格的下跌幅度大到使得谷物作为酒精的价值低于作为粮食的价值时，才会发生一些谷物从能源市场转入粮食市场的现象，否则，这种现象不会发生。因此该项不能确定，排除。

B项：无法推出。1995年后进口石油价格下跌的后果当然不会是一些谷物从粮食市场转入能源市场，排除。

D、E项：无法推出。都不是可能后果，排除。

四、不能推论

不能推论题的解题思路是与题干论述的内容相一致的选项首先要排除掉，正确的答案应该是其论述与题干没有明显关系的选项。

1　2018MBA－45

某校图书馆新购一批文科图书。为方便读者查阅，管理人员对这批文科图书在图书馆阅览室中的摆放位置作如下提示：

（1）前3排书橱均放有哲学类新书。

（2）法学类新书都放在第5排书橱，这排书橱左侧也放有经济类的新书。

（3）管理类新书放在最后一排书橱。

事实上，所有的图书都按照上述提示放置。根据提示，徐莉顺利找到了她想查阅的新书。

根据上述信息，以下哪项是不可能的？

A. 徐莉在第 2 排书橱中找到哲学类新书。
B. 徐莉在第 3 排书橱中找到经济类新书。
C. 徐莉在第 4 排书橱中找到哲学类新书。
D. 徐莉在第 6 排书橱中找到法学类新书。
E. 徐莉在第 7 排书橱中找到管理类新书。

[解题分析] 正确答案：D

根据“（2）法学类新书都放在第 5 排书橱”可知，其他排书橱绝对不会出现法学类新书。因此，D 项是不可能的。

2　2004MBA－47

去年春江市的汽车月销售量一直保持稳定。在这一年中，“宏达”车的月销售量较前年翻了一番，它在春江市的汽车市场上所占的销售份额也有相应的增长。今年一开始，尾气排放新标准开始在春江市实施。在该标准实施的头三个月中，虽然“宏达”车在春江市的月销售量仍然保持在去年年底达到的水平，但在春江市的汽车市场上所占的销售份额明显下降。

如果上述断定为真，以下哪项不可能为真？

A. 在实施尾气排放新标准的头三个月中，除了“宏达”车以外，所有品牌的汽车在春江市的月销售量都明显下降。

B. 在实施尾气排放新标准之前的三个月中，除了“宏达”车以外，所有品牌的汽车销售总量在春江市汽车市场所占的份额明显下降。

C. 如果汽车尾气排放新标准不实施，“宏达”车在春江市汽车市场上所占的销售份额会比题干所断定的情况更低。

D. 如果汽车尾气排放新标准继续实施，春江市的汽车月销售总量将会出现下降。

E. 由于实施了汽车尾气排放新标准，在春江市销售的每辆“宏达”汽车的平均利润有所上升。

[解题分析] 正确答案：A

题干信息：在新标准实施的头三个月中，“宏达”车的月销售量没变，但销售份额明显下降。

“宏达车销量”是绝对数，销售份额＝宏达车销量/总销售量，是相对数。计算销售份额的公式中，分子的绝对数不变，销售份额在下降，说明分母在变大，所以，除“宏达”车以外的其他车的月销售量应该在上升，不可能下降。

A 项：不可能为真。所有品牌的汽车月销售量都明显下降，而“宏达”车未下降，那么，其所占份额应该上升而不是下降，与题干信息矛盾。因此，该项为正确答案。

B 项：在实施新标准之前的三个月的变化情况，题干没有涉及，有可能为真，排除。

C 项：新标准不实施，“宏达”车的销售份额会更低，与题干信息不矛盾，有可能为真，排除。

D 项：新标准继续实施之后的月销售量的变化情况，题干没有涉及，有可能为真，排除。

E 项：平均利润的变化情况，题干没有涉及，有可能为真，排除。

3　2003MBA－42

图示方法是几何学课程的一种常用方法。这种方法使得这门课比较容易学，因为学生们得到了对几何概念的直观理解，这有助于培养他们处理抽象运算符号的能力。对代数概念进行图解相信会有同样的教学效果，虽然对数学的深刻理解从本质上说是抽象的而非想象的。

上述议论最不可能支持以下哪项判定？

A. 通过图示获得直观理解，并不是数学理解的最后步骤。

B. 具有很强的处理抽象运算符号能力的人，不一定具有抽象的数学理解能力。

C. 几何学课程中的图示方法是一种有效的教学方法。

D. 培养处理抽象运算符号的能力是几何学课程的目标之一。

E. 存在着一种教学方法，可以有效地用于几何学，又用于代数。

[解题分析] 正确答案：B

题干信息：(1) 图示方法使学生们得到了对几何概念的直观理解，有助于培养他们处理抽象运算符号的能力，从而使几何学这门课比较容易学；(2) 对代数概念进行图解相信会有同样的教学效果；(3) 对数学的深刻理解从本质上说是抽象的而非想象的。

B项：不被题干支持。处理抽象运算符号的能力与抽象的数学理解能力之间的关系，题干未作断定，所以，不能得到支持，正确。

A项：可得到题干支持。对数学的深刻理解从本质上说是抽象的而非想象的，图示方法只是有助于培养学生处理抽象运算符号的能力，因此，通过图示获得直观理解并不是数学理解的最后步骤。

C项：可得到题干支持。图示方法使几何学这门课比较容易学，因此，图示方法是几何学课程中一种有效的教学方法。

D项：可得到题干支持。图示方法有助于培养学生处理抽象运算符号的能力，而且对数学的深刻理解从本质上说是抽象的，因此，培养处理抽象运算符号的能力是几何学课程的目标之一。

E项：可得到题干支持。对代数概念进行图解相信会有同样的教学效果，因此，图示方法可以有效地用于几何学和代数。

五、推论复选

推论复选题是推论题型的多选题，解题时需要把能从题干推出的选项都选出来，这实际上增加了解题难度，需要对每个选项都有正确的把握。

1　2009MBA－46

在接受治疗的腰肌劳损患者中，有人只接受理疗，也有人接受理疗与药物双重治疗。前者可以得到与后者相同的预期治疗效果。对于上述接受药物治疗的腰肌劳损患者来说，此种药物对于获得预期的治疗效果是不可缺少的。

如果上述断定为真，则以下哪项一定为真？

Ⅰ. 对于一部分腰肌劳损患者来说，要配合理疗取得治疗效果，药物治疗是不可缺少的。

Ⅱ. 对于一部分腰肌劳损患者来说，要取得治疗效果，药物治疗不是不可缺少的。

Ⅲ. 对于所有腰肌劳损患者来说，要取得治疗效果，理疗是不可缺少的。

A. 只有Ⅰ。

B. 只有Ⅱ。

C. 只有Ⅲ。

D. 只有Ⅰ和Ⅱ。

E. Ⅰ、Ⅱ和Ⅲ。

[解题分析] 正确答案：D

题干断定，在接受治疗的腰肌劳损患者中：

(1) 有人只接受理疗，也有人接受理疗与药物双重治疗。

(2) 两者的预期治疗效果相同。

(3) 对于上述接受药物治疗的患者来说，此种药物对于获得预期的治疗效果是不可缺少的。

Ⅰ：由（3）可知，对于接受理疗与药物双重治疗的腰肌劳损患者来说，药物治疗是不可缺少的。Ⅰ为真。

Ⅱ：由（1）（2）推知，有人只接受理疗，也能取得相同的治疗效果，所以，对于一部分患者来说，药物治疗不是不可缺少的。Ⅱ为真。

Ⅲ：要取得治疗效果，（1）介绍了两类腰肌劳损患者都需要理疗，但并没有断定所有患者都需要理疗，因此，Ⅲ不能确定为真。

因此，D项为正确答案。

2　2005MBA－49

19世纪前，技术、科学发展相对独立。而19世纪的电气革命，是建立在科学基础上的技术创新，它不可避免地导致了两者的结合与发展，而这又使人类不可避免地面对尖锐的伦理道德问题和资源环境问题。

以下哪项符合题干的断定？

Ⅰ. 产生当今尖锐的伦理道德问题和资源环境问题的一个重要根源是电气革命。

Ⅱ. 如果没有电气革命，则不会产生当今尖锐的伦理道德问题和资源环境问题。

Ⅲ. 如果没有科学与技术的结合，就不会有电气革命。

A. 只有Ⅰ。

B. 只有Ⅱ。

C. 只有Ⅲ。

D. 只有Ⅰ和Ⅲ。

E. Ⅰ、Ⅱ和Ⅲ。

[解题分析] 正确答案：D

题干断定：

(1) 电气革命→科学与技术的结合与发展。

(2) 电气革命→尖锐的伦理道德问题和资源环境问题。

Ⅰ：符合题干断定。因为由（2）可知，电气革命是产生当今尖锐的伦理道德问题和资源环境问题的重要根源。

Ⅱ：不符合题干断定。因为如果没有电气革命，由（2）推不出任何信息。

Ⅲ：符合题干断定。由（1）的逆否命题可推知，如果没有科学与技术的结合，就不会有电气革命。

因此，D项为正确答案。

3　2002MBA－43

清朝雍正年间，市面流通的铸币，其金属构成是铜六铅四，即六成为铜，四成为铅。不少商人出于利计，纷纷熔币取铜，使得市面的铸币严重匮乏，不少地方出现以物易物的现象。但朝廷征于市民的赋税，须以铸币缴纳，不得代以实物或银子。市民只得以银子向官吏购兑铸币用以纳税，不少官吏因此大发了一笔。这种情况，雍正以前的明清两朝历代从未出现过。

从以上陈述，可推出以下哪项结论？

Ⅰ. 上述铸币中所含铜的价值要高于该铸币的面值。

Ⅱ. 上述用银子购兑铸币的交易中，不少并不按朝廷规定的比价成交。

Ⅲ. 雍正以前明清两朝历代，铸币的铜含量，均在六成以下。

A. 只有Ⅰ。

B. 只有Ⅱ。

C. 只有Ⅲ。

D. 只有Ⅰ和Ⅱ。

E. Ⅰ、Ⅱ和Ⅲ。

[解题分析] 正确答案：D

Ⅰ：可以推出。因为如果事实上上述铸币中所含铜的价值不高于该铸币的面值，那么熔币取铜就会无利可图，就不会出现题干中所说的商人纷纷熔币取铜，从而造成市面铸币严重匮乏的现象。

Ⅱ：可以推出。因为如果上述银子购兑铸币的交易都能严格按朝廷规定的比价成交，就不会有官吏通过上述交易大发一笔，题干中陈述的有关现象就不会出现。

Ⅲ：无法推出。即使铸币铜含量在六成以上，如果雍正以前铸币中所含铜的价值不高于该铸币的面值，就不会导致熔币取铜。因此，不能由雍正以前明清两朝历代未见有题干陈述的现象，就得出其铸币的铜含量均在六成以下的结论。

4 2002MBA－23

左撇子的人比右撇子的人更容易患某些免疫失调症，例如过敏。然而，左撇子也有优于右撇子的地方，例如，左撇子更擅长于由右脑半球执行的工作。而人的数学推理的工作一般是由右脑半球执行的。

从上述断定能推出以下哪个结论？

Ⅰ. 患有过敏或其他免疫失调症的人中，左撇子比右撇子多。

Ⅱ. 在所有数学推理能力强的人当中左撇子的比例，高于所有推理能力弱的人中左撇子的比例。

Ⅲ. 在所有左撇子中，数学推理能力强的比例，高于数学推理能力弱的比例。

A. 仅Ⅰ。

B. 仅Ⅱ。

C. 仅Ⅲ。

D. 仅Ⅰ和Ⅲ。

E. Ⅰ、Ⅱ和Ⅲ。

[解题分析] 正确答案：C

本题涉及的是数据的相对性，需关注相对比例与绝对数。

Ⅰ：不能推出。因为“左撇子的人比右撇子的人更容易患某些免疫失调症”，是指“患免疫失调症的左撇子占左撇子的相对比例”比“患免疫失调症的右撇子占右撇子的相对比例”大，由于左撇子在总人口中比例小，所以，推不出“患免疫失调症的人中，左撇子比右撇子多”。

Ⅱ：不能推出。根据题干可以确定，左撇子比右撇子数学推理能力要强，即左撇子的数学推理能力的平均水平要比右撇子的数学推理能力的平均水平好，但无法推出“推理能力强的左撇子/推理能力强的总人数＞推理能力弱的左撇子/推理能力弱的总人数”。

Ⅲ：可以推出。左撇子比右撇子数学推理能力要强，进一步可以确定：数学推理能力强于平均水平的人中左撇子的比例，要高于数学推理能力弱于平均水平的人中左撇子的比例。当然，Ⅲ也有疑义，如果把“数学推理能力强”理解为“数学推理能力强于平均水平”，则Ⅲ正确；如果这两者不是一回事，那么Ⅲ也不能推出（例如，100个左撇子中数学推理能力强的有30个，弱的有70个；100个右撇子中数学推理能力强的有25个，弱的有75个。但此情况下，左撇子中数学推理能力强的比例，并不高于数学推理能力弱的比例）。

5 2002MBA－21

有一种通过寄生方式来繁衍后代的黄蜂，它能够在适合自己后代寄生的各种昆虫的大小不同的虫卵中，注入恰好数量的自己的卵。如果它在宿主的卵中注入的卵过多，它的幼虫就会在互相竞争中因为得不到足够的空间和营养而死亡；如果它在宿主的卵中注入的卵过少，宿主卵中的多余营养部分就会腐败，这又会导致它的幼虫的死亡。

如果上述断定是真的，则以下哪项有关断定也一定是真的？

Ⅰ. 上述黄蜂的寄生繁衍机制中，包括它准确区分宿主虫卵大小的能力。

Ⅱ. 在虫卵较大的昆虫聚集区出现的上述黄蜂比在虫卵较小的昆虫聚集区多。

Ⅲ. 黄蜂注入过多的虫卵比注入过少的虫卵更易引起寄生幼虫的死亡。

A. 仅Ⅰ。

B. 仅Ⅱ。

C. 仅Ⅲ。

D. 仅Ⅰ和Ⅱ。

E. Ⅰ、Ⅱ和Ⅲ。

［解题分析］正确答案：A

题干信息：黄蜂能够在适合自己后代寄生的各种昆虫的大小不同的虫卵中，注入恰好数量的自己的卵来繁衍后代。

Ⅰ：一定为真。否则，如果上述黄蜂的寄生繁衍机制中，不包括它准确区分宿主虫卵大小的能力，那么，它就不能在适合自己后代寄生的各种昆虫的大小不同的虫卵中，注入恰好数量的自己的卵。

Ⅱ：不一定为真。有可能在虫卵较大的昆虫聚集区，虫卵数量较少等其他原因而导致黄蜂不聚集。

Ⅲ：不一定为真。从题干只知道注入过多或过少的虫卵都会导致寄生幼虫的死亡，但题干没有对过多和过少这二种情况进行比较。

6 2001MBA－66

统计数据正确地揭示：整个20世纪，全球范围内火山爆发的次数逐年缓慢上升，只有在两次世界大战期间，火山爆发的次数明显下降。科学家同样正确地揭示：整个20世纪，全球火山的活动性处于一个几乎不变的水平上，这和19世纪的情况形成了鲜明的对比。

如果上述断定是真的，则以下哪项也一定是真的？

Ⅰ. 如果本世纪不发生两次世界大战，全球范围内火山爆发的次数将无例外地呈逐年缓慢上升的趋势。

Ⅱ. 火山自身的活动性，并不是造成火山爆发的唯一原因。

Ⅲ. 19世纪全球火山爆发比20世纪要频繁。

A. 只有Ⅰ。

B. 只有Ⅱ。

C. 只有Ⅲ。

D. 只有Ⅰ和Ⅱ。

E. Ⅰ、Ⅱ和Ⅲ。

［解题分析］ 正确答案：B

统计数据揭示：(1) 两次大战←次数下降。

科学家揭示：(2) 火山的活动性不变，和19世纪的情况形成鲜明的对比。

Ⅰ：不一定为真。由 (1) 的逆否命题可知，如果本世纪不发生两次世界大战，全球范围内火山爆发的次数将不会下降，因此，有可能持平，不一定上升。

Ⅱ：一定为真。根据题干所述“火山爆发的次数逐年缓慢上升”和“火山的活动性处于一个几乎不变的水平上”，可推知，火山自身的活动性并不是造成火山爆发的唯一原因。否则，如果火山自身的活动性是造成火山爆发的唯一原因，那么，由于整个20世纪全球火山的活动性处于一个几乎不变的水平上，因此，全球范围内每年火山爆发的次数应该相对稳定，而不应该出现火山爆发的次数明显下降。

Ⅲ：不一定为真。由 (2) 可知，19世纪全球火山的活动性变动比较大，但由于火山自身的活动性并不是造成火山爆发的唯一原因，因此推不出19世纪火山爆发的情况。

7　2000MBA－61

据《科学日报》消息，1998年5月，瑞典科学家在有关领域的研究中首次提出，一种对防治老年痴呆症有特殊功效的微量元素，只有在未经加工的加勒比椰果中才能提取。

如果《科学日报》的上述消息是真实的，那么，以下哪项不可能是真实的？

Ⅰ. 1997年4月，芬兰科学家在相关领域的研究中提出过，对防治老年痴呆症有特殊功效的微量元素，除了未经加工的加勒比椰果，不可能在其他对象中提取。

Ⅱ. 荷兰科学家在相关领域的研究中证明，在未经加工的加勒比椰果中，并不能提取对防治老年痴呆症有特殊功效的微量元素，这种微量元素可以在某些深海微生物中提取。

Ⅲ. 著名的苏格兰医生查理博士在相关的研究领域中证明，该微量元素对防治老年痴呆症并没有特殊功效。

A. 只有Ⅰ。

B. 只有Ⅱ。

C. 只有Ⅲ。

D. 只有Ⅱ和Ⅲ。

E. Ⅰ、Ⅱ和Ⅲ。

［解题分析］ 正确答案：A

《科学日报》消息：1998年5月，瑞典科学家首次提出，只有在未经加工的加勒比椰果中才能提取一种对防治老年痴呆症有特殊功效的微量元素。

Ⅰ：必为假。因为由题干，上述观点是瑞典科学家在1998年5月首次提出的，因此，芬兰科学家不可能在1997年4月已经提出过。

Ⅱ和Ⅲ：都可能为真。因为题干只是断定《科学日报》登载的消息是真实的，而没有断定消息中提到的瑞典科学家研究成果的观点是真实的。

因此，A项正确。

第五节　解释

解释题型的特征是，给出一段关于某些事实、现象、结果或矛盾的客观描述，要求对这些事实、现象、结果或矛盾作出合理的解释。

（一）解释含义

解释是为了更进一步地说明推理的正确性，或者说明看似存在的矛盾其实并不矛盾，或者说明一种现象、差异事件的合理性，实际上类似于支持。

解释主要有解释结果或现象、解释差异或矛盾两种类型。

（二）解题方法

1. 阅读分析

（1）收敛思维：首先必须接受而不能怀疑或削弱题干所设定的基本事实。

（2）阅读理解：分析题干论述的现象、基本论点以及关键概念。

2. 答题思路

（1）相关原则：思路要紧扣题干，虽然正确答案有时可以超出题干范围，但一定要与题干相关。正确答案必须和题干的所有基本事实有关系，也就是说，选项不能只和某一事实有关而和另一事实无关。或者说，正确选项不能通过无视题干的某些事实来解释另一些事实。

（2）常识思维：只需运用理性思维与常识思维来寻找答案。即针对结果为什么发生、题干论述的反常现象的原因是什么，找出一个常识性的选项来达到解释的效果即可。所谓常识一般是指人所共知的内容。

（3）比较程度：当解释题在备选项中有两个或两个以上能起到解释作用的选项时，就需要比较解释的程度，正确答案必须是解释程度最强的选项。

一、解释现象

解释结论或现象型考题是指给出一段关于某些事实、结果、现象的客观描述，要求从备选项中寻求一个选项来解释事实、结果、现象发生的原因，找到一个能说明结论能够成立或现象为什么发生的选项即可。

思维要点：

（1）具体读出要解释什么，现象是什么。

（2）抓住要解释的对象，具体发生了什么变化。

1　2022MBA－38

在一项噪声污染与鱼类健康关系的实验中，研究人员将已感染寄生虫的孔雀鱼分成短期噪声组、长期噪声组和对照组。短期噪声组在噪声环境中连续暴露24小时，长期噪声组在同样的噪声环境中暴露7天，对照组则被置于一个安静环境中。在17天的监测期内，该研究人员发现，长期噪声组的鱼在第12天开始死亡，其他两组鱼则在第14天开始死亡。

以下哪项如果为真，最能解释上述实验结果？

A. 噪声污染不仅危害鱼类，也危害两栖动物、鸟类和爬行动物等。

B. 长期噪声污染会加速寄生虫对宿主鱼类的侵害，导致鱼类过早死亡。

C. 相比于天然环境，在充斥各种噪声的养殖场中，鱼更容易感染寄生虫。

D. 噪声污染使鱼类既要应对寄生虫的感染又要排除噪声干扰，增加鱼类健康风险。

E. 短期噪声组所受的噪声可能引起了鱼类的紧张情绪，但不至于损害它们的免疫系统。

［解题分析］正确答案：B

上述实验的结果显示，长期噪声组的鱼的死亡时间要早于短期噪声组的鱼和安静环境中的对照组的鱼的死亡时间。

B项表明，长期噪声污染会加速寄生虫对宿主鱼类的侵害，导致鱼类过早死亡。这显然作为新的证据，有力地解释了长期噪声组的鱼过早死亡的原因。因此，该项正确。

A项：比较对象不一致，题干论述的是鱼类而不是其他动物，排除。

C项：解释对象不对，无须解释在哪类环境中鱼更容易感染寄生虫，排除。

D项：比较对象不一致，没有说明长期噪声组的鱼与短期噪声组的鱼、安静环境中的对照组的鱼的差别，排除。

E项：解释对象不对，没有解释长期噪声组的鱼死亡时间早的原因，排除。

2　2021MBA－30

气象台的实测气温与人实际的冷暖感受常常存在一定的差异。在同样的低温条件下，如果是阴雨天，人会感到特别冷，即通常说的"阴冷"；如果同时赶上刮大风，人会感到寒风刺骨。

以下哪项如果为真，最能解释上述现象？

A. 人的体感温度除了受气温的影响外，还受风速与空气湿度的影响。

B. 低温情况下，如果风力不大、阳光充足，人不会感到特别寒冷。

C. 即使天气寒冷，若进行适当锻炼，人也不会感到太冷。

D. 即使室内外温度一致，但是走到有阳光的室外，人会感到温暖。

E. 炎热的夏日，电风扇转动时，尽管不改变环境温度，但人依然感到凉快。

[解题分析] 正确答案：A

需要解释的现象：实测气温与人实际的冷暖感受常常存在一定的差异。在同样的低温条件下，如果是阴雨天和刮大风，人会感到特别冷。

A项表明，人的体感温度受气温、风速与空气湿度的综合影响。这作为一个理由，显然有力地解释了上述现象。

其余选项均无法体现"阴雨天"和"刮大风"对体感温度的影响，故都起不到解释作用。

3　2017MBA－49

通常情况下，长期在寒冷环境中生活的居民可以有更强的抗寒能力。相比于我国的南方地区，我国北方地区冬天的平均气温要低很多。然而有趣的是，现在许多北方地区的居民并不具有我们所以为的抗寒能力，相当多的北方人到南方来过冬，竟然难以忍受南方的寒冷天气，怕冷程度甚至远超过当地人。

以下哪项如果为真，最能解释上述现象？

A. 一些北方人认为南方温暖，他们去南方过冬时往往对保暖工作做得不够充分。

B. 南方地区冬天虽然平均气温比北方高，但也存在极端低温的天气。

C. 北方地区在冬天通常启用供暖设备，其室内温度往往比南方高出很多。

D. 有些北方人是从南方迁过去的，他们没有完全适应北方的气候。

E. 南方地区湿度较大，冬天感受到的寒冷程度超出气象意义上的温度指标。

[解题分析] 正确答案：C

题干陈述的反常现象：通常长期在寒冷环境中生活的居民可以有更强的抗寒能力，北方地区温度低于南方地区，但北方人抗寒能力不如南方人。

C项：提出了室内温度这样一个新的对比，用类似他因的方式解释了题干陈述的反常现象，正确。

A项："一些"力度较弱，排除。

B项："极端低温的天气"只是个例，解释力度有限，排除。

D 项："有些"力度较弱，排除。

E 项：这是很强的干扰项。一方面，比较对象不一致，题干比较的是南方和北方，而该项比较的是南方的体感温度和气象温度，没有与北方进行比较。另一方面，南方湿度大导致感受到的寒冷程度超出气象意义上的温度指标，但与北方相比呢？比如南方实际是零度，感受是零下五度，但北方实际是零下十度，这样如何解释题干的现象？排除。

4　2016MBA-45

在一项关于"社会关系如何影响人的死亡率"的课题研究中，研究人员惊奇地发现：不论种族、收入、体育锻炼等因素，乐于助人、和他人相处融洽的人，其平均寿命长于一般人，在男性中尤其如此；相反，心怀恶意、损人利己、和他人相处不融洽的人 70 岁之前的死亡率比正常人高出 1.5 至 2 倍。

以下哪项如果为真，最能解释上述发现？

A. 男性通常比同年龄段的女性对他人有更强的"敌视情绪"，多数国家男性的平均寿命也因此低于女性。

B. 与人为善带来轻松愉悦的情绪，有益身体健康；损人利己则带来紧张的情绪，有损身体健康。

C. 身心健康的人容易和他人相处融洽，而心理有问题的人与他人很难相处。

D. 心存善念、思想豁达的人大多精神愉悦、身体健康。

E. 那些自我优越感比较强的人通常"敌视情绪"也比较强，他们长时间处于紧张状态。

[解题分析] 正确答案：B

本题需要解释的现象：乐于助人、和他人相处融洽的人，其平均寿命长于一般人；心怀恶意、损人利己、和他人相处不融洽的人死亡率比正常人高。

B 项表明了与人为善的好处及损人利己的害处，有力地解释了题干所述现象。

其余选项起不到合理的解释作用，其中：

A 项：比较对象不对，题干并不是男女之间的比较，排除。

C 项：表明心理健康与相处融洽的关系，与题干论述不一致，排除。

D 项：只是表明心存善念的人大多身体健康，但没有解释为什么心怀恶意的人死亡率比正常人高，排除。

E 项：题干并没有提及"自我优越感"，排除。

5　2016MBA-42

某公司办公室茶水间提供自助式收费饮料，职员拿完饮料后，自己把钱放到特设的收款箱中。研究者为了判断职员在无人监督时，其自律水平会受哪些因素的影响，特地在收款箱上方贴了一张装饰图片，每周一换。装饰图片有时是一些花朵，有时是一双眼睛。一个有趣的现象出现了：贴着"眼睛"图片的那一周，收款箱里的钱远远超过贴其他图片的情形。

以下哪项如果为真，最能解释上述实验现象？

A. 该公司职员看到"眼睛"图片时，就能联想到背后可能有人看着他们。

B. 在该公司工作的职员，其自律能力超过社会中的其他人。

C. 该公司职员看到"花朵"图片时，心情容易变得愉快。

D. 眼睛是心灵的窗口，该公司职员看到"眼睛"图片时会有一种莫名的感动。

E. 在无人监督的情况下，大部分人缺乏自律能力。

[解题分析] 正确答案：A

题干要解释的实验现象：贴着“眼睛”图片的那一周，收款箱里的钱远远超过贴其他图片的情形。

A项指出，该公司职员看到“眼睛”图片时，就能联想到背后可能有人看着他们，这显然是一个有力的解释。

其余选项起不到合理的解释作用，比如D项，“感动”与付钱之间的关系未知，无法解释，排除。

6 2015MBA－26

晴朗的夜晚我们可以看到满天星斗，其中有些是自身发光的恒星，有些是自身不发光但可以反射附近恒星光的行星。恒星尽管遥远，但是有些可以被现有的光学望远镜“看到”。和恒星不同，由于行星本身不发光，而且体积远小于恒星，所以，太阳系外的行星大多无法用现有的光学望远镜“看到”。

以下哪项如果为真，最能解释上述现象？

A. 如果行星的体积够大，现有的光学望远镜就能够“看到”。

B. 太阳系外的行星因距离遥远，很少能将恒星光反射到地球上。

C. 现有的光学望远镜只能“看到”自身发光或者反射光的天体。

D. 有些恒星没有被现有的光学望远镜“看到”。

E. 太阳系内的行星大多可以用现有的光学望远镜“看到”。

［解题分析］ 正确答案：B

题干需要解释的现象：自身发光的恒星即使遥远有些也可以被光学望远镜“看到”，尽管行星自身不发光但可反射光，然而，太阳系外的行星大多无法用现有的光学望远镜“看到”。

B项：因为这些行星距离地球很远，很少能将恒星光反射到地球上，导致地球上的望远镜对大部分行星不能进行观测，可以解释题干现象，正确。注意该项含有关键词“很少”，对应题干结尾的“大多数无法用现有的光学望远镜‘看到’”。

A项：无法解释。题干并未断定太阳系外的行星体积不够大。

C项：无法解释。现有的光学望远镜只能“看到”自身发光或者反射光的天体，而题干说行星是可以反射光的天体，那么就不能够解释太阳系外的行星大多无法用现有的光学望远镜“看到”。

D项：无法解释。讲的是恒星，与该现象无关。

E项：无法解释。涉及的是太阳系内，与该现象无关。

7 2014MBA－41

有气象专家指出，全球变暖已经成为人类发展最严重的问题之一，南北极地区的冰川由于全球变暖而加速融化，已导致海平面上升；如果这一趋势不变，今后势必淹没很多地区。但近几年来，北半球许多地区的民众在冬季感到相当寒冷，一些地区甚至出现了超强降雪和超低气温，人们觉得对近期气候的确切描述似乎更应该是“全球变冷”。

以下哪项如果为真，最能解释上述现象？

A. 除了南极洲，南半球近几年冬季的平均温度接近常年。

B. 近几年来，全球夏季的平均气温比常年偏高。

C. 近几年来，由于两极附近海水温度升高导致原来洋流中断或者减弱，而北半球经历严寒冬季的地区正是原来暖流影响的主要区域。

D. 近几年来，由于赤道附近海水温度升高导致了原来洋流增强，而北半球经历严寒冬季的地区不是原来寒流影响的主要区域。

E. 北半球主要是大陆性气候，冬季和夏季的温差通常比较大，近年来冬季极地寒流南侵比较频繁。

[解题分析] 正确答案：C

需要解释的矛盾现象：南北极地区的冰川由于全球变暖而加速融化，但北半球民众在冬季感到相当寒冷。

C 项表明，由于全球变暖，北半球这些地区原来的暖流中断，所以温度降低，有力地解释了题干中的矛盾现象，因此正确。

A 项：题干需要解释的现象与南半球无关，排除。

B 项：题干中是冬季出现的矛盾现象，与夏季无关，排除。

D 项：北半球经历严寒冬季的地区不是原来寒流影响的主要区域，无法解释题干中的矛盾现象，排除。

E 项：只能解释北半球为什么感到寒冷，但不能解释题干中的矛盾现象，排除。

8　2014MBA－36

英国有家小酒馆采取客人吃饭付费“随便给”的做法，即让顾客享用葡萄酒、蟹柳及三文鱼等美食后，自己决定付账金额。大多数顾客均以公平或慷慨的态度结账，实际金额比那些酒水菜肴本来的价格高出 20%。该酒馆老板另有 4 家酒馆，而这 4 家酒馆每周的利润与付账“随便给”的酒馆相比少 5%。这位老板因此认为，“随便给”的营销策略很成功。

以下哪项如果为真，最能解释老板营销策略的成功？

A. 部分顾客希望自己看上去有教养，愿意掏足够甚至更多的钱。

B. 如果客人支付低于成本价格，就会受到提醒而补足差价。

C. 另外 4 家酒馆位置不如这家“随便给”酒馆。

D. 客人常常不知道酒水菜肴的实际价格，不知道该付多少钱。

E. 对于过分吝啬的顾客，酒馆老板常常也无可奈何。

[解题分析] 正确答案：B

需要解释的现象：“随便给”酒馆的大多数顾客均以公平或慷慨的态度结账，其利润反而高于另外的 4 家酒馆。

B 项：客人支付低于成本价格时就会受到提醒而补足差价，说明这种营销一定是赚钱的，不可能赔钱，有力地解释了营销策略的成功，正确。

A 项：只涉及部分顾客，解释力度不足，排除。

C 项：与“随便给”营销策略无关，排除。

D 项：解释不了为什么顾客会多给餐费，因为顾客不知道餐费的话，就有可能少给，排除。

E 项：老板对于吝啬的顾客无可奈何，那就无法解释其成功，排除。

9　2010MBA－37

美国某大学医学院的研究人员在《小儿科杂志》上发表论文指出，在对 2 702 个家庭的孩子进行跟踪调查后发现，如果孩子在 5 岁前每天看电视超过 2 小时，他们长大后出现行为问题的风险将会增加 1 倍多。所谓行为问题是指性格孤僻、言行粗鲁、侵犯他人、难与他人合作等。

以下哪项如果为真，最能解释上述结论？

A. 电视节目会使孩子产生好奇心，容易导致孩子出现暴力倾向。

B. 电视节目中有不少内容容易使孩子长时间处于紧张、恐惧的状态。

C. 看电视时间过长，会影响儿童与他人的交往，久而久之，孩子便会缺乏与他人打交道的经验。

D. 儿童模仿力强，如果只对电视节目感兴趣，长此以往，会阻碍他们分析能力的发展。

E. 每天长时间地看电视，容易使孩子神经系统产生疲劳，影响身心健康发展。

[解题分析] 正确答案：C

本题需要解释的结论：孩子看电视时间过长会产生行为问题。

C项：看电视时间过长，会影响儿童与他人的交往，久而久之，孩子便会缺乏与他人打交道的经验。题干所指的行为问题显然包含与他人打交道过程中出现的问题，这就有力地解释了题干的现象，正确。

其余选项指出的都是孩子看电视会导致的问题，但这些问题都不属于行为问题，所以均不能解释。

10　2007MBA－27

新疆的哈萨克人用经过训练的金雕在草原上长途追击野狼。某研究小组为研究金雕的飞行方向和判断野狼群的活动范围，将无线电传导器放置在一只金雕身上进行追踪。野狼为了觅食，其活动范围通常很广，因此，金雕追击野狼的飞行范围通常也很大。然而两周以来，无线电传导器不断传回的信号显示，金雕仅在放飞地3公里范围内飞行。

以下哪项如果为真，最有助于解释上述金雕的行为？

A. 金雕的放飞地周边山峦叠嶂、险峻异常。

B. 金雕的放飞地2公里范围内有一牧羊草场，成为狼群袭击的目标。

C. 由于受到金雕的捕杀，放飞地广阔草原的野狼几乎灭绝了。

D. 无线电传导器信号仅能在有限的范围内传导。

E. 无线电传导器的安放并未削弱金雕的飞行能力。

[解题分析] 正确答案：B

需要解释的现象：野狼的活动范围通常很广，金雕追击野狼的飞行范围通常也很大，然而两周以来的信号显示，金雕仅在放飞地3公里范围内飞行。

B项：金雕的放飞地2公里范围内有一牧羊草场，说明了狼群为了生存得获取食物，当然会围绕羊群活动，伺机攻击羊群。这很好地解释了狼群在放飞地3公里内活动，从而很好地解释了金雕只在放飞地3公里范围内飞行这一行为。该项可以解释，正确。

A项：无法解释，放飞地周边的地理环境与金雕的活动范围没有必然的联系，排除。

C项：即使野狼几乎灭绝，金雕仍然会追击仅存的野狼，无法解释金雕的活动范围为何那么小，排除。

D项：不满足题干“无线电传导器不断传回的信号”这一断定，无法解释，排除。

E项：金雕的飞行能力不受无线电传导器的安放的影响，那么为什么活动范围小，无法解释，排除。

11　2006MBA－28

有些人若有一次厌食，就会对这次膳食中有特殊味道的食物持续产生强烈厌恶，不管这种食物是否会对身体有利。这种现象可以解释为什么小孩更易于对某些食物产生强烈的厌恶。

以下哪项如果为真，最能加强上述解释？

A. 小孩的膳食搭配中含有特殊味道的食物比成年人的多。

B. 对未尝过的食物，成年人比小孩更容易产生抗拒心理。

C. 小孩的嗅觉和味觉比成年人敏锐。

D. 和成年人相比，小孩较为缺乏食物与健康的相关知识。

E. 如果讨厌某种食物，小孩厌食的持续时间比成年人更长。

[解题分析] 正确答案：C

题干对小孩更易于对某些食物产生强烈的厌恶的解释是，若有一次厌食就会对这种食物的特殊味道产生强烈厌恶。

C 项：小孩的嗅觉和味觉比成年人敏锐，这就使小孩更容易感觉到食物的特殊味道，也就更容易对某些食物产生强烈的厌恶，加强了题干的解释，正确。

A 项：小孩的膳食搭配中含有特殊味道的食物比成年人的多，这只能加剧厌食出现的频率或单次厌食的强度，但无法解释小孩对某些食物比成年人更容易产生强烈的厌恶，排除。

B 项：对未尝过的食物，就不存在是否厌食的问题，当然也不能比较谁更容易对该食物产生强烈的厌恶，排除。

D 项：题干提及"不管这种食物是否会对身体有利"，说明厌食和是否具有健康知识无关，排除。

E 项：厌食的持续时间不等于厌恶程度，排除。

12　2002MBA－26

由于邮费上涨，广州《周末画报》杂志为减少成本，增加利润，准备将每年发行 52 期改为每年发行 26 期，但每期文章的质量、每年的文章总数和每年的定价都不变。市场研究表明，杂志的订户和在杂志上刊登广告的客户的数量均不会下降。

以下哪项如果为真，最能说明该杂志社的利润将会因上述变动而降低？

A. 在新的邮资政策下，每期的发行费用将比原来高 1/3。

B. 杂志的大部分订户较多地关心文章的质量，而较少地关心文章的数量。

C. 即使邮资上涨，许多杂志的长期订户仍将继续订阅。

D. 在该杂志上购买广告页的多数广告商将继续在每一期上购买同过去一样多的页数。

E. 杂志的设计、制作成本预期将保持不变。

[解题分析] 正确答案：D

需要解释的现象：杂志的发行期数减半，虽然订户和刊登广告的客户的数量均不降，但杂志社的利润将会降低。

D 项：由于该杂志全年的发行期数只是变动前的一半，因此多数广告商每年在该杂志上所购买的广告页数将比变动前减少一半，那么杂志社的收入就会相应减少，利润将会因上述变动而降低，可以解释，正确。

其余各项均不能解释。其中，A 项断定，在新的邮资政策下，每期的发行费用将比原来高 1/3，但由于每年的发行量将减少一半，因此，发行成本并未提高。

13　2002MBA－13；2000MBA－32

第一个事实：电视广告的效果越来越差。一项跟踪调查显示，在电视广告所推出的各种商品中，观众能够记住其品牌名称的商品的百分比逐年降低。

第二个事实：在一段连续插播的电视广告中，观众印象较深的是第一个和最后一个，而中间播出的广告留给观众的印象，一般地说要浅得多。

以下哪项如果为真，最能使得第二个事实成为对第一个事实的一个合理解释？

A. 在从电视广告里见过的商品中，一般电视观众能记住其品牌名称的大约还不到一半。

B. 近年来，被允许在电视节目中连续插播广告的平均时间逐渐缩短。

C. 近年来，人们花在看电视上的平均时间逐渐缩短。

D. 近年来，一段连续播出的电视广告所占用的平均时间逐渐增加。

E. 近年来，一段连续播出的电视广告中所出现的广告的平均数量逐渐增加。

［解题分析］正确答案：E

题干第二个事实：在一段连续插播的电视广告中，观众印象较深的是第一个和最后一个，其余的则印象较浅。

结合选项 E 断定：一个广告段中所包含的电视广告的平均数目增加了。

解释第一个事实：在观众所看到的电视广告中，印象较深的所占的比例逐渐减少，即观众能够记住其品牌名称的商品的百分比在降低。

其余各项都不能起到上述作用。其中，B、C 项有利于说明近年来人们看到的电视广告的数量逐渐减少，但不能说明在人们所看过的电视广告中为什么能记住的百分比逐年降低。D 项断定，近年来，一段连续播出的电视广告所占用的平均时间逐渐增加，由此不能推出一段连续播出的电视广告中所出现的广告的平均数量逐渐增加，因为完全可能少数几个广告所占的时间增加了，而人们在所看过的广告中能记住的百分比并不会降低。

二、 解释差异

解释差异或缓解矛盾的考题主要指在逻辑考题中发现了矛盾现象、反常现象，或发现了两类对象之间的不同，要求寻找一个答案说明为什么不同，即要求消除这些矛盾，或者分析为什么会存在这种矛盾。实质上是要求考生从备选项中找到能够解释题干中看似矛盾但实质上并不矛盾的选项。解题的关键是，找到矛盾的事件、差异点，直接明确破解一方或者双方，或者破解推理过程，最好的选项应该能解释矛盾的双方。

思维要点：找一个选项说明为什么会存在这种矛盾，解题主要抓住区别点。

（1）看题干：找出题干的矛盾现象。

（2）找答案：用有关无关排除答案，和具体的矛盾的事有关无关，结合验证。

（3）验证：答案必须使题干中相矛盾的事物不矛盾或都是真，都成立。

1　2023MBA－45

近期一项调查数据显示：中国并不缺少外科医生，而是缺少能做手术的外科医生；中国人均拥有的外科医生数量同其他中高收入国家相当，但中国人均拥有的外科医生所做的手术量却比那些国家少 40%。

以下哪项如果为真，最能解释上述现象？

A. 年轻外科医生一般总要花费数年时间协助资深外科医生手术，然后才有机会亲自主刀上阵，这已成为国内外医疗行业惯例。

B. 近年来，我国能做手术的外科医生的人均手术量，已与其他中高收入国家外科医生的人均手术量基本相当。

C. 患者在需要外科手术时都想请经验丰富的外科医生为其主刀，不愿成为年轻医生的练习对象，对此医院一般都会有合理安排。

D. 资深外科医生经常收到手术邀请，他们常年奔波在多所医院为年轻医生主刀示范，培养了不少新人。

E. 从一名医学院学生成长为能做手术的外科医生，需要经历漫长的学习过程，有些人中途不得不放弃梦想而另谋职业。

［解题分析］ 正确答案：B

题干论述的现象：一方面，中国不缺外科医生，因为中国人均拥有的外科医生数量同其他中高收入国家相当；另一方面，中国缺能做手术的外科医生，因为中国人均拥有的外科医生所做的手术量却比那些国家少 40%。

B 项表明，我国能做手术的外科医生的人均手术量已与其他国家相当。结合中国人均拥有的外科医生数量同其他国家相当，但中国人均拥有的外科医生所做的手术量却比其他国家少，可合理地推测出，中国缺能做手术的外科医生。这就有力地解释了题干现象，正确。

其他选项都没有提供解释中外差异的有效论据，均起不到解释作用，排除。

2　2018MBA－39

我国中原地区如果降水量比往年偏低，该地区河流水位就会下降，流速就会减缓。这有利于河流中的水草生长，河流中的水草总量通常也会随之增加。不过，去年该地区在经历了一次极端干旱之后，尽管该地区某河流的流速十分缓慢，但其中的水草总量并未随之而增加，只是处于一个很低的水平。

以下哪项如果为真，最能解释上述看似矛盾的现象？

A. 经过极端干旱之后，该河流中以水草为食物的水生物数量大量减少。

B. 我国中原地区多平原，海拔差异小，其地表河水流速比较缓慢。

C. 该河流在经历了去年极端干旱之后干涸了一段时间，导致大量水生物死亡。

D. 河水流速越慢，其水温变化就越小，这有利于水草的生长和繁殖。

E. 如果河中水草数量达到一定的程度，就会对周边其他物种的生存产生危害。

［解题分析］ 正确答案：C

题干陈述的矛盾现象：一方面，如果降水量低，河流中的水草总量通常也会随之增加；另一方面，去年该地区在经历了一次极端干旱之后，河流中的水草总量并未随之而增加。

C 项表明，该河流在经历了去年极端干旱之后干涸了一段时间，导致大量水生物死亡。可见，去年的特殊性导致了水草生长困难。

其余选项均无法解释题干的矛盾现象，比如 E 项，题干并没有提及“其他物种”，排除。

3　2013MBA－39

某大学的哲学学院和管理学院今年招聘新教师，招聘结束后受到了女权主义代表的批评，因为他们在 12 名女性应聘者中录用了 6 名，但在 12 名男性应聘者中却录用了 7 名。该大学对此解释说，今年招聘新教师的两个学院中，女性应聘者的录用率都高于男性应聘者的录用率。具体的情况是：哲学学院在 8 名女性应聘者中录用了 3 名，而在 3 名男性应聘者中录用了 1 名；管理学院在 4 名女性应聘者中录用了 3 名，而在 9 名男性应聘者中录用了 6 名。

以下哪项最有助于解释女权主义代表和大学之间的分歧？

A. 各个局部都具有的性质在整体上未必具有。

B. 人们往往从整体角度考虑问题，不管局部。

C. 有些数学规则不能解释社会现象。

D. 现代社会提倡男女平等，但实际执行中还是有一定难度。

E. 整体并不是局部的简单相加。

［解题分析］ 正确答案：A

根据题干所述，数据列表如下：

	哲学学院录取比例	管理学院录取比例	合计录取比例
女	3/8	3/4	6/12
男	1/3	6/9	7/12

女权主义代表从整体上看，女性应聘者的录用率（6/12）低于男性应聘者的录用率（7/12），这意味着招聘新教师没体现男女权利平等。

校方从具体院系来看，哲学学院女性应聘者的录用率（3/8）高于男性应聘者的录用率（1/3），管理学院女性应聘者的录用率（3/4）也高于男性应聘者的录用率（6/9），这意味着女性权利得到了体现。

二者从不同的角度来看，即整体与部分有区别，且各有各的理。这说明，各个局部都具有的性质在整体上未必具有。因此，A项正确。

4 2011MBA-31

2010年某省物价总水平仅上涨2.4%，涨势比较温和，涨幅甚至比2009年回落了0.6个百分点。可是，普通民众觉得物价涨幅较高，一些统计数据也表明，民众的感觉有据可依。2010年某月的统计报告显示，该月禽蛋类商品价格涨幅达12.3%，某些反季节蔬菜涨幅甚至超过20%。

以下哪项如果为真，最能解释上述看似矛盾的现象？

A. 人们对数据的认识存在偏差，不同来源的统计数据会产生不同的结果。

B. 影响居民消费品价格总水平变动的各种因素互相交织。

C. 虽然部分日常消费品涨幅很小，但居民感觉很明显。

D. 在物价指数体系中占相当权重的工业消费品价格持续走低。

E. 不同的家庭，其收入水平、消费偏好、消费结构都有很大的差异。

［解题分析］ 正确答案：D

题干的矛盾现象：一方面，某省物价总水平涨势比较温和；另一方面，普通民众觉得物价涨幅较高，比如有些商品价格涨幅大。

D项表明，虽然有些商品价格涨幅大，但是在物价指数体系中占相当权重的工业消费品价格持续走低，因而导致物价总水平涨势比较温和。这就从另有他因的角度有力地解释了题干的矛盾现象，正确。

A项：民众的感觉有据可依，并不是对数据的认识存在偏差，无法解释，排除。

B项：虽然各种因素互相交织，但并不能解释题干的矛盾现象，排除。

C项：有些商品价格涨幅确实较高，并非居民感觉有问题，无法解释，排除。

E项：不同家庭的差异，无法解释有些商品涨幅高与整体物价涨势温和的矛盾，排除。

5 2011MBA-26

巴斯德认为，空气中的微生物浓度与环境状况、气流运动和海拔高度有关。他在山上的不同高度分别打开装着煮过的培养液的瓶子，发现海拔越高，培养液被微生物污染的可能性越小。在山顶上，20个装了培养液的瓶子，只有1个长出了微生物。普歇另用干草浸液作材料重复了巴斯德的实验，却得出不同的结果：即使在海拔很高的地方，所有装了培养液的瓶子都很快长出了微生物。

以下哪项如果为真，最能解释普歇和巴斯德实验所得到的不同结果？

A. 只要有氧气的刺激，微生物就会从培养液中自发地生长出来。

B. 培养液在加热消毒、密封、冷却的过程中会被外界细菌污染。

C. 普歇和巴斯德的实验设计都不够严密。

D. 干草浸液中含有一种耐高温的枯草杆菌，培养液一旦冷却，枯草杆菌的孢子就会复活，迅速繁殖。

E. 普歇和巴斯德都认为，虽然他们用的实验材料不同，但是经过煮沸，细菌都能被有效地杀灭。

［解题分析］ 正确答案：D

巴斯德实验：发现海拔越高，培养液被微生物污染的可能性越小，因此空气中的微生物浓度与环境状况、气流运动和海拔高度有关。

普歇实验：用干草浸液作材料重复了巴斯德的实验，发现即使在海拔很高的地方，所有装了培养液的瓶子都很快长出了微生物。

D 项表明，干草浸液中含有枯草杆菌，在培养液冷却后迅速复活繁殖。因此，普歇虽然重复了巴斯德的实验，但由于使用的材料不同，导致实验结果出现了不同。这就以另有他因的方式，有力地解释了普歇和巴斯德实验所得到的不同结果。

其余选项均起不到解释作用。

6 2010MBA－35

成品油生产商的利润很大程度上受国际市场原油价格的影响，因为大部分原油是按国际市场价购进的。近年来，随着国际原油市场价格的不断提高，成品油生产商的运营成本大幅度增加，但某国成品油生产商的利润并没有减少，反而增加了。

以下哪项如果为真，最有助于解释上述看似矛盾的现象？

A. 原油成本只占成品油生产商运营成本的一半。

B. 该国成品油价格根据市场供需确定。随着国际原油市场价格的上涨，该国政府为成品油生产商提供相应的补贴。

C. 在国际原油市场价格不断上涨期间，该国成品油生产商降低了个别高薪雇员的工资。

D. 在国际原油市场价格上涨之后，除进口成本增加以外，成品油生产的其他运营成本也有所提高。

E. 该国成品油生产商的原油有一部分来自国内，这部分受国际市场价格波动影响较小。

［解题分析］ 正确答案：B

题干的矛盾现象：一方面，原油价格上升，成品油生产商的运营成本大幅度增加了；另一方面，利润反而增加了。

分析：利润＝收入－成本，即成品油生产商的利润主要取决于成本和成品油价格。

B 项：该国政府为成品油生产商提供相应的补贴，表明其收入增加导致了利润上升，这对题干的矛盾现象是个最有说服力的解释，正确。

A、C、D、E 项："原油成本只占成品油生产商运营成本的一半""降低了个别高薪雇员的工资""成品油生产的其他运营成本也有所提高""原油有一部分来自国内，这部分受国际市场价格波动影响较小"等信息均只与成本有关，但在题干已断定运营成本大幅度增加了的情况下，都没有增加新的有效信息来解释矛盾现象，均予以排除。

7 2005MBA－27

以优惠价出售日常家用小商品的零售商通常有上千雇员，其中大多数只能领取最低工资。随着国家法定的最低工资额的提高，零售商的人力成本也随之大幅度提高。但是，零售商的利润非但没有降低，反而提高了。

以下哪项如果为真，最有助于解释上述看来矛盾的现象？

A. 上述零售商的基本顾客，是领取最低工资的人。

B. 人力成本只占零售商经营成本的一半。

C. 在国家提高最低工资额的法令实施后，除了人力成本以外，其他零售经营成本也有所提高。

D. 零售商的雇员有一部分来自农村，他们都拿最低工资。

E. 在国家提高最低工资额的法令实施后，零售商降低了某些高薪雇员的工资。

[解题分析] 正确答案：A

题干的矛盾现象：零售商的人力成本随着国家法定的最低工资额的提高而大幅度提高，但是，零售商的利润反而提高了。

A 项：国家法定的最低工资额的提高，虽然增加了零售商的工资成本，但同时也增加了零售商的基本顾客的购买力，导致了商品销售量增加，从而增加了零售商的利润，可以解释，正确。

B 项：人力成本占零售商经营成本的比例大，利润应该下降，不能解释，排除。

C 项：其他经营成本也有所提高，加剧了矛盾，排除。

D、E 项："一部分""某些"均为数量未知，不确定对总成本影响的大小，况且题干已明确零售商的人力成本已大幅度提高，无法解释，排除。

8 2000MBA－53

日本脱口秀表演家金语楼曾获多项专利。有一种在打火机上装一个小抽屉代替烟灰缸的创意，在某次创意比赛中获得了大奖，倍受推崇。比赛结束后，东京的一家打火机制造厂家将此创意进一步开发成产品推向市场，结果销路并不理想。

以下哪项如果为真，能最好地解释上面的矛盾？

A. 某家烟灰缸制造厂商在同期推出了一种新型的烟灰缸，吸引了很多消费者。

B. 这种新型打火机的价格比普通的打火机贵 20 日元，有的消费者觉得并不值得。

C. 许多抽烟的人觉得随地弹烟灰既不雅观，也不卫生，还容易烫坏衣服。

D. 参加创意比赛后，很多厂家都选择了这项创意来开发生产，几乎同时推向市场。

E. 作为一个脱口秀表演家，金语楼曾经在他主持的电视节目上介绍过这种新型打火机的奇妙构思。

[解题分析] 正确答案：D

需要解释的矛盾：获创意大奖的打火机被一厂家开发出产品后，销路并不理想。

D 项：说明很多厂家推出了这个产品，那么，题干中所提及的那家打火机制造厂家在将产品推向市场时就遇到了激烈的竞争，因而销路不理想。这是一种有说服力的解释，正确。

A 项：该项断定的产品是烟灰缸，题干中断定的产品是装有烟灰缸的打火机，这是两种主要功能不同的产品，这两种产品竞争性不大，解释力度不足，排除。

B 项：只是说有的消费者觉得不值，也就是这样的消费者数量可能不多，不足以影响该产品的销售，排除。

C 项：许多抽烟的人觉得随地弹烟灰不好，应该有利于这个产品的销售，不能解释销售不理想，排除。

E 项：在他主持的电视节目上介绍过，应该有利于这个产品的销售，不能解释销售不理想，排除。

9　2000MBA－50

尽管是航空业萧条的时期，各家航空公司也没有节省广告宣传的开支。翻开许多城市的晚报，最近一直都在连续刊登如下广告：飞机远比汽车安全！你不要被空难的夸张报道吓破了胆，根据航空业协会的统计，飞机每飞行1亿公里死1人，而汽车每走5 000万公里死1人。

汽车工业协会对这个广告大为恼火，他们通过电视公布了另外一个数字：飞机每20万飞行小时死1人，而汽车每200万行驶小时死1人。

如果以上资料均为真，则以下哪项最能解释上述这种看起来矛盾的结论？

A. 安全性只是人们在进行交通工具选择时所考虑问题的一个方面，便利性、舒适感以及某种特殊的体验都会影响消费者的选择。

B. 尽管飞机的驾驶员所受的专业训练远远超过汽车司机，但是，因为飞行高度的原因，飞机失事的生还率低于车祸。

C. 飞机的确比汽车安全，但是，空难事故所造成的新闻轰动要远远超过车祸，所以，给人们留下的印象也格外深刻。

D. 两种速度完全不同的交通工具，用运行的距离作单位来比较安全性是不全面的，用运行的时间来比较也会出偏差。

E. 媒体只关心能否提高收视率和发行量，根本不尊重事情的本来面目。

[解题分析] 正确答案：D

需要解释的矛盾：按行进里程来比，飞机比汽车安全；按行进时间来比，汽车比飞机安全。

D项：表明飞机和汽车的速度明显不同，只以运行距离为单位，或者只以运行时间为单位来比较这两种交通工具的安全性都是不恰当的，正确。

其余各项作为对题干的解释均不得要领。

三、 不能解释

不能解释型考题的解题方法是把能解释题干推理的选项排除掉，剩下的起不到解释作用或加剧题干矛盾的选项就是正确答案。

1　2016MBA－40

2014年，为迎接APEC会议的召开，北京、天津、河北等地实施“APEC治理模式”，采取了有史以来最严格的减排措施。果然，令人心醉的“APEC蓝”出现了。然而，随着会议的结束，“APEC蓝”也渐渐消失了。对此，有些人士表示困惑，既然政府能在短期内实施“APEC治理模式”取得良好效果，为什么不将这一模式长期坚持下去呢？

以下除哪项外，均能解释人们的困惑？

A. 最严格的减排措施在落实过程中已产生很多难以解决的实际困难。

B. 如果近期将“APEC治理模式”常态化，将会严重影响地方经济和社会发展。

C. 任何环境治理都需要付出代价，关键在于付出的代价是否超出收益。

D. 短期严格的减排措施只能是权宜之计，大气污染治理仍需从长计议。

E. 如果APEC会议期间北京雾霾频发，就会影响我们国家的形象。

[解题分析] 正确答案：E

题干所述人们的困惑：政府能在短期内实施“APEC治理模式”取得良好效果，为什么不将这一模式长期坚持下去呢？

E项只能说明为什么要采取"APEC治理模式"，而不能解释为什么不将这一模式长期坚持下去，正确。

其余选项都能起到解释作用。其中，A项，落实过程中已产生很多难以解决的实际困难；B项，治理模式严重影响地方经济和社会发展；C项，长期坚持这一模式可能使付出的代价超出收益；D项，这种治理模式是权宜之计。这些都从不同角度说明了不能将这一模式长期坚持下去。

2　2013MBA－37

若成为白领的可能性无性别差异，按正常男女出生的比例102：100计算，当这批人中的白领谈婚论嫁时，女性与男性数量应当大致相等。但实际上，某市妇联近几年举办的历次大型白领相亲活动中，报名的男女比例约为3：7，有时甚至达到2：8，这说明，文化程度越高的女性越难嫁，文化程度低的女性反而好嫁；男性则正好相反。

以下除哪项外，都有助于解释上述分析与实际情况的不一致？

A. 男性因长相、身高、家庭条件等被女性淘汰者多于女性因长相、身高、家庭条件等被男性淘汰者。

B. 与男性白领不同，女性白领要求高，往往只找比自己更优秀的男性。

C. 大学毕业后出国的精英分子中，男性多于女性。

D. 与本地女性竞争的外地优秀女性多于与本地男性竞争的外地优秀男性。

E. 一般来说，男性参加大型相亲会的积极性不如女性。

［解题分析］正确答案：A

题干陈述的现象：按性别比例女性与男性相亲的数量应当大致相等，但实际情况是女性远远多于男性。

A项：男性被淘汰的数量比女性被淘汰的数量多，意味着剩下的男性应该比女性多，参加相亲的也应该是男性比女性多，这与题干陈述的现象相反，不能解释。

B项：女性要求高，意味着剩下的女性多，参加相亲的女性就多，可以解释。

C项：大学毕业后出国的男性多于女性，意味着剩下的男性少于女性，导致参加相亲的女性多，可以解释。

D项：本地优秀男性被外地优秀女性抢走，导致本地剩下的女性多，可以解释。

E项：男性参加相亲不积极，意味着参加相亲的女性相对较多，可以解释。

3　2012MBA－47

一般商品只有在多次流通过程中才能不断增值，但艺术品作为一种特殊商品却体现出了与一般商品不同的特性。在拍卖市场上，有些古玩、字画的成交价有很大的随机性，往往会直接受到拍卖现场气氛、竞价激烈程度、买家心理变化等偶然因素的影响，成交价有时会高于底价几十倍乃至数百倍，使得艺术品在一次"流通"中实现大幅度增值。

以下哪项最无助于解释上述现象？

A. 艺术品的不可再造性决定了其交换价格有可能超过其自身价值。

B. 不少买家喜好收藏，抬高了艺术品的交易价格。

C. 有些买家就是为了炒作艺术品，以期获得高额利润。

D. 虽然大量赝品充斥市场，但对艺术品的交易价格没有什么影响。

E. 国外资金进入艺术品拍卖市场，对价格攀升起到了拉动作用。

［解题分析］正确答案：D

题干陈述的现象：一般商品只有在多次流通过程中才能不断增值，但艺术品在一次“流通”中就能实现大幅度增值。

D 项：赝品充斥市场，对艺术品的交易价格没有什么影响，与题干现象不一致，显然起不到解释作用。

A 项：可以解释。艺术品不可再造，从而可实现大幅度增值。

B 项：可以解释。买家喜好收藏，抬高了艺术品交易价，实现了大幅度增值。

C 项：可以解释。有些买家炒作艺术品，实现了大幅度增值。

E 项：可以解释。国外资金进入拍卖市场，拉动价格攀升。

4　2011MBA－48

随着文化知识越来越重要，人们花在读书上的时间越来越多，文人学子中近视的比例也越来越高。即便在城里工人、农村农民中，也能看到不少人戴近视眼镜。然而，在中国古代，很少看到患有近视的文人学子，更别说普通老百姓了。

以下除哪项外，均可以解释上述现象？

A. 古时候，只有家庭条件好或者有地位的人才读得起书，即便读书，用在读书上的时间也很少，那种头悬梁、锥刺股的读书人更是凤毛麟角。

B. 古时交通工具不发达，出行主要靠步行、骑马，足量的运动对于预防近视有一定的作用。

C. 古人生活节奏慢，不用担心交通安全。所以即使患了近视，其危害也非常小。

D. 古代自然科学不发达，那时学生读的书很少，主要是四书五经，一本《论语》要读好多年。

E. 古人书写用的是毛笔，眼睛和字的距离比较远，写的字也相对大些。

[解题分析] 正确答案：C

题干论述的现象：现代人近视的比例越来越高，而古代人很少患近视。

C 项：古人患了近视危害小，与题干论述的现象无关，不能解释题干，因此为正确答案。

A 项：古代读书人少，而且读书人用在读书上的时间也少，意味着对视力影响小，可以解释。

B 项：古人足量的运动对于预防近视有作用，可以解释。

D 项：古代学生读的书很少，对视力影响小，可以解释。

E 项：古人书写时眼睛和字的距离远，写的字也大，意味着对视力影响小，可以解释。

5　2011MBA－35

随着数字技术的发展，音频、视频的播放形式出现了革命性转变。人们很快接受了一些新形式，比如 MP3、CD、DVD 等。但是对于电子图书的接受并没有达到专家所预期的程度，现在仍有很大一部分读者喜欢捧着纸质出版物。纸质书籍在出版业中依然占据重要地位。因此有人说，书籍可能是数字技术需要攻破的最后一个堡垒。

以下哪项最不能对上述现象提供解释？

A. 人们固执地迷恋着阅读纸质书籍时的舒适体验，喜欢纸张的质感。

B. 在显示器上阅读，无论是笨重的阴极射线管还是轻薄的液晶显示器，都会让人无端地心浮气躁。

C. 现在仍有一些怀旧爱好者喜欢收藏经典图书。

D. 电子书显示设备技术不够完善，图像显示速度较慢。

E. 电子书和纸质书籍的柔软沉静相比，显得面目可憎。

[解题分析] 正确答案：C

题干论述的现象：数字技术的发展使得人们很快接受了一些音频、视频的新形式，但是仍有很大一部分读者喜欢纸质出版物，纸质书籍在出版业中依然占据重要地位。

C 项："一些"占读者总数的比例未知，并且题干主要论述的是阅读而不是收藏，无法解释题干现象，因此为正确答案。

A 项：指出纸质图书的优势，即舒适的阅读体验，可以解释题干现象，排除。

B、D、E 项：指出电子图书的弊端，包括让人心浮气躁、图像显示速度较慢、不够柔软沉静等，均可以解释题干现象，排除。

6 2005MBA－50

新华大学在北戴河设有疗养院，每年夏季接待该校的教职工。去年夏季该疗养院的入住率，即客房部床位的使用率为87%，来此疗养的教职工占全校教职工的比例为10%。今年夏季来此疗养的教职工占全校教职工的比例下降至8%，但入住率却上升至92%。

以下各项如果为真，都有助于解释上述看来矛盾的数据，除了：

A. 今年该校新成立了理学院，教职工总数比去年有较大增长。

B. 今年该疗养院打破了历年的惯例，第一次有限制地对外开放。

C. 今年该疗养院的客房总数不变，但单人间的比例由原来的5%提高至10%，双人间由原来的40%提高到60%。

D. 该疗养院去年大部分客房今年改为足疗保健室或棋牌娱乐室。

E. 经过去年冬季的改建，该疗养院的各项设施的质量明显提高，大大增加了对疗养者的吸引力。

[解题分析] 正确答案：E

需要解释的矛盾：来疗养院疗养的教职工占全校教职工的比例下降了，但疗养院的入住率却上升了。

E 项：疗养院对疗养者的吸引力增加，只能解释入住率上升，不能解释来疗养的职工比例下降但入住率上升，无助于解释矛盾，正确。

A 项：虽然参加疗养的教职工比例下降，但教职工基数有较大增长，因此，参加疗养的教职工的绝对人数有增长，同时导致疗养院的入住率上升。可以解释，排除。

B 项：今年该疗养院第一次对外开放，虽然参加疗养的教职工比例下降，但外来客人增加导致了入住率上升。可以解释，排除。

C 项：客房总数不变，单人间和双人间都增加，那么多人间必定减少，导致总床位减少，从而入住率上升。可以解释，排除。

D 项：大部分客房改为其他用途，导致总床位减少，从而入住率上升。可以解释，排除。

7 2005MBA－48

城市污染是工业化社会的一个突出问题。城市居民因污染而患病的比例一般高于农村。但奇怪的是，城市中心的树木反而比农村的树木长得更茂盛、更高大。

以下各项如果为真，哪项最无助于解释上述现象？

A. 城里人对树木的保护意识比农村人强。

B. 由于热岛效应，城市中心的年平均气温明显比农村高。

C. 城市多高楼，树木因其趋光性而长得更高大。

D. 城市栽种的主要树木品种与农村不同。

E. 农村空气中的氧气含量高于城市。

[解题分析] 正确答案：E

需要解释的现象：城市有污染，但城市中心的树木反而比农村的树木长得更茂盛、更高大。

E 项：树木生长茂盛的地方氧气含量高，农村空气中的氧气含量高于城市，应该有助于说明农村的树木生长更茂盛，无法解释题干现象，因此为正确答案。

A 项：城里人对树木的保护意识比农村人强，所以树木在城市中长得更好，可以解释，排除。

B 项：城市中心的年平均气温比农村高，气温高有利于树木生长，可以解释，排除。

C 项：城市树木因其趋光性而长得更高大，可以解释，排除。

D 项：城市与农村的树木品种不同，可能是城市的树木品种长得更高大，可以解释，排除。

8 2003MBA - 47

S 市餐饮业经营点的数量自 1996 年的约 20 000 个，逐年下降至 2001 年的约 5 000 个。但是这五年来，该市餐饮业的经营资本在整个服务行业中所占的比例并没有减少。

以下各项中，哪项最无助于说明上述现象？

A. S 市 2001 年餐饮业的经营资本总额比 1996 年高。

B. S 市 2001 年餐饮业经营点的平均资本额比 1996 年有显著增长。

C. 作为激烈竞争的结果，近五年来，S 市的餐馆有的被迫停业，有的则努力扩大经营规模。

D. 1996 年以来，S 市服务行业的经营资本总额逐年下降。

E. 1996 年以来，S 市服务行业的经营资本占全市产业经营总资本的比例逐年下降。

[解题分析] 正确答案：E

需要解释的现象：S 市餐饮业经营点的数量明显下降，但该市餐饮业的经营资本在整个服务行业中所占的比例并没有减少。

E 项：不能解释。服务行业的经营资本占全市产业经营总资本的比例逐年下降，并不意味着服务行业经营资本总额的下降，无法解释题干现象，正确。

A 项：可以解释。餐饮业的经营资本总额提高，可导致其在整个服务行业中所占的比例不减少，排除。

B 项：可以解释。餐饮业经营点的平均资本额显著增长，即使餐饮业经营点的数量明显下降，但有可能该市餐饮业的总经营资本上升，从而导致其所占比例并没有减少，排除。

C 项：可以解释。有的餐馆停业，可导致餐饮业经营点的数量明显下降；有的则努力扩大经营规模，有可能该市餐饮业的总经营资本上升，从而导致其所占的比例并没有减少，排除。

D 项：可以解释。服务行业的经营资本总额逐年下降，那么即使餐饮业经营点的数量明显下降，但有可能餐饮业的经营资本在整个服务行业中所占的比例并没有减少，排除。

9 2003MBA - 37

西双版纳植物园种有两种樱草，一种自花授粉，另一种非自花授粉，即须依靠昆虫授粉。近几年来，授粉昆虫的数量显著减少。另外，一株非自花授粉的樱草所结的种子比自花授粉的要少。显然，非自花授粉樱草的繁殖条件比自花授粉的要差。但是游人在植物园多见的是非自花授粉樱草而不是自花授粉樱草。

以下哪项判定最无助于解释上述现象？

A. 和自花授粉樱草相比，非自花授粉樱草的种子发芽率较高。

B. 非自花授粉樱草是本地植物，而自花授粉樱草是几年前从国外引进的。

C. 前几年，上述植物园非自花授粉樱草和自花授粉樱草数量比大约是 5∶1。

D. 当两种樱草杂生时，土壤中的养分更易被非自花授粉樱草吸收，这又往往导致自花授粉樱草的枯萎。

E. 在上述植物园中，为保护授粉昆虫免受游客伤害，非自花授粉樱草多植于园林深处。

［解题分析］正确答案：E

题干现象：非自花授粉樱草的繁殖条件比自花授粉的要差，但是，游人在植物园见到的非自花授粉樱草比自花授粉樱草多。

E 项：非自花授粉樱草多植于园林深处，那么游人就不大可能见到更多的非自花授粉樱草，与题干现象不符，无法解释，正确。

A 项：非自花授粉樱草的种子发芽率较高，所以非自花授粉樱草较多见，可以解释，排除。

B 项：非自花授粉樱草由于是本地植物而更多见，自花授粉樱草则由于是几年前从国外引进的而少见，可以解释，排除。

C 项：非自花授粉樱草的基数比自花授粉樱草大 5 倍，那么虽然非自花授粉樱草的繁殖条件比自花授粉的要差，但是总体上非自花授粉樱草还是有可能比自花授粉樱草要多见，可以解释，排除。

D 项：非自花授粉樱草比自花授粉樱草有更强的生命力，所以非自花授粉樱草较多见，可以解释，排除。

10　2001MBA－52

烟草业仍然是有利可图的。在中国，尽管今年吸烟者中成人的人数减少，烟草生产商销售的烟草总量还是增加了。

以下哪项不能用来解释烟草销售量的增长和吸烟者中成人人数的减少？

A. 今年，开始吸烟的妇女数量多于戒烟的男子数量。

B. 今年，开始吸烟的少年数量多于同期戒烟的成人数量。

C. 今年，非吸烟者中咀嚼烟草及嗅鼻烟的人多于戒烟者。

D. 今年和往年相比，那些有长年吸烟史的人平均消费了更多的烟草。

E. 今年，中国生产的香烟中用于出口的数量高于往年。

［解题分析］正确答案：A

需要解释的现象：今年成人吸烟者人数减少了，但烟草的销售量却增加了。

A 项：不能解释。因为虽然今年开始吸烟的妇女数量多于戒烟的男子数量，但是由于成人吸烟者（包括男子和妇女）的数量总体上减少了，因此，该项对解释题干没有提供新的信息，起不到解释作用，正确。

B 项：他因解释。虽然成人吸烟者数量少了，但少年吸烟者数量增加了，可以导致总销量增加。

C 项：他因解释。非吸烟者购烟的数量大于戒烟者放弃购烟的数量，可以导致总销量增加。

D项：他因解释。虽然成人吸烟者数量少了，但单人烟草消费量增加了，可以导致总销量增加。

E项：他因解释。即使国内烟草消费量减少了，但是出口量增加了，可以导致总销量增加。

四、 解释复选

解释复选题是解释题型的多选题，这类题的选项可从多个角度对题干论证进行解释，是各类解释方向的综合运用。

2012MBA－36

乘客使用手机及便携式电脑等电子设备会通过电磁波谱频繁传输信号，机场的无线电话和导航网络等也会使用电磁波谱，但电信委员会已根据不同用途把电磁波谱分成了几大块。因此，用手机打电话不会对专供飞机通信系统或全球定位系统使用的波段造成干扰。尽管如此，各大航空公司仍然规定，禁止机上乘客使用手机等电子设备。

以下哪项如果为真，最能解释上述现象？

Ⅰ. 乘客在空中使用手机等电子设备可能对地面导航网络造成干扰。

Ⅱ. 乘客在起飞和降落时使用手机等电子设备，可能影响机组人员工作。

Ⅲ. 便携式电脑或者游戏设备可能导致自动驾驶仪出现短路或仪器显示发生故障。

A. 仅Ⅰ。

B. 仅Ⅱ。

C. 仅Ⅰ、Ⅱ。

D. 仅Ⅱ、Ⅲ。

E. Ⅰ、Ⅱ和Ⅲ。

［解题分析］正确答案：E

题干陈述：手机等电子设备不会对飞机通信系统或全球定位系统使用的波段造成干扰，但仍然被禁止使用。

若Ⅰ、Ⅱ和Ⅲ为真，即乘客使用手机等电子设备，可能对地面导航网络造成干扰、影响机组人员工作、导致自动驾驶仪出现短路或仪器显示发生故障等情况，那么就合理地解释了题干所述的现象。

因此，E项为正确答案。

第六节　综合

综合题主要涉及两个方面：一方面是对论证的识别，这类题主要包括相似比较、论证评价、逻辑描述等；另一方面是对论证的作用，包括前面所述的假设、支持、削弱、推论、解释等各类题型的综合运用，这类题主要包括完成句子和论证题组等。

一、 相似比较

相似比较题要求被测试者去识别这样一个论证，其中所包含的推理过程类似于一个给定论证中的推理过程。该类题型主要从形式结构或推理方法上比较题干和选项之间的相同或不同。

（一）比较类型

相似比较题可大致分为结构平行（推理形式的相似比较）和方法相似（推理方法的相似比较）两类。

（1）结构平行是指推理形式的相似比较，该类题主要从形式结构上比较题干和选项之间的相同或不同，即比较几个不同推理在结构上的相同或不同。通过把题干和选项的论证过程翻译成符号形式，将方便地识别这种推理形式是否相似。

（2）方法相似指的是题干和选项不能或很难抽象出推理形式来进行相似比较，因此，主要从推理方法上来把握和比较题干和选项之间的相同或不同。

（二）解题思路

相似比较题的解题基本思路是，着重考虑从具体的、有内容的思维过程的论述中抽象出一般形式结构，每一个推理中相同的命题或词项用相同的变项表示。做这类题只考虑抽象出推理结构和形式，而不考虑其叙述内容的真假，有时甚至题干本身的推理结构或推理方法就不正确，但由于只要求我们找出一个推理结构或推理方法与题干类似的选项，因此我们不要在意题干推理或论证本身是否正确，只要找到一个类似的选项就是正确答案。

1 2023MBA - 53

甲：张某爱出风头，我不喜欢他。

乙：你不喜欢他没关系。他工作一直很努力，成绩很突出。

以下哪项与上述反驳方式最为相似？

A. 甲：李某爱慕虚荣，我很反对。

乙：反对有一定道理。但你也应该体谅一下他，他身边的朋友都是成功人士。

B. 甲：贾某整天学习，寡言少语，神情严肃，我很担心他。

乙：你的担心是多余的。他最近在潜心准备考研，有些紧张是正常的。

C. 甲：韩某爱管闲事，我有点讨厌他。

乙：你的态度有问题。爱管闲事说明他关心别人，乐于助人。

D. 甲：钟某爱看足球赛，但自己从来不踢足球，对此我很不理解。

乙：我对你的想法也不理解，欣赏和参与是两回事啊。

E. 甲：邓某爱读书但不求甚解，对此我很有看法。

乙：你有看法没用。他的文学素养挺高，已经发表了3篇小说。

［解题分析］正确答案：E

题干中，甲提出论点（我不喜欢他）和论据（张某的缺点：爱出风头）。

乙认为甲的论点无足轻重（你不喜欢他没关系），并提出了相反的论据（张某的优点：工作一直很努力，成绩很突出）。

在诸选项中，只有E项和题干反驳方式最相似：

甲提出论点（我对他很有看法）和论据（邓某的缺点：爱读书但不求甚解）。

乙认为甲的论点无足轻重（你有看法没用），并提出了相反的论据（邓某的优点：文学素养挺高，已经发表了3篇小说）。

2 2023MBA - 30

时时刻刻总在追求幸福的人不一定能获得最大的幸福，刘某说自己获得了最大的幸福，所以，刘某从来不曾追求幸福。

以下哪项与上述论证方式最为相似？

A. 年年岁岁总是帮助他人的人不一定能成为名人，李某说自己成了名人，所以，李某从来不曾帮助他人。

B. 口口声声不断说喜欢你的人不一定最喜欢你，陈某现在说他最喜欢你，所以，陈某过去从未喜欢过你。

C. 冷冷清清空无一人的商场不一定没有利润，某商场今年亏损，所以，该商场总是空无一人。

D. 日日夜夜一直想躲避死亡的士兵反而最容易在战场上丧命，林某在一次战斗中重伤不治，所以，林某从来没有躲避死亡。

E. 分分秒秒每天抢时间工作的人不一定是普通人，宋某看起来很普通，所以，宋某肯定没有每天抢时间工作。

［解题分析］ 正确答案：A

题干论证：时时刻刻总在追求幸福的人（P）不一定能获得最大的幸福（Q），刘某说自己获得了最大的幸福（Q），所以，刘某从来不曾追求幸福（¬P）。

其论证方式简化为：P不一定是Q，刘某是Q，所以，刘某不是P。

A项：年年岁岁总是帮助他人的人（P）不一定能成为名人（Q），李某说自己成了名人（Q），所以，李某从来不曾帮助他人（¬P）。与题干论证方式相似，正确。

B项：说P的人不一定是Q，陈某现在是Q，所以，陈某过去不是P。与题干论证方式不相似，排除。

C项：冷冷清清空无一人的商场（P）不一定没有利润（¬Q），某商场今年亏损（¬Q），所以，该商场总是空无一人（P）。与题干论证方式不相似，排除。

D项：日日夜夜一直想躲避死亡的士兵（P）反而最容易在战场上丧命（Q），林某在一次战斗中重伤不治（R），所以，林某从来没有躲避死亡（¬P）。与题干论证方式不相似，排除。

E项：P不一定是Q，宋某看起来是Q，所以，宋某不是P。与题干论证方式不相似，排除。

3　2020MBA－53

学问的本来意义与人的生命、生活有关。但是，如果学问成为口号或者教条，就会失去其本来的意义。因此，任何学问都不应该成为口号或者教条。

以下哪项与上述论证方法最为相似？

A. 椎间盘是没有血液循环的组织。但是，如果要确保其功能正常运转，将需要依靠其周围流过的血液提供养分。因此，培养功能正常运转的人工椎间盘应该很困难。

B. 大脑会改编现实经历。但是，如果大脑只是存储现实经历的“文件柜”，就不会对其进行改编。因此，大脑不应该只是存储现实经历的“文件柜”。

C. 人工智能应该可以判断黑猫和白猫都是猫。但是，如果人工智能不预先“消化”大量照片，就无法判断黑猫和白猫都是猫。因此，人工智能必须提前“消化”大量照片。

D. 机器人没有人类的弱点和偏见。但是，只有数据得到正确采集和分析，机器人才不会“主观臆断”。因此，机器人应该也有类似的弱点和偏见。

E. 历史包含必然性。但是，如果只坚信历史包含必然性，就会阻止我们用不断积累的历史数据去证实或证伪它。因此，历史不应该只包含必然性。

[解题分析] 正确答案：B

题干论证结构为：学问的本来意义与人的生命、生活有关（P）。但是，如果学问成为口号或者教条（Q），就会失去其本来的意义（¬P）。因此，任何学问都不应该成为口号或者教条（¬Q）。

B项：大脑会改编现实经历（P）。但是，如果大脑只是存储现实经历的"文件柜"（Q），就不会对其进行改编（¬P）。因此，大脑不应该只是存储现实经历的"文件柜"（¬Q）。这与题干论证方式相似，正确。

其余选项均不相似，排除。

A项：椎间盘是没有血液循环的组织（P）。但是，如果要确保其功能正常运转（Q），将需要依靠其周围流过的血液提供养分（R）。因此，培养功能正常运转的人工椎间盘应该很困难（¬Q）。

C项：人工智能应该可以判断黑猫和白猫都是猫（P）。但是，如果人工智能不预先"消化"大量照片（¬Q），就无法判断黑猫和白猫都是猫（¬P）。因此，人工智能必须提前"消化"大量照片（Q）。

D项：其中"只有""才"及论证方式与题干不一致。

E项：历史包含必然性（P）。但是，如果只坚信历史包含必然性（Q），就会阻止我们用不断积累的历史数据去证实或证伪它（R）。因此，历史不应该只包含必然性（¬Q）。

4　2018MBA－51

甲：知难行易，知然后行。

乙：不对。知易行难，行然后知。

以下哪项与上述对话方式最为相似？

A. 甲：知人者智，自知者明。

乙：不对。知人不易，知己更难。

B. 甲：不破不立，先破后立。

乙：不对。不立不破，先立后破。

C. 甲：想想容易做起来难，做比想更重要。

乙：不对。想到就能做到，想比做更重要。

D. 甲：批评他人易，批评自己难；先批评他人后批评自己。

乙：不对。批评自己易，批评他人难；先批评自己后批评他人。

E. 甲：做人难做事易，先做人再做事。

乙：不对。做人易做事难，先做事再做人。

[解题分析] 正确答案：E

题干对话的结构如下。

甲：P难Q易，先P后Q。

乙：P易Q难，先Q后P。

在诸选项中，只有E项与上述对话方式最为相似。

A、C项：只有难易比较，没有提及先后顺序，排除。

B项：只有先后顺序，没有提供难易比较，排除。

D 项：与题干对话方式不相似，排除。

5 2018MBA－42

甲：读书最重要的目的是增长知识、开拓视野。

乙：你只见其一，不见其二。读书最重要的是陶冶性情、提升境界。没有陶冶性情、提升境界，就不能达到读书的真正目的。

以下哪项与上述反驳方式最为相似？

A. 甲：文学创作最重要的是阅读优秀文学作品。

乙：你只见现象，不见本质。文学创作最重要的是观察生活、体验生活。任何优秀的文学作品都来源于火热的社会生活。

B. 甲：做人最重要的是要讲信用。

乙：你说得不全面。做人最重要的是要遵纪守法。如果不遵纪守法，就没法讲信用。

C. 甲：作为一部优秀的电视剧，最重要的是能得到广大观众的喜爱。

乙：你只见其表，不见其里。作为一部优秀的电视剧最重要的是具有深刻寓意与艺术魅力。没有深刻寓意与艺术魅力，就不能成为优秀的电视剧。

D. 甲：科学研究最重要的是研究内容的创新。

乙：你只见内容，不见方法。科学研究最重要的是研究方法的创新。只有实现研究方法的创新，才能真正实现研究内容的创新。

E. 甲：一年中最重要的季节是收获的秋天。

乙：你只看结果，不问原因。一年中最重要的季节是播种的春天。没有春天的播种，哪来秋天的收获？

[解题分析] 正确答案：C

题干结构为：

甲：读书（A）最重要的目的是增长知识、开拓视野（B）。

乙：读书（A）最重要的是陶冶性情、提升境界（C）。没有陶冶性情、提升境界（C），就不能达到读书（A）的真正目的。

诸选项中，C 项与上述反驳方式最为相似，其论述结构如下：

甲：作为一部优秀的电视剧（A），最重要的是能得到广大观众的喜爱（B）。

乙：作为一部优秀的电视剧（A）最重要的是具有深刻寓意与艺术魅力（C）。没有深刻寓意与艺术魅力（C），就不能成为优秀的电视剧（A）。

其余选项不相似，比如 B 项的论述结构为：

甲：做人（A）最重要的是要讲信用（B）。

乙：做人（A）最重要的是要遵纪守法（C）。如果不遵纪守法（C），就没法讲信用（B）。

6 2018MBA－34

刀不磨要生锈，人不学要落后。所以，如果你不想落后，就应该多磨刀。

以下哪项与上述论证方式最为相似？

A. 金无足赤，人无完人。所以，如果你想做完人，应该有真金。

B. 有志不在年高，无志空活百岁。所以，如果你不想空活百岁，就应该立志。

C. 妆未梳成不见客，不到火候不揭锅。所以，如果揭了锅，就应该是到了火候。

D. 兵在精而不在多，将在谋而不在勇。所以，如果想获胜，就应该兵精将勇。

E. 马无夜草不肥，人无横财不富。所以，如果你想富，就应该让马多吃夜草。

［解题分析］正确答案：E

题干结构：不 P 就 Q；不 R 就 S。所以，如果不 S，就 P。

诸选项中，只有 E 项与题干论证方式最相似（可把“不肥”看成一个整体的概念）。

其他选项均不相似，其中：

A 项：金无足赤，人无完人。不包含假言命题推理关系，排除。

B 项：“有志”和“无志”的对比，与题干论证方式不相似，排除。

C 项：不 P 就 Q；不 R 就 S。所以，如果不 S，就 R。与题干论证方式不相似，排除。

D 项：兵在精而不在多，将在谋而不在勇。不包含假言命题推理关系，排除。

7　2010MBA－31

湖队是不可能进入决赛的。如果湖队进入决赛，那么太阳就从西边出来了。

以下哪项与上述论证方式最相似？

A. 今天天气不冷。如果冷，湖面怎么不结冰？

B. 语言是不能创造财富的。若语言能够创造财富，则夸夸其谈的人就是世界上最富有的了。

C. 草本之生也柔脆，其死也枯槁。故坚强者死之徒，柔弱者生之徒。

D. 天上是不会掉馅饼的。如果你不相信这一点，那上当受骗是迟早的事。

E. 古典音乐不流行。如果流行，那就说明大众的音乐欣赏水平大大提高了。

［解题分析］正确答案：B

题干论证的方式是归谬法，即根据一个命题（湖队进入决赛）蕴涵荒谬的命题（太阳就从西边出来了）来推出该命题是假的。

B 项：同样是根据一个命题（语言能够创造财富）蕴涵荒谬的命题（夸夸其谈的人就是世界上最富有的了）来推出该命题是假的。该论证方式也为归谬法，与题干相似，正确。

A 项：湖面结冰并不是荒谬的命题，论证方式与题干不同，排除。

C 项：将人与草木类比，属于类比法，论证方式与题干不同，排除。

D、E 项：论证方式均不属于归谬法，排除。

8　2009MBA－51

科学离不开测量，测量离不开长度单位。公里、米、分米、厘米等基本长度单位的确立完全是一种人为约定。因此，科学的结论完全是一种人的主观约定，谈不上客观的标准。

以下哪项与题干的论证最为类似？

A. 建立良好的社会保障体系离不开强大的综合国力，强大的综合国力离不开一流的国民教育。因此，要建立良好的社会保障体系，必须有一流的国民教育。

B. 做规模生意离不开做广告。做广告就要有大额资金投入。不是所有人都能有大额资金投入。因此，不是所有人都能做规模生意。

C. 游人允许坐公园的长椅。要坐公园长椅就要靠近它们。靠近长椅的一条路径要踩踏草地。因此，允许游人踩踏草地。

D. 具备扎实的舞蹈基本功必须经过长年不懈的艰苦训练。在春节晚会上演出的舞蹈演员必须具备扎实的基本功。长年不懈的艰苦训练是乏味的。因此，在春节晚会上演出是乏味的。

E. 家庭离不开爱情，爱情离不开信任。信任是建立在真诚基础上的。因此，对真诚的背离是家庭危机的开始。

[解题分析] 正确答案：D

题干论证：科学→测量，测量→长度单位，长度单位→人为约定，因此，科学的结论完全是一种人的主观约定。

上述结论是荒谬的，虽然科学测量所需的长度单位是人为约定的，但不等于科学的结论是人为主观约定的。这是个错误的传递式论证。

D 项：春晚演出的舞蹈演员→基本功，基本功→艰苦训练，艰苦训练→乏味，因此，春晚演出是乏味的。其推出的结论也是荒谬的，春晚演出的舞蹈演员经过的艰苦训练是乏味的，但不等于春晚演出是乏味的。这与题干错误的传递式论证类似，因此，为正确答案。

A、B、E 项：论证无逻辑错误，排除。

C 项：“允许”不是“必须”，与题干论证不一致，排除。

9 2008MBA－47

使用枪支的犯罪比其他类型的犯罪更容易导致命案。但是，大多数使用枪支的犯罪并没有导致命案。因此，没有必要在刑法中把非法使用枪支作为一种严重刑事犯罪，同其他刑事犯罪区分开来。

上述论证中的逻辑漏洞，与以下哪项中出现的最为类似？

A. 肥胖者比体重正常的人更容易患心脏病。但是，肥胖者在我国人口中只占很小的比例。因此，在我国，医疗卫生界没有必要强调肥胖导致心脏病的风险。

B. 不检点的性行为比检点的性行为更容易感染艾滋病。但是，在有不检点性行为的人群中，感染艾滋病的只占很小的比例。因此，没有必要在防治艾滋病的宣传中，强调不检点性行为的危害。

C. 流行的看法是，吸烟比不吸烟更容易导致肺癌。但是，在有的国家，肺癌患者中有吸烟史的人所占的比例，并不高于总人口中有吸烟史的比例。因此，上述流行看法很可能是一种偏见。

D. 高收入者比低收入者更有可能享受生活。但是不乏高收入者宣称自己不幸福。因此，幸福生活的追求者不必关注收入的高低。

E. 高分考生比低分考生更有资格进入重点大学。但是，不少重点大学学生的实际水平不如某些非重点大学的学生。因此，目前的高考制度不是一种选拔人才的理想制度。

[解题分析] 正确答案：B

普遍认知：使用枪支的犯罪比其他类型的犯罪更容易导致命案（P 比 Q 更易导致 R）。

反驳：大多数使用枪支的犯罪并没有导致命案（大多数 P 并没有导致 R）。

结论：没必要把使用枪支的犯罪同其他刑事犯罪区分开来（没必要区分 P 和 Q）。

其逻辑漏洞在于，虽然大多数使用枪支的犯罪并没有导致命案，但只要比其他类型的犯罪更容易导致命案，那么，仍有必要将其与其他刑事犯罪区分开来。

B 项：普遍认知为不检点的性行为比检点的性行为更容易感染艾滋病；反驳为大多数有不检点性行为的人并未感染艾滋病；结论为没必要强调不检点性行为的危害。这与题干论证的逻辑漏洞类似，正确。

A 项：反驳中未提及“大多数肥胖者没患心脏病”，与题干论证不类似，排除。

C 项：反驳中未提及“大多数吸烟者没患肺癌”，与题干论证不类似，排除。

D 项：反驳中未提及“大多数高收入者没享受生活”，与题干论证不类似，排除。

E 项：反驳中未提及“大多数高分考生没有进入重点大学”，与题干论证不类似，排除。

10 2001MBA-33

农科院最近研制了一种高效杀虫剂，通过飞机喷洒，能够大面积地杀死农田中的害虫。这种杀虫剂的特殊配方虽然能保护鸟类免受其害，但却无法保护有益昆虫。因此，这种杀虫剂在杀死害虫的同时，也杀死了农田中的各种益虫。

以下哪项产品的特点，和题干中的杀虫剂最为类似？

A. 一种新型战斗机，它所装有的特殊电子仪器使得飞行员能对视野之外的目标发起有效攻击。这种电子仪器能区分客机和战斗机，但不能同样准确地区分不同的战斗机。因此，当它在对视野之外的目标发起有效攻击时，有可能误击友机。

B. 一种带有特殊回音强立体声效果的组合音响，它能使其主人在欣赏它的时候倍感兴奋和刺激，但往往同时使左邻右舍不得安宁。

C. 一部经典的中国文学名著，它真实地再现了中晚期中国封建社会的历史，但是，不同立场的读者从中得出不同的见解和结论。

D. 一种新投入市场的感冒药，它能迅速消除患者的感冒症状，但也会使服药者在一段时间中昏昏欲睡。

E. 一种新推出的电脑杀毒软件，它能随时监视并杀除入侵病毒，并在必要时会自动提醒使用者升级，但是，它同时降低了电脑的运作速度。

[解题分析] 正确答案：A

题干信息：杀虫剂的特点是能区分鸟类和昆虫，所以不会杀死鸟类；但不能区分昆虫中的益虫与害虫，因此，在杀死害虫时也会误杀益虫。

上述产品的特点是，能区分某一大类，但在具体小类中不能分清敌我。

A 项：战斗机的特点是能区分客机和战斗机，所以不会误击客机；但不能区分战斗机中的敌机与友机，因此，在攻击敌机时也会误击友机。这和题干中杀虫剂的特点类似，正确。

其余各项的产品都不具有类似于题干中杀虫剂的上述特点。

二、论证评价

论证评价题主要考查评价论点的能力，是支持和削弱两种思路的综合。解答评价题的关键是要寻找一个能影响题干结论的变量，即要求找出一个在肯定或否定状态下支持题干结论而相反状态下则削弱题干结论的选项。

（一）评价的含义

对某个问题两方面的回答或者某个信息两方面的回答，对题干推理，如果一方面回答起到支持作用，则另一方面回答起到驳斥作用，这个选项就对题干有评价作用。

注意一定是两方面回答都起到作用，如果仅仅一方面回答起到作用，则不是评价。

（二）解题思路

（1）因果联系：因果之间有无联系？前提和结论之间有没有关系？

（2）针对假设：原因是否可行或者有意义？推理是否可行？方法是否可行？

由于评价在很多情况下是针对题干推理成立的隐含假设起作用，所以读题时要注意体会题干推理的隐含假设，解题重点一般在隐含假设上，对隐含假设提出评价，以达到评判目的，也即寻找一个对题干论证过程起到正反两方面作用的隐含假设的选项。

(3) 其他因素：有无他因？是否有其他因素影响论证？除这个原因之外是否还有别的因素影响结论，或者有没有其他的原因来解释题干中存在的事实或者现象？

(4) 对比评价：对比评价针对的是上一个对比实验或对比调查，往往涉及求异法，需要重点考虑的评价方向有：

①对比的基准如何？对某个事物的评价，首先要有个评价的基准，也就是可比较的标准。

②另一方的情况如何？重点考虑隐含比较的另一方往往是一个有效的评价。

③其他关键证据怎样？有无反例存在？对比实验或对比调查的关键是要让实验或调查对象的其他方面的条件相同。

1　2017MBA－42

研究者调查了一组大学毕业即从事有规律的工作正好满8年的白领，发现他们的体重比刚毕业时平均增加了8公斤。研究者由此得出结论，有规律的工作会增加人们的体重。

关于上述结论的正确性，需要询问的关键问题是以下哪项？

A. 和该组调查对象其他情况相仿且经常进行体育锻炼的人，在同样的8年中体重有怎样的变化？

B. 该组调查对象的体重在8年后是否会继续增加？

C. 为什么调查关注的时间段是调查对象在毕业工作后8年，而不是7年或者9年？

D. 该组调查对象中男性和女性的体重增加是否有较大差异？

E. 和该组调查对象其他情况相仿但没有从事有规律工作的人，在同样的8年中体重有怎样的变化？

[解题分析] 正确答案：E

按照求异法，要得出合理的结论，必须对从事有规律工作的人和没有从事有规律工作的人的体重变化进行对比。

E项是需要询问的关键问题：和该组调查对象其他情况相仿但没有从事有规律工作的人，在同样的8年中体重有怎样的变化？若体重同样增加则削弱题干论证，若体重没有增加或增加很少则加强题干论证。

2　2002MBA－53

任何一篇译文都带有译者的行文风格。有时，为了及时地翻译出一篇公文，需要几个笔译人员同时工作，每人负责翻译其中一部分。在这种情况下，译文的风格往往显得不协调。与此相比，用于语言翻译的计算机程序则显示出优势：准确率不低于人工笔译，但速度比人工笔译快得多，并且能保持译文风格的统一。所以，为及时译出那些长的公文，最好使用机译而不是人工笔译。

为对上述论证作出评价，回答以下哪个问题最不重要？

A. 是否可以通过对行文风格的统一要求，来避免或至少减少合作译文在风格上的不协调？

B. 根据何种标准可以准确地判定一篇译文的准确率？

C. 机译的准确率是否同样不低于翻译家的笔译？

D. 日常语言表达中是否存在由特殊语境决定的含义，这些含义只有靠人的头脑，而不能靠计算机程序把握？

E. 不同的计算机翻译程序，是否也和不同的人工译者一样，会具有不同的行文风格？

[解题分析] 正确答案：E

前提：机译准确率不低于人工笔译，但速度快且译文风格统一。

结论：为及时译出那些长的公文，最好使用机译。

E项：涉及的问题和评判题干论证无关，因为每篇公文的机译在正常情况下是由同一计算机翻译程序完成的，因此，即使不同的计算机翻译程序有不同的风格，也不会影响同一篇译文在行文风格上的统一。所以，不同的计算机翻译程序的行文风格是否一样最不重要。

A、B、C、D项都与评价题干论证有关。

3 2002MBA－47

随着年龄的增长，人体对卡路里的日需求量逐渐减少，而对维生素的需求却日趋增多。因此，为了摄取足够的维生素，老年人应当服用一些补充维生素的保健品，或者应当注意比年轻时食用更多的含有维生素的食物。

为了对上述断定作出评价，回答以下哪个问题最为重要？

A. 对老年人来说，人体对卡路里需求量的减少幅度，是否小于对维生素需求量的增加幅度？

B. 保健品中的维生素，是否比日常食品中的维生素更易被人体吸收？

C. 缺乏维生素所造成的后果，对老年人是否比对年轻人更严重？

D. 一般地说，年轻人的日常食物中的维生素含量，是否较多地超过人体的实际需要？

E. 保健品是否会产生危害健康的副作用？

[解题分析] 正确答案：D

前提：随着年龄的增长，人体对维生素的需求增加。

结论：老年人应当补充维生素。

题干论证是否成立的关键在于：年轻人的日常食物中的维生素含量，是否较多地超过人体的实际需要？如果超过了人体的实际需要量，那么到了老年就不用补充了，因为食物中的维生素已经足够了，对论证起削弱作用；如果没有超过人体的实际需要量，那么到了老年就要补充维生素，对论证起支持作用。因此，D项起到正方两方面的评价作用，正确。

4 2001MBA－68

毫无疑问，未成年人吸烟应该加以禁止。但是，我们不能为了防止给未成年人吸烟以可乘之机，就明令禁止自动售烟机的使用。这种禁令就如同为了禁止无证驾车在道路上设立路障，这道路障自然禁止了无证驾车，但同时也阻挡了99%以上的有证驾驶者。

为了对上述论证作出评价，回答以下哪个问题最为重要？

A. 未成年吸烟者在整个吸烟者中所占的比例是否超过1%？

B. 禁止使用自动售烟机带给成年购烟者的不便究竟有多大？

C. 无证驾车者在整个驾车者中所占的比例是否真的不超过1%？

D. 从自动售烟机中是否能买到任何一种品牌的香烟？

E. 未成年人吸烟的危害，是否真如公众认为的那样严重？

[解题分析] 正确答案：B

前提：为了禁止无证驾车在道路上设立路障，但也阻挡了有证驾驶者，这是不可接受的。

结论：为了防止给未成年人吸烟就禁止自动售烟机的使用，这也是不可接受的。

上述类比论证是否正确的关键在于两者是否具有可比性，若有可比性，论证就得到加强；若无可比性，论证就得到削弱。类比的要素列表如下：

目的	不可行的做法	做法不可行的理由
防止未成年人吸烟	禁止自动售烟机的使用	
禁止无证驾车	在道路上设立路障	这道路障在禁止无证驾车的同时也阻挡了有证驾驶者

可见，为防止未成年人吸烟而禁止自动售烟机的使用这个做法不可行的理由应该是，禁止自动售烟机的使用在防止未成年人吸烟的同时，也影响了成年吸烟者。

B项：表明了是否要禁止自动售烟机的使用的参考依据。因为设置路障给普通驾驶员带来了很大的不便，所以，如果禁止自动售烟机的使用也给成年购烟者带来很大的不便，题干论证就得到支持；如果带来的不便并不大，题干论证就得到削弱。因此，该项是有效的评价，正确。

5　2000MBA－60

在经历了全球范围的股市暴跌的冲击以后，T国政府宣称，它所经历的这场股市暴跌的冲击，是由于最近国内一些企业过快的非国有化造成的。

以下哪项，如果事实上是可操作的，最有利于评价T国政府的上述宣称？

A. 在宏观和微观两个层面，对T国一些企业最近的非国有化进程的正面影响和负面影响进行对比。

B. 把T国受这场股市暴跌的冲击程度，和那些经济情况和T国类似，但最近没有实行企业非国有化的国家所受到的冲击程度进行对比。

C. 把T国受这场股市暴跌的冲击程度，和那些经济情况和T国有很大差异，但最近同样实行了企业非国有化的国家所受到的冲击程度进行对比。

D. 计算出在这场股市风波中T国的个体企业的平均亏损值。

E. 运用经济计量方法预测T国的下一次股市风波的时间。

[解题分析]　正确答案：B

题干宣称：股市暴跌（果）是由于一些企业过快的非国有化（因）造成的。

要评价上述因果关系是否成立，可以利用求异法构建对照实验来验证。

场合	先行情况	观察到的现象
1. T国	实行非国有化、B、C	股市暴跌
2. 别国	没有实行非国有化、B、C	①股市没暴跌（有助于说明题干因果关系成立） ②股市暴跌（有助于说明题干因果关系不成立）
结论：①股市暴跌是由非国有化造成的。②股市暴跌不是由非国有化造成的		

B项：与上述分析一致，构成了对照实验，最有利于评价，正确。

其余各项与评价T国政府的宣称无关或者关系不大，排除。

三、逻辑描述

逻辑描述题主要考查被测试者是否具备识别题干论证的推理结构、方法和特点的能力，最基本的问题是直接问上述推理怎样得到或怎样发展，要求描述作者论证的构建以及论证的缺陷。

（一）描述类型

逻辑描述题分为论证描述题和缺陷描述题两类。

（1）论证描述题要求总结或描述题干推理的方法或特点，以及识别某句话对结论或前提是否起作用或起到什么作用。

（2）缺陷描述题主要考查体会题干推理之后是否具备识别论证和推理缺陷的能力。题目特点是前提到结论的推理方法或论证方式不正确或有漏洞，阅读和分析时要重点关注从前提到结论的推理过程中所存在的具体缺陷。

（二）解题思路

逻辑描述题并不涉及题干主题，并不是让你从题干中必然推导出什么，而是让你去总结题干论证的方法或特点，识别论证如何构建以及推理有何缺陷。

1 2019MBA－33

有一论证（相关语句用序号表示）如下：

①今天，我们仍然要提倡勤俭节约。

②节约可以增加社会保障资源。

③我国尚有不少地区的人民生活贫困，亟须更多社会保障资源，但也有一些人浪费严重。

④节约可以减少资源消耗。

⑤因为被浪费的任何粮食或者物品都是消耗一定的资源得来的。

如果用“甲→乙”表示甲支持（或证明）乙，则以下哪项对上述论证基本结构的表示最为准确？

A.
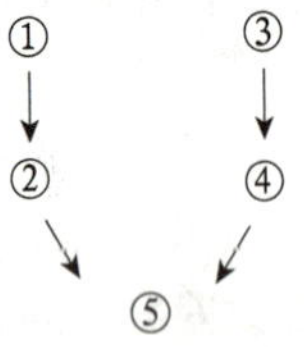

B.
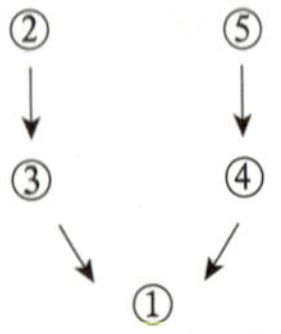

C.
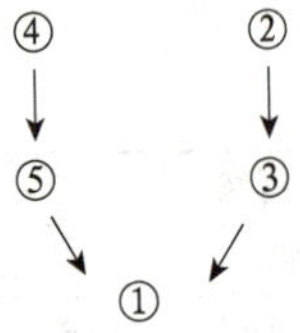

D.
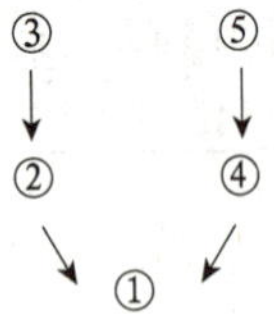

E.
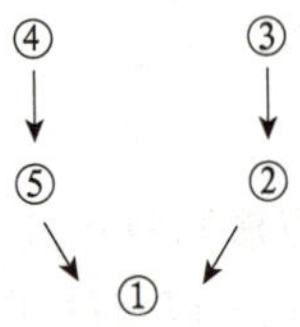

［解题分析］ 正确答案：D

题干是个收敛式论证，由②④两个前提分别支持结论。其中：

②③都提到了社会保障资源，而且是后者支持前者。

④⑤都提高了资源消耗，而且也是后者支持前者。

综合分析后，D项准确地表示了上述论证结构。

2　2009MBA－32

去年经纬汽车专卖店调高了营销人员的营销业绩奖励比例，专卖店李经理打算新的一年继续执行该奖励比例，因为去年该店的汽车销售数量较前年增加了16%。陈副经理对此持怀疑态度。她指出，他们的竞争对手并没有调整营销人员的奖励比例，但在过去的一年也出现了类似的增长。

以下哪项最为恰当地概括了陈副经理的质疑方法？

A. 运用一个反例，否定李经理的一般性结论。

B. 运用一个反例，说明李经理的论据不符合事实。

C. 运用一个反例，说明李经理的论据虽然成立，但不足以推出结论。

D. 指出李经理的论证对一个关键概念的理解和运用有误。

E. 指出李经理的论证中包含自相矛盾的假设。

［解题分析］ 正确答案：C

李：去年调高奖励比例增加了汽车销售量，所以，新的一年继续执行该奖励比例。

陈：竞争对手并没有调整奖励比例，但去年也出现了类似的增长。

可见，陈副经理并没有否认李经理的论据，而是提出了一个无因有果的反例：竞争对手未提高奖励比例但销量也增加了，表明销售量的增加并不一定与提高奖励比例有关。这说明李经理的论据虽然成立，但不足以推出结论。因此，C项为正确答案。

A项：一般性结论是从普遍现象归纳、总结、抽象出来的，可以适用于不同范畴。李经理的结论是，新的一年继续执行该奖励比例。这是个具体结论，不是一般性结论。所以，该项不恰当，排除。

B项：陈副经理并没有说明李经理的论据不符合事实，排除。

D、E项：陈副经理对李经理的质疑没有涉及“关键概念的理解和运用有误”“自相矛盾的假设”，均予以排除。

3　2008MBA－51

统计显示，在汽车事故中，装有安全气囊的汽车比例高于未安装安全气囊的汽车，因此，在汽车中安装安全气囊，并不能使车主更安全。

以下哪项最为恰当地指出了上述论证的漏洞？

A. 不加以说明就予以假设：任何安装安全气囊的汽车都有可能遭遇汽车事故。

B. 忽视了这种可能：未安装安全气囊的车主更注意谨慎驾驶。

C. 不当地假设：在任何汽车事故中，安全气囊都会自动打开。

D. 不当地把发生汽车事故的可能程度，等同于车主在事故中受伤害的严重程度。

E. 忽视了这种可能性：装有安全气囊的汽车所占的比例越来越大。

［解题分析］ 正确答案：D

前提：在汽车事故中，装有安全气囊的汽车比例＞未安装安全气囊的汽车比例。

结论：安装安全气囊并不能使车主更安全。

该论证存在两个漏洞：

(1) 数据不可比，未提及在所有汽车中装有安全气囊的汽车比例。

要比较安装安全气囊是否更安全，应该比较“在发生事故的汽车中装有安全气囊的汽车比例”与“在所有汽车中装有安全气囊的汽车比例”，而不应比较“在汽车事故中装有安全气囊的汽车比例”与“在汽车事故中未安装安全气囊的汽车比例”。

假定在所有汽车中装有安全气囊的汽车比例为90%，如果安装安全气囊对汽车事故没有影响，那么在汽车事故中装有安全气囊的汽车比例也应为90%左右。在这种情况下，如果在汽车事故中装有安全气囊的汽车比例为70%，虽然装有安全气囊的汽车比例高于未安装安全气囊的汽车，但安装安全气囊仍然能使汽车事故降低。

(2) 偷换概念，将“发生汽车事故的可能程度”等同于“安全程度”。

安全既包括发生事故的概率，也包括发生事故所造成伤害的严重程度。题干的论证即使把漏洞 (1) 补上，也只能得出“在汽车中安装安全气囊，并不能使车主更不容易发生事故”这一结论，而不能推出是否“更安全”。

D项：指出了漏洞 (2)。题干论证忽略了这一常识：安全气囊的作用，不在于避免汽车事故的发生，而在于当事故发生时减少车主受伤害的程度。因此，D项为正确答案。

其余选项均不能有效地指出上述论证的漏洞。

4　2008MBA－45

小陈：目前1996D3彗星的部分轨道远离太阳，最近却可以通过太空望远镜发现其发出闪烁光。过去人们从来没有观察到远离太阳的彗星出现这样的闪烁光，所以这种闪烁必然是不寻常的现象。

小王：通常人们都不会去观察那些远离太阳的彗星，这次发现的1996D3彗星闪烁光是有人通过持续而细心的追踪观测而获得的。

以下哪项最为准确概括了小王反驳小陈的观点所使用的方法？

A. 指出小陈使用的关键概念含义模糊。

B. 指出小陈的论据明显缺乏说服力。

C. 指出小陈的论据自相矛盾。

D. 不同意小陈的结论，并且对小陈的论据提出了另一种解释。

E. 同意小陈的结论，但对小陈的论据提出了另一种解释。

[解题分析] 正确答案：D

小陈：人们从未观察到远离太阳的彗星出现闪烁光，所以这种闪烁是不寻常的现象。

小王：人们通常不会去观察远离太阳的彗星，这次发现的闪烁光是有人通过持续而细心的追踪观测而获得的。

可见，小王不同意小陈的结论，认为这样的闪烁光是寻常的，并对这一情况提出了另一种解释，即这种现象早已存在，只不过以前人们观察得不够持续和细心罢了。因此，D项为正确答案。

5　2008MBA－40

和平基金会决定中止对S研究所的资助，理由是这种资助可能被部分地用于武器研究。对此，S研究所承诺：和平基金会的全部资助，都不会用于任何与武器相关的研究。和平基金会因此撤销了上述决定，并得出结论：只要S研究所遵守承诺，和平基金会的上述资助就不再会有利于武器研究。

以下哪项最为恰当地概括了和平基金会上述结论中的漏洞？

A. 忽视了这种可能性：S研究所并不遵守承诺。

B. 忽视了这种可能性：S研究所可以用其他来源的资金进行武器研究。

C. 忽视了这种可能性：和平基金会的资助使S研究所有能力把其他资金改用于武器研究。

D. 忽视了这种可能性：武器研究不一定危害和平。

E. 忽视了这种可能性：和平基金会的上述资助额度有限，对武器研究没有实质性意义。

[解题分析] 正确答案：C

和平基金会的论证结构如下。

前提：S研究所承诺，和平基金会的全部资助都不会用于任何与武器相关的研究。

结论：只要S研究所遵守承诺，和平基金会的上述资助就不再会有利于武器研究。

C项：表明即使S研究所遵守承诺，和平基金会的全部资助都不会用于任何与武器相关的研究，但如果和平基金会的资助使S研究所有能力把其他资金改用于武器研究，那么，和平基金会的上述资助就还是会有利于武器研究。这是和平基金会论证中的漏洞，因此为正确答案。

A项：题干结论是建立在遵守承诺的前提之上的，所以不遵守承诺并不是论证的漏洞，排除。

B项：虽然S研究所可以用其他来源的资金进行武器研究，但如果其他来源的资金不足，那么，S研究所对和平基金会的承诺仍可起到作用，排除。

D项：武器研究是否危害和平与题干论证无关，排除。

E项：资助额度与题干论证无关，排除。

6　2007MBA－38

郑兵的孩子即将上高中。郑兵发现，在当地中学，学生与老师的比例低的学校，学生的高考成绩普遍都比较好。郑兵因此决定，让他的孩子选择学生总人数最少的学校就读。

以下哪项最为恰当地指出了郑兵上述决定的漏洞？

A. 忽略了学校教学质量既和学生与老师的比例有关，也和生源质量有关。

B. 仅注重高考成绩，忽略了孩子的全面发展。

C. 不当地假设：学生总人数少就意味着学生与老师的比例低。

D. 在考虑孩子的教育时忽略了孩子本人的愿望。

E. 忽略了学校教学质量主要与教师的素质而不是数量有关。

[解题分析] 正确答案：C

郑兵的想法是选择学生与老师的比例低的学校，但他的决定是选择学生总人数最少的学校。

可见，郑兵是把相对比例（学生与老师之比）和绝对数（学生人数）弄混淆了，也就是他的决定忽略了：一个学生总人数少的学校，如果老师人数也相应少，则学生与老师的比例不一定低。选项C恰当地指出了这一点，因此为正确答案。

其余选项与题干论证无关。

7　2004MBA－50

在一场魔术表演中，魔术师看来很随意地请一位观众志愿者上台配合他的表演。根据魔术师的要求，志愿者从魔术师手中的一副扑克中随意抽出一张。志愿者看清楚了这张牌，但显然没有让魔术师看到这张牌。随后，志愿者把这张牌插回那副扑克中。魔术师把扑克洗了几遍，又切了一遍。最后魔术师从中取出一张，志愿者确认，这就是他抽出的那一张。有好奇者重复三次看了这个节目，想揭穿其中的奥秘。第一次，他用快速摄像机记录下了魔术师的手法，没有发现漏洞；第二次，他用自己的扑克代替魔术师的扑克；第三次，他自己充当志愿者。这三次表演，魔术师无一失手。此好奇者因此推断：该魔术的奥秘，不在手法技巧，也不在扑克或志愿者有诈。

以下哪项最为确切地指出了好奇者的推理中的漏洞？

A. 好奇者忽视了这种可能性：他的摄像机的功能会不稳定。

B. 好奇者忽视了这种可能性：除了摄像机以外，还有其他仪器可以准确记录魔术师的手法。

C. 好奇者忽视了这种可能性：手法技巧只有在使用做了手脚的扑克时才能奏效。

D. 好奇者忽视了这种可能性：魔术师表演同一个节目可以使用不同的方法。

E. 好奇者忽视了这种可能性：除了他所怀疑的上述三种方法外，魔术师还可能使用其他方法。

［解题分析］ 正确答案：D

前提：好奇者用三次不同方式观察魔术师都没有发现破绽。

结论：魔术的奥秘不在手法技巧，也不在扑克或志愿者有诈。

D项：魔术师表演同一个节目可能采用了不同的方法（包括手法、扑克和志愿者），从而使好奇者不能看出破绽。比如，第一次手法没问题，魔术师完全可以使用有诈的扑克或志愿者；第二次扑克没问题但手法或志愿者有诈；第三次志愿者没问题但是扑克或手法有猫腻。这就指出了题干推理的漏洞，正确。

A、B、C项：均为明显无关项，排除。

E项：好奇者的推断只是说“奥秘不在于手法、扑克和志愿者”，而并没有排除魔术师采用其他方法的可能性，与题干不矛盾，没有指出题干推理的漏洞，排除。

8 2002MBA－38

在产品检验中，误检包括两种情况：一是把不合格产品定为合格；二是把合格产品定为不合格。有甲、乙两个产品检验系统，它们依据的是不同的原理，但共同之处在于：第一，它们都能检测出所有送检的不合格产品；第二，都仍有恰好3%的误检率；第三，不存在一个产品，会被两个系统都误检。现在把这两个系统合并为一个系统，使得被该系统测定为不合格的产品，包括且只包括两个系统分别工作时都测定的不合格产品。可以得出结论：这样的产品检验系统的误检率为零。

以下哪项最为恰当地评价了上述推理？

A. 上述推理是必然性的，即如果前提真，则结论一定真。

B. 上述推理很强，但不是必然性的，即如果前提真，则为结论提供了很强的证据，但附加的信息仍可能削弱该论证。

C. 上述推理很弱，前提尽管与结论相关，但最多只为结论提供了不充分的根据。

D. 上述推理的前提中包含矛盾。

E. 该推理不能成立，因为它把某事件发生的必要条件的根据，当作充分条件的根据。

［解题分析］ 正确答案：A

题干推理过程如下。

前提：对于甲、乙两个系统，第一，它们都能检测出所有送检的不合格产品；第二，都仍有恰好3%的误检率；第三，不存在一个产品，会被两个系统都误检。

结论：两个系统同时检验，误检率为零。

分析上述论证，合并两个系统后：

首先，不可能把“不合格产品定为合格”。因为两个系统都能检测出所有送检的不合格产品，因此，测定为合格的产品实际上都是合格产品。

其次，也不可能把“合格产品定为不合格”。因为虽然测定为不合格的产品中，实际上有3%为误检，但不存在一个产品，会被两个系统都误检。即甲系统误检为不合格的产品，若经乙系统检验，则被测定为合格；同样，乙系统误检为不合格的产品，若经甲系统检验，则被测定为合格。

因此，两个系统所合并成的系统的误检率为零。即题干推理是必然成立的，A项正确。

四、 完成句子

完成句子题是在题干论证的最后，要求完成一个带有空格的推理。要完这一推理过程，所要做的是识别并填补这个推理的缺口，从而使得整个论证完整。这个推理缺口可能是论点或结论，也可能是论据或原因。

1　2001MBA－48

在各种动物中，只有人的发育过程包括了一段青春期，即性器官由逐步发育到完全成熟的一段相对较长的时期。至于各个人种的原始人类，当然我们现在只能通过化石才能确认和研究他们的曾经存在，是否也像人类一样有青春期这一点则难以得知，因为：

以下哪项作为上文的后继最为恰当？

A. 关于原始人类的化石，虽然越来越多地被发现，但对于我们完全地了解自己的祖先总是不够的。

B. 对动物的性器官由发育到成熟的测定，必须基于对同一个体在不同年龄段的测定。

C. 对于异种动物，甚至对于同种动物中的不同个体，性器官由发育到成熟所需的时间是不同的。

D. 已灭绝的原始人的完整骨架化石是极其稀少的。

E. 无法排除原始人类像其他动物一样，性器官无须逐渐发育而迅速成熟以完成繁衍。

［解题分析］ 正确答案：B

题干断定：只能通过化石才能确认和研究原始人类，难以得知其是否也像人类一样有青春期。

问题是需要解释题干断定的原因：为什么通过化石难以得知其是否也有青春期呢？因为化石只能体现一个动物个体某一特定年龄段的情况，而无法体现同一个体的不同年龄段的情况。

B项：对动物的性器官由发育到成熟的测定，必须基于对同一个体在不同年龄段的测定，而且化石又是研究原始人类的唯一根据，因此，显然难以根据化石来确定原始人类是否也有青春期，可以解释，正确。

其余各项作为题干的后继均不恰当。比如C项易被误选，根据各种生物经历青春期的生长速度不同，推出无法知道它们是否经历青春期的结论，这种推理是错误的，因为虽然生物的种类不同，但可以区别对待，还是可以验证几种生物是否经历青春期的。

2　2000MBA－33

在大型游乐公园里，现场表演是刻意用来引导人群流动的。午餐时间的表演是为了减轻公园餐馆的压力；傍晚时间的表演则有一个完全不同的目的：鼓励参观者留下来吃晚餐。表面上不同时间的表演有不同的目的，但这背后，却有一个统一的潜在目标，即：

以下哪一选项作为本段短文的结束语最为恰当？

A. 尽可能地减少各游览点的排队人数。

B. 吸引更多的人来看现场表演，以增加利润。

C. 最大限度地避免由于游客出入公园而引起交通阻塞。

D. 在尽可能多的时间里最大限度地发挥餐馆的作用。

E. 尽可能地招徕顾客，希望他们再次来公园游览。

[解题分析] 正确答案：D

题干信息：大型游乐公园里有现场表演，午餐时间的表演是为了减轻公园餐馆的压力，傍晚时间的表演是鼓励参观者留下来吃晚餐。

可见，不同时间的表演都和餐馆有关，其目的应该是通过对人群流动的引导，在尽可能多的时间里最大限度地发挥餐馆的作用。因此，D项作为上文的后继最恰当。

其余各项也可能是现场表演的目的之一，但没有与餐馆相关，因此，作为结束语均不恰当。

五、论证题组

论证题组题就是两到三个题（一般为两个题）基于同一个题干这样的考题，实际上是对题干论证关系从不同角度同时考查，能更有效地考查考生的批判性思维能力。

1 2016MBA－52～53 基于以下题干：

钟医生："通常，医学研究的重要成果在杂志发表之前需要经过匿名评审，这需要耗费不少时间。如果研究者能放弃这段等待时间而事先公开其成果，我们的公共卫生水平就可以伴随着医学发现更快获得提高。因为新医学信息的及时公布将允许人们利用这些信息提高他们的健康水平。"

52. 以下哪项最可能是钟医生论证所依赖的假设？

A. 即使医学论文还没有在杂志发表，人们还是会使用已公开的相关新信息。

B. 因为工作繁忙，许多医学研究者不愿成为论文评审者。

C. 首次发表于匿名评审杂志的新医学信息一般无法引起公众的注意。

D. 许多医学杂志的论文评审者本身并不是医学研究专家。

E. 部分医学研究者愿意放弃在杂志上发表，而选择事先公开其成果。

[解题分析] 正确答案：A

钟医生论述：医学成果在发表之前需要经过耗时的匿名评审，如果医学论文还没有在杂志发表，研究者就事先公开其成果，公共卫生水平就可以伴随着医学发现更快获得提高。

这一论证显然必须假设A项，否则，如果人们不会使用已公开的相关新信息，那么，钟医生的论述就不成立了。

B项：与题干无关，排除。

C项：题干中没有出现"首次发表"，为无关项，排除。

D项：题干论证与评审者是不是医学研究专家无关，排除。

E项：公开成果后，是否会被人们使用是未知的，排除。

53. 以下哪项如果为真，最能削弱钟医生的论证？

A. 大部分医学杂志不愿意放弃匿名评审制度。

B. 社会公共卫生水平的提高还取决于其他因素，并不完全依赖于医学新发现。

C. 匿名评审常常能阻止那些含有错误结论的文章发表。

D. 有些媒体常常会提前报道那些匿名评审杂志发表的医学研究成果。

E. 人们常常根据新发表的医学信息来调整他们的生活方式。

［解题分析］ 正确答案：C

选项C表明，匿名评审常常能阻止那些含有错误结论的文章发表。这意味着，医学成果在发表之前就事先公开，可能会包含不少错误结论，公共卫生水平就不见得会伴随着医学发现更快获得提高。这显然以另有他因的方式有力地削弱了钟医生的论证。

A项：与放弃匿名评审是否会提高公共卫生水平无关，排除。

B项：社会公共卫生水平的提高并不完全依赖于医学新发现，但仍然可能起到决定性作用，为干扰项，排除。

D项：与题干论证无关，排除。

E项：与是否应该进行匿名评审无关，排除。

2 2011MBA－49～50 基于以下题干：

某家长认为，有想象力才能进行创造性劳动，但想象力和知识是天敌。人在获得知识的过程中，想象力会消失。因为知识符合逻辑，而想象力无章可循。换句话说，知识的本质是科学，想象力的特征是荒诞。人的大脑一山不容二虎：学龄前，想象力独占鳌头，脑子被想象力占据；上学后，大多数人的想象力被知识驱逐出境，他们成为知识渊博但丧失了想象力，终身只能重复前人发现的人。

49. 以下哪项是该家长的论述所依赖的假设？

Ⅰ. 科学是不可能荒诞的，荒诞的就不是科学。

Ⅱ. 想象力和逻辑水火不相容。

Ⅲ. 大脑被知识占据后很难恢复想象力。

A. 仅Ⅰ。

B. 仅Ⅱ。

C. 仅Ⅰ和Ⅱ。

D. 仅Ⅱ和Ⅲ。

E. Ⅰ、Ⅱ和Ⅲ。

［解题分析］ 正确答案：E

题干中家长的论述：

(1) 想象力和知识是天敌，人在获得知识的过程中，想象力会消失。

(2) 知识符合逻辑，而想象力无章可循。知识的本质是科学，想象力的特征是荒诞。

(3) 人的大脑一山不容二虎：学龄前，脑子被想象力占据；上学后，想象力被知识替代。

Ⅰ：由(1)想象力和知识是天敌，结合(2)科学与荒诞分别是知识和想象力的特征，可以得出，科学是不可能荒诞的。

Ⅱ：由(2)知识符合逻辑，而想象力无章可循，可以得出，想象力和逻辑水火不相容。

Ⅲ：由(3)上学后，随着知识越来越多，想象力则越来越少，大多数人丧失了想象力，可以得出，大脑被知识占据后很难恢复想象力。

可见，Ⅰ、Ⅱ和Ⅲ均是家长论述所依赖的假设，因此，E项为正确答案。

50. 以下哪项与该家长的上述观点矛盾？

A. 如果希望孩子能够进行创造性劳动，就不要送他们上学。

B. 如果获得了足够知识，就不能进行创造性劳动。

C. 发现知识的人是有一定想象力的。

D. 有些人没有想象力，但能进行创造性劳动。

E. 想象力被知识驱逐出境是一个逐渐的过程。

［解题分析］正确答案：D

题干中家长的观点：有想象力才能进行创造性劳动。

条件关系式：想象力←创造性劳动。

其负命题是：¬想象力∧创造性劳动。

即，没有想象力却能进行创造性劳动。

因此，D项与题干观点矛盾。

3 2009MBA－40～41 基于以下题干：

因为照片的影像是通过光线与胶片的接触形成的，所以每张照片都具有一定的真实性。但是，从不同角度拍摄的照片总是反映了物体某个侧面的真实而不是全部的真实，在这个意义上，照片又是不真实的。因此，在目前的技术条件下，以照片作为证据是不恰当的，特别是在法庭上。

40. 以下哪项是上述论证所假设的？

A. 不完全反映全部真实的东西不能成为恰当的证据。

B. 全部的真实性是不可把握的。

C. 目前的法庭审理都把照片作为重要物证。

D. 如果从不同角度拍摄一个物体，就可以把握它的全部真实性。

E. 法庭具有判定任一证据真伪的能力。

［解题分析］正确答案：A

题干前提：照片反映了某个侧面的真实而不是全部的真实。

补充A项：不完全反映全部真实的东西不能成为恰当的证据。

得出结论：照片作为证据是不恰当的。

可见，A项为题干论证的假设。

41. 以下哪项如果为真，最能削弱上述论证？

A. 摄影技术是不断发展的，理论上说，全景照片可以从外观上反映物体的全部真实。

B. 任何证据只需要反映事实的某个侧面。

C. 在法庭审理中，有些照片虽然不能成为证据，但有重要的参考价值。

D. 有些照片是通过技术手段合成或伪造的。

E. 就反映真实性而言，照片的质量有很大的差别。

［解题分析］正确答案：B

题干论证成立所必需的假设是：不完全反映全部真实的东西不能成为恰当的证据。

B项：任何证据只需要反映事实的某个侧面。这就否定了题干论证的假设，有力地削弱了题干论证。因此，B项为正确答案。

4 2008MBA－41～42 基于以下题干：

一般人认为，广告商为了吸引顾客不择手段。但广告商并不都是这样。最近，为了扩大销路，一家名为《港湾》的家庭类杂志改名为《炼狱》，主要刊登暴力与色情内容。结果原先《港湾》杂志的一些常年广告客户拒绝续签合同，转向其他刊物。这说明这些广告商不只考虑经济效益，而且顾及道德责任。

41. 以下各项如果为真，都能削弱上述论证，除了：

A.《炼狱》杂志所登载的暴力与色情内容在同类杂志中较为节制。

B. 刊登暴力与色情内容的杂志通常销量较高，但信誉度较低。

C. 上述拒绝续签合同的广告商主要推销家具商品。

D. 改名后的《炼狱》杂志的广告费比改名前提高了数倍。

E.《炼狱》因登载虚假广告被媒体曝光，一度成为新闻热点。

[解题分析] 正确答案：A

前提：《港湾》改名为刊登暴力与色情内容的《炼狱》后，原先的广告客户转向其他刊物。

结论：这些广告商不只考虑经济效益，而且顾及道德责任。

A 项：比较对象是《炼狱》与登载暴力与色情内容的同类杂志，而题干比较对象是《港湾》与《炼狱》，比较对象不一致，不能削弱，因此为正确答案。

B 项：刊登暴力与色情内容的杂志信誉度低，导致客户流失，说明这些客户是出于经济效益的考虑，而不是道德责任方面的考虑，他因削弱，排除。

C 项：这些广告客户拒绝续签合同，不是因为《炼狱》刊登暴力与色情内容，而是因为他们的目标客户不是《炼狱》的读者群，他因削弱，排除。

D 项：广告费提高增加了广告商的成本，拒绝续签很可能是出于经济效益的考虑，他因削弱，排除。

E 项：《炼狱》因登载虚假广告被媒体曝光，其广告可信度低，可能无法给广告商带来收益，拒绝续签是出于经济效益的考虑，他因削弱，排除。

42. 以下哪项如果为真，最能加强题干的论证？

A.《炼狱》的成本与售价都低于《港湾》。

B. 上述拒绝续签合同的广告商在转向其他刊物后效益未受影响。

C. 家庭类杂志的读者一般对暴力与色情内容不感兴趣。

D. 改名后《炼狱》杂志的广告客户并无明显增加。

E. 一些在其他家庭类杂志做广告的客户转向《炼狱》杂志。

[解题分析] 正确答案：E

E 项：其他客户转向《炼狱》杂志，说明在该杂志上刊登广告是能给广告客户带来经济效益的，而题干中的广告客户拒绝续签，这就更说明他们确实不只考虑经济效益，而且顾及道德责任，加强了题干论证，正确。

A 项：杂志的成本与售价都低了，与广告费是否降低没有必然联系，不能确定与广告商的选择有关，排除。

B 项：拒绝续签合同的广告商在转向其他刊物后效益未受影响，无法确定这些广告商是否是因为顾及道德责任而拒绝续签的，排除。

C 项：表明杂志的客户群改变了，广告商的拒绝续签很可能是考虑了经济利益，削弱题干，排除。

D 项：广告客户无明显增加，表明《炼狱》并不能带来更多经济利益，不能确定广告商是否是因为考虑了道德责任而拒绝续签的，排除。

5 2007MBA－49～50 基于以下题干：

人的行为，分为私人行为和社会行为，后者直接涉及他人和社会利益。有人提出这样的原则：对于官员来说，除了法规明文允许的以外，其他的社会行为都是禁止的；对于平民来说，除了法规明文禁止的以外，其余的社会行为都是允许的。

49. 为使上述原则能对官员和平民的社会行为产生不同的约束力，以下哪项是必须假设的？

A. 官员社会行为的影响力明显高于平民。

B. 法规明文涉及（允许或禁止）的行为，并不覆盖所有的社会行为。

C. 平民比官员更愿意接受法规的约束。

D. 官员的社会行为如果不加严格约束，其手中的权力就会被滥用。

E. 被法规明文允许的社会行为，要少于被禁止的社会行为。

[解题分析] 正确答案：B

题干提出的原则：

官员：除了法规明文允许的以外，其他的社会行为都是禁止的。

平民：除了法规明文禁止的以外，其余的社会行为都是允许的。

如果法规明文涉及的行为覆盖了所有的社会行为，那么一个社会行为，要么是允许的，要么是禁止的，那么上述原则对官员和平民的社会行为产生的约束力就是相同的。情况如下表。

	法规明文允许的社会行为	法规明文禁止的社会行为
官员	√	×
平民	√	×

这种情况不符合题干要求，因此，要使题干的原则能对官员和平民的社会行为产生不同的约束力，必须假设：法规明文涉及（允许或禁止）的行为，并不覆盖所有的社会行为，即存在法律没有涉及的社会行为，这类行为，对官员是禁止的，而对平民是允许的。满足该假设后的情况如下表。

	法规明文允许的社会行为	法规没有涉及的社会行为	法规明文禁止的社会行为
官员	√（1）	×（2）	×（3）
平民	√（4）	√（5）	×（6）

因此，B项是正确答案。

50. 如果实施上述原则能对官员和平民的社会行为产生不同的约束力，则以下各项断定均不违反这一原则，除了：

A. 一个被允许或禁止的行为，不一定是法规明文允许或禁止的。

B. 有些行为，允许平民实施，但禁止官员实施。

C. 有些行为，允许官员实施，但禁止平民实施。

D. 官员所实施的行为，如果法规明文允许，则允许平民实施。

E. 官员所实施的行为，如果法规明文禁止，则禁止平民实施。

[解题分析] 正确答案：C

根据上题所述，推理如下。

C项：允许官员实施的行为（1），一定允许平民实施（4），而不是禁止平民实施。该项违反了原则，因此为正确答案。

A项：行为（2）（5）被允许或被禁止，但并非法规明文允许或禁止的，不违反原则，排除。

B项：行为（5）允许平民实施，但禁止官员实施，不违反原则，排除。

D项：允许官员实施的行为（1），也允许平民实施，不违反原则，排除。

E项：禁止官员实施的行为（3），也禁止平民实施，不违反原则，排除。

6　2006MBA-40～41基于以下题干：

免疫研究室的钟教授说："生命科学院从前的研究生那种勤奋精神越来越不多见了，因为我发现目前在我的研究生中，起早摸黑做实验的人越来越少了。"

40. 钟教授的论证基于以下哪项假设？

A. 现在生命科学院的研究生需要从事的实验外活动越来越多。

B. 对于生命科学院的研究生来说，只有起早摸黑才能确保完成实验任务。

C. 研究生是否起早摸黑做实验是他们勤奋与否的一个重要标准。

D. 钟教授的研究生做实验不勤奋是由于钟教授没有足够的科研经费。

E. 现在的年轻人不热衷于实验室工作。

[解题分析] 正确答案：C

钟教授的论证结构如下。

前提：目前在免疫研究室钟教授的研究生中，起早摸黑做实验的人越来越少了。

结论：生命科学院从前的研究生那种勤奋精神越来越不多见了。

为使上述论证成立，必须假设：

（1）钟教授的研究生能代表生命科学院研究生的整体情况。

（2）研究生是否起早摸黑做实验是他们勤奋与否的一个重要标准。

否则，如果（2）不成立，那么，根据起早摸黑做实验的人越来越少，就不能得出研究生的勤奋精神越来越不多见的结论。因此，C项为正确答案。

41. 以下哪项最为恰当地指出了钟教授推理中的漏洞？

A. 不当地断定：除了生命科学院以外，其他学院的研究生普遍都不够用功。

B. 没有考虑到研究生的不勤奋有各自不同的原因。

C. 只是提出了问题，但没有提出解决问题的方法。

D. 不当地假设：他的学生状况就是生命科学院所有研究生的一般状况。

E. 没有设身处地考虑他的研究生毕业后找工作的难处。

[解题分析] 正确答案：D

根据上题所述，要使题干论证成立，必须假设（1）。

D项：指出了这个潜在假设不一定成立，也就是指出了钟教授的推理犯了以偏概全的逻辑错误。

7　2006MBA-30～31基于以下题干：

一般认为，一个人80岁和他在30岁相比，理解和记忆能力都显著减退。最近的一项调查显示，80岁的老人和30岁的年轻人在玩麻将时所表现出的理解和记忆能力没有明显差别。因此，认为一个人到了80岁理解和记忆能力会显著减退的看法是站不住脚的。

30. 以下哪项如果为真，最能削弱上述论证？

A. 玩麻将需要的主要不是理解和记忆能力。

B. 玩麻将只需要较低的理解和记忆能力。

C. 80岁的老人比30岁的年轻人有更多时间玩麻将。

D. 玩麻将有利于提高一个人的理解和记忆能力。

E. 一个人到了80岁理解和记忆能力会显著减退的看法，是对老年人的偏见。

[解题分析] 正确答案：B

前提：老人和年轻人在玩麻将时所表现出的理解和记忆能力没有明显差别。

结论：老人理解和记忆能力不会显著减退。

B项：玩麻将只需要较低的理解和记忆能力。这说明，理解和记忆能力与玩麻将的表现关系不大，割裂了题干理由与结论的关系，严重削弱了论证，正确。

A项：难以削弱。玩麻将需要的主要不是理解和记忆能力，若理解和记忆能力对玩麻将也非常重要，只不过是其次重要的，那么题干论证仍然成立，干扰项，排除。

C项：不能削弱。老人比年轻人有更多时间玩麻将，无法得知与理解和记忆能力的关系，与题干论证无关，排除。

D项：不能削弱。对题干论证起不到作用，排除。

E项：不能削弱。对题干论证有支持作用，排除。

31. 以下哪项如果为真，最能加强上述论证？

A. 目前30岁的年轻人的理解和记忆能力，高于50年前的同龄人。

B. 上述调查的对象都是退休或在职的大学教师。

C. 上述调查由权威部门策划和实施。

D. 记忆能力的减退不必然导致理解能力的减退。

E. 科学研究证明，人的平均寿命可以达到120岁。

[解题分析] 正确答案：A

题干前提：目前80岁的老人和30岁的年轻人在玩麻将时所表现出的理解和记忆能力没有明显差别。

补充A项：目前30岁的年轻人的理解和记忆能力，高于50年前的同龄人。

得出结论：80岁的老人在玩麻将时所表现出的理解和记忆能力就比他们在30岁时更强了。

这显然有力地加强了“老人理解和记忆能力不会显著减退”的结论。

B项：大学教师学历高，其理解和记忆能力比普通人强，说明样本不具有代表性，削弱题干论证，排除。

C项：对题干论证所起的作用不大，排除。

D、E项：均与题干论证无关，排除。

8　2005MBA-29～30 基于以下题干：

宏达山钢铁公司由五个子公司组成。去年，其子公司火龙公司实行与利润挂钩的工资制度，其他子公司则维持原有的工资制度。结果，火龙公司的劳动生产率比其他子公司的平均劳动生产率高出13%。因此，在宏达山钢铁公司实行与利润挂钩的工资制度有利于提高该公司的劳动生产率。

29. 以下哪项最可能是上述论证所假设的？

A. 火龙公司与其他各子公司分别相比，原来的劳动生产率基本相同。

B. 火龙公司与其他各子公司分别相比，原来的利润率基本相同。

C. 火龙公司的职工数量，和其他子公司的平均职工数量基本相同。

D. 火龙公司原来的劳动生产率，与其他各子公司相比不是最高的。

E. 火龙公司原来的劳动生产率，与其他子公司原来的平均劳动生产率基本相同。

[解题分析] 正确答案：E

前提：宏达山钢铁公司做了个对照实验，实行与利润挂钩的工资制度的火龙公司比没有实行这一制度的其他子公司平均劳动生产率高。

结论：实行与利润挂钩的工资制度有利于提高该公司的劳动生产率。

E 项：火龙公司的劳动生产率要与其他子公司的平均劳动生产率相比，需要保证火龙公司原来的劳动生产率与其他子公司原来的平均劳动生产率基本相同，在此前提下，火龙公司实行该制度后提高了劳动生产率才能得出该制度能提高劳动生产率的结论。可见，该项是题干论证必须假设的。

A、D 项：题干是与“其他子公司原来的平均劳动生产率”比较，不需要与各子公司原来的劳动生产率比较，排除。

B、C 项：题干论证与“利润率”“职工数量”无关，排除。

30. 以下哪项如果为真，最能削弱上述论证？

A. 实行了与利润挂钩的分配制度后，火龙公司从其他子公司挖走了不少人才。

B. 宏达山钢铁公司去年从国外购进的先进技术装备，主要用于火龙公司。

C. 火龙公司是三年前组建的，而其他子公司都有 10 年以上的历史。

D. 红塔钢铁公司去年也实行了与利润挂钩的工资制度，但劳动生产率没有明显提高。

E. 宏达山钢铁公司的子公司金龙公司去年没有实行与利润挂钩的工资制度，但劳动生产率比火龙公司略高。

［解题分析］ 正确答案：B

B 项：宏达山钢铁公司去年从国外购进的先进技术装备主要用于火龙公司，这说明火龙公司的劳动生产率提高可能是由于先进的生产设备等其他原因造成的，而与工资制度无关。这是另有他因的削弱，正确。

A 项：实行了与利润挂钩的分配制度后，火龙公司从其他子公司挖走了不少人才。这个选项表面看起来比较有干扰性，是因为挖走了人才，但挖走人才的结果依然是由于执行了这种工资制度所导致的，起到了间接因果的作用，不能起到有效的削弱作用，排除。

C 项：劳动生产率与公司的历史长短无必然联系，不能削弱，排除。

D 项：没有给出红塔钢铁公司的情况是否与火龙公司基本相同，起不到比较作用，不属于“有因无果”的反例，无法削弱，排除。

E 项：没有给出金龙公司的情况是否与火龙公司基本相同，有可能金龙公司的劳动生产率本来就比火龙公司要高，不属于“无因有果”的反例，无法削弱，排除。

9　2002MBA－57～58 基于以下题干：

以下是一份商用测谎器的广告：

员工诚实的个人品质，对于一个企业来说至关重要。一种新型的商用测谎器，可以有效地帮助贵公司聘用诚实的员工。著名的 QQQ 公司在一次招聘面试时使用了测谎器，结果完全有理由让人相信它的有效功能。有三分之一的应聘者在这次面试中撒谎。当被问及他们是否知道法国经济学家道尔时，他们都回答知道，或至少回答听说过。但事实上这个经济学家是不存在的。

57. 以下哪项最可能是上述广告所假设的？

A. 上述应聘者中的三分之二知道所谓的法国经济学家道尔是不存在的。

B. 上述面试的主持者是诚实的。

C. 上述应聘者中的大多数是诚实的。

D. 上述应聘者在面试时并不知道使用了测谎器。

E. 该测谎器的性能价格比非常合理。

［解题分析］ 正确答案：D

前提：在一次使用了测谎器的招聘面试中，发现有三分之一的应聘者撒谎。

结论：测谎器有效。

D项：必须假设。否则，如果应聘者在面试时知道使用了测谎器，并因此显然就能意识到面试的目的之一是测试是否诚实，那么，就没有必要在上述这样一个无关紧要的问题上撒谎。然而，事实上确实有三分之一的人回答知道或听说过道尔，这完全有可能是他们真的知道或听说过道尔这个人，只不过他们得到的信息有误或者记错了，而他们本身并没有撒谎。这时就不能说明测谎器真的测出撒谎了，而是误测。

其余各项都不是需要假设的。

58. 以下哪项最能说明上述广告存在漏洞？

A. 上述广告只说明面试中有人撒谎，并未说明测谎器能有效测谎。

B. 上述广告未说明为何员工诚实的个人品质，对于一个公司来说至关重要。

C. 上述广告忽视了：一个应聘者即使如实地回答了某个问题，仍可能是一个不诚实的人。

D. 上述广告依据的只有一个实例，难以论证一般性的结论。

E. 上述广告未对QQQ公司及其业务进行足够的介绍。

［解题分析］ 正确答案：A

题干所说的“有三分之一的应聘者在这次面试中撒谎”，并不是测谎器测出来的，而只是用一个问题来说明面试者中有人撒谎，广告并没有说明测谎器的准确率如何以及是否有效。

A项：广告的目的是宣传测谎器的有效功能，但广告中只说明面试中有人撒谎，并未说明测谎器能有效测谎，这是该广告中一个明显的漏洞。A项正确。

10 2000MBA－77～78 基于以下题干：

一项全球范围的调查显示，近10年来，吸烟者的总数基本保持不变；每年只有10%的吸烟者改变自己的品牌，即放弃原有的品牌而改吸其他品牌；烟草制造商用在广告上的支出占其毛收入的10%。在Z烟草公司的年终董事会上，董事A认为，上述统计表明，烟草业在广告上的收益正好等于其支出，因此，此类广告完全可以不做。董事B认为，由于上述10%的吸烟者所改吸的香烟品牌中几乎不包括本公司的品牌，因此，本公司的广告开支实际上是笔亏损性开支。

77. 以下哪项，构成对董事A的结论的最有力质疑？

A. 董事A的结论忽视了：对广告开支的有说服力的计算方法，应该计算其占整个开支的百分比，而不应该计算其占毛收入的百分比。

B. 董事A的结论忽视了：近年来各种品牌的香烟的价格有了很大的变动。

C. 董事A的结论基于一个错误的假设：每个吸烟者在某个时候只喜欢一种品牌。

D. 董事A的结论基于一个错误的假设：每个烟草制造商只生产一种品牌。

E. 董事A的结论忽视了：世界烟草业是由处于竞争状态的众多经济实体组成的。

［解题分析］ 正确答案：E

题干的前提：吸烟者的总数基本保持不变，每年只有10%的吸烟者改吸其他品牌，烟草制造商用在广告上的支出占其毛收入的10%。

董事A的结论：烟草业在广告上的收益正好等于其支出，因此，此类广告完全可以不做。

题干中统计的烟草业的广告收益（每年有10%的吸烟者改吸其他品牌），是烟草行业广告的整体收益合计；同样，这样的广告支出（烟草商用在广告上的支出占其毛收入的10%），也是烟草行业广告的整体支出合计。从表面上看，似乎收支相当。但对单个烟草企业而言，广告上的支出和收益可能存在很大差别。如果某烟草公司不做广告，行业内其他公司的广告会继续做，那么，该公司的销售很可能会受损。

E项：根据上述分析，董事A的结论正是忽视了这样一个事实，即世界烟草业是由处于竞争状态的众多经济实体组成的。E项正确。

78. 以下哪项如果为真，能构成对董事B的结论的质疑？

Ⅰ. 如果没有Z公司的烟草广告，许多消费Z公司品牌的吸烟者将改吸其他品牌。

Ⅱ. 上述改变品牌的10%的吸烟者所放弃的品牌中，几乎没有Z公司的品牌。

Ⅲ. 烟草广告的效果之一，是吸引新吸烟者取代停止吸烟者（死亡的吸烟者或戒烟者）而消费自己的品牌。

A. 只有Ⅰ。

B. 只有Ⅱ。

C. 只有Ⅲ。

D. 只有Ⅰ和Ⅱ。

E. Ⅰ、Ⅱ和Ⅲ。

［解题分析］正确答案：E

董事B的结论：由于上述10%的吸烟者所改吸的香烟品牌中几乎不包括本公司的品牌，因此，本公司的广告开支实际上是笔亏损性开支。

烟草广告的效果，至少可以体现在三方面：第一，吸引消费其他品牌的吸烟者改吸自己的品牌；第二，说服消费自己品牌的吸烟者继续消费本品牌；第三，吸引新吸烟者消费自己的品牌。

Ⅰ、Ⅱ：广告效果体现在上述第二个方面，即广告可以稳固本公司现有的客户群。

Ⅲ：广告效果体现在上述第三个方面，即广告对占有新客户群起重要作用。

可见，Ⅰ、Ⅱ和Ⅲ的断定如果为真，都能说明广告支出的必要性，所以，不能因为Z公司的烟草广告效果在上述第一方面基本不起作用，就认为该公司的广告开支是笔亏损性开支。

因此，E项正确。

后　记

针对管理类联考和经济类联考逻辑测试的特点，根据以往考生的考试经验，逻辑复习备考最有效的应试方法就是抓住真题。也就是说，千万不要忽略了历年真题的作用，把真题利用好，能给考生带来事半功倍的效果，省心、省时、高效。

一、逻辑备考的主要经验：真题就是一切

逻辑备考中大家很容易忽略的一条捷径就是通过历年真题提高快速解题能力。

逻辑的命题具有很强的承继性，常考的领域都有重复性。真题是逻辑复习备考的最好蓝本，逻辑备考的要诀就是在真题里提高解题能力，在真题里预测出今后命题的规律，在真题里悟出解题要领。

由于一套真题需要命题组专家花一年时间专门琢磨，题目出得不可能不精，质量自然要远高于各类辅导书的习题。历年考题不仅使你熟悉考题类型和解题套路，而且还可以使你在正式考试时对绝大多数题感到“面熟”，无形中会产生胸有成竹的心理优势。因此，反复研习历年真题，是攻克逻辑考试的捷径。

二、逻辑备考的最佳策略：真题类型化方法

逻辑考试考查的重点是对知识的综合运用以及解决实际问题的能力，具体表现在题目很活，解题技巧只有在反复练习中才会真正掌握并巩固。因此，要拿高分，秘诀就是真题类型化方法。

类型化方法是最实用有效的方法。所谓类型化方法，指的就是以最佳的试题分类为基础、根据不同的试题类型所具有的主要特征而提炼出来的处理不同类型问题的具体方法。分类越细越实用，类型的特征越明晰效果越显著。

好的解题方法简便快捷，与笨方法有天壤之别。为此，本书针对逻辑题型，深入分析探究，用“举题型讲方法”的格式，把历年真题按题目的表现形式或解题方法划分为不同的题型，并作详细剖析说明，通过对同类真题的解题分析，尽量把每一种解题套路的特点和解题方法分析透彻。本书中总结出的解题方法、技巧，便于考生掌握和应用，将使考生应试时思路畅通，有的放矢。

本书全面介绍解题思路，重点关注的是解题方向，即往哪方面思考的问题，这种思路具有一般的规律性。用题型分类的方式讲解每一类题型及其各种解题思路，这类似于一种分解动作，目的是帮助考生在平时训练过程中，在练基本功的过程中，形成解题感觉。如果经过足量的训练，解题感觉已基本形成，那么在正式解题时就应一气呵成，而不用拘泥于具体是哪种思路。其实，逻辑题的推理过程最重要，要从繁复的叙述中看清事物间的推理关系。推理过程清楚了，不论什么题型都好解答，很多不同种类的题型其实解题思路是相通的。

三、逻辑备考的成功秘诀：通过真题精练形成题感

提高逻辑成绩最有效的办法就是精练。所谓精练，就是反复做题，按照题目的类型进行解题套路的训练，从而全面把握各类题型的命题规律，逐步形成题感。只有解题既快又准，才能取得逻辑高分。

真题的作用绝不是其他模拟题可替代的。因此，想取得考试成功，就要进行真题精练，即反复做历年真题，要做到“熟能生巧”。只有大量做题，才能形成题感。历年真题对考生的备考具有导向性的作用，吃透真题，才能摸清考点和出题规律。为此，本书系统剖析了历年真题的题型特点，突出了类型化的编排特色，详尽提供了精简而管用的解题思路、方法和技巧，因此，非常适合作为帮助管理类和经济类联考考生紧抓逻辑考点、把握考题特征、辨明考试趋势的辅导与训练用书。

鉴于以上认识，本书的编写指导思想是从考生的实际出发，以逻辑思维能力的训练为目标，以历年真题为基础，把分类思维训练与解题技巧有效地结合起来。目的是通过解题训练，帮助广大管理类和经济类联考考生更好地进行逻辑科目的复习备考，有效地提高考生的实战能力。

科学思维文库·周建武逻辑书系
在版书目

科学思维是人们正确认识客观世界和改造客观世界的有效工具，是对包括逻辑与批判性思维在内的各种科学思维方法的有机整合。“科学思维文库·周建武逻辑书系”目前在版的主要图书如下：

考研逻辑系列图书

- 《MBA、MPA、MPAcc、MEM管理类联考综合能力逻辑历年真题分类精解（精讲篇）》
- 《MBA、MPA、MPAcc、MEM管理类联考综合能力逻辑历年真题分类精解（精练篇）》
- 《MBA、MPA、MPAcc、MEM管理类联考综合能力逻辑精选600题（20套全真试卷及详解）》

考研逻辑辅导丛书

- 《MBA、MPA、MPAcc、MEM管理类联考综合能力逻辑教程（考前辅导与历年试题精讲）》
- 《MBA、MPA、MPAcc、MEM管理类联考综合能力逻辑题库（专项训练与模拟试题精编）》
- 《管理类联考与经济类联考综合能力论证有效性分析（考试教程与历年真题）》
- 《经济类联考综合能力逻辑应试教程（历年真题分类精解及全真模拟试卷）》

科学逻辑系列丛书

- 《科学推理——逻辑与科学思维方法》
- 《科学分析——逻辑与科学演绎方法》
- 《科学论证——逻辑与科学评价方法》

大学逻辑系列丛书

- 《逻辑学导论——推理、论证与批判性思维》
- 《批判性思维——逻辑原理与方法》
- 《论证有效性分析——逻辑与批判性写作指南》

高中逻辑系列丛书

- 《简明逻辑学——逻辑论证与批判性思维》
- 《科学逻辑——逻辑推理与科学思维方法》

大众逻辑系列丛书

- 《博弈法则——历史与生活中的逻辑》
- 《思维日训——逻辑趣题365道》
- 《推理日训——逻辑名题365道》
- 《经典逻辑思维名题365道》
- 《经典全脑思维趣题分类训练》

图书在版编目（CIP）数据

MBA、MPA、MPAcc、MEM管理类联考综合能力逻辑历年真题分类精解．精讲篇／周建武编著．--北京：中国人民大学出版社，2024.6

ISBN 978-7-300-32787-7

Ⅰ.①M… Ⅱ.①周… Ⅲ.①逻辑-研究生-入学考试-题解 Ⅳ.①B81-44

中国国家版本馆CIP数据核字（2024）第095065号

MBA、MPA、MPAcc、MEM管理类联考综合能力逻辑历年真题分类精解（精讲篇）

周建武　编著

MBA、MPA、MPAcc、MEM Guanlilei Liankao Zonghe Nengli Luoji Linian Zhenti Fenlei Jingjie (Jingjiangpian)

出版发行	中国人民大学出版社		
社　　址	北京中关村大街31号	**邮政编码**	100080
电　　话	010－62511242（总编室）		010－62511770（质管部）
	010－82501766（邮购部）		010－62514148（门市部）
	010－62515195（发行公司）		010－62515275（盗版举报）
网　　址	http://www.crup.com.cn		
经　　销	新华书店		
印　　刷	北京昌联印刷有限公司		
开　　本	787 mm×1092 mm　1/16	**版　　次**	2024年6月第1版
印　　张	31.75	**印　　次**	2024年6月第1次印刷
字　　数	859 000	**定　　价**	89.00元